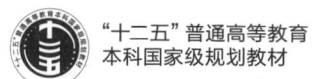 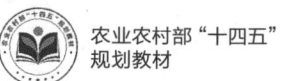 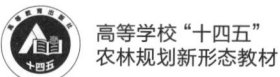 

"十二五"普通高等教育
本科国家级规划教材

农业农村部"十四五"
规划教材

高等学校"十四五"
农林规划新形态教材

"大国三农"
系列规划教材

动物遗传学（第3版）

主　编　邓学梅

副主编　李　辉　赵书红　姜运良　聂庆华　连　玲

编　者（按姓氏笔画排序）

王吉坤（西南民族大学）　王宇祥（东北农业大学）

方美英（中国农业大学）　邓学梅（中国农业大学）

李　辉（东北农业大学）　苏　蕊（内蒙古农业大学）

吴克亮（中国农业大学）　吴常信（中国农业大学）

张　浩（中国农业大学）　连　玲（中国农业大学）

赵书红（华中农业大学）　赵志辉（广东海洋大学）

钟金城（西南民族大学）　姜运良（山东农业大学）

聂庆华（华南农业大学）　徐学文（华中农业大学）

中国教育出版传媒集团

高等教育出版社·北京

内容简介

本书系统地介绍了动物遗传学的基本概念和基本理念，共 12 章，包括分子遗传学基础、细胞遗传学基础、遗传的基本规律、遗传物质的改变、基因表达与调控、非孟德尔遗传、动物基因组学概述、动物遗传操作、群体遗传学基础、数量遗传学基础、遗传与进化、畜禽遗传资源及其保护。本书在考虑系统性的同时，重点突出动物遗传学基础知识以及动物遗传学应用问题，并反映国内外动物遗传学的最新研究成果，如动物基因组选择和基因打靶与基因编辑等。本书以纸质教材与数字课程一体化设计的新形态教材模式出版，配套了教学视频、彩图、案例、知识拓展等，为读者构建立体化的学习环境。

本书可作为动物科学类、动物医学类及生物科学类相关专业本科生的教材，也可供教师和相关科技工作者参考。

图书在版编目（CIP）数据

动物遗传学 / 邓学梅主编 . -- 3 版 . -- 北京：高等教育出版社，2024.11
ISBN 978-7-04-061773-3

Ⅰ. ①动… Ⅱ. ①邓… Ⅲ. ①动物遗传学 – 高等学校 – 教材 Ⅳ. ① Q953

中国国家版本馆 CIP 数据核字（2024）第 022778 号

DONGWU YICHUANXUE

策划编辑 李 融　　责任编辑 李 融　　封面设计 姜 磊 宁 学　　责任校对 刘丽娟
责任印制 刘思涵

出版发行	高等教育出版社	网　址	http://www.hep.edu.cn	
社　址	北京市西城区德外大街4号		http://www.hep.com.cn	
邮政编码	100120	网上订购	http://www.hepmall.com.cn	
印　刷	天津画中画印刷有限公司		http://www.hepmall.com	
开　本	850mm×1168mm　1/16		http://www.hepmall.cn	
印　张	23.5	版　次	2009 年 8 月第 1 版	
字　数	800 千字		2024 年 11 月第 3 版	
购书热线	010-58581118	印　次	2024 年 11 月第 1 次印刷	
咨询电话	400-810-0598	定　价	52.00元	

本书如有缺页、倒页、脱页等质量问题，请到所购图书销售部门联系调换
版权所有　侵权必究
物料号　61773-00

新形态教材·数字课程（基础版）

动物遗传学

（第3版）

主编　邓学梅

登录方法：

1. 电脑访问 http://abooks.hep.com.cn/61773，或微信扫描下方二维码，打开新形态教材小程序。
2. 注册并登录，进入"个人中心"。
3. 刮开封底数字课程账号涂层，手动输入 20 位密码或通过小程序扫描二维码，完成防伪码绑定。
4. 绑定成功后，即可开始本数字课程的学习。

绑定后一年为数字课程使用有效期。如有使用问题，请点击页面下方的"答疑"按钮。

新形态教材网 Abooks

关于我们 | 联系我们　　登录/注册

动物遗传学（第3版）

邓学梅

开始学习　　收藏

　　本数字课程与纸质教材一体化设计，紧密配合，内容包括视频、彩图、参考文献和知识拓展等，可供各类高等院校不同专业的师生根据实际需求选择使用，也可供相关科学工作者参考。

http://abooks.hep.com.cn/61773

前　言

动物遗传学是动物生产类专业的核心专业基础课程，是理解动物生命奥秘、把握遗传规律、推动遗传改良的基石，为推动现代畜牧业、水产养殖业乃至生物技术的发展提供理论基础和技术支撑。

本教材第 1 版于 2009 年出版，始终秉持服务本科教学的宗旨，内容系统，难度适中，力求为学生和教师提供便捷且富有价值的学习资源。教材结构围绕分子、细胞、群体、数量等遗传学基础板块展开，同时融入了动物基因组学和动物遗传操作等前沿内容，体现了先进性和前瞻性。

2015 年，第 2 版教材经过精心修订后正式出版，特别是在数量遗传学基础部分，吴常信先生结合遗传学最新发展，针对全基因组关联分析（GWAS）和基因组选择（GS）等内容进行了分析和评述，使教材更具实用性和启发性。教材得到了广泛认可，入选了"北京高等教育精品教材"，并被列入"十二五"普通高等教育本科国家级规划教材。同时，基于本教材建设的动物遗传学课程也成功被认定为"国家级一流本科课程"。

2023 年，第 3 版教材在原有基础上进行了全面而细致的修改和更新，引进了更多科研成果作为教学案例，使教学内容更加贴近实际。重新梳理了第八章动物遗传操作的内容，形成了从目标基因的获得到遗传操作的全流程体系；在第四章遗传物质的改变中，增添了 DNA 重组变异的内容，使得读者对遗传变异的认识更加全面深入。

第 3 版教材采用了纸质教材与数字课程相结合的新形态教材出版模式，为教材中的重点难点提供了教学视频、彩色插图、典型案例和知识拓展等材料，使教材内容更加丰富生动。同时，通过"科学与科学人"等专门板块，让读者能够深入了解遗传学领域的杰出科学家及其科研成果，感受他们的科学精神。这种新形态教材出版模式旨在为读者提供更为丰富、立体的学习视角和直观、生动的学习体验。

本次教材修订得到了编写团队的全力支持。特别感谢原主编吴常信院士对修订工作给予的关心和指导，以及他在第十章修订中的贡献。同时，也要感谢张细权教授和李金泉教授两位原编委在教材传承中的热诚和支持，他们虽然将新版编写修订工作交给了新编者，但仍然积极参与教材修订讨论会，并提供了宝贵的意见和建议。第 3 版教材吸收了 7 位新编者，并有 6 位青年教师参与书稿校对和数字资源建设，他们的努力和贡献为教材的创新与发展注入了新的活力。此外，连玲副教授在统稿过程中付出了大量的辛勤劳动，我们对此表示由衷的感谢！

尽管我们力求使本教材更加贴近动物生产类专业的本、专科教学需求，但由于水平和经验所限，加上不同院校课程体系安排的差异，教材中难免存在不足甚至错误之处。我们真诚地欢迎各位读者、同行提出宝贵的意见和建议，以帮助我们的教材不断完善和提高。

编　者
2023 年 9 月

历版信息

目　录

绪　论

一、动物遗传学研究的对象及任务

动物遗传学是以动物为研究对象的遗传学分支学科。遗传学是生命科学领域发展最快的学科之一，致力于探索生物遗传与变异的规律。在生物世代的更迭中，子代与亲代的特征相似的现象称为遗传（heredity），而生物个体之间及其与亲代之间存在差异的现象称为变异（variation）。正是由于遗传的稳定性，使得物种得以延续；而变异的多样性为新物种或新品种的诞生提供了可能。

遗传学从分子、细胞、个体和群体的多个层面，研究生物性状形成和传递的遗传基础、性状变异的来源以及在自然选择和人工选择下的变化规律。遗传学研究内容广泛，包括核酸和染色体的结构、遗传信息的传递、基因的表达和调控；性状的基本遗传规律，如分离定律、自由组合定律、连锁互换定律；以及复杂的遗传方式，如伴性遗传、从性遗传、限性遗传、核外遗传、表观遗传等。此外，遗传学还着重分析群体水平的遗传特征、数量性状的遗传基础、进化遗传的机制。当前，基因组结构和功能的分析以及表观遗传学等领域的研究成为遗传学研究的新热点。

相较于普通遗传学，动物遗传学研究对象包括模式动物、野生动物及家养动物（即畜禽），其群体结构复杂，变异来源广泛，尤其是数量性状形成的遗传机制研究，往往涉及较为复杂的数学模型。阐明数量性状形成的原理并为畜禽的育种服务，成为动物遗传学的特色之一。

动物遗传学的研究任务是通过描述动物性状的遗传和变异现象并阐明其遗传传递规律，来探讨动物性状变异产生的原因及分子细胞遗传机制，从而为动物的育种实践服务。通过利用遗传学原理提高动物产品的产量和质量，造福人类。

二、遗传学的发展简史

人们把 1900 年作为遗传学的奠基年，因为在这一年，荷兰的德弗里斯（H. de Vries）、德国的柯伦斯（C. Correns）和奥地利的契马克（E. Tschermak）3 位植物学家分别用月见草、玉米和豌豆等植物作为实验材料，通过杂交实验，验证了孟德尔（G. J. Mendel）于 1866 年提出的分离定律和自由组合定律。在此之前，虽然遗传学的理论尚未形成，但人类对遗传现象的认识已积累了很多并应用于生产中。

从原始的艺术作品、保存下来的骨骼和干燥的种子等考古学资料中可以看出，早在数千年以前，人类就已成功驯化了家畜，并进行了植物的人工栽培。例如，公元前 8000—前 1000 年，牛、马、骆驼等动物已经被驯化并进行了选择育种。在公元前 9000 年左右，人们已开始栽培玉米、小麦、水稻等多种植物。这表明，我们的祖先已经能够利用和改变一些有用的动植物为自身服务。

在公元前 500—前 400 年的古希腊，希波克拉底学派对生殖遗传等关乎人类来源的问题进行了大量探索。其认为，男人的精子由身体各个部分来的"体液"汇聚而成，这些精子可能是健康的，也可能是携带疾病的，是后者造成了新生儿的先天性缺陷或外表异常。而且，这些"体液"在个体中可能会发生改变，然后会传递给后代，以解释为什么新生儿能够遗传其父母由于环境的作用所获得的性状。哲学家和自然科学家亚里士多德认为，精子包含与产生新生命有关的热（vital heat），这种热能作用于母体的月经，使其形成子代个体。虽然这些观点在现在看来显得幼稚，但鉴于当时尚未发现精子和卵细胞，这些哲学思想在当时以及随后的几个世纪中还是具有不可忽视的价值。

从公元前 300 年到公元 1600 年，人们对遗传学理论的探索没有新的突破。但在实践上，植物的嫁接和动物育种在罗马时代已广泛盛行。公元 1600—1850 年，生物学基础研究方面取得了巨大的进步，为达尔文（C. Darwin）和孟德尔的理论的提出拉开了序幕。这些进步包括 17 世纪哈维（W. Harvey）提出胚胎发育的后成论（epigenesis），取代了早先的预成论（preformation）；1808 年，道尔顿（J. Dalton）发表了原子理论；1830 年左右，施莱登（M. Schleiden）和施旺（T. Schwann）提出了细胞学说。

　　达尔文在贝格尔号战舰上进行了长达 5 年的环球旅行和生物学观察，对生物遗传、变异及其与生物进化的关系进行了推断，于 1859 年发表了《物种起源》。其认为生存斗争和自然选择是生物进化的途径，生物在长时间内积累微小的有利变异，当产生生殖隔离后，就会形成一个新物种。他在 1868 年发表了《驯养条件下动植物的变异》，试图解释可遗传的变异是如何逐渐产生的。

　　1865 年 2 月 8 日，孟德尔在当地的科学协会上宣读了一篇题为"植物杂交实验"的论文，介绍了他历经 8 年进行的豌豆杂交实验的结果，提出了著名的遗传学的两个定律——分离定律和自由组合定律。1866 年，该论文正式发表在该协会的会刊上。遗憾的是，这一伟大的发现一直埋没了长达 35 年，直到 1900 年才被 3 位科学家重新发现。

　　1883 年和 1885 年，德国的生物学家魏斯曼（A. Weismann）提出种质论（germplasm theory），认为多细胞生物可分为种质（germplasm）和体质（somatoplasm）两部分，种质是独立且连续的，能产生后代的种质和体质。体质是不连续的，不能产生种质。

　　1902 年，萨顿（W. Sutton）等提出了遗传的染色体学说。1904 年，在贝特森（W. Bateson）的支持下，孟德尔的遗传定律得到重视。1902—1909 年，贝特森先后提出了遗传学（genetics）、等位基因（allele）、纯合体（homozygote）、杂合体（heterozygote）和上位基因（epistatic genes）等术语。1909 年，约翰逊（W. L. Johannsen）提出基因（gene）、基因型（genotype）和表型（phenotype）的概念，用基因来代替孟德尔的遗传因子。

　　从此以后，遗传学作为一门学科得到了快速的发展。大致可以分为三个时期：

　　第一时期（1910—1940 年）为细胞遗传时期，标志性的发现是确立了遗传的染色体学说。1910 年，摩尔根（T. H. Morgan）和他的学生斯特蒂文特（A. H. Sturtevant）、布里吉斯（C. Bridges）和缪勒（H. J. Muller）等人利用果蝇为主要实验材料，提出了遗传学的连锁与互换定律，解释了位于同一连锁群的基因所控制性状的遗传规律，并证实了基因以线性的方式排列在染色体上，在 X 染色体上定位了控制果蝇白眼突变的基因。

　　第二时期（1941—1960 年）是微生物遗传和生化遗传时期。这期间遗传学发展迅速，研究的对象涉及细菌和真菌等，对基因的结构和生化功能进行了探讨。1941 年，比德尔（G. Beadle）和泰特姆（E. Tatum）将基因和蛋白质的关系归结为"一个基因一种酶"。1944 年，艾弗里（O. Avery）等通过肺炎双球菌转化实验证明了遗传物质是 DNA，而不是蛋白质。1951 年，麦克林托克（B. McClintock）提出基因在染色体上的位置不是固定的，而是存在"跳跃基因"。1945 年，薛定谔（E. Schrödinger）出版了《生命是什么》一书，指出"基因是活细胞的关键组成部分，要懂得什么是生命就必须知道基因是如何发挥作用的"，促进了物理学等众多领域的科学家对遗传物质结构和功能的研究。1953 年，沃森（J. Watson）和克里克（F. Crick）提出了解释 DNA 空间结构的双螺旋模型。1958 年，克里克提出了遗传信息从 DNA 到 RNA 到蛋白质传递的中心法则。在此期间，进一步把遗传的基本单位定义为顺反子（cistron），是具有一定功能的实体，不同的位点上能产生突变和重组。

　　第三时期（1953 年至今）是分子遗传时期。1953 年 DNA 双螺旋模型的建立标志着分子遗传学的诞生。从分子水平上解析基因的结构与功能成为此时期的突出特点。1961 年，雅可布（F. Jacob）、勒沃夫（A. M. Lwoff）和莫诺（J. Monod）建立了大肠杆菌乳糖代谢的操纵子模型，提出与乳糖分解有关的酶的基因以多顺反子的形式存在，它们受同一套调控元件的调控，还发现了 mRNA。1964—1965 年，尼伦伯格（M. W. Nirenberg）和科拉纳（G. Khorana）破译了全部 64 个遗传密码。1975 年，巴尔的摩（D. Baltimore）、特明（H. Temin）和水谷（S. Mizutani）发现了反转录酶，证明遗传信息不仅由 DNA 传递给 RNA，还可以通过反转录从 RNA 传递给 DNA。20 世纪 70 年代，阿尔伯（W. Arber）、内森斯（D. Nathans）和汉密尔顿·史密斯（H. Smith）发现了限制性内切酶，在此基础上，伯格（P. Berg）建立了重组 DNA 技术。在 DNA 序列测定方面，吉尔伯特（W. Gilbert）和桑格（F. Sanger）分别建立了化学测序和双脱氧链末端终止法 DNA 测序技术。1981 年，切赫（T. R. Cech）和奥尔特曼（S. Altman）发现 RNA 具有催化反应的能力，提出了核酶的概念。1983 年，穆利斯（K. Mullis）发明了 PCR 技术，目前已成为分子遗传实验室最常用的技术；迈克尔·史密斯（M. Smith）发明了定点诱变技术。20 世纪 80—90 年代，卡佩奇（M. R. Capecchi）、埃文斯（M. J. Evans）和奥利弗·史密斯（O. Smithies）提出利用胚胎干细胞对小鼠特定基因进行修饰的原理和方法，即基因打靶技术。该技术成为研究基因功能的重要方法。1998 年，法尔（A. Fire）和梅洛（C. Mello）发现了 RNA 干扰现象。RNA 干扰方法在研究基因的功能方面得到广泛的应用，并具有良好的临床应用前景。2003 年，人类基因组计划宣布完成，为生物学研究提供了一个全新的组学视角。中国科学家杨焕明等承担了该计划 1% 的测序工作，这一开端奠定了中国在高通量测序领域的重要地位。2012 年，沙彭捷（E. Charpentier）和杜德纳（J. A. Doudna）共同发现了 CRISPR/Cas9 基因编辑技术，该技术实现了对特定基因的精准编辑，为基础生物学研究、疾病治疗、农业生产、环境保护等多个领域带来了革命性的变化。

另外，在群体遗传学方面的研究也随着遗传学其他分支的进展而发展。1905 年，哈代（G. H. Hardy）和温伯格（W. Weinberg）提出了著名的哈代－温伯格遗传平衡定律（Hardy–Weinberg Equilibrium），这一定律描述了一个随机交配群体中基因频率和基因型频率的稳定状态，奠定了群体水平上遗传分析的基础。1908 年，尼尔松－埃勒（Nilsson-Ehle）提出多基因假说，认为数量性状受多基因控制。1930—1932 年，费舍尔（R. A. Fisher）、怀特（S. Wright）和霍尔丹（J. B. Haldane）等用数理统计法解析数量性状的变异，估计群体的遗传参数，奠定了数量遗传学的基础。以遗传参数估计和育种值估计为基础的数量遗传学不断发展，育种学家们能够更准确地预测和改良动植物的经济性状，使得农作物和畜禽的重要经济性状取得了明显的遗传进展。目前数量遗传学的研究集中于数量性状位点（quantitative trait loci，QTL）的定位和主效基因的克隆和功能分析。高通量测序技术的迅速发展极大促进了数量遗传学与分子生物学技术的结合，使得从分子水平上研究数量性状的遗传机制成为可能，进而推动了分子数量遗传学的研究进程。

三、动物遗传学在动物生产中的地位

在动物生产中，品种的贡献率一般在 40% 以上。动物遗传学是动物育种学的基础。动物育种的理论和方法与动物遗传学理论和技术的不断创新和完善密不可分。以群体遗传学和数量遗传学理论为指导的多基因假说和遗传参数估计等理论推动下，在动物生长速度、瘦肉率、产奶量、产蛋量等生产性状上取得了较快的遗传进展。随着人们对基因结构和功能认识的不断深入，基于分子标记的标记辅助选择和标记辅助渗入技术进一步利用基因的效应，推动动物育种的理论和方法进一步发展，使动物的遗传性能不断取得进展。随着基因组、转录组和蛋白组等组学技术的建立和完善，基于单倍型选择和全基因组选择等方法的动物育种不断产生新的突破。对动物重要经济性状表观遗传调控机制的阐明也使得动物的育种与环境生态的联系更加密切，优质动物类产品的生产和人们生活水平的提高将会和谐地实现。

可见，动物遗传学与动物的可持续健康高效生产及人们生活质量的提高关系密切，学好动物遗传学可为动物育种学的学习打下良好的基础，为将来进行动物新品种的培育、遗传改良及动物生产等工作做好准备。

（姜运良　邓学梅）

第一章

分子遗传学基础

　　生命的遗传作用形式是多样的。大到生态群体，小到组织细胞，而目前我们所能探究的最微观的领域是分子，包括核酸、氨基酸、糖以及脂类等。本章重点探究什么是遗传物质，遗传物质的性质、特征，以及遗传信息的传递；通过对经典实验的回顾，充分理解遗传物质基础以及遗传信息传递的理论和框架；结合新的研究进展，领会遗传信息传递的规律性和复杂性。学习本章时要特别重视对经典实验的逻辑分析，加深对理论的理解和对科学思维的领会。

第一节 遗传信息的载体

　　1865 年，几乎在孟德尔发现遗传现象的同时，瑞士化学家米歇尔（F. Miescher）从患者的脓细胞中分离出了核酸成分。但在当时人们并没有把核酸与遗传现象联系起来。1879 年，德国生物学家弗莱明（A. Flemming）在细胞核内发现了染色质。1903 年，美国细胞学家萨顿（W. S. Sutton）和德国实验胚胎学家博韦里（T. H. Boveri）发现，细胞染色体的活动方式与孟德尔所描述的遗传因子极为类似。1909 年，丹麦的植物遗传学家约翰逊（W. L. Johannsen）提出"基因"一词，取代了"遗传因子"。1910 年，美国遗传学家摩尔根（T. H. Morgan）借由果蝇的研究，证明了基因存在于染色体上，遗传因子这一抽象概念获得了物质的依托。然而，真正确立 DNA 是遗传物质的是两组科学家的重要实验：一是英国生物学家格里菲斯（F. Griffith，1928 年）和艾弗里、麦克劳德、麦卡蒂（O. Avery，C. MacLeod，M. McCarty，1944 年）所进行的细菌转化实验，二是赫希（A. Hershey）与蔡斯（M. Chase）进行的噬菌体侵染实验（1952 年），他们相继证实了 DNA 才是真正的遗传物质，而不是蛋白质或其他的生物分子。1956 年，格勒（A. Girer）和施拉姆（G. Schramm）的烟草花叶病毒感染实验证明 RNA 亦可作为遗传物质。

一、细菌转化实验

　　1944 年，艾弗里等人第一次证明了 DNA 是肺炎双球菌的转化因子，为 DNA 是遗传物质提供了首要证据。艾弗里等人从光滑型（S Ⅲ型）致病性肺炎双球菌中分离纯化了转化活性物质，该物质可将粗糙型（R Ⅱ型）非致病性肺炎双球菌转化为 S Ⅲ型肺炎双球菌，并在注射小鼠后引起死亡。化学、酶学和光学等试验证明，转化活性物质的成分主要为脱氧核糖核酸（DNA），用 DNA 酶降解供体菌细胞中的 DNA，则转化作用不复存在。这组试验从正反两个方面证明了导致肺炎双球菌转化的物质是 DNA（图 1-1），首次明确提出了 DNA 是遗传信息的载体。

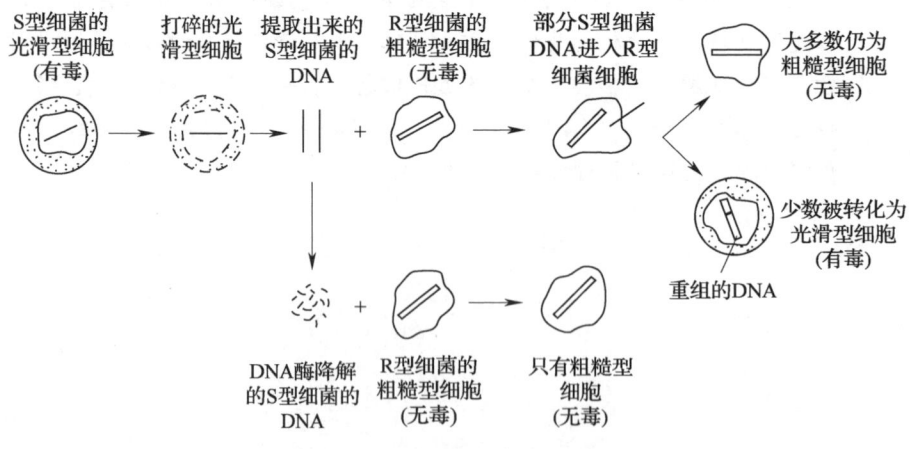

图 1-1 肺炎双球菌转化作用图解

二、噬菌体侵染实验

　　1952 年，赫希和蔡斯的噬菌体侵染实验再次证实了 DNA 是遗传物质。T_2 噬菌体由外壳蛋白和 DNA

组成，蛋白质含有硫（S）而不含有磷（P），DNA含有P而不含有S。赫希和蔡斯等人用T_2噬菌体分别去侵染被 ^{35}S 和 ^{32}P 标记的细菌。侵染 ^{35}S 标记细菌的噬菌体子代蛋白被标记，侵染 ^{32}P 标记细菌的噬菌体子代 DNA 被标记。用被 ^{35}S 和 ^{32}P 标记的噬菌体分别去侵染未被同位素标记的细菌，培养后，经震荡使吸附于菌体表面的附着物脱落下来，离心后，脱落成分悬浮在上清液中，菌体细胞沉于底部。结果发现，对于用 ^{35}S 标记的噬菌体侵染的细菌，宿主细胞内很少有同位素标记，大多数 ^{35}S 标记信号出现在含有宿主细胞表面附着物的上清液里面；而用 ^{32}P 标记的噬菌体感染的细菌，宿主细胞的表面附着物中很少有同位素标记，大多数同位素 ^{32}P 标记信号出现在宿主细胞内（图 1-2）。说明噬菌体在侵染细菌时，其 DNA 进入细菌内，再次证明了 DNA 是遗传物质。

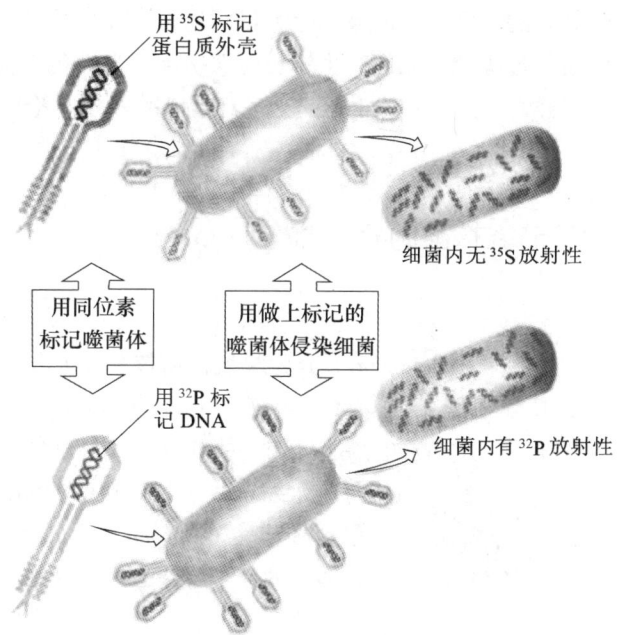

图 1-2　噬菌体侵染细菌实验相关图解

三、烟草花叶病毒感染实验

除了 DNA 病毒，有些病毒只含有 RNA，不含有 DNA，它们的遗传性状是由 RNA 决定的。最早发现的病毒是烟草花叶病毒（tobacco mosaic virus，TMV），它是一种 RNA 病毒，由单链 RNA 和蛋白质衣壳构成。1956 年，格勒（A. Girer）和施拉姆（G. Schramm）用苯酚处理这种病毒，把蛋白质去掉，只留下 RNA，再将 RNA 接种到正常烟草上，结果发生了花叶病变；而用蛋白质侵染正常烟草，则不发生花叶病变。由此证明，RNA 起着遗传物质的作用。之后，佛兰科尔-康拉特（H. Frankel-Conrat）和辛格尔（B. Singer）将车前草病毒（Holmes ribgrass virus，HRV）的 RNA 与烟草花叶病毒的蛋白质结合在一起，形成一个类似"杂种"的新病毒。用它进行侵染实验，结果显示，发生的病症以及繁殖的病毒类型，都依 RNA 的特异性为转移，即表现出车前草病毒的感染特性（图 1-3）。这进一步证实了 RNA 在遗传上的作用。

四、遗传物质的基本特征

遗传物质作为遗传信息的载体，应该具备一

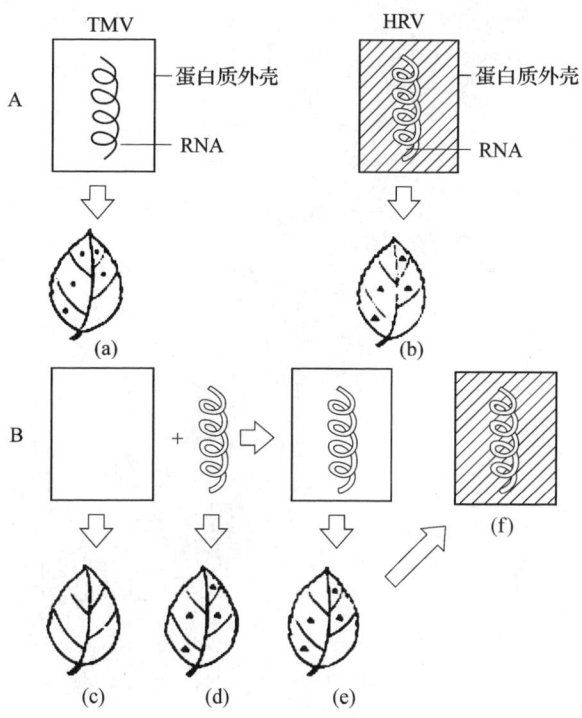

图 1-3　烟草花叶病毒感染实验图解

A. TMV 和 HRV 的结构以及两种病毒侵染烟草叶片引起的病症。（a）TMV 侵染后产生的菌斑，（b）HRV 侵染后产生的菌斑。B. TMV 蛋白质外壳和 HRV 的 RNA 所合成的新病毒侵染烟草叶片的情况。（c）TMV 蛋白质外壳，单独没有侵染作用。（d）HRV 的 RNA，单独有侵染作用。（e）TMV 蛋白质外壳和 HRV 的 RNA 合成的新病毒，有侵染作用。（d）和（e）产生的病毒后代，均属于 HRV 型（f）

些基本的特征：要能够储存大量的遗传信息；要能够自我复制，使前后代保持一定的连续性；要能控制代谢的过程和性状的产生；要能够引起可遗传的变异；同时还应具备分子结构的相对稳定性和遗传信息的多样性。这些特征也正是上述经典实验甄别和论证遗传物质的逻辑基础。

第二节　核酸的分子结构

核酸（nucleic acid）分为脱氧核糖核酸（deoxyribonucleic acid，DNA）与核糖核酸（ribonucleic acid，RNA），其基本结构单元是核苷酸（nucleotide），由碱基、戊糖和磷酸缩合而成。DNA 中的戊糖是 D-2- 脱氧核糖，RNA 的戊糖是 D-2- 核糖。一个核苷酸分子戊糖的 3′- 羟基与另一个核苷酸分子戊糖的 5′- 磷酸可脱水缩合成 3′,5′- 磷酸二酯键。多个核苷酸通过磷酸二酯键相连形成的化合物称为多聚核苷酸（poly-nucleotide）。多聚核苷酸链有两个末端，戊糖 5′ 碳原子上带有游离磷酸基的一端称为 5′ 端，3′ 碳原子上带有游离羟基的一端称为 3′ 端（图 1-4）。

视频：核酸的结构和分类

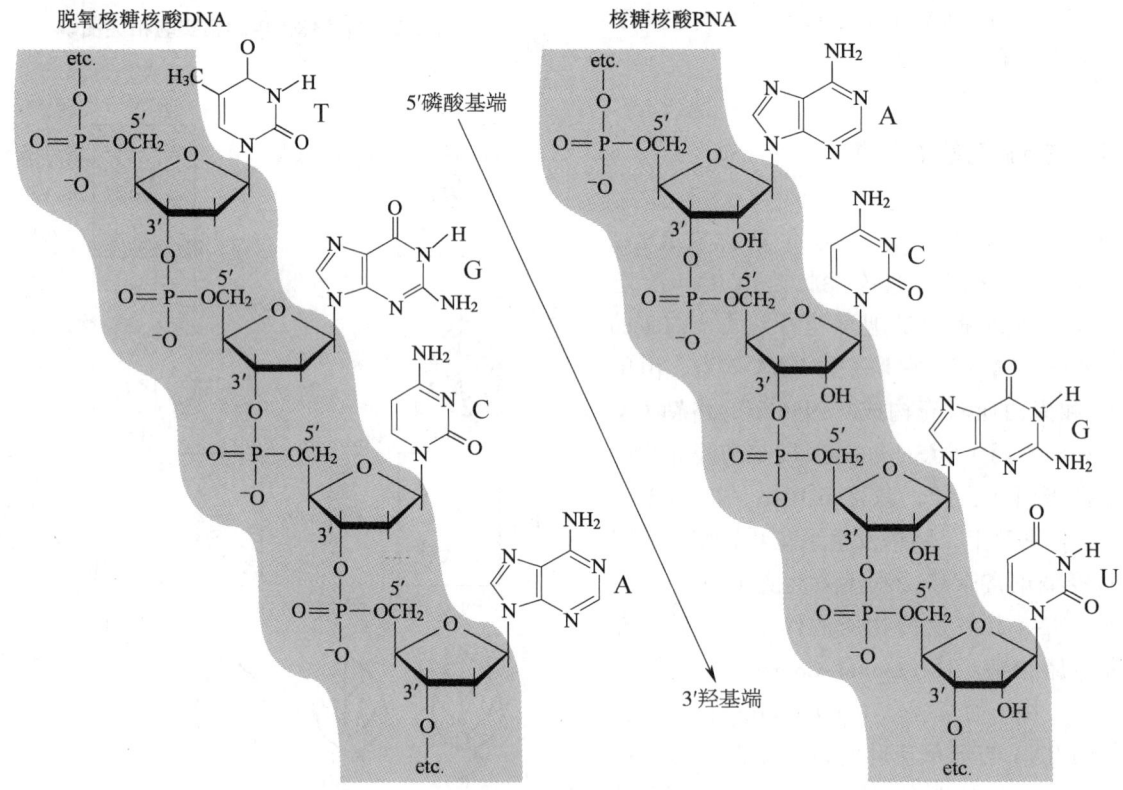

图 1-4　多聚核苷酸

一、DNA 结构及生物学意义

（一）DNA 的一级结构

DNA 的一级结构是指 DNA 分子中核苷酸的组成和排列顺序，简称 DNA 序列。4 种核苷酸（dAMP、dCMP、dGMP、dTMP）中一个核苷酸的 3′-OH 与下一位核苷酸的 5′- 磷酸形成 3′,5′- 磷酸二酯键，核苷酸顺次链接构成线性大分子，其中磷酸基和戊糖基构成 DNA 链的骨架，可变部分是碱基排列顺序，由于核苷酸之间的差异仅仅是碱基的不同，故又可称为碱基序列。核酸是有方向性的分子，两个末端并不相同，通常将 5′ 方向称为上游，3′ 方向称为下游。

DNA 的一级结构可以通过测序获得，测序的结果通常以碱基的排列顺序为代表，从 5′ 向 3′ 表示如图 1-5。

5′-AACACTGATGCTCTCCTGCTGCTCTGTGAGGATGTTTCTGTTTGCCATGGGCTTACT
GCTGGTCATCCTTCAGCCGTCCACTGGGCAGTTCCCCAGAGTCTGTGCAAACACGCAGAG
CTTGCTGAGGAAGGAGTGCTGTCCGCCCTGGGATGGAGATGGGACCCCTTGCGGGGAGCG
TTCCAACAGAGGAACCTGCCAGCGCATCCTTCTCTCTCAGGCTCCTCTGGGACCACA-3′

图 1-5　鸡酪氨酸酶基因（*TYR*）外显子 1 部分序列

（二）查科夫的碱基当量定律

1950 年，英国的查科夫（E. Chargaff）应用当时先进的纸层析技术及紫外分光光度法对各种生物 DNA 的碱基组成进行了定量测定，他发现了一系列的重要规律，其中的碱基当量定律指出：不同物种的 DNA 碱基组成显著不同，但腺嘌呤的总摩尔数总是等于胸腺嘧啶，而鸟嘌呤总摩尔数等于胞嘧啶，即 $[A]=[T]$，$[G]=[C]$，$[A]+[G]=[T]+[C]$，这一规律称为查科夫第一碱基当量定律（Chargaff's first rule）。这一当量定律的发现为双螺旋模型的建立提供了重要的依据，双螺旋模型的提出也为这一定律提供了最完美的解释。值得一提的是，在同一时代查科夫还提出了另外一条碱基当量定律，即在以双链 DNA 为遗传物质的生物基因组中，每一条完整的单链也存在着近似的 $[A]=[T]$，$[G]=[C]$，$[A]+[G]=[T]+[C]$ 的规律，这称为查科夫第二碱基当量定律（Chargaff's second rule）。两个定律看似相近，实则是相互独立的。对于 DNA 双链而言，不论是总 DNA 还是局部的双链片段，第一定律都是成立的。对 DNA 双链中的一条单链而言，只有接近完整的独立 DNA 分子（比如一条染色体或整个基因组）才遵从第二定律。有人用物种进化过程中发生的染色体重排来解释查科夫第二碱基当量定律，但到目前为止，该定律还没有得到完美的解释。正如查科夫所说，这些规律"是 DNA 结构的某些重要面貌的反映"，相信有一天，它们会成为我们认识 DNA 世界的新窗口。

（三）DNA 的二级结构

1953 年，沃森（J. Watson）和克里克（F. Crick）以立体化学上的最适构型建立了一个与 DNA X 射线衍射资料相符的分子模型——DNA 双螺旋结构模型。这是一个能够在分子水平上阐述遗传基本特征的 DNA 二级结构。它使得长期以来神秘的基因成为真实的分子实体，是分子遗传学诞生的标志，并且开拓了分子生物学发展的未来。

1. DNA 双螺旋结构的主要依据

20 世纪 50 年代初，人们已经普遍认识到多核苷酸的特定序列是遗传信息的载体。当时对 DNA 结构的设想和分析是非常丰富的。可以说，沃森和克里克提出的模型是在人们意识到核酸重要性的历史条件下，集各项 DNA 研究成果于一体的产物。对 DNA 双螺旋结构的提出有直接影响的主要是以下两方面的实验成果。

（1）查科夫对 DNA 全链碱基构成的研究结果

如前所述，1949—1951 年间，查科夫应用紫外分光光度法结合纸层析等技术，对不同来源的双链 DNA 进行了碱基定量分析，提出了第一碱基当量定律，即以摩尔含量表示，不同来源的双链 DNA 都存在着 $[A]=[T]$ 和 $[G]=[C]$ 的规律。不同物种间相同组织的 DNA 在总的碱基组成上有很大的变化，表现在（A+T)/(G+C）比值的不同，但同种生物的不同组织 DNA 碱基组成相近。这些发现为 DNA 结构模型中碱基配对原则的提出奠定了基础。

（2）威尔金斯（M. Wilkins）及其同事富兰克林（R. Franklin）等对 DNA 结构的研究

X 射线衍射技术是一种在原子水平上间接观测晶体物质分子结构的方法。1938 年，威尔金斯和富兰克林获得了高质量的反映 DNA 结构特征的 X 射线衍射照片（图 1-6），其影像表明了 DNA 结构的螺旋周期性，并由此推算了螺旋直径和螺距。沃森和克里克在构建 DNA 双螺旋结构模型过程中，将 X 射线衍射的数据作为参照，最终确立起了 DNA 双螺旋结构模型。

2. Watson-Crick DNA 双螺旋结构的要点

Watson-Crick DNA 双螺旋模型清楚地描述了磷酸、碱基、戊糖的空间关系，阐述了 DNA 双链的构成模式（图 1-7）。

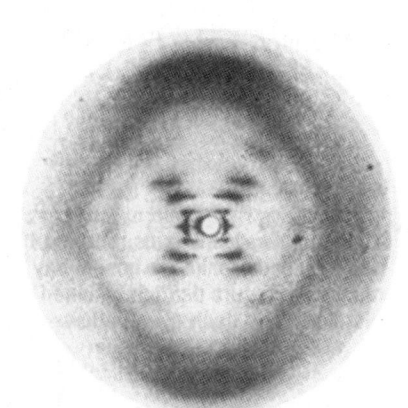

图 1-6 用来阐明 DNA 结构的 X 射线衍射照片（引自 Franklin，1953）
照片中心十字形的 X 射线衍射图表明了螺旋的形式。位于顶端和底部的很深的黑色区域表明相距 3.4 nm 的嘌呤和嘧啶碱基是规则地相邻叠加的，并垂直于螺旋轴

（1）DNA 双螺旋的主链　DNA 主链（backbone）由脱氧核糖和磷酸基通过磷酸酯键交替连接而成。主链有两条，它们依共同轴心以右手方向盘旋，两条链相互平行而走向相反，形成双螺旋构型。主链处于螺旋的外侧，具有亲水性。

（2）碱基对　碱基位于螺旋的内侧，它们以垂直于螺旋轴的取向通过糖苷键与主链糖基相连。同一平面的碱基在两条主链间通过氢键形成碱基对（base pair）。碱基 A 与 T，G 与 C 相互配对，A 与 T 间形成两个氢键，G 与 C 间形成 3 个氢键。DNA 双螺旋结构中的碱基对关系与查科夫第一定律的描述正好相符，是对该定律的完美解释。

（3）大沟和小沟　大沟（major groove）和小沟（minor groove）分别指双螺旋表面凹下去的较大沟槽和较小沟槽。小沟位于双螺旋的互补链之间，而大沟则位于相毗邻的双股之间。大沟和小沟是由于碱基对堆积和糖 – 磷酸骨架扭转造成的。大沟常是蛋白质识别 DNA 信息并与之结合的主要场所。

（4）结构参数　螺旋直径 2 nm，螺旋周期包含 10 对碱基，螺距 3.4 nm，相邻碱基对平面的间距 0.34 nm。

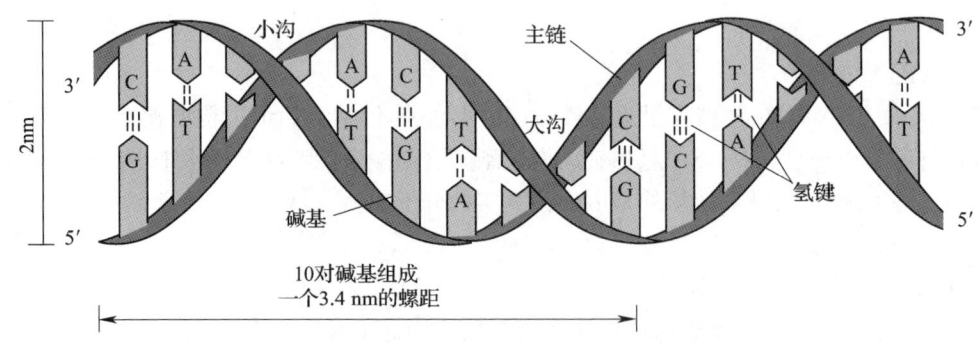

图 1-7 Watson-Crick DNA 双螺旋结构模式图

3. DNA 双螺旋结构的多样性

沃森和克里克所建立的 DNA 双螺旋结构称为 B 型 DNA 构象（B form），这也是生理条件下细胞中最常见的 DNA 构象。研究表明，DNA 的结构是动态的，形成的构象也是多样的（图 1-8）。碱基的组成、核苷酸的顺序、盐的种类以及相对湿度等都可引起 DNA 构象的改变。在以钠、钾或铯作反离子，空气相对湿度为 75% 时，DNA 分子的 X 射线衍射图给出的是 A 构象（A form）。这一构象不仅出现于脱水 DNA 中，还出现在 RNA 合成过程中形成的 DNA-RNA 杂交分子中。如果以锂作反离子，空气相对湿度进一步降为 66%，则 DNA 是 C 构象（C form）。但是这一构象仅在实验室中观察到，还未在生物体中发现。

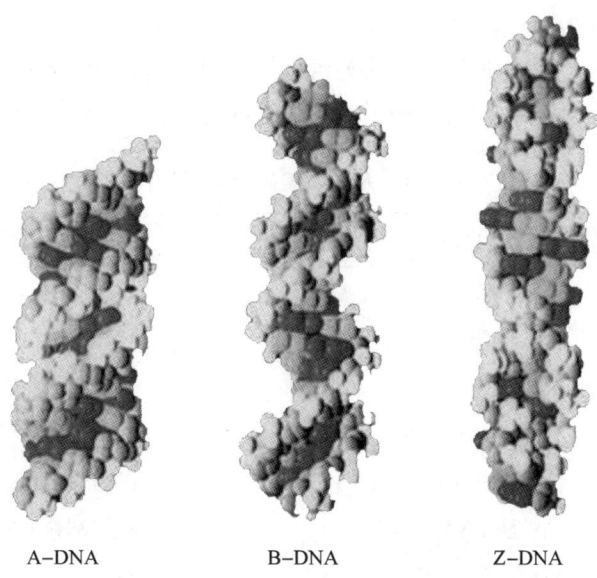

A-DNA　　　　B-DNA　　　　Z-DNA

图 1-8　DNA 双螺旋构象的多样性

DNA 分子中 G-C 碱基对较少时，这些分子将取 D（D form）和 E（E form）构象。研究表明 DNA 的分子结构不是一成不变的，在不同的条件下可以有所不同。但是，上述这些不同构象的 DNA 都有共同的一点，即它们都是右手双螺旋（right-hand helix）。

1979 年，美国以里奇（A. Rich）为首的研究小组发现了左手双螺旋，其主链中各个磷酸根呈锯齿状排列，犹如"之"字形一样，因此叫它 Z 构象（Z form，Zigzag DNA）。Z-DNA 表面只有一道沟槽，而且比 B-DNA 的大沟浅得多。其碱基比较外露，构成分子的凸面。研究表明，Z-DNA 的形成是 DNA 单链上出现嘌呤与嘧啶交替排列所致，比如 CGCGCGCG 或者 CACACACA。这种碱基排列方式会造成核苷酸的糖苷键顺式和反式构象的交替存在。当碱基与糖呈反式结构时，它们之间离得远；而当它们呈顺式时，就彼此接近。在 Z-DNA 中，嘧啶糖苷键通常是反式的，嘌呤糖苷键以顺式为主。这样，在 Z-DNA 中嘧啶的糖苷键离开小沟向外挑出，而嘌呤上的糖苷键则弯向小沟。嘌呤与嘧啶的交替排列使得糖苷键也是顺式与反式交替排列，从而使 Z-DNA 主链呈锯齿状或"之"字形。

实验证明，细胞 DNA 分子中确实存在有 Z-DNA 区。而且，细胞内有一些因素可以促使 B-DNA 转变为 Z-DNA，Z-DNA 更倾向于出现在转录起点和近启动子区域，因此认为这一结构位点与基因调节有关。比如 SV40 增强子区中就有这种结构，又如鼠类微小病毒 dns 复制起始点附近有 GC 交替排列序列。此外，DNA 螺旋上"沟"的特征在其信息表达过程中起着关键作用。调控蛋白都是通过其分子上特定的氨基酸侧链与 DNA 双螺旋沟中的碱基对一侧的氢原子供体或受体相互作用形成氢键，从而识别 DNA 上的遗传信息。沟的宽窄和深浅也直接影响到调控蛋白对 DNA 信息的识别。Z-DNA 中大沟消失，小沟狭而深，使调控蛋白识别方式也发生变化，暗示 Z-DNA 的存在可能是 DNA 序列与结构不断调整与筛选的结果。

二、RNA 分类及其结构特点

（一）RNA 的种类

生物体内存在着多种 RNA 分子，信使 RNA（messenger RNA，mRNA）、核糖体 RNA（ribosomal RNA，rRNA）、转运 RNA（transfer RNA，tRNA）是主要的 RNA 类型，在遗传信息由 DNA 传递到蛋白质的过程中起到举足轻重的作用。其中，mRNA 占细胞内 RNA 总量的 5%～10%，rRNA 占到 75%～80%，tRNA 占 10%～15%。但在生物体中存在的 RNA 分子远不止这三类，还存在着很多其他种类的 RNA 分子，尽管它们在总 RNA 中所占的比例很低，却在生命活动中起着重要的作用，如参与生物大分子加工和基因表达调控等。RNA 分子中，根据其是否编码蛋白质，可分为编码 RNA（如 mRNA）和非编码 RNA（non-coding RNA，ncRNA）。表 1-1 简要列举了一些细胞内含量较少，但功能重要的非编码 RNA 分子。

表 1-1　几种非编码 RNA 简介

RNA 类型	名称	作用
gRNA	导引 RNA	参与 mRNA 编辑
snRNA	核内小分子 RNA	参与 mRNA 加工（剪接和成熟）
snoRNA	核仁小分子 RNA	参与 rRNA 加工（切割和修饰）
scRNA	胞质内小分子 RNA	参与蛋白质的合成和运输
SRP-RNA	信号识别颗粒 -RNA	参与蛋白质的分泌
telomerase RNA	端粒酶 RNA	参与端粒 DNA 的合成
tmRNA	转运 - 信使 RNA	参与破损 mRNA 蛋白质合成的终止
dsRNA	双链 RNA	基因沉默
miRNA	微小 RNA	转录后水平的基因表达调控

（二）RNA 的结构

RNA 含有 4 种核苷酸（AMP、GMP、CMP 和 UMP），它们通过 3′,5′- 磷酸二酯键相连。天然 RNA 的二级结构并不像 DNA 那样都是双螺旋形式的，只是在一些区段发生 A–U、G–C 碱基配对，形成自身回折，因而出现许多短的不规则的双链螺旋区，不配对的碱基区被排斥在双螺旋之外，膨出形成环，即所谓 RNA 的茎环结构（stem-loop）或发夹环（hairpin loop）（图 1-9A）。当发夹环的核苷酸与发夹外的单链区域配对形成螺旋段时，就会出现伪结（pseudoknot）式的双茎环结构（图 1-9B）。伪结是 RNA 结构中具有多种功能的元件，存在于多种类别的 RNA 中。RNA 中双螺旋结构的稳定因素，主要是碱基的堆积力，其次才是氢键。每一段双螺旋区至少需要 4~6 个碱基对才能保持稳定。在不同的 RNA 中，双螺旋区所占比例不同。

1. mRNA

mRNA 把 DNA 上的遗传信息转录下来，然后再由 mRNA 的碱基顺序决定蛋白质的氨基酸顺序，完

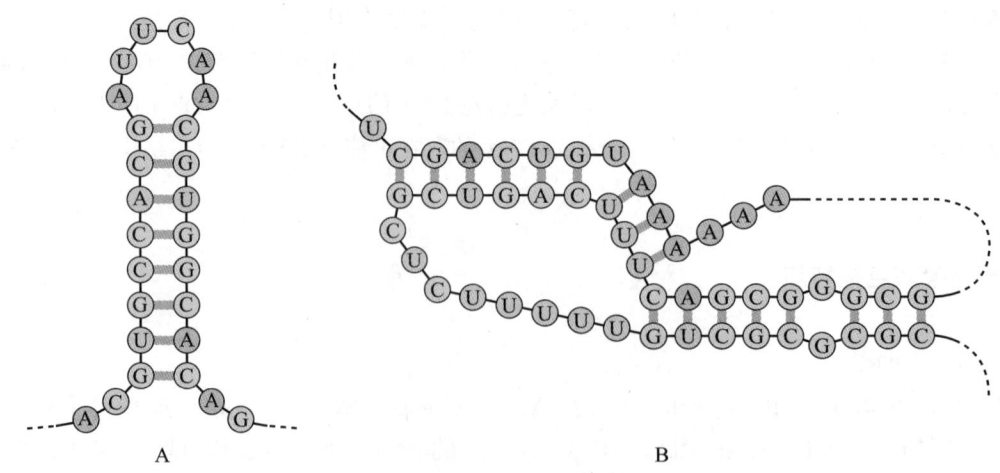

图 1-9　RNA 的二级结构

A. RNA 的茎环结构　B. RNA 的双茎环结构

成基因表达过程中的遗传信息传递，mRNA 存在于原核生物和真核生物的细胞质及真核细胞的某些细胞器（如线粒体、叶绿体）中。

在真核生物中，转录形成的前体 RNA（pre-mRNA）中含有大量非编码序列，由于转录产生的未经加工的前体 mRNA（pre-mRNA）在分子大小上差别很大，所以又称为核不均一 RNA（heterogeneous nuclear RNA, hnRNA）。加工后的成熟 mRNA 穿过核孔，进入细胞质。原核生物 mRNA 半衰期一般为几分钟，最长几小时；真核生物的 mRNA 半衰期较长，如胚胎中的 mRNA 可达数日。

2. rRNA

rRNA 是组成核糖体的主要成分。rRNA 一般与核糖体蛋白质结合在一起，形成核糖体（ribosome），如果把 rRNA 从核糖体上除掉，核糖体的结构就会发生塌陷。原核生物和真核生物的核糖体均由易于解聚的大、小亚基组成。原核生物大亚基含有 5S、23S rRNA（S 为沉降系数），小亚基含有 16S rRNA。5S、16S 和 23S rRNA 分别含有大约 120、1 540 和 2 900 个核苷酸（nucleotide, nt）。真核生物大亚基含有 28S、5.8S 和 5S rRNA，小亚基含有 18S rRNA。真核生物的 5S、5.8S、18S 和 28S rRNA 分别具有大约 120、160、1 900 和 4 700 个核苷酸。

rRNA 不仅是核糖体的结构成分，它们还直接为核糖体的关键功能负责。研究表明，催化肽键形成的肽基转移酶中心是由大亚基 rRNA 组成的，而 mRNA 与核糖体之间的识别依靠的是小亚基 rRNA 的核苷酸序列。

3. tRNA

tRNA 的二级结构是典型的三叶草样（cloverleaf pattern）结构（图 1-9），其主要特点是：①其 5′端总是配对的，这与 tRNA 的稳定性有关。②有一个富含二氢尿嘧啶（D）的环，称为 D 环。③有一个含胸腺嘧啶（T）、假尿嘧啶（ψ）、胞嘧啶（C）顺序的环，称为 TψC 环。④有一个反密码子环，在这一环的顶端有 3 个暴露的碱基，称为反密码子（anticodon），反密码子可以与 mRNA 链上的密码子互补配对，把正确的氨基酸引入合成位点。⑤3′端以 CCA 的顺序终结，称为氨基酸臂（amino arm），tRNA 所转运的氨基酸就连接在此末端上。

tRNA 的三级结构呈倒 L 形，其中 3′端含 CCA-OH 的氨基酸臂位于一端，反密码子环位于另一端。tRNA 三级结构的维系主要是依赖核苷酸之间形成的各种氢键。各种 tRNA 分子的核苷酸序列和长度相差较大，但其三级结构均相似，提示这种空间结构与 tRNA 的功能有着密切的关系。

4. 小分子 RNA

小分子 RNA（small RNA）是一类 RNA 分子的统称，指存在于真核生物细胞核和细胞质中，长度为 100～300 个碱基（酵母中最长的约 1 000 个碱基）的 RNA。每个细胞中多则可含有 10^5～10^6 个这种 RNA 分子，少的则不可直接检测到，它们由 RNA 聚合酶 II 或 RNA 聚合酶 III 所合成，其中某些像 mRNA 一样可被加帽。小分子 RNA 主要分为两类：一类是 snRNA（small nuclear RNA），存在于细胞核中；另一类是 scRNA（small cytoplasmic RNA），存在于细胞质中。

上述各种 RNA 分子均为转录的产物，mRNA 最后翻译为蛋白质，因而称为编码 RNA；而 rRNA、tRNA、snRNA 和 scRNA 等并不携带翻译为蛋白质的信息，其终产物就是 RNA，称为非编码 RNA。

第三节 基因

人们对基因的认识是不断发展的。19 世纪 60 年代，遗传学家孟德尔就提出了生物的性状由遗传因子（hereditary factor）控制的观点，这是基因的抽象概念，用于阐释遗传规律。20 世纪初期，遗传学家摩尔根通过果蝇的遗传实验证实基因存在于染色

视频：基因概念
的演变

体上，基因不再是抽象的符号，而成为染色体上的物质实体。20 世纪中叶，随着分子生物学的发展，尤其是沃森和克里克对于 DNA 双螺旋结构的提出，人们对基因本质的认识达到相对统一，即基因是具有遗传效应的 DNA 片段。

一、基因概念的发展

基因（gene）一词最早是在 1909 年由丹麦学者约翰逊提出的，用它来指在任何一种生物中控制任何性状而其遗传规律又符合孟德尔定律的遗传因子。约翰逊还提出了基因型和表型这两个术语，认为前者是一个生物的基因成分，后者是这些基因所表现的性状。1910 年摩尔根在野生型果蝇（红眼）群体中发现了白眼（white eye，w）突变型个体，首次说明基因可以发生突变。1911 年摩尔根又在果蝇杂交实验中发现决定白眼及短翅的基因位于同一染色体（X 染色体）上，两个基因间可以发生交换，不过直到 20 世纪 40 年代中期，都没有发现交换发生在一个基因内部的现象。因此他当时提出了一个基因是一个功能单位，也是一个突变单位和一个交换单位，即所谓"三位一体"的概念。

自 1944 年艾弗里等证实肺炎双球菌的转化因子是 DNA 以后，基因的分子本质是核酸这一论断逐渐成为普遍的共识。1955 年，本泽（S. Benzer）用大肠杆菌 T4 噬菌体作材料，在 DNA 分子水平上分析基因内部精细结构时，发现在一个基因内部的许多位点上可以发生突变，并且可以在这些位点之间发生交换，于是他提出了顺反子学说（cistron theory）。把基因定义为决定一条多肽链合成的功能单位——顺反子（cistron），但并不是一个突变单位和交换单位，因为一个基因可以包括许多突变单位（突变子，muton）和许多重组单位（重组子，recon）。

在 20 世纪 50 年代以前，人们认为基因的数目、位置和功能都是固定的，而且这些基因的位置与功能无关。而就在这一时期以及随后 20 余年的分子生物学研究中，越来越多不可思议的研究结果再次改变了人们对基因的认识。最具影响力的是跳跃基因、操纵子、断裂基因和重叠基因的发现。

20 世纪 50 年代初，美国科学家麦克林托克（B. McClintock）发表了两篇重要论文，阐述她在玉米籽粒颜色的研究中发现的跳跃基因（jumping gene），并提出了"移动控制基因学说"，她提出基因可以在细胞中自发移动，能从染色体上的一个位置跳跃到另一位置，甚至从一条染色体跳跃到另一条染色体。她把这种能自发转移的遗传基因称为转座因子（transposable element），并进一步阐明，转座因子除了具有跳动的特性之外，还具有控制其他基因开闭的作用。跳跃基因的概念与当时人们对基因的认识相悖，因而很长时间没有达成共识。直到在多种生物中证明基因确实可以移动以后，这一发现才得到公认。

1961 年，法国科学家莫诺（J. L. Monod）与雅可布（F. Jacob）在大肠杆菌乳糖代谢实验的基础上提出了操纵子学说（operon theory），开创了基因表达调控研究的先河。根据操纵子学说，并不是所有基因都能为肽链进行编码，能为肽链编码的基因称为结构基因；有些 DNA 区段，其本身并不进行转录，但对其邻近的结构基因的转录起到控制作用，称为启动基因和操纵基因。启动基因、操纵基因及调节基因与其共同控制下的一系列结构基因组成一个功能单位，称为操纵子（operon）。操纵子模型表明有些基因的功能和它所在的位置是有关联的。

20 世纪 70 年代以前，人们还认为基因的编码顺序是连续的。1977 年，美国的夏普（P. A. Sharp）和罗伯茨（R. J. Roberts）在腺病毒中发现基因在编码序列中间插入了无编码作用的序列，这类基因称为断裂基因（split gene）。随后人们在哺乳动物的核基因、酵母的线粒体基因以及某些感染真核生物的病毒中都发现了断裂基因，认识到真核基因的编码序列往往是不连续的，那些编码的序列称为外显子（exon），不编码的间隔序列称为内含子（intron）。

重叠基因（overlapping gene）也是在 1977 年前后发现的。美国哈佛大学的维纳（Weiner）在研究 Qβ病毒的基因结构时，首先发现了基因的重叠现象。随后，英国的桑格（F. Sanger）在测定噬菌体 ΦX174

的 DNA 的全部核苷酸序列时，发现噬菌体基因 D 中包含着基因 E，基因 E 的第一个密码子从基因 D 中的一个密码子 TAT 的中间开始，就是说两个基因之间存在着共有的一段 DNA 重叠序列。这一发现打破了原有的基因顺序排列、依次阅读的观念。

有趣的是，我们虽然在回顾着基因概念的发展历史，其实基因概念的发展还远没有结束。2006 年，《自然》杂志上发表了"基因是什么"的短文，文中引述了基因转录可以由编码某个蛋白质的 DNA 序列开始，而一直进入到另一个编码完全不同的蛋白质的基因，产生融合转录（fusion transcription）的现象。另外还提到 2005 年，弗莱沃（R. Flavell）等报道的人免疫系统的基因被另外染色体上的调控区域控制的现象，证明基因的延续甚至可以跨越染色体的界限。

基因的概念看来还有很大的探索空间，人们越来越倾向于不该给基因下一个简单的终极定义。同样是 2006 年这篇谈论基因概念的论文援引了 25 位科学家讨论后给基因下的一个相对松散的定义：基因是一个与调控区域、转录或功能序列相关联的，在基因组序列中可以找到的，对应于一个遗传单位的区域。

二、基因的功能形式

前面已经提到，基因的功能形式不一定是蛋白质，可能是 RNA（如 rRNA、tRNA），也可能是 DNA（如启动基因、操纵基因）。根据基因的功能形式的不同，可以将基因分为三类。

第一类基因是编码蛋白质的基因，称为编码基因。这类基因经转录、翻译，最终的功能产物是蛋白质。蛋白质的功能类型非常广泛，如酶蛋白、转运蛋白、调节蛋白、结构蛋白、免疫蛋白、运动蛋白等。人类基因组里编码基因的相关序列大约占 30%，其中与密码子对应的编码序列不足 3%。

第二类基因是只转录不翻译，没有对应的蛋白质产物的基因，称为非编码 RNA 基因。这类基因的最终产物就是 RNA，它们常与其他蛋白质形成复合物来行使功能。在本章第二节中，RNA 的种类部分，介绍了多种非编码的 RNA 分子。非编码 RNA 基因的功能非常丰富，可参与核酸、蛋白质的加工、转运，以及不同水平的基因表达调控过程。非编码 RNA 基因在基因组上的分布包括编码基因间隔区，以及编码基因的内部区域。这类基因是当前基因研究的新热点。

第三类基因是不转录的 DNA 片段，如原核生物操纵子中的启动基因和操纵基因，它们本身都不转录，但都能控制结构基因的转录。启动基因的作用是发出信号，操纵基因的作用是控制结构基因的转录速度。

三、真核编码基因的一般结构

尽管基因的含义越来越广泛，仍有绝对多的证据表明，编码蛋白质的基因，即所谓的结构基因是基因世界的主要角色。真核生物的结构基因（图 1-10）一般是断裂基因。一个断裂基因一般有多个外显子和内含子间隔出现。每个断裂基因在第一个和最后一个外显子的外侧各有一段非编码序列，有人称其为侧翼区。在侧翼区内有一系列的信号位点和调控元件，各调控元件通过与相应蛋白质分子结合调节基因的转录活性。

视频：真核基因的一般结构

（一）真核编码基因的结构框架

真核编码基因的结构框架，可以理解为 3 个层次。最内层的是它的编码部分，从翻译的起始密码子到翻译的终止密码子之间的序列，这段序列又被分成交替出现的外显子和内含子。编码部分的外侧是参与翻译调节的转录产物，初始转录产物起始于转录起始位点，终止于转录终止点。成熟 mRNA 起始密码子上游的转录区域称为 5'- 非翻译区（5'-UTR），其上游常含有 5'- 帽子结构；终止密码子下游的转录区域称为 3'- 非翻译区（3'-UTR），其下游常含有 3'-polyA 尾巴。在转录部分的外侧，则主要是转录调控位

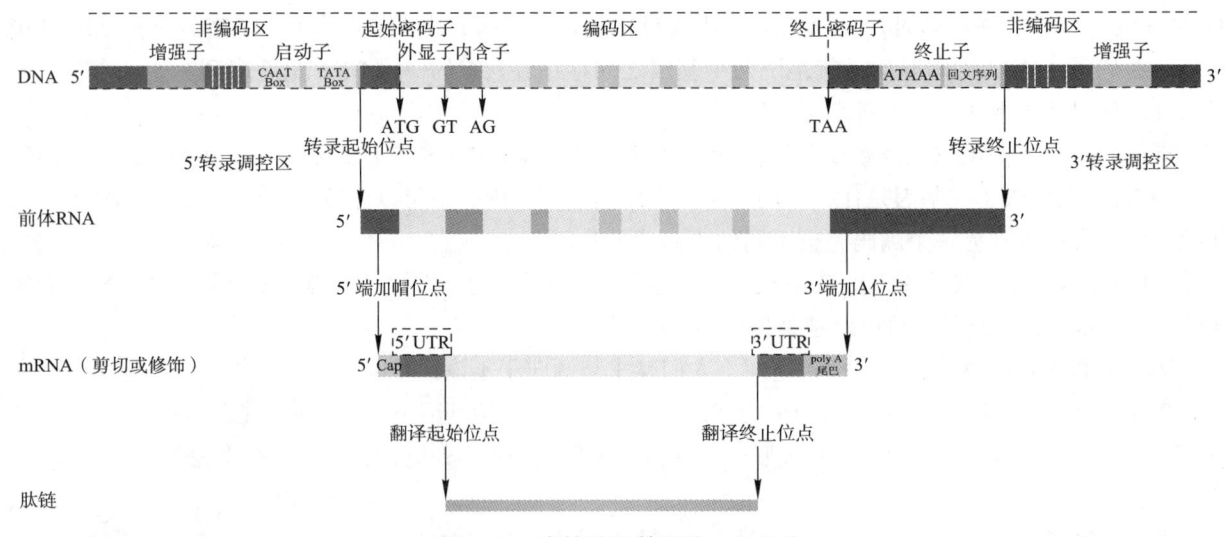

图 1-10 真核编码基因的一般结构

彩图：真核编码基因的一般结构

点，常包括启动子、增强子、沉默子等，这些序列位点虽然不直接生成转录产物，但对转录的活性起着至关重要的作用。

（二）真核编码基因的主要元件

1. 外显子和内含子

外显子（exon）是转录后，经过剪接，仍保留在成熟 RNA 中的部分。内含子（intron）则是外显子之间间隔的序列，包含在转录产生的前体 RNA 中，经 RNA 加工过程被剪切掉的部分。真核基因的编码序列往往是不连贯的，原核基因多为连续编码，但少数细菌基因中也发现有内含子序列，也有少量的真核编码基因是单一外显子的，即没有内含子的情况。外显子并非专指 mRNA 中的蛋白质编码序列，第一个外显子和最后一个外显子往往还分别包含了部分 5′-UTR 和 3′-UTR 序列。一些非编码 RNA 也含有外显子和内含子。

2. 启动子

启动子（promoter）是位于结构基因 5′ 端上游的一段 DNA 序列，能够指导 RNA 聚合酶与 DNA 模板的正确结合，活化 RNA 聚合酶，启动基因转录。也有一些启动子位于转录起始位点下游（如 tRNA 启动子）。启动子一般可以分为两类：一类是 RNA 聚合酶可以直接识别的启动子，另一类启动子在和 RNA 聚合酶结合时需要有蛋白质辅助因子的存在。两类启动子的活性都受到蛋白质因子的调节。

3. 增强子和沉默子

增强子（enhancer）也是指一段特定的 DNA 序列，它的作用是增加同它连锁的基因的转录频率。增强子多为重复序列，一般长约 50 bp，通常有 8~12 bp 的核心序列。第一个增强子是在 SV40 中发现的，它能大大提高 SV40 DNA/ 兔 β- 血红蛋白融合基因的表达水平。有人发现，如果将 β 珠蛋白基因放在含有 72 bp 重复的 DNA 分子中，它的转录活性可提高约 200 倍，甚至当此 72 bp 顺序位于离转录起点上游 1 400 bp 或更远的位置时仍有作用。增强子的作用不受它所处的位置、作用方向以及与靶基因的距离远近的影响。

沉默子（silencer）也是与基因表达有关的调控序列，参与基因表达的负调控过程。沉默子通过与有关蛋白质的结合，可以抑制基因的转录。与增强子相似，沉默子也可以远距离作用于启动子，其对基因转录的阻遏作用亦没有方向的限制。

4. 绝缘子

绝缘子（insulator）是通常位于启动子同正调控元件（增强子）或负调控因子之间的一种调控序列，

长约几百个碱基。绝缘子本身对基因的表达既没有正效应，也没有负效应，它的作用只是不让其他调控元件对基因的活化效应或失活效应发生作用。绝缘子的效应并不取决于绝缘子同启动子的相对位置，有些绝缘子位于启动子上游，有些位于下游。绝缘子的作用是有方向性的。在果蝇（*D. melanogaster*）实验中发现，果蝇黄体基因座（*y*）上插入转座子 *gypsy* 后，会造成有些组织中的 *y* 基因失活，但有些组织中 *y* 基因仍然有活性，其原因即在于转座子 *gypsy* 的一端有一个绝缘子序列。研究表明，当绝缘子的插入位置沿着 *y* 基因座移动时对不同组织中 *y* 基因表达的效应不同。

第四节　DNA 的复制

　　为了保证遗传的稳定性，在每次细胞分裂之前，遗传信息载体 DNA 必须精确地复制自己，随着细胞的分裂准确地传递给子代细胞。所谓 DNA 复制（DNA replication），是指以亲代 DNA 分子为模板合成新的与亲代模板结构相同的子代 DNA 分子的过程。沃森和克里克在 DNA 双螺旋模型中确立了碱基互补配对的原则，为揭示 DNA 复制过程奠定了基础。

视频：DNA 复制

一、DNA 复制的基本原理

（一）复制的基本法则

1. 半保留复制

　　DNA 在复制过程中，首先是互补配对的碱基间氢键断裂并使双链解旋和分开，然后以每条链为模板，再按照碱基互补配对原则，由 DNA 聚合酶催化合成新的互补链，结果由一条双链复制成两条双链分子，所形成的两个 DNA 分子与原来的 DNA 分子的碱基序列完全相同。在此过程中，每个子代双链中的一条链来自亲代 DNA，另一条链则是新合成的，这种复制方式称为半保留复制（semi-conservation replication）。半保留复制机制由沃森和克里克提出。1958 年，梅赛尔森（M. Meselson）和斯塔尔（F. W. Stahl）利用大肠杆菌培养实验证实了半保留复制模型的正确性（图 1-11）。

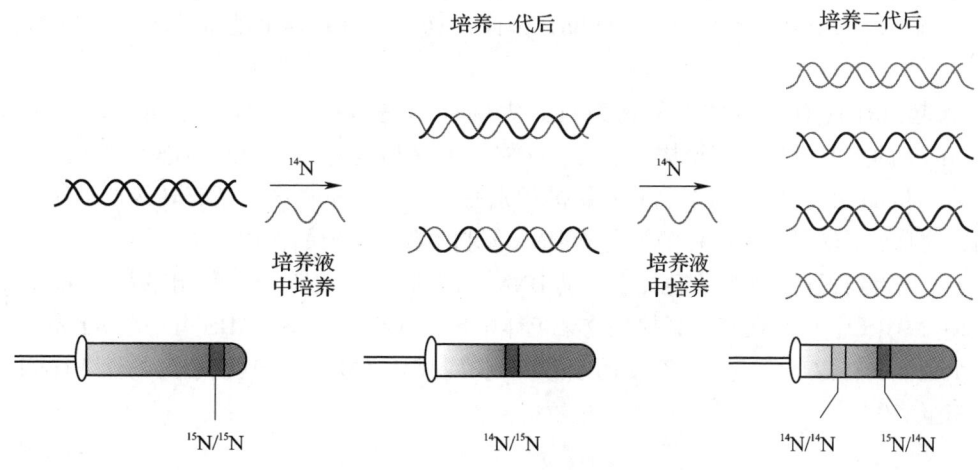

图 1-11　DNA 半保留复制示意图

2. 半不连续复制

DNA 双螺旋的两条链是反向平行的，复制时，两条链解开形成复制泡（replication bubble），DNA 向单侧或双侧复制形成一个或两个复制叉（replication fork）。以复制叉移动的方向为基准，一条模板链延 3′→5′ 方向打开，以此为模板而进行的新生 DNA 链的合成沿 5′→3′ 方向连续进行，这条链称为前导链（leading strand）；另一条模板链打开的方向为 5′→3′，但是，由于生物细胞内所有催化 DNA 合成的聚合酶只能催化 5′→3′ 延伸，以此链为模板的 DNA 合成也是沿 5′→3′ 方向进行的，这与复制叉前进的方向相反，而且是分段、不连续合成的，这条链称为滞后链（lagging strand），滞后链合成过程中产生的不连续片段称为冈崎片段（okazaki fragment）（图 1-12）。冈崎片段在 1960 年代由冈崎令治和冈崎津子等发现，并于 1968 年，通过实验获得了不连续 DNA 的证据。这种前导链的连续复制和滞后链的不连续复制在生物中是普遍存在的，称为 DNA 合成的半不连续复制（semidiscontinuous replication）。

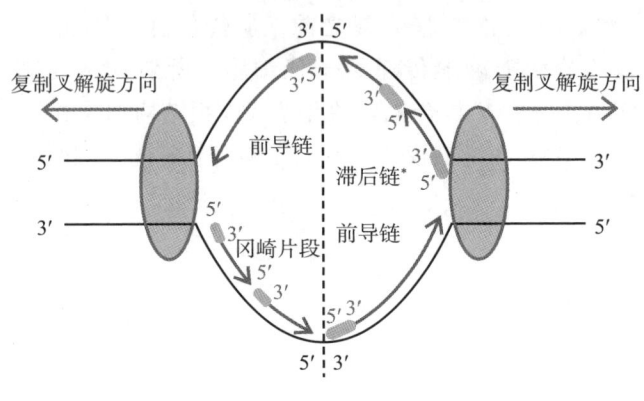

彩图：DNA 复制的
复制泡和复制叉

图 1-12　DNA 复制的复制泡和复制叉
* 一段一段的冈崎片段去除中间引物，最后连接成滞后链

（二）复制起点和复制子

在生物细胞中，DNA 复制要从 DNA 分子上特定位置开始，这个特定的位置称为复制起点（origin of replication），用 ori 表示。DNA 复制从起点开始单向或双向进行，每一个从起点到终点的 DNA 复制单位称为一个复制子或复制单元（replicon）。原核生物的染色体上只有一个复制起点，复制从起点开始，直到整条染色体复制完成为止，因此原核生物染色体上只有一个复制子。而在真核生物中，每个 DNA 分子有许多个复制子，每个复制子长 40～200 kb，因此，真核细胞 DNA 的复制是由许多个复制子共同完成的。

DNA 复制起点往往有其结构上的特殊性。大肠杆菌是研究染色体复制起点（orgin of chrosomal replication，oriC）的重要模型。其结构特点为：①在 oriC 区域内有一系列对称排列的反向重复序列，即回文结构（palindrome），该区域与复制酶系统的识别有关。②在 oriC 区中还有转录启动区（启动子）的核苷酸序列，这暗示了转录在大肠杆菌染色体 DNA 复制中起着重要的作用。

在酵母中分离得到了真核生物染色体上启动 DNA 复制的序列，称为自主复制序列（autonomously replicating sequence，ARS）。后来在其他真核生物染色体中也确证存在 ARS。ARS 有一个 AT 富集区，这个区域内有若干个位点，当这些位点发生突变时会影响到复制起始的功能，其核心区的保守序列缺失后，复制起始功能完全消失。

（三）参与 DNA 复制的有关酶和蛋白质

DNA 复制实际上就是 DNA 指导的 DNA 合成过程。因此，必须有 DNA 作为复制的模板，新合成 DNA 的特异性取决于模板 DNA。三磷酸脱氧核苷酸（dATP，dGTP，dCTP，dTTP）是 DNA 合成的原料，在酶和其他蛋白质的参与下合成DNA。DNA复制所需的主要酶类包括DNA聚合酶、解旋酶、拓扑异构酶、引物酶、连接酶等。

1. DNA聚合酶

1956年，科恩伯格（A. Kornberg）及其同事在大肠杆菌中发现了DNA聚合酶Ⅰ（DNA polymerase Ⅰ，DNA–pol Ⅰ），此后，陆续在大肠杆菌中发现了DNA聚合酶Ⅱ、Ⅲ、Ⅳ和Ⅴ。这类酶的共同性质是：①具有5′→3′聚合活性，而没有3′→5′聚合活性，因而DNA只能沿5′→3′方向合成。②催化dNTP加到生长中的DNA链的3′–OH末端，不具有直接起始合成DNA的能力，因而需要有引物序列的存在，为其提供游离的3′–OH末端。③具有核酸外切酶活性，可对DNA合成过程中发生的错误加以校正，保证DNA复制的准确性。

DNA–pol Ⅰ的主要功能有：5′→3′聚合酶活性；3′→5′外切酶活性——校对作用，即从3′→5′方向识别和切除不配对的DNA生长链末端的核苷酸（图1–13A）；5′→3′外切酶活性——切除修复作用，即从5′→3′方向水解DNA生长链前方的DNA链，每次可以切除10个核苷酸。DNA–pol Ⅰ的外切活性在DNA损伤的修复中起着重要作用，冈崎片段5′端RNA引物的去除也依赖此酶的外切活性（图1–13B）。

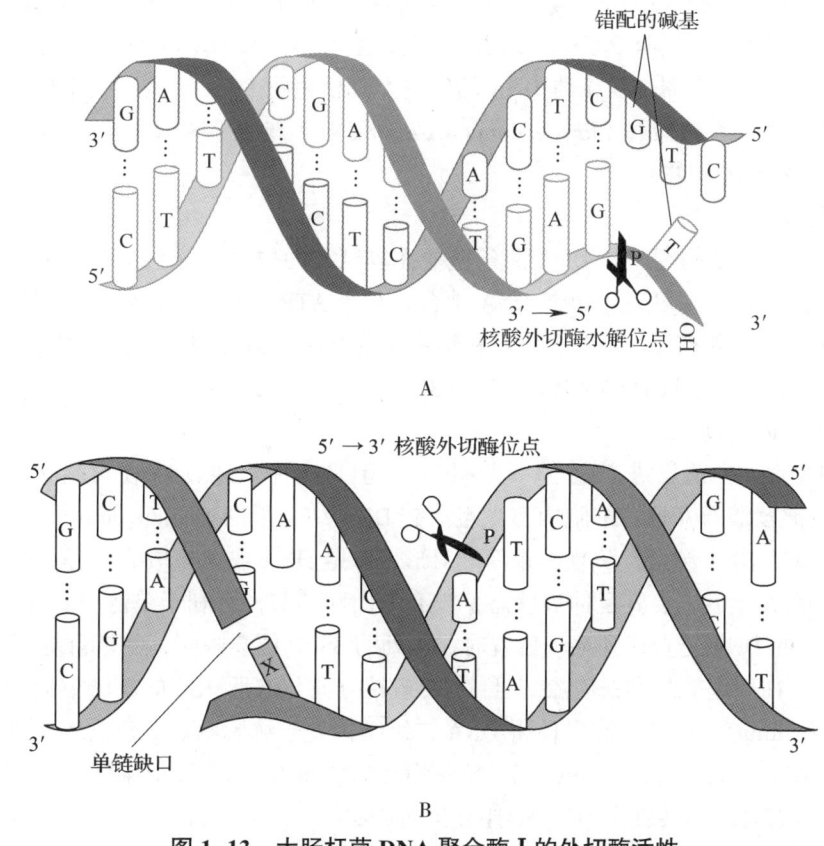

图1–13　大肠杆菌DNA聚合酶Ⅰ的外切酶活性

A. 3′→5′外切酶活性　B. 5′→3′外切酶活性

尽管DNA–pol Ⅰ是第一个被鉴定的DNA聚合酶，但它并不是大肠杆菌DNA复制的主要聚合酶。研究发现在大肠杆菌的一个突变株中，DNA–pol Ⅰ的活力只有野生型的1%，但是DNA复制却正常，而且发现此突变株增加了对紫外线、烷化剂等突变因素的敏感性。这表明该酶与DNA复制关系不大，但在DNA修复中起着重要的作用。

大肠杆菌DNA聚合酶Ⅱ（DNA polymerase Ⅱ，DNA–pol Ⅱ）是1970年发现的，其活性只有DNA–pol Ⅰ的5%。该酶的催化特性有：5′→3′聚合活性，其最适模板是双链DNA中间有空隙（gap）的单链DNA部分，而且该单链空隙部分不长于100个核苷酸；具有3′→5′外切酶活性，但没有5′→3′外切酶活性。

DNA-pol Ⅱ 也不是 DNA 复制的主力聚合酶，因为此酶缺陷的大肠杆菌突变株 DNA 复制正常。DNA-pol Ⅱ 的主要功能在于参与 DNA 的损伤修复。

大肠杆菌 DNA 聚合酶Ⅲ（DNA polymeraseⅢ，DNA-pol Ⅲ）是 DNA 复制的主力聚合酶。大肠杆菌 DNA-pol Ⅲ 全酶由多种亚基组成（$\alpha\varepsilon\theta\tau\gamma\delta\beta$），其每个细胞中的 DNA 聚合酶Ⅲ只有 10～20 个拷贝。尽管该酶在原核细胞内存在的数量较少，但催化 DNA 链延长的速率很高，可达到 45 000 核苷酸 /min，大约是 DNA 聚合酶Ⅰ的 15 倍，DNA 聚合酶Ⅱ的 300 倍。DNA-pol Ⅲ 具有 $5' \rightarrow 3'$ 聚合酶活性，$3' \rightarrow 5'$ 外切酶活性，但不具有 $5' \rightarrow 3'$ 外切酶活性。其 $3' \rightarrow 5'$ 外切酶活性的最适底物是单链 DNA，每次只能从 $3'$ 端开始切除一个核苷酸，可起到边合成边校对修复的作用。DNA 聚合酶Ⅲ是细胞内 DNA 复制所必需的酶，缺乏该酶的温度突变株在限制温度（nonpermissive temperature）内是不能生长的，此种突变株的裂解液也不能合成 DNA，但加入 DNA 聚合酶Ⅲ则可以恢复其合成 DNA 的能力。

真核生物中已发现的 DNA 聚合酶有十几种，常见的有 DNA 聚合酶 α、β、γ、δ 和 ε 五种。聚合酶 α 本身并不能进行长片段合成，它与引发酶协作，能在前导链及每个冈崎片段的起始处形成 RNA 引物，聚合酶 α 可以使引物延伸约 20 个 DNA 核苷酸，而后主要的延伸任务还是由聚合酶 δ 完成。聚合酶 δ 被认为是催化真核生物 DNA 复制的主力酶，具有持续合成能力，同时具有 $3' \rightarrow 5'$ 外切酶活性，可以起到修复作用。DNA 聚合酶 β 和 ε 均具有 $3' \rightarrow 5'$ 外切酶活性，主要用于核 DNA 的修复。聚合酶 γ 由核基因编码，却作用于线粒体中，负责催化线粒体 DNA 的复制。真核生物 DNA 复制过程中也需要从冈崎片段中去除 RNA 引物，由侧翼内切核酸酶（flap endonuclease，FEN1）与位于冈崎片段 $3'$ 端的 DNA 聚合酶 δ 相结合，降解相邻片段的 $5'$ 端引物。

2. 其他酶和蛋白质

DNA 复制涉及的第一个问题就是 DNA 两条链要在复制叉的位置解开。解旋酶（helicase）可以促使 DNA 在复制叉处打开双链，并可以和单链 DNA 结合，利用 ATP 分解成 ADP 时产生的能量沿 DNA 链向前运动，促使 DNA 双链不断打开。目前，大肠杆菌中发现有两种解旋酶参与这个过程，一种称为解旋酶Ⅱ或解旋酶Ⅲ，与滞后链的模板 DNA 结合沿 $5' \rightarrow 3'$ 方向运动；第二种称为 Rep 蛋白，和前导链的模板 DNA 结合沿 $3' \rightarrow 5'$ 方向运动。

解旋酶沿复制叉方向向前推进产生了一段单链区，但是这种单链 DNA 在自然状态下会很快重新配对形成双链 DNA 或被核酸酶降解。细胞内有大量单链 DNA 结合蛋白（single strand DNA binding protein，SSBP）能很快地和单链 DNA 结合，防止其重新配对形成双链 DNA 或被核酸酶降解。SSBP 不具备酶的活性，它结合到单链 DNA 上后，使其呈伸展状态，没有弯曲和结节，有利于单链 DNA 作为模板。SSBP 可以重复使用，当新生的 DNA 链合成到某一位置时，该处的 SSBP 便会脱落，并被重复利用。

DNA 在细胞内往往以超螺旋状态存在，当 DNA 扭转方向与双股螺旋的旋转方向相同时，称为正超螺旋（positive supercoiling），正超螺旋力使得 DNA 二级结构处于缠紧状态。反之若扭转方向与双股螺旋相反，则称为负超螺旋（negtive supercoiling），负超螺旋力使得 DNA 二级结构处于松弛状态。同一 DNA 分子不同的超螺旋状态之间的转变由 DNA 拓扑异构酶（DNA topisomerase）催化。DNA 拓扑异构酶有两类，一类叫拓扑异构酶Ⅰ，一类叫拓扑异构酶Ⅱ。拓扑异构酶Ⅰ可以暂时切断一条 DNA 单链，让另一条未被切割的单链在切口接合之前穿过这一缺口，从而使超螺旋 DNA 松弛化，随后再将切断的单链 DNA 连接起来，此过程不需要任何辅助因子。拓扑异构酶Ⅱ能瞬间切断 DNA 双链，在缺口闭合前使另一双链 DNA 片段穿过，并可引入负超螺旋。拓扑异构酶Ⅱ需要 ATP 水解为 ADP 以供能。研究发现，生物体内负超螺旋一般稳定在 5% 左右。机体通过拓扑异构酶Ⅰ和Ⅱ的作用使 DNA 超螺旋达到一个稳定状态。

大肠杆菌的引物酶（primase）催化引物 RNA 分子的合成。它和传统的 RNA 聚合酶不同，引物酶是仅用于特定环境的 RNA 聚合酶，它只在复制起点处合成 11～12 个碱基的 RNA 引物，从而引发 DNA 的复制。但在单链噬菌体 M13 DNA 和质粒 ColE1 DNA 复制时，引物的合成是由 RNA 聚合酶催化的。

DNA 连接酶（DNA ligase）的主要功能是在 DNA 聚合酶Ⅰ催化下聚合填满双链 DNA 上的单链间隙

后，封闭 DNA 双链上的缺口，在 DNA 复制过程中形成连接冈崎片段的磷酸二酯键，在 DNA 复制、修复和重组中起着重要的作用，连接酶有缺陷的突变株不能进行 DNA 复制、修复和重组。

二、DNA 复制的一般过程

DNA 复制过程大致可以分为复制的起始、DNA 链的延伸和复制的终止 3 个阶段。这里以大肠杆菌 *E.coli* 为例讲述 DNA 复制的一般过程。

（一）DNA 复制的起始

DNA 复制起始包括 DNA 复制起点双链解开，通过转录激活步骤合成 RNA 分子，RNA 引物合成，DNA 聚合酶将第一个脱氧核苷酸加到引物 RNA 的 3′-OH 端这一系列的过程。复制起始的关键是在前导链 DNA 聚合作用开始之前，由 RNA 聚合酶（不是引物酶）沿滞后链模板转录一段短的 RNA 分子，在大部分 DNA 复制中，这段 RNA 分子并不起到引物的作用，它的作用似乎只是分开两条 DNA 链，暴露出某些特定序列，以便引发体与之结合并开始合成 RNA 引物，这个过程称为转录激活（transcriptional activation）。

DNA 复制起始的一般过程是：首先，特异性识别复制起点的启动蛋白结合在复制起点上，形成蛋白质–DNA 复合物；接着，DNA 解旋酶与该复合物结合，在复制起点处将 DNA 双链解开，形成复制泡，通过转录激活合成的 RNA 分子也起到分离两条 DNA 链的作用；接下来，单链 DNA 结合蛋白结合在被解开的单链上，保持 DNA 的伸展状态；然后，多种复制因子与单链 DNA 结合，进一步再与引物酶（primase）组装成引发体（primosome）；引发体可以在单链 DNA 上移动，前导链上由引物酶催化合成一段 RNA 引物，在滞后链上，引发体沿 5′→3′ 方向移动，间隔一定距离反复合成 RNA 引物供 DNA 聚合酶Ⅲ合成冈崎片段。RNA 引物合成后，即可为 DNA 聚合酶提供 3′ 游离羟基，开始 DNA 的延伸过程。

（二）DNA 链的延伸

DNA 新生链的延伸合成由 DNA 聚合酶Ⅲ催化。此过程中，DNA 在解旋酶的作用下不断解开双链，并由单链结合蛋白与模板链结合以稳定其单链状态，使复制叉向前移动。由于 DNA 的解链，在 DNA 双链区势必产生正超螺旋，在环状 DNA 中更为明显，当达到一定程度后就会造成复制叉难以继续前行，阻止 DNA 复制。但是，细胞内 DNA 的复制并不会因此而停止。这是由于拓扑异构酶的存在，将解螺旋产生的正超螺旋恢复成负超螺旋，或引入新的负超螺旋，保证了 DNA 复制叉能够继续顺利地解链。

图 1-14 是一个复制叉的前行状态。前导链的合成方向与复制叉移动的方向一致，DNA 聚合酶Ⅲ接续 RNA 引物由 5′→3′ 方向延伸，连续合成一条与模板配对的新链。对于滞后链而言，每个 RNA 引物仅能引导合成一个短的冈崎片段。当新合成的 DNA 链到达前一次合成的冈崎片段的位置时，滞后链模板及刚合成的冈崎片段便从 DNA 聚合酶Ⅲ上释放出来。这时，由于复制叉继续向前运动，便产生了新的一段滞后链模板，在新的 RNA 引物的引导下，重新与 DNA 聚合酶Ⅲ结合，合成又一段滞后链冈崎片段。当冈崎片段形成后，DNA 聚合酶Ⅰ通过其 5′→3′ 外切酶活性切除冈崎片段上的 RNA 引物，同时，利用后一个冈崎片段作为引物由 5′→3′ 合成 DNA，相邻两个冈崎片段由 DNA 连接酶连接起来，最终形成完整的 DNA 滞后链。尽管滞后链的合成是一段一段进行的，从局部看 DNA 聚合酶Ⅲ的 5′→3′ 聚合作用是逆复制叉前进的，但子链合成的总方向仍然与复制叉移动的方向相一致。

（三）DNA 复制的终止

在 DNA 上也存在着复制终止区（terminus region），当子链延伸达到复制终止区时，DNA 复制在终止复合物的参与下停止。在复制的终止阶段需要进行 RNA 引物切除、缺口补齐与冈崎片段的连接，以产生

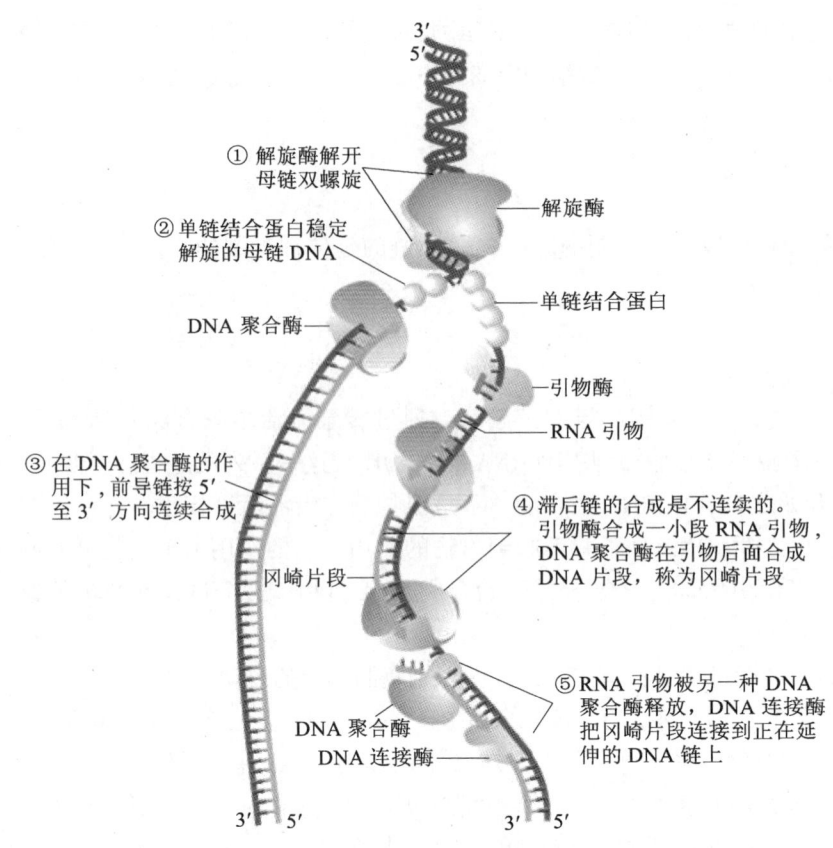

图 1-14 DNA 链的延伸过程

完整的 DNA 链。环状 DNA 与线状 DNA，单向复制与双向复制终止的情况各异。环状 DNA 复制到最后，由 DNA 拓扑异构酶 II 切开双链 DNA，将两个 DNA 分子分开成为两个完整的与亲代 DNA 分子一样的子代 DNA。线状 DNA 双向复制的复制终点不固定。

三、真核生物 DNA 复制的特点

视频：真核生物
DNA 复制特点

真核生物 DNA 的复制过程与原核生物基本相同。但由于真核生物细胞内 DNA 含量比原核生物大得多，而真核生物的核 DNA 与组蛋白一起构成核小体，以染色质形式存在于细胞核中，并且真核生物染色体的末端存在端粒区域等特殊的结构，因此其复制比原核生物更加复杂。

（1）真核生物 DNA 复制发生在细胞周期的特定时期。不同类型细胞的分裂周期差异很大。终末分化的细胞不再分裂，也不进行 DNA 复制。周期性细胞的 DNA 复制发生在细胞分裂间期的 S 期，要在第一轮复制结束后才会开始第二轮复制。而原核生物在整个细胞生长过程中都可以进行 DNA 复制，其复制起点可以连续发动复制，在第一轮复制尚未结束前，第二轮复制就可以开始。

（2）真核生物 DNA 复制是多起点的。真核生物一条染色体上的 DNA 含量远大于原核生物整个细胞的 DNA 含量，真核生物染色体 DNA 复制是通过将其分成一个个的复制子来完成的，各个复制子在 S 期并不是同时被激活的。根据真核生物 DNA 的复制速率推算，如果所有复制子同时复制，一个哺乳动物细胞基因组可以在 1 h 内完成复制，但一个普通体细胞 S 期持续时间大于 6 h，说明在任何给定的时间内其被活化的复制子平均不超过 15%。真核生物复制起点的数目可根据发育的特点而调节，往往在发育早期利用更多的复制起点，以加快总体的复制速度。

（3）真核生物 DNA 复制的碱基速率一般较原核生物慢，冈崎片段也较短。如细菌的复制速率约为

50 kb/min，而小鼠的仅为 2.2 kb/min。细菌滞后链上合成的冈崎片段的长度一般为 1 000 ~ 2 000 个核苷酸，而哺乳动物的冈崎片段只有 100 ~ 200 个核苷酸。但由于真核生物染色体有多个复制子，从整个染色体复制所需的时间而言，真核生物的复制速度并不比原核生物慢，有的反而更快。

（4）真核生物染色体端粒的复制。真核生物的染色体 DNA 分子是线性的，与环状 DNA 分子不同，线性 DNA 分子的最末端 RNA 引物切除后，由于没有游离的 3′–OH，会导致 5′ 末端无法合成而带来缺失。由于每次复制都存在这一问题，随着复制次数的增加，子代链会逐渐变短，造成遗传信息的丢失。真核生物染色体末端存在一种特殊的结构——端粒（telomere）（图 1–15），它一方面可以提供转录 DNA 的缓冲物，另一方面还能保护染色体的末端免于融合或退化。端粒由短序列串联重复和端粒结合蛋白组成，不同物种的染色体端粒的重复序列存在差异，哺乳动物和鸟类染色体端粒的重复序列中都有一个 TTAGGG 保守序列，串联重复序列的长度约 2 ~ 20 kb。

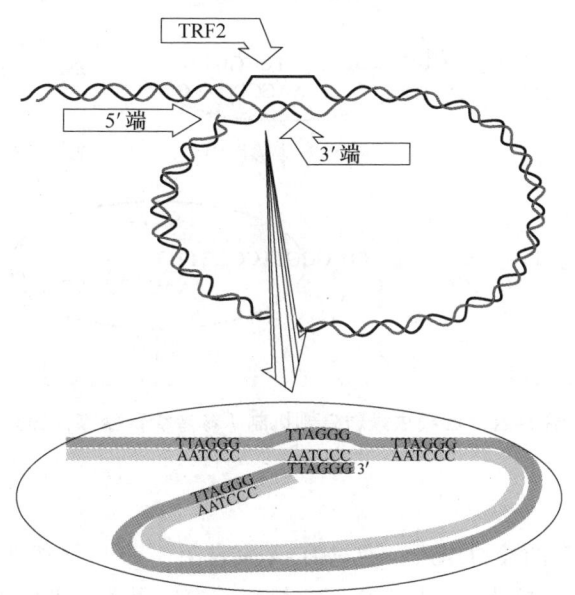

图 1–15 哺乳动物染色体端粒结构（引自卢因，2005）

端粒的缩短会影响细胞的寿命，严重缩短的端粒是细胞老化的信号。在某些需要无限循环复制的细胞中，端粒的长度是可以被恢复的，这主要依靠端粒酶来完成。端粒酶（telomerase）是一种核糖核蛋白，含有 RNA 分子。1987 年，格雷德（C. Greider）和布莱克本（E. H. Blackburn）在四膜虫中分离纯化到了能合成端粒重复序列的端粒  视频：端粒与端粒酶

酶。四膜虫的端粒重复序列是 GGGGTT，其端粒酶的 RNA 分子上含有一段与端粒重复序列互补的序列 CAACCCCAA，如图 1–16 所示，当端粒酶与端粒结合后，端粒酶中的 RNA 与端粒突出的单链末端配对，延伸端粒的 3′ 端，完成一个重复序列单位的合成，然后端粒酶脱落并重新结合到新的端粒末端，再次延伸 3′ 端，如此可重复上百次，使端粒的 3′ 端延伸数百个碱基。新延伸的单链 DNA 区域可以作为 DNA 复制的模板，以端粒酶的 RNA 序列为引物合成其互补的端粒序列，从而填补了复制所造成的端粒序列缺失。端粒酶通常出现在胚胎组织、生殖细胞、炎性细胞、更新组织的增生细胞及肿瘤细胞中，端粒酶的活性在许多体细胞中特别是分化成熟的细胞中是关闭的。

四、DNA 复制的真实性

DNA 复制错误率约为 10^{-9}，人类基因组约有 3.2×10^9 个碱基对，在一次复制中大约可能发生 6 个碱基的错误。如何保障 DNA 复制高度的准确性呢，人们发现在细胞内除了碱基配对原则的指导外，还存在

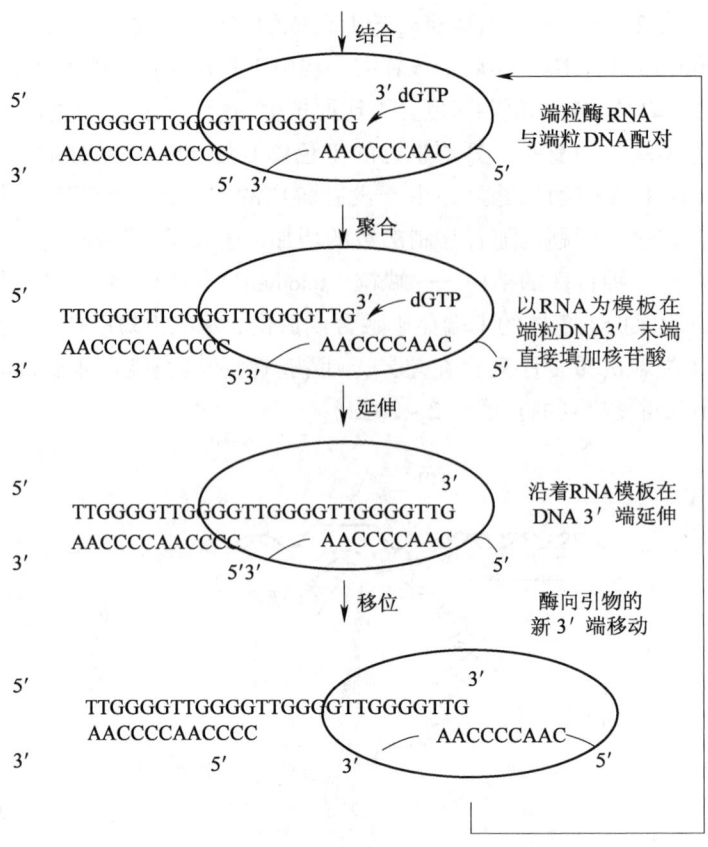

动画：端粒修复过程

图1-16 四膜虫端粒复制机制（参考徐晋麟等，2001）

着多种校正机制。

首先是 DNA 聚合酶本身的校对作用，通过 DNA 聚合酶 $3' \rightarrow 5'$ 外切活性，及时将不正确插入的核苷酸切除掉，重新加上正确的核苷酸。相对于每个核苷酸模板而言，非配对的错误核苷酸掺入的概率为 $10^{-5} \sim 10^{-4}$，错配后 DNA 聚合酶本身的校对作用使错误核苷酸保留的概率为 $10^{-5} \sim 10^{-4}$。这样，每掺入一个核苷酸，发生错误的机会就只有 $10^{-10} \sim 10^{-8}$。在 DNA 聚合酶的校正下，错配碱基留在新生链中的机会已经很小，但仍可能有少量的错误，复制校验系统还要进行二次校正。这个二次校阅系统所识别的不是错配的具体核苷酸，而是由于错配造成的螺旋外部扭曲。在准确区分新生子链与模板链的前提下，系统将对新链中错配的核苷酸消除和校正，进一步确保复制的准确性。另外，DNA 复制起始时掺入的核苷酸往往容易出错，但 DNA 合成起始时及冈崎片段合成开始时都有 RNA 引物，RNA 引物最终要被切除掉，这也提高了 DNA 复制的准确性。真核生物 DNA 聚合酶不直接具有校对功能，因此，还应该存在其他校正机制以保证 DNA 复制的准确性。

五、RNA 复制

有少量物种不含 DNA，如一些动物或植物病毒，它们以 RNA 为遗传物质，称为 RNA 病毒。除逆转录病毒外，RNA 病毒进入宿主细胞后，可以进行 RNA 复制，即以 RNA 为模板，在 RNA 复制酶的催化下合成 RNA。RNA 复制酶缺乏校正功能，因此 RNA 复制的错误率很高，这也是 RNA 病毒变异快的原因。

第五节 DNA 的转录

转录（transcription）是以 DNA 中的一条单链为模板，4 种核糖核苷酸（ATP、CTP、GTP 和 UTP）为原料，在依赖于 DNA 的 RNA 聚合酶催化下合成 RNA 链的过程。转录是基因表达的第一阶段，并且是基因功能调节的主要环节。DNA 上的转录区域称为转录单位（transcription unit）。

视频：基因的转录

一、转录的一般特点

转录与复制都是在聚合酶的催化下，以 DNA 为模板的合成过程。其合成反应也都是按照碱基互补配对的原则，沿着 $5' \rightarrow 3'$ 的方向进行。但是，复制是基因组信息的精确拷贝过程，而转录是基因组遗传信息的选择性表达过程，二者在功能和过程等方面都存在着明显的差异。

转录的模板只是 DNA 的特定区段，而且一般只在 DNA 的一条链的指导下合成 RNA，与新合成 RNA 配对的链称为模板链（template strand），模板链的对偶链称为非模板链（nontemplate strand）或编码链（coding strand）。RNA 聚合酶不需要 $3'$ 游离羟基，因而转录过程是从头起始的，没有引物的参与。当然，RNA 合成所用的原料都是核糖三磷酸（rNTP），而且合成的 RNA 链上 T 碱基被 U 碱基所替代。在真核生物中，转录的产物需要加工成熟以后才具有功能。

二、RNA 聚合酶

大肠杆菌 mRNA、rRNA 和 tRNA 的合成由同一种 RNA 聚合酶催化，该酶由 6 个亚基（$\alpha_2\beta\beta'\omega\sigma$）组成，$\alpha_2\beta\beta'\omega$ 5 个亚基构成核心酶（core enzyme），核心酶与 σ 亚基构成全酶（holoenzyme）。其中，α 亚基与 RNA 聚合酶四聚体核心（$\alpha_2\beta\beta'$）的形成有关；β 亚基含有核苷三磷酸的结合位点；β' 亚基含有与 DNA 模板的结合位点；ω 亚基可能提供保护功能；σ 因子只与转录的起始有关，其主要作用就是识别转录的起始位置，与链的延伸没有关系，一旦转录开始，σ 因子就被释放，而链的延伸由核心酶催化。核心酶具有聚合酶的活性，但不能起始 RNA 的合成。不同原核生物都具有基本相同的核心酶，但 σ 因子有所差别，σ 因子决定着原核生物基因的选择性表达。

真核细胞的转录机制较为复杂。真核细胞内负责转录的 RNA 聚合酶有 3 种，称为 RNA 聚合酶 I、II 和 III。它们位于细胞的不同部位，每种酶负责不同种类的 RNA 合成。3 种 RNA 聚合酶的作用特点见表 1-2。

表 1-2 真核细胞的 3 种 RNA 聚合酶的作用特点

酶	位置	产物	活性比较	对 α- 鹅膏蕈碱的敏感性
RNA 聚合酶 I	核仁	28S, 18S, 5.8S rRNA	50% ~ 70%	不敏感
RNA 聚合酶 II	核质	mRNA, 某些 snRNA, miRNA	20% ~ 40%	高度敏感
RNA 聚合酶 III	核质	tRNA, 5S rRNA, 某些 snRNA	约 10%	片段特异, 中度敏感

注：α- 鹅膏蕈碱为一种八肽毒素，在真核细胞核内抑制 mRNA 的催化合成

RNA 聚合酶 II 主要负责 mRNA 前体——核不均一 RNA（hnRNA）的合成，以及绝大多数的 snRNA 和 miRNA 前体的合成，与遗传调节的关系最为直接，因此聚合酶 II 是目前的研究热点之一。

三、转录的一般过程

原核生物与真核生物的转录过程大致相同，可以分为转录的起始、RNA 链的延伸和转录的终止 3 个阶段。下面以大肠杆菌（*E. coli*）为例讲述转录的一般过程。

（一）转录的起始

基因的转录不是随机发生的，而是在一定的信号驱使下，从特定的转录起始位点开始的。在大肠杆菌中，首先是 RNA 聚合酶全酶在 σ 因子的作用下识别并结合到 DNA 的启动子上，在 –35 序列区域形成封闭的全酶 – 启动子二元复合体（closed binary complex），此时启动子区域的 DNA 双链没有打开。全酶继续延模板滑动，达到 –10 序列区域的 TATA 框位点，在 RNA 聚合酶的作用下使 DNA 双链解开，形成开放的全酶 – 启动子二元复合体（open binary complex），暴露出 DNA 单链，形成转录泡（transcription bubble）。当全酶移动到转录起始位点，第一个核苷酸与 DNA 模板配对，形成酶 – 启动子 – 核苷三磷酸三元复合物，接下来加入核苷酸时不伴随任何酶的移动，直到产生一条由 8~9 个碱基组成的短 RNA 链为止，σ 因子被释放（图 1–17），留下核心酶。转录起始位点表示为 +1 位，起始位点的上游区域为负区，下游区域为正区。例如 "–10 bp" 表示转录起始位点上游第 10 个碱基的位置。σ 因子从全酶上解离后，可再与新的核心酶结合，留下的核心酶与模板的亲和性下降，有利于其在模板上移动，催化 RNA 链的延伸。

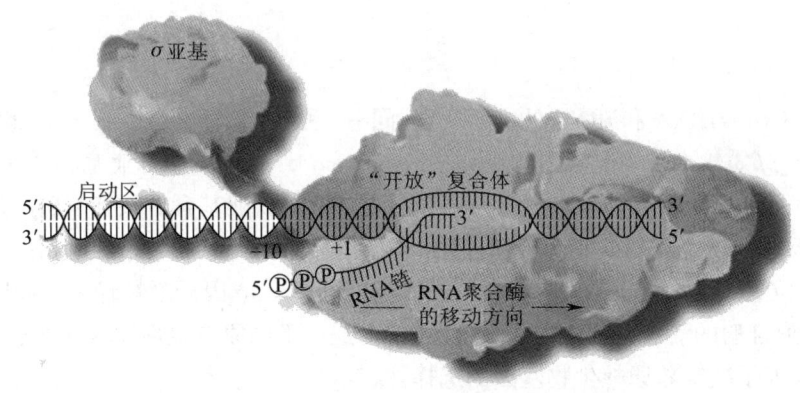

图 1–17 大肠杆菌 RNA 聚合酶 σ 亚基的解离

（二）RNA 链的延伸

RNA 链的延伸过程中，RNA 聚合酶（核心酶）沿着模板 DNA 链 3′ → 5′ 方向移动，推动转录泡不断前移，前方的 DNA 双链继续解开，新的核糖核苷酸按照与模板碱基配对的原则沿着 5′ → 3′ 方向不断合成，形成 RNA–DNA 杂交体。随着核心酶的移动，已转录的 DNA 区域重新回复到双螺旋结构，RNA 链也不断地从 RNA–DNA 杂交体中释放出来。RNA 合成过程中，DNA 解链区很短，长度约为 17 bp。RNA 与 DNA 配对的杂交区也很短，其长度大约为 12 bp。

（三）转录的终止

原核生物转录的终止依赖于特殊的终止子结构。终止子（terminator）是存在于初级转录产物中的一段序列，一般位于 poly（A）信号位点下游，长度约几百个碱基。终止子可分为两类，一类不依赖于蛋白质辅助因子就能实现终止作用，另一类则依赖蛋白辅助因子才能实现终止作用。这种蛋白质辅助因子称为释放因子（releasing factor），通常又称 ρ 因子。两类终止子有相似的序列特征，在转录终止点前都有一段回文序列。不依赖 ρ 因子的终止子回文序列中富含 GC 碱基对，在回文序列的下游方向又常有 6~8 个 A–U 碱基对（在模板链上为 A，在 mRNA 上为 U）（图 1–18）；而 ρ 因子依赖型终止子回文序列的 GC 碱基对含量较少，在回文序列下游方向的序列没有固定特征，其与 DNA 模板之间的 A–U 碱基对含量比前一种终止子低。前者称为强终止子或内部终止子（intrinsic terminator），后者称为弱终止子或 ρ 因子依赖型终止子（Rho–dependent terminator）。

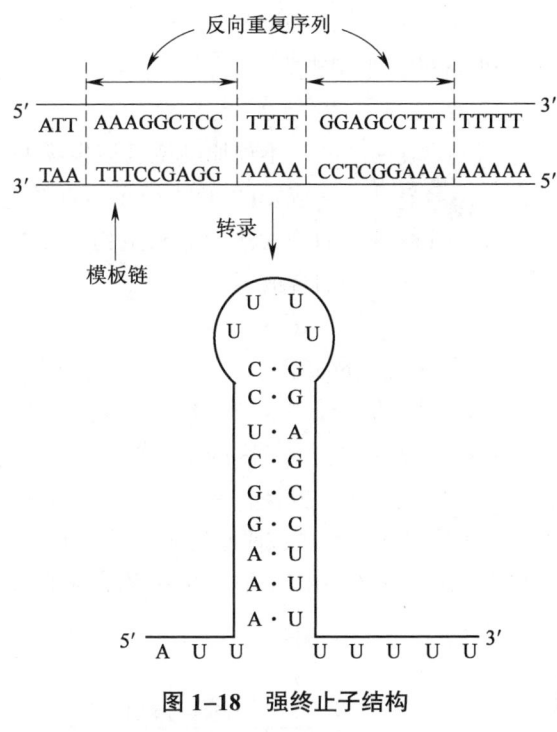

图 1–18 强终止子结构

当 RNA 延伸到终止子区域，终止子的特殊结构使得 RNA 聚合酶的移动停止，新生 RNA 链离开模板 DNA，DNA 解链区域回复双螺旋结构，核心酶从模板上释放出来，转录即告终止。体外实验显示，如果掺入其他碱基以阻止发夹形成，终止将不发生。通常只要有一个核苷酸的改变破坏了规则的双螺旋的茎，即可破坏终止子的功能。对终止子突变的分析亦显示 DNA 模板上多聚 dA 顺序的重要性，如将此序列中的一个碱基换掉，或除去部分序列也可使终止子失活。

四、真核生物转录的特点

真核生物中的转录与原核生物相类似，但比原核生物更加复杂。真核生物有 3 种 RNA 聚合酶，每种酶催化转录不同的 RNA，真核生物的转录起始过程也更加复杂，另外，真核生物的转录终止不需要茎环式的终止子结构。

（1）真核生物中有 3 种不同的 RNA 聚合酶，每种酶转录不同的 RNA（表 1–2）。RNA 聚合酶 I 催化 5S rRNA 以外的所有 rRNA 的合成；聚合酶 II 主要合成 mRNA 前体，还有绝大多数的 snRNA 及 miRNA 前体；聚合酶 III 主要转录 tRNA、5S rRNA 及某些 snRNA 分子。原核生物中只有一种 RNA 聚合酶，能催化所有 RNA 的合成。

（2）真核生物 RNA 聚合酶不能独立发动转录。真核生物的 RNA 聚合酶不能直接结合到启动子上，必须有另外的启动蛋白结合在启动子上后，才能结合上去启动转录。RNA 聚合酶对转录启动子的识别也比原核生物更加复杂，RNA 聚合酶 II 的启动子由多个 DNA 保守序列构成。TATA 框（TATA box），通常位于转录起始点上游 50 个核苷酸以内，它的作用是与转录起始位置的确定有关。CCAAT 框（CAAT box）和 GGGCGG 框（GC box）在 TATA 框上游，主要控制转录起始频率。大多数基因还有增强子，其位置可以在转录起始位置的上游，也可以在下游或者在基因之内，它虽不直接与转录复合体结合，但可以显著提高转录效率。

（3）真核生物的转录在细胞核内进行，而蛋白质的合成是在细胞质内进行的，所以，RNA 转录后必须从核内运输到细胞质中，才能指导蛋白质的合成。真核生物的转录产物一般都需要进行加工以后才能成为成熟的有功能的 RNA。

五、RNA 的加工和成熟

视频：转录后加工

不论原核或真核生物的 rRNA 和 tRNA 初级转录本都较为复杂，需要经过加工成为成熟的 RNA 分子。真核生物从断裂基因产生的 mRNA 要经过复杂的加工过程，然而绝大多数原核生物的 mRNA 却不需要加工，以初级转录本的形式即可指导蛋白质的合成。

（一）rRNA 的加工

真核生物的 18S、5.8S 和 28S rRNA 序列存在于一个基因中，该基因是多拷贝的，各拷贝之间由短的非转录区域隔开。这一基因的初级转录本是一条 45S rRNA 前体（图 1-19）。rRNA 前体在核糖核酸酶的作用下，经过切割、折叠、甲基化等一系列步骤形成成熟的 18S、5.8S 和 28S rRNA。它含有约 110 个甲基，这是在转录过程中或刚刚转录好时加工上去的。有人认为甲基的存在是初级转录本转变为成熟 rRNA 的标志。核糖体 5S rRNA 是由 RNA 聚合酶 III 从不连续基因转录成的一段 121 个碱基的转录物，转录后不进行加工。

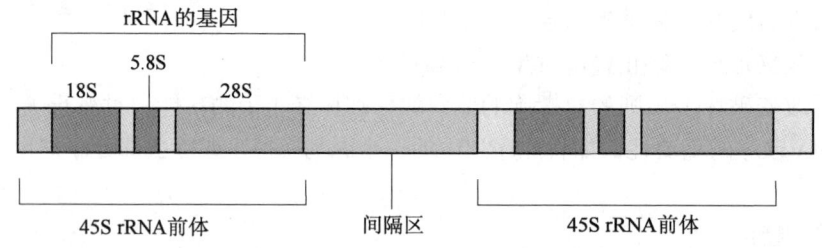

图 1-19　真核生物 rRNA 前体的结构

原核生物的 rRNA 也是通过切割其共同前体形成的。大肠杆菌有 7 个 rRNA 基因，它们在基因组中分散存在。每个基因包含单拷贝连续排列的 16S、23S 和 5S rRNA 序列。基因首先被转录为一个 RNA 前体，经过折叠、甲基化等加工修饰后，在核糖核酸酶 RNase III 的作用下，在特定位点切开，释放出 5S、23S 和 16S rRNA。再经过进一步的末端修饰，最终形成成熟的 rRNA。

（二）tRNA 的加工

在原核和真核生物中，tRNA 的基因都是多拷贝的，而且往往成簇存在。tRNA 首先被合成为一个长的前体 RNA，之后被加工为成熟的 tRNA。

在原核生物中，加工过程通过 RNA 酶 P（RNaseP）和 RNA 酶 D（RNaseD）来完成。RNA 酶 P 含有一段具有催化活性的 RNA 成分，称为核酶（ribozyme），它负责切割所有 tRNA 分子的 5′ 端。RNA 酶 D 从 tRNA 的 3′ 端切去核苷酸，以产生 tRNA 成熟分子的 3′ 端。

真核生物中也存在 RNA 酶 P，负责 5′ 端的加工。与原核生物不同的是，真核生物的前体 tRNA 含有一段内含子，在加工时被去除。真核生物 tRNA 的 3′ 氨基酸臂 CCA 并不存在于 tRNA 的基因中，是在加工过程中由 tRNA 核糖核酸转移酶加上去的。而原核生物的 tRNA 在转录时已经包含了 CCA 序列信息，不需要像真核生物那样额外添加。

（三）mRNA 的加工

原核生物转录生成的 mRNA 初级转录本一般不需经过复杂的加工就可以直接进行翻译。真核生物转录生成的初始 mRNA 需要经过较为复杂的加工过程才具有生物学活性。加工的方式包括 5′ 端加帽、3′ 端加尾、内含子剪切和外显子连接、核苷酸编辑、甲基化修饰等。

1. 5′ 端帽子的生成

加帽过程就是通过 5′–5′ 三磷酸酯键在 mRNA 5′ 端加上已修饰的核苷酸 –7– 甲基鸟苷。5′ 端加帽修饰在转录还没有完成时就进行了，这一过程至少发生在新转录的 mRNA 链达到 50 个核苷酸之前。5′ 帽子结构的作用主要有两个方面，一是避免 mRNA 受到磷酸酶和核酸酶的攻击，增加 mRNA 一级结构的稳定性；二是提供核糖体的识别位点，在翻译过程中促进核糖体和 mRNA 结合，促进蛋白质的合成。

不是所有的真核生物 mRNA 都有 5′ 帽子结构。某些真核细胞中的病毒 mRNA 就没有这一结构，如脊髓灰质炎病毒 mRNA 和脑脊髓炎病毒 mRNA 没有该帽子结构，但它们仍能有效地翻译。

2. 3′ 端多聚 A 尾的生成

多聚 A（polyA）尾是在多聚 A 聚合酶的催化下，由 ATP 聚合而成的。多数真核生物基因的 3′ 端存在加尾信号序列 AAUAAA，核酸内切酶识别该信号，在其下游大约 20 个核苷酸处剪切 mRNA 前体，再由多聚 A 聚合酶催化添加大约 200 个腺苷酸，形成 polyA 尾。polyA 尾的主要功能有：增加 mRNA 的稳定性，有助于成熟的 mRNA 从细胞核向细胞质的运输，增强翻译的效率。

有些真核基因 mRNA 没有 polyA 尾，其活性仍是正常的，如编码组蛋白的 mRNA 就没有 3′–polyA 尾结构。

3. mRNA 的剪接

真核生物转录生成的 hnRNA 中既含有外显子也含有内含子，hnRNA 在细胞核中进行剪接。首先在核酸内切酶作用下剪切掉内含子，然后在连接酶作用下，将外显子各部分连接起来，成为成熟的 mRNA，这就是 mRNA 的剪接作用（mRNA splicing）。hnRNA 上的内含子和外显子交界处以及内含子内部有可供识别的特异序列，在大多数基因中，内含子 5′ 端的头两个核苷酸是 GU，3′ 端的最后两个核苷酸是 AG，内含子近 3′ 端还存在一个腺嘌呤核苷酸（A）分支位点。在剪接时首先是核酸剪接体进行装配，然后识别特有序列，分支位点 A 与内含子 5′ 端核苷酸结合，形成一个"套马索"（lariat）结构，前一个外显子 3′ 端与下一个外显子 5′ 端结合，"套马索"状的内含子从 hnRNA 上解离，即完成 RNA 剪接过程。

在不同的组织细胞或同种细胞的不同发育阶段，由于剪接作用的差异可以产生具有不同编码框的 mRNA，导致翻译生成不同的蛋白质产物，称为 mRNA 的可变剪接（alternative splicing）。除 mRNA 以外，tRNA 和 rRNA 及其他一些非编码 RNA 也有特定的剪接方式。

第六节　蛋白质的生物合成

mRNA 生成后，遗传信息由 mRNA 的核苷酸序列转换为蛋白质的氨基酸序列，这一过程称为翻译（translation）。参与翻译过程的主要元件有核糖体、mRNA、tRNA。核糖体是蛋白质合成的场所，mRNA 是蛋白质合成的模板，tRNA 负责转运特异性的氨基酸分子以形成肽链。此外，在蛋白质合成的各个阶段，还有许多蛋白因子、酶和其他生物大分子参与。

一、遗传密码

遗传密码（genetic code）是指将 mRNA 核苷酸序列翻译为相应蛋白质氨基酸序列的信息传递法则。1961 年克里克（F. Crick）和布伦纳（S. Brenner）的实验得出了 3 个核苷酸编码一个氨基酸的结论，并将 mRNA 链上决定一个氨基酸的三个连续的

视频：遗传密码

核苷酸称为三联体密码（triad code）。后经过大量的实验，至1967年，全部的密码子都得到了破译，找出了它们与氨基酸之间的对应关系，建立了密码子字典（表1-3）。

表1-3 通用遗传密码及相应的氨基酸

第一个核苷酸 5′	第二个核苷酸				第三个核苷酸 3′
	U	C	A	G	
U	苯丙氨酸（Phe）	丝氨酸（Ser）	酪氨酸（Tyr）	半胱氨酸（Cys）	U
	苯丙氨酸（Phe）	丝氨酸（Ser）	酪氨酸（Tyr）	半胱氨酸（Cys）	C
	亮氨酸（Leu）	丝氨酸（Ser）	终止密码	终止密码	A
	亮氨酸（Leu）	丝氨酸（Ser）	终止密码	色氨酸（Trp）	G
C	亮氨酸（Leu）	脯氨酸（Pro）	组氨酸（His）	精氨酸（Arg）	U
	亮氨酸（Leu）	脯氨酸（Pro）	组氨酸（His）	精氨酸（Arg）	C
	亮氨酸（Leu）	脯氨酸（Pro）	谷氨酰胺（Gln）	精氨酸（Arg）	A
	亮氨酸（Leu）	脯氨酸（Pro）	谷氨酰胺（Gln）	精氨酸（Arg）	G
A	异亮氨酸（Ile）	苏氨酸（Thr）	天冬酰胺（Asn）	丝氨酸（Ser）	U
	异亮氨酸（Ile）	苏氨酸（Thr）	天冬酰胺（Asn）	丝氨酸（Ser）	C
	异亮氨酸（Ile）	苏氨酸（Thr）	赖氨酸（Lys）	精氨酸（Arg）	A
	甲硫氨酸（Met）（起始密码）	苏氨酸（Thr）	赖氨酸（Lys）	精氨酸（Arg）	G
G	缬氨酸（Val）	丙氨酸（Ala）	天冬氨酸（Asp）	甘氨酸（Gly）	U
	缬氨酸（Val）	丙氨酸（Ala）	天冬氨酸（Asp）	甘氨酸（Gly）	C
	缬氨酸（Val）	丙氨酸（Ala）	谷氨酸（Glu）	甘氨酸（Gly）	A
	缬氨酸（Val）	丙氨酸（Ala）	谷氨酸（Glu）	甘氨酸（Gly）	G

由DNA转录生成的mRNA由4种核苷酸组成，可以形成64种不同的三联体密码，其中UAA、UAG和UGA没有对应的tRNA，不编码任何氨基酸，是蛋白质多肽合成的终止信号，称为终止密码子（termination codon）或无义密码子（nonsense codon）。可以起到编码作用的61个密码子，称为有义密码子（sense codon）。AUG不仅编码甲硫氨酸，还是绝大部分原核和真核生物肽链合成的起始信号，称为起始密码子（initiation codon）。编码缬氨酸的GUG有时也可作为蛋白质合成的起始信号（起始密码子）。由于组成蛋白质的氨基酸共有20种（少数蛋白质中出现第21种或第22种氨基酸），而可以起编码作用的有义密码子有61个，这样，必然有一些氨基酸使用两个以上的密码子。在密码子表中可以看出，除了甲硫氨酸和色氨酸各对应一种密码子外，其他氨基酸都对应两种或两种以上的三联体密码，这种由一种以上密码子编码同一氨基酸的现象称为密码子的简并性（degeneracy）。像UUU、UUC这样的编码同一种氨基酸的密码子，称为同义密码子（synonymous codon）。同义密码子之间的不同一般发生在三联体密码中的第三位核苷酸，密码子的专一性主要由头两位核苷酸决定。

遗传密码具有通用性（universal），表1-3的核苷酸三联体与氨基酸的对应规则几乎适用于所有原核和真核生物。密码子的通用性表明了生命的共同本质和共同起源。但例外还是存在的，主要出现在一些低等生物和真核生物的线粒体中。例如，山羊支原体（*Mycoplasma capricolum*），UGA不是终止密码子，而代表色氨酸；人线粒体AGA不代表精氨酸，而是终止密码子。表1-4给出了通用密码子与线粒体密码子之间的一些差异。

表 1-4　通用遗传密码与线粒体遗传密码之间的一些差异

密码子	通用编码	线粒体编码			
		哺乳动物	果蝇	酵母菌	植物
UGA	终止码	色氨酸	色氨酸	色氨酸	终止码
AUA	异亮氨酸	甲硫氨酸	甲硫氨酸	甲硫氨酸	异亮氨酸
CUA	亮氨酸	亮氨酸	亮氨酸	苏氨酸	亮氨酸
AGA	精氨酸	终止码	丝氨酸	精氨酸	精氨酸

大多数氨基酸是由一种以上的密码子所编码的。那么编码同一种氨基酸的一组密码子在不同物种中的使用频率是否都相同呢？分析表明，无论是原核生物还是真核生物，密码子的使用频率并不是平均的，不同物种的基因密码子使用频率可以存在很大差异。例如，在整个酵母基因组中，有 48% 的精氨酸由密码子 AGA 编码，而其余 5 种编码精氨酸的同义密码子（CGU、CGC、CGA、CGG 和 AGG）则以较低的大致相等的频率被使用（每种 10% 左右）。而果蝇则以完全不同的密码子使用偏好编码精氨酸，即比起其他 5 种选择（每一种的出现频率约为 13%）来说，果蝇更倾向于使用密码子 CGC（33%）。不同生物往往偏向于使用同义密码子中的某一种，这种情况称为密码子使用的偏好性（preference）。密码子使用的偏好性可能与基因的 GC 含量有关。从生物学基础来看，这些偏好可能与两个原因有关：一是避免使用类似终止密码子的密码子；二是生物体中较为丰富的 tRNA 所对应的密码子使用频率更高，二者的匹配有利于提高翻译的效率。

二、密码子与反密码子的相互识别

在蛋白质合成过程中，tRNA 上的反密码子（anticodon）能够识别 mRNA 上的密码子，二者通过碱基配对过程发生相互作用，将核酸密码子信息转变成对应的氨基酸。原核生物和真核生物通常含有 30～50 种带反密码子的 tRNA，而有义密码子的数目是 61 种，这说明一个 tRNA 分子可能与一种以上的 mRNA 三联体密码子进行配对识别。对于一种 tRNA 能识别几种密码子的现象，克里克（1966）提出了密码子"摆动假说"（wobble hypothesis），他认为碱基间除标准配对外，还可以有非标准的配对，即密码子的第一、第二碱基是必须严格按标准配对（A–U、G–C）的，而第三碱基则不然，它的配对并不如此严格，可以有一定程度的摆动灵活性。随后的研究证明了 tRNA 可识别几种不同的密码子，而且某些反密码子中含有次黄嘌呤核苷酸，可以与密码子中的 3 种碱基（C、U、A）形成氢键。密码子与反密码子的"摆动"配对见表 1-5。

表 1-5　密码子与反密码子的配对

反密码子中的 5′ 端碱基	密码子中与之配对的 3′ 端碱基
G	C、U
C	G
A	U
U	A、G
I	C、A、U

由于密码子的简并性，一种氨基酸常对应多种密码子，从而可能对应几种 tRNA。不同种类的 tRNA 在细胞内的合成量有多和少的差别，分为主要 tRNA（major tRNA）和次要 tRNA（minor tRNA）。主要 tRNA 中反密码子所识别的密码子为高频密码子，相应地，次要 tRNA 中反密码子所识别的密码子为低频密码子。实验表明，DNA 中富含 A-T 碱基对的微生物，它们的绝大多数密码子 3' 端为 U 或 A，在这种情况下，3' 端为 U 或 A 的密码子被优先利用。在真核细胞中一个典型的例子是酵母醇脱氢酶异构酶 I 和磷酸甘油醛脱氢酶中，25 种密码子编码了 96% 的氨基酸序列，研究发现，这些密码子对应的 tRNA 也是极为丰富的。虽然同义密码子编码相同的氨基酸，但与次要 tRNA 反应的密码子事实上会减慢翻译速度。

三、核糖体的结构和功能

核糖体是蛋白质合成的场所，核糖体是由 rRNA 和蛋白质结合而成的一种核糖核蛋白小颗粒。所有的核糖体都可分为大亚基和小亚基。在合成蛋白质的间歇，它们以大、小亚基分散存在于细胞质中，只有在蛋白质合成过程中才装配成完整的核糖体。原核细胞与真核细胞核糖体的组成见表 1-6。

表 1-6　原核细胞与真核细胞核糖体的组成

核糖体	大亚基			小亚基		
	沉降系数	rRNA 种类	蛋白质种类	沉降系数	rRNA 种类	蛋白质种类
原核细胞（70S）	50S	23S（2 900 nt） 5S（120 nt）	~ 34	30S	16S（1 540 nt）	~ 21
真核细胞（80S）	60S	28S（4 700 nt） 5S（120 nt） 5.8S（160 nt）	~ 49	40S	18S（1 900 nt）	~ 33

核糖体具有各种活性中心，每一个活性中心都由特定的一组蛋白质和 rRNA 的一定区域装配而成。核糖体的功能区域可以分为翻译功能区（translation domain）和出口功能区（exit domain），前者是肽链合成的场所，占据了核糖体的 2/3，后者是多肽的出口，核糖体通过这个区域附着在膜上。翻译区有几个主要的活性结合位点，包括：A 位点（A site），是接受氨基酰-tRNA 的部位；P 位点（P site），是结合起始 tRNA 和肽酰基-tRNA 的部位；E 位点（E site），供已卸去氨基酰的 tRNA 短暂停留后离去。

四、蛋白质生物合成过程

蛋白质生物合成过程可分为肽链合成的起始、肽链的延伸和肽链合成的终止 3 个主要阶段。下面以大肠杆菌 *E.coli* 为例，讲述原核细胞的蛋白质合成过程。

视频：蛋白质生物合成

动画：肽链合成的起始

（一）肽链合成的起始

肽链合成的起始过程需要起始因子（initiation factor，IF）的参与。原核生物有 3 种翻译起始因子，分别是 IF1、IF2 和 IF3。IF3 促进 30S 亚基与 mRNA 结合，IF2 参与起始 tRNA 与 30S 亚基结合，IF1 促进 IF2 和 IF3 与 30S 亚基的结合，起到稳定起始复合物的作用。

首先，在起始因子 IF3 的介导下，核糖体 30S 小亚基与 mRNA 相互结合。原核生物 mRNA 起始密码子上游约 10 个碱基处的 SD 序列（Shine Dalgarno sequence）AGGAGG 与核糖体 30S 亚基 16S rRNA 3′ 端的一段保守序列 CCUCCU 互补，为核糖体与 mRNA 相互识别的结合位点。若 SD 序列发生突变，mRNA 就不能翻译或翻译效率很低。

然后，在起始因子 IF2 的作用下，甲酰甲硫氨酸起始型 tRNA（fMet-tRNA，f 表示甲硫氨酸的氨基被甲酰化）与 mRNA 分子中的起始密码子（AUG）相结合，形成 30S 起始复合物（图 1-20A）。这一过程需要 GTP 和 Mg^{2+} 参与。

最后，核糖体 50S 亚基与上述的 30S 前起始复合物结合，所有起始因子都解离下来，形成 70S 起始复合物（图 1-20B）。此时 fMet-tRNA 占据 50S 亚基的肽酰位（peptidyl site，简称为 P 位），而 50S 的氨基酰位（aminoacyl site，简称为 A 位）暂为空位。

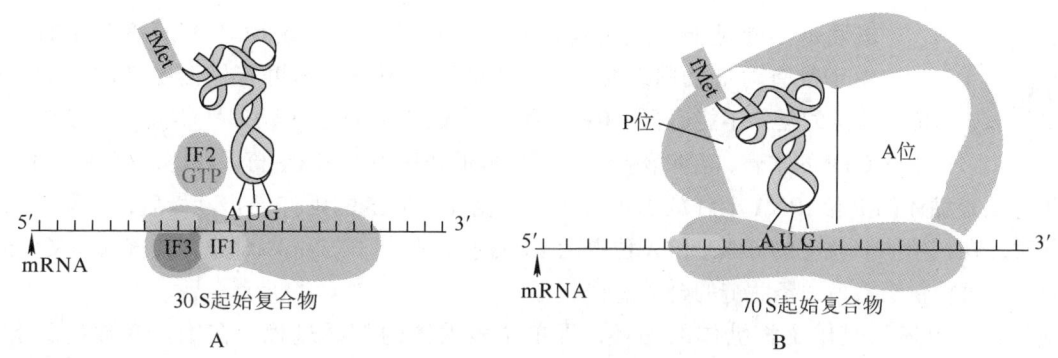

图 1-20 蛋白质合成起始复合物

A. 30S起始复合物 B. 70S起始复合物

原核细胞的起始氨基酸是甲酰甲硫氨酸（fMet），它与肽链中普通的甲硫氨酸密码子相同（都是 AUG），但携带甲酰甲硫氨酸的 tRNA（fMet-tRNA）和携带肽链中甲硫氨酸的 tRNA（Met-tRNA）不同，前者具有将甲酰甲硫氨酸引入 mRNA 起始密码子 AUG 位置的特异功能，而 Met-tRNA 则将 Met 引入 mRNA 分子内部的 Met 密码子处。起始因子 IF2 只与 fMet-tRNA 反应，促使 fMet-tRNA 与起始密码子结合。而 Met-tRNA 不能与 IF2 反应，只能与延伸因子 TU（elongation factor Tu，EF-TU）反应，因此 Met-tRNA 只能携带甲硫氨酸进入延伸中的肽链。

（二）肽链的延伸

肽链的延伸过程包括进位、肽键形成和移位 3 个阶段。肽链的延伸需要两种延伸因子（elongation factor，EF），分别称为 EF-T 和 EF-G。此过程需要 GTP 供能加速翻译过程。

 动画：肽链延伸过程

进位（entrance），即在 EF-T 介导下，新的氨酰-tRNA 进入核糖体的 A 位，并与 mRNA 分子上相应的密码子结合。在 70S 起始复合物的基础上，最初结合在 mRNA 上的 fMet-tRNA 占据着核糖体的 P 位点，新进入的氨酰-tRNA 则结合于核糖体的 A 位点，并与 mRNA 上起始密码子随后的第二个密码子结合。此步需 GTP、EF-T 及 Mg^{2+} 的参与。

肽键形成（peptide bond formation），即在肽酰转移酶的催化下，将 P 位点上的起始 tRNA 所携带的甲酰甲硫氨酸转移到 A 位新进入的氨酰-tRNA 的氨基上，由 P 位上的氨基酸提供 α-NH$_2$ 基，与 A 位上氨基酸的 α-NH$_2$ 基形成肽键。此时，A 位上的 tRNA 负载的是二肽酰基，而 P 位点上的 tRNA 成为无负载的 tRNA，将在移位的同时从 P 位上释放出来。此阶段需要 Mg^{2+} 及 K^+ 的存在。

移位（translocation），指在 EF-G 和 GTP 的作用下，核糖体沿 mRNA 链 5′ → 3′ 方向做相对移动。每次移动相当于一个密码子的距离，使得原来处于 A 位点上的二肽酰 tRNA 转移到核糖体 P 位点上，而原

来在 P 位的空载 tRNA 由 E 位离开核糖体，此时的核糖体 A 位刚好对应下一个密码子的位置，并且 A 位重新处于空载状态。

此后，再按上述的进位、肽键形成和移位步骤进行下一轮延伸，延伸过程每重复一次，肽链就延长一个氨基酸残基。肽链延伸过程中，mRNA 上信息的阅读是从 5′ 端向 3′ 端进行的，而肽链的合成是从氨基端（N 端）开始向羧基端（C 端）进行的。

（三）肽链合成的终止

肽链合成的终止需要终止因子或释放因子（releasing factor，RF）参与。在大肠杆菌中已分离出 3 种释放因子：RF1、RF2 和 RF3。它们均具有识别 mRNA 链上终止密码子的作用，使肽链释放，核糖体解聚。

动画：肽链终止过程

多肽链不断延伸，直到终止密码子 UAA、UAG 或 UGA 进入核糖体的 A 位。此时，由于没有对应的氨基酰 tRNA 能够与之识别，不再有任何氨基酰–tRNA 进入 A 位，肽链的延伸不能进行。RF 识别处于 A 位的终止密码子，与核糖体形成复合物，伴随着 GTP 的水解，在肽酰 tRNA 切割酶的作用下，tRNA 与多肽链羧基端之间的键被打断。多肽链从核糖体的 P 位 tRNA 上释放出来，离开核糖体，肽链的延伸终止。最后，核糖体与 mRNA 分离，同时，在核糖体 P 位上的 tRNA 和 A 位上的 RF 亦自行脱落。与 mRNA 分离的核糖体又分离为大、小两个亚基，可重新投入另一条肽链的合成过程。

必须指出，上述只是单个核糖体的循环，即单个核糖体的翻译过程。在绝大多数情况下，一个 mRNA 可以同多个核糖体结合形成念珠状结构，称为多聚核糖体（polyribosome 或 polysome）。多聚核糖体可以在一条 mRNA 链上同时合成几条多肽链，这就大大提高了翻译的效率。在开始合成蛋白质时，一个核糖体先附着在 mRNA 链的起始部位，沿着 mRNA 链由 5′ 端向 3′ 端移动，根据 mRNA 链的信息，有次序地接受携带氨基酰的各种 tRNA，合成多肽链。当这一核糖体移动到足够远的位置时，另一核糖体又可附着于此 mRNA 的起始部位，并开始合成另一条同样的多肽链。多聚核糖体中的核糖体个数视其所附着的 mRNA 大小而定。

五、真核生物蛋白质合成的特点

真核细胞的蛋白质生物合成的基本过程与原核细胞类似。其差别在于真核细胞转录产生的初级转录物在核内进行加工，形成成熟的 mRNA 后，出核，在细胞质中进行蛋白质合成。此外，真核细胞蛋白质生物合成的起始过程更为复杂，至少需要 10 多种蛋白分子的参与。

（1）真核细胞的起始 tRNA 是甲硫氨酸起始型 tRNA（Met–tRNA），不需要 N 端的甲酰化。

（2）真核细胞中核糖体 40S 小亚基首先与 Met–tRNA 结合，再与 mRNA 结合。在原核细胞中则是 30S 小亚基先与 mRNA 结合，而后与 fMet–tRNA 结合。

（3）真核生物 mRNA 通常有 5′ 端帽子结构，是 40S 小亚基与 mRNA 结合的识别标志。原核生物核糖体识别 mRNA 上的 SD 序列并与之结合。

六、翻译后的加工和定向输送

视频：蛋白质加工与运输

翻译终止时，由核糖体释放的肽链并不是生物活性完整的蛋白质，要进行一系列的翻译后加工才能成为具有特定结构和功能的成熟蛋白质。成熟蛋白质通常需经历过肽链的剪接，氨基酸残基的修饰，多肽链的折叠和蛋白质的定向输送，达到机体或细胞的正确位置，才能发挥作用。

（一）肽链的剪接

1. N 端 fMet 或 Met 的切除

在原核与真核细胞中，fMet 或者起始 Met 一般都要被除去，由氨肽酶（amino peptidase）水解来完成。水解的过程有时发生在肽链合成的过程中，有时在肽链从核糖体上释放以后。至于是脱甲酰还是除去 fMet，常与邻接的氨基酸有关，如第二氨基酸是 Arg、Asn、Asp、Glu、Ile 或者 Lys，以脱甲酰基为主；如邻接的氨基酸是 Ala、Gly、Pro、Thr 或者 Val，则常除去 fMet。

2. 信号序列的切除

需要被运输到各细胞器或细胞外的蛋白质，一般在 N 端都带有一段疏水的肽段（15～30 个氨基酸），用来指导蛋白质跨膜到达特定位置，这段信号序列称为信号肽（signal peptide）。信号肽在完成蛋白质输送后，即由水解酶切除，由余下的部分行使功能。

3. 肽链的剪切

有些蛋白质前体要经过肽链的切除才能成为有活性的成熟蛋白质。最有名的例子是高等生物的胰岛素（图 1-21），它是一种分泌蛋白，具有信号肽。新合成的前胰岛素原（preproinsulin）在胞质中切除信号肽变成胰岛素原（proinsulin），由 A 链（21aa）、B 链（31aa）和 C 链（33aa）3 个连续的片段构成。当转运到胰岛细胞的囊泡中时，C 链被切除，留下 A、B 两条分开的链，由 3 个二硫键连接形成成熟的胰岛素。又如，中枢性神经元产生的促阿黑皮素（pomc）是一条长的肽链，通过肽链的剪切可以产生促黑激素（MSH）、促肾上腺皮质激素（ACTH）、β- 内啡肽等多种成熟产物。

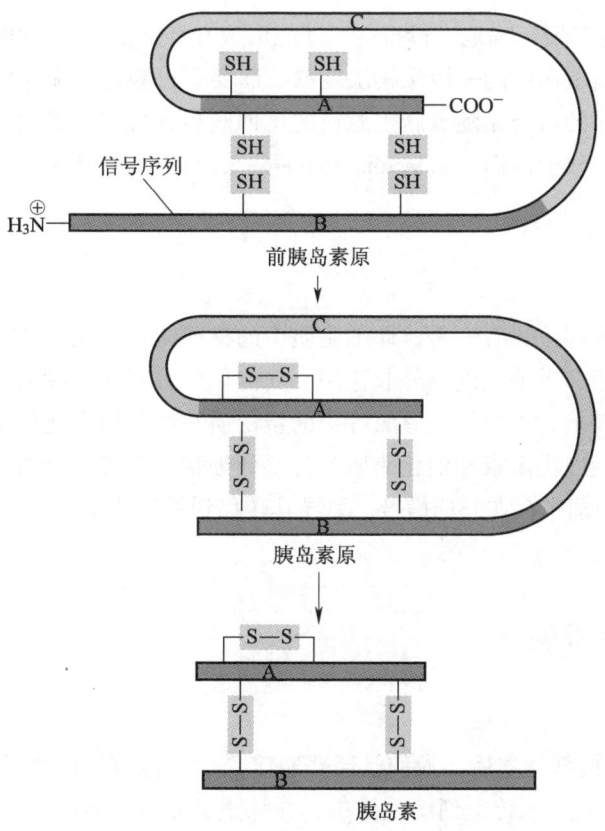

图 1-21　胰岛素的加工过程

4. 蛋白质的剪接

蛋白质剪接（protein splicing）是一种在蛋白质水平上通过自我剪接进行的翻译后加工方式，内蛋白子可以自催化这一剪接反应。内蛋白子（intein）又称为蛋白内含子，它是 1994 年由皮尔勒（F. B.

Perler）等首先提出的，意为蛋白质的插入序列。外蛋白子（extein）又称为蛋白外显子。内蛋白子与外蛋白子产生自一个 mRNA 分子，由一个开放阅读框（open reading frame，ORF）编码。内蛋白子从前体蛋白质中被切除掉，余下的外蛋白子连接在一起成为成熟的蛋白质。胰岛素的 A 链和 B 链本身是不相连接的，它们通过两个二硫键连在一起，不同于蛋白质剪接。

（二）氨基酸残基的化学修饰

化学修饰是蛋白质加工的重要内容，氨基酸残基修饰的类型有很多，包括泛素化（ubiquitin）、磷酸化（phosphorylation）、糖基化（glycosylation）、甲基化（methylation）、乙酰化（acetylation）和羟基化（hydroxylation）等。化学修饰中磷酸化和糖基化是两种主要的加工方式。

蛋白质磷酸化是指由蛋白激酶催化的，把 ATP 或 GTP 上的磷酸基转移到底物蛋白质氨基酸残基上的过程。磷酸化的作用位点主要发生在丝氨酸（Ser）、苏氨酸（Thr）、酪氨酸（Tyr）残基侧链。磷酸化可以在细胞信号转导过程中起到重要作用，也可以大大提高酶蛋白的活性，但也有些酶在被磷酸化后，其酶活性反而会降低甚至消失。

蛋白质糖基化是指在糖基转移酶的催化下糖基连接到肽链上的特定位点的过程。蛋白质糖基化后，其构型常会发生改变，有助于抵御蛋白酶的降解作用，并提高蛋白质的可溶性，可使蛋白质准确地进入各自的细胞器，也可以在细胞表面起到细胞识别和保护质膜的作用。

（三）多肽链的折叠

在生物体内，新生肽链需要正确地进行折叠，才能形成有特定空间构象和生物学功能的成熟蛋白质。

多肽链的折叠方式是由蛋白质的一级结构决定的。需要穿过膜进行输送的蛋白质的折叠在其通过生物膜之后进行。许多蛋白质的折叠是随着新生肽链的延伸同步进行的。多数新生肽链的折叠需要其他细胞因子的帮助，如折叠酶、分子伴侣（molecular chaperon），只有少数新生肽链的折叠不需要这些分子的帮助。

（四）蛋白质的定向输送

绝大多数蛋白质的合成部位只有一个，即细胞质中的核糖体。但成熟的蛋白质在不同部位执行生理功能，有些在细胞内起作用，有些在细胞外起作用。如催化糖酵解的各种酶存在于胞浆中，各种细胞外的信号受体多存在于细胞膜上，参与细胞有氧呼吸的蛋白质在线粒体中起作用，各种组蛋白、转录因子在细胞核中起作用，各种蛋白类激素和消化酶原被分泌到细胞外等等。蛋白质的靶向输送过程与蛋白质的修饰同步进行，蛋白质结构中存在分选信号，引导其转移到适当的靶位置。

第七节 中心法则及其发展

1953 年，DNA 双螺旋模型建立后，人们已经普遍接受了遗传信息传递假说，即染色体 DNA 是合成 RNA 的模板，RNA 分子合成后被转运到细胞质中，在那里又指导合成了氨基酸序列。1958 年，克里克提出将遗传信息的传递途径称为中心法则（central dogma）。

1957 年，格勒和施拉姆通过烟草花叶病毒侵染实验证明 RNA 可以作为某些病毒的遗传物质，说明存在 RNA 自我复制过程。1970 年，巴尔的摩（D. Baltimore）和特明（H. M. Temin）在致癌的 RNA 病毒中发现一种酶，能以 RNA 为模板合成 DNA，他们称这种酶为依赖 RNA 的 DNA 多聚酶，就是所谓的逆转录酶（reverse transcriptase）。逆转录酶的发现，说明遗传信息的传递方向也可以反过来，从 RNA 传递给 DNA。逆转录过程以及 RNA 自我复制过程的发现，补充和发展了"中心法则"。

DNA 中的遗传信息转录到 RNA 分子中后，有时不转译成蛋白质而直接行使功能。1982 年，切赫（T. Cech）等研究原生动物四膜虫 rRNA 时，首次发现了可以独立催化内含子剪接的 RNA，并给这种具有催化活性的 RNA 定名为核酶（ribozyme）。1983 年奥特曼（S. Altman）等人在细菌中也发现了具有全酶功能的 RNA 分子，可催化完成 rRNA 前体的切割。不断被发现的非编码 RNA 分子表明，RNA 可以更广泛地参与基因表达的调控。这是对"中心法则"的又一次补充和发展（图 1-22）。

1970 年，克里克在《自然》杂志上发文阐述了中心法则的含义。他将遗传信息的传递分为三类，第 I 类是普遍性传递法则，即绝大多数细胞中都可发生的信息传递，包括 DNA 的复制，从 DNA 到 RNA 再到蛋白质的信息传递。第 II 类是特殊性传递法则，即特殊情况下可能发生的传递方式，包括 RNA 的复制，RNA 到 DNA 以及 DNA 直接到蛋白质的信息传递。第 III 类是未知的传递方式，也是克里克断言绝不会发生的传递方式，即蛋白质到蛋白质、蛋白质到 DNA 以及蛋白质到 RNA 的信息传递。

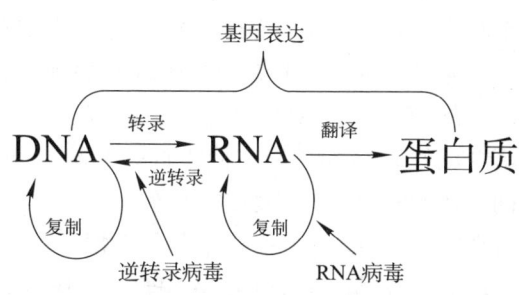

图 1-22　中心法则及其发展

1982 年，布鲁希纲（Stanley B. Prusiner）提出朊病毒（Prion）一词，它代表一种具有感染性的致病因子，能引发牛海绵体脑病，羊瘙痒症等脑部神经退化性疾病。朊病毒仅由蛋白质构成，不含核酸，但可以自我复制并具有感染性。后续的研究表明，朊蛋白（Prion Protein，Prp）的正常结构（Prp^C）向错误结构（Prp^{SC}）的转变是造成朊病毒疾病和其传染性的原因。Prp^{SC} 蛋白质会导致正常的 Prp^C 蛋白错误折叠而转变为 Prp^{SC} 蛋白质，如此不断"复制"。朊蛋白的自我"复制"能否作为"中心法则"的补充尚存在争议。

1994 年，乔依斯（G. F. Joyce）等人发现一个人工合成的 DNA 分子具有一种特殊的磷酸二酯酶活性。此后，又有多例报道人工合成的 DNA 序列具有各种不同的酶活性。另外，还有人发现细胞核里的 DNA 可以直接转移到细胞质的核糖体上，不需要通过 RNA 即可控制蛋白质的合成。这又为"中心法则"的遗传信息传递链提出了新途径。同时，也为遗传物质的起源提出了新的可能。

"中心法则"是分子生物学的基石，但它已成为一个开放的学说，随着分子生物学的发展，"中心法则"还在不断出现新的发展和补充。

小　结

生命的遗传形式是多样的，遗传物质最本质的核心是核酸。遗传信息传递的主要方式是以 DNA 或 RNA 为储存形式，以蛋白质或 RNA 为功能表现形式。

遗传物质的基本特征包括：能够自我复制，能够控制性状的产生，具备分子结构相对稳定性，具有丰富的多样性，以及能引起可遗传的变异等。肺炎双球菌转化实验，噬菌体侵染细菌和烟草花叶病毒感染实验证明了核酸是生物的遗传物质。

DNA 的结构包括一级结构、二级结构和高级结构。4 种核苷酸（dAMP、dCMP、dGMP、dTMP）按照一定的顺序排列，通过 3′-5′ 磷酸二酯键相互连接，构成 DNA 的一级结构；Watson-Crick 的双螺旋结构模型总结了 DNA 二级结构的主要特征，双螺旋模型所描绘的 B 型 DNA 是生物体最常见的一种，此外还有 A、C、D、E、T、Z 等构型；在自然状态下，DNA 呈负超螺旋状态高度卷曲。

RNA 分子类型是多样的，除了在蛋白质合成过程中起到直接作用的 mRNA、rRNA、tRNA 以外，还有许多种类的 RNA 分子起着重要的调节作用或直接参与加工过程。

基因的概念在不断地发展，更多的基因结构形式被发现，非编码 RNA 分子体现出越来越重要的作用，但是，编码蛋白质的基因仍然是重要的。因此，在教材中仍然主要介绍了真核生物编码基因的一般结构，随后讲解了编码基因遗传信息传递的一般过程。

DNA 具有忠实复制自己的能力，因而保证了生命体世代的延续性。DNA 复制以半保留复制方式完成，复制合成的方向保持 5′→3′ 方向，在复制叉处前导链的复制连续进行，而滞后链采取半不连续复制方式，随后再由连接酶连接冈崎片段。线性 DNA 在染色体 DNA 复制完成后，存在 5′ 引物切除而带来的末端缺失问题，这一问题在真核生物中依靠染色体末端的端粒结构和端粒酶的作用来解决。但是在普通的体细胞中往往并不开启端粒酶的活性，因此细胞会有正常的衰老死亡，端粒酶往往在生殖细胞、炎性细胞或肿瘤细胞等增殖性较强的细胞中具有较强的活性。

通过转录，遗传信息由 DNA 传递到 RNA。转录的效率受转录作用元件的调节，包括对增强子、启动子的识别等。原核生物由 σ 因子负责识别启动子，在 RNA 聚合酶核心酶的作用下 RNA 链得到延伸，新合成的 RNA 链上存在特殊的发夹结构引起转录终止。真核生物不同的 RNA 分子合成所用的聚合酶不同，转录的调节机制也更加复杂。并且，与原核生物不同，真核细胞转录产生的 mRNA 要经过加工才具有功能。mRNA 通常要在 5′ 端加上帽子，3′ 端加上多聚 A 尾，还要通过剪接作用剪掉内含子将外显子连接起来，有时还要进行 RNA 编辑和碱基的化学修饰。

蛋白质的生物合成就是核糖体 RNA 与转运 RNA 和信使 RNA 在诸多因子的参与下相互作用的过程。最终产生的蛋白质氨基酸序列仍需要加工、修饰和运输，才能变成有功能的蛋白质。

"中心法则"并不是一个定论，生物分子间的关系仍在等待更多的发现和证明。

复习思考题

1. 名词解释

跳跃基因　断裂基因　重叠基因　外显子　内含子　启动子　增强子　遗传密码　反密码子
有义密码子　无义密码子　同义密码子

2. 遗传物质的基本特征是什么？为什么 DNA 适合作为遗传物质？

3. 在真核细胞中，DNA 和各种 RNA 分子分别存在于细胞的什么位置？

4. 查科夫的碱基当量定律反映基因组结构怎样的特点？

5. 增强子有什么特点？如何影响转录？

6. 真核生物 RNA 的加工和修饰与蛋白质的合成有何关系？

7. 密码子的偏好性有什么进化学意义？

8. 一个真核生物 mRNA 分子能编码一个以上的蛋白质吗？

网上更多

 思考与提示　　 科学与科学人

（邓学梅　王建魁）

第二章

细胞遗传学基础

　　细胞（cell）是生物体结构和生命活动的基本单位，只有在充分了解细胞的结构、功能、分裂和繁殖方式及其与遗传表现关系的基础上，才能深入研究和认识生物遗传、变异的规律及其机制。本章包括细胞的结构与功能、染色体、细胞分裂、动物配子发生与染色体周史、动物的性别决定五节，围绕染色体对生物遗传现象进行分析，主要介绍染色体的形态、结构、功能和行为特点，以及这些特点与基因的传递、重组和表达的关系，即染色体与生物的遗传变异和进化的关系。

第一节 细胞的结构与功能

所有生物都具有一定的细胞结构，但在细胞结构的组成上，各种生物是不同的。现代细胞生物学按照细胞核和遗传物质存在方式的差异，把生物细胞分为原核细胞（prokaryotic cell）和真核细胞（eukaryotic cell）两大类。原核细胞一般较小，结构简单，种类较少，细胞膜内为 DNA、RNA、蛋白质及其他小分子物质构成的细胞质（cytoplasm），没有核膜、核仁和真正的细胞核，在细胞质内也不存在线粒体（mitochondria）、叶绿体（chloroplast）、内质网（endoplasmic reticulum）、高尔基体（Golgi body）和中心体（central body）等细胞器。各种细菌、蓝藻和放线菌等低等生物由原核细胞构成，统称为原核生物（prokaryote）。除原核生物外，生物界中由真核细胞构成的种类为真核生物（eukaryote）。

真核生物是由原核生物进化而来，其细胞结构和功能比原核生物复杂得多。真核细胞的结构分为细胞膜（cell membrane）、细胞质（cytoplasm）和细胞核（nucleus）三部分（图 2-1）。

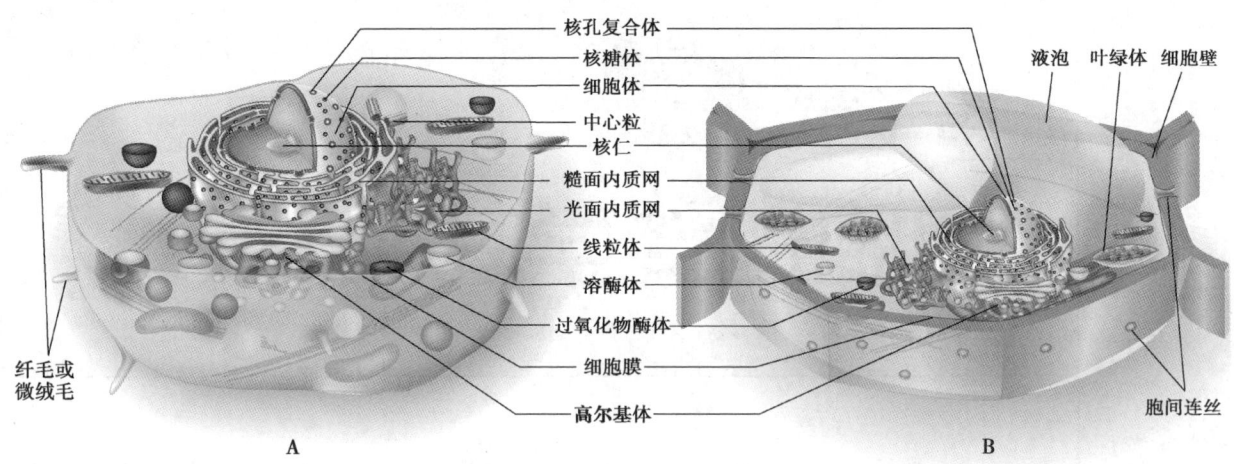

图 2-1 动物细胞（A）和植物细胞（B）模式图（引自丁明孝，2020）

一、细胞膜

细胞膜是包被细胞内原生质（protoplasm）的薄膜，是一切细胞不可缺少的表面结构，简称质膜（plasma membrane）。它使细胞成为具有一定形态结构的单位，借以调节和维持细胞内微小环境的相对稳定性。

细胞膜与细胞内的其他膜相结构一样，主要由蛋白质和磷脂组成，其中还含有少量的糖类、固醇类和核酸等物质。近年来对细胞膜的结构进行了许多研究，提出了多种结构模型，目前已被普遍接受的是由辛格（S. J. Singer）和尼科尔森（G. L. Nicolson）（1972）提出的液态镶嵌模型（fluid mosaic model）。该模型认为细胞膜是嵌有球形蛋白质的脂类二维排列的液态体，是一种动态的、不对称的具有流动性特点的结构，其厚度为 7~10 nm；膜中磷脂双分子疏水部分排列在内面，亲水部分排列在外面，双分子层构成膜的连续主体，它既具有固体分子排列的有序性，又具有液体的流动性，每个磷脂分子可以自由地横向移动，从而使双分子层具有流动性；而球形蛋白质分子以镶嵌在磷脂的中间、穿透双分子层、位于膜的外表面等各种不同的形式与磷脂双分子层相结合，它们在膜中的分布是不均匀的。

细胞膜的主要功能是主动而有选择地通透某些物质。这既能调节细胞外一些物质的渗入，同时又能阻止细胞内许多有机物质的渗出，从而使细胞保持营养物质和体液的平衡。许多研究表明，细胞膜上的各种蛋白质，特别是酶蛋白，对于物质透过细胞膜起关键性的作用。细胞膜上一些蛋白质可与某些物质结合，引起蛋白质空间结构改变，即所谓变构作用，因而导致物质通过细胞膜而进入细胞或从细胞中排出。此外，细胞膜对于信息传递、能量转换、代谢调控、癌变、细胞识别和免疫反应等方面均具有重要的作用。

植物细胞不同于动物细胞，在其细胞膜外围还有一层由纤维素、果胶质和木质素等构成的外壁，即细胞壁（cell wall）。细胞壁是由细胞质分泌出来的物质，质地坚硬，对植物细胞和植物体起保护和支持作用。同时，在细胞壁上有许多称为胞间连丝（plasmodesma）的微孔，各种大小的分子都可以比较容易地通过，是相邻细胞间的通道。细胞壁的存在是植物细胞的特点。

二、细胞质

细胞质是在细胞膜以内、核膜以外的原生质胶体溶液。在细胞质内除含有许多蛋白质分子、脂肪分子，以及溶解在内的氨基酸分子和电解质外，还分布着蛋白纤丝组成的细胞骨架（cytoskeleton）和具有不同形态、结构和功能的细胞器（organelle）。细胞骨架的主要功能是维持细胞的形状、运动并使细胞器在细胞内保持在适当的位置。主要的细胞器有：线粒体、核糖体（ribosome）、内质网、高尔基体、中心体、溶酶体（lysosome）、过氧化物酶体（peroxisome）和液泡（vacuole）等（见图 2-1），其中线粒体、核糖体和内质网等具有重要的遗传功能。

（一）线粒体

线粒体是动植物细胞中普遍存在的一种细胞器。其形状多种多样，因细胞类型不同而有很大差异，可呈圆柱状、环状、哑铃状、线状、分枝状或其他形状，多数为圆柱状；线粒体的大小也因细胞种类的不同而有差异，一般直径为 0.5 ~ 1.0 μm，长为 0.5 ~ 3.0 μm。例如，大鼠肝细胞线粒体为圆柱形，长可达 5 μm；胰腺细胞的线粒体为长杆状，长度达到 10 μm；人的成纤维细胞线粒体可长达 40 μm。但在一定的细胞和生理条件下，其形状和大小是相对稳定的。

线粒体在细胞内的分布一般是均匀的，但也有聚集在需能部位的，例如，骨骼肌、心肌的线粒体集中在肌原纤维周围，精子的线粒体集中在鞭毛中轴的周围。细胞内线粒体的数目因物种和细胞种类而不同，如一个多核变形虫细胞内有 500 000 个，成年肝的细胞内有 1 000 ~ 1 600 个，精子内一般只有 20 ~ 24 个，而哺乳动物成熟的红细胞缺乏线粒体。线粒体形状和数目的变化与细胞的代谢强度呈正相关，一般能量需要较大的细胞含线粒体较多，其形状多为弯曲线条形，内部亚显微结构复杂。

线粒体是由内外两层单位膜围成两个腔隙：即由外膜（outer membrane）、内膜（inner membrane）、膜间隙（intermembrane space）和基质（matrix）4 部分组成。外膜是包围在线粒体最外面的一层平滑而连续的膜，厚 6 ~ 7 nm，是线粒体的边界膜；用磷钨酸负染时，可观察到外膜上有排列整齐的筒状圆柱体，其成分为孔蛋白（porin），分子量为 3×10^4，中央有孔径为 2 ~ 3 nm 的小孔；小孔起着分子筛的作用，分子量在 1×10^4 以下的小分子物质均可通过小孔。内膜位于外膜的内侧，厚 5 ~ 8 nm，把膜间隙与基质分开；内膜对物质的通透性很低，只有不带电荷的小分子物质才能通过；内膜向内室弯曲突出形成皱褶称为嵴（cristae），使内膜的表面积大大扩增，如肝细胞线粒体内膜的表面积是外膜的 5 倍，是质膜的 17 倍，这对线粒体进行高速率的生化反应是十分重要的。膜间隙是外膜和内膜之间封闭的狭窄腔隙，宽 6 ~ 8 nm，含有许多可溶性酶、底物和辅助因子等，基本上与胞液相同，其中以腺苷酸激酶为特征酶。基质又称内室（inner chamber），是内膜和嵴包围的空腔，内含数百种酶，其中包括丙酮酸和脂肪酸氧化酶、三羧酸循环酶、线粒体基因表达所需的酶等，使线粒体能进行氧化磷酸化，可传递和储存所产生的能量，因而成为细胞里氧化作用

彩图：线粒体的超微结构

和呼吸作用的中心，是细胞的"动力站"；此外，基质中还有环状 DNA、RNA、核糖体等一些有形成分。

自 1963 年纳斯（M. Nass）等发现线粒体 DNA 以后，人们对它进行了许多研究，发现它含有一套自主装置，有本身的 DNA、DNA 聚合酶、RNA、RNA 聚合酶、tRNA、核糖体和氨基酸活化酶等自主繁殖的基本成分，具有自己独立的遗传编码系统，脊椎动物主要表现为母系遗传特性。但研究证明，线粒体的 DNA 与其同一细胞的核内 DNA 的碱基成分有所不同，这两种 DNA 在杂交实验中并不相互作用；线粒体 DNA 不与组蛋白相结合，是裸露的环状 DNA；还有资料证明，线粒体具有分裂增殖、自行加倍和突变的能力。因此，认为线粒体与细胞核是两个不同的遗传体系。

现在认为线粒体和叶绿体可能是在进化过程中由寄生于真核细胞内的原核生物演化而成。

（二）核糖体

核糖体是直径约为 20 nm、略呈球形的微小细胞器，外面没有膜包被，由大约 60% 的 RNA 和 40% 的蛋白质所组成，细胞质中的 RNA 大约 85% 在核糖体中，主要是核糖体核糖核酸（rRNA），故亦称为核糖蛋白体。核糖体在细胞质中数量很多，是细胞质中一个极为重要的成分，在整个细胞重量上占有很大的比例；它可以游离在细胞质中或核里，也可以附着在内质网上。

核糖体是合成蛋白质的主要场所。在蛋白质合成旺盛的细胞中，核糖体的数目很多，核糖体可以单个存在，也可以由多个核糖体联合形成多核糖体（polysome）。存在于动物和植物细胞中的核糖体是沉降系数为 80 的核糖体，即 80S 的核糖体，另一类 70S 的核糖体是细菌细胞、线粒体和质体中的核糖体。

（三）内质网

内质网是广泛分布在真核细胞质中的膜相结构。它贯穿于整个细胞质中，向内延伸与高尔基体和核膜相连，向外与细胞膜相连接，把核膜和细胞膜连成一个完整的膜体系，为细胞空间提供了支架作用。内质网是单层膜结构，它的腔由膜包围着，腔内充满各种物质。内质网在形态上是多型的，不仅有管状，也有囊腔状或小泡状。

根据内质网膜的特点，可将内质网分为两类：在内质网外面附有直径约 15 nm 的核糖体，表面粗糙的一类称为糙面内质网（rough endoplasmic reticulum）或称颗粒内质网（granular endoplasmic reticulum），它是蛋白质合成的主要场所，蛋白质的合成、修饰与加工、新生肽的折叠与装配以及脂类的合成都在这里完成，并通过内质网将合成的产物运送到细胞的其他部位。另一类不附着核糖体、表面光滑的内质网称为光面内质网（smooth endoplasmic reticulum），它可能与某些激素合成、肝的解毒作用、肝细胞葡萄糖的释放和储存钙离子等有关。

内质网是一种动态结构，它的形态、大小、位置、分布以及核糖体的有无和多少等，都会随着生物有机体和细胞的生理状况而发生变化，即使在同一组织内也会有很大的差异。

（四）高尔基体

高尔基体是一种由扁平膜囊和大小不等的囊泡构成的细胞器。因由意大利学者高尔基（C. Golgi）于 1898 年在猫头鹰神经细胞中首次发现而得名。高尔基体的直径约为 2 μm，厚度约 0.5 μm，它是由许多重叠排列的囊泡堆积起来的，每个囊泡呈薄片状，外包被着薄膜，内有一个扁平的宽度为 10 ~ 50 nm 的腔，腔内常充满液汁。囊泡的周边分散成小管并互相连接成为网状，小管的末端可膨大成为球形的泡囊。

高尔基体的主要功能是形成细胞中的多种颗粒状分泌物。内质网中合成的物质转运到高尔基体的囊泡中以后，加工成颗粒状的分泌物，再运输和分泌到细胞外。高尔基体还参与蛋白质的糖基化和修饰、蛋白酶的水解和许多复杂的多糖合成。此外，高尔基体还能够制造新的细胞膜以代替或修补旧的细胞膜。

（五）中心体

中心体是动物和某些蕨类及裸子植物细胞特有的细胞器。其形状呈圆柱状，一般位于细胞核的附近。中心体含有一对由微管蛋白组成，结构复杂的中心粒（centriole）。每个中心粒由 9 套亚单位（含 3 个微管）排列于圆柱的周边组成。在细胞分裂过程中，中心粒移于细胞的两端，形成纺锤丝，同染色体的着丝粒相连，纺锤丝的收缩牵动染色体的移动，因而中心体称为细胞分裂的动力器官。

在某些生物中，中心粒来源于另一种称为基体（basal body）的结构，它与细胞纤毛（cilia）和鞭毛（flagella）的形成有关。近年来的许多报道还认为中心粒和基体含有 DNA，可能与其复制有关，但还需进一步研究证实。

（六）溶酶体

溶酶体是一种单层膜围绕的囊泡状细胞器，体内含有多种消化酶、蛋白酶、核酸分解酶和糖苷酶等。消化外来物时，溶酶体发挥着重要作用，如外来细菌、病毒的消化和线粒体的更新溶酶体均起主要作用。当外来物接触到细胞膜时，细胞膜内陷形成一个囊泡将其包围，成为一个吞噬小体，这个过程称为吞噬作用（endocytosis）。如外来物为液体时，这个过程称为胞饮作用（pinocytosis）。当吞噬体接触到溶酶体时，二者的膜融合形成消化泡，大分子物质就在这里被分解，分解物再通过膜扩散到细胞质里，用于各种生命过程。

溶酶体有时也能引起一些细胞的自溶（autolysis）。细胞的自溶是一种正常现象，它能清除无用的生物大分子、衰老的细胞器以及衰老损伤和死亡的细胞，例如，受精时精子头部的溶酶体释放出一种溶解酶，清除掉围绕着卵细胞的某些结构，以便于精子进入卵细胞；当蝌蚪要变成蛙时，尾部细胞中的溶酶体可以把尾部细胞消化掉，并把分解物转移到蛙体中以促蛙的生长。

（七）叶绿体

叶绿体是绿色植物细胞中所特有的一种细胞器。其形状有盘状、球状、棒状和泡状等，大小、形状、分布因植物和细胞类型不同而变化很大。叶绿体与线粒体相似，有双层膜，内含叶绿素的基粒是由内膜的折叠所包被。这些折叠彼此平行延伸为许多片层。

叶绿体的主要功能是光合作用，利用光能和 CO_2 合成糖类（碳水化合物）。叶绿体含有 DNA、RNA 和核糖体等，能够合成蛋白质，并能分裂增殖和发生白化突变。这些特征表明叶绿体具有特定的遗传功能，也是遗传物质的载体之一。

（八）过氧化物酶体

过氧化物酶体由罗丁（J. Rhodin）于 1954 年首次在鼠肾小管上皮细胞中发现。是单层膜围绕的细胞器，哺乳动物中直径多在 $0.15 \sim 0.25 \ \mu m$，在细胞质基质中合成、组装和分裂形成，内含一种或多种氧化酶类，常有酶的晶体。普遍存在于所有动物细胞和很多植物细胞中。

三、细胞核

在所有真核细胞中，都有一个或几个呈球形或椭圆形的细胞核。其形态、大小在不同生物和不同组织的细胞中有着很大的差异，如分裂细胞的核比不分裂细胞的核大。只有极少数的活细胞，如哺乳动物的红细胞无核，但这些细胞寿命不长。细胞核是遗传物质集聚的主要场所，对指导生物体的生长发育和控制性状表达起着主导作用。细胞核由核膜（nuclear membrane）、核液（nuclear sap）、核仁（nucleolus）和染色质（chromatin）4 部分组成。

（一）核膜

核膜由两层磷脂膜组成，每一层厚度为 4~6 nm，内膜平滑，外膜通过内质网膜与细胞膜相通。内外两层膜在很多地方愈合形成小孔，称为核孔（nuclear pore），其直径为 40~70 nm。细胞核与细胞质之间的物质交流就是通过核孔进行的，一些大分子都可以通过核孔。核孔复合体（nuclear pore complex）是镶嵌在核孔上的一种复杂结构。在细胞分裂的前期，核膜开始解体，形成小泡状物，散布在细胞质中；到细胞分裂末期，核膜重新形成，并把染色质包被起来。

（二）核液

核液是充满核内的一种黏稠性的液体状物质，又称为核浆或核内基质。在电子显微镜下，核液是分散在低电子密度构造中的直径为 10~200 nm 的小颗粒和微细纤维。由于这些小颗粒与细胞质内核糖体的大小类似，因此有人认为它可能是核内蛋白质合成的场所。核液的主要成分是蛋白质、RNA、各种酶以及许多中等大小的分子和小分子物质。在核液中含有核仁和染色质。

（三）核仁

细胞核内一般有一个或几个折光率很强呈圆球形的核仁，其外围没有薄膜，主要由蛋白质和 RNA 聚集而成，还可能含有类脂和少量的 DNA。在电子显微镜下，核仁的中央部分是由许多直径约为 10 nm 的丝状物组成，这部分称为纤维部（pars fibrosa），周围由许多细小颗粒组成，与核糖体颗粒相似，直径约为 20 nm，称为微粒部（pars granulosa）。细胞核中出现染色体时，核仁总是与染色体联系在一起，这是核仁在结构上的特点。在细胞分裂过程中，核仁有短时间的消失或暂时的分散，以后又重新聚集起来。

核仁是合成核糖核酸（RNA）和蛋白质的重要场所，其功能是合成核糖体的核糖核酸和蛋白质。在核仁的周围有许多微细颗粒，其形态与核糖体很相似，它们可以穿过核孔而进入细胞质，成为核糖体。核仁合成核糖体，核糖体合成蛋白质，缺一不可。核仁的体积变化与活动强度密切相关。

（四）染色质和染色体

染色质是在间期细胞核中，能被碱性染料染色的纤细网状物。它是一种由 DNA、组蛋白、非组蛋白和少量 RNA 构成的复合物。当细胞分裂时，核内的染色质逐步卷缩，变为一种易被碱性染料着色的有形小体，称为染色体（chromosome）。当细胞分裂结束进入间期时，染色体又逐渐松散而恢复为染色质。所以说染色质和染色体实际上是同一物质在细胞分裂过程中所表现的两种不同形态：染色质处于松散态，染色体处于凝聚态，这两种不同形态与染色体的活动密切相关。松散态的染色质进行着活跃的生理生化活动，复制 DNA、转录 RNA、控制着细胞的各种功能活动等；凝聚态的染色体适应细胞分裂，行动灵活，易于分开。

染色体是细胞核中最重要而稳定的成分，它具有特定的形态结构和一定的数目，具有自我复制的能力，并且积极参与细胞的代谢活动，在细胞分裂过程中能出现连续而有规律性的变化，对于生物体的遗传、变异和生命活动都有极其重要的作用。控制生物性状的遗传物质单位即基因，按一定顺序在染色体上成直线排列，因此染色体是生物遗传信息和表观遗传信息的主要载体。

第二节 染色体

关于染色体的内部结构和染色体与染色质之间的变化过程，以及染色体中的 DNA 分子与蛋白质分子

之间的关系和相互作用等问题，直到 20 世纪 70 年代初期核小体发现后才得到较为完整的解答。

在生物界中，每个物种的染色体都有其特定的数目和形态特征，了解物种染色体的数目和形态特征对于研究物种的起源、演化和分类，鉴别染色体的来源，以及开展基因定位和绘制遗传图谱等均具有重要的意义。

一、染色体的数目

同一物种内不同个体间的染色体数目是相对恒定的，高等动、植物体细胞的染色体大多是成对的，在性细胞中总是成单的，故在染色体数目上，体细胞是性细胞的一倍，通常分别用 $2n$ 和 n 表示。例如，猪 $2n = 38$，$n = 19$；黄牛 $2n = 60$，$n = 30$；山羊 $2n = 60$，$n = 30$；人 $2n = 46$，$n = 23$ 等。遗传学上，把体细胞中形态和结构相同、遗传功能相似的一对染色体称为同源染色体（homologous chromosome）；而这一对染色体与另一对形态结构和功能不同的染色体，则互称为非同源染色体（non-homologous chromosome）。成对同源染色体中的一条来自父本，另一条来自母本。

不同物种的染色体数目差别很大（表 2-1），例如，线虫类的一种马蛔虫（Ascaris sp.）变种只有一对染色体（$n = 1$），而一种蝴蝶（Lysandrasip）可达 191 对染色体（$n = 191$）；在某些植物中，如真蕨纲瓶尔小草属（Ophioglossum）的染色体数目甚至可多达 510 对（$n = 510$）；哺乳动物的染色体数目一般在 10 ~ 30 对之间（$n = 10 ~ 30$）。染色体数目的多少与该物种的进化程度一般并无关系，某些低等生物的染色体可比高等生物多许多，或者相反。但是染色体的数目和形态特征对于鉴别系统发育过程中物种间的亲缘关系和物种分类，常具有重要意义。

表 2-1　一些生物的染色体数目

物种名称	染色体数目（$2n$）	物种名称	染色体数目（$2n$）
猪（Sus scrofa）	38	大家鼠（Rattus norvegicus）	42
黄牛（Bos taurus）	60	青蛙（Rana nigromaculata）	26
瘤牛（Bos indicus）	60	家蚕（Bombyx mori）	56
大额牛（Bos frontalis）	58	果蝇（Drosophila melanogaster）	8
沼泽型水牛（Swamp buffalo）	48	蜜蜂（Apis mellifera）	32（♀）16（♂）
河流型水牛（River buffalo）	50	蚊（Culex pipiens）	6
牦牛（Bos grunniens）	60	水稻（Oryza sativa）	24
马（Equus caballus）	64	普通小麦（T.aestivum）	42
驴（Equus asinus）	62	大麦（Hordeum sativum）	14
山羊（Capara hircus）	60	黑麦（Secale cereale）	14
绵羊（Ovis aries）	54	燕麦子（Avena sativa）	42
双峰驼（Camelus bactrianus）	74	玉米（Zea mays）	20
狗（Canis familiaris）	78	高粱（Sorghum vulgare）	20
猫（Felis domestica）	38	粟（Setaria italica）	18
兔（Oryctolagus cuniculus）	44	大豆（Glycine max）	40
鸡（Gallus domesticus）	78	豌豆（Pisum sativum）	14
鸭（Anas platyrhynchos）	80	花生（Arachis hypogaea）	40
鹌鹑（Coturnix.c.japonica）	78	马铃薯（Solanum tuberosum）	48

续表

物种名称	染色体数目（2n）	物种名称	染色体数目（2n）
火鸡（*Miliagris gallopavo*）	80	甘蔗（*Saccharum officinarum*）	80，126
珠鸡（*Nunida meleagris*）	78	烟草（*Nicotiana tabacum*）	48
水貂（*Mustela uison*）	30	西瓜（*Citrullus vulgaris*）	22
猕猴（*Macaca mulatta*）	42	萝卜（*Raphanus sativus*）	18
人类（*Homo sapiens*）	46	番茄（*Lycopersicum esculentum*）	24
小白鼠（*Mus musculus*）	40	洋葱（*Allium cepa*）	16

　　原核生物如细菌、病毒、类病毒等虽然没有一定结构的细胞核，但它们同样具有染色体，通常为DNA分子（细菌、大多数噬菌体和动物病毒）或RNA分子（植物病毒、某些噬菌体和动物病毒），在细胞中只有一条染色体，因而它们在DNA含量上远低于真核生物的细胞。

二、染色体的形态

　　在生物界中，各个物种的染色体都各有特定的形态特征。细菌、病毒等原核生物的染色体一般为一条裸露的DNA分子或RNA分子，很少与蛋白质等其他物质结合，形状主要为环形或线条状，DNA、RNA分子都有单链和双链两种（表2-2）。真核生物的染色体形状与原核生物差异极大，其大小比原核生物大100倍以上，细胞周期的不同阶段形态变化很大，在细胞分裂的间期，由于染色体分散于细胞核中，很难看到其形态。在细胞分裂过程中，染色体的形态和结构表现为一系列规律性的变化，其中以有丝分裂中期染色体的表现最为明显和典型。因为这个阶段染色体收缩到最粗最短的程度，并且从细胞的极面上观察，可以看到它们分散地排列在赤道板上，故通常都以这个时期进行染色体形态的研究和识别。

　　真核生物染色体的形态标志主要有染色体长度、着丝粒、次缢痕、随体等（图2-2），其中以染色体的长度和着丝粒的位置最为重要。

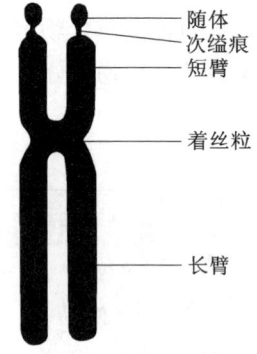

随体
次缢痕
短臂
着丝粒
长臂

图2-2　染色体的形态

（一）染色体形态分析的参数

1. 绝对长度

绝对长度（absolute length）是指每一条染色体的长度（以mm为单位）与放大倍数之比。

表2-2　原核生物的染色体形态结构

种类	核酸类型	染色体形状	染色体长度/μm
枯草杆菌	双链DNA	环状	1 350
大肠杆菌	双链DNA	环状	1 100
痘苗病毒	双链DNA	线状	80
呼肠孤病毒	双链DNA	线状	12
λ-噬菌体	双链DNA	环状或线状	17.3
口蹄疫病毒	单链DNA	线状	3.4
φ×174噬菌体	单链DNA	环状	1.8

2. 相对长度

相对长度（relative length）是指单条染色体的长度占包括 X 染色体在内的单倍常染色体总长度的百分比。即

$$相对长度 = 每条染色体长度 / （单倍常染色体总长度 + X 染色体长度）\times 100\%$$

由于染色体标本制备过程中，普遍应用药物或低温进行预处理，处理条件不同，会导致染色体凝缩程度的差异。因此，各研究者所测得的同一物种的染色体绝对长度往往差异较大，但相对长度则较为一致，有利于进行比较分析。相对长度反映的是每一物种的染色体长度变异范围。

3. 臂比指数

臂比指数（arm index）是指染色体的长臂长度与短臂长度的比率。即

$$臂比指数 = 长臂长度 / 短臂长度$$

4. 着丝粒指数

着丝粒指数（centromere index）是指短臂长度占整个染色体长度的百分比。即

$$着丝粒指数 = （短臂长度 / 染色体全长）\times 100\%$$

臂比指数和着丝粒指数反映了着丝粒的相对位置，按莱万（A. Levan）的划分标准，根据臂比指数和着丝粒指数的不同，可将染色体分为 4 类（表 2-3）。

表 2-3 根据着丝粒位置划分染色体的标准

染色体类型	臂比指数	着丝粒指数
中着丝粒染色体（M）	1.00 ~ 1.70	50.00 ~ 37.50
近中着丝粒染色体（SM）	1.71 ~ 3.00	37.51 ~ 25.00
近端着丝粒染色体（ST）	3.01 ~ 7.00	25.01 ~ 12.50
端着丝粒染色体（T）	7.01 以上	12.51 ~ 0.00

5. 染色体臂数

染色体臂数的多少是根据着丝粒位置来确定的，着丝粒位于染色体中部或近中部，其臂数为 2 个；若着丝粒位于染色体端部，则染色体臂数为 1 个。

（二）染色体的大小

对于染色体大小的测量，由于有丝分裂中期的染色体其大小比较稳定，可反映出染色体大小的实际差异。因此，通常以测量有丝分裂中期的染色体为主。而染色体大小主要指长度而言，在直径或宽度上同一物种的染色体大致是相同的。一般染色体长度变动在 0.5 ~ 30 μm 之间，直径变动在 0.2 ~ 3 μm 之间。

不同生物种类之间的染色体大小差别很大，一般来讲动物的染色体比植物的小，在动物中以两栖类染色体最大；染色体数目越少，染色体长度就越长。同种生物的染色体长度差别不大，但也有例外，如黑腹果蝇的 4 号染色体长度只有 0.2 μm，而 3 号染色体为 2.8 μm；家鸡、火鸡、鸭和鸽子等，除了较长的染色体之外，还有几乎无法确定数目的小型染色体；普通牛最长的 1 号染色体的长度相当于 Y 染色体的 2 ~ 3 倍；猪的 1 号染色体长度相当于 Y 染色体的 4 ~ 5 倍等。

同一个体不同组织细胞的染色体长短，在有些物种中也有很大差异。例如，果蝇神经细胞染色体比性腺细胞染色体大得多；唾腺染色体往往数十倍于其他细胞的中期染色体，而且是由多条染色线所组成。不过各条染色体的相对长度仍旧是比较恒定的。

染色体的大小与该染色体所含基因的数目并不成比例。黑腹果蝇 3 条大染色体的基因数目似乎与其

长度成正比，但是比 X 染色体长一些的 Y 染色体几乎全部由异染色质组成，只有少数几个基因。牛 29 号染色体和 Y 染色体大小几乎相似，但 29 号染色体上的基因数要多得多。因此，染色体的大小并不是它的基因含量的指标，这种大小的差异可能与染色体紧缩的程度有关。

已知有一些外界环境条件对染色体的大小也有一定的影响。一些化学药品，如秋水仙碱、对二氯苯等对染色体有缩短作用，在低温条件下细胞分裂形成的染色体，往往比高温条件下细胞分裂产生的染色体显得短而紧实。两次细胞分裂的间期长时，其形成的染色体比连续、快速进行细胞分裂的染色体要长一些。

（三）着丝粒

着丝粒（centromere）是大多数染色体最显著的形态特征之一。它是指染色体上一个直径较小、染色较淡的透明缢缩区域，是纺锤丝着生处。在着丝粒两侧的染色体部分称为染色体臂，臂着色深、粗厚，将着丝粒区明显地显现出来。在功能上，着丝粒是控制染色体运动的器官，因为纺锤丝只与着丝粒联结。不带着丝粒的染色体在细胞分裂中不能到达赤道板，后期就会落后于其他染色体的行动而消失在细胞质中。

一般每条染色体只有一个着丝粒，着丝粒在染色体上的位置比较恒定。但各条染色体之间的着丝粒位置则不同。根据它在染色体上所处的位置，可将染色体分为几种类型（图 2-3，表 2-3）：①中着丝粒染色体。着丝粒位于染色体的中部，使两个染色体臂的长度大致相等，染色体呈现 V 形。②近中着丝粒染色体。着丝粒位置靠近中部，但与两端距离不等，使染色体的两臂具有明显不相等的长度，呈现 L 形。③近端着丝粒染色体。着丝粒位置靠近染色体的一端，使染色体的一条臂很长，而另一条臂又很短，染色体呈现棒形。④端着丝粒染色体。着丝粒位于染色体端部，形成只有一个染色体臂的染色体，呈现棒形；不过是否有真正的端着丝粒染色体在学术界还有不小的争论。

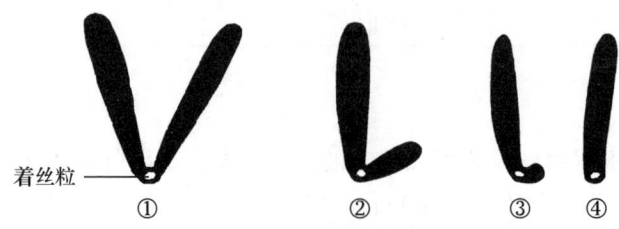

着丝粒 ——— ① ② ③ ④

图 2-3 染色体的类型
①中着丝粒染色体；②近中着丝粒染色体；③近端着丝粒染色体；④端着丝粒染色体

着丝粒对基因交换有重要的影响，对易位体所做的研究表明，靠近着丝粒附近基因的交换率显著小于远离着丝粒的基因之间的交换率。在某些生物中，染色体上着丝粒的位置并不固定在某一特定区域；有的染色体可以有两个以上的着丝粒，故称为多着丝粒染色体（polycentric chromosome）。如线虫类的蛔虫、异翅目和半翅目的昆虫、植物中的杨梅等，在整条染色体上都有着丝粒分布，称为分散型着丝粒（holocentromere）。具有分散型着丝粒的染色体，在细胞分裂中期，与赤道板平行排列，到了后期，染色体也平行地向两极移动。当用 X 射线处理，使染色体断裂成许多片段时，则无论片段大小，分裂后期都能有规律地分向两极，并在许多细胞周期中保持其正常性。

在一般情况下，着丝粒都是随着染色体的分裂而进行纵向分裂。但在某些情况下，着丝粒可以发生横向分裂或错分裂，形成两个新着丝粒；每个新着丝粒都是原着丝粒的一部分，各自连接两条姐妹染色单体。由错分裂产生的两个顶端着丝粒染色体是不稳定的，会很快形成两条等臂染色体，可见它们的着丝粒都是有功能的。着丝粒并不是一个不可分割的整体，而是一个复合结构。1969 年，Hoskins 运用显微操作技术和电镜研究有丝分裂中期的染色体着丝粒后，提出了着丝粒的亚显微结构模型。根据这一模型，中期染色体的两条染色单体依靠两个半球形的基质（matrix）在中心粒区相互结合在一起，基质的基部彼此相连。每条染色体两臂的染色线都穿过基质，直径为 50 nm，每个基质上附着有两条纺锤丝纤维束，纤维束在与基质的连接处膨大，称为纺锤小球（spindle spherule）。

（四）次缢痕和随体

在生物染色体中，通常有一对至几对染色体除着丝粒以外还具有一个染色较淡、直径较小、不发生卷曲的区域，这个区域称为次缢痕（secondary constriction）。它具有组成核仁的特殊功能，在细胞分裂时，它紧密联系着核仁，因而称为核仁组织者（nucleolus organizer）。细胞分裂前期，次缢痕和核仁相连。进入中期后，核仁消失，次缢痕在染色体臂上呈透明状缢缩区。一般而言，生物形成核仁的数目与具有次缢痕染色体的数目相关。由于核仁能够融合，所以具有次缢痕的染色体数是核仁数量的最大限度。

次缢痕经常出现在靠近染色体末端的地方，缢痕以外的染色体部分很小，称为随体（satellite）。其大小因不同物种而异，常常由异染色质所组成，具有高度重复的 DNA 序列。这种随体 DNA 可以和着丝粒区异染色质 DNA 进行杂交，说明它们在性质上是一致的。次缢痕和随体的形态、位置及范围是相对恒定的，这些形态特征也是识别某一特定染色体的重要标志。

（五）染色粒

在有丝分裂和减数分裂的前期，尤其是粗线期，染色体表现出线状分化，染色质聚集成大大小小的颗粒，称为染色粒（chromomere）。染色粒与染色粒之间着色较浅的区域称为染色粒间区（interchromomere）。染色粒在染色体上的分布并不是随机的，每一条染色体上染色粒的位置、大小和多少在特定的细胞分裂阶段具有相对的恒定性，因而可以作为识别染色体的形态学标志。现在一般认为，染色粒是染色体上连续 DNA 丝的局部螺旋化而产生的结构。它是染色体上重复 DNA 序列密集的区域。当 DNA 丝螺旋化成为高度浓缩状态时，表明这段 DNA 丧失了转录活性，相反，当螺旋松开，DNA 丝充分伸长，形成环状时，这段 DNA 再进行 RNA 的转录。

（六）端粒

端粒（telomere）是指染色体端部的一种增大了的特化染色粒。它不一定有明确的形态特征，只对染色体起到封口作用，使 DNA 序列终止。如果用 X 线照射使染色体断裂，断裂片段能重新融合，但不能与染色体末端融合；而染色体末端之间也不能彼此相互融合，这就是端粒使染色体带有极性的结果。

端粒无法插入到染色体臂的中间，端粒的缺失就会损害染色体的正常功能。

（七）染色单体

染色单体（chromotid）是染色体复制后形成的两个纵长的亚结构，它们由一个着丝粒连接在一起，其中的每一条称为一个染色单体。一条染色体复制产生的两条染色单体互称为姐妹染色单体（sister chromotid），一对同源染色体各自产生的染色单体之间互称为非姐妹染色单体（non-sister chromotid）。

三、染色体的分子组成

染色体是由 DNA、组蛋白、非组蛋白和少量的 RNA 构成的复合体。在真核生物的染色体中，DNA 约占 27%，组蛋白和非组蛋白占 66%，RNA 占 6%。但不同生物染色体分子组成的比例略有差异（表 2-4）。

表 2-4 不同动物染色体的分子组成

来源	DNA	组蛋白	非组蛋白	RNA
母牛胸腺	1.000	1.140	0.330	0.007
小牛胸腺	1.000	0.890	0.210	0.050
猪小脑	1.000	1.600	0.500	0.130
猪垂体	1.000	1.560	0.450	0.108
鼠肝	1.000	1.150	0.950	0.040
鼠肾	1.000	0.950	0.700	0.060
鸡肝	1.000	1.170	0.880	0.030
鸡红细胞	1.000	1.080	0.540	0.020

（一）DNA

DNA 是主要的遗传物质，在遗传、变异及生物的生长发育过程中，具有重要的作用。DNA 属生物大分子，一条染色（单）体中的 DNA 只是一个 DNA 分子。例如，牛体细胞中的 60 条染色体就是 60 个 DNA 大分子。

（二）组蛋白

组蛋白（histone）仅存在于真核细胞中，原核细胞中没有组蛋白。它是所有真核生物的体细胞中与 DNA 联结的碱性蛋白质。

1. 组蛋白的种类和特点

组蛋白是带正电荷，富含赖氨酸和精氨酸的碱性蛋白质，分子量为 $1 \times 10^4 \sim 2 \times 10^4$。根据组蛋白中含有赖氨酸与精氨酸的比率不同，组蛋白可分为 H_1、H_{2a}、H_{2b}、H_3 和 H_4 5 类（表 2-5）。

表 2-5 组蛋白的种类和特点

种类	氨基酸数目	赖氨酸与精氨酸的比值	分子量	位置
富含赖氨酸组蛋白 H_1	207 ~ 218	20.00	23 000	接头
稍富含赖氨酸组蛋白 H_{2a}	129	1.25	13 960	核心
稍富含赖氨酸组蛋白 H_{2b}	125	2.50	13 774	核心
富含精氨酸组蛋白 H_3	135	0.67	15 324	核心
富含精氨酸组蛋白 H_4	102	0.79	11 282	核心

以上 5 种组蛋白的共同特点是：碱性氨基酸的含量在 20% 以上，不含有色氨酸。碱性氨基酸主要分布于组蛋白的 N 端区域，使该区域的净电荷多。而酸性氨基酸和疏水氨基酸多数分布于组蛋白 C 端区域。核酸可视为带有大量负电荷的大分子，因此，依靠范德华力，组蛋白的 N 端区域与 DNA 链的负电荷结合，而 C 端区域与其他组蛋白、非组蛋白或 DNA 的疏水区相结合。

2. 组蛋白的作用

在成年动物的不同组织和细胞中，组蛋白的含量相对恒定。组蛋白的合成和 DNA 的复制都是在细胞周期中的 DNA 合成期同时完成的。这些预示了组蛋白在细胞中具有重要作用。

组蛋白与 DNA 的比率影响着染色体的活动和功能。当组蛋白在细胞质中合成后，转移到细胞核里与 DNA 结合时，会影响 RNA 的转录。因此，认为组蛋白具有在转录水平上调节基因活动的能力。

（三）非组蛋白

非组蛋白（non-histone）是细胞核中另一类重要的蛋白质，它带有负电荷，含有天冬氨酸、谷氨酸等酸性氨基酸，故为酸性蛋白质。非组蛋白是一类极其复杂的蛋白质，种类繁多，可达 500 余种，分子量为 $1.5 \times 10^4 \sim 10 \times 10^4$。非组蛋白的作用主要有以下几方面。

1. 维持染色体的形状

1977 年莱姆利（U. K. Laemmli）等用肝素和硫酸葡萄糖处理 Hela 细胞中期染色体，把组蛋白去除后，在电镜下仍能看到一个维持中期染色体基本形状的支架，支架上可见许多环长为 $3 \times 10^4 \sim 9 \times 10^4$ 的 DNA，环上无超螺旋结构。支架大多是由分子量超过 5×10^4 的非组蛋白构成，这说明这些非组蛋白对中期染色体的结构起稳定作用。

2. 参与基因的表达调控

不解离的染色质经不同浓度三氯醋酸处理后，可得到高迁移率族（high mobility group，HMG）和低迁移率族（low mobility group，LMG）两类非组蛋白。其中 HMG 蛋白含有 25% 的酸性氨基酸和 25% 的碱性氨基酸，并富含赖氨酸。马修（C. G. Mathew）等从兔胸腺核小体上分离出 HMG1、2、14、17 4 种，证实了核小体含有非组蛋白。它们的含量仅为组蛋白的 3%，其中 HMG14、17 结合于核小体的核心颗粒，而 HMG1、2 类似于组蛋白 H_1，参与维持染色体的高级结构。另一类非组蛋白是磷蛋白，位于核小体的连接丝 DNA 区域，它通过识别特定的 DNA 序列与 DNA 结合，有强烈的种属专一性，它能促进 RNA 转录，但它与 DNA 和 H_1 的结合方式目前尚不清楚。

杜瓦斯（A. S. Douvas）等从肝染色质中分离出肌动蛋白和肌球蛋白，分子量分别为 4.5×10^4 和 20×10^4。二者可形成复合体，表现出与肌动蛋白相同的 ATP 酶活性。肌动蛋白与从肌肉中分离出的肌球蛋白也能形成与上述相同的复合体和 ATP 酶活性。此外，染色体中还含有微管蛋白和原肌球蛋白。染色体中的微管蛋白用于与纺锤丝结合；依靠肌肉蛋白的相互作用使染色质凝聚，形成中期染色体并向两极移动。非组蛋白不仅具有种属专一性，而且还具有组织特异性，这说明它与基因的选择性表达有关。希季尔（F. Chytil）和施佩尔斯贝格（T. C. Spelsberg）在 pH 为 6 时，以 5 mol/L 尿素和 2 mol/L NaCl 处理鸡输卵管染色质，除去全部组蛋白，用剩下的 DNA-非组蛋白复合物制成抗血清。这种抗血清可与输卵管的 DNA-非组蛋白复合物 100% 结合，但与肝、脾染色质的复合物只能产生 20% 的反应。SDS 聚丙烯酰胺凝胶电泳结果也证明，与 DNA 结合紧密的非组蛋白在鼠的肝、肾、肺、胸腺、甲状腺、脑等各种组织中存在明显的差异，而与 DNA 结合松弛的非组蛋白则基本相似。

（四）染色体 RNA

所有分离的染色质都含有 RNA，这是无疑的，RNA 数量占 DNA 的 1%~3%。但是否是染色质的固有成分，还是转录或分离过程中 RNA 的污染，直到现在，还是一个争论的问题。

黄（R. C. Huang）和邦纳（J. Bonner）首次在豌豆芽染色质中发现了一种独特的，与染色质组蛋白相结合的 RNA，称为染色体 RNA（chromosome RNA）。其后在鼠肝、鸡胚等各种动植物组织中分离出类似的 RNA。这种 RNA 与 rRNA、tRNA 不同，其主链长 40~60 个核苷酸，沉降系数为 3.2S，二氢嘧啶含量高达 11.3%，而 rRNA 和 tRNA 仅为 1% 和 3.1%。该种 RNA 与同源的 DNA 能高度杂交，呈现明显的组织特异性。邦纳（J. Bonner）推测这种染色体 RNA 可能是等价地结合到组蛋白上，起着调节基因表达的作用。黄（R. C. Huang）等的染色质重建实验也证明了染色体 RNA 对基因调控有作用。

四、染色体的结构

由于基因排列在染色体上，染色体是遗传物质的载体，任何遗传信息的传递和调控等生命活动都是在 DNA 与其缠绕的蛋白质所形成的染色体上进行的。因此有关染色体的结构以及染色体结构与基因排列和基因表达调控的关系，长期以来是遗传学家、细胞学家、生物化学家和分子生物学家所关注的问题。尽管人们对染色体结构的研究已有上百年的历史，但一直没有得到很好的解决。20 世纪 70 年代初期核小体的发现使染色体结构的研究有了坚实的基础，同时也促进了染色体功能的研究。现已查明，核小体是染色质的基本结构单位，从 DNA 到染色体是经过几个等级的螺旋压缩实现的。

（一）由染色质到染色体的多级螺旋模型

核小体是如何进一步形成染色体的？巴克（A. L. Bak）等提出了多级螺旋模型（multiple coiling model），这一模型能解释在细胞分裂过程中，染色质如何凝缩成为一定形态结构的染色体的问题。

1. 染色质的基本结构单位——核小体

奥林斯（D. E. Olins）等把鼠肝、鼠胸腺和鸡血细胞的间期核在水中分散，用甲醛固定破裂的核，在电镜下观察染色质；发现细纤维连着球状小体，即将此小体称为钮体，并提出了染色质结构的串珠模型。钮体在干燥状态下为 6 ~ 8 nm，在水合状态下约 9 nm；钮体间连接的细纤维直径为 1.5 nm，大体上相当于干燥状态的 DNA。随后分离出单个的钮体，分析后发现钮体的分子量约为 3×10^5，其中 DNA 的分子量为 1.4×10^5，蛋白质和 DNA 的质量比约为 1.22。后来尚邦（P. Chambon）等在染色质中也发现了同样的单位构造。他们将多种组织细胞核中的染色质用 0.7 mol/L NaCl 处理，得到去掉 H_1 的染色质，用电镜观察，看到直径为 12.5 nm 的粒子由直径为 1.5 ~ 2.0 nm 的纤维连接着，于是将它命名为核小体（nucleosome）。卢格尔（K. Luger）等用 X 射线晶体衍射揭示了核小体的三维结构（图 2-4）。科恩伯格（R. D. Kornberg）于 1974 年提出了染色质结构的核小体模型，1997 年又做了补充。

现在认为染色质是由许多核小体（nucleosome）串联而成（图 2-5），核小体是染色质的基本结构单位。每个核小体可以区分为核心颗粒（core particle）和连接丝两部分。核心颗粒含有一个由 H_{2a}、H_{2b}、H_3 和 H_4 各两个分子组蛋白所组成的八聚体，外面 146 bp 的 DNA 分子超螺旋盘绕组蛋白八聚体 1.75 圈。组蛋白 H_1 在核心颗粒外结合额外 20 bp 的 DNA，锁住核小体 DNA 的进出端，起稳定核小体的作用。两个相邻核小体之间以连接丝 DNA 相连，典型长度 60 bp，不同物种变化值为 0 ~ 80 bp。组蛋白与 DNA 之间相互作用主要是结构性的，基本不依赖于核苷酸的特异序列，实验表明，核小体具有自装配（self-assemble）的性质，核小体沿 DNA 的定位受不同因素的影响，进而改变核小体相位和影响基因表达。此外，在连接丝上也有一些非组蛋白结合。

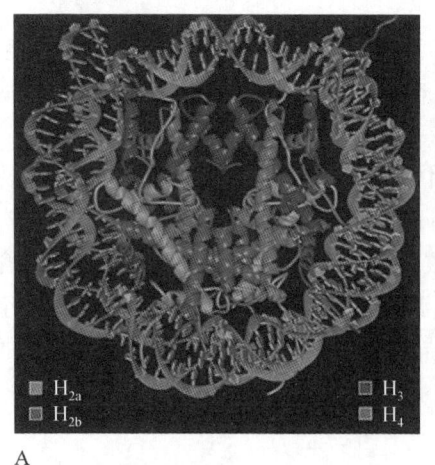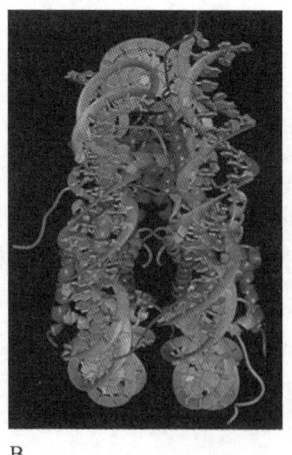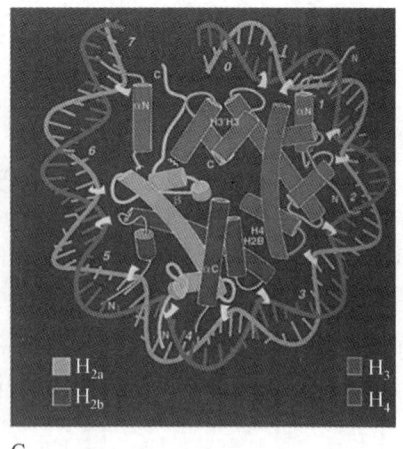

图 2-4 X 射线晶体衍射（0.28 nm）的核小体三维结构（引自 Luger，1997）

A. 通过 DNA 超螺旋中心轴所显示的核小体核心颗粒 8 个组蛋白分子的位置；B. 垂直与中心轴的角度所见到的核小体核心颗粒的盘状结构；C. 半个核小体核心颗粒的示意模型，一圈 DNA 超螺旋（73 bp）和 4 种核心组蛋白分子，每种组蛋白由 3 个 α 螺旋和一个伸展的 N 端尾部组成，N 端尾部有序排列，参与核小体之间的相互作用，以形成螺线管等高级结构如此多个核小体串联成染色质纤维（图 2-5），从 DNA 到核小体，DNA 长度在核小体这个等级上压缩了 7 倍。

对核小体核心颗粒的结构是从不同的角度进行研究的，目前对其形态和 5 种组蛋白的氨基酸组成已经比较清楚。但对它的内部结构还有许多不明确的地方，为了研究 4 种组蛋白在核心颗粒中的排列方式，用某些交联剂处理染色质或提纯核心体，然后用电泳法分离出组蛋白的寡聚体，结果发现有 H_{2b} 与 H_4、H_{2a} 与 H_{2b}、H_3 与 H_4 等 3 种排列方式。因此，在核小体中组蛋白的连接顺序应为 $H_{2a}-H_{2b}-H_4-H_3$，基于这些观察，学者们也提出了多种结构模型。

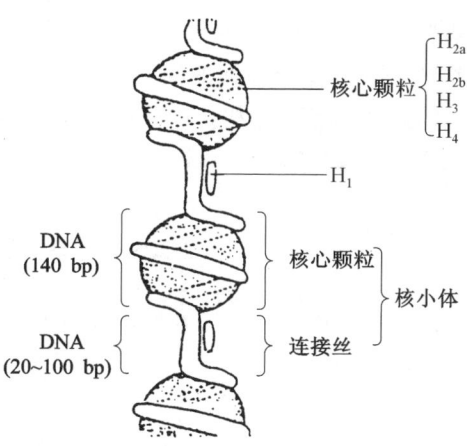

图 2-5 核小体的结构

2. 染色质的二级结构

二级结构是螺线管（solenoid）。芬奇（J. T. Finch）等用小球菌 DNA 酶轻度消化鼠肝细胞的细胞核，制备了平均 40 个（10 ~ 100 个）核小体构成的染色质。如果加入 EDTA，即可在电镜下看到有直径约 10 nm 的纤维呈松弛的螺旋状，当有 0.2 mmol/L 的 Mg^{2+} 存在时，核小体串连的染色质纤维螺旋化，出现间距 12 ~ 15 nm、直径 30 ~ 50 nm 紧密缠绕的螺旋状结构。据此，他们提出了螺线管模型。几乎同时，卡本特尔（B. G. Carpenter）等用 X 射线衍射和小角度中子散射对染色质纤维所做的研究，也得出了与螺线管相似的模型。

螺线管是由核小体连接起来的线经螺旋化形成的中空线状体结构，30 nm 染色质纤维以 4 个核小体为结构单元，各单元之间通过相互扭曲折叠形成一个和 DNA 右手双螺旋类似的左手双螺旋高级结构（图 2-6）；同时，组蛋白 H_1 在 30 nm 染色质纤维结构形成过程中起着重要作用。结构单元之间的空隙可能是组蛋白修饰、染色质重塑等表观遗传现象发生的重要调控区域。

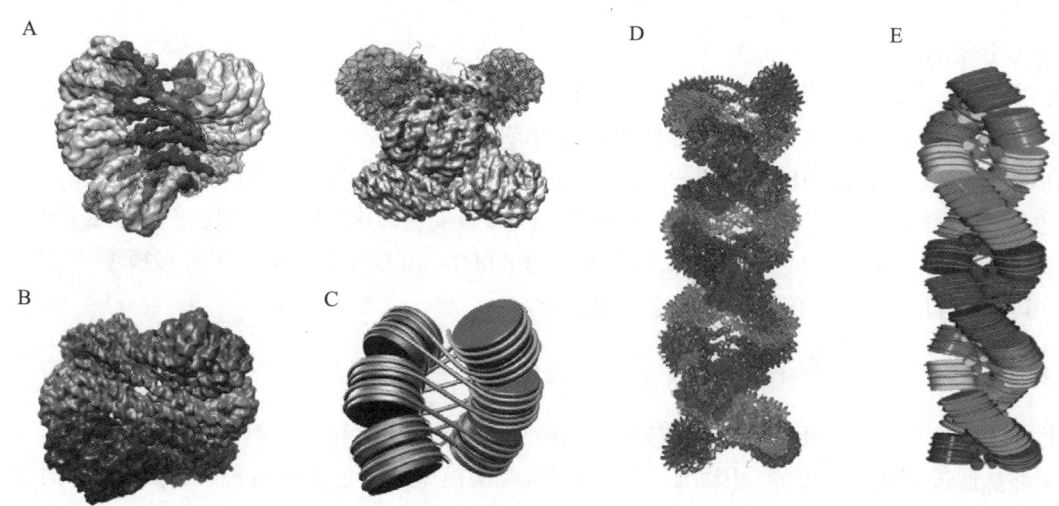

图 2-6 30 nm 染色质纤维的三维结构（引自丁明孝，2020）

A. 30 nm 染色质纤维（十二聚核小体在连接组蛋白 H_1 作用下形成）的冷冻电镜三维重构结构；B，C. 四聚核小体（tetranucleosome，以不同颜色标示）是 30 nm 染色质纤维的基本结构单元；D，E. 分别为 30 nm 染色质纤维左手双螺旋结构的原子模型图和结构模式图（改编自 Song *et al.*，2014）

3. 染色质的三级结构

三级结构是超螺线管（supersolenoid），它是螺线管进一步螺旋化和蜷缩形成的直径为 400 nm 的圆筒状结构。30 nm 的染色质纤维（相当于螺线管的细线）又怎样进一步压缩成染色体的？巴克（A. L. Bak）等从人胎儿离体培养的分裂细胞中分离出来的染色体，经温和的破坏后，在光学显微镜和电镜下进行观察。结果在光镜下，可以看到直径约为 0.4 μm、长 11~60 μm 的染色线，称之为单位线（unit fiber）。在电镜下观察单位线的横切面，判明它是由直径 30 nm 的细线（螺线管）进一步螺旋化形成的直径为 0.4 μm 的圆筒状结构。这种圆筒状结构称为超螺线管，它与螺线管相比较，DNA 的长度到超螺线管上时又压缩了 40 倍左右（图 2-7）。

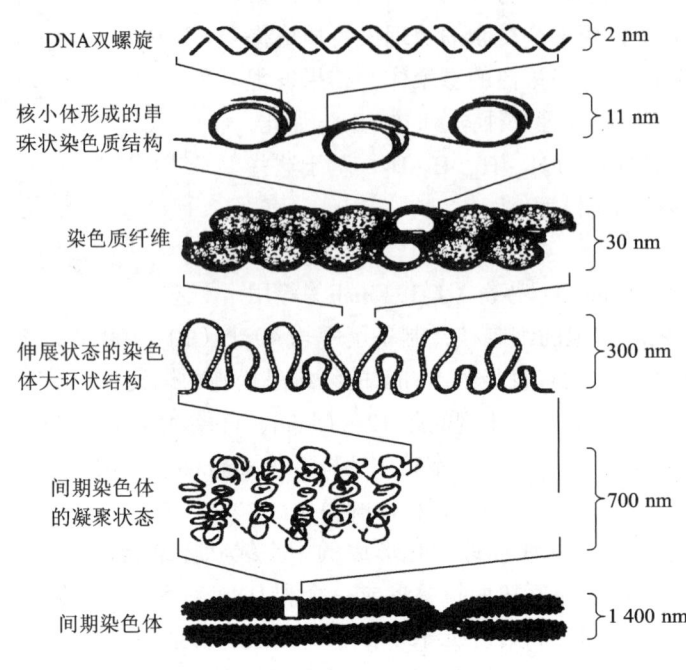

DNA双螺旋 } 2 nm

核小体形成的串珠状染色质结构 } 11 nm

染色质纤维 } 30 nm

伸展状态的染色体大环状结构 } 300 nm

间期染色体的凝聚状态 } 700 nm

间期染色体 } 1 400 nm

图 2-7　染色质纤维形成染色体的过程

4. 染色单体

超螺线管进一步折叠盘绕形成的染色单体，DNA 长度又被压缩 5 倍。如一条长 2~10 μm 的染色体，将是由 11~60 μm 长的超螺线管经折叠螺旋化后压缩的结果。

现在已经知道，染色体内的 DNA 是一个连续的长分子，而染色体相对来说要短得多。例如，人体的 46 条染色体长短不一，平均长度仅有几个微米长，而每条染色体中 DNA 的长度平均为几个厘米，总长度可达 1.7 m。所以 DNA 在染色体内的压缩程度应为 8 000~10 000 倍，按上述各级模型的 DNA 压缩率来计算，其压缩程度为 8 400 倍，是接近这种程度的。

$$DNA 双螺旋分子 \xrightarrow{\text{压缩 7 倍}} 核小体 \xrightarrow{\text{压缩 6 倍}} 螺线管 \xrightarrow{\text{压缩 40 倍}} 超螺线管 \xrightarrow{\text{压缩 5 倍}} 染色单体$$

综上所述，从 DNA 到染色体经历了核小体、螺线管、超螺线管和染色单体 4 个结构等级。这 4 个等级的演变都是通过螺旋化实现的，因此，称之为多级螺旋模型。染色体的这种结构显然有利于在基因不表达时，大量的遗传信息储存于有限的空间中，同时也有利于遗传物质平均地分配到两个子细胞中。

（二）常染色质与异染色质

根据结构和功能的不同，染色质可以区分为常染色质（euchromatin）和异染色质（heterochromatin）两种。

常染色质是间期核内染色质纤维折叠压缩程度低，处于伸展状态（典型包装率 750 倍），用碱性染料染色时着色浅的那些染色质。常染色质的 DNA 包装比为 1 000~2 000 分之一，由单一序列 DNA 和中度重复序列 DNA（如组蛋白基因和 tRNA 的基因）组成。在遗传功能上，常染色质状态是基因转录的必要条件，常染色质区域是功能基因分布的主要区域，在遗传上起着十分活跃的作用。

异染色质是染色质中碱性染料染色时着色较深的染色质区段。它与常染色质在化学性质上并没有什么差别，只是核苷酸组成的不同，二者在结构上是连续的。异染色质又可以分为组成型异染色质（constitutive heterochromatin）和兼性异染色质（facultative heterochromatin）两类。组成型异染色质除复制期以外，在整个细胞周期均处于聚缩状态，形成多个染色中心，其特征是：在中期染色体上多定位于着丝粒区、端粒、次缢痕及染色体臂的某些节段，由相对简单、高度重复的 DNA 序列构成（如卫星 DNA）；具有显著的遗传惰性，不转录也不编码蛋白质；在复制行为上与常染色质相比表现为晚复制、早聚缩；在功能上参与染色质高级结构的形成，导致染色质区间性，作为核 DNA 的转座元件，引起遗传变异。兼性异染色质是在某些细胞类型或一定的发育阶段，由原来的常染色质聚缩，并丧失基因转录活性，转变形成的异染色质，如 X 染色体随机失活。所以，人们认为异染色质化可能是关闭基因活性的一种途径。不同生物和同种生物的不同染色体，异染色质的含量和分布是不同的，这可能与染色体上的基因数量和分布有关。

（三）染色体结构与基因表达

与原核生物不同，真核生物的 DNA 与组蛋白形成核小体，然后经过多次螺旋、折叠，并与非组蛋白等一起组成染色体。DNA 处于蛋白质的包围之中，使 RNA 聚合酶和其他的各种蛋白质因子无法接近 DNA，基因处于关闭状态，不能表达。因此，染色体不仅是基因的载体，更重要的是基因活动的控制器，染色体结构的变化以及一些对 DNA 状态的修饰与基因的表达调控有密切关系，详细见本书的五、六章。

五、特殊类型的染色体

（一）多线染色体

在双翅目昆虫（如果蝇、摇蚊）幼虫唾液腺、肠及马氏管的细胞中有巨大染色体（giant chromosome）。它们是一种间期的正常染色体，是这些组织中的细胞多次发生内源有丝分裂（endomitosis），使染色单体数目成倍增加，而着丝粒未发生分裂形成了很粗的多线染色体（polytene chromosome）。在果蝇中唾液腺染色体经 9～10 次的内源有丝分裂可形成具有 1 024 或 2 048 条染色线的多线染色体。唾液腺细胞中的多线染色体是目前已知的最大染色体，长度约为 2 mm，是体细胞分裂中期染色体长度的 100 倍（图 2-8）。

多线化使染色体细微结构增加了很多级，成百上千个相同的染色粒并排起来，形成一系列界限分明的带或横纹，带与带之间有明显的间带区域。带染色很深，富含 DNA，是基因所在的部位；带之间不着色的膨大部分称为疏松区，富含转录出来的 RNA，是基因活动的区域。一条染色体的任何细微结构的变化都会在带纹上反映出来。因此，多线染色体是研究染色体结构变异和基因表达活性差异的极好材料。

（二）灯刷染色体

灯刷染色体（lampbrush chromosome）是另一种类型的巨大染色体，它是一种很长的、在主轴上有许多侧环、状似灯刷的一种染色体。这种染色体最先由吕克特（J. Rückert）在鲨鱼中发现，此后发现在鱼类、两栖类、爬行类、鸟类等许多脊椎动物和某些无脊椎动物的初级卵母细胞核中也有。对灯刷染色体的研究，有助于深入了解染色体的细微结构和基因的功能。

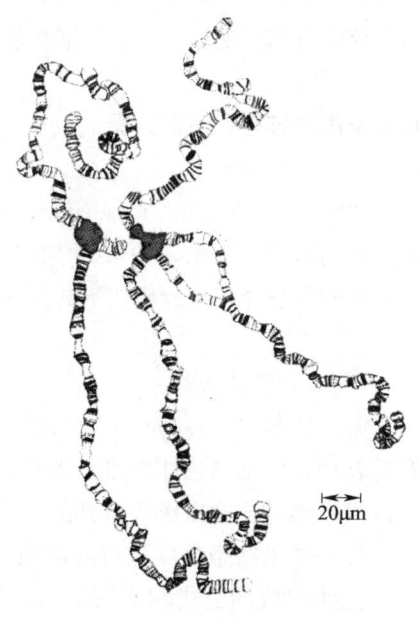

20μm

图 2-8　果蝇的多线染色体

灯刷染色体是长时间停留在减数分裂双线期前后的一种染色体，它是一对由一个或多个交叉联系起来的同源染色体（图2-9），每条染色体纵轴的直径约为50 nm，由两条染色单体组成。大部分的染色质紧密地结合在一起，形成较为致密而不规则的串珠状染色粒；还有一部分并不螺旋化，是合成RNA的活跃部分。这些转录活跃的DNA从染色粒上伸出来，形成一对对的大约20 nm长的对称侧环。在电子显微镜下，可以看到每个灯刷染色体的纵轴由两根15 nm的染色线组成，每根染色线是一条与蛋白质结合的

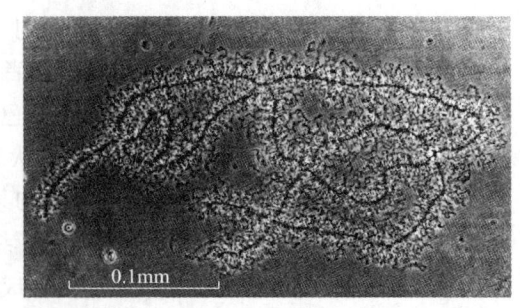

0.1mm

图2-9 灯刷染色体

DNA双链，DNA链是连续的，从染色体的一端到另一端。每个环被不等量的RNA和蛋白质包围，在染色粒开头的一端较细，而另一端较粗，其形态和大小有一定的特点。RNA的合成仅在环上较细的一端进行，新合成的RNA围着环逐渐移动。如果用RNA酶和蛋白水解酶水解这种环状结构，侧环上毛茸的外形就消失了，但环状结构依然存在；如果用DNA酶处理，则侧环结构受到破坏。说明DNA侧环在活跃地进行RNA合成。

（三）B染色体

在许多动植物的细胞中除了具有正常恒定数目的染色体外，还常出现额外的染色体。通常把正常的染色体称为A染色体，把这种额外染色体统称为B染色体（B chromosome），也称为超数染色体（supernumerary chromosome）或副染色体（accessory chromosome）。

B染色体一般比A染色体小，在减数分裂时不与A染色体配对，说明它们没有同源性，在结构上不同。B染色体之间的配对也不是有效的，多呈单价体。但在大多数情况下，B染色体极少发生丢失现象。在减数分裂中，B染色体有时不发生分离，使其在后代中积累起来。

B染色体的数目在群体、个体之间有较大的差异。在同一个群体内，有B染色体的植株与没有B染色体的植株在表型上没有什么区别，但当B染色体的数目增加时就会出现表型效应。如在玉米中，当B染色体的数目在10~15条时，植物的生长势不受影响。但增加到16~20条时，则随着B染色体数目的增加，生长势、结实率和育性便明显下降。增加到30~40条时，植物生长势很弱，且完全不育。这说明B染色体对表型的效应不具有质的差异，只有量的特点。在多数生物中，B染色体对细胞、个体的发育和生存没有明显的影响，其详细功能和来源，目前尚不甚清楚。

六、染色体核型和核型分析

1959年，勒热纳（J. Lejeune）发现人类先天愚型患者的体细胞多了一条21号染色体，揭示了染色体数目与疾病的关系，使染色体研究从理论研究进入了实用阶段，促进了染色体形态学的发展，出现了一系列的染色体核型分析技术和方法。

（一）染色体核型

染色体核型（karyotype）一词最先由列维茨基（G. A. Levitsky）提出，是指染色体组在有丝分裂中期的表型，包括染色体数目、大小、形态特征的总汇。核型可以用图形和公式两种方式表示，图形表示的核型是通过显微摄影而得到的单个中期分裂细胞中所有染色体的系统排列，它是根据染色体的形态特征、带纹及某些染色反应将同源染色体配对，分组列号而成的图形（图2-10）。用公式表示核型时，表示染色体组成的公式称为核型式，如在猪的核型中，"$2n = 38$，XY"表示正常雄性个体的细胞有38条染色体，性染色体为XY型等。在核型中，为了便于比较染色体的排列通常采用通用标准。人类染色体

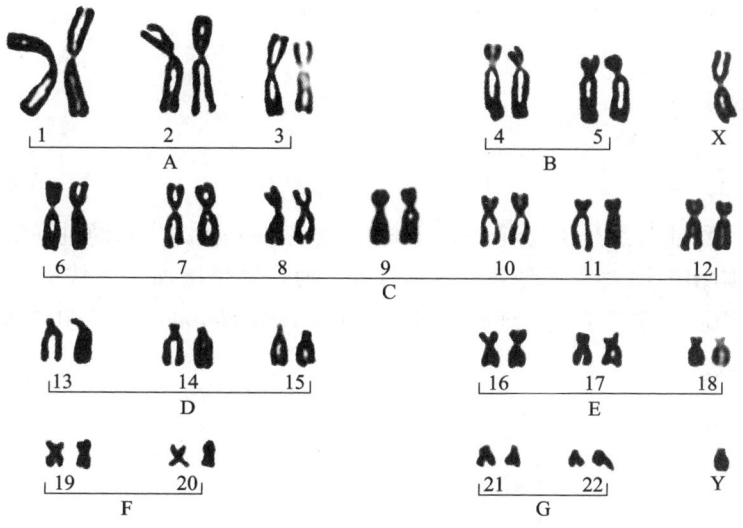

图 2–10　人的染色体核型（引自 Russell，2000）

的分类标准，1960 年在丹佛召开的第一届世界人类细胞遗传学会议上作出了明确规定，称为丹佛体制（Denver system）。家畜的染色体核型，1976 年在英国瑞丁召开的第一届国际家畜显带核型会议上，发表了牛、山羊、绵羊、猪、马和猫的显带核型和命名系统，成为世界各国家畜显带核型研究和分类的重要依据。

核型模式图（idiogram）是将一个染色体组的全部染色体逐个按其相对长度、着丝粒的位置、随体的有无等特征绘制下来，再按长短、形态等特征排列起来的标准图。它代表一个物种的核型模式。

核型中的染色体分类是按照染色体的相对长度、着丝粒位置进行分类的。例如，家猪核型染色体分为 A、B、C、D 4 组，A 组为近中着丝粒染色体，B 组为近端着丝粒染色体，C 组为中着丝粒染色体，D 组为端着丝粒染色体；性染色体列入 C 组。

（二）核型分析

核型分析（karyotype analysis）是指把受检个体的核型与同种生物的正常核型或核型模式图进行比较，鉴别染色体数目和形态特征变异的一种方法。核型分析对鉴定染色体组中的染色体形态特征和数目，物种的起源、演化和分类研究，以及先天性遗传病的诊断等均具有重要的意义。目前，该技术已被广泛用于人类医学中，用来诊断和鉴定遗传病的病因。在家畜中，主要用于畜禽品种的起源、演化和分类研究，以及定位基因、绘制遗传图、筛选遗传标记和鉴定种畜等方面。

在核型分析中，首先要通过外周血淋巴细胞培养制备染色均匀、数量充足、背景清晰、染色体之间分散良好的中期分裂相，然后，通过显微镜观察染色体标本。核型分析主要有 3 种方法：①镜下核型分析，即在显微镜下直接观察受检细胞的染色体，鉴别染色体数目、形态结构等方面的异常情况，这种方法已广泛用于人类临床医学诊断中。②显微照片核型分析，即通过显微照片来观察分析染色体的形态结构和数目，这种方法可以直观显示受检材料，适合用于教学和训练染色体鉴定人员。③自动核型分析，即把显微镜和电子计算机结合在一起，每条染色体的形态特征参数输入计算机中，当把需要分析的一个中期分裂相细胞展现在显微镜下时，自动核型分析仪就能自动阅读每条染色体，并按照核型分类标准排列成核型图，报告出核型分析结果。

核型分析发现，家畜异常核型的个体数不少，这种家畜生殖细胞部分不育，繁殖率低，受精后异常核型胚胎大部分流产。

第三节　细胞分裂

　　细胞分裂是生物进行生长发育和繁殖的基础，生物通过细胞数目和种类的增加以及体积的增大来实现生长发育过程，通过繁殖增加个体数量延续生命，把亲代的遗传物质传递给子代。细胞分裂可分为无丝分裂（amitosis）和有丝分裂（mitosis）两种方式。

一、细胞周期概述

（一）细胞周期

　　细胞周期（cell cycle）是指前一次细胞分裂结束到下一次分裂结束所经历的过程。动物细胞根据在分化、增殖过程中，DNA 合成及细胞分裂的特点，可将细胞周期分为有丝分裂期（mitosis phase）和间期（interphase）两个大的时期（图 2-11）。有丝分裂期是从有丝分裂开始到结束的时期，简称 M 期。间期是两次细胞分裂之间的一段间隔时期，用光学显微镜观察，活体细胞核是均匀一致的，看不见染色体，只是看到许多染色质，这是因为间期中的染色体伸展到最大限度，处于高度水合的、膨胀的凝胶状态，折射率大体上与核液相似的缘故。因此，间期从细胞外表来看似乎是静止的，但根据细胞化学的研究证明，此时的细胞核处于高度活跃的生理、生化代谢状态。在间期不仅进行 DNA 的复制，而且与 DNA 结合的组蛋白也是加倍合成。并有证据表明，核在间期的呼吸作用很低，这有利于在细胞分裂之前储备足

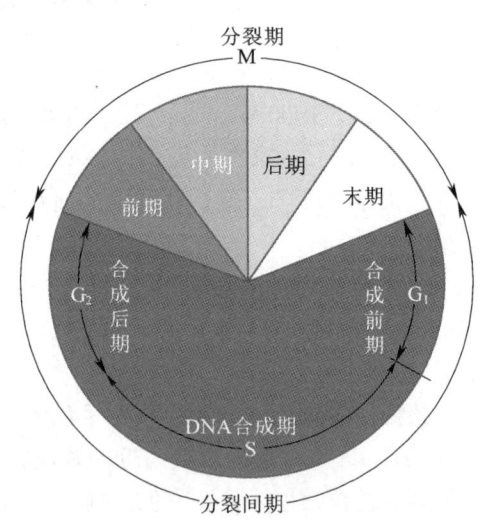

图 2-11　真核生物细胞周期

够多的易于利用的能量。同时，细胞在间期进行生长，使细胞核和细胞质的体积比例达到最适的平衡状态，有利于细胞的分裂。间期核中的染色体并不是散乱分布的，而是每条染色体占据了一块特定的核区域，即染色体领域（chromosome territory，CT），染色体领域在间期核中的排列与定位是经过严格组织的，并具有一定的动力学特征，染色体领域的这些严格的定位和空间组织与基因的表达调控密切相关。

　　根据 DNA 合成的特点，间期又可以分为 3 个时期：①从有丝分裂完成到 DNA 复制之前的间隙期（gap 1 phase），简称 G_1 期。此时主要进行细胞体积的增大，并为 DNA 合成做准备。不分裂细胞则停留在 G_1 期。② DNA 合成期（synthesis phase），简称 S 期，在这一阶段细胞中的 DNA 和染色质进行复制。③从 DNA 复制完成到有丝分裂开始的第二次间隙期（gap 2 phase），简称 G_2 期，这一时期主要是为细胞分裂做准备。间期的这 3 个时期的长短因物种、细胞种类和生理状态的不同而有变化，一般 S 期的时间较长，且较稳定。G_1 期和 G_2 期的时间较短，变化也较大。据研究哺乳动物离体培养细胞的有丝分裂周期，G_1 期为 10 h，S 期为 9 h，G_2 期为 4 h，间期共长 23 h，而细胞分裂期 M 全长只有 1 h。

　　根据细胞在细胞周期中 DNA 合成和细胞分裂的能力不同，可将细胞分为连续分裂细胞、终止细胞、G_0 期细胞等三大类。

（二）细胞周期调控

有关细胞周期的遗传控制是当今遗传学研究中非常活跃的一个领域。在真核生物中，为什么有的细胞能连续不断地进行分裂，有的细胞永久性地失去了细胞分裂的能力而成为终止细胞，而有的细胞能在一定条件下，从 G_0 期进入细胞周期进行有丝分裂。许多研究结果表明，细胞的这些差异是受一系列细胞分裂周期基因调控的结果。

1. 两个关键的调控位点

目前已经发现，在细胞周期中有两个位点调控周期是否继续进行。第一个是 G_1 期位点，该位点决定着细胞是否进入 S 期，进行 DNA 合成和染色体复制，在动物细胞中此位点也称为限制点（restriction point）。培养基的状况和细胞物质的含量可能是影响 G_1 期位点调控的因素之一。第二个是 G_2 期位点，该位点决定着细胞是否进入 M 期进行有丝分裂。检查细胞是否进行有丝分裂的条件有：细胞物质的含量是否能满足细胞分裂，DNA 和染色体的复制是否已完成，DNA 有无损伤等。细胞只要通过了某一个调控位点后，外部因素就很难阻止细胞周期进入下一阶段。

细胞周期内部事件的有序调控基于一种依赖关系，即下游事件的启动依赖于上游事件的完成。例如，M 期的启动依赖于 G_1、S、G_2 期的完成。细胞中的这种依赖关系保证了 DNA 和染色体的正确复制，并平均分配到两个子细胞中。

2. 参与细胞周期调控的基因

细胞周期的调控实际上是多基因参与的过程。在哺乳动物中，目前发现控制细胞周期的基因有两类。第一类基因主要控制细胞周期过程中所需的关键蛋白质或酶的合成，如控制 DNA 合成的酶中缺少任何一个亚基都会影响 DNA 的复制，从而阻断细胞周期的进行。第二类是直接控制细胞进入细胞周期各个时期的基因，此类基因主要有细胞周期蛋白（cyclin）基因和细胞周期蛋白依赖性激酶（cyclin-dependent kinases，CDK）基因两种，分别控制着细胞周期蛋白和细胞周期蛋白依赖性激酶的合成。

细胞周期蛋白有很多种，如 A 类、B 类、C 类、D 类和 E 类等，它们都分别参与细胞分裂过程中不同时期的调节。各类细胞周期蛋白又有多种类型，如 D 类至少有 D_1、D_2、D 3 个亚型。细胞周期蛋白均含有一段保守的氨基酸序列，用于介导周期蛋白与 CDK 结合，不同的周期蛋白框识别不同的 CDK，表现出不同的 CDK 活性，例如，CDK 与 G_1 期周期蛋白结合，在 G_1 期起调控作用，CDK 与 M 期周期蛋白结合，在 M 期起调控作用。

CDK 对细胞周期运行起着核心性调控作用，它能使参与细胞周期调控的多种底物磷酸化，从而调控细胞周期的运转，而蛋白磷酸水解酶则使它们去磷酸化。CDK 有很多种类，例如，细胞周期蛋白依赖性激酶 1，分子量为 3.4×10^4，此酶是 M 期促进因子有催化活性的一个亚基，该因子的调节亚基为细胞周期蛋白。

除以上两种主要因子外，CDK 抑制物（CKI）、血小板源性生长因子（PDGF）、上皮生长因子（EGF）、转化生长因子等均会影响或调控细胞周期。

二、无丝分裂

无丝分裂（amitosis）也称为直接分裂，是真核细胞分裂的一种方式。它不像有丝分裂那样经过染色体有规律的、精确的分裂过程，而只是细胞体积增大，细胞核拉长缢裂成两部分，接着细胞质从中部收缩分裂成两个相似的子细胞。在整个分裂过程中看不到纺锤丝，所以称为无丝分裂。在低等植物和高等生物高度分化的细胞中常采用这种分裂方式，例如植物的薄壁组织细胞、木质部细胞、绒毡层细胞和胚乳细胞，动物胚的胎膜、填充组织和肌肉组织等也观察到无丝分裂的发生。

三、有丝分裂

有丝分裂是高等生物细胞分裂的主要方式，它是一个复杂的生物学过程，包括典型纺锤体的出现、染色体的形成与消失、染色体的均分和定向分离运动、核膜和核仁的消失与重建等各种生物学事件。有丝分裂的复杂机制，保证了 DNA 和染色体的精确平均分配，从而使子细胞间、子细胞与母细胞间具有相等的遗传物质。

（一）有丝分裂的过程

有丝分裂的过程是一个连续的动态变化过程，包含细胞核分裂（karyokinesis）和细胞质分裂（cytokinesis）两个紧密相连的过程。但通常在使用有丝分裂这个词时，一般指核分裂。为了便于描述，根据核分裂的变化特征将有丝分裂分为前期（prophase）、中期（metaphase）、后期（anaphase）和末期（telophase）4 个时期（图 2-12）。

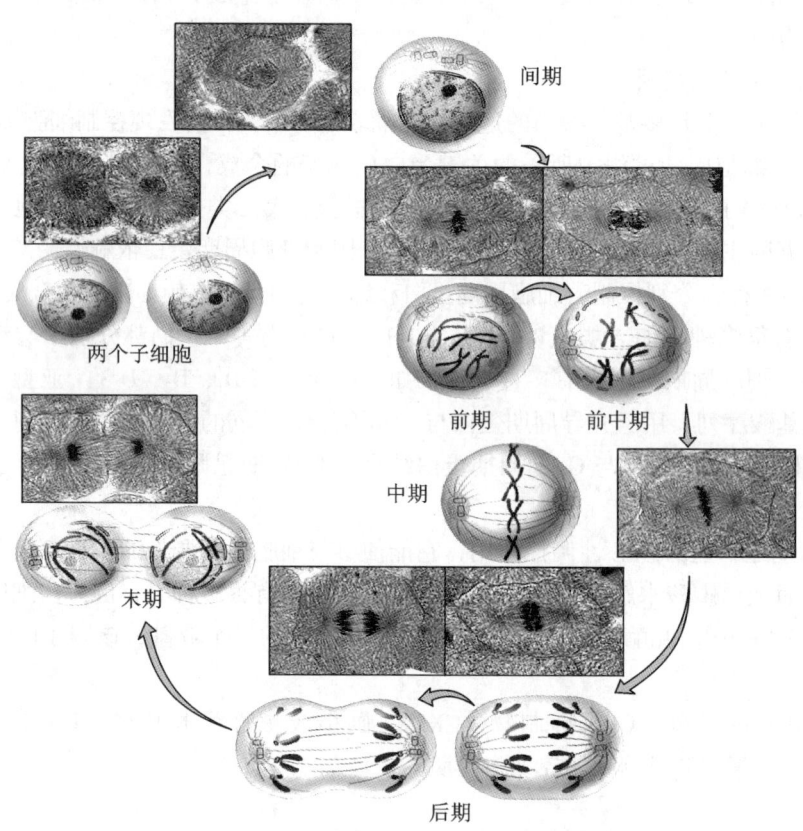

图 2-12 真核细胞有丝分裂过程（引自靳德明，2009）

1. 前期

前期是有丝分裂的开始，其标志是细胞核内出现细长而卷曲的染色体，每条染色体由两条染色单体组成，表明此时染色单体已经自我复制，但染色体的着丝粒还没有分裂。盘绕和折叠把染色体变成了适合于运输的形状，这时多数物种的核仁崩溃并消失，其成分分散在整个核内，核膜开始模糊不清。动物细胞的中心体分裂为二，并向两极分开，每个中心体周围出现星射线，逐渐形成丝状的纺锤丝（spindle fiber）。染色体在细胞的较大空间中分散，核膜破裂成碎片，据电镜观察证明，核膜的碎片分布于细胞质中并变成了内质网的一部分。一般认为核膜的解体是前期结束的标志。

2. 中期

核仁和核膜均消失，核与细胞质已无可见的界限，纺锤丝与染色体的着丝粒相连，染色体向赤道板移动，着丝粒位于赤道板上呈成对取向，各条染色体的着丝粒均排列在纺锤丝中央的赤道面上，两臂则自由地分散在赤道面的两侧。此时每条染色体仍由两条染色单体组成，且处于最大限度的卷曲，而表现得最清楚，具有典型的形态特征，可清楚地看到染色体的数目和形态，故最适于研究和计数染色体。中期结束的标志是着丝粒的分离和所有染色单体都从着丝粒部位分离。

3. 后期

后期是染色体迅速移动和活跃的一个时期，也是有丝分裂过程中最短的时期。这时每条染色体的着丝粒分裂为二，两条染色单体都有了自己的着丝粒，成为独立的子染色体。起自两极的纺锤丝分别将每条子染色体拉向两极，使两极各具有与原来细胞同样数目和形态的染色体。

4. 末期

通常认为染色体到达两极时是末期的开始，这时在两极围绕着染色体重新形成核膜，在核仁区形成核仁。染色体又变得松散细长，融合成一种无法区别的染色团。于是在一个母细胞内形成两个子核。接着在赤道板处凹陷，细胞质分裂。最后，一个细胞分裂为两个子细胞，又恢复为分裂前的间期状态。

有丝分裂的全过程所经历的时间，因物种和外界环境条件而不同，一般来说，末期最长，前期次之，中期短，后期最短。

此外，有丝分裂过程有时会发生异常情况，一是细胞核进行多次重复的分裂，而细胞质却不分裂，因而形成具有很多游离核的多核细胞。二是核内有丝分裂（endomitosis），即染色体中的染色线连续复制，但其细胞核本身不分裂，结果加倍了的这些染色体都留在一个核里。如在双翅目昆虫的摇蚊（*Chironomus* sp.）和果蝇（*Drosophila* sp.）等幼虫的唾腺细胞中染色线连续复制后，其染色体并不分裂，仍紧密聚集在一起，因而形成多线染色体（polytene chromosome）。

（二）有丝分裂的遗传学意义

多细胞生物的生长主要是通过细胞数目的增加和细胞体积的增大而实现的，因而有丝分裂又称为体细胞分裂。它在遗传学上具有重要的意义。

（1）核内每条染色体精确地复制并分裂为二，为形成的两个子细胞在遗传组成上与母细胞完全一样提供了基础。

（2）复制的各对染色体有规则而均匀地分配到两个子细胞中去，从而使两个子细胞与母细胞具有同样质量和数量的染色体，使不同器官、组织细胞内染色体数目得以恒定。这样既维持了个体的正常生长和发育，也保证了物种的连续性和遗传的稳定性。

在有丝分裂过程中，对细胞质中的线粒体、叶绿体等细胞器来说，虽然也进行复制和数量增殖，但由于它们原先在细胞质中分布是不均匀的，数量也是不恒定的，因而在细胞分裂时它们是随机而不均等地分配到两个子细胞中去。因此，这些细胞器决定的遗传性状，不可能与染色体所决定的遗传性状具有同样的遗传规律。

四、减数分裂

减数分裂（meiosis）是发生在性母细胞成熟时，配子形成过程中的一种特殊的有丝分裂，又称为成熟分裂（maturation division）。因为它使体细胞染色体数目减半，故称为减数分裂。它的这种减数不仅是形态上的染色体数目减半，而且表现在遗传上的基因含量减半，减半既是数量上的，也是质量上的。因为所减半的染色体种类不是随机的，而是在母细胞中的一对同源染色体中任选一条，从而使原来的二倍体细胞变成单倍体细胞，即由 $2n$ 变为 n。例如普通牛的体细胞染色体数 $2n = 60$，经过减数分裂后形成的精细胞和卵细胞都只有原来染色体数的一半，即 $n = 30$。但通过受精，精细胞和卵细胞相结合，使合子又恢复了体细胞的正常染色体数目（$2n$），从而保证了物种染色体数目的恒定性。

减数分裂的主要特点是：第一，减数分裂的整个过程包括连续进行的两次细胞分裂，即第一次染色体数目减半的分裂和第二次染色体等数的分裂。由于在减数分裂的两次细胞分裂过程中，只有一次 DNA 和染色体的复制，因此使染色体数目减半，即子细胞的染色体数目仅为母细胞的一半。第二，第一次减数分裂的前期特别长，此时染色体变化复杂，各对同源染色体要互相配对（pairing），即联会（synapsis），染色单体间进行交换。

减数分裂的过程并非偶然发生，研究表明，细胞在进入分裂期之前，有一个比普通有丝分裂时间长的间期，经过了染色体复制、核分裂的同步分化等一系列由量变到质变的准备阶段，才能由普通有丝分裂转入减数分裂。

（一）减数分裂的过程

减数分裂的两次连续细胞分裂过程分别用 I 和 II 表示，其整个过程（图 2-13）可以概述如下。

1. 第一次减数分裂（I）

根据染色体的变化特点，减数分裂 I 可分为前期 I、中期 I、后期 I 和末期 I 4 个时期。

（1）前期 I

前期 I（prophase I）是变化最为复杂，经历时间最长，在遗传上的意义最大的时期。其特征是细胞核明显增大、同源染色体联会、染色单体交换，根据这些特征又可将前期 I 分为细线期、偶线期、粗线期、双线期和终变期 5 个时期。

① 细线期（leptonema）。核内出现细长如线的染色体，所以称为细线期。由于染色体在间期已经复制，每条染色体都是由共同的一个着丝粒联系的两条染色单体所组成。此时由于染色体在核内交织成网状，很难分清其数目，在显微镜下也看不到双线结构。但在每条染色体上可以见到许多染色粒，其中较大的一些染色粒其大小、数目和位置是恒定的，可以作为鉴别特定染色体的标志。

② 偶线期（zygonema）。各同源染色体分别配对（pairing），这一现象称为联会（synapsis）。$2n$ 个染色体经过联会而成为 n 对染色体。联会的一对同源染色体称为二价体（bivalent），每个二价体有两个着丝粒。一般在这时出现多少个二价体，即表示有多少对同源染色体。根据电子显微镜的观察，在偶线期同源染色体经过配对连接在一起形成了一种特殊的固定结构，称为联会复合体（synaptonemal complex，SC）。其主要成分是自我集合的碱性蛋白和酸性蛋白，由中央成分（central element）的两侧伸出横丝，因而使同源染色体得以固定在一起。同源染色体的联会是从染色体上的若干接触点上逐渐开始，最终形成整条染色体配对平衡，这是非常精确的、专化的、基因对基因的配对。

③ 粗线期（pachynema）。从完整的联会复合体出现到同源染色体开始分离、联会复合体开始消失为粗线期。一般认为联会复合体的形成是在粗线期完成的，此时染色体进一步螺旋化，逐渐缩短变粗。因为二价体实际上已经包含了 4 条染色体单体，故又称为四联体（tetrad）。在二价体中一条染色体的两条染色单体，互称为姐妹染色单体，而不同染色体的染色单体，则互称为非姐妹染色单体。在粗线期非姐妹染色单体间出现交换（crossing over），导致遗传物质的重组。

④ 双线期（diplonema）。从配对的同源染色体分离开始，此时联会复合体已经消失。染色体继续缩短变粗，各个联会了的二价体虽因非姐妹染色单体相互排斥而分开，但由于存在着交叉（chiasmata）而不能立即分离。这种交叉现象就是非姐妹染色单体之间某些片段在粗线期发生交换的结果。这时用电子显微镜观察，除交叉处外，其余部分的联会复合体横丝物质已经脱落。有些卵母细胞的双线期可以延续到几周、几个月甚至几十年，例如人类从胚胎期第五个月开始到 12 ~ 50 岁才结束双线期。

⑤ 终变期（diakinesis）。在终变期染色体变得更为浓缩和粗短，且表面变得光滑，这是前期 I 结束的标志。这时各个二价染色体之间产生了较强的互斥力，交叉向二价体的两端移动，逐渐接近于末端，

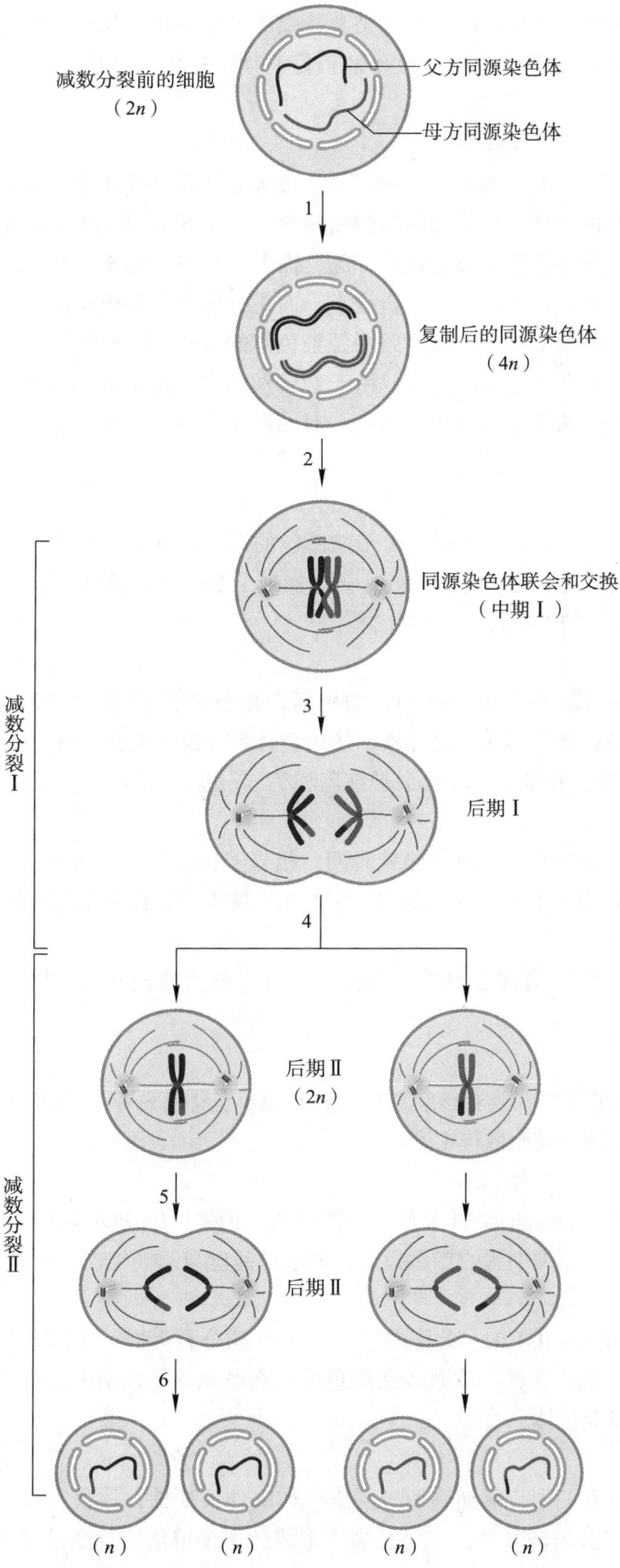

减数分裂前的细胞
（2n）

父方同源染色体

母方同源染色体

1

复制后的同源染色体
（4n）

2

同源染色体联会和交换
（中期 I ）

3

后期 I

减数分裂 I

4

后期 II
（2n）

后期 II

减数分裂 II

5

后期 II

6

（n）　　　（n）　　　（n）　　　（n）

图 2-13　减数分裂过程图解（引自丁明孝，2020）

这一过程称为交叉端化（chiasma terminalization）。二价染色体上的交叉数目和位置常影响此时染色体的形态，如一端有交叉，则成为棒状；两端均有交叉，则成为单环状，等等。此时每个二价体分散在整个核内，可以一一区分开来，是鉴定染色体数目的最好时期。核内有多少个二价体，就表明有多少对染色体。

（2）中期 I

在中期 I（metaphase I）中，核仁和核膜消失，细胞质里出现纺锤体。纺锤丝与各染色体的着丝粒连接，二价染色体向赤道板移动。从纺锤体的侧面观察，与有丝分裂中期有明显的不同：有丝分裂中期的姐妹染色单体有一个未分裂的着丝粒连接在一起，而着丝粒整齐地排列在赤道板上；在减数分裂中期 I 时，同源染色体的两个着丝粒不是位于赤道板上，而是分散在赤道板的两侧，即二价体中两个同源染色体的着丝粒是面向相反的两极的，并且每条同源染色体的着丝粒朝向哪一极是随机的。从纺锤体的极面观察，各二价体分散排列在赤道板的近旁。由于纺锤丝的牵引作用引起着丝粒的一分为二，因此，分开的不是同一条染色体上的两个染色单体，而是一对同源染色体被拆开，分别向细胞两极移动，达到染色体减数的效果。

（3）后期 I

细胞分裂到后期 I（anaphase I）时，由于纺锤丝的牵引，各个二价体的两条同源染色体分别向两极拉开，使每个极只分到每对同源染色体中的一条，实现了 $2n$ 数目的减半（n）。这时每条染色体还是包含两条染色单体，因为它们的着丝粒并没有分裂。

（4）末期 I

在末期 I（telophase I）中，染色体到达两极后，松散伸长变细，两极的 n 条染色体分别形成两个子核，每个子核的染色体数都是 n，比母核中的染色体数（$2n$）减少一半。与此同时，细胞质也进行分裂，使性母细胞分为两个子细胞，这两个子细胞称为二分体（dyad）。至此，减数分裂的第一次分裂结束。

第一次分裂结束后，细胞有一个短暂停顿时期，相当于有丝分裂的间期，但这一时期很短，不进行DNA 的复制。在有些动物中几乎没有这一时期，它们在末期 I 后紧接着就进入第二次分裂。

2. 第二次减数分裂（II）

第二次减数分裂与普通的有丝分裂基本相似，也可以分为前期 II、中期 II、后期 II 和末期 II 4 个时期。

（1）前期 II

在前期 II（prophase II）中，具有核膜和核仁，每条染色体有两条染色单体，着丝粒仍连接在一起，但染色单体出现明显的排斥，彼此散得很开。

（2）中期 II

细胞分裂进入中期 II（metaphase II）后，核膜和核仁消失，出现纺锤体，染色体浓缩，每条染色体的着丝粒整齐地排列在各个分裂细胞的赤道板上，通过纺锤丝与两极相连。此时着丝粒开始分裂。

（3）后期 II

分裂到后期 II（anaphase II）时，每条染色体的着丝粒分裂为二，于是两个姐妹染色单体各自有了自己的着丝粒，成为独立的染色体。此时各条染色单体在纺锤丝的牵引下分别向两极移动，每个极分别得到姐妹染色单体的一条染色体。

（4）末期 II

在末期 II（telophase II）中，移动到两极的染色体又伸长变细，核膜和核仁重新出现，形成新的单倍体子核，同时细胞质又分为两部分，于是分裂 I 形成的两个单倍核就变成了 4 个单倍核。这样经过两次分裂后，形成 4 个子细胞，这称为四分体（tetrad）。

在上述分裂过程中，第一次减数分裂是减数的，形成两个单倍体的核；第二次减数分裂是等数分裂，每个单倍体子核进行有丝分裂形成两个单倍体子细胞。这样染色体复制了一次，细胞分裂却进行了两次，因此，使每个子细胞的核里只有最初细胞的半数染色体，即从 $2n$ 减数为 n。

（二）减数分裂的遗传学意义

在有性繁殖的生物中，雌雄配子是传宗接代的唯一桥梁，减数分裂是产生这一桥梁的必要阶段。因此，它在遗传学上具有重要的意义。

1. 保证亲代与子代间染色体数目的恒定性

减数分裂时核内染色体严格按照一定的规律变化，经过两次连续的分裂，产生只有一组染色体的性细胞（n），即精子或卵子，它们通过受精作用，形成合子（$2n$），又恢复为全数的染色体（$2n$）。从而保证了亲代与子代之间染色体数目的恒定性，为后代的正常发育和性状遗传提供了物质基础，同时保证了物种的相对稳定性。

2. 为生物的变异提供了物质基础

在减数分裂过程中，非同源染色体在后期 I 分向两极时是随机地进行自由组合的，即一对同源染色体的分离与任何另一对同源染色体的分离不发生关联，各个非同源染色体之间均可能自由组合在一个子细胞里。n 对染色体，就可能有 2^n 种自由组合方式。例如绵羊 $n = 27$，其非同源染色体分离时的可能组合数即为 $2^{27} = 134\ 217\ 728$ 种。这说明各个性细胞之间在染色体组成上将可能出现多种多样的组合，从而形成含有不同染色体的各种配子，使生物产生各种变异。不仅如此，同源染色体的非姐妹染色单体之间的片段还可能出现各种方式的交换，使同源染色体上的基因进行重新组合形成含有不同基因的配子，这就更增加了这种变异的复杂性。因此，减数分裂为生物的变异和遗传多样性提供了重要的物质基础，有利于生物的适应和进化，并为人工选择提供了丰富的材料。

减数分裂是一种特殊的有丝分裂方式，属于有丝分裂的范畴。减数分裂过程中，染色体行为复杂，变化多样。在高等动植物中进行减数分裂的性母细胞是有丝分裂的产物，有丝分裂是减数分裂的基础。有丝分裂也依赖减数分裂，如果没有减数分裂产生染色体数目减半的配子，其合子就无法保持染色体数目的恒定性，这种相互依赖的关系保证了生物世代的连续性。

第四节　动物配子发生与染色体周史

在高等动物中，大多数是雌雄异体的，其生殖细胞分化很早，在自身的胚胎发育过程中就已经分化。生殖细胞位于生殖腺（gonad），即雄性动物的睾丸和雌性动物的卵巢中，待个体发育成熟时，它们再进一步发育。生殖细胞经过减数分裂后形成配子，在受精前不再进行细胞分裂。

一、精子发生

雄性动物配子的形成称为精子发生（图 2-14）。在雄性动物的睾丸中含有未成熟的初级精原细胞（spermatogonia），这些细胞经过有丝分裂迅速增殖后产生次级精原细胞。脊椎动物的精原细胞紧靠着输精管基膜，部分精原细胞永久保持这种状态，成为动物终身生殖活动的性细胞来源。而随着雄性动物性的成熟，另一部分精原细胞则向输精管移动，经过几次有丝分裂后停止分裂，进入精子发生的生长阶段，长大成为初级精母细胞（primary spermatocyte）。初级精母细胞的体积约为精原细胞的两倍，染色体数目与其他体细胞相同。初级精母细胞经过第一次减数分裂后产生两个染色体数目减半的次级精母细胞（secondary spermatocyte）。次级精母细胞再经过第二次减数分裂，形成 4 个精细胞（spermatids）。未成熟的精细胞经过一系列的形态变化，最后形成高度特化、能够运动的成熟精子（sperm），这一过程称为精子形成。因此，一个初级精母细胞经过二次减数分裂产生 4 个子细胞，最终形成 4 个精子。精子由头、颈和尾三部分组成，头部含有处于致密的不活动状态的染色体；颈部最短，含有两个中心粒；尾部分为中段、主段和末段，尾部轴丝中的纤维有收缩功能，以便精子运动。

精子的主要功能是将雄性遗传物质输送到雌性的卵子中，在其形成过程中最重要的形态变化之一是细胞质物质的减少和核的浓缩与拉长。精子在成熟过程中失去了绝大部分的细胞质，仅有质膜保留下来呈一薄鞘包围着成熟精子，这意味着受精过程中几乎没有雄性细胞质转移到卵子中，这是产生母体效应的原因之一。

二、卵子发生

卵子发生是指雌性动物配子的形成过程（图 2-14）。其发育的第一阶段与精子的形成过程相似。在雌性动物卵巢中未成熟的初级卵原细胞，经过多次有丝分裂后迅速增殖，并通过生长阶段长大成为初级卵母细胞（primary oocyte），其染色体数目与其他体细胞相同。初级卵母细胞接着进行减数分裂，但当细胞在完成前期 I 的双线期后，分裂过程暂时停止。暂停时间的长短因生物种类的不同而不同，在此期间，卵母细胞发生一系列的变化，进行营养物质的积累，为继续分裂和受精做准备。随着雌性动物性的成熟，暂时停止的减数分裂继续进行，并产生两个单倍体细胞，它们均含有一组染色体（n），但所含的细胞质很不对称。其中一个细胞含有极大部分的细胞质称为次级卵母细胞（secondary oocyte）；而另一个细胞只含极少部分细胞质，称为第一极体（first polar body）。随后，次级卵母细胞进行第二次减数分裂，形成两个单倍体子细胞，细胞质再次发生不对称分裂，其中一个细胞得到几乎全部的细胞质称为卵细胞，最后成为成熟的卵子；而另一个细胞很小，几乎没有细胞质，称为第二极体（secondary polar body）。第一极体有时也分裂成为两个第二极体。因此，一个初级卵母细胞经过两次减数分裂形成的 4 个子细胞中只有一个细胞成为卵子（egg），而另 3 个极体则最终解体，这显然与精子的发生过程不同。

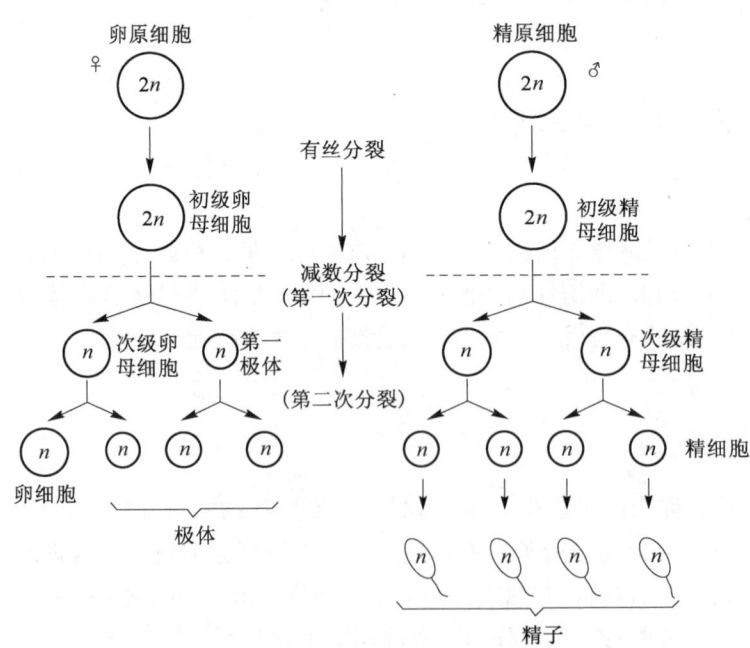

图 2-14 动物雌雄配子的形成

三、受精过程

雄配子（精子）与雌配子（卵子）融合为一个合子或受精卵的过程，称为受精（fertilization）。高等动物的受精过程是极其复杂的，在精子实际接触卵子的时候受精过程开始，接着精子顶体分泌消化酶，溶解卵膜，以利于精子穿入。然后精子带有核的头部和带有中心粒的颈部进入卵子内，并很快发生 180°的倒转，把核转到后面，中心粒转到前面。此时精核膨大成为雄原核，并向雌核移动，雌核也膨大成为雌原核，最后雌雄原核融合，形成受精卵，染色体数目恢复成为二倍体。在脊椎动物中，精子一般是在卵子形成过程的第二次减数分裂中期进入卵内，而无脊椎动物的精子进入卵内的阶段不一致，但精子与卵子的融合都是在卵子形成过程的第二次减数分裂时进行的。受精过程结束后，受精卵很快就进行了第一次有丝分裂，于是胚胎的生长发育就开始了。

四、染色体在动物生活史中的周期性变化

动物生活史（图 2-15）是指动物个体生长发育的全过程，也称为生活周期（life cycle）。任何生物都具有一定的生活史，但各种生物的生活史是不相同的，深入了解各种生物生活史的发育特点及其时间长短，是研究和分析生物遗传和变异所不可缺少的。

动物都是雌雄异体的，其生命从受精卵开始，经过一系列的有丝分裂，形成了一个完整的生物体，体内的性腺（睾丸和卵巢）组织经过减数分裂，产生精子和卵子，然后精子与卵子结合，形成新的受精卵，完成了动物生活史中的一个周期。与此同时，染色体经历了"二倍体（$2n$）—单倍体（n）—二倍体（$2n$）"的循环过程。因此，从染色体的角度观察，动物的生活史是二倍体与单倍体的往复运动（图 2-15）。通过染色体在动物生活史中的周期性变化可以看出，一方面从受精卵到完整的生物体，通过有丝分裂使每个子细胞都具有与母细胞一样的染色体数目，保持了染色体在生物体内的一致性和稳定性；另一方面在配子形成过程中，通过减数分裂使精子和卵子的染色体数目减半，与受精过程中染色体数目加倍相对应，从而使不同世代的生物体都具有相同的染色体数目，保证了各物种染色体数目在世代间的

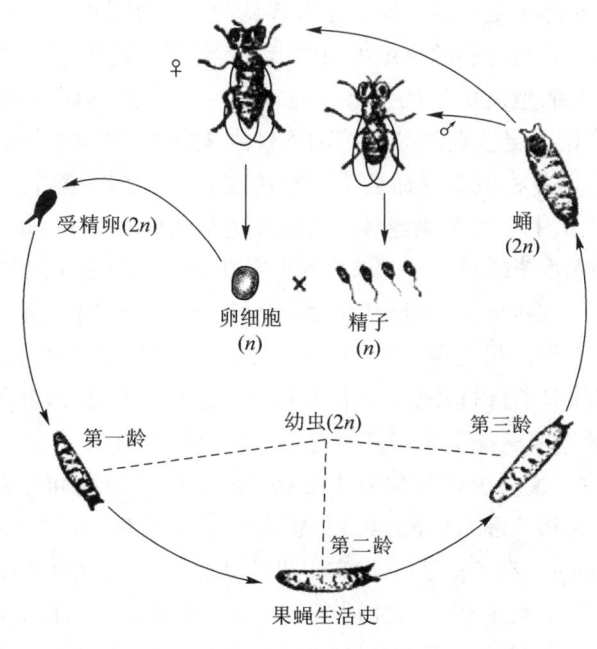

图 2-15　果蝇生活史

恒定性以及各物种遗传性状的稳定性。

第五节 动物的性别决定

性别决定机制的研究不仅具有重要的理论意义，而且也具有巨大的应用价值。例如在动物生产中，性别与生产性能密切相关，母畜能泌乳，母鸡能下蛋，公牛体格大，雄蚕吐丝多，等等。所以人们总是希望搞清楚性别决定的机制，控制性别，增加能提供特殊生产性能的动物数量，进而提高生产总量。在人类中，与性别有关疾病的防治、产前性别诊断和优生优育等都同性别决定的研究有关。因此，对动物性别决定机制的研究一直是生物学研究的热点之一。

一、性别决定和分化的概念

动物性别决定和分化始于卵细胞受精的那一瞬间，早期胚胎有一对具有双向潜能的、既能向睾丸分化又能朝卵巢发育的双向潜能性腺。在 SRY 等基因的作用下，双向潜能性腺分化成睾丸，动物为雄性；而在缺乏 SRY 等基因时，双向潜能性腺则发育为卵巢，动物为雌性。性别决定（sex determination）就是指双向潜能性腺细胞的这种向任一分化途径发育的约定过程，即决定雌雄性别分化的机制，它是一个不可逆的特定发育途径。而性别分化（sex differentiation）是另一个不同的概念，它是指细胞沿着性别决定途径的进展过程，是一个多基因有序参与的过程。

动物体细胞性别是由性腺性别决定的。在动物胚胎发育过程中，睾丸的存在导致雄性的分化，而缺乏睾丸或具有卵巢则导致雌性的发育。

二、性别决定机制的研究历史

性别的起源和决定机制历来是一个争论不休的话题。古代人们提出了多种有趣的臆测。例如，我国神话中的人类始祖女娲和伏羲原本是兄妹，亚里士多德认为人们相爱时的"热度"决定于男性等。直到20世纪初，染色体理论的建立才对性别的决定机制作出了科学的理论解释。

20世纪50年代末，由于细胞遗传学的发展，对动物性别决定的研究有了极大的突破，提出了Y染色体决定雄性和性腺的分化决定性别的分化等两条性别决定规律。在此基础上人们得出Y染色体载有决定睾丸形成基因的结论，并将该基因命名为性别决定基因，在人类中又称为睾丸决定因子（testis determining factor，TDF），小鼠中称为Y染色体睾丸决定基因（testis determining Y gene，TDY）。由此科学家们对Y染色体进行了深入系统的研究，以求找到决定性别基因的精确位置。

1966年，雅各布斯（P. A. Jacobs）等研究证明性别的决定并不是由整条Y染色体所决定，而是仅由Y染色体短臂所决定的。1975年，瓦克泰尔（S. S. Wachtel）等提出了H-Y抗原是睾丸决定因子的假说，这一假说为性别决定的研究开辟了新的天地，人们在该方面进行了长达10年的积极研究，直到1984年，麦克拉伦（A. Mclaren）等通过实验证明在许多雌性小鼠上也具有H-Y抗原，而一些雄性小鼠却完全缺失H-Y抗原，进而否定了此假说。1986年佩吉（D. C. Page）等经研究和分析证明睾丸决定因子位于Y染色体短臂1区内。1987年又将该区缩小在140 kb范围内的1A2区，经过该片段的克隆分析后，认为它是一种锌指蛋白质（Zinc-finger，ZFY），并指出它很可能就是TDF。1989年帕尔默（M. S. Palmer）等经实验证明ZFY虽然很接近TDF，但它仍不是性别决定基因。辛克莱（A. H. Sinclair）和古贝（J. Gubbay）等分别在人和小鼠的研究中证明TDF位于1A1区的60 kb内；1990年进一步的研究发现了一个单拷贝基因。在人类中，该基因位于距短臂末端 35 kb，小鼠中为 14 kb 的范围内，并将其称为 Y 染色体性别决定区（sex determining region of the Y，*SRY*），认为它就是性别决定因子。这一基因的发现是性别决定机制研究历史上的突破性进展。

库普曼（P. Koopman）等（1991）进行了转基因实验，充分证明了 *SRY* 基因就是哺乳动物的性别决定基因，从此结束了对性别决定基因的 30 多年探索（图 2-16）。之后，在国际上全面铺开了性别决定机制的研究，涉及哺乳类、有袋类、昆虫、线虫和蕨类等诸多物种，使该领域在 1990 年以来的 10 多年中取得了引人注目的进展。

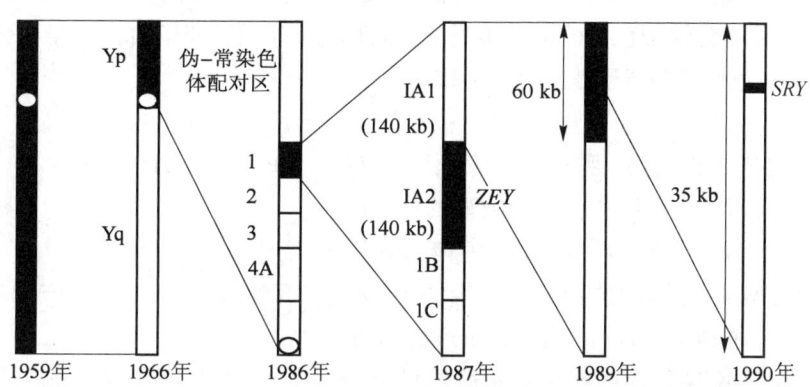

图 2-16 睾丸决定因子的研究历程

三、生物性别决定的理论

生物种类繁多，性状千差万别。性别作为许多单位遗传性状的综合体，其表现形式和决定机制具有多样性。例如，除了雌雄两性外，生物界还有兼性和雌雄同体等多种情况，黄鳝等物种的性别可以随年龄和环境的改变而改变。就动物而言，性别还可以区分为染色体性别、性腺性别、激素性别和表型性别等多个层次或水平。

（一）性染色体决定性别的理论

在高等真核生物体细胞中，染色体是成对存在的，但有一对染色体的形状和大小在雌雄个体间不相同，或是奇数或只是某一个性别才有，这对因性别不同而有差别的染色体称为性染色体（sex chromosome）。其余不具有性别差异的染色体称为常染色体（autosomes，A）。大多数生物的性别就是由这对性染色体决定的。在生物界性染色体有 XY、XO、ZW、ZO 4 种构型。

1. XY 型

XY 型是较为普遍的一种性别决定类型，大多数的哺乳动物、昆虫、硬骨鱼类、两栖类等都属于这种类型。该类型的雌性是同配性别（homogametic sex），具有一对形态、大小相同的性染色体，用 XX 表示，只能产生含有 X 染色体的一种配子；而雄性是异配性别（heterogametic sex），除具有一条 X 染色体外，还有一条比 X 染色体小且形态也不同的性染色体，用 Y 表示，产生含 X 染色体和含 Y 染色体的两种不同配子。卵子由含 X 染色体的精子受精发育成为雌性，由含 Y 染色体的精子受精发育成为雄性，受精后就决定了受精卵将来性别发育的方向（图 2-17）。因而雌性和雄性的比例（简称性比）一般

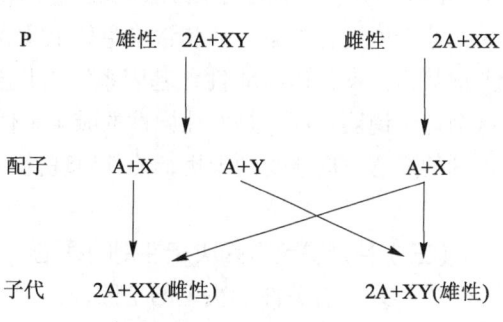

图 2-17 动物性别决定

总是 1：1。

例如人类的性染色体组成属于 XY 型，在 23 对染色体（$2n = 46$）中，22 对是常染色体，1 对是性染色体。女性的染色体为 AA + XX，男性的为 AA + XY。在形成配子时，男性能产生含有 X 和 Y 两种性染色体的精子，而女性只能产生含有 X 染色体的一种卵子，由此可见，生男生女是由男方决定的，与女方无关；且受孕后生男生女的概率总是各占 1/2，即在一个大群体中男女性比总是 1：1。

2. XO 型

XO 型与 XY 型相似，主要见于蝗虫、蟋蟀等部分昆虫和薯芋、山椒等植物中。在该类型中，雌性的性染色体为 XX，只能产生含有 X 染色体的一种配子；雄性的性染色体只有一条 X，而没有 Y，不成对，能产生含有 X 染色体和不含性染色体的两种雄配子，故称为 XO 型。卵子由含 X 染色体的精子受精发育成为雌性，由缺乏性染色体的精子受精发育成为雄性。

3. ZW 型

ZW 型主要见于鸟类（包括鸡、鸭等家禽）、家蚕、蛾类、蝶类、两栖类和爬行类等生物中。这一类型的性别决定方式刚好与 XY 型相反，即在雌性中性染色体为 ZW，产生含 Z 染色体和含 W 染色体的两种卵子；雄性为 ZZ，只产生含 Z 染色体的一种精子；含有 Z 染色体的卵子受精后发育成为雄性，含有 W 染色体的卵子受精后发育成为雌性（图 2-18）。故所形成的雌雄性比同样是 1：1。

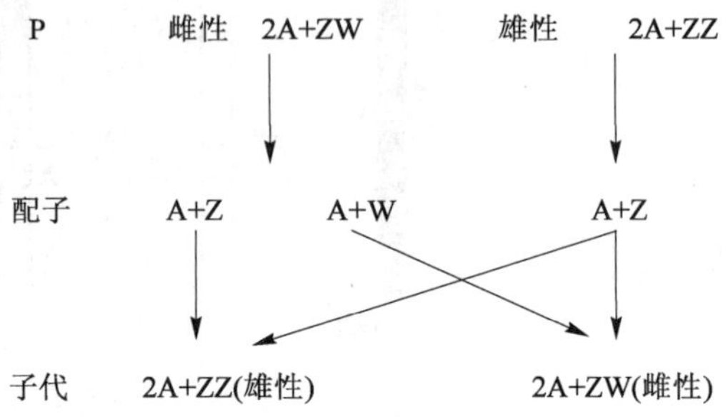

图 2-18 ZW 型动物性别决定

4. ZO 型

ZO 型与 ZW 型相似，主要见于少数昆虫中。在该类型中，雌性的性染色体为 ZO，产生含 Z 染色体和不含性染色体的两种卵子；雄性为 ZZ，只产生含 Z 染色体的一种精子；含有 Z 染色体的卵子受精后发育成为雄性，缺乏性染色体的卵子受精后发育成为雌性。

此外，除上述 4 种类型外，在某些生物中，性别决定取决于染色体的倍数性；换言之，与是否受精有关。例如蜜蜂、蚂蚁等生物由正常受精卵发育的二倍体（$2n$）为雌性，而由孤雌生殖发育的单倍体（n）则为雄性。

（二）基因平衡决定性别的理论

某些研究表明性别是由对雄性和雌性方向起作用的基因间的平衡所决定。在普通果蝇中，性染色体组成为 XY 型，决定雌性的基因位于 X 染色体上，而常染色体有趋向于雄性的作用，其性别是由 X 染色体数与常染色体（A）组数之比（X：A）决定的，该比值称为性指数（sex index）。当 X：A 的比值为 1 时，为雌性；比值为 0.5 时，为雄性；比值大于 1 时，为超雌；比值小于 0.5 时，为超雄；比值在 0.5 和 1 之间时，为中间性。超雌、超雄和中间性均为畸形，个体发育不全，且高度不育。果蝇性别决定的这种比值由一种计数机制判断，计数过程涉及构成 X：A 信号的 X 染色体和常染色体元件基因的表达。X：A 信号引起一系列的基因级联调控反应。

综上所述，性染色体和常染色体上均含有决定性别的基因，常染色体和 Y 染色体是雄性化基因系统占优势，X 染色体是雌性化基因系统占优势；个体的性别发育方向由两类基因系统的力量对比来决定。这个理论说明，即使是两性异性的雌雄个体在性别的遗传基础上仍然是混合体，所以当环境条件改变时，性别的发育方向会受到干扰，使其出现性转变和性畸形。

（三）性别决定基因决定性别的理论

近年来，有关性别决定的基因表达调控研究取得了显著进展，发现性别决定与其他许多基本的发育事件不同，其分子机制极其多样化，几乎所有已知的基因表达调控机制都可在性别决定的调控中发现。

1. 参与动物性别决定的基因

（1）*SRY* 基因

自证明 *SRY* 基因就是 *TDF* 基因以后，对 *SRY* 基因进行了克隆、定位、结构分析等许多研究。在人类中，*SRY* 基因位于 Y_p 11.3，只有一个外显子，无内含子（图 2-19），转录单位全长约 1.1 kb。经 cDNA 序列分析表明，*SRY* 基因有一个多聚腺苷酸位点（AATAAA）和两个转录起始位点，其间是一个开放阅读框（ORF），编码一个 204 个氨基酸的蛋白质。该蛋白质与已知的转录因子相似，含有一个典型的 DNA 结合结构域，即高泳动类非组蛋白盒（high mobility group box，HMG），这提示此蛋白可能是一个转录因子。基因还含有 I 型 *HMG* 的基因遏制子、免疫球蛋白 K 链基因的增强子以及 TF II D 结合位点等多种特异序列的同源序列和几个转录因子 SP_1 的结合位点。在 *SRY* 基因 5′ 端和 3′ 端的两侧分别是长达 1 100 bp 和 1 000 bp 的富含 AT 区，在 *SRY* 基因上游非翻译区及 GC 富含区内还有两个 SRY 蛋白的结合位点。此外，在 *SRY* 基因的两侧序列中，有许多倒置重复序列、发夹环等结构，但其功能还有待于进一步研究。

用人 *SRY* 基因片段制成探针，分别同牛、猪、兔、小鼠等多种动物的 DNA 杂交，结果表明，特异的杂交带也出现在这些动物中，这说明 *SRY* 基因在进化上是高度保守的。但不同物种的 *SRY* 基因的高度保守性仅限于编码 HMG 的核苷酸序列区。例如，人与兔、小鼠比较，该区中所编码的 80% 的氨基酸是相同的。而在其他区域中，却存在着 DNA 序列的高度变异性。

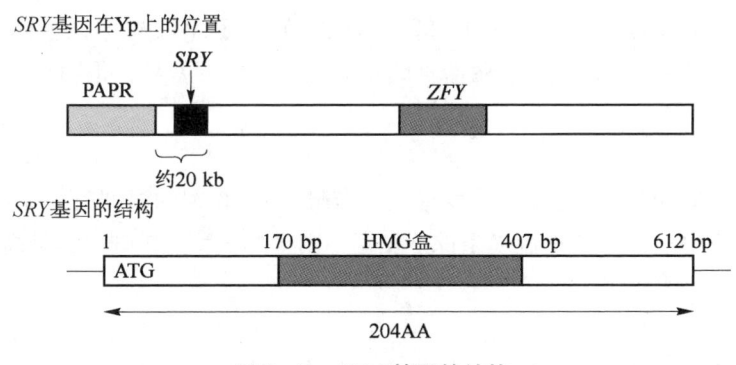

图 2-19　*SRY* 基因的结构

（2）威尔门瘤基因

威尔门瘤基因（Wilms tumor gene，*WT1*）在人类中位于第 17 号染色体上，它的突变将导致 Denys-Drash 综合征，其特征是患 Wilms 瘤，肾和性腺发育异常。敲除 *WT1* 的小鼠也缺乏性腺。WT1 蛋白的 DNA 结合结构域有 4 个 Cys-Cys 锌指。*WT1* 基因有抑制细胞分裂和诱导细胞分化的功能，并与间质细胞分化形成精巢有关。但目前尚未发现 *WT1* 基因直接调控性腺发育的证据，该基因的作用可能从属于一个依赖 SF_1 的途径。

（3）类固醇生成因子基因

类固醇生成因子（steroidogenic factor 1，SF_1）基因也与性别决定有关。SF_1 是肾上腺皮质和性腺中类固醇合成酶系的一个调控因子，敲除 SF_1 基因的小鼠缺乏性腺、肾上腺和下丘脑腹中核，提示 SF_1 在 *SRY* 表达之前启动性腺和肾上腺的发育。此外，SF_1 还直接调节牟勒氏管抑制因子（*Mis*）基因的表达，以及介导 SRY 蛋白与 *Mis* 基因之间的相互作用。

除上述基因外，在 X 染色体和常染色体上还有一系列基因也与性别决定相关，如 *SOX9*、*Gata4*、*Dhh* 和 *DMRT1* 等基因。

2. 性决定的级联调控模型

动物性别决定的机制是一个十分复杂的过程，目前的研究结果表明，它是以 *SRY* 基因为主导，一系列基因参与的级联调控过程：即精子和卵子受精后，*WT1* 和 SF_1 基因表达分别产生 WT1 蛋白和 SF_1 蛋白，调控受精卵发育形成未分化生殖嵴。此后当受精卵中有 *SRY* 基因存在并表达产生 SRY 蛋白时，在 SRY 蛋白的作用下未分化生殖嵴发育分化成雄性生殖嵴，并在 SF_1 蛋白的协助下形成睾丸，睾丸分泌睾酮（T）和牟勒氏管抑制因子等激素，使胚胎继续维持雄性的分化途径，最终发育分化为雄性个体；反之，当受精卵中无 *SRY* 基因时，未分化生殖嵴在 X 染色体上的有关基因，例如 X 染色体 DSS（剂量敏感性性反转）–AHC（比邻先天性肾上腺发育不全）决定区基因 1（DAX1）等的作用下，发育分化成雌性生殖嵴，进而形成卵巢分泌相关激素，使胚胎维持雌性的分化途径形成雌性个体。但鉴于生物界的复杂性和多样性，这一性别决定的级联调控模式还有待进一步的修改和补充。

（四）环境对性别形成的影响

现代遗传学理论认为，生物的任何特定性状都是遗传和环境条件相互作用的结果，性别是遗传性状，其发育过程受基因的调控，也受环境条件的影响。

1. 蜜蜂的性别形成

蜜蜂在飞行中交配，雄蜂于交配后死亡，蜂王就得到了足够一生所需的精子，蜂王产下的卵中有少数是未受精的卵，这些卵通过孤雌生殖发育成为单倍体（$n = 16$）的雄蜂。受精卵发育成为二倍体（$2n = 32$）的雌蜂，雌蜂并非完全能育，如果受精卵孵化出来的幼虫吃上 5 天蜂王浆，经过 16 天发育成为能育的、身体较大的雌蜂（即蜂王）；如果受精卵孵化出来的幼虫只吃上 2～3 天的蜂王浆，经过 21 天的发育成为生殖器官退化的、不育的、身体较小的工蜂（即职蜂）。蜂王和工蜂的染色体都是 $2n = 32$，仅由于在早期生长发育中的营养供应不同，使生殖器官的发育产生巨大的差异，很明显，雌蜂能否产卵，营养条件起了重要的作用。

2. 蛙的性别形成

某些种类的蛙，其性别的发育与环境温度有关，当蝌蚪在 20 ℃的温度条件下发育时，则雌雄各半，这是正常现象；如果使蝌蚪在 30 ℃的温度条件下发育，则全部发育成雄蛙。这是高等动物中环境温度对性别形成起影响的一个典型例子。

3. 后螠的性别形成

后螠是一种海生蠕虫，雌虫长约 5 cm，体形像一粒发芽很长的豆子，有一个长吻，吻的顶端分叉；雄虫构造简单，体形较小，仅为雌虫的 1/500，没有消化器官，寄生在雌虫的子宫内，过着寄生生活。后螠的性别分化完全看机会，成熟的雌虫在海里产卵，发育成的幼虫最初没有性别分化，如果其幼虫自由生活在海水中，则发育成雌虫；如果其幼虫落到雌虫吻部上，就发育成雄虫。如果把已经落到雌虫吻部上的幼虫移到海水中，让其在海水中生长发育，则发育成为中间性，畸形程度视落到雌虫吻部上的时间长短而不同。可见，雌虫吻部的激素等环境条件对幼虫性别的形成具有很大的影响。

此外，黄鳝、扬子鳄、乌龟、黄瓜、南瓜和蕨等生物的性别决定过程也受到外界环境条件的影响。

4. 由环境原因产生的性转变和性畸形

性转变和性畸形是性别发育过程中产生的两种异常现象。性别是遗传与环境共同作用的结果，除性染色体的数目和结构变异、基因突变等遗传因素会导致生物的性别转变和性畸形以外，在性别发育过程中环境条件的变化也会使性别发育偏离正常轨道，出现性转变和性畸形。

（1）性转变

性转变也称为性反转，在家禽中很普遍，哺乳动物中有时也发生。它有两方面的含义：①已经形成某一性别的个体，由于外界环境条件的影响，从一种表型性别转变成另一种表型性别的现象；②生物体的遗传性别与表型性别不一致的现象。

在自然界中，有时可看到母鸡叫鸣现象，即通常所指的"牝鸡司晨"现象。是什么原因造成其性转变的呢？经过研究发现，原来鸡在胚胎时期形成雌雄两种性腺，如果胚胎发育成雌体，位于左侧的雌性生殖腺就发育起来，产生雌性激素，促进雌性性状的发育，同时抑制位于右侧的雄性生殖腺的发育。母鸡是靠左侧的卵巢排卵的，生蛋的母鸡因患病或创伤而使卵巢退化，失去产卵和分泌激素的机能后，右侧已经退化的精巢就会发育并分泌出雄性激素，造成性转变，从而表现出母鸡叫鸣的现象。在这里，激素起了决定性的作用。如果检查性别已经转变的母鸡的性染色体，它仍然是 ZW 型，并未发生变化。

（2）性畸形

性转变会使生物的表型性别发生变化，如果性转变不完全，就会使表型性别异常，程度不等地把两性特征结合在一起，引起性特征、性器官、性腺异常，综合地或单一地表现出两性特征或发育受阻，这种现象称为性畸形。性畸形可分为真间性、假间性和性别特征发育不全三类。真间性的特点是同一个体具有一个睾丸和一个卵巢，或者两个性腺都是卵睾丸体；假间性的个体只有一种性别的性腺，但是却具有另一种性别的外生殖器官；性别特征发育不全有睾丸发育不全和卵巢发育不全两种。

高等动物的性别形成过程比较复杂和稳定，能改变低等动物性别发育方向的温度、营养等外部环境条件对高等动物就不起作用，代之起作用的是机体内部的环境条件，其中最重要的是激素。例如，牛中经常出现的中间性，即在双胞胎小牛中，如果是一雌一雄，那么雄性是完全正常的；雌性则往往不能生育，长大后不发情，卵巢退化，子宫、外生殖器官、生殖腺均发育不全。据研究，在牛中异性双胎由两个受精卵发育而成，它们在一起发育时发生了胎盘互相融合，胎盘里的血管也互相吻合的现象。而在哺乳动物中，雄性的生殖腺在时间上比雌性的生殖腺发育早，其分泌物质也出现较早。当双胎牛胎盘里的血管相互吻合后，雄性激素等分泌物质随血液流传至雌胎，迫使雌胎向雄性方向发育，最终导致雌胎成为中间性。此外，细胞也可以通过绒毛膜血管流向对方，在双胞胎雄犊体内曾发现过 XX 组成的性细胞，雌犊体内也曾发现 XY 组成的细胞；由于 Y 染色体在哺乳动物中有强烈的雄性化作用，XY 组成的细胞很可能会干扰孪生雌犊的性别分化，造成不育。异性双胎中雌犊不育的事实说明，虽然性别的遗传基础在受精时已经决定，但性别分化的方向可以受到外来激素或外来异性细胞的影响而发生变化。

四、动物的性别控制

动物的性别控制（sex control）技术是通过对动物的正常生殖过程进行人为干预，使成年雌性动物产出人们期望性别后代的一门生物技术。性别控制技术在畜牧业生产中具有重要的意义。首先，通过控制后代的性别比例，可充分发挥限性性状（如泌乳、产蛋）和受性别影响的生产性状（如生长速度、肉质等）的最大经济效益；其次，控制后代的性别比例可增加选种强度，加快育种进程；第三，通过控制性别还可克服牛胚胎移植中出现的异性孪生不育现象，排除伴性有害基因的危害。因此，很久以来就促使人们进行性别控制的尝试，以期提高生产效益。在性别决定的遗传机制未阐明之前，人们只能以改变环境条件来达到控制个体性别的目的。低等生物因机体构造简单，容易受环境条件的影响而发生改变，所以应用影响性别发育过程的方法对它们常可见效。但是哺乳动物机体极为复杂，生殖细胞和胎儿都受到有机体的严密保护，外界环境条件难以施加影响。即使外界环境条件的作用很及时，性别发育过程因而发生了改变，但往往是改变不完全而出现畸形，或者在外界条件的作用消失后又回头并且破坏了机体正常的生理平衡。所以，在哺乳动物中，不可能通过改变外界环境条件来影响发育过程达到改变动物的性别。目前，对动物性别控制的研究主要集中在 X 精子与 Y 精子的分离、早期胚胎的性别鉴定等两方面。

（一）X 精子与 Y 精子的分离

根据性染色体决定性别的理论，在哺乳动物中遗传性别在受精时就已经决定，且主要取决于精子，即卵子由含 X 染色体的精子受精发育成为雌性，由含 Y 染色体的精子受精发育成为雄性。因此，控制动物性别最有效的措施是采用一定的方法分离 X 精子和 Y 精子，然后按照人们的期望用某种精子受精，或者用特异性抗体以及化学物质对两类精子中的任何一类进行选择性失活等，就能达到控制性别的目的。

自 20 世纪 50 年代以来，对 X 精子与 Y 精子的差异和分离进行了一系列的研究，发现除了 X 精子的 DNA 含量比 Y 精子高 2.8% ~ 7.5% 和 Y 染色体上特异的 *SRY* 序列外，两类精子之间并没有明显差异。目前，许多科学家认为分离两类精子较为准确和可行的方法是流式细胞仪分类法，其基本原理是 X 精子的 DNA 含量比 Y 精子高，用 DNA 特异性的荧光染料染色后 X 精子的荧光浓度比 Y 精子的荧光浓度强，然后根据荧光强度利用流式细胞仪对 X、Y 精子进行分离。具体方法是首先用染料对精子进行活体染色，然后精子连同少量稀释液逐个通过激光束，探测器可探测精子发光强度并把不同强弱的光信号传递给计算机，计算机指令液滴充电器使发光强度高的液滴带正电，弱的带负电，然后带电液滴通过高压电场，不同电荷的液滴在电场中被分离，进入两个不同的收集管，正电荷收集管为 X 精子，负电荷收集管为 Y 精子。用分离后的精子进行人工授精或体外受精对受精卵和后代的性别进行控制。

流式细胞仪分类法已用于商品化分离 X 和 Y 精子，分离的准确率可达 90% 以上，每小时的分离速度约为 2×10^7 个精子，用收集后的 X 或 Y 精子与卵子受精，95% 以上胚胎发育成雌性或雄性后代。这一技术具有准确性好、分离效率高、易于重复等优点。目前已应用于奶牛和肉牛生产中。英国、美国、阿根廷、日本、巴西、墨西哥和中国等国均有专门公司分离和出售牛的 X 和 Y 精子。

除了上述方法外，人们还根据精子表面膜电荷数、头部大小、重量、密度、运动能力和抗原性差异，通过电泳、密度梯度离心和免疫学等方法分离 X、Y 精子，但都未能取得满意结果，且重复性差，无法在生产上运用。

（二）早期胚胎的性别鉴定

运用细胞学、分子生物学和免疫学方法可对哺乳动物着床前的胚胎进行性别鉴定，通过移植已知性别的胚胎控制后代性别比例。目前胚胎性别鉴定最有效的方法是胚胎细胞核型分析法和 SRY–PCR 法。

1. 核型分析法

核型分析法是通过分析部分胚胎细胞的染色体组成判断胚胎性别，有 XX 染色体的胚胎通常发育为雌性，而具有 XY 染色体的发育为雄性。其主要操作程序是从胚胎中取出部分细胞，用秋水仙素处理使细胞处于有丝分裂中期，再制备染色体标本，通过显微摄影分析染色体组成，确定胚胎性别。这种方法的准确率可达 100%，但是取样时对胚胎损伤大，操作时间长，并且获得高质量的染色体中期分裂相很困难，难以在生产中推广应用。目前，核型分析法主要用于验证其他方法的准确性。

2. *SRY* 片段的 PCR 扩增法

SRY 片段的 PCR 扩增法是近年来发展起来的一种哺乳动物早期胚胎性别鉴定的新方法。其原理和主要程序是从胚胎中取出部分卵裂球，提取 DNA，用 *SRY* 基因的碱基序列设计引物进行 PCR 扩增，再用 SRY 特异性探针对扩增产物进行检测。如果胚胎是雄性，那么 PCR 产物与探针结合出现阳性，而雌性胚胎则为阴性。也可以对扩增产物进行电泳，通过检测 *SRY* 基因条带的有无判定是雄性或雌性。随着 PCR 技术的发展，现在只需取出几个甚至单个卵裂球就可进行 PCR 扩增，鉴定出胚胎的性别，并且准确率高达 90% 以上。这种方法取样少，对胚胎损伤小，整个操作可在几分钟内完成，因而在生产中应用非常方便，有很高的商业价值。运用这种方法进行胚胎性别鉴定的关键是杜绝污染，防止出现假阳性。

3. 免疫学方法

免疫学方法的理论依据是雄性胚胎存在雄性特异性组织相容性抗原（H–Y 抗原）。其方法是先分离 H–Y 抗原，制备抗体，然后通过 3 种方法把雌雄胚胎分离开：①在胚胎培养液中加入抗体和补体，经一段时间培养，继续发育的为雌性，不能发育而退化的为雄性。②将胚胎先用 H–Y 单克隆抗体处理后，再用荧光素标记的第二抗体处理，然后在荧光显微镜下观察，有荧光的胚胎为雄性，没有荧光的为雌性。③当胚胎发育到桑葚胚阶段时，向培养液中加入 H–Y 抗体，继续培养一段时间后，出现囊胚的为雌性胚胎，停留在桑葚胚的为雄性。

免疫学方法由于结果不稳定，准确率较低，因而难以在实际生产中应用。

（三）动物性别控制的前景

从性别决定的遗传理论分析，流式细胞仪分类法和 SRY–PCR 扩增法是准确而发展前景广阔的两种性别控制方法。但是，前者的分离准确率和分离速度仍需提高，并加强与体外受精、显微授精、胚胎移植等技术结合提高分离精子的利用率。运用 SRY–PCR 技术鉴定胚胎性别，关键是提高灵敏度，减少细胞取样对胚胎的损伤，研制各种家畜的 SRY–PCR 试剂盒，使这种方法的操作简单而实用。

小 结

细胞是一切生命活动的基本单位，按照细胞核和遗传物质存在方式的差异，细胞可分为原核细胞和真核细胞两大类。原核细胞一般较小，结构简单，种类较少，细胞膜内为 DNA、RNA、蛋白质及其他小分子物质构成的细胞质，没有核膜、核仁和真正的细胞核，在细胞质内也不存在线粒体、叶绿体、内质网、高尔基体和中心体等细胞器。真核细胞在结构和功能比原核细胞复杂，其结构分为细胞膜、细胞质和细胞核三部分；细胞质内有线粒体、核糖体、内质网、高尔基体、中心体、溶酶体、过氧化物酶体和液泡等众多的细胞器，其中线粒体、核糖体和内质网等具有重要的遗传功能；细胞核是遗传物质集聚的主要场所，对指导生物体的生长发育和控制性状表达起着主导作用，由核膜、核液、核仁和染色质四部分组成。

在细胞中，由 DNA、组蛋白、非组蛋白和少量的 RNA 构成染色体，染色体可以是线性的或环状的，每个物种染色体的数目和形态是恒定的；通过染色体形态特征和数目的分析，可以研究物种的起源、演化和分类，以及遗传病的诊断、基因定位、遗传图绘制和遗传标记筛选等。核小体是染色体或染色质的基本结构单位，由核心颗粒和连接丝两部分组成。核心颗粒含有一个由 H_{2a}、H_{2b}、H_3 和 H_4 各两个分子组蛋白所组成的八聚体，外面 146 bp 的 DNA 分子超螺旋盘绕组蛋白八聚体 1.75 圈，组蛋白 H_1 在核心颗粒外结合额外 20 bp 的 DNA，锁住核小体 DNA 的进出端，起稳定核小体的作用。这个 DNA–蛋白质复合物在细胞中有两个重要的功能：压缩 DNA 分子的长度以适应细胞核的大小和限制 DNA 的易接近性。细胞广泛地利用后一种功能来调控许多不同的 DNA 行为，包括基因表达。

当细胞分裂时，细胞必须精确维持染色体的组成，着丝粒在染色体分离过程中起着至关重要的作用，而端粒帮助保护和复制染色体末端。真核细胞精确地将染色体的复制和分离过程分开，染色体的分离有有丝分裂和减数分裂两种方式，在有丝分裂过程中，有一种高度特化的机制保证每条复制染色体的一条染色单体传递到每个子细胞中；在减数分裂过程中，连续两次的细胞分裂减半了子代细胞中染色体的数目。在动物生活史中，经过有丝分裂和减数分裂，使染色体经历了"二倍体（2n）—单倍体（n）—二倍体（2n）"的循环过程。这一方面保持了染色体在生物体内的一致性和稳定性；另一方面保证了各物种染色体数目在世代间的恒定性和遗传性状的稳定性。

动物性别决定机制的研究一直是生物学研究的热点之一。性别作为许多单位遗传性状的综合体受遗传和环境两方面因素的影响，其表现形式和决定机制具有多样性。性染色体有 XY、XO、ZW、ZO 4 种构型。具有两条相同性染色体的性别称为同配性别；相反，带有不同性染色体的性别称为异配性别。在 XY 型中，雌性为同配性别（XX），雄性为异配性别（XY）；而 ZW 型刚好与 XY 型相反，雌性为异配性别（ZW），雄性为同配性别（ZZ）。Y 染色体对动物的性别决定起关键作用，具有强烈的雄性化基因系统；*SRY* 基因是与性别决定相关的基因，动物的性别就是以 *SRY* 基因为主导，一系列其他基因参与作用而形成的。

性别控制技术在畜牧业生产中具有重要的意义。目前，对动物性别控制的研究主要集中在 X 精子与 Y 精子的分离、早期胚胎的性别鉴定等两方面。

复习思考题

1. 名词解释

真核细胞 原核细胞 染色体 染色质 同源染色体 染色单体 姐妹染色单体 有丝分裂 减数分裂 联会 联会复合体 二价体 核小体 核型分析 染色体带 性别决定 性染色体 常染色体 性别控制

2. 细胞质中有哪些主要的细胞器？它们的功能是什么？

3. 染色质的基本结构单位是什么？试述从染色质到染色体的多级螺旋结构模型。

4. 有丝分裂和减数分裂有什么区别？从遗传学角度看，这两种分裂各有什么意义？

5. 染色体的形态有哪些类型？

6. 什么是核型？试述核型分析的意义。

7. 某生物有两对同源染色体，一对染色体是中间着丝粒，另一对是端部着丝粒，以模式图方式画出：①第一次减数分裂的中期图。②第二次减数分裂的中期图。

8. 马的二倍体染色体数是 64，驴的二倍体染色体数是 62。①马和驴的杂种染色体数是多少？②如果马和驴之间在减数分裂时很少或没有配对，你是否能分析并说明马 - 驴杂种是可育还是不育？

9. 性别决定的方式有哪几种？在哺乳动物中，为什么雌雄比例总是接近 1：1？

10. 什么是 *SRY* 基因？试述 *SRY* 基因调控性别形成的过程。

网上更多

 思考与提示　　 科学与科学人

（钟金城　王吉坤）

第三章
遗传的基本规律

　　遗传基本规律的发现奠定了遗传学的基石。通过学习本章中分离定律、自由组合定律以及连锁交换定律的发现、解释和意义，有助于我们认识遗传规律在性状解析和育种设计中的现实价值。由于基因间关系的复杂性，有些规律不能简单套用孟德尔遗传定律，但其本质仍在该定律的框架之下，是对孟德尔遗传定律的补充和发展，这也正说明了孟德尔遗传定律作为遗传基本规律的普遍性和重要性。连锁遗传及连锁遗传图的绘制是本章的难点，也是基因定位的基础，需要认真学习领会。与性别相关的遗传包含伴性遗传、从性遗传和限性遗传，其原理和特性在养殖业中有着特殊的用途。

现代遗传学是以粒子遗传学说为基础的，所谓粒子遗传学说，即指决定性状的遗传物质是以粒子的方式存在并进行传递的，这些粒子就是孟德尔遗传因子，它们是互不融合的独立单位，即现代遗传学所指的基因。

现代遗传学有 3 个基本定律，即分离定律、自由组合定律（独立分配定律）和连锁交换定律，前两个定律是奥地利生物学家孟德尔（G. J. Mendel，图 3-1）得出的，连锁现象是由英国生物学家贝特森（W. Bateson）与彭乃特（R. Punnett）于 1906 年首先发现的，连锁交换定律则是由美国生物学家摩尔根（T. Morgan）解释和提出。

孟德尔出生在奥地利一个名叫"Heinzendorf"的小村里，父亲是农民，擅长嫁接，母亲是个园林工人。由于家庭的影响，孟德尔自幼酷爱自然科学。他于 1851 年在维也纳大学学习，1853 年从维也纳到修道院当修道士，1868 年当选为修道院院长。孟德尔从 1856 年起在修道院的花园里种植豌豆，进行他的"豌豆杂交实验"，到 1864 年共进行了 8 年，发现了前人未认识到的规律，即分离定律（the law of segregation）和独立分配定律（the law of independent assortment），又称为自由组合定律。但是，这两个定律的重要性在当时并未引起人们足够的重视，直至 1900 年，孟德尔去世 16 年后才被重新发现，后被统称为孟德尔定律，并成为现代遗传学的基础。

图 3-1 孟德尔
（引自 Russell，2010）

第一节 分离定律

一、一对相对性状的杂交实验

孟德尔之所以能够对遗传学做出如此重大的贡献，是与他严谨的科学态度、巧妙的实验设计、严格选择实验材料以及用数学的方法来分析实验结果等分不开的。

视频：孟德尔遗传规律

孟德尔选择严格自花授粉的豌豆（*Pisum sativum*）为实验植物，从中选取了许多稳定的、易于区分的性状作为观察分析的对象。所谓性状（character），是生物体所表现的形态特征和生理特性的总称。孟德尔在研究豌豆等植物的性状遗传时，把植株所表现的性状区分为各个单位作为研究对象，这些被区分开的每一个具体性状称为单位性状（unit character）。例如，豌豆的花色、种子形状、子叶颜色、豆荚形状、豆荚（未成熟的）颜色、花絮着生部位和株高 7 个不同的单位性状。不同个体在单位性状上常有着各种不同的表现，如豌豆花色有红花和白花、种子形状有圆粒和皱粒、子叶颜色有黄色和绿色等。这种同一单位性状在不同个体间所表现出来的相对差异，称为相对性状（contrasting character）。

孟德尔在进行豌豆杂交实验时，选用具有明显差别的 7 对相对性状的品种作为亲本（parent），分别进行杂交，并按照杂交后代的系谱进行详细的记载，采用统计学的方法计算杂种后代表现相对性状的株数，最后分析了它们的比例关系。现以红花与白花的杂交组合实验结果为例加以说明（图 3-2）。

图 3-2 中，P 表示亲本，♀ 表示母本，♂ 表示父本，× 表示杂交。由于豌豆是自花授粉的植物，在杂交时，必须先将母本花蕾的雄蕊完全摘除（这称为去雄），然后将父本的花粉授到已去雄的母本柱头上（这称为人工授粉）。去了雄和授了粉的母本花朵还必须套袋防止其他花粉授粉。F（filial generation）表

示杂种后代，F_1 即表示杂种第一代，是指杂交当代所结的种子及由它所长成的植株。⊗表示自交，是指同一植株上的自花授粉。F_2 表示杂种第二代，是指 F_1 自交产生的种子及由它所长成的植株。依此类推，F_3、F_4 分别表示杂种第三代和杂种第四代等。

P	红花♀ × 白花♂
	↓
F_1	红花
	↓⊗
F_2	红花∶白花
株数	705　　224
比例	3.15∶1

图 3-2　豌豆花色的遗传

由图 3-2 可见，红花与白花杂交所产生的 F_1 植株，全部开红花。F_1 自交产生的 F_2 群体中出现了开红花和开白花两种类型，共 929 株，其中 705 株开红花，224 株开白花，二者的比例接近于 3∶1。孟德尔还曾反过来进行白花（♀）× 红花（♂）的杂交，所得结果与前一杂交组合完全一致，F_1 全部开红花，F_2 群体中红花和白花植株的比例也接近于 3∶1。如果把前一杂交组合称为正交，则后一杂交组合即称为反交。正交和反交的结果完全一样，说明了 F_1 和 F_2 的性状表现不受亲本组合方式的影响。

孟德尔在豌豆的其他 6 对相对性状的杂交实验中，都获得同样的实验结果。现将他的豌豆杂交实验资料汇总列于表 3-1。

表 3-1　孟德尔豌豆 7 对相对性状杂交实验的结果

性状	杂交组合	F_1 表现的显性性状	F_2 的表现		
			显性性状	隐性性状	显性∶隐性
花色	红花 × 白花	红花	705 红花	224 红花	3.15∶1
种子形状	圆粒 × 皱粒	圆粒	5 474 圆粒	1 850 皱粒	2.96∶1
子叶颜色	黄色 × 绿色	黄色	6 022 黄色	2 001 绿色	3.01∶1
豆荚形状	饱满 × 不饱满	饱满	882 饱满	299 不饱满	2.95∶1
未熟豆荚色	绿色 × 黄色	绿色	428 绿色	152 黄色	2.82∶1
花着生位置	腋生 × 顶生	腋生	651 腋生	207 顶生	3.14∶1
植株高度	高的 × 矮的	高的	787 高的	277 矮的	2.84∶1

孟德尔从以上 7 对相对性状的杂交结果，看到了两个共同特点：① F_1 所有植株的性状表现都是一致的，都只表现一个亲本的性状。他将在 F_1 表现出来的性状称为显性性状（dominant character），如红花。在 F_1 未表现出来的性状称为隐性性状（recessive character），如白花。② F_2 植株在性状表现上是不同的，一部分植株表现一个亲本的性状，其余植株则表现另一个亲本的相对性状，即显性性状和隐性性状都同时表现出来了，这种现象称为性状分离现象（character segregation），并且在 F_2 群体中显性个体与隐性个体的分离比例大致总是 3∶1。

二、分离现象的解释

那么这 7 对相对性状在 F_2 为什么都出现 3∶1 的表型分离比呢？孟德尔提出假设解释了这些结果：①遗传性状是由遗传因子（hereditary determinant 或 hereditary factor）决定的。②遗传因子在体细胞内是成对的，例如 F_1 植株必须有一个控制显性性状的遗传因子和一个控制隐性性状的遗传因子。③在形成配子时，每对遗传因子均等地分配到配子中，结果每个配子中只含有成对遗传因子中的一个。④配子的结合（形成一个新个体或合子）是随机的。

现仍以豌豆红花与白花的杂交实验为例，加以具体说明。以 R 表示显性的红花因子，r 表示隐性的白花因子。根据前面的假设，纯种红花亲本应具有一对红花因子 RR，白花亲本应具有一对白花因子 rr。

红花亲本产生的配子中仅含有一个 R，白花亲本产生的配子仅含有一个 r。受精时，雌雄配子结合形成的 F_1 应该是 Rr。由于 R 对 r 有显性的作用，所以 F_1 植株的花色是红的。但是 F_1 植株在产生配子时，由于 Rr 因子分配到不同的配子中去，所以产生的配子（不论雌配子还是雄配子）有两种：一种带有遗传因子 R，另一种带有遗传因子 r，两种配子数目相等，由于受精是随机的，F_1 自交时雌雄配子的结合如图 3-3。

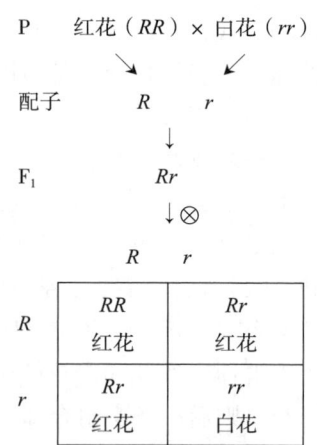

图 3-3 孟德尔对分离现象的解释

由此可见，F_2 群体的 4 种组合按遗传因子的组合成分归纳，实际上是 3 种：1/4 个体带有 RR，2/4 个体带有 Rr，1/4 个体带有 rr。1/4RR 和 2/4Rr 都开红花，只有 1/4rr 开白花，所以 F_2 中红花植株与白花植株之比是 3∶1。

用同样的假设可以解释孟德尔对其他 6 对性状的研究结果。

孟德尔在解释上述遗传实验中所用的遗传因子一词，就是我们现在所称的基因（gene），如红花基因 R 和白花基因 r，相互为等位基因（allele）。现在已经知道等位基因位于同源染色体的相同位点上。个体的基因组合，称为基因型（genotype）。例如，决定红花性状的基因型为 RR 和 Rr，决定白花性状的基因型为 rr。基因型是生物性状表现的内在遗传基础，是肉眼看不到的，只能通过杂交实验根据表型来确定。表型（phenotype）是指生物体所表现的性状，如红花和白花等。表型是基因型和外界环境作用下的具体表现，是可以直接观测的。RR 个体和 Rr 个体都开红花，即表型相同，但基因型不同，而 rr 个体开白花，表型和基因型是一致的。

从基因的组合来看，像 RR 和 rr 两种基因型，它们各自所含等位基因是一样的，这在遗传学上称为纯合基因型（homozygous genotype）。具有纯合基因型的个体称为纯合体（homozygote），RR 个体为显性纯合体（dominant homozygote），rr 个体为隐性纯合体（recessive homozygote）。如 Rr 基因型，等位基因不同，称为杂合基因型（heterozygous genotype）。具有杂合基因型的个体称为杂合体（heterozygote）。

三、分离定律的验证

分离定律起初完全是建立在一种假设的基础上的，这个假设的实质就是等位基因在配子形成过程中彼此分离，互不干扰，因而配子中只具有成对基因的一个。为了证明这一假设的正确性，可以采用测交法和自交法进行验证。

（一）用测交法验证

为了验证某种表型的个体是纯合基因型还是杂合基因型，孟德尔采用了测交法（test cross）。所谓测交是指被检测的个体与隐性纯合个体间的杂交，所得的后代为测交子代。根据测交子代所出现的表型种类和比例，可以确定被检测个体的基因型。因为隐性纯合体只能产生一种含隐性基因的配子，它们和含有任何基因的另一种配子结合，其子代都只能表现出另一种配子所含基因的表型。因此，测交子代表型的种类和比例正好反映了被测个体所产生的配子种类和比例，从而可以确定被测个体的基因型。

将纯种红花豌豆与纯种白花豌豆的后代即 F_1 与纯种白花豌豆杂交发现它们的后代开白花的和开红花的各占一半，由此推断 F_1 是杂合子，它能够产生 R 和 r 两种配子（图 3-4）从而证明了等位基因的分离。

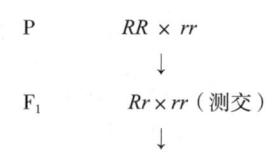

图 3-4 豌豆花色的测交实验

（二）用自交法验证

自交就是雌雄同株的植物进行自花授粉。动物由于是雌雄异体的，因而不能自交，而是使相同基因型的雌性动物与雄性动物交配。孟德尔为了验证遗传因子的分离，也曾继续使 F_2 植株自交产生 F_3。然后根据 F_3 的性状表现，证实他所设想的 F_2 基因型。按照他的设想，F_2 的白花植株自交后只能产生白花的 F_3，而在 F_2 的红花植株中，1/3 应该是 RR 纯合体，2/3 应该是 Rr 杂合体，继续自交繁殖下去发现由 RR 纯合体自交产生的 F_3 群体一律开红花，由 Rr 杂合体自交产生的 F_3 群体中红花与白花又呈现 3 : 1 的比例（图 3-5），试验结果与其设想吻合。

孟德尔分别针对豌豆 7 对相对性状，历经 8 年的艰苦实验和认真观察分析，反复验证了等位基因的分离情况，从而提出了遗传学上第一条重要定律——分离定律。

图 3-5　自交法验证分离定律

四、分离定律的普遍性

在孟德尔之后的许多科学家在研究其他生物性状的遗传中，同样发现许多符合孟德尔分离规律的现象，例如牛的黑色毛（B）对红色毛（b）为显性，如果用纯种黑毛牛（BB）与红毛牛（bb）杂交，F_1 是杂合的黑毛牛（Bb），F_1 的公母牛互相交配产生的 F_2 中黑毛牛和红毛牛的比例是 3 : 1（图 3-6）。

P　　　　黑毛牛（BB）♂ × 红毛牛（bb）♀

↓

F_1　　　黑毛牛（Bb）♂ × ♀

↓

F_2　　1 黑毛牛（BB）：2 黑毛牛（Bb）：1 红毛牛（bb）

即：　　　3 黑毛牛 : 1 红毛牛

图 3-6　牛毛色的遗传

再举一例即猪耳形的遗传，猪耳有垂耳和立耳，是一对相对性状决定的，基因型为 LL 的猪表现垂耳（如长白猪），基因型为 ll 的猪表现立耳（如大白猪）。二者杂交的 F_1 是杂合的垂耳（Ll），F_1 的公母猪互相交配产生的 F_2 中垂耳和立耳的比例是 3 : 1（图 3-7）。

与上面类似的例子还有许多，如牛的无角和有角，猪白色毛和黑色毛，果蝇的长翅和残翅等，在遗传时都符合分离定律，所以孟德尔分离定律具有普遍性。

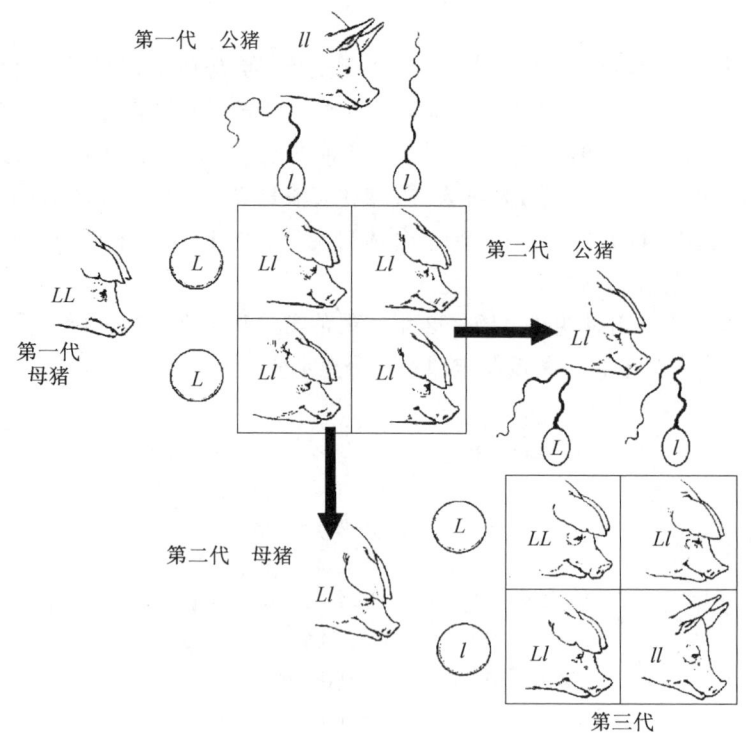

图 3-7 猪耳形的分离（引自王爱国，2007）

五、分离比例实现的条件

根据分离定律，由具有一对相对性状的个体杂交产生的 F_1，其自交后代分离比为 $3:1$，测交后代分离比为 $1:1$。这些分离比的出现必须满足以下的条件：

（1）研究的生物体是二倍体。

（2）F_1 个体形成的两种配子的数目是相等的或接近相等的，并且两种配子的生活力是一样的；受精时各雌雄配子都能以均等的机会相互自由结合。

（3）不同基因型的合子及由合子发育的个体具有同样或大致同样的存活率。

（4）研究的相对性状差异明显，显性表现是完全的。

（5）杂种后代都处于相对一致的条件下，而且实验分析的群体比较大。

这些条件在一般情况下是具备的，所以大量实验结果都能符合这个基本遗传规律。

六、分离定律的意义

分离定律是遗传学中最基本的一个定律。它从本质上阐明了控制生物性状的遗传物质是以自成单位的基因存在的。基因作为遗传单位在体细胞中是成双的，它在遗传上具有高度的独立性，因此，在减数分裂形成配子的过程中，成对的基因彼此互不干扰，独立分离，进入不同的配子中，通过配子组合形成合子而在子代中继续表现各自的作用。这一规律从理论上说明了生物界由于杂交和分离所产生变异的普遍性。

孟德尔在验证他所提出的因子分离假说时发明的测交方法，在生产实践及遗传实验中得到了广泛的应用，且测交方法目前仍然是遗传学实验及动植物育种工作中最基本也是最重要的手段之一。在育种实践中，常常利用测交的方法来判断动物的基因型。表现为显性表型的动物不能被轻易地判断出基因型，因为它可能是纯合或者杂合的显性。测交可以确定动物是纯合体或杂合体。测交实验通过使被测个体与只能提供一个隐性等位基因的隐性纯合个体交配。如果所有后代都是显性的表型，我们可以得出结论是，被测动物是显性纯合体并且这个动物被认为是"可靠的种畜"。如果测交后代中出现隐性个体，说明被测个体是杂合体。如果一个位点的隐性基因会导致缺陷表型，但隐性纯合子不致死，也不影响繁殖和生存，那么就可以通过测交判断该个体是否为隐性不利基因的携带者。虽然杂合子不表现缺陷表型，但可以把这些不利基因传递给后代，可能在后代中表现出来。应该及时淘汰这种不利基因的携带者。

在遗传学研究和育种实践中，必须重视基因型和表型的联系和区别，必须选择合适的遗传材料，否则其结论是不可靠的。

分离定律可以应用于设计育种，育成人们想要的品种，例如一个性能优良的奶牛品种，长角，容易伤人，如何培育无角奶牛？已知无角是显性，有两种方法可以育成无角的奶牛群体。①在本品中找无角公牛与有角母牛杂交，后代中若出现有角个体，说明作为父本的无角公牛为杂合子，淘汰这样的个体，可筛选出无角公牛的纯合个体，用这样的个体和无角母牛交配，所得后代均为无角个体。②若本品种中没有无角公牛，可以用另一个无角品种的公牛作为杂交父本，把"无角基因"引进这个品种，育成优良的无角奶牛品种。

在动植物生产中往往使用杂种一代进行生产，因为它们具有杂种优势产量高。但是由于基因的分离，杂种子二代个体优劣混杂而降低生产性能，所以杂种子一代一般不能作种用。

第二节　自由组合定律

孟德尔在他的豌豆杂交实验中，进一步研究了两对和两对以上相对性状之间的遗传关系，从而提出了自由组合定律，又称为独立分配定律。

一、两对相对性状的遗传

为了研究两对相对性状的遗传，孟德尔仍以豌豆为材料，选取具有两对相对性状差异的纯合亲本进行杂交。例如，用一个亲本是黄色子叶和圆粒的种子，另一亲本是绿色子叶和皱粒的种子。其 F_1 都结黄色子叶的圆粒种子，表明黄色子叶和圆粒都是显性。这与 7 对性状分别进行研究的结果是一致的。由 F_1 种子长成的植株（共 15 株）进行自交，得到 556 粒 F_2 种子，共有 4 种类型，其中两种类型和亲本相同，另两种类型为亲本性状的重新组合，而且存在着一定的比例关系，如图 3-8。

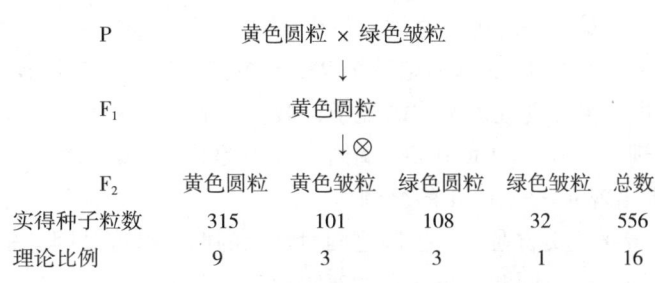

P	黄色圆粒 × 绿色皱粒				
	↓				
F_1	黄色圆粒				
	↓⊗				
F_2	黄色圆粒	黄色皱粒	绿色圆粒	绿色皱粒	总数
实得种子粒数	315	101	108	32	556
理论比例	9	3	3	1	16

图 3-8　豌豆两对性状的杂交实验

如果把以上两对相对性状个体杂交实验的结果，分别按一对性状进行分析，则为：

$$黄色：绿色 = (315 + 101)：(108 + 32) = 416：140 \approx 3：1$$

$$圆粒：皱粒 = (315 + 108)：(101 + 32) = 423：133 \approx 3：1$$

根据上述的分析，虽然两对相对性状是同时由亲代遗传给子代的，但由于每对性状的 F_2 分离仍然符合 3：1 的比例，说明它们是彼此独立地从亲代遗传给子代的，没有发生任何相互干扰的情况。同时在 F_2 群体内两种重组型个体的出现，说明两对性状的基因在从 F_1 遗传给 F_2 时，是自由组合的。

二、自由组合现象的解释

自由组合定律的基本要点是：控制不同相对性状的等位基因在配子形成过程中，这一对等位基因与另一对等位基因的分离和组合是互不干扰，各自独立分配，自由组合到配子中去的。

以上述杂交实验为例，用 Y 和 y 分别代表子叶黄色和绿色的一对基因，R 和 r 分别代表种子圆粒和皱粒的一对基因。黄色、圆粒亲本的基因型为 $YYRR$，绿色、皱粒亲本的基因型为 $yyrr$。可用图 3-9 所示的棋盘方格（punnett square）表示等位基因的分离和组合。

从图 3-9 可以看出，F_1 植株的基因型是 $YyRr$，它们产生的雌配子和雄配子都是 4 种，即 YR、Yr、yR 和 yr，其中 YR 和 yr 称为亲本型配子，Yr 和 yR 称为重组型配子。并且 4 种配子数目相等，为 1：1：1：1。雌雄配子结合，共有 16 种可能的组合。F_2 群体中共有 9 种基因型。因为 Y 对 y 为完全显性，R 对 r 为完全显性，所以 F_2 中只有 4 种表型，黄圆、黄皱、绿圆、绿皱，其比例为 9：3：3：1，孟德尔的杂交实验结果与该比例吻合。

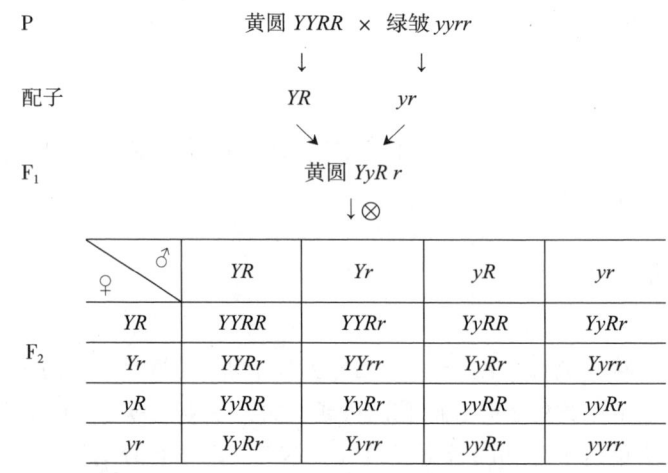

图 3-9 豌豆黄子叶圆粒种子与绿子叶皱粒种子杂交的 F_2 分离图解

现在我们从染色体的角度来解释这 4 种配子的形成过程。Y 和 y 是一对等位基因，位于同一对同源染色体的相对位点上。R 和 r 是另一对等位基因，位于另一对同源染色体的相对位点上。这两对等位基因互称为非等位基因（non allele）。F_1 的基因型是 $YyRr$，当它进行减数分裂形成配子时，Y 与 y 一定分别进入不同的配子，R 与 r 也一定分别进入不同的配子，最后形成 4 种配子 YR，Yr，yR，yr，并且这 4 种类型的配子数目相等，呈现 1：1：1：1 的比例。雌雄配子都是这样。雌雄配子相互随机结合，因而在 F_2 形成 16 种组合，在表型上出现 9：3：3：1 的比例。

由此可知，自由组合定律的实质在于，控制这两对性状的两对等位基因分别位于不同的同源染色体上，在减数分裂形成配子时，每对同源染色体上的每一对等位基因发生分离，而位于非同源染色体上的基因之间可以自由组合。

三、自由组合定律的验证

验证的关键问题有两个，即 F_1 是否形成 4 种类型的配子，且比例相同；F_2 是否出现 9 种基因型的个体，且具有一定比例。

（一）用测交法验证

为了验证两对基因的自由组合定律，孟德尔同样采用了测交法。就是用 F_1 与双隐性纯合体测交。当 F_1 形成配子时，不论雌配子还是雄配子，都有 4 种类型，即 YR、Yr、yR 和 yr，而且出现的比例相等，即 1：1：1：1 的比例。由于双隐性纯合体的配子只有 yr 一种，因此测交子代的表型种类和比例，理论上应能反映 F_1 所产生的配子种类和比例。

从表 3-2 可以看出，测交子代有 4 种表型，且数量大致相等，符合 1：1：1：1 的比例，说明孟德尔所得到的实际结果与测交的理论推断是完全一致的。

表 3-2　F_1 与双隐性亲本测交的结果

项目	测交所得子代表型				总数
	绿皱	黄圆	黄皱	绿圆	
测交所得子代的推测基因型	$YyRr$	$Yyrr$	$yyRr$	$yyrr$	4
测交所得子代的观察数	55	49	51	52	207
理论值	51.75	51.75	51.75	51.75	

（二）用自交法验证

孟德尔将得到的 F_2 种子进行播种，并让其自花授粉，得到 F_3 种子类型及数目见表 3-3。

表 3-3　F_2 自交产生的 F_3 表型及分离情况

F_2 表型	F_2 基因型	F_3 表型	株数	分离比
黄圆	$YYRR$	黄圆	38	无分离
	$YYRr$	黄圆，黄皱	60	3：1
	$YyRR$	黄圆，绿圆	65	3：1
	$YyRr$	黄圆，黄皱，绿圆，绿皱	138	9：3：3：1
黄皱	$YYrr$	黄皱	28	无分离
	$Yyrr$	黄皱，绿皱	68	3：1
绿圆	$yyRR$	绿圆	35	无分离
	$yyRr$	绿圆，绿皱	67	3：1
绿皱	$yyrr$	绿皱	30	无分离

由表 3-3 可以看出，F_2 的 4 种表型由 9 种基因型决定，分别是 4 种纯合子 $YYRR$，$YYrr$，$yyRR$，$yyrr$，它们的后代不发生分离，4 种是一对纯合一对杂合 $YYRr$，$Yyrr$，$yyRr$，$Yyrr$，杂合的一对基因呈 3：1 的分离，另有一组其两对基因均杂合，$YyRr$，表型分离比为 9：3：3：1。

我们可以将自由组合定律的实质（以两对基因为例）总结如下。位于不同对同源染色体上的两对非等位基因是互不联系、独立存在的，当F_1形成配子时，等位基因分离，非等位基因自由组合，两对基因分别进入不同的配子，形成4种类型的配子（见图3-9），且比例为1∶1∶1∶1，假设配子全部成活，并且配子的结合是随机的，在F_2形成9∶3∶3∶1的表型分离比。

同理，当具有3对不同性状的生物杂交时，只要决定3对性状的基因分别在3对同源染色体上，它们的遗传都是符合独立分配定律的，F_1在减数分裂过程中产生8种雌雄配子，并且各种配子的数目相等，由于各种雌雄配子之间的结合是随机的，F_2将产生64种组合，8种表型，27种基因型。多对独立遗传的基因可以依此类推，如表3-4。

表3-4 控制性状的等位基因对数与F_2代基因型和表型种类的关系

等位基因对数	表型种类	基因型种类	配子组合
1	2	3	4
2	2^2	3^2	4^2
3	2^3	3^3	4^3
n	2^n	3^n	4^n

四、自由组合定律的普遍性

孟德尔之后的许多研究者在不同的动植物研究中都验证了自由组合定律的正确性，下面举出动物上的例子，图3-10显示了安格斯牛的黑毛色（B）与红毛色（b）、无角（P）与有角（p）两对性状的自由组合现象。

彩图：牛的毛色和角性状的自由组合

另外像果蝇的体色（灰体、黑檀体）和翅型（长翅、残翅）2个性状的遗传规律完全符合自由组合定律，可见只要是位于非同源染色体上的基因在遗传重组时都符合这一规律，大量的事实说明自由组合定律具有普遍意义。

五、杂交后代基因型和表型比例的推算

后代基因型、表型的分析方法通常采用棋盘法和分支法。

（一）棋盘法

用棋盘法分析$AaBb \times AaBb$基因组合如表3-5。

两对基因杂合体自交，雌雄配子结合有16种组合，包括9种基因型，其比例是$1/16AABB$∶$2/16AABb$∶$2/16AaBB$∶$4/16AaBb$∶$1/16AAbb$∶$2/16Aabb$∶$1/16aaBB$∶$2/16aaBb$∶$1/16aabb$。表现为4种表型：$9/16A\_B\_$∶

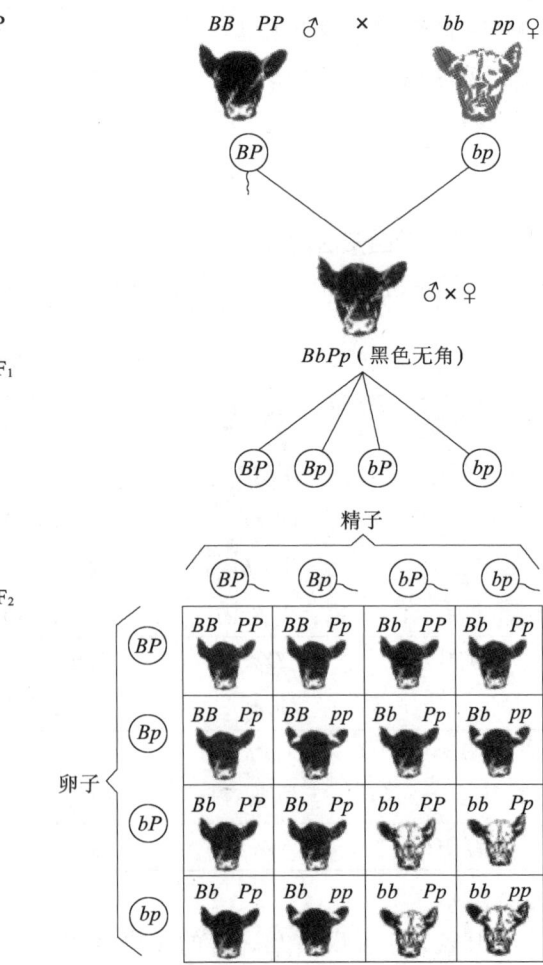

图3-10 牛的毛色和角性状的自由组合
（引自蒋树威，1992）

表 3-5　棋盘法表示 *AaBb* × *AaBb* 后代基因组合

♂ \ ♀	*AB*	*Ab*	*aB*	*ab*
AB	*AABB*	*AABb*	*AaBB*	*AaBb*
Ab	*AABb*	*AAbb*	*AaBb*	*Aabb*
aB	*AaBB*	*AaBb*	*aaBB*	*aaBb*
ab	*AaBb*	*Aabb*	*aaBb*	*aabb*

3/16 *A_bb*：3/16 *aaB_*：1/16*aabb*。

上述方法对于多对基因杂种后代的推算就相当繁琐，利用分支法来推算就会简单得多。

（二）分支法

利用分支法可以获得每个杂合体所形成的配子类型和比例，然后将各自的概率分别相乘，即可推算出后代的比例。这种方法比棋盘法要简便得多。图 3-11 表示利用分支法推算二因子杂交后代基因型频率的过程。同理利用分支法还可以推算更多因子杂交后代的基因型频率。

注意分支法的关键是从每个基因位点的杂交入手和利用概率原理将系数相乘。如在 *AaBb* × *AaBb* 杂交的后代中，如果想求 *AABb* 的概率，其过程如下：先考虑 *A* 基因位点的杂交，那么，*Aa* × *Aa*，产生 *AA* 的概率为 1/4，再考虑 *B* 基因位点的杂交，那么，*Bb* × *Bb* 杂交产生 *Bb* 的概率为 1/2，然后根据概率相乘的原理，1/4 × 1/2 = 1/8，所以产生 *AABb* 后代的概率为 1/8 。

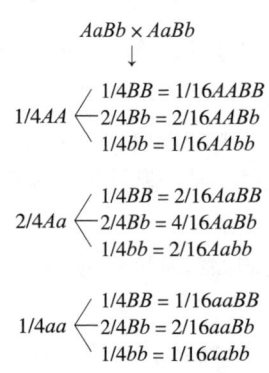

图 3-11　利用分支法推算二因子杂交后代基因型频率

六、基因自由组合的意义

孟德尔自由组合定律可以部分解释生物多样性和生物进化的原因，非同源染色体上的基因自由组合，产生配子的多样性，从而导致生物的多样性。按照自由组合定律，如果一个杂合体在 n 对基因的每对基因上都杂合，而且这些基因都是独立遗传的，那么将产生 2^n 种配子。如果假设显性对隐性表现完全，即 A 对 a 完全显性，其自交后子代将有 2^n 种不同的表型。据估计，高等生物的基因数大约为几万个，因此每种生物本身都呈现出多样性现象，有着丰富的变异类型。变异是生物进化的前提条件，丰富的变异类型使得物种能够适应于千变万化的自然条件，从而有利于生物进化。

根据独立分配定律，在育种工作中，采用杂交的手段，可以有目的地组合两个亲本的优良性状，育成优良品种，并可预测在杂交后代中出现的优良性状组合及其大致的比例，以便确定育种工作的规模。

总之，孟德尔遗传规律为遗传学的建立奠定了坚实的基础，孟德尔之所以能够得到遗传学上的两个重要规律，主要是由于在他的豌豆杂交实验中做到了以下几点：①选用能真实遗传的纯种。②选择有明显区别的相对性状。③严格去雄、套袋和人工授粉进行杂交。④用数学的方法分析实验结果。⑤提出假设解释实验结果。⑥用测交和自交验证实验结果。他的这种严谨求实的精神是我们现代科技工作者应该学习的。

七、统计学方法在遗传学中的应用

（一）概率

概率（P）是指某一事件发生的可能性。根据概率的大小，将事件分为必然事件（$P=1$）、随机事件（$0<P<1$）和不可能事件（$P=0$）；根据事件之间的关系，将事件分为独立事件（A 事件的发生与 B 事件是否发生无关），互斥事件（A 事件发生则 B 事件不能发生），对立事件 $[P(A)+P(B)=1]$。

n 个互为独立事件同时发生的概率为各独立事件概率之积（乘法定律）；n 个互为互斥事件同时发生的概率为各互斥事件概率之和（加法定律）。例如图 3–11 中，计算 AaBb × AaBb 后代中 AABb 的概率。其中 A（/a）和 B（/b）两个位点相互独立。可分别计算出 AA 出现的概率为 1/4，Bb 出现的概率为 1/2，两个独立事件同时发生的概率为二者乘积，即 AABb 的概率为 1/8。

（二）二项式展开式的应用

二项式分布应用的条件是每一事件的发生只有两种结果，事件间互为独立，n 次事件发生，获得某一组合的概率可以用公式求出。

一般地，设 p 为某一基因型或表型的概率，q 为另一基因型或表型的概率，$p+q=1$。若不考虑出现的顺序，某一基因型或表型出现 x 次的概率可以用公式（3–1）算出，其中 n 为事件总数。

$$P_{(x)} = C_n^x p^x q^{n-x} \qquad （式 3–1）$$

例如：基因型为 Aa 的父亲与基因型为 Aa 的母亲，生育 6 名后代，试求其中有 4 名基因型为 AA 的概率？

每个后代的出生是独立事件，每个后代基因型是 AA 的概率为 1/4，不是 AA 的概率为 3/4。事件的总数为 6，即 $n=6$，$x=4$，则后代中有 4 个 AA 型，2 个非 AA 型的概率为

$$P = C_6^4 \left(\frac{1}{4}\right)^4 \left(\frac{3}{4}\right)^2 = 0.033$$

（三）适合度检验

采用 χ^2 检验方法进行适合度检验，用于遗传性状的研究，检验某一性状表型遗传的实际值和理论值（孟德尔比例）之间的符合程度。

$$\chi^2 = \sum \frac{(A-T)^2}{T} \qquad （式 3–2）$$

式中 A 为实际值，T 为理论值。

当 df（自由度）$=1$，需进行连续性校正，即 $\chi^2 = \sum \frac{(|A-T|-0.5)^2}{T}$。$\chi^2$ 算出后，根据 df 值查 χ^2 表。将计算所得 χ^2 值与 χ^2 临界值比较，得出结论。

第三节　孟德尔规律的补充和发展

孟德尔之后的一些研究者，在其他动植物遗传规律的探讨中，发现用孟德尔分离定律并不能完全解释所有的遗传现象。对于单基因决定的性状，一对基因中的显性基因有时不能完全掩盖等位的隐性基因的效应，有时一对显隐性基因对表型的作用是共同的。下面的例子说明除了孟德尔描述的一对基因之间

的完全显性现象之外，自然界还存在着一些特殊的遗传现象，可以认为是对孟德尔分离规律的补充和发展。

视频：孟德尔遗传定律拓展 -1

一、不完全显性

有些性状，其杂种 F_1 的性状表现是双亲性状的中间型，这称为不完全显性（incomplete dominance）。例如紫茉莉（*Mirabilis jalapa*）花色的遗传（图 3-12），红花亲本（*RR*）和白花亲本（*rr*）杂交，F_1（*Rr*）的花色不是红色，而是粉红色。F_2 群体的基因型分离为 $1RR:2Rr:1rr$，即其中 1/4 的植株开红花，2/4 的植株开粉红花，1/4 的植株开白花。因此，在不完全显性时，表型和其基因型是一致的。

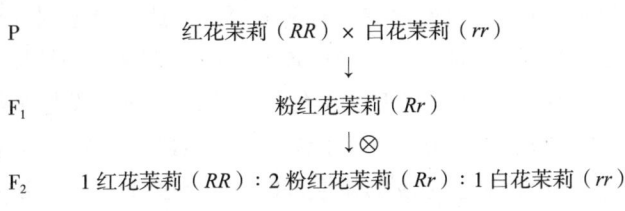

P　　　　　红花茉莉（*RR*）× 白花茉莉（*rr*）
　　　　　　　　　　↓
F_1　　　　　粉红花茉莉（*Rr*）
　　　　　　　　　　↓⊗
F_2　　　　1 红花茉莉（*RR*）：2 粉红花茉莉（*Rr*）：1 白花茉莉（*rr*）

图 3-12　紫茉莉的不完全显性遗传

二、共显性

共显性的特点是双亲的性状同时在 F_1 个体上表现出来，即在杂合状态下两个等位基因都表达的现象，又称为等显性。例如人的 MN 血型就是基因共显性（codominance）的结果（图 3-13）。

P　　　M 血型（L^ML^M）× N 血型（L^NL^N）
　　　　　　　　　　↓
F_1　　　　　MN 血型（L^ML^N）♂ × ♀
　　　　　　　　　　↓
F_2　　1 M 血型（L^ML^M）：2 MN 血型（L^ML^N）：1 N 血型（L^NL^N）

图 3-13　人的 MN 血型遗传（共显性）

再举一例人类的共显性现象，正常人红细胞呈碟形，镰状细胞贫血（sickle cell anemia）患者的红细胞呈镰刀形，其携带氧的功能只有正常红细胞的一半（图 3-14）。这种贫血症患者和正常人结婚所生的

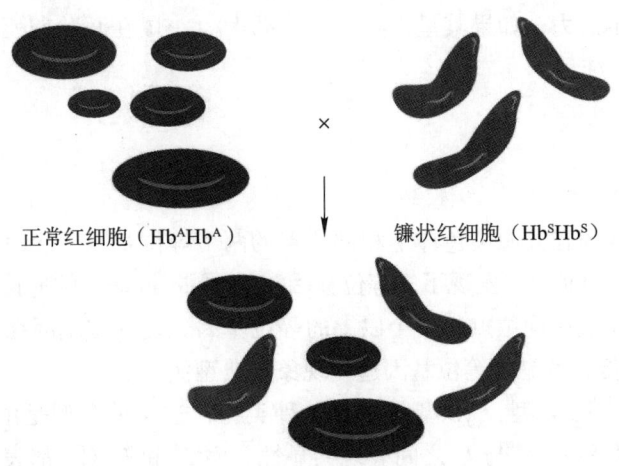

正常红细胞（Hb^AHb^A）　　　镰状红细胞（Hb^SHb^S）

正常红细胞和镰状红细胞同时出现（Hb^AHb^S）

图 3-14　人类镰状红细胞的遗传

子女，其红细胞既有碟形，又有镰刀形，这就是共显性的表现。不完全显性和共显性这两个术语容易被弄混。区别它们时注意杂合体的表型，如紫茉莉花的粉红色（介于二亲本的中间型），说明是由于基因的不完全显性造成的。而人类的血液中如果既有碟形红细胞又有镰形红细胞（亲本的表型在后代中同时出现），说明是由于基因的共显性造成的。

三、致死基因

致死基因（lethal gene）是指导致个体或细胞死亡的基因，分为显性致死基因和隐性致死基因。有些致死基因除了致死效应外还有其他效应，要注意区分。若基因的致死效应在杂合子中就可表现出来，这种致死基因称为显性致死基因。基因的致死效应只有在纯合状态或半合子时才能表现出来即该致死效应呈现出隐性基因的表现模式，这类致死基因称为隐性致死基因。而这种隐性致死效应与该基因的其他效应的显、隐性无关。（半合子举例：当基因位于 X 染色的某区段，该区段与 Y 染色体不同源，因没有成对的等位基因存在，含有该基因的个体无法用纯合子或杂合子表述，通常可称为半合子）。

例如在下面的例子中，决定小鼠黄色毛皮的显性基因 A^Y，在杂合子中 $A^Y a$ 表型为黄色，aa 表现为非黄色，A^Y 对 a 为显性，但该基因除了毛色效应外，A^Y 还有致死效应，具体表现为仅当个体为纯合子，基因型为 $A^Y A^Y$ 时出现胚胎致死，其致死效应类似于一个隐性基因的表现模式（即只有纯合时才体现其控制的表型），故称此显性基因 A^Y 为隐性致死基因。

案例：鸡匐匐性状的遗传规律分析

在 1900 年孟德尔的论文被重新发现后不久，有研究者就发现家鼠中黄色鼠不能真实遗传。第一个实验是黄鼠与非黄鼠交配产生的后代有 1/2 黄鼠和 1/2 非黄鼠，由此判断黄色鼠应该是杂种。第二个实验是黄鼠与黄鼠交配产生的后代中有 2/3 黄鼠和 1/3 非黄鼠。

根据孟德尔分离定律，实验二的结果应该是 3/4 黄鼠和 1/4 非黄鼠，那么这是为什么呢？唯一的解释可能是这种黄色基因（A^Y）纯合时，会导致小鼠死亡（图 3-15）。

$$黄鼠（A^Y a）\times 黄鼠（A^Y a）$$
$$\downarrow$$
$$1\ 黄鼠（A^Y A^Y）：2\ 黄鼠（A^Y a）：1\ 非黄鼠（aa）$$

图 3-15　黄鼠的致死现象

图 3-15 中基因型为 $A^Y A^Y$ 的黄色鼠不能存活，这种情况下 A^Y 基因称为致死基因，也即 A^Y 基因具有多效性，既影响毛色又影响生活力，如果其呈现纯合时（$A^Y A^Y$），小鼠在胚胎期死亡。所以这种小鼠的黄色鼠都是杂合的，不会有黄色纯种。

四、复等位基因

前面涉及的等位基因均为在同源染色体上相同位点的两个等位基因。然而，一个群体中可以存在多个等位基因。在孟德尔以后的研究中发现了复等位基因（multiple allele）的遗传现象。所谓复等位基因是指在群体中占据同源染色体上相同位点的两个以上的等位基因。复等位基因在生物中是比较广泛地存在的，如人类的 ABO 血型遗传，就是复等位基因遗传现象的典型例子。

人类的 ABO 血型有 A 型、B 型、AB 型和 O 型 4 种类型，这 4 种表型是由 3 个复等位基因决定的，这 3 个复等位基因是 I^A、I^B 和 i。I^A 与 I^B 之间表现共显性，而 I^A 和 I^B 对 i 都表现显性，所以这 3 个复等位基因组成 6 种基因型，但表型只有 4 种（表 3-6）。

表 3-6　人类的 ABO 血型 4 种表型和 6 种基因型

血型	基因型
A	$I^A I^A$ 或 $I^A i$
B	$I^B I^B$ 或 $I^B i$
AB	$I^A I^B$
O	ii

应当指出，在一个正常二倍体的细胞中，在同源染色体的相同位点上只能存在一组复等位基因中的两个等位基因，只有在群体中不同个体之间才有可能在同源染色体的相同位点上出现 3 个或 3 个以上的等位基因，也即在一个大群体中才能找到所有的复等位基因。

在家兔中有毛色不同的 4 个品种，是由于 4 个有显性等级的复等位基因造成的，即野鼠色、灰色、喜马拉雅色和白化（表 3-7），4 个复等位基因的显隐性关系依次为 $C^+ > C^{ch} > C^h > C^a$。

表 3-7　毛色的复等位基因遗传

等位基因	基因型	表型
C^+	$C^+ C^+$，$C^+ C^{ch}$，$C^+ C^h$，$C^+ C^a$	野鼠色
C^{ch}	$C^{ch} C^{ch}$，$C^{ch} C^h$，$C^{ch} C^a$	灰色
C^h	$C^h C^h$，$C^h C^a$	喜马拉雅
C^a	$C^a C^a$	白化

五、基因间的相互作用

在孟德尔之后，许多科学家的研究发现，当某单位性状同时受两对基因控制时，不同亲本杂交的后代即使表现出 9：3：3：1 的性状分离比例，其含义也与自由组合规律有所差别。例如，鸡的冠型有豆型冠、玫瑰冠、胡桃冠和单冠等，豆型冠和玫瑰冠对单冠均为显性。显性基因 P 和 R 分别决定豆型冠和玫瑰冠的形成。科尼什（豆型冠）和白温得特鸡（玫瑰冠）杂交，F_1 代 P 和 R 同时存在，鸡表现出另一种冠型——胡桃冠。胡桃冠公母鸡交配产生 F_2 代中胡桃冠、豆型冠、玫瑰冠和单冠比例是 9：3：3：1（图 3-16）。胡桃冠的出现是控制豆冠的基因 P 和控制玫瑰冠的基因 R 互作的结果。

视频：孟德尔遗传定律拓展 -2

当两对基因共同作用于单位性状时，基因间的互作有多种方式，如基因的积加、上位和重叠等相互作用，这些互作使得 F_2 代表现出不同于自由组合规律的分离比。可以认为这些遗传现象是对自由组合规律的补充和发展。下面分别举例说明。

（一）积加作用

如果两种显性基因同时存在时产生一种性状，单独存在时分别表现相似的性状，两种显性基因均不存在时又表现第三种性状，这种基因互作称为积加作用。例如，杜洛克猪毛色的遗传（图 3-17），显性基因 A 或 B 单独存在时，都产生棕色毛，而它们同时存在时，产生红毛，当二者都不存在时，则表现白毛。

（二）上位作用

如果两对基因相互作用的结果是一对基因抑制了另外一对基因的表现，称为上位作用。起抑制作用的基因称为上位基因。上位作用分两种情况，显性上位和隐性上位。

P　　　　　　　　　　　豆型冠 (*rrPP*) × 玫瑰冠 (*RRpp*)

　　　　　　　　　　　　　　　　↓

F₁　　　　　　　　　　　　胡桃冠 (*RrPp*)

　　　　　　　　　　　　　　　↓ ♂×♀

F₂　9 胡桃冠 (*R-P-*) : 3 豆型冠（*rrP-*）: 3 玫瑰冠 (*R-pp*) : 1 单冠 (*rrpp*)

彩图：鸡的冠型

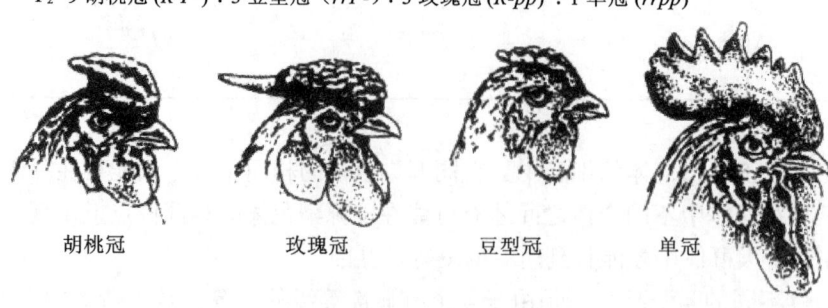

胡桃冠　　　　玫瑰冠　　　　豆型冠　　　　单冠

图 3-16　鸡冠型遗传（引自李碧春，2008）

P　　　　　　　　　棕色（*AAbb*）× 棕色（*aaBB*）

　　　　　　　　　　　　　↓

F₁　　　　　　　　　　红色（*AaBb*）♂×♀

　　　　　　　　　　　　↓

F₂　　9 红色（*A_B_*）: 3 棕色（*A_bb*）: 3 棕色（*aaB_*）: 1 白色（*aabb*）

图 3-17　杜洛克猪毛色遗传

1. 显性上位

如图 3-18 表示了狗毛色遗传中的显性上位作用。

P　　　　　　　　　白色（*BBII*）× 褐色（*bbii*）

　　　　　　　　　　　　↓

F₁　　　　　　　　　　白色（*BbIi*）♂×♀

　　　　　　　　　　　　↓

F₂　　9 白色（*B_I_*）: 3 白色（*bbI_*）: 3 黑色（*B_ii*）: 1 褐色（*bbii*）

图 3-18　狗毛色的显性上位遗传

　　在分析是否存在显性上位作用时，只要发现某显性基因中的一个基因存在，就可以抑制另一对基因的表现，如上例中的 *I* 基因，个体基因型中只要有它存在，不论是成对还是单个存在，这只狗毛色就表现白色，所以在 F₂ 中，只观察统计表型，就会出现白色 : 黑色 : 褐色 = 12 : 3 : 1 的表型比例。

2. 隐性上位

　　当在两对基因中的隐性基因起上位作用时，隐性基因必须是成对存在才行。如家鼠毛色的遗传（图 3-19）。

　　在这个例子中 *C* 和 *A* 是互补基因，*c* 是决定白化的基因，当它处于纯合状态时（*cc*）对其他基因具有抑制作用，表现隐性上位。

P　　　　　　　　黑色（*CCaa*）× 白化（*ccAA*）

　　　　　　　　　　　　↓

F₁　　　　　　　　　　鼠灰色（*CcAa*）♂×♀

　　　　　　　　　　　　↓

F₂　　9 鼠灰色（*C_A_*）: 3 黑色（*C_aa*）: 3 白化（*ccA_*）: 1 白化（*ccaa*）

图 3-19　鼠毛色的隐性上位遗传

（三）重叠作用

有时，两个显性基因都能分别对同一性状的表型起作用，亦即只要其中的一个显性基因存在，这个性状就能表现出来。在这种情况下，隐性性状出现的条件，必须是两个隐性基因都是纯合的（双隐性），这时 F_2 性状分离比也将不是 $9:3:3:1$，而是 $15:1$。

如猪的阴囊疝的遗传，阴囊疝这种遗传缺陷在出生时是不表现的，但在一月龄以后的任何时候均可出现。要进行这种缺陷的遗传研究是复杂的，因为这种疝气只表现于一个性别（公猪），母猪不表现，但不等于母猪没有这种遗传缺陷的遗传基因，以致母猪的基因型只能通过观察其后代才能推断。有人将阴囊疝公猪同纯合体的正常母猪交配，F_1 外表都正常，F_2 分离为 15 正常：1 阴囊疝。这一比例实质上是 $9:3:3:1$ 的变形，表明有无阴囊疝受两对基因的控制。假定两个显性基因 H_1 或 H_2 都使性状表现正常，即正常猪的基因型是 $H_1\_H_2\_$，或 $H_1\_h_2h_2$，或 $h_1h_1H_2\_$，而阴囊疝是由于两对纯合的重叠隐性基因 $h_1h_1h_2h_2$ 所造成，那么阴囊疝的遗传就可解释了，如图 3-20。

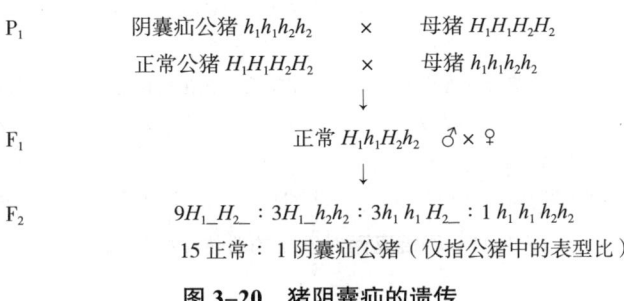

图 3-20 猪阴囊疝的遗传

必须说明，患阴囊疝只表现于一个性别（即阴囊疝是限性性状），因此仅 F_2 公猪表现出正常型与阴囊疝 $15:1$ 的比例。

从上面的例子可以看出，它们都是涉及两对基因之间的关系，并且这样的两对基因相互作用决定着一个单位性状，而不是决定两个性状，从它们的 F_2 的表型比可以看出，它们都是自由组合规律 $9:3:3:1$ 比例的变形，并未脱离自由组合定律，而是对自由组合定律的补充和发展。

下面小结一下基因相互作用各种类型的特征，它们的共同特点是在 F_2 的表型比例中，总份数仍然是 16 份：

① 杜洛克猪毛色的积加作用，F_2 的表型比为红色：棕色：白色 $= 9:6:1$。
② 狗毛色的显性上位作用，F_2 表型比为白色：黑色：褐色 $= 12:3:1$。
③ 家鼠毛色的隐性上位作用，F_2 表型比为鼠灰色：黑色：白化 $= 9:3:4$。
④ 猪的阴囊疝的重叠作用，F_2 表型比（只考虑公猪时）为正常：阴囊疝 $= 15:1$。

第四节 连锁与交换

1900 年孟德尔遗传规律被重新发现以后，引起生物学界的广泛重视。人们以更多的动物和植物为材料进行杂交试验，获得大量可贵的遗传资料。其中属于两对性状遗传的结果，有的符合独立分配规律，有的不符合，因此不少学者对于孟德尔的遗传规律曾一度发生怀疑。就在这个时期，摩尔根（T. Morgan）以果蝇为试验材料对此问题开展了深入细致的研究，最后确认所谓不符合独立遗传规律的一些例证，属于另一类遗传，即连锁（linkage）遗传。于是继孟德尔揭示的两条遗传规律之后，连锁遗传成为遗传学中的第三个重要的遗传规

视频：连锁交换定律

律。摩尔根还根据研究成果创立了基因论（theory of the gene），把抽象的基因概念落实在染色体上，大大地发展了遗传学。

一、连锁现象的发现

1906 年，英国生物学家贝特森（W. Bateson）和彭乃特（R. C. Punnett）在进行香豌豆的两对性状杂交试验中首次发现了性状不按孟德尔自由组合规律遗传的现象。用于杂交的两个纯系亲本中，一个是紫花长花粉粒（*PPLL*），另一个是红花圆花粉粒（*ppll*），已知紫花（*P*）对红花（*p*）为显性，长花粉粒（*L*）对圆花粉粒（*l*）为显性，杂交实验的结果如图 3–21。

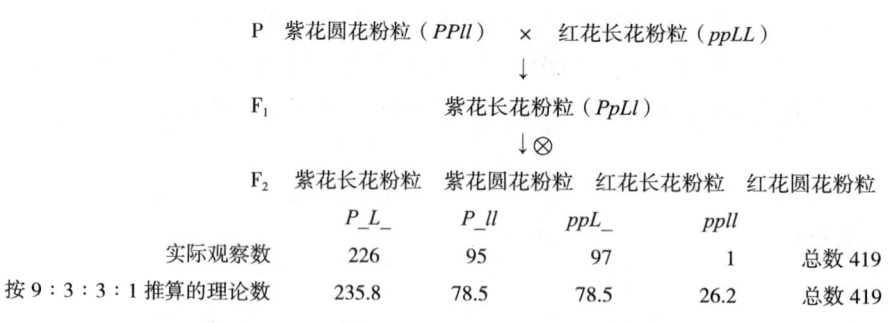

P 　紫花长花粉粒（*PPLL*） 　×　 红花圆花粉粒（*ppll*）

↓

F_1 　　　　　紫花长花粉粒（*PpLl*）

↓⊗

F_2	紫花长花粉粒	紫花圆花粉粒	红花长花粉粒	红花圆花粉粒	
	*P_L_*	*P_ll*	*ppL_*	*ppll*	
实际观察数	4 831	390	393	1 338	总数 6 952
按 9：3：3：1 推算的理论数	3 910.5	1 303.5	1 303.5	434.5	总数 6 952

图 3–21　香豌豆两对性状的遗传（相引相）

首先根据一对相对性状来归类，即紫花对红花、长花粉粒对圆花粉粒的分离比均符合 3：1，这表明分离规律在发生作用。然后，将两对性状结合起来考虑，将图 3–21 中香豌豆两对性状在 F_2 的分离比与本章第二节中的图 3–8 的 F_2 分离情况相比较，可以看出它们的共同点是，F_2 同样出现四种表型，并且其中都有两种新性状组合类型（不像亲本类型的）。不同点是 F_2 的 4 种表型比例与自由组合时所表现的 9：3：3：1 的分离比很不符合，实际观察数与 9：3：3：1 的理论数相差很大，其中亲本型（紫长和红圆）的实际数多于理论数，而重组型（紫圆和红长）的实际数却少于理论数。这显然不能用自由组合规律来解释这种遗传现象。

他们做的第二个试验是用紫花圆花粉粒（*PPll*）和红花长花粉粒（*ppLL*）杂交，所得结果见图 3–22。

P 　紫花圆花粉粒（*PPll*） 　×　 红花长花粉粒（*ppLL*）

↓

F_1 　　　　　紫花长花粉粒（*PpLl*）

↓⊗

F_2	紫花长花粉粒	紫花圆花粉粒	红花长花粉粒	红花圆花粉粒	
	*P_L_*	*P_ll*	*ppL_*	*ppll*	
实际观察数	226	95	97	1	总数 419
按 9：3：3：1 推算的理论数	235.8	78.5	78.5	26.2	总数 419

图 3–22　香豌豆两对性状的遗传（相斥相）

可见，所得结果也不符合 9：3：3：1 的理论比，同样也是亲本型（紫圆和红长）的实际数多于理论数，而重组型（紫长和红圆）的实际数却少于理论数。这两个试验的不同之处是所用亲本两个性状的组合方式不同。在第一个试验中，甲乙两个显性性状联系在一起遗传，而甲乙两个隐性性状联系在一起遗传的杂交组合在遗传上称为相引相（coupling phase）。在第二个试验中，甲显性性状和乙隐性性状联系在一起遗传，而乙显性性状和甲隐性性状联系在一起遗传的杂交组合，称为相斥相（repulsion phase）。当时贝特森和彭乃特除了提出了相引相和相斥相的概念，并未对香豌豆试验的结果做出合理的解释，真正提出并证实连锁与交换规律的著名学者是摩尔根。下面详细介绍摩尔根以果蝇为实验材料对连锁遗传的正确解释。

二、连锁现象的解释

（一）果蝇的完全连锁遗传

1912 年摩尔根与他的助手们将灰体残翅 $\left(\dfrac{Bv}{Bv}\right)$ 与黑体长翅 $\left(\dfrac{bV}{bV}\right)$ 的果蝇杂交（图 3-23），F_1 全为灰体长翅 $\left(\dfrac{Bv}{bV}\right)$，即灰体（$B$）对黑体（$b$）为显性，长翅（$V$）对残翅（$v$）为显性。用 F_1 的雄蝇与双隐性的黑体残翅雌蝇进行测交，根据自由组合规律，其后代应该有灰残、黑长、灰长、黑残 4 种类型，且比例应该是 $1:1:1:1$。但实际的结果是只有灰体残翅 $\left(\dfrac{Bv}{bv}\right)$ 和黑体长翅 $\left(\dfrac{bV}{bv}\right)$ 两种类型，且分离比是 $1:1$，说明来自亲本的两个性状紧密地联系在一起遗传给了后代（测交后代）。摩尔根将这种遗传现象称为完全连锁（complete linkage），完全连锁遗传仅存于雄果蝇和雌家蚕之中。在这个例子中，从基因间的关系来看，B 与 v，b 与 V 紧密地连锁在一起没有分开。

因为测交后代的表型种类和比例正好反映杂种个体所形成的配子种类和比例，因此测交结果表明 F_1 雄蝇只形成了 Bv 和 bV 两种精子。也就是说 B、v 或 V、b 完全连锁在同一条染色体上（已经证实在果蝇的第 2 号染色体上）。因此，测交后代只出现亲本型个体，而且数目相等，这便是完全连锁的遗传特点。

P　　灰体残翅 $\left(\dfrac{Bv}{Bv}\right)$ × 黑体长翅 $\left(\dfrac{bV}{bV}\right)$

↓

F_1　　灰长 ♂ $\left(\dfrac{Bv}{bV}\right)$ × 黑残 $\left(\dfrac{bv}{bv}\right)$♀（测交）

↓

测交后代　　1 灰体残翅 $\left(\dfrac{Bv}{bv}\right)$: 1 黑体长翅 $\left(\dfrac{bV}{bv}\right)$

图 3-23　雄果蝇的完全连锁

（二）果蝇的不完全连锁遗传

将上面例子中的 F_1（灰体长翅 $\dfrac{Bv}{bV}$）雌蝇与双隐性的黑体残翅雄蝇进行测交，得到的结果是不同的，即有灰残、黑长、灰长、黑残 4 种类型，但这 4 种类型的测交分离比也不符合自由组合的 $1:1:1:1$ 之比（图 3-24）。

P　　　　　　　灰体残翅 $\left(\dfrac{Bv}{Bv}\right)$ × 黑体长翅 $\left(\dfrac{bV}{bV}\right)$

↓

F_1　　　　　　灰长 ♀ $\left(\dfrac{Bv}{bV}\right)$ × 黑残 $\left(\dfrac{bv}{bv}\right)$♂（测交）

↓

测交后代	灰体残翅 $\left(\dfrac{Bv}{bv}\right)$	黑体长翅 $\left(\dfrac{bV}{bv}\right)$	灰体长翅 $\left(\dfrac{BV}{bv}\right)$	黑体残翅 $\left(\dfrac{bv}{bv}\right)$
实际观察值	1 552	1 315	338	294

图 3-24　雌果蝇的不完全连锁

上述的实验结果表明，原来为同一亲本所具有的两个性状，如灰体残翅和黑体长翅，在后代中常常有联系在一起遗传的倾向，这种现象称为连锁遗传。

从果蝇不完全连锁现象可以得出如下结论：F_1 测交后代分离成 4 种类型，但它们不符合自由组合规律，亲本型数量远多于重组型（注意用测交后代的表型与亲本表型比较，相同的为亲本型，不同的为重组型；这里比较的是表型，不是基因型）。来自亲本的两个性状总是有较大的机会连锁着传递给后代，有少量重组类型出现，说明在连锁遗传的同时伴随着交换（crossing over）和重组，这就是不完全连锁（incomplete linkage）。

摩尔根与他的助手们，根据大量的果蝇实验结果并结合当时的细胞学知识于 1912 年提出了连锁与交换的概念。他们认为不同对同源染色体的基因所决定的性状，其遗传行为遵循自由组合规律，而位于同一对同源染色体的非等位基因所决定的性状，其遗传行为趋向于连锁在一起。如果这些基因紧密地连锁在一起，使得与之相对应的性状在测交后代中没有发生分离，这样的情况就是完全连锁，但绝大多数实验中的测交结果是 4 种类型，总是有少量重组型出现，这表明连锁基因间发生了交换，从而形成一定数量的重组类型。重组型一般少于亲本型，这说明基因间发生交换的配子肯定没有未交换的配子多，这就形成了不完全连锁。

（三）交换重组的细胞学本质

当两对非等位基因为不完全连锁时，F_1 不仅产生亲本型配子，也产生重组型配子。那么，重组型配子是如何产生的呢？为什么重组型配子数总是比亲本型配子数少呢？回答这些问题，就必须从减数分裂过程中非姐妹染色单体之间发生的交换谈起。同一染色体上紧密靠近的两个基因总是相互联系在一起遗传，不进行独立分配，它们的重组是染色体片段交换的结果。交换可以发生在任何两个非姐妹染色单体之间。当然，两个特定的基因间区域的交换只发生在一部分（往往是一少部分）性母细胞中，产生亲本型和重组型两类配子，不发生交换的性母细胞只产生亲本型配子，这就是为什么在测交后代中总是重组型少于亲本型的原因，当两个特定的基因间区域不发生交换即出现完全连锁的现象（图 3-25）。

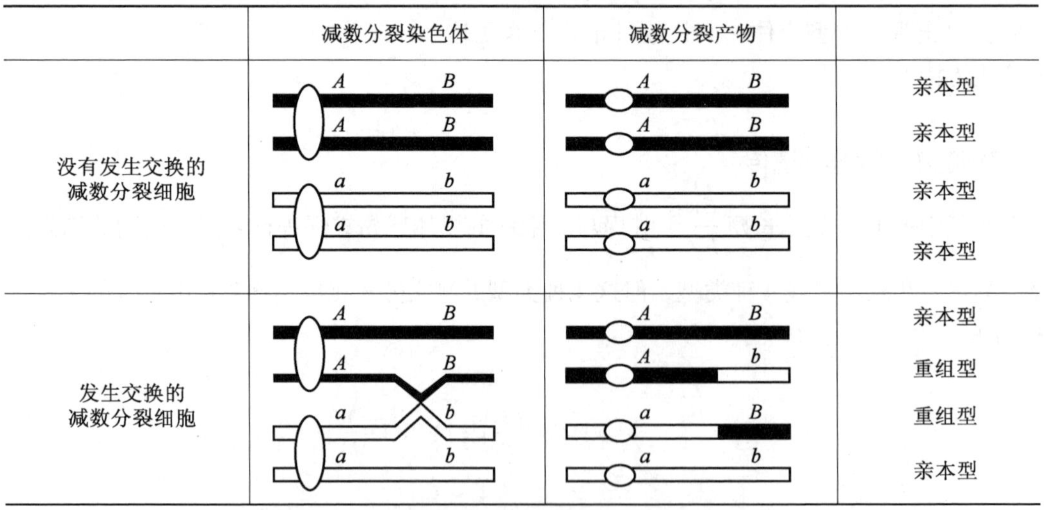

图 3-25 同源染色体间非姐妹染色单体交换时位于其上的非等位基因的
连锁和交换情况（引自杨业华，2000）

（四）连锁交换现象普遍存在

雄果蝇和雌家蚕的完全连锁现象是极其个别的，而不完全连锁现象在自然界中普遍存在，例如在家鸡中白羽和有色羽、卷羽和常羽也是由两对不完全连锁的基因控制（图 3-26）。

$$P \qquad 有色卷羽\left(\dfrac{iF}{iF}\right) \times 白色常羽\left(\dfrac{If}{If}\right)$$

$$\downarrow$$

$$F_1 \qquad 白色卷羽\left(\dfrac{If}{iF}\right) \times 有色常羽\left(\dfrac{if}{if}\right)（测交）$$

$$\downarrow$$

测交后代表型	有色卷羽$\left(\dfrac{iF}{if}\right)$	白色常羽$\left(\dfrac{If}{if}\right)$	白色卷羽$\left(\dfrac{IF}{if}\right)$	有色常羽$\left(\dfrac{if}{if}\right)$
F_2 观察值	63	63	18	13

图 3-26　鸡羽毛颜色和形状的测交结果

可以看出在测交后代中这 4 种类型的比例不是 1∶1∶1∶1，两种亲本类型（有色卷羽和白色常羽）占测交后代总数的 80.25%，也就是说亲本中原来连锁在一起的性状在后代中绝大部分还是连锁在一起，但又不是完全连锁的；在测交后代中会出现与亲本不同的重组类型（白色卷羽和有色常羽），占总数的 19.75%。

连锁遗传是生物的一种非常普遍的现象。摩尔根对遗传学的伟大贡献就是连锁遗传规律的发现。这个规律极大地丰富和发展了孟德尔定律，使更多的遗传现象得到解释。染色体片段的交换产生配子的多样性，从而导致了生物的多样性。

三、重组率和交换值及其测定

由于减数分裂时会发生染色体片段的交换，不完全连锁基因总会发生重组，形成一定比例的重组型配子。重组型配子数占总配子数的百分率称为重组率（percentage of recombination）或重组频率（recombination frequency），用 Rf 表示。

$$Rf = \frac{重组型配子数}{总配子数} \times 100\% \qquad\qquad （式 3-3）$$

在两个连锁基因之间的重组率通常也称为交换值（crossing-over value），但严格地讲，交换值不等于重组率，因为在较长片段的染色体上非等位基因之间常常有双交换或多交换发生，但不一定影响重组型配子，这时用重组率代表交换值会造成偏低估计。

应用公式（3-3）估算重组率，首先要知道重组型配子数，测定重组型配子数的简易方法是测交法，测交法在前面已经介绍过，即用杂种 F_1 与隐性纯合体交配，然后根据测交后代的表型种类和数目，来计算重组型和亲本型配子的数目。下面介绍用两点测验和三点测验法估算重组率，从而进行基因定位和遗传作图。

四、基因定位与连锁遗传图

基因定位就是确定基因在染色体上的位置。人们最初并不知道基因在染色体上是如何排列的，斯特蒂文特（A. Sturtevant）通过果蝇中与性别决定有关的染色体上基因间的重组频率分析，发现了重组频率的可累加性，从遗传学上明确了基因在染色体上呈线性排列。这个发现对确定遗传的染色体理论起了极其重要的作用。

视频：连锁图谱构建

将基因在染色体上的相对位置和距离描绘出来的图称为遗传图（genetic map）或连锁遗传图（linkage map）。在连锁图上一对等位基因的位置称为基因位点。确定基因的位置主要是确定基因之间的距离和顺序，而它们之间的距离是可以用重组率来表示的。重组率在不同连锁基因对间的变化很大。重组率的大小是基因间相距远近的一种反映。重组基于减数分裂时同源染色体非姐妹染色单体间的交换，而发生交换的位置是随机的。在一些减数分裂细胞中特定的连锁基因间可能发生交换形成重组型配子，而在另一些减数分裂细胞中它们之间可能不发生交换，没有重组型配子形成。基因间的距离越大，其间发生交换的可能性越大，重组率越高；基因间距离越小，发生交换的可能性越小，重组率越低。据此，斯特蒂文特提出了利用重组率确定连锁基因间相对位置和距离的基因定位方法。他们反复试验总结出两点测验和三点测验，这是当时基因定位的主要方法。

（一）两点测验

两点测验（two-point test cross）是一种最基本的基因定位方法。它将双因子杂合体用双隐性纯合体测交，测交后代中的重组基因型频率的大小直接反映基因间的连锁关系和连锁程度。

两点测验的具体过程是首先通过一次杂交和一次测交来确定两对基因是否连锁，然后再根据其重组率来确定它们在同一染色体上的位置。前面所讲的对雌性果蝇的测交实验（见图3-24），实际上就是两点测验。在对 F_1 灰体长翅雌果蝇用黑体残翅雄果蝇测交得到的结果是：灰体残翅 1 552 只、黑体长翅 1 315 只、灰体长翅 338 只和黑体残翅 294 只，总共 3 499 只测交后代中有 632 只重组型个体。那么，根据公式（3-3）可得：

$$Rf = \frac{338 + 294}{1\,552 + 1\,315 + 338 + 294} = \frac{632}{3\,499} \times 100\% = 18.06\%$$

在基因定位中，将 1% 的重组率定义为一个遗传图距单位（genetic map unit，m.u.）。为了纪念 Morgan 对连锁遗传的发现，1% 的重组率去掉 % 就表示一个图距单位，也称为一个厘摩（centimorgan，cM）。据此，B 与 v 在染色体上相距 18.06 cM。

重组率的变化范围在 0~50% 之间，越接近于 0%，说明两个基因连锁越紧密（连锁强度大），在测交后代中重组类型就越少。反之，重组率越接近 50%，说明两个基因连锁强度越小，在测交后代中重组类型越多。因此，重组率的大小反映了基因之间的连锁程度，同时反映了基因在染色体上的相对距离的远近。

在一次两点测验中，只能确定两个基因之间的遗传距离。要确定它们在染色体上的相对位置，至少还需要另外一个基因。假设 A、B、C 为 3 对相互连锁的基因，首先要做 3 次两点测验，确定每对非等位基因间的距离，然后推断它们在染色体上的顺序。它们在染色体的位置有 3 种可能：A–B–C，A–C–B，B–A–C。两边基因的位置可以互换，对它们间的关系没有影响。假设通过两点测验知道 A 与 B 相距 10 cM，B 与 C 相距 6 cM，A 与 C 相距 16 cM。那么 A、B、C 3 个基因在染色体的位置应该是：A_B_C。只有这种排列才与它们相互间的遗传距离相符，缺乏任何一个图距数据都不能明确这 3 个基因间的相对位置。

两点测验方法虽然简单，但要确定 3 个基因的相对位置必须做 3 次不同的杂交、测交实验。另外由于杂交亲本的遗传背景、后代群体的大小、生长条件等的变异，测验的准确性较低。用三点测验法可以解决这些问题，并且能够发现是否有双交换发生，结果也更加准确。

（二）三点测验

摩尔根和他的学生斯特蒂文特发现可以把相互连锁的 3 个基因包括在一次交配中，即利用含有 3 个基因的杂合体与三隐性个体进行测交来估计这 3 个基因间的遗传距离，这种方法称为三点测验（three-point test crosses）。进行这种实验，一次就等于 3 次"两点测验"，另外还能够发现 3 个基因间是否有双交换发生，这在两点测验中是不可能的，因而计算出的遗传距离更加准确。另外，利用双交换所含的遗传信息，可直接确定基因的顺序。

现在用果蝇的实验来说明，因为大部分突变体都是隐性突变，而其原型为野生型，突变位点通常用小写字母表示，对应的野生型用"＋"表示。下面的实验是对果蝇 X 染色体上相互连锁的 3 个突变位点黄体（y）、白眼（w）和短翅（m）的基因进行三点测验，实验的过程是首先进行杂交，得到三杂合体 F_1（表型为灰体红眼长翅），从中取雌性个体与三隐性雄蝇进行一次测交（图 3-27），所得结果见表 3-8。当对三杂合子测交的结果有 8 种类型的后代，说明有双交换发生，如果没有发生双交换时就只有 6 种测交后代。

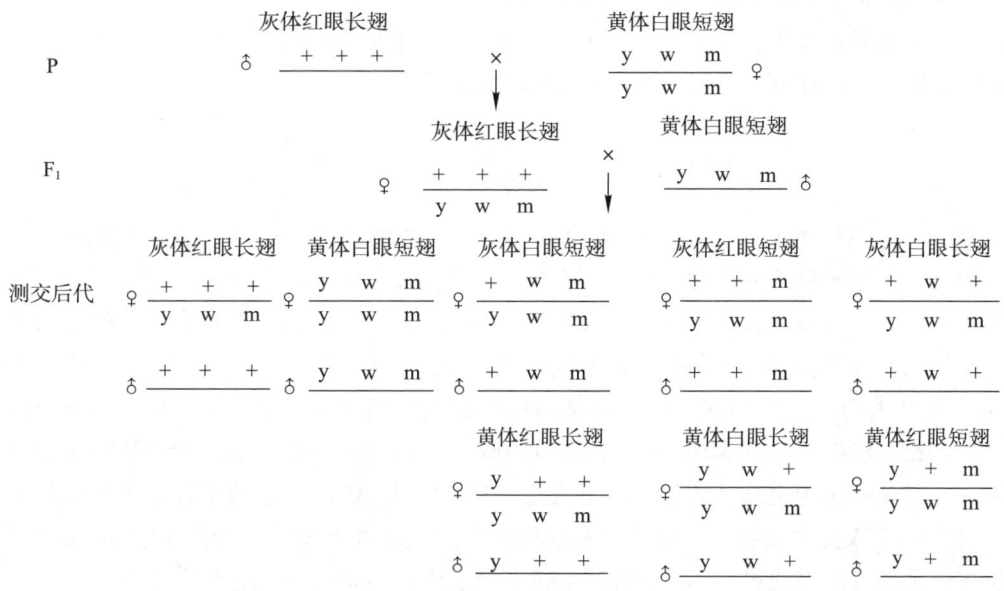

图 3-27 三点测验图

表 3-8 F₁ 雌蝇与三隐性雄蝇的测交结果

测交后代的表型	交换类型	F₁ 配子类型			观察数	各类型后代所占比例 /%
灰体，红眼，长翅	亲本型	+	+	+	1 574	63.96
黄体，白眼，短翅		y	w	m	1 382	
灰体，白眼，短翅	单交换 1	+	w	m	27	1.26
黄体，红眼，长翅		y	+	+	31	
灰体，红眼，短翅	单交换 2	+	+	m	763	34.39
黄体，白眼，长翅		y	w	+	826	
灰体，白眼，长翅	双交换	+	w	+	10	0.39
黄体，红眼，短翅		y	+	m	8	
合计					4 621	100.00

根据连锁交换规律可以确定观察数最多的是亲本型，观察数最少的是双交换型，表 3-8 中第一组是亲本型，第四组是双交换型。用双交换型与亲本型比较，就会发现双交换中某个基因控制的性状表型和另外两个性状表型的连锁关系与亲本型相比发生了变化，那么该基因一定位于 3 个基因的中间。如表 3-8 中用双交换的基因型 ＋ w ＋ 和 y ＋ m 与亲本基因型 ＋ ＋ ＋ 和 ywm 比较，发现 w 基因与其他两个基因的连锁关系都改变了，那么 w 一定位于中间，顺序应该是 y-w-m 或 m-w-y，至于是前一种顺序还是后一种顺序关系不大，因为不影响计算重组率。

在一段染色体区域内同时发生两次交换的现象称为双交换（double crossover），发生双交换的概率比发生单交换的概率要低很多，因此即便有双交换发生，形成的双交换型配子也很少，因此观察数最少的是双交换型。

三点间重组率的计算：

首先计算双交换率，双交换类型数与总观察数之比即为双交换率：

双交换率 = （10 + 8）/4 621 × 100% = 0.39%

其次计算 y 与 w、w 与 m 的重组率，y 与 w 的交换既发生在单交换1中，又发生在双交换中，因此，y 与 w 重组率为（27 + 31 + 10 + 8）/4 621 × 100% = 1.65%

同样，w 与 m 的重组率为（763 + 826 + 10 + 8）/4 621 × 100% = 34.78%

根据所得结果，可以画出 y、w、m 这3个基因的相对位置：

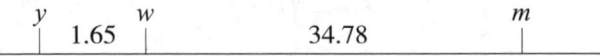

在这里我们不能只根据（27 + 31 + 763 + 826）/4 621 × 100% = 35.65% 来计算两端两个基因 y 与 m 的遗传图距，因为在 y 与 m 两个基因之间的区域发生过双交换（见表3-8），使得 y 与 m 交换了两次，结果像没有交换一样。对 y 与 m 来说，双交换基因型与亲本基因型没有区别，导致我们没有把双交换类型作为重组型加以考虑，因此这样计算的重组率值必然会偏小。为了对此进行校正，在计算遗传距离时双交换类型必须计入两次，因为双交换类型是两次单交换的结果。因此，y 与 m 的实际重组率应该是 Rf =（27 + 31 + 763 + 826 + 10 + 8 + 10 + 8）/4 621 × 100% = 36.43%，y 和 m 的遗传图距为 36.43 cM，刚好是 y 与 w，w 与 m 的图距之和。我们很容易看出，36.43% 与 35.65% 这两个数值正好相差 2 个 0.39%。而 0.39% 正好是一个双交换重组率。因此，三点测验中，两边两个基因对间的重组率一定等于另外两个单交换重组率之和减去两倍的双交换率。在我们这个例子中，y-m 间的重组率是：

$$1.65\% + 34.78\% - 2 \times 0.39\% = 35.65\%$$

这个法则是斯特蒂文特 1913 年确立的，称为基因直线排列定律。

需要指出的是，两次单交换一般是分别发生在两个性母细胞中，在一个性母细胞中同时发生两次单交换的机会是很小的，以 y-w-m 为例，单交换和双交换的情况见图3-28。

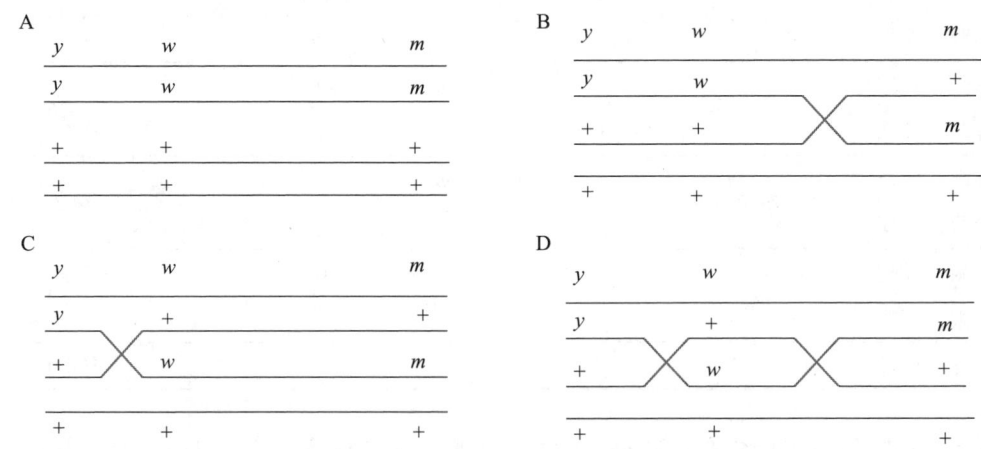

图3-28　y-w-m 三个基因之间未交换以及单交换和双交换的情况

A. F1代性细胞在减数分裂时 y-w-m 间未观察到交换；B. F1代性细胞在减数分裂时交叉互换点出现在 w 与 m 之间（w-m 之间的单交换）；C. F1代性细胞在减数分裂时交叉互换点出现在 y 与 w 之间（y-w 之间的单交换）；D. F1代性细胞在减数分裂时交叉互换点出现在 y 与 w 之间以及 w 与 m 之间（y-w-m 间的双交换）

一般认为当两个基因相距小于 5 cM 时，不易发生双交换。当两基因之间的遗传单位大于 5 cM 时，两点测交就不如三点测交准确了。另一方面，如果两个基因间的距离很大，双交换甚至双交换以上的交换都有可能发生，发生双交换的频率常常与基因所在的染色体、在染色体上的位置、生物种类有关。

在连锁遗传分析中，应尽可能地利用紧密连锁的标记基因以避免多重交换所造成的影响，获得较准确的遗传图。

　　基因组遗传连锁图谱的构建即基于两点和三点测验的原理，但在实际构建过程中是根据分子标记之间的重组率绘制，复杂程度远超过一般的两点和三点分析，数据量很大，必须借助计算机才能完成。连锁图谱对确定分子标记或基因在染色体上的相对位置极为有用，但图距只能度量两点之间的相对距离，我们并不知道位点在染色体上的具体位置，因此准确的线性距离要用碱基对数来衡量，这就要制备高精度的物理图谱即利用限制性内切酶将染色体片段化，根据重叠序列确定片段间连接顺序，并根据遗传标记之间已知的物理距离构建图谱。遗传连锁图谱和物理图谱是基因组学研究领域的重要内容，是基因定位和基因功能解析的基础。

五、干涉和并发系数

　　双交换重组型的发现说明在一定的染色体区域可以在不同的部位同时发生一次以上的交换。那么这些交换彼此是独立的还是相互影响的呢？如果各个交换事件是独立的，根据概率原理，双交换频率就应等于两个单交换频率的乘积。像 y-w-m 实验中，如果 y 与 w 的交换不影响 w 与 m 的交换，那么预期双交换率应该是 $1.65\% \times 34.78\% = 0.57\%$，但实验所得的双交换率只有 0.39%。可见，每发生一次单交换时，它的邻近再发生一次交换的机会要减少一些，这种现象称为干涉（interference）。为了表示干涉程度的大小，1916 年 Muller 提出了并发系数，公式如下：

$$\text{并发系数（并发率）} = \frac{\text{观察到的双交换率}}{\text{两个单交换率的乘积}} \qquad\qquad （式 3-4）$$

　　从上式可知，如果没有双交换发生，即上式的分子为零时，并发率为零，说明"干涉"是完全的。反之并发系数为 1 时，表示完全没有干涉，因此并发系数与干涉率的关系是：干涉率 = 1 – 并发系数，并发系数越大，表示干涉越小。在 y-w-m 实验中，根据公式 3-4，可得，

$$\text{并发系数（并发率）} = \frac{0.39\%}{1.65\% \times 34.78\%} = 0.68$$

　　那么，干涉率 = 1 – 0.68 = 0.32，这表示在本次实验中，有约 32% 的双交换被干涉了。从一般实验结果看，基因间距离缩短时，并发率降低，干涉率上升。所以 3 个基因距离很近时，双交换的发生很少或者没有。

第五节　与性别相关的遗传

　　在哺乳动物中，雄配子称为精子而雌配子称为卵子。雌性的基因型中包括一对 X 染色体，而雄性有 X 染色体和 Y 染色体。因此，一个雌性动物只能将 X 染色体传给后代而雄性可以遗传 X 染色体或 Y 染色体。这些性染色体在受精卵中的组合配对最终决定了个体的性别，在这种情况下，雄性提供的配子将决定后代的性别（图 3-29）。在鸟类中，雌性提供不同配子，使得它成为那个携带了决定性别的染色体的亲本（ZW），而雄性只能遗传一种类型的性染色体（Z）。

　　我们把哺乳动物和果蝇的雄性（XY）和禽类的雌性（ZW）称为异配性别，而将哺乳动物和果蝇的雌性（XX）和禽类的雄性（ZZ）称为同配性别。

　　由于在异配性别中，性染色体的大小形态不同，它们所携带的基因也不同，在遗传中与常染色体相比会出现许多特殊的情况，下面我们分别介绍这些与性别有关的遗传现象。

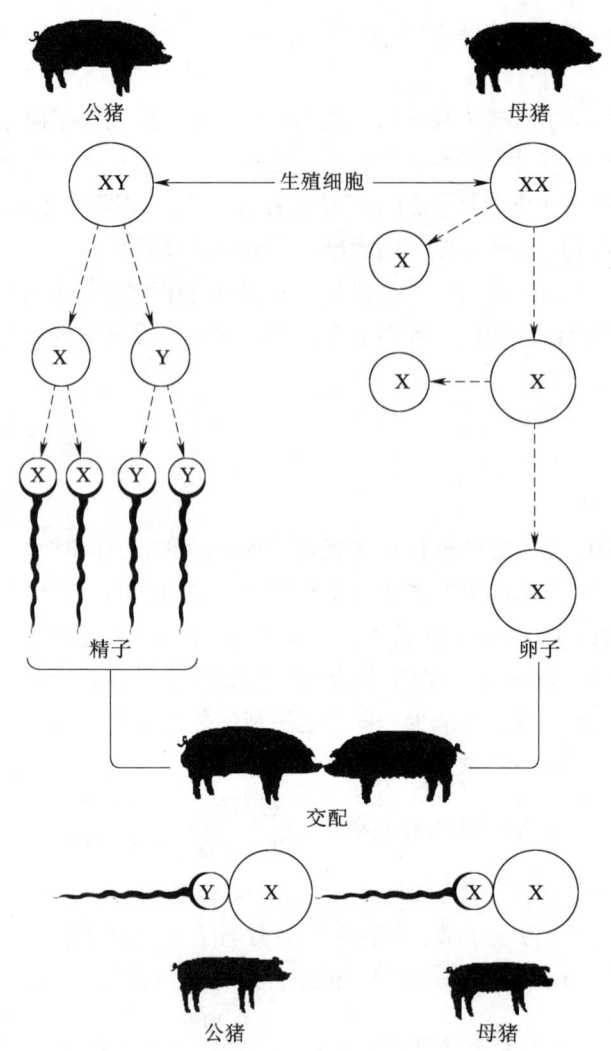

图 3-29 猪的性染色体传递和性别决定（引自王爱国，2007）

一、伴性遗传

（一）伴性遗传的原理

伴性遗传又称为性连锁遗传（sex-linked inheritance），即某些性状的遗传和性别有一定联系的一种遗传方式。两性生物中，不同性别的个体所带有的性染色体是不同的，因此性染色体遗传和常染色体遗传也是不同的，常染色体遗传正反交结果是相同的，而伴性遗传正反交结果不同，并且在特定的亲本组合下表现出交叉遗传现象。

视频：伴性遗传及其他

性连锁基因是指存在于 X 和 Y 染色体的非同源区域的基因。X 连锁基因即基因位于 X 染色体的某区域（该区域与 Y 染色体非同源），并且该基因可以随着 X 染色体进行遗传，X 连锁基因可以被传给雌性或者雄性后代，当传给雄性后代时，由于雄性只有一条 X 染色体，该基因控制的表型很容易被识别出来，如人类的血友病、色盲等。这两种疾病都是由 X 染色体上隐性基因控制，若已知一位男性是色盲即可推断其 X 染色体上必定携带致病基因，若一位男性不是色盲也可直接推断其 X 染色体上不携带致病基因，即通过表型可以确定其基因型。然而对于雌性个体来说，因其含有两条 X 染色体，如果是 X 染色体上的隐性伴性基因，必须是雌性纯合体才能表现隐性基因控制的表型，若一位女性是色盲可推断其两条 X 染色体均携带致病基因，但如果一位女性不是色盲，却不能推断其不携带致病基因，因为该个体可能是携带致病基因的杂合子。Y连锁基因存在于Y染色体的某区域（该区域与X染色体非同源），该类基因只能通过Y染色体进行遗传，因此只在雄性中传递这些基因，如男性的外耳道多毛症基因。

摩尔根最早（1910）提出了性连锁遗传的概念。最初摩尔根在他饲养的野生型果蝇中发现了一只白眼果蝇，从而培养了白眼品系，白眼相对于红眼是隐性突变，白眼基因用"w"表示，而"$+$"表示显性的红眼基因。摩尔根对果蝇红眼和白眼性状和性别的关系进行了一系列的研究，图3-30分别表示了用白眼雄蝇与纯合红眼雌蝇交配（假设这是正交），F_1全部是红眼，F_1雌雄个体间交配，F_2中3/4为红眼，1/4为白眼，这是典型的分离比例，但如果结合性别考虑，则发现F_2中所有的雌蝇全为红眼，而雄蝇中则一半为红眼，一半为白眼。如果反交，即白眼雌蝇与红眼雄蝇交配，F_1中雌蝇全为红眼，雄蝇全为白眼，F_1个体间交配，F_2中红眼雌体、白眼雌体、红眼雄体、白眼雄体各占1/4，如何解释这一现象？假定w基因位于X染色体上，即可圆满地解释上述正反交出现的不同结果（图3-30）。

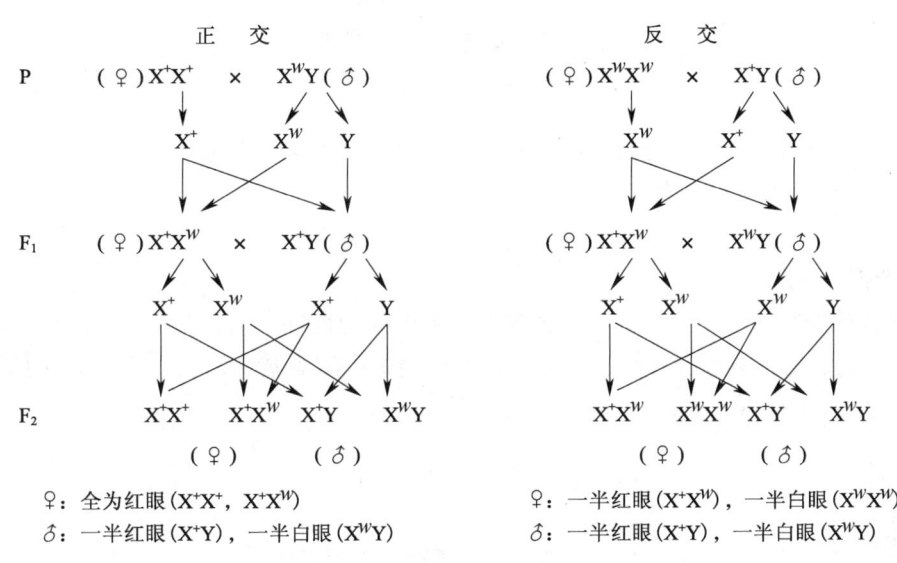

图3-30　果蝇白眼基因正反交结果示意图

从图3-30我们可以总结出伴性遗传的规律如下：①当带有纯合隐性基因的同配性别（X^wX^w）与带有显性基因的异配性别（X^+Y）交配时，F_1表现交叉遗传，F_2两性别中显隐性各占一半。②当带有纯合显性基因的同配性别（X^+X^+）与带有隐性基因的异配性别（X^wY）交配时，F_1全部表现显性性状，F_2中同配性别全为显性，异配性别中显隐性各占一半。

人的红绿色盲和血友病是最常见的两种伴性遗传性疾病。其遗传原理和方式与果蝇白眼的遗传是一样的，男性患色盲及血友病的数量远大于女性，其原因是色盲基因及血友病基因是存在于X染色体上的隐性基因，因此男性只需有一个隐性基因即可表现出疾病来，而女性必须是纯合子才会得到表现。当男性是患者，他将把致病基因传给他的女儿，如果女儿母亲的基因型为显性纯合，则他们的女儿并不发病，仅是色盲或血友病基因的携带者，而女儿所生的儿子中，将有一半是患者，即此类疾病的遗传途径是患病男性通过女儿传给一半的外孙。以c为色盲基因，则女性中X^+X^+、X^+X^c为正常人，X^cX^c为女性色盲；而男性中X^+Y为正常，X^cY为色盲。除色盲和血友病之外，肾上腺脑白质营养不良、夜盲、眼白化病Ⅰ型等也都是X连锁遗传性疾病。这些遗传性疾病虽然是隐性的，但由于其基因位于X染色体上，而男性仅一条X染色体，因此男性患病表型与基因型是一致的，其表型发病率就是该遗传性疾病的基因型频率。

鸡的芦花羽色是指成羽具横斑，黑白相间的羽色表型。芦花羽色中有一类是受Z染色体上基因控制，芦花B对非芦花b为显性。芦花母鸡（Z^BW）与非芦花公鸡（Z^bZ^b）交配，F_1中公鸡全为芦花型，母鸡全为非芦花型（图3-31）。这里，由于有关的基因位于Z染色体上，因此称为Z连锁遗传（Z-linked

彩图：芦花鸡（引用文献）

inheritance）。这在家禽生产上用于雏鸡雌雄鉴别是很有用的。除芦花羽色外，快慢羽、金银色羽也都是伴性遗传，现在也普遍使用在雏鸡性别鉴别上。由于鸟类的性染色体携带方式与 XY 型相反，所以性连锁遗传的途径也与 XY 型生物相反。

A 正交
P　　Z^bZ^b（非芦花♂）× Z^BW（芦花♀）
　　　　　　　　　↓
F_1　　Z^BZ^b（芦花♂）　　　Z^bW（非芦花♀）

B 反交
　　Z^BZ^B（芦花♂）× Z^bW（非芦花♀）
　　　　　　　　　↓
　　Z^BW（芦花♀）　　　Z^BZ^b（芦花♂）

图 3-31　鸡芦花羽色基因的伴性遗传
A. 交叉遗传，可以用于雏鸡雌雄鉴别；B.没有交叉遗传，不能用于雏鸡雌雄鉴别

通过上图，可以看出伴性遗传具有 3 个特点：①性状的遗传与性别有关。②正反交的结果不同。③在特定的亲本组合下表现交叉遗传。

（二）伴性遗传的应用

应用伴性遗传的规律之一，即当带有纯合隐性基因的同配性别（如 Z^sZ^s）与带有显性基因的异配性别（如 Z^+W）交配时，F_1 表现交叉遗传，据此可以对雏鸡进行雌雄鉴别，以鸡的金银色羽和快慢羽遗传为例说明（图 3-32，图 3-33）。

彩图：鸡的金银羽

Z^sZ^s（金色羽♂）× Z^SW（银色羽♀）
　　　　　　↓
Z^SW（金色羽♀）　　　Z^SZ^s（银色羽♂）

图 3-32　鸡的金银色羽遗传

彩图：鸡的快慢羽

Z^kZ^k（快羽♂）× Z^KW（慢羽♀）
　　　　　　↓
Z^kW（快羽♀）　　　Z^KZ^k（慢羽♂）

图 3-33　鸡的快慢羽遗传

图 3-32 中，S 表示银色羽对 s 金色羽为显性，从该图可以看出母本银色羽性状传给了子代公鸡，父本的金色羽性状传给了子代母鸡，这就是交叉遗传，因此只要按这样的亲本组合，后代中金色羽的雏鸡都是小母鸡，银色羽的雏鸡都是小公鸡。图 3-33 中，K（慢羽）对 k（快羽）为显性，遗传机制同金银色羽。

节粮小型蛋鸡的矮小基因 dw 也是符合伴性遗传的，但是刚刚孵出的雏鸡，我们肉眼无法判别它们的胫骨长短，因此不能用于雏鸡的雌雄鉴别。

（三）伴性遗传的意义

伴性遗传现象是 1910 年由摩尔根发现的，他首次将一个性状（白眼）和一条染色体（X 染色体）联系起来，使许多遗传现象得到解释。根据伴性遗传的规律，可以预防某些伴性遗传病。应用伴性遗传原理进行雏鸡性别鉴定，为养禽业节省成本。

二、从性遗传

从性遗传（sex-conditioned inheritance）又称为性影响遗传，控制从性遗传性状的基因位于常染色体上，由于内分泌等因素的影响，基因在不同性别中表达不同，在一个性别中为显性，另一个性别中为隐性，即同样基因型的个体，在雌性和雄性的表现不同。如人类的遗传性秃顶性状，基因型为 BB 的男人和女人都是秃顶，基因型为 bb 的男人和女人都正常，而基因型为 Bb 的男人是秃顶，女人是正常的。据分析该性状的表达受到性激素的影响，即基因型为 Bb 的男人表现秃顶是由于雄性激素的作用，因此称为性影响遗传。在绵羊角的遗传中也发现同样的规律，如陶塞特品种绵羊，两性都有角，基因型是 HH，而在萨福克品种绵羊中，两性均无角，基因型是 hh，在这两个品种杂交子一代中，基因型均为 Hh，公羊有角，母羊无角。F₁ 代公母交配，产生 F₂ 代，F₂ 代中母羊无角、有角比例 3：1，公羊中无角、有角比例 1：3（图 3-34）。

图 3-34　绵羊角的从性遗传

根据上述交配结果，绵羊角的基因型和相应的表型见表 3-9。

表 3-9　在性激素影响下 H 等位基因不同基因型对应的表型

基因型	公羊	母羊
HH	有角	有角
Hh	有角	无角
hh	无角	无角

即基因型为 HH 的公羊母羊均有角，基因型为 hh 的公羊母羊均无角，而基因型为 Hh 的公羊有角，母羊却无角，这个例子也是属于性影响遗传，决定这些性状的基因在常染色体上，不在性染色体上，但性状的发育受性激素影响。

三、限性遗传

限性遗传（sex-limited inheritance）是指只在某一性别中表现的性状的遗传。这类性状多数是由常染色体上的基因决定的，其中有的是单基因控制的简单性状，如单翼、隐睾；有的是多基因控制的数量性状，如泌乳量、产蛋量、产仔数等。这里有必要指出的是，虽然这些性状只在一种性别中表现，但支配这些性状的基因在两种性别中都存在。例如，泌乳量只在雌性中表现，但通过对公牛的选择可以提高其女儿的泌乳量，这说明公牛具有决定泌乳量的基因。

小 结

遗传学三大定律是经典遗传学的基石，本章重点介绍了遗传学三大基本定律——分离定律、自由组合定律和连锁交换定律的实质、普遍性和意义。通过一些实际例子介绍了孟德尔定律的补充和发展，详细介绍了两对基因共同决定一个性状时它们的相互作用类型。在连锁交换中重点介绍了三点测验计算重组率的方法。与性别相关的遗传规律对于指导性别鉴定，分析与性别有关的一些特殊遗传现象有非常重要的实践意义。本章介绍了伴性遗传、从性遗传和限性遗传的概念，从基因、染色体和遗传特征等方面对三者进行了比较（表3-10），便于读者掌握。

表3-10 伴性遗传、从性遗传与限性遗传方式的比较

遗传方式	相关基因所在染色体	遗传特征	举例
伴性遗传	基因位于性染色体上	随性染色体遗传	色盲、鸡的金银羽色
从性遗传	基因位于常染色体上	杂合体在不同性别中有不同的表达	人类秃顶、绵羊角
限性遗传	基因位于常染色体（或性染色体）上	仅限于在某一种性别表现	泌乳量、产蛋数

复习思考题

1. 名词解释

单位性状 相对性状 正交和反交 显性性状 隐性性状 等位基因 基因型 杂合基因型 测交 自交 不完全显性 共显性 复等位基因 上位 相引相和相斥相 重组型配子 重组率 连锁遗传图 三点测验 双交换 基因直线排列定律 并发系数

2. 分离定律和自由组合定律的实质是什么？

3. 牛的无角（P）对有角（p）为显性，有一头无角公牛和3头母牛交配，产犊牛如下：

（1）和有角的 A 母牛交配，产生无角小牛。

（2）和有角的 B 母牛交配，产生有角小牛。

（3）和无角的 C 母牛交配，产生有角小牛。

试分析公牛和3头母牛的基因型。

4. 位于3对染色体上的3对等位基因为 $AABbCc$，问能形成几种类型的配子？写出 $AABbCc \times AaBbCc$ 后代的基因型和表型及比例。

5. 如果两对基因 A 和 a、B 和 b 是独立分配的，而且 A 对 a 是显性、B 对 b 是显性。问：

（1）$AaBb$ 个体中得到 AB 配子的概率是多少？

（2）$AaBb \times AaBb$ 杂交得到纯合子的概率是多少？

（3）$AaBb \times AaBb$ 杂交得到 $A\_B\_$ 表型的概率是多少？

6. 在家兔中，毛的黑色（B）对褐色（b）为显性，短毛（L）对长毛（l）为显性，现有一只纯种黑色短毛公兔与一群褐色长毛母兔交配，试分析 F_1 和 F_2 的表型和基因型。

7. 现有黑色短毛（$BBLL$）和褐色长毛（$bbll$）纯种家兔，如何培育出黑色长毛的纯种兔？最快需要几代？

8. 在果蝇中，残翅由隐性基因 vg 决定，正常翅由显性基因 Vg 决定；黑檀体由隐性基因 e 决定，正常体色由显性基因 E 决定。一个正常体色和正常翅的果蝇与另一个体杂交，产生了160只子蝇，具体表型和数量如下：正常体色和正常翅43只，正常体色和残翅35只，黑檀体和正常翅40只，黑檀体和残翅

42 只。请写出：

（1）亲本果蝇的基因型和表型。

（2）子代果蝇的基因型。

9. 举出共显性和不完全显性的例子。

10. 人类的 ABO 血型受 I^A，I^B，i 复等位基因控制，如果已知母亲和孩子的血型，能够推断孩子父亲的血型吗？

11. 应用两对基因的互作，试对下列杂交结果进行解释，并用基因图解说明。

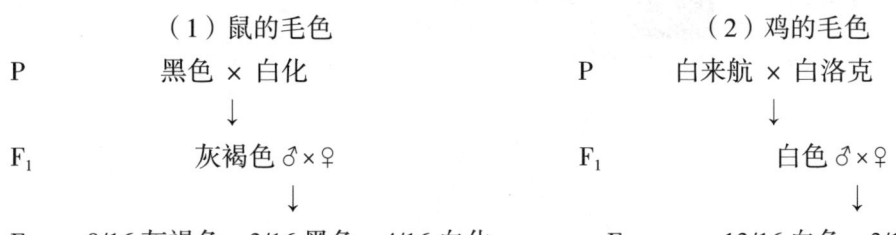

	（1）鼠的毛色		（2）鸡的毛色
P	黑色 × 白化	P	白来航 × 白洛克
	↓		↓
F_1	灰褐色 ♂×♀	F_1	白色 ♂×♀
	↓		↓
F_2	9/16 灰褐色　3/16 黑色　4/16 白化	F_2	13/16 白色　3/16 有色

12. 举例说明完全连锁和不完全连锁遗传现象。

13. 非姐妹染色体单位片段的交换发生在细胞分裂的什么时期？简述两点测验和三点测验的区别。

14. 已知果蝇的长翅对残翅为显性，灰体对黑体为显性，黑体残翅与野生型交配后，取 F_1 雌蝇与黑体残翅的雄蝇测交，其后代表型和数量为：

灰体长翅	灰体残翅	黑体长翅	黑体残翅
882	130	161	652

求残翅与黑体的重组率。

15. 果蝇白眼（w）小翅（m）和分叉硬毛（f）基因位于 X 染色体上，是野生型红眼（+）长翅（+）直硬毛（+）的隐性突变等位基因，现将二者杂交，使 F_1 的雌蝇与白眼、小翅、分叉硬毛的雄果蝇交配获得如下结果：

测交后代的表型	％
白眼、分叉硬毛、小翅	26.8
红眼、直硬毛、长翅	26.8
白眼、直硬毛、长翅	13.2
红眼、分叉硬毛、小翅	13.2
白眼、直硬毛、小翅	6.7
红眼、分叉硬毛、长翅	6.7
白眼、分叉硬毛、长翅	3.3
红眼、直硬毛、小翅	3.3

（1）将测交后代表型分为未交换、单交换和双交换组。

（2）求出白眼和分叉硬毛，白眼和小翅，小翅和分叉硬毛间的重组值，并由此决定这些基因在染色体上的排列次序和相对距离。

16. 分别以鸡的金银色羽和快慢羽为例绘出能自别雌雄的杂交图。（选择具有怎样基因型的亲本？后代基因型和表型是什么？）

17. 一只芦花羽母鸡（假设控制芦花羽色性状的基因位于 Z 染色体上）与一只黑色羽公鸡交配，F_1 羽色和性别的关系如何？反交又如何？

18. 设鸡的 b 基因是性染色体上隐性突变基因，所有纯合体在孵化期死亡，今有含 b 基因的杂合公鸡与正常母鸡交配，产生 120 只雏鸡，你能预计公母各多少吗？

19. 伴性遗传、从性遗传和限性遗传有何区别。

网上更多

 思考与提示　　 科学与科学人

（连　玲）

第四章
遗传物质的改变

　　变异是生物界中存在的一种普遍现象，在某种意义上讲，变异是绝对的。变异影响生物的性状，使生物具有多样性，同时生物又在自然选择的条件下产生进化。变异也是人工选择的基础，使养殖动物或植物的性状向人类需要的方向发展。变异可以表现为生物有机体的外部特征的改变，也可以体现在生物有机体生理生化特征的差异，但归根结底，变异的基础是生物有机体内遗传物质的改变。遗传物质的改变可发生在染色体水平上，也可发生在DNA分子水平上。本章主要讨论染色体的变异与多态性、DNA分子的突变与重组、DNA多态性及其分析方法等内容。

第一节　染色体畸变

　　许多生物的表型受其细胞染色体数目变化的影响，有时甚至是染色体某一部分的变化也可以带来明显影响。具有完整的，或者正常的、若干组染色体的生物称为整倍体（euploid），具有多个染色体组的生物称为多倍体，而多倍性的水平以基本染色体数 n 表示，n 就是一组染色体的数目。因此，具有两套染色体的二倍体有 $2n$ 个染色体，具有 3 套染色体的三倍体有 $3n$ 个染色体，具有 4 套染色体的四倍体有 $4n$ 个染色体，等等。在某种特殊情况下，生物的某一染色体多出来或者是缺失了，这种个体称为非整倍体（aneuploid）。整倍体与非整倍体的区别在于前者染色体数目的变化是整组染色体的变化，后者是单一染色体数目的变化。

　　染色体的变化还包括生物染色体结构上的若干变异。如一条染色体片段可以跟另一条染色体融合，或者某一条染色体内某一片段与其他部分反转过来。这些结构变化称为重排。

　　染色体结构和数目的改变称为染色体畸变（chromosomal aberration）。

一、染色体数目的变异

　　在动物正常的体细胞中通常具有完整的两套染色体，即含有两个染色体组，是二倍体（$2n$）生物。染色体数目可以发生变化，这种变化可归纳为整倍体的变异和非整倍体的变异。

（一）整倍体的变异

　　如上述，整倍体是指含有完整染色体组的细胞或生物。整倍体的变异是指细胞中整套染色体的增加或减少。所以整倍体的类型可分为：一倍体（monoploid）、单倍体（haploid）、二倍体（diploid）和多倍体（polyploid）。多倍体又可分为三倍体（triploid）、四倍体（tetraploid）、五倍体（pentaploid）和六倍体（hexaploid）等。

1. 单倍体

　　单倍体含有一个染色体组的细胞或含有配子染色体数的生物称单倍体（n），也称为一倍体（x，一倍体和单倍体有时含义不一样），它具有正常体细胞染色体数的一半。大部分动物单倍体和一倍体是相同的，都含有一个染色体组，x 和 n 可以交替使用。而在某些植物中，x 和 n 的意义就不同了，如小麦有 42 条染色体，共有 6 套染色体，那么它的单倍体就不是一个染色体组了，而是含有 3 个染色体组。

　　雄性蜜蜂、黄蜂和蚁是由未受精的卵发育而成的，它们是单倍体，也是一倍体。在大部分物种中一倍体个体是不正常的，在自然群体中很少产生这种异常的个体。近年来也发现有未受精的卵自发成为单倍体的鹅和鸡，孵出来的小鸡和小鹅全是雄性，这里单倍体都是常态，它们一般都有正常的生活力。

　　单倍体植物在自然界中偶尔也有出现，但出现的频率很低。通常只有 0.002% ~ 0.02%，在特殊情况下也不超过 1% ~ 2%。单倍体后代个体比同类型的二倍体亲代细小衰弱，并高度不育。

　　单倍体的精细胞不是经过正常减数分裂产生，因为它们的染色体只有一套，不存在同源染色体的配对，因此，这样的雄性是不育的。如果一倍体的单倍体能够进行减数分裂的话，单独一条染色体随机趋向两极，若一个生物的单倍体染色体数为 30，那么所有染色体都趋向一极，即产生完整、可育配子的概率为 $(1/2)^{30}$，几乎为零。

　　单倍体及其单倍体培养技术在植物现代育种中得到一定的应用，但在动物育种中则应用不多。

2. 多倍体

具有两个以上染色体组的细胞或生物统称为多倍体。含有 3 个染色体组的称三倍体，含有 4 个染色体组的称四倍体；即含有几个染色体组就称几倍体。多倍体又可分为同源多倍体（autopolyploid）和异源多倍体（allopolyploid），前者是指含有两个以上染色体组都来自同一物种的细胞或生物；后者指含有两个以上染色体组，但来自于不同物种的细胞或生物。

三倍体通常是由同源的四倍体和二倍体自然或人工杂交而产生的。其特点是不育，这与减数分裂时染色体分享有关，无论是同源三倍体还是异源三倍体在减数分裂的后期，3 个同源染色体总有一个染色体可随机拉向一极。只有每种同源染色体中的每个染色体都同时进入同一配子，这个配子才具有育性。产生这种配子的概率为（1/2）$^{x-1}$。由于这种概率太小，故认为无论是同源三倍体还是异源三倍体都是不育的。

同源四倍体是自然产生的，如一个二倍体的生物，由于本身染色体的加倍就可能产生同源四倍体。即 AABB…TT 加倍后成为 AAAABBBB…TTTT。同源四倍体是同源多倍体中最常见的一种。同源四倍体在减数分裂时，会出现 3 种情况：一个三价体和一个单价体，或两个二价体，或一个四价体。两个同源染色体相互配对的称为二价体；3 个同源染色体相互配对的称为三价体；4 个同源染色体相互配对的称为四价体。两个二价体和一个四价体配对形式可以正常地分离，一般 2-2 分离产生的配子是有功能的。同源多倍体因为具有多套染色体，植株高大，细胞、花和果实都比二倍体的要大一些。

异源多倍体是由两个不同物种的二倍体生物杂交，其杂种再经染色体加倍，就可能形成异源多倍体。如 $A_1A_2B_1B_2…T_1T_2$ 加倍后成为 $A_1A_1A_2A_2B_1B_1B_2B_2…T_1T_1T_2T_2$。异源四倍体与同源四倍体不同，在减数分裂时能进行正常的染色体配对和分离，产生有功能的配子。因此异源多倍体不但可以繁殖，而且还很有规律。

在多倍体的形成过程中，染色体之所以能够加倍，主要是因为在减数分裂时，染色体分裂之后细胞分裂被抑制，造成染色体在同一细胞内的累积。多倍体物种在植物界是常见的，在动物中罕见。在鱼类、两栖类和爬行动物中也都有多倍体，它们有各种繁殖方式。某些鱼类是由单个的多倍体在进化中产生了完整的分离群。

在动物中也存在不育的三倍体。三倍体牡蛎是存在的，而且比相应的二倍体更具有商业价值。二倍体往往产卵季节时味道不好，而三倍体是不育的，不产卵，一年四季味道鲜美。

（二）非整倍体的变异

非整倍体是指细胞中含有不完整的染色体组的生物。非整倍体的变异是指在正常染色体（2n）的基础上发生个别染色体的增减现象。按其变异类型，可将非整倍体分为以下几种类型。

1. 单体（monosomy）

单体指二倍体染色体组丢失一条染色体（2n−1）的生物个体。虽然丢失染色体的同源染色体存在，但单体仍出现异常表型特征。单体在人类和动物中都有出现，如人类 45、XO 和牛 59、XO 等，均表现先天性卵巢发育不全。常染色体的单体一般导致胚胎的早期死亡。

2. 缺体（nullsomy）

缺体指有一对同源染色体成员全部丢失（2n−2）的生物个体。由于丢失的染色体上带有的基因是别的染色体所不具有的，无法补偿其功能，故一般是致死的。

3. 多体（polysomy）

多体是指二倍体增加了一条或多条染色体的生物个体的通称。因染色体增加的多少不同，多体可分为以下几种。

（1）三体（trisomy）

三体指多了某一条染色体（2n+1）的生物个体。在人类中常见的三体是：① 21-三体，即 Down 综合征；② 18- 三体，即 Edward 综合征；③ 13- 三体，即 Patau 综合征。也存在性染色体三体，如 47，XXX 和 47，XXY，表现为先天性卵巢发育不全综合征和先天性睾丸发育不全综合征。

21- 三体综合征即唐氏综合征（Down 综合征），是由染色体异常（多了一条 21 号染色体）导致的疾病，是人类最常见的染色体异常疾病之一。60% 患儿在胎内早期即流产，存活者有明显的智能落后、特殊面容、生长发育障碍和多发畸形，大约每一千名新生儿中就有一名唐氏儿。近年来，国家高度重视优生优育，不断加强唐氏综合征的筛查，利用无创基因检测结合 B 超检查可进行孕妇产前胎儿唐氏综合征风险评估。

在动物中同样存在多种类型的常染色体和性染色体三体，均可表现一定的表型异常。如牛的 18- 三体造成致死三体综合征，23- 三体的母犊表现侏儒症，水牛的常染色体三体引起致死的短腭综合征。牛的性染色体三体如 61，XXX 和 61，XXY，表现繁殖机能上的缺陷。公牛性腺发育不全，生长发育受阻，清精和死精的睾丸发育不良症。在水牛中，性染色体三体为 51，XXX，表现为不育。

（2）双三体（double trisomy）

双三体指增加了两条非同源染色体（$2n+1+1$）的个体。

（3）四体（tetrasomy）

四体指某一同源染色体增加了一对染色体（$2n+2$）的个体，也就是说，某一染色体具有四倍性。

在非整倍体变异的类型中，单体和缺体都是由于正常个体在减数分裂时个别染色体发生不正常的分裂（图 4-1）而形成不正常的配子受精所致。在大多数情况下动物中非整倍体是致死的，而植物中非整倍体常常得以生存。

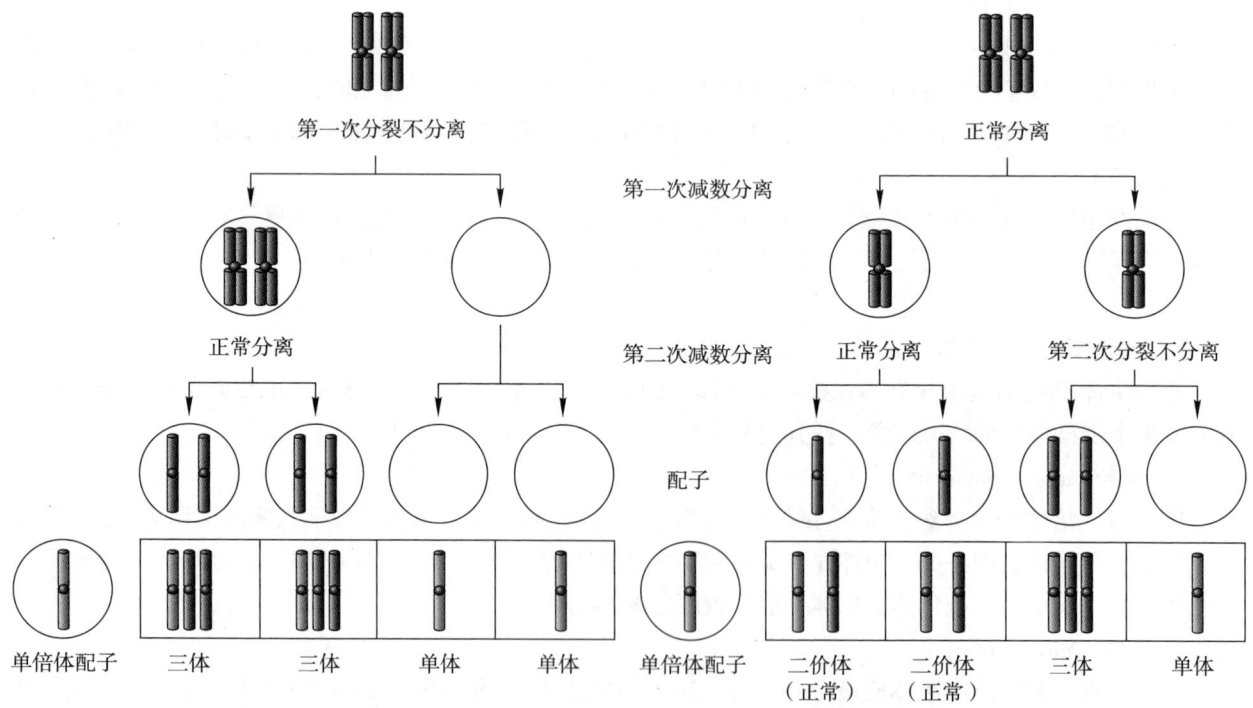

第一次分裂不分离　　　　　　　　正常分离

第一次减数分离

正常分离　　　　　　　　　　正常分离　　第二次分裂不分离

第二次减数分离

配子

单倍体配子　　三体　　三体　　单体　　单体　　　单倍体配子　　二价体（正常）　　二价体（正常）　　三体　　单体

图 4-1　减数分裂配对的染色体不分离造成染色体的非倍数性变异

（三）嵌合体

生物中，除存在整倍体的变异和非整倍体的变异外，嵌合体也很常见。嵌合体（genetic mosaic）是指含有两种以上染色体数目或类型细胞的个体，如 $2n/2n-1$，XX/XY，XO/XYY 等。将含有雌雄两种细胞类型的称为雌雄嵌合体或两性嵌合体。如人类中 XX/XY 两性嵌合体即具有男性生殖腺睾丸，又具有女性的卵巢。这种 XX/XY 嵌合体可能是两个受精卵融合的结果。在动物中嵌合体也有存在，在牛上广泛分布着 60、XX/60、XY 的细胞嵌合体，这种核型多见于异性双胎的母牛，一般公牛犊的核型发育正常。在黄牛中还发现了二倍体 / 五倍体（2n/5n）的嵌合体，这种牛一般外形正常，发育良好，性器官外观正常，但无生育能力。在我国滩羊中，发现了有二倍体 / 四倍体、二倍体 / 五倍体嵌合体的个体。表 4-1 综合了染色体数目变异的各种类型。

表 4-1　部分染色体整倍体和非整倍体变异类型

项目	类别	名称		符号	染色体组
染色体数目	整倍体	单倍体		n	（ABCD）
		二倍体		$2n$	（ABCD）（ABCD）
		多倍体	三倍体	$3n$	（ABCD）（ABCD）（ABCD）
			同源四倍体	$4n$	（ABCD）（ABCD）（ABCD）（ABCD）
			异源四倍体	$4n$	（ABCD）（ABCD）（A′B′C′D′）（A′B′C′D′）
	非整倍体	单体		$2n-1$	（ABCD）（ABC）
		缺体		$2n-2$	（ABC）（ABC）
		多体	三体	$2n+1$	（ABCD）（ABCD）（A）
			四体	$2n+2$	（ABCD）（ABCD）（AA）
			双三体	$2n+1+1$	（ABCD）（ABCD）（AB）

（四）染色体数目变异产生的机制

染色体出现数目变化，原因主要如下：①染色体分裂，细胞没有分裂，造成染色体数目成套地增加，即多倍体的变异；②个别染色体发生不正常的分裂，造成姊妹染色体没有分离，从而形成不正常的配子，交配后形成不同的超二倍体和亚二倍体。

二、染色体结构的改变

染色体结构的改变是指染色体的某区段发生改变，从而改变了基因的数目、位置和顺序。染色体结构变异是由于染色体断裂后或不接合或进行差错的接合而产生的，会造成染色体上基因数目和基因位置的变化，导致细胞学行为和遗传效应的异常。染色体结构变异可分为缺失（deficiency 或 deletion）、重复（duplication）、倒位（inversion）和易位（translocation）4 种类型（图 4-2）。

一对同源染色体其中一条是正常的而另外一条发生了结构变异，含有这类染色体的个体或细胞称为结构杂合体（structural heterozygote）。若含有一对同源染色体都产生了相同结构变异的个体或细胞称为结构纯合体（structural homozygote）。

染色体结构发生改变，根本原因在于某种外因和内因的作用，使染色体发生一个或一个以上的断裂，而且新的断面具有黏性，彼此容易结合。实验证明，只有新的断面，才有重新黏合的能力。因此，已经游离的染色体断片和颗粒，一般是不能再黏合的。如果一个染色体发生断裂，而在原来的位置又立即黏合，这就像正常的染色体一样，不会发生结构变异，一对同源染色体在双线期发生等位基因间的交换就是这样发生的断裂交换造成的。当断面以不同方式黏合，就形成染色体缺失、重复或倒位。但两对同源染色体各有一条染色体断裂后，如果它们的断裂区段间还能单向黏合或相互黏合，就形成易位。

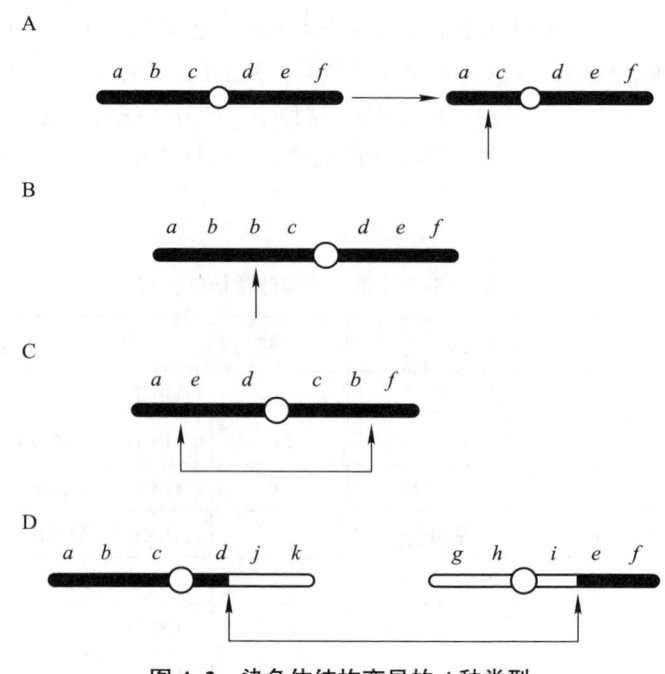

图4-2 染色体结构变异的4种类型
A. 缺失；B. 重复；C. 倒位；D. 易位

（一）缺失

缺失是指一个正常染色体上某区段的丢失。因而该区段上所载荷的基因也随之丢失。

1. 缺失的类型

按照缺失区段发生的部位不同，可分为以下几种类型。

（1）中间缺失（interstitial deletion） 染色体中部缺失了某一个片段。这种缺失较为普遍，也较稳定，故较常见。

（2）末端缺失（terminal deletion） 染色体的末端发生缺失。由于丢失了端粒，一般很不稳定，比较少见，常和其他染色体断裂片段重新愈合形成双着丝粒染色体或易位；也有可能自身头尾相连，形成环状染色体。双着丝粒染色体在有丝分裂中有可能形成染色体桥。

一对同源染色体中如一条染色体发生缺失，另一个染色体正常，就形成了缺失杂合体。若一对同源染色体都发生相同的缺失，就形成了缺失纯合体。

2. 缺失产生的原因

一是染色体损伤后产生断裂发生末端缺失，非重建性愈合可产生中间缺失或形成环状染色体；二是染色体发生扭结时，若在扭结处产生断裂和非重建愈合，就可能形成中间缺失；三是在联会时略有参差的一对同源染色体之间发生不等交换，结果产生了重复和缺失；四是转座因子可以引起染色体的缺失和倒位。

3. 缺失的遗传与表型效应

（1）致死或出现异常 因为染色体缺失使其上面所载的基因也随之丢失，所以，缺失常常造成生物的死亡或出现异常，但其严重程度决定于缺失区段的大小、所载基因的重要性以及属缺失纯合体还是杂合体而定。缺失小片段染色体比缺失大片段对生物的影响小，有时虽不致死，但会产生严重异常；有时缺失片段虽小，但所载的基因直接关系到生命的基本代谢，同样也会导致生物的死亡；一般缺失纯合体比缺失杂合体对生物的生活力影响更大。

（2）假显性或拟显性 显性基因的缺失使同源染色体上隐性非致死等位基因的效应得以显现，这种现象称为假显性或拟显性（pseudo dominant）。一个典型的例子就是果蝇的缺刻翅，即在果蝇翅的边缘有缺刻，胸部小刚毛分布错乱。这是由于一条 X 染色体 C 区的 2–11 区域缺失了，缺失的区域除了含有控制翅形及刚毛分布的基因外，还含有控制眼色的基因。

（二）重复

重复是一个正常染色体增加了与本身相同的一段。

1. 重复的类型

重复按发生的位置和顺序不同，可分为以下几种类型。

（1）顺接重复（tandem duplication）　重复区段按原有的顺序相连接，即重复顺序所携带的遗传信息的顺序和方向与染色体上原有的顺序相同。

（2）反接重复（reverse duplication）　重复区段按颠倒顺序连接，即重复顺序所携带 DNA 顺序和原来的相反。

一对同源染色体中一条染色体发生重复，另一个染色体正常，就形成了重复杂合体。若一对同源染色体都发生相同的重复，就形成了重复纯合体。

2. 重复的产生

重复产生的原因主要有：一是染色体由于断裂而丢失了端粒的可自身连接形成环状染色体，复制后若姊妹染色单体之间发生交换，则在有丝分裂后期可以形成染色体桥。由于附着在纺锤丝上的着丝粒不断向两极拉动导致桥的断裂，就会导致染色体的重复和缺失。二是一对同源染色体中的一条若发生扭结和断裂，可能会发生反接重复和缺失。三是一对同源染色体非姊妹染色单体间发生了不等的交换，会导致染色体的缺失和重复。

3. 重复的遗传与表型效应

（1）重复会破坏正常的连锁群，影响固有基因的交换率。

（2）位置效应：一个基因随着染色体畸变而改变它和相邻基因的位置关系，所引起表型改变的现象称为位置效应（position effect）。重复的发生改变了原有基因间的位置关系。

（3）剂量效应：由于基因数目的不同，而表现了不同的表型差异称为剂量效应。重复杂合体和重复纯合体所含的某些等位基因已不是一对，而是 3 个或 4 个，常常会引起基因的剂量效应，例如玉米的糊粉层颜色受第 9 对染色体上一个显性基因 C 控制，一个 C 存在，颜色最浅，如该染色体显性基因 C 区段发生重复，则随着基因 C 的增多，颜色会相应地加深。

（4）表型异常：重复对生物发育和性细胞生活力也是有影响的，但比缺失的损害轻。如果重复的基因或产物很重要，就会引起表型异常。

（三）倒位

倒位是指一个染色体上某区段的正常排列顺序发生了 180° 颠倒（图 4–3）。

1. 倒位的类型

按照倒位区段包含着丝粒的有无，分为以下两种类型。

（1）臂间倒位（pericentric inversion）是两个臂间并包含着丝粒的颠倒（图 4–3B）。

（2）臂内倒位（paracentric inversion）是一个臂内不含着丝粒的颠倒（图 4–3B）。

2. 倒位的产生

倒位产生的原因主要有以下两方面：一是染色体扭结、断裂和重接。二是转座因子可以引起染色体的倒位。

3. 倒位的遗传与表型效应

（1）引起基因重排　倒位改变了正常的连锁群，引起基因的重排，使遗传密码的阅读结果改变，因而导致相应的表型变化。

A. 染色体倒位的产生

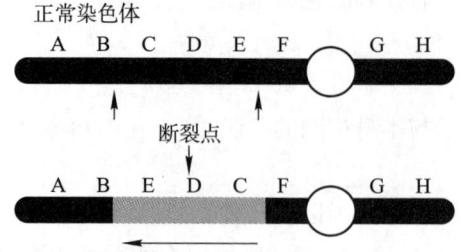

B. 臂间倒位和臂内倒位

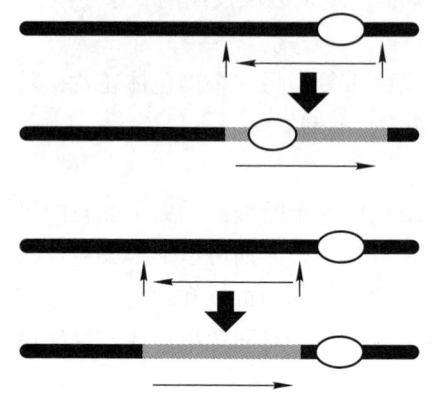

C. 由于倒位而产生的倒位圈

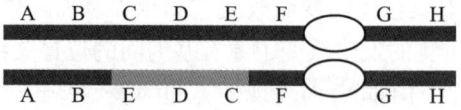

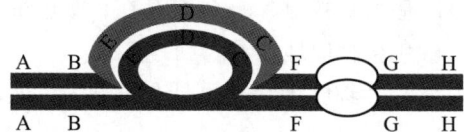

图 4-3 倒位的类型和效应

（2）产生倒位圈　无论是臂内倒位还是臂间倒位，在减数分裂联会时，倒位的染色体与其同源正常染色体配对过程中，倒位的区段会出现环状的倒位圈（图 4-3C）。

（3）对生物生活力的影响　若倒位的区段较大，倒位杂合体常常表现不育；但倒位纯合体一般是正常的，并不完全影响个体的生活力。

（4）对生物物种进化的影响　由于染色体一次一次地发生倒位，而且倒位杂合体通过自交会出现倒位纯合体的后代，因而使它们与原来的物种不能受精，形成生殖隔离，往往会形成新的物种，促进物种的进化。

（四）易位

易位是指两对非同源染色体间某一区段的转移。

1. 易位的类型

（1）相互易位（reciprocal translocation）指非同源染色体间相互置换了一段染色体片段（图4-4）。相互易位的结果一种是两条染色体都含有着丝粒，称为对称型相互易位。另一种是产生相互易位与前面讲的基因交换有些类似，但二者之间存在本质区别，交换是指发生在同源染色体之间，而易位则发生在非同源染色体之间。

（2）简单易位（simple translocation）是一个染色体的某区段结合到另一非同源染色上。

（3）罗伯逊易位（Robertsonian translocation）是由两个非同源的端着丝粒染色体的着丝粒融合，形成一个大的中着丝粒或亚中着丝粒染色体。

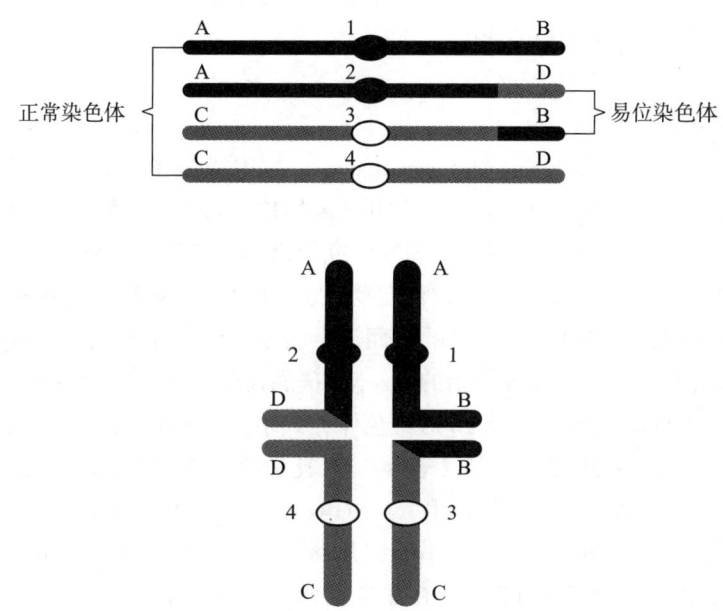

图4-4 易位的产生及细胞学效应

2. 易位的产生

易位产生的主要原因有断裂非重建性愈合和转座因子的作用。

3. 易位的遗传与表型效应

（1）易位可以改变正常的连锁群 一个染色体上的连锁基因，可能因易位而表现为独立遗传，独立遗传的基因也可能因易位而表现为连锁遗传。

（2）位置效应 易位与倒位类似，一般不改变基因的数目，只改变基因原来的位置。若位于常染色质的基因经过染色体的重排移到异染色质附近区域，该基因就不能表达出相应的表型。如控制果蝇红眼基因 W^+ 易位到异染色质区则不能产生红色，而大部分细胞仍然是正常的，从而出现红白相间的复眼。

（3）基因重排导致癌基因的活化，产生肿瘤。

（4）假连锁现象 在简单易位中，染色体在减数分裂中的动态较为简单，相互易位的纯合体在减数分裂时联会配对的细胞遗传学的动态也是正常的，与原来未易位的染色体相似。但相互易位的杂合体中，非同源染色体在减数分裂联会时，会形成异常的十字形结构（图4-4）。后期未易位的染色体总是趋于拉向同一极，而易位的染色体总是进入另一配子形成假连锁（pseudolinkage）。

（5）易位使动物的系列机能和生产性能降低 在动物和人类中，易位除了导致肿瘤发生外，还可引起动物的系列机能和生产性能降低、人的智力低下等症状。在动物中已发现多种易位类型，如牛的2/4、13/21、1/25、3/4、5/21、27/29、1/29等罗伯逊易位，其中1/29易位个体在瑞典红白花牛群中占13%～14%，造成牛繁殖力下降6%～13%。

三、染色体多态性

染色体多态性（chromosomal polymorphisms）主要是指正常畜群中经常见到的多种染色体结构和形态的微少变异，如某些带纹的大小、着色强度的差异等。染色体多态性一般具有下述特征：①主要表现为两条同源染色体的形态或着色方面的不同；②按孟德尔方式遗传，在个体中是恒定的，在群体是变异的；③集中地表现在某些染色体有高度重复 DNA 结构的异染色体所在的部位；④通常不具有明显的表型或病理学意义。

在家畜染色体中，含有高度重复 DNA 结构的异染色体通常集中在着丝粒、随体、次缢痕和 Y 染色体的长臂，因而染色体多态性也常常在这些部位表现。

（一）Ag-NORs 多态性

动物染色体核仁组织者区（nucleolar organizer regions，NORs）存在多态性，这种多态性最初是在猪中发现的，NORs 一般用银染法显示出来，所以常用 Ag-NORs 表示。已发现 Ag-NORs 多态性的家畜有猪、牛、绵羊、兔等，其中以猪的 Ag-NORs 多态性研究得最多。猪的 Ag-NORs 位于第 8 和 10 号染色体的次缢痕区。通常每个细胞显示的 Ag-NORs 数目变动在 1~4 之间。猪的 Ag-NORs 多态性有两类：一类是大小差异，10 号染色体的 Ag-NORs 比 8 号的大而深，若 8 号染色体出现两个 Ag-NORs，则一般表现为一大一小。另一类是数目和分布的差异。猪的 Ag-NORs 属孟德尔遗传，呈为等显性。

普通牛、瘤牛和奶牛 NOR 的研究涉及 10 对染色体，其中公认的有 2，3，4，11 和 28 号染色体，另外还有 5，8，21（22），23，26 和 X 染色体（表 4-2）。比较表 4-2 中各品种间的差异，可见牛的 Ag-NORs 同样具有品种特征。与猪的情况类似，牛 Ag-NORs 的大小在不同对染色体间和两条同源染色体间的差异都很大，一个大的 Ag-NORs 甚至可比小的大几倍。牛的同卵双生、异卵不同性别双生（自由马丁）等的 NOR 型式中，同卵双生个体间的 NOR 非常相似，自由马丁的 NOR 也极相似，可以认为 NOR 呈显性遗传。

表 4-2　部分牛种的 Ag-NORs 数目及分布

品种	头数	观察细胞数	Ag-NORs 总数	Ag-NORs 均数/细胞	分布范围	众数	显示 Ag-NORs 染色体对
延边牛	4	240	1 315	5.48	3~9		2，3，4，11，21（22），28
蒙古牛	5	193	1 249	6.47	3~11		2，3，4，11，28
	7	596	3 441	5.82±0.51	3~10	5~6	2，3，4，5，8，11，23，26，28，X
鲁西牛	—	152	883	5.81±1.38	2~9	5~7	2，3，4，11，21（22），28
晋南牛	9	201	1 210	6.11	3~8	6	2，3，4，11，21（22），28
秦川牛	11	2 002	10 793	5.47±0.32	3~10	5~6	2，3，4，5，11，23，26，28，X
岭南牛	11	2 928	15 764	5.38±0.28	3~10	4~6	2，3，4，5，8，11，23，26，28，X
西镇牛	11	1 839	9 547	5.18±0.35	2~10	5~6	2，3，4，5，8，11，23，26，28，X
四川黄牛	72	—	—	4.30±1.35			
丽江黄牛	5	210	1 077	5.13±0.11	1~10	5	2，3，4，5，28

续表

品种	头数	观察细胞数	Ag-NORs总数	Ag-NORs均数/细胞	分布范围	众数	显示 Ag-NORs 染色体对
温岭高峰牛	4	215	1 262	5.89 ± 1.02			3 ~ 82，3，4，11，21，28
牦牛	3	91	524	5.76 ± 0.15	2 ~ 10	6	2，3，4，5，28
黑白花奶牛（四川）	2	27	157	5.80	1 ~ 8	5	2，3，4，5，26，28
中国北方黑白花	11	470	3 032	6.45 ± 0.19	3 ~ 12	7	2，3，4，5，28，X
犏牛	3	140	759	5.42 ± 0.13	1 ~ 9	5	2，3，4，5，28
奶牛 × 牦牛	4	196	974	5.65	1 ~ 9	6	2，3，4，5，11，26，28

引自张细权等，1997

绵羊的 NOR 位于第 1，2，3，4，21 和 25 号染色体上。对同羊、汉中绵羊、兰州大尾羊和罗姆尼羊的调查表明，绝大多数羊的 Ag-NORs 数目变动在 2 到 10 之间，有较少个体为 2 ~ 12，均数在 4 ~ 6 之间。家兔的 NOR 分布在 13，16 和 21 号染色体上，在马和驴中也发现 NOR 多态性。

（二）Y 染色体多态性

家畜的性染色体具有多态性，这一情况已在猪、牛和羊等中发现。

从 Q 带、G 带的分析中发现，猪 Y 染色体长臂带型有明显的差异。在我国地方品种中，香猪、八眉猪、二花脸猪和枫泾猪的 Y 染色体长臂有 1 ~ 2 条带，民猪、内江猪、荣昌猪和成华猪无带纹。在国外猪种中，瑞典长白、拉康白、杜洛克 3 个群体无带纹，而丹麦长白、巴克夏猪有带纹。

羊的 Y 染色体多态性主要表现在相对长度的差异上，对波兰 3 个绵羊品种及我国 4 个品种的调查表明，Y 染色体的相对长度在品种间差异显著。

牛的 Y 染色体有明显的形态变异，美洲野牛、瘤牛及瘤牛型黄牛的 Y 染色体为近端着丝粒，而其他野牛、牦牛和普通牛型黄牛为中部或亚中着丝粒。我国一些著名牛种的 Y 染色体特征体现在着丝粒位置，主要类型有：亚中着丝粒、中着丝粒、近端着丝粒等。

（三）C 带多态性

C 带反映的是着丝粒异染色质的构成，因而在家畜中存在广泛的多态性。

研究得较多的是猪的 C 带多态性。家猪的 C 带多态性可以分为以下两类：一类是同源染色体间 C 带大小的差异。家猪几乎所有染色体对的同源染色体间，C 带的大小都有一定的差异，但主要表现在 D 组 13 ~ 18 号端着丝粒染色体上，其差异的程度因品种、个体乃至细胞的不同而异。另一类是不同对染色体间 C 带大小的差异和同一对染色体 C 带的大小在不同品种和个体间的差异。由于结构异染色质在各对染色体上分布不均匀，导致 C 带大小差异明显。一般猪的 13 ~ 17 号和 Y 染色体显示大 C 带，其余染色体多为中等或小 C 带，这些差异具有品种和个体特征。除了着丝粒 C 带外，猪 10 号染色体的次缢痕上侧，即随体臂上也显示 C 带。在另一些染色体臂上还会出现插入 C 带，如猪的 16 号染色体的远侧端会稳定地显示一点状 C 带。我国地方猪中小型猪如藏猪、合作猪和香猪，在其 1 ~ 4 号染色体臂有较多的插入 C 带。

猪的 C 带多态性按典型的孟德尔方式遗传。据认为，C 带多态性与繁殖性能有关。

四、染色体多态性研究方法

研究染色体变异和染色体多态性通常是采用有丝分裂中期的染色体。在有丝分裂中期，染色质浓缩，这时在光学显微镜下可观察到单个染色体，两个染色体在着丝粒处连在一起。着丝粒可能在染色体的一端或在染色体的某一处。着丝粒位置的不同使得中期染色体形态各异，如上述根据着丝粒的位置可对染色体进行分类。

（一）动物染色体的制备

分裂中期细胞可直接从某些组织中获取，例如可从骨髓中获取。而更多的是采用外周血淋巴细胞培养的方法。下面简述这两种方法。

1. 骨髓细胞染色体的制备

骨髓细胞具有丰富的细胞质和高度的分裂倍性，不需要使用有丝分裂诱导物，经秋水仙素处理就可使细胞停留在有丝分裂的中期。再经低渗、固定、滴片、染色等处理可获得具有大量染色体中期相的标本，以供分析之用。利用骨髓细胞制备染色体的方法适用于兔、家禽等小动物。

2. 外周血淋巴细胞的培养与染色体的制备

外周血细胞几乎都处在细胞周期的间期，但在植物血凝素的作用下，原来处于间期的淋巴细胞可以转化为淋巴母细胞，进而进行有丝分裂，因而可以迅速而简便地获取得到体外生长的细胞群体和有丝分裂相。经采血、血细胞培养、秋水仙素处理、染色体标本片制作等即可获得用于观察的染色体（图 4-5）。

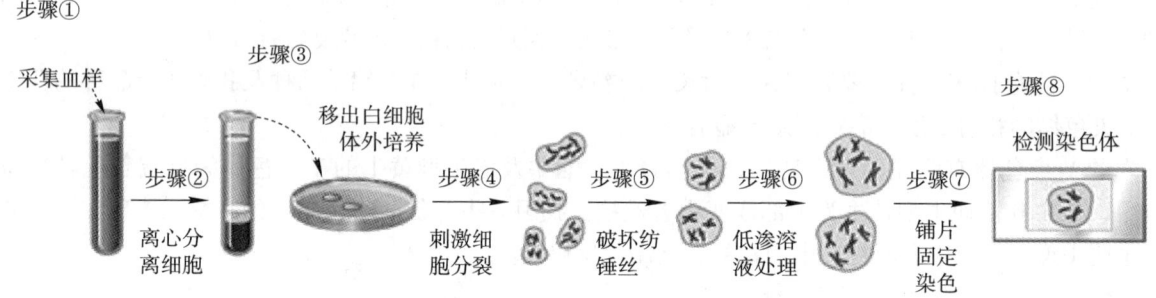

图 4-5 淋巴细胞培育制作染色体标本片的过程

（二）染色体的分带技术

1. G 带法

对已固定的染色体标本片进行预处理，然后进行 Giemsa 染色，可以使染色体显示出明暗相间的带型，这种带型称为 G 带。预处理的方法非常多，可用热碱、各种蛋白酶、尿素、去垢剂或其他溶液，其中最常用的是用胰蛋白酶进行预处理。

2. Q 带法

类似于 G 带法，只是采用的染料不一样。

3. C 带法

这一方法用于显示结构异染色质，由于它通常都在着丝粒处出现，所以称为 C 带。C 带的优点是能使特殊类型的异染色质着色。至于 C 带的产生，有的作者认为用氢氧化钠和盐类处理染色体，能从染色体中提取高达 80% 的 DNA。DNA 被优先地从非 C 带区提出，结果染色体臂着色浅而着丝粒异染色质着色深。一些研究表明，着丝粒异染色质仅与组蛋白结合，而常染色质含有大量非组蛋白。一般来说，活跃的染色质比遗传上不活跃的染色质更富含非组蛋白。仅与组蛋白结合的染色质比含有大量非组蛋白的染色质结构要紧密得多。也许就是这种紧密的结构保护着丝粒的异染色质免受氢氧化钠和盐类的破坏从而产生 C 带。

4. 银染法

这是银染核仁组织者区的方法。最早由 C. Goodpasture 和 S. E. Bloom（1975）提出了 Ag-As 方法。以后又有 Y. F. Lan 等（1978），S. Pathak 与 T. C. Hsu（1975），J. Olert 等（1979）提出的用于不同对象的方法。C. Goodpasture 等（1975）的工作说明银染的是 18S + 28S 核糖体基因的分析区，许多研究工作说明，银染色的不是核糖体基因本身，而是与 rDNA 转录有关的一种酸性蛋白。因此，银染色的是有转录活性的核仁组织者区（NOR），NOR 一般位于次缢痕的位置。

银染法的原理可能是由于转录的 rDNA 部分有丰富的酸性蛋白，它们具有 S–H 键和 S–S 键，容易将 Ag^+ 还原为 Ag 的酸粒，从而在酸性的核仁组成区镀上银，呈现为黑色的区域。

（三）染色体分析方法

1. 染色体组型分析

染色体制片用 Giemsa 染色，观察染色体形态并进行计数。用中期细胞的放大照片进行染色体测量，按照下述公式分别计算出各染色体的相对长度、臂比和着丝粒指数，作为分组和编号的依据。

$$相对长度 = \frac{染色体长度}{包括 X 染色体在内的单倍体染色体组全长} \times 100\% \qquad （式 4-1）$$

$$臂比值 = \frac{长臂长度}{短臂长度} \qquad （式 4-2）$$

对于已作分带处理的染色体，可根据其带纹特点进行剪贴配对。

2. 群体的细胞遗传结构分析

银染法所得 Ag-NORs，可采用群体分析法，考察其遗传方式，按所确定的 Ag-NORs 的遗传方式，计算群体中某一染色体 Ag-NORs 座位的平均细胞型频率和平均染色体型频率。再以平均染色体型频率为基础，按相关公式进行遗传距离、相似系数等群体遗传学方面的计算。

第二节　基因突变

基因突变（gene mutation）是指细胞中携带遗传信息的物质（DNA）发生的改变。它包括单个碱基改变所引起的点突变，多个碱基的缺失、重复和插入等。突变在所有生物所有基因中都有可能发生，这些突变为生物适应环境变化提供新的遗传变异，它们过去、现在和将来对进化都是必需的。在讨论突变的表型效应与分子机制前，我们先看看其体现的重要特征。

视频：基因突变

一、基因突变的特征

（一）突变的重演性

突变的重演性是指相同的突变在同种生物的不同个体、不同时间、不同地点重复地发生和出现。例如果蝇的白眼突变就曾在不同的群体中发生，在 20 世纪 40 年代矮腿的安康羊在挪威曾反复出现过。

（二）突变的可逆性

突变的可逆性是指突变可以从一种相对性状突变成为另一种相对性状，又可从另一种相对性状突变为原来的相对性状。即可产生从显性基因 A→隐性基因 a 的正向突变，也可产生从隐性基因 a→显性基因 A 的反向突变或回复突变。在自然界中，通常正向突变发生的概率大于反向突变。

（三）突变的多方向性

基因突变的多方向性是指一个基因可以突变成它的不同的复等位基因，如 A 可以突变成 a_1、a_2、a_3 ··· a_n，它们的生理和性状表现各不相同，在遗传上具有对应关系，称为复等位基因。复等位基因的产生，是由突变的多方向性造成的。复等位基因的存在，丰富了生物的多样性，扩大了生物的适应范围，也为育种工作增添了素材。

（四）突变发生的低频率性

突变发生的频率简称为突变率。突变率是指突变在一定的时间内可能发生的次数，即突变个体占总观察个体数的比值。基因突变在自然界是普遍存在的，但在自然条件下突变发生的频率很低，而且随生物的种类和基因不同而差异很大。如在人类中为 $4 \times 10^{-6} \sim 4 \times 10^{-4}$，在高等动植物中，突变率为 $10^{-8} \sim 10^{-5}$，在果蝇中自发突变率为 $10^{-5} \sim 10^{-4}$，在细菌中为 $10^{-10} \sim 10^{-4}$。部分生物一些基因的自发突变率见表 4-3。自发突变率也受到生物遗传特性的影响，比如在雄性和雌性果蝇中相同的性状其突变率不同。

表 4-3 部分生物性状的自发突变率

物种	性状	突变方向	频率
大肠杆菌（E. coli）	乳糖发酵	$Lac^- \rightarrow Lac^+$	2×10^{-7}
	噬菌体 T2 敏感型	$T_{1-s} \rightarrow T_{1-r}$	2×10^{-8}
	组氨酸型	$his^+ \rightarrow his^-$	2×10^{-6}
		$his^- \rightarrow his^+$	4×10^{-8}
果蝇（Drosophila melanogaster）	黄体	$Y \rightarrow y$（雄蝇）	1×10^{-4}
		$Y \rightarrow y$（雌蝇）	1×10^{-5}
	白眼	$W \rightarrow w$	4×10^{-5}
	褐眼	$B^W \rightarrow b^W$	3×10^{-5}
小鼠（Mus musculus）	非鼠色	$a^+ \rightarrow A$	3×10^{-5}
	白化	$c^+ \rightarrow c$	1×10^{-5}
人（Homo sapiens）	血友病	$h^+ \rightarrow h$	3×10^{-5}
	软骨骼发育不全		4×10^{-5}

引自李宁，2011

（五）突变的有利与有害性

突变的有利性是指基因突变能创造新的基因型，增加生物的多样性，为育种工作提供更多的素材，同时，突变加选择可以促进生物的进化。突变可能是有利的，但就现存的生物或具体到一个个生物个体，突变往往是有害的，因为在进化过程中，它们的遗传物质及其调控下的代谢过程，与环境都已达到相对的平衡和高度的协调统一。一旦某个基因发生突变，往往不可避免地造成整个代谢过程的破坏，从而表现生活力降低，生育反常，

案例：鸡性连锁矮小型基因突变

极端的还会造成当代致死等。

二、基因突变的分子基础

基因突变不管是由物理因素或者由化学因素引起，实际上都是 DNA 分子上碱基序列成分和结构发生了改变，归纳起来有碱基替代、移码突变和 DNA 链的断裂。由此引起转录而来的 mRNA 结构的转变，进而翻译为不同的氨基酸，组成不同性质的蛋白质，最终引起性状的变异和正常生理代谢机能破坏，严重的造成个体死亡。基因突变还可以由生物基因组自身存在的转座子的转座引起。

（一）基因突变的类型

1. 碱基替代

碱基替代（base substitution）是指在 DNA 分子中一个碱基对被另一个碱基对所代替的现象。在碱基替代中，一个嘌呤被另一个嘌呤所替代，或一个嘧啶被另一个嘧啶替代的现象称为转换（transition），如 A 替代 G，或 G 替代 A，及 C 替代 T，或 T 替代 C（图 4-6）。而一个嘌呤被一个嘧啶所替代，或一个嘧啶被一个嘌呤所替代的现象称为颠换（transversion）。转换和颠换的含义可用图 4-6 表示。

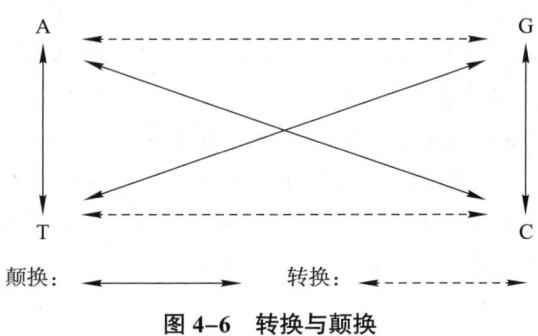

图 4-6　转换与颠换

2. 移码突变

移码突变（frameshift mutation）是指在基因组中增加或减少碱基对，使基因的阅读框发生改变，从而使该位点之后的密码子都发生改变的现象。

（二）碱基替代与移码突变的遗传效应

1. 碱基替代的遗传效应

总的来说，碱基替代的遗传效应可分为如下 3 种不同的情况。

（1）错义突变（missense mutation）即碱基替代使 DNA 序列发生改变，从而使 mRNA 上相应的密码子发生改变，导致蛋白质中相应氨基酸发生替代，引起蛋白质功能发生改变，影响生物的生活力或表现。

（2）无义突变（nonsense mutation）即碱基替代后，使得 mRNA 无义密码子（终止密码）提前出现，从而形成不完整的、没有活性的多肽链。

（3）同义突变（silent mutation）即碱基替代后在 mRNA 上产生新的密码子仍然代表原来氨基酸的密码子，这种突变不会造成蛋白质序列和性质发生改变，故又称为沉默突变。这是由密码子的简并现象所决定的，即一个氨基酸可以有两个以上密码子。

同义突变虽然不会引起所编码的氨基酸发生改变，但这些密码子在蛋白质翻译过程中使用的频率存在显著差异，即为密码子偏性（codon bias）。密码子偏性在转录、转录后加工、mRNA 稳定性、翻译起始、延伸、蛋白折叠等多方面起着精细调节作用。因此，同义突变虽然不引起氨基酸的改变，却可能通过调控基因表达等从而影响表型，甚至导致癌症等各类疾病的发生。

2. 移码突变的遗传效应

移码突变的遗传效应比碱基替代所造成的突变要大得多，因为在 DNA 分子链中缺失或插入几个碱基时，将改变原来的 DNA 链上一段或整条链三联体密码子，于是在转录时也就组成了不同的 mRNA 编码顺序，从而翻译出来的氨基酸顺序也发生相应的改变，这种突变通常产生无功能的蛋白质。

DNA 链的断裂往往造成片段和基因的缺失，由于不能产生与生命相关的蛋白质，对生物的影响是巨大的。

三、基因突变产生的机制

从分子的角度讲产生基因突变是碱基替代和移码突变的结果，那么，它们又是怎样产生的呢？可以说，能够引起基因突变的理化因素很多。主要包括化学物质引起的突变、辐射引起的突变以及由转座因子引起的突变。引起突变的化学物质有碱基类似物、改变 DNA 化学结构的诱变剂和结合到 DNA 上的诱变剂等。

（一）化学物诱发突变

1. 碱基类似物的诱发突变

碱基类似物是一类化学结构与 DNA 分子中正常碱基十分相似的化合物。一些碱基类似物能够在 DNA 复制时与正常碱基配对，掺入到 DNA 分子中。由于这一类化合物存在两种异构体，可以相互转化，不同异构体又有不同的配对性质，所以经过 DNA 的复制就会引起碱基替换。例如，5′-溴尿嘧啶（5′-bromouracil，5′-BU），它与 T 很相似，仅在第五个碳原子上由溴（Br）取代了 T 的甲基。5′-BU 有酮式和烯醇式两种异构体，酮式可以与 A 配对，烯醇式可与 G 配对，如果在 DNA 复制时酮式 5′-BU 与 A 配对掺入 DNA 分子中，然后变成烯醇式，在下一次复制时就会与 G 配对产生突变（图 4-7）。

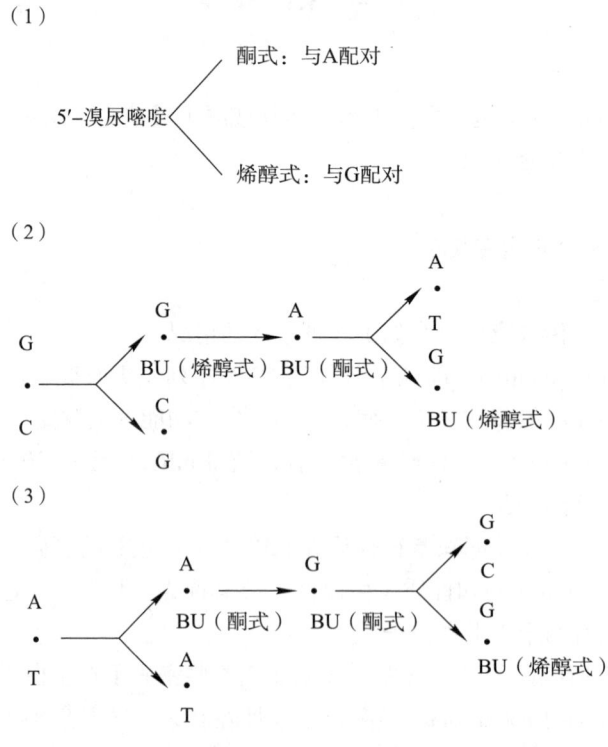

图 4-7 BU 的酮式和烯醇式结构及与 A、G 配对

如果在 DNA 复制时，5′- 溴尿嘧啶烯醇式异构体掺入 DNA，与鸟嘌呤配对，结果就导致再一次复制时，出现 A–T 对转换成 G–C 对了，其过程见图 4–7c。

氨基嘌呤（2-aminopurine，2-AP），也属于碱基类似物，它也有两种异构体，一种是正常状态，另外一种是稀有状态以亚氨基的形式存在，它们可分别与 DNA 中正常的 T 和 C 配对结合，当 2-AP 掺入到 DNA 复制中时，由于其异构体的变换而导致 A–T 对变为 G–C 对，G–C 对变为 A–T 对（图 4–8）。

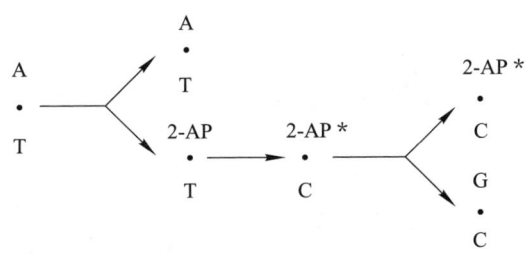

图 4–8　2–AP 的诱变机制

2. 使化学结构改变的化学诱变剂

一些烷化剂、亚硝酸盐及羟胺能改变 DNA 中核苷酸的化学结构，因而导致碱基的替换。

（1）亚硝酸　亚硝酸具有氧化脱氨作用，它能使腺嘌呤（A）脱去氨基，成为次黄嘌呤（H）。次黄嘌呤不能与胸腺嘧啶配对，而能与胞嘧啶配对。这样受亚硝酸处理的 DNA 分子中就具有了次黄嘌呤，经过 DNA 复制，会使原来的 A–T 对转换成 G–C 对（图 4–9）。

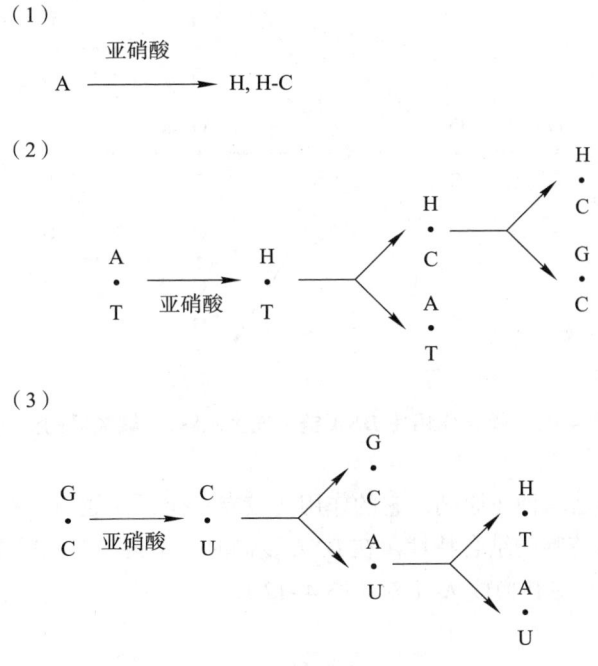

图 4–9　亚硝酸引起碱基替代的机制

同样机制，亚硝酸也可使胞嘧啶脱去氨基成为尿嘧啶，结果使尿嘧啶不能与鸟嘌呤配对，而能与腺嘌呤配对。这样经过 DNA 复制，使原来的 G–C 对转换成 A–T 对（图 4–9）。然而亚硝酸和鸟嘌呤作用后，可使鸟嘌呤脱氨变成黄嘌呤。黄嘌呤与鸟嘌呤一样能与胞嘧啶配对，所以它的产生不会引起碱基的替换现象。

（2）烷化剂　烷化剂能使 DNA 分子中的碱基烷基化，导致配对时出现错误，产生碱基替代现象。如硫酸二乙酯可以使鸟嘌呤乙基化变成 7- 乙基鸟嘌呤（mG），结果使它不能与胞嘧啶配对，而能与胸腺嘧啶配对，这样，在 DNA 复制时，7- 乙基鸟嘌呤与胸腺嘧啶配对后，导致下一次 DNA 复制时使原来的 G–C 对转换成 A–T 对（图 4–10）。

烷基化的烷化作用还能使 DNA 的碱基容易受到水解而从 DNA 链上裂解下来，造成碱基的缺失，结果会引起碱基的转换、颠换和移码突变（图 4–11）。

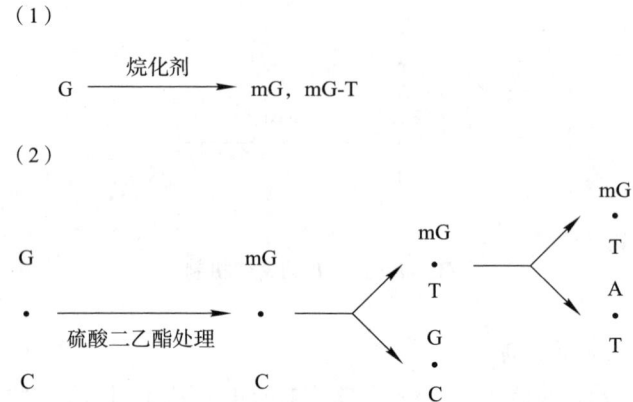

图 4–10　用烷化剂使鸟嘌呤烷基化后引起的碱基配对改变

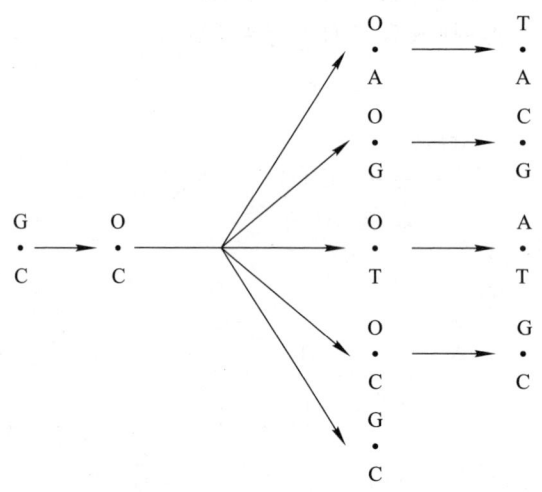

图 4–11　烷化作用使 DNA 链上发生水解、缺失后的变化

（3）羟胺（HA）　羟胺是一种还原剂，它的作用比较专一化，往往与胞嘧啶作用，使胞嘧啶 C_4 位置上的氨基羟化，变成像胸腺嘧啶的结合特性，在 DNA 复制时，不再与鸟嘌呤配对，而和腺嘌呤配对。因此经过 DNA 复制，能将 G–C 对转换成 A–T 对（图 4–12）。

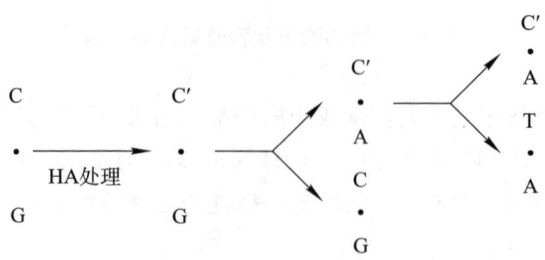

图 4–12　用 HA 处理后配对行为改变出现碱基替换

3. 结合到 DNA 分子上的诱变化合物

有一些诱变化合物，如原黄素、亚黄素和吖啶黄一类的吖啶类的分子较扁平，能结合到 DNA 分子上，并插入邻近碱基之间，使碱基之间断裂，并且使 DNA 双链歪斜，导致两个 DNA 分子排列出现参差不齐，产生不等交换，形成两个重组分子，一个含的碱基对多[（＋）突变型]，一个含的碱基对少[（−）突变型]（图 4-13）。

吖啶类物质还能与 DNA 分子结合或打开 DNA 链，使其插入一个新的碱基或丢失一个碱基，引起 DNA 中的密码子阅读框的移动，产生移码突变。

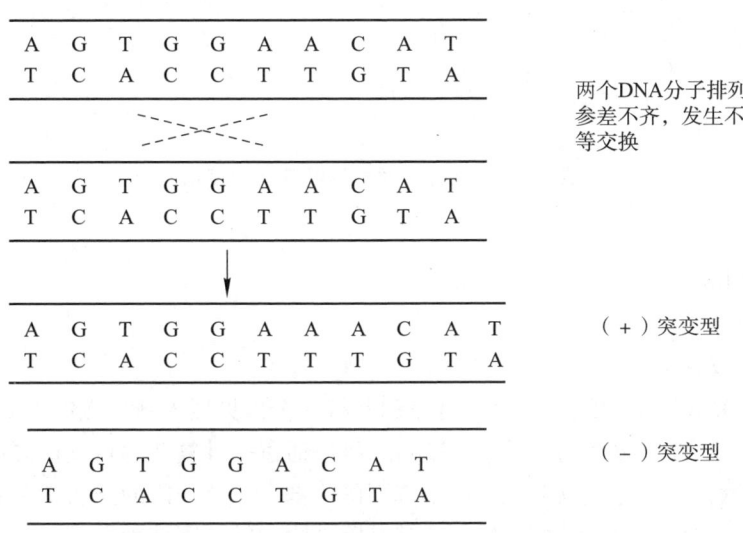

图 4-13　吖啶类诱变形成移码突变的机理

（二）高能射线或紫外线引起 DNA 结构或碱基的变化

放射线包括非离子射线和离子射线，前者为紫外线，后者包括 X 线、γ 射线以及宇宙射线。离子射线具有很高的能量，能穿透组织，能启动很多化学反应，其中包括突变电离射线可诱导基因突变和染色体的断裂。

紫外线（ultraviolet light ray，UV）是非电离化的，但紫外线是常用的诱变剂，它的高能可杀死细胞。遗传学和医学上都广泛应用 UV 杀菌。UV 还能引起突变，这是因为 DNA 中的嘌呤和嘧啶有很强的吸收光的能力，特别是对波长为 254～260 nm 的 UV。这种波长的 UV，能通过 DNA 初步诱导基因突变，能使 DNA 合成延伸衰减。

高能射线对 DNA 的诱变作用是多方面的，可引起 DNA 链的断裂或碱基的改变等。一般认为，高能射线并不作用于 DNA 的特定结构。而紫外线的作用则不同，它特别作用于嘧啶，使得同一条链上邻近的嘧啶核苷酸之间形成多价的联合。最通常的结果是促使胸腺嘧啶联合成二聚体（TT），或是将胞嘧啶脱氨形成尿嘧啶，或是将水加到嘧啶的 C_5、C_6 位置上形成发光产物。它可以削弱 C-G 之间的氢键，使 DNA 链发生局部分离或变性。实验证明，紫外线的作用集中在 DNA 的特定部位，显示了诱变作用的特异性。

紫外线辐射造成 DNA 结构的改变，诸如 DNA 链的断裂、DNA 分子内和分子间的交联、胞嘧啶的水合作用等，但主要是胸腺嘧啶二聚体（TT）的形成，即两个胸腺嘧啶的双链先解开变成单链，然后在两个嘧啶环相应的 C_5 和 C_6 原子间的 C 链相连（图 4-14）。

这种二聚体的形成，使 DNA 分子结构局部变形，严重影响 DNA 以后的复制和转录。若在 DNA 双链间形成，将阻碍双链的分开和下一步的复制。若在同一单链间形成，则会阻碍碱基的正常配对，破坏嘌呤的正常掺入，因此复制将停在此点或发生错误，在以后的复制中，便产生一个在两条链上碱基顺序都

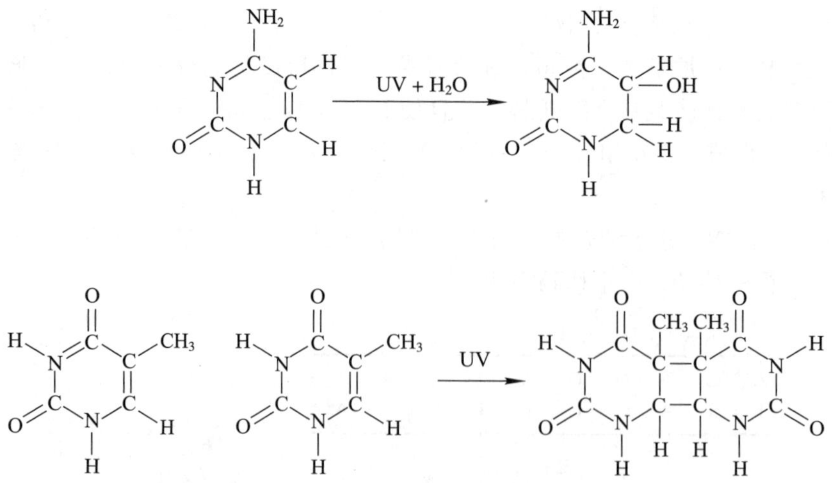

图 4-14 紫外线照射后嘧啶类的变化

改变了的分子，于是引起突变。

（三）转座成分的致变作用

转座成分是指在 DNA 的基因组中能够进行复制并将一个拷贝插入新位点的 DNA 序列单元，生物体内含有许多转座成分，一般长数百到数千个碱基对，可以通过一种复杂的转座机制将其一个复制拷贝插入到基因组的另一位点，如果这个位点处于一个基因的内部，这个片段的插入常常引起移码突变或造成基因的失活。实际上，现代基因工程技术生产的转基因动物和转基因植物也可以说相当于插入一个转座成分，如果它整合到一个正常基因的内部，就会造成突变。

各种生物体内的转座成分也称为转座元件（transposable elements），它们存在于细菌、真菌、原生生物、植物和动物中，这些元件成为基因组的主要组成部分，如在人的基因组中比例达 40% 以上。尽管这些元件各有特点，但基本可以划分为如下三类（表 4-4）。第一类转座元件的转座（transposition）通过将其从染色体上的位置剪切出来，插入到另一位置，因此称为剪切与粘贴转座子（cut-and-paste transposons）。第二类转座元件的转座则需要对转座元件进行复制，因而称为复制型转座子（replicative transposons）。第三类转座元件的转座包含了依据该元件 RNA 合成的拷贝的插入，一种称为逆转录酶的酶用该元件的 RNA 作为模板合成 DNA 分子，然后该 DNA 分子被插入到新的染色体位置上。由于第三种类型的转座是从 RNA 到 DNA，而不是从 DNA 到 RNA，因而称为反转座（retrotransposition），这类转座元件称为反转座子（retrotransposons，简写为 retroposons）。

表 4-4 根据转座机制对转座元件的分类

类型	例子	宿主生物
I. 剪切与粘贴转座子	IS 元件（如 IS50）	细菌
	复合转座子（如 Tn5）	细菌
	Ac/Ds 元件	玉米
	P 元件	果蝇
	hobo 元件	果蝇
	piggyBac	飞蛾
	Sleeping Beauty	鲑鱼

续表

类型	例子	宿主生物
Ⅱ. 复制型转座子	Tn3 元件	细菌
Ⅲ. 反转座子		
A. 类反病毒元件［也称为长端部重复（LTR）反转座子］	Ty1	酵母
	copia	果蝇
	gypsy	果蝇
B. 反转座子	*F，G* 和 *I* 元件	果蝇
	端粒反转座子	果蝇
	LINEs（如 *L*1）	人类
	SINE（如 *Alu*）	人类

四、DNA 损伤的修复

DNA 损伤后，生物可以进行修复。修复主要有三种方法。

（一）光复活作用

光复活作用在细菌中由一种称为 DNA 光分解酶的作用下进行。DNA 光分解酶连接到 DNA 上的胸腺嘧啶二聚体，并利用光的能量切割等价的连接键。DNA 光分解酶在黑暗中会连到 DNA 上的胸腺嘧啶二聚体，但在没有可见光能量时不能催化连接胸腺嘧啶的键的裂开。光分解酶还使胞嘧啶二聚体和胞嘧啶 – 胸腺嘧啶二聚体裂开（图 4-15）。

（二）切除修复

损伤 DNA 的切除修复至少包含 3 个步骤。第一步，DNA 修复内切酶或者含有内切酶的酶复合体识别、连接受损 DNA，并切去 DNA 上受损伤的碱基或碱基对。第二步，DNA 聚合酶用未损伤的 DNA 互补链作模板填充空隙。第三步，DNA 连接酶将 DNA 聚合酶留下的裂痕补上完成修复过程。切除修复主要有两种方式：碱基切除修复系统从 DNA 上清除异常或化学上被修饰碱基，而核苷酸切除修复路径则清除像胸腺嘧啶二聚体这样较大的缺陷。两种切除路径均在黑暗中进行，而且两种路径的机制在大肠杆菌和人类中都是一样的。

碱基切除修复（图 4-16）可以由识别 DNA 异常碱基的称为 DNA 糖基化酶的一组酶的任何一个启动。每种糖基化酶识别一种特异性的被改变碱基，这些碱基如脱氨碱基、氧化碱基等。糖基化酶使异常碱基与 2- 脱氧核糖体间的配糖

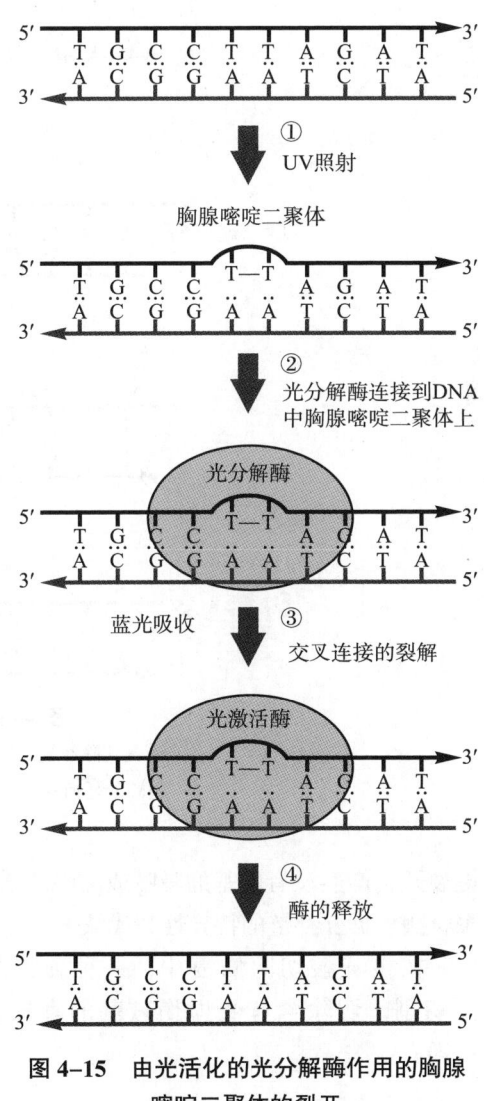

图 4-15　由光活化的光分解酶作用的胸腺嘧啶二聚体的裂开

箭头表明互补 DNA 的相反极性

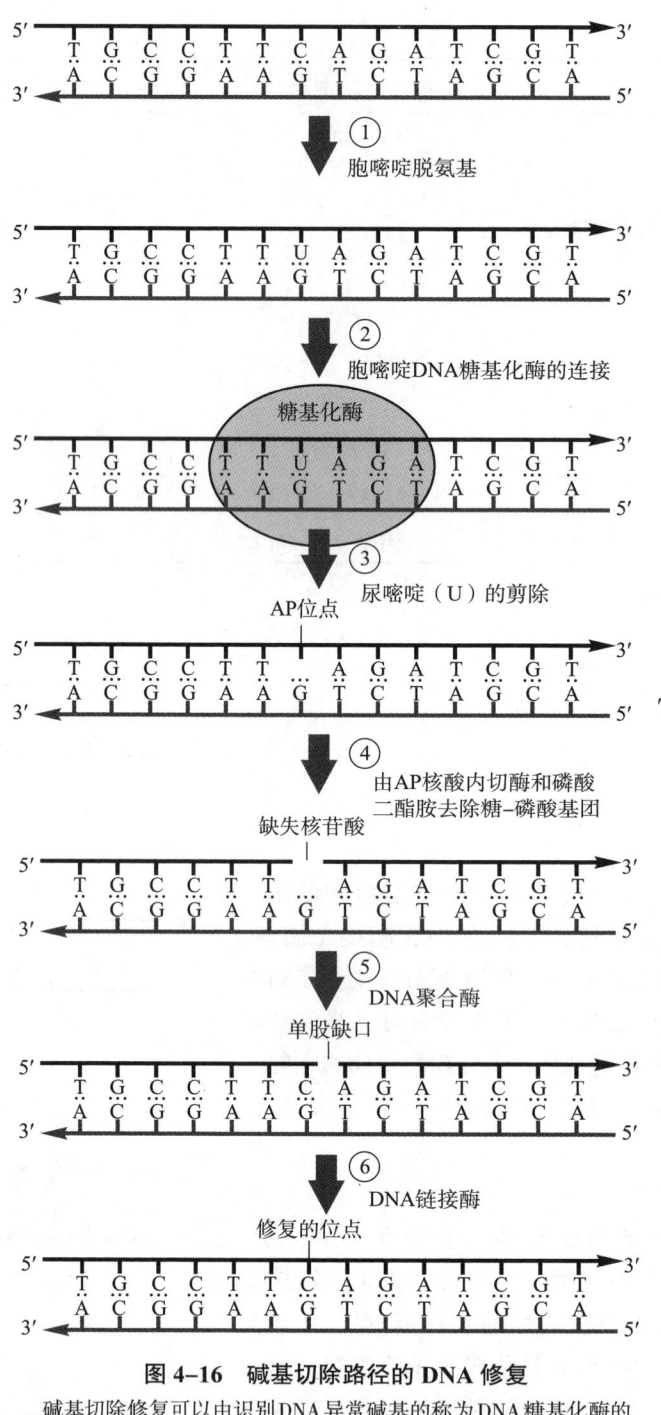

图 4-16 碱基切除路径的 DNA 修复

碱基切除修复可以由识别DNA异常碱基的称为DNA糖基化酶的
一组酶的任何一个启动。本例中尿嘧啶DNA糖基化酶启动修复过程。

键裂开,产生没有碱基的嘌呤或嘧啶的结合点(AP 位点)。这些 AP 位点由 AP 内切酶识别。然后,DNA 聚合酶根据互补链的特异性替代缺失的核苷酸,继而 DNA 连接酶补上缺刻部分,完成修复。

在核苷酸切除修复中,一种独特的切除核酸酶(nuclease)活性在受损伤核苷酸的每一侧产生切割,切除含有受损伤碱基的寡核苷酸。这种称为切除核酸酶的核酸酶跟内切酶和外切酶不一样。

（三）重组修复

重组修复是受损伤的DNA分子通过其分子间的重组来完成的。修复过程如下：先是复制，复制成的两条链一条是正常的，另一条由以受损伤的母链为模板复制出来的子链，在母链的嘧啶二聚体部位不能正常复制而形成缺口；然后由正常的母链与有缺口的链在内切酶的作用下重组，缺口由母链来的核苷酸片段弥补；最后是再合成，即重组后，正常的母链本身又出现缺口，这个缺口通过DNA聚合酶的作用，合成核苷酸片段，再由连接酶使新片段与母链连接，重组修复完成。

第三节　DNA重组变异

生物体基因组变异的主要原因有两方面：一是突变，包括基因和染色体结构的改变、染色体数目的变异；二是重组（recombination），即染色体序列发生重排，DNA分子之间发生遗传信息的交换和重新组合。DNA重组不只发生在减数分裂和体细胞核基因中，也在线粒体基因间和叶绿体基因间发生。DNA重组能迅速增加群体的遗传多样性，通过优化组合积累有利变异，推动生物的进化。此外，DNA重组还参与DNA损伤修复，控制基因的表达。

根据重组的机制和对蛋白质因子的要求不同，可以将DNA重组分为同源重组（homologous recombination）、位点专一性重组（site-specific recombination）和转座重组（transposition recombination）三种类型。

一、同源重组

（一）同源重组的概念

同源重组也称交换（crossover），是在两个DNA分子的同源序列之间直接进行交换的一种重组形式，其特征是重组酶能根据DNA序列的同源性识别重组对象，由碱基序列提供识别的特异性。通过对姐妹染色单体（sister chromatid）的观察，发现同源重组是DNA分子内断裂–复合（breakage and reunion）的结果。

同源重组的发生必须满足以下几个条件：①在进行重组的交换区域含有完全相同或几乎相同的碱基序列；②两个双链DNA分子之间需要相互靠近，并发生互补配对；③需要特定的重组酶（recombinase）的催化，但重组酶对碱基序列无特异性；④形成异源双链（heteroduplex）；⑤发生联会（synapsis）。

（二）同源重组的分子模型

同源重组的模型主要有Holliday模型、单链侵入模型和双链断裂模型。

1. Holliday模型

第一个被广泛认可的同源重组模型是由英国科学家R. Holliday提出的Holliday模型。Holliday模型可分为以下8个步骤（图4–17）：

（1）切口产生：同源重组从两个配对DNA双螺旋同源片段的相应位点上的断裂开始，即两条同方向的单链在相同位置断裂而产生切口，起始重组。

（2）双链侵入：断裂单链末端自由移动，离开自身的互补链侵入另一个双螺旋上的互补链而形成交叉。这是Holliday模型的重要特征。

（3）交叉连接：相互交叉的两个单链DNA分别与另一个双螺旋上的互补链连接。此时形成的是一半交叉结构，即Holliday结构（structure）。双链DNA分子之间形成的连接体称为连接分子（joint

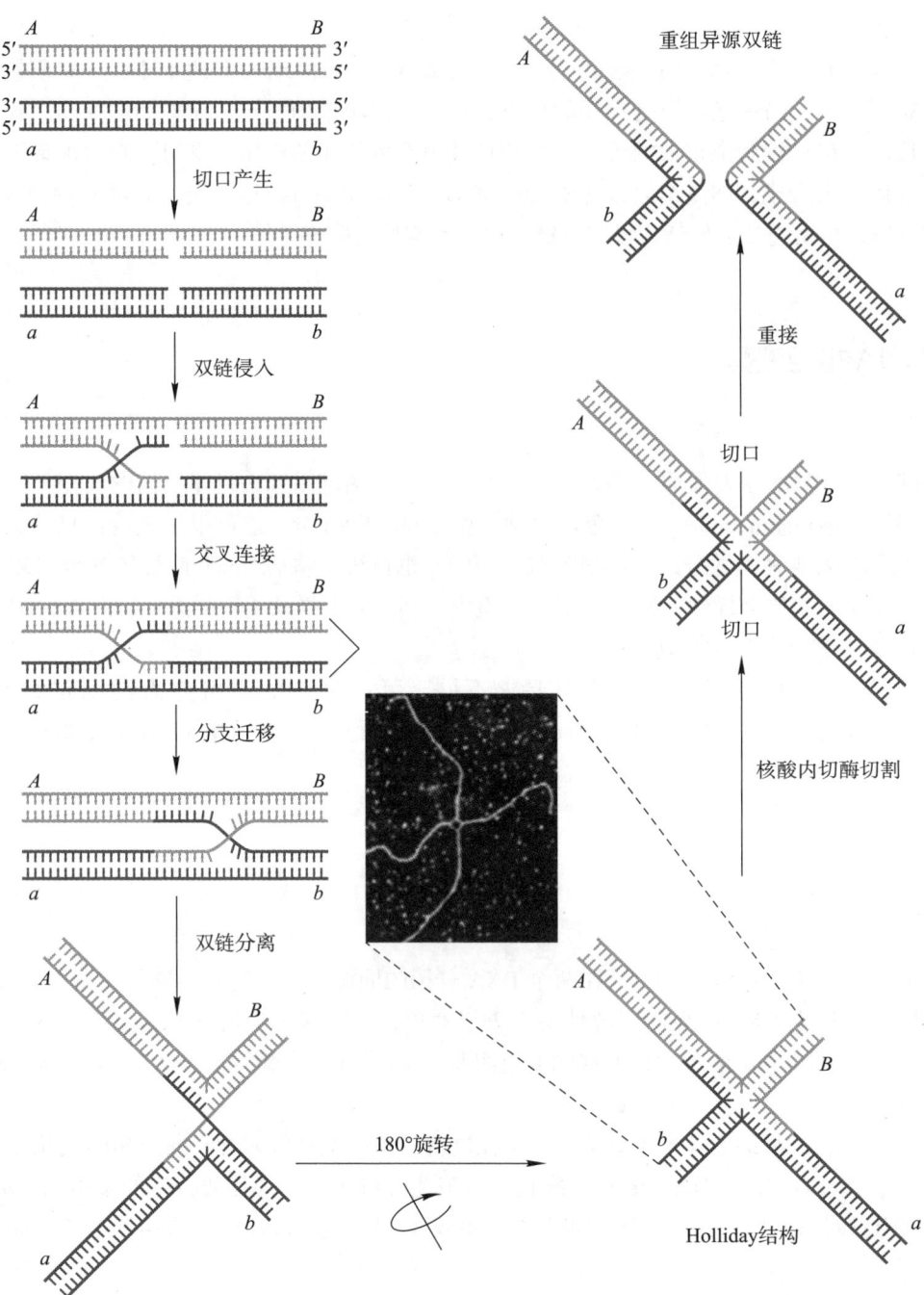

图 4-17　同源重组的 Holliday 模型（引自 Klug 等，2013）

molecule）。一个 DNA 分子上的一股单链与另一个双螺旋的交叉位点称为重组体连接点（recombinant joint）。在重组位点上，每个双链都有一个由两个亲本 DNA 分子中的一股单链共同组成的双链区域，称为杂种 DNA（hybrid DNA）或异源双链 DNA（heteroduplex DNA）。

（4）分支迁移（branch migration）：重组双链中与其互补链部分配对的 DNA 链通过延伸与其同源的固定链配对。

（5）异构化：Holliday 结构通过立体或空间的重排实现立体异构，交联的两臂围绕另外两臂旋转 180° 形成"十"字形。

（6）~（8）Holliday 结构拆分（resolution）：Holliday 结构解离，形成两个双链重组体 DNA。由于

Holliday 结构处在不断的异构化中，解离方式的不同可导致不同重组体 DNA 的产生。当拆分发生在没有异构化的 Holliday 结构时，切开的链与原来断裂的链是同一链，重组体含有一段异源双链区，两侧来自同一亲本 DNA 分子，形成片段重组体（patch recombinant）；当拆分发生在异构化的 Holliday 结构时，切开的链并非原来断裂的链，重组体异源双链区的两侧来自不同亲本 DNA 分子，形成拼接重组体（splice recombinant）。

Holliday 模型很好地解释了真核生物减数分裂过程发生同源重组的机制，得到了许多研究的证实，特别是通过电子显微镜观察到的 DNA 重组过程，发现形成的连接分子与 Holliday 结构非常相似（图 4-19），为 Holliday 模型提供了最有力的实验证据。

2. 单链侵入模型

Holliday 模型中强调起始重组的是两个同方向的单链在相同位置断裂而产生切口（即双链侵入），然而在许多重组的实例中都发现单链和双链都可以起始重组。单链侵入模型（Meselson-Radding model）由美国科学家 M. Meselson 和 C. Radding 提出，又称 Aviemore 模型（以讨论会的地名命名），是对 Holliday 模型的修改和完善。

单链侵入模型认为，在起始重组过程中，同源配对的两个 DNA 分子，仅有一个 DNA 分子的单链随机断裂产生切口，然后暴露的末端侵入到另一个双链 DNA 分子，发现它的互补序列并替代同源链。在 DNA 聚合酶的作用下，以留下的那条链为模板，填充侵入链所留下的缺口。被替代的链被降解，残留末端与另一分子中新合成的 DNA 链连接形成 Holliday 结构。

3. 双链断裂模型

双链断裂是引发同源重组最常见的机制。1983 年，由 J. Szostak、T. Orr-Weaver、R. Rothstein 和 F. Stahl 四位学者根据酵母中的发现首次提出了双链断裂模型。

双链断裂模型认为，双螺旋 DNA 分子先形成双链切口，重组的热点就是双链断裂开始的位点。引发重组（双链断裂）的 DNA 分子称为受体，把受体链侵入的同源双螺旋称为供体。核酸内切酶切断受体 DNA 双链，引发重组的开始。在核酸外切酶的作用下产生了 3′ 单链黏性末端。一个游离的 3′ 末端侵入供体双链的同源区，置换供体双链的一条单链，形成一段异源双链 DNA，产生 D- 环（D-loop）结构。D- 环在 DNA 聚合酶的作用下修复合成而延伸，直至突出的单链到达缺口的末端，互补的两条单链序列退火。此时，缺口的两侧都有一段异源双链 DNA，缺口本身则代表了 D- 环单链。以缺口 3′ 端为起始，通过修复合成将缺口修复成完整的双链。

（三）同源重组的遗传效应及应用

同源重组的遗传效应包括：① DNA 损伤修复；②增加遗传变异性；③提高物种适应性；④诱发新基因产生。

真核生物非姐妹染色单体的交换、姐妹染色单体的交换、细菌及某些低等真核生物的转化（transformation）、细菌的转导（transduction）和接合（conjugation）等，都属于同源重组。同源重组技术在转基因的基因打靶操作、基因功能和调控机制的研究、重组蛋白和基因工程疫苗的制备等领域中有广泛的应用。

二、位点专一性重组

（一）位点专一性重组的概念

位点专一性重组是指发生在 DNA 特异性位点上的重组。与同源重组不同，位点专一性重组不是由 DNA 序列的同源性所引导，而是在结合序列部位由专一的酶来催化断裂重接。位点专一性重组主要有以下特点：

（1）重组的可逆性　位点专一性重组后原先存在的 DNA 序列会得到完整的保留，这使得重组过程具备可逆的条件。

（2）酶的依赖性　位点专一性重组需要依赖于相关酶的识别和催化，是一种酶促反应。

（3）重组位点的专一性　位点专一性重组依赖于 DNA 上的专一性附着位点，一般噬菌体和靶细菌的重组 DNA 之间会存在一段很短的同源序列，重组过程必须依赖特异的核苷酸才能完成。

（二）位点专一性重组的作用机制

位点专一性重组最早由 λ 噬菌体中的遗传学研究发现。当 λ 噬菌体侵入宿主细菌后，λ 噬菌体 DNA 有两种存在形式：溶菌状态和溶源状态。在溶菌状态时，λ 噬菌体 DNA 在被感染宿主中以独立的环形分子结构存在；在溶源状态时，λ 噬菌体 DNA 则整合（integrate）到宿主基因组中，成为宿主染色体的一部分［又称为前病毒（provirus）或原噬菌体（prophage）］。λ 噬菌体由溶源状态进入溶菌状态称为切除（excise），整合和切除发生在细菌 DNA 和 λ 噬菌体 DNA 的专一性附着位点（attachment site，att）上。λ 噬菌体和宿主细菌的 DNA 专一性附着位点分别称为 attP 和 attB，分别由序列 POP' 和 BOB' 组成。O 序列又称核心序列，为 λ 噬菌体和宿主所共有，序列完全一致，是重组发生的位点；P、P' 和 B、B' 称为臂。λ 噬菌体通过位点专一性重组进入宿主基因组后，其 DNA 由环状结构变为线性序列。原噬菌体两端的专一性附着位点是新的杂种位点，左侧称为 attL，由序列 BOP' 组成；右侧称为 attR，由序列 POB' 组成。整合和切除依赖于不同序列的识别：整合需要识别 attP 和 attB，而切除要求识别 attL 和 attR。因此，重组位点的特征就决定了位点专一性重组的方向——整合或切除（图 4-18）。

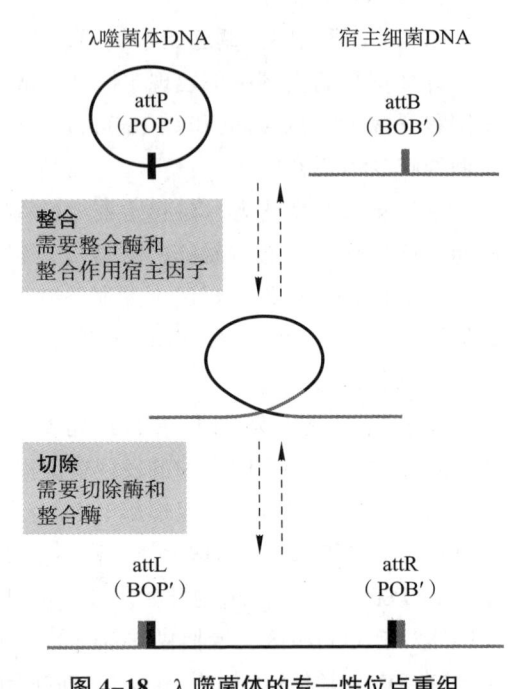

图 4-18　λ 噬菌体的专一性位点重组

1. 整合

λ 噬菌体 DNA 的整合涉及 attB 和 attP 的核心序列 DNA 链的割裂和重接。当整合反应发生时，由 λ 噬菌体 *int* 基因编码产生的整合酶（integrase）识别 attP，整合酶和整合作用宿主因子（integration host factor）结合形成整合体（intasome）。整合体识别并捕获 attB。整合酶具有拓扑异构酶的活性，与 attB 和 attP 两个位点结合后，整合酶可交错切割 attB 和 attP，形成由 7 个核苷酸构成的黏性末端，并进一步将互补链交叉重接，完成整合过程。整合酶和整合作用宿主因子在 att 上都有特定的结合位点，每一次重组过程需要 20 ~ 40 个整合酶分子及约 70 个整合作用宿主因子。

2. 切除

切除反应发生在原噬菌体两端的 attL 和 attR 之间，产物为 λ 噬菌体环状 DNA 和宿主细菌 DNA。催化切除反应的除了整合酶和整合作用宿主因子外，还需要切除酶（exicisionase）的参加。切除酶在控制位点专一性重组的反应方向上起重要作用——促进切除反应，抑制整合过程。当切除酶和整合酶一同识别并结合在原噬菌体的杂种 att 位点上时，催化反应向反方向进行。

（三）位点专一性重组的遗传效应及应用

根据重组所涉及的体系和重组位点的方向，位点专一性重组可以导致三种遗传效应：①分子间位点专一性重组产生整合或融合，造成 DNA 插入；②重组位点的正向顺序间的分子内位点专一性重组产生剪切和解离，导致片段缺失；③重组位点的反向顺序间的分子间位点专一性重组，产生倒位。

位点专一性重组是噬菌体感染宿主最常见的重组方式。由于位点专一性重组具有底物单一、快速高效、易于改造应用等特点，在 Cre–Lox 系统、锌指系统、CRISPR–Cas9 等基因工程（见第八章）领域得到广泛的应用。

三、转座重组

（一）转座重组的概念

细菌体内编码抗药性（例如抗四环素和青霉素）的基因存在于质粒上。质粒与细菌染色体之间几乎没有同源性。然而，细菌的抗药性基因偶尔会出现在细菌染色体中或菌体内噬菌体的后代中，显然这不是同源重组作用的后果。转座子（transposon）又称跳跃基因（jumping gene）是指基因组内相对独立的、可移动的序列。转座单元从染色体的一个区段转移到另一个区段，即发生转座重组，改变了染色体的结构。转座作用除了单纯地移动基因外，还打乱了 DNA 序列而造成缺失、倒位和重排。

转座子最早由美国遗传学家麦克林托克于 20 世纪 40 年代在玉米的遗传研究中发现的，当时称为控制元件（controlling element）。转座子的概念打破了孟德尔"基因固定列于染色体上"的传统认识，麦克林托克本人也因对转座子的发现和遗传机理的研究获得 1983 年诺贝尔奖。自然界中所有生物的基因组中都有转座子的存在。转座子有两个主要特性，一是转座子序列两端往往有长度为 20 ~ 40 bp 的反向重复序列（inverted repeats）；二是大多数转座子编码转座酶（transposase）。

原核生物转座子的类型可分为下列四种：①插入序列（insertion sequence）；②复合型转座子（composition transposon）；③复杂型转座子（complex transposon）；④转座噬菌体（transposable phage），其中插入序列和复合型转座子研究较为深入。而真核生物主要包括反转录转座子（retrotransposon）和 DNA 转座子两种。

转座子的转座重组过程具有三个特点：

① 转座序列精确性　转座子转座是极其精确的，并不包括序列两端临近的 DNA 序列。

② 靶基因序列特异性　转座插入区域的靶序列往往存在 3 ~ 12 bp 的精确重复，且在转座子的两端各有一个拷贝，这可能与 DNA 合成有关。

③ 插入 DNA 序列的倾向性　大多数转座子可以转移到基因组的几乎任何部位，但这一过程不是完全随机的，其插入的位点往往是特异的 4 bp 或 6 bp 的序列。

（二）转座重组的作用机制

转座重组的一般步骤可概括为以下 3 步：①由转座子编码产生的转座酶在靶 DNA 上制造一个交错的切口；②转座子与宿主突出的单链末端相连接；③在 DNA 聚合酶和连接酶的作用下填补切口，完成转座。宿主 DNA 链的切口之间的交错决定了正向重复的长度。参差不齐的末端的使用是各种转座子的共同特点，但根据转座子移动机制的不同，可将转座子的转座重组机制分为以下三种类型（图 4–19）：

1. 复制型转座（replicative transposition）

复制型转座，顾名思义，类似于"复制 – 粘贴"的过程。转座子在反应中产生复制，转座的实体是原转座子的一个拷贝，而不是其本身。复制型转座伴随着转座子复制和拷贝数增加，其发生过程依赖于转座酶和解离酶（resolvase）的催化。

2. 非复制型转座（nonreplicative transposition）

非复制型转座类似于"剪切 – 粘贴"，转座因子作为一个物理实体直接从一个位点转移到另一位点。这种转座过程涉及转座子从供体 DNA 的释放，只需要转座酶作用，使转座子从供体位点丢失，而在宿主 DNA 上留下一个致死性的"空隙"。

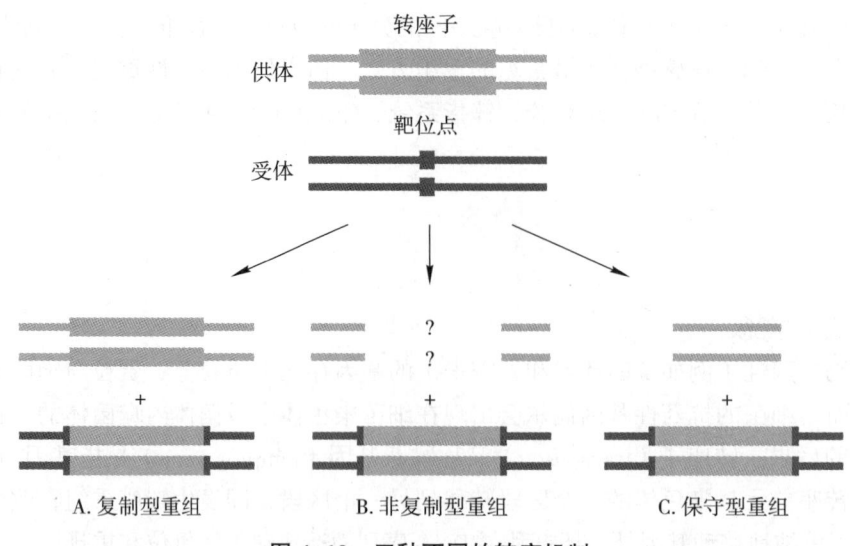

图 4-19 三种不同的转座机制

3. 保守型转座（conservative transposition）

保守型转座是另一种非复制型转座，与 λ 噬菌体整合机制相似。保守型转座仅是转座子的直接移动，供体上转座子两侧的 DNA 双链仍被保留。保守型转座的转座子一般较大，不仅可以介导转座子本身的转移，还可以介导供体 DNA 从一个细菌转移到另一个细菌中。

（三）转座重组的遗传效应及应用

转座重组诱发遗传信息的改变，其常介导的遗传效应如下：①引起插入突变；②产生新的基因；③诱发染色体畸变；④加快生物进化。

目前已知转座子序列在人类基因组中至少占 45%，在某些植物基因组中转座子所占的比例可高达 50%~90%。Tol2 转座子是 hAT 转座子家族中的一员，是脊椎动物中发现的唯一具有自主转座活性的转座子。Tol2 转座子介导的转基因技术广泛应用在小鼠、爪蟾、斑马鱼等脊椎动物的生长发育、疾病治疗、抗菌肽应用和药物生产等领域研究中。

第四节 DNA 多态性及分析方法

一、基因组结构与 DNA 变异

核基因组包含在染色体中，真核基因组由基因、重复序列等构成。在大部分生物中，基因的分布更多的是随机分布，在染色体内不同位置基因密度不一样。像人类基因组这样复杂的情况，基因仅构成其基因组的一小部分，而像酵母这样的生物，其基因组基因密度很高。以人 12 号染色体一个 50 kb 片段为例。这一片段包含 *PKP*2、*SYB*1、*FLJ*10143、*CD*27 等 4 个基因；88 个在整个基因组均有分布的重复序列，包括 4 种主要重复：长、短分散核元件（long interspersed nuclear elements and short interspersed nuclear elements，LINEs and SINEs），长末端重复（long terminal repeat，LTR）元件和 DNA 转座子；7 个微卫星以及大约 30% 的非基因、非重复和未知功能的单拷贝 DNA。相应地，DNA 变异出现在基因组的上述结构中（图 4-20）。

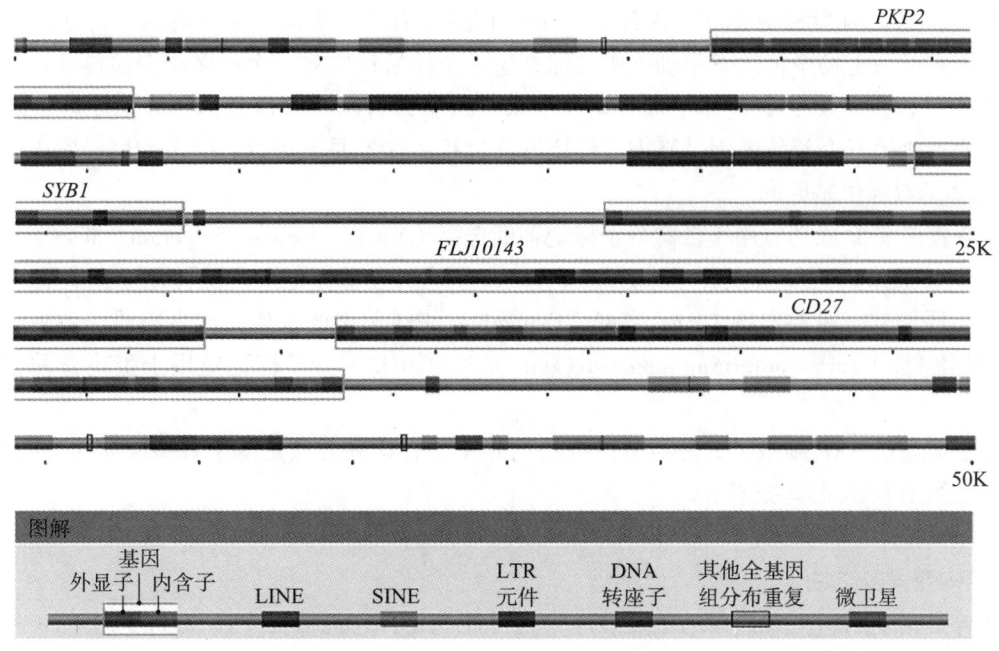

图 4-20　人 12 号染色体一个 50 kb 长片段的结构图（引自 Brown，2007）

彩图：人 12 号染色体一个 50 kb 长片段的结构图

视频：DNA 的变异和多态性

二、DNA 多态性的类型

按基因组上 DNA 的序列构成特点划分，DNA 多态性包括串联重复的数目多态性（variable number of tandem repeats，VNTR）、单核苷酸多态性（single nucleotide polymorphism，SNP）、结构变异（structure variation，SV）多态性、小片段插入 / 缺失（insertion/deletion，indel）多态性和拷贝数目变异（copy number variation，CNV）等类型。VNTR 又可分为小卫星（minisatellite）多态性和微卫星（microsatellite）多态性，前者指的是重复单位长度达到 25 个碱基对的重复数目多态性，后者是指重复单位长度少于 13 个碱基对（通常是 1～6 个碱基对）的重复数目多态性。所有这些 DNA 多态性都是由 DNA 复制时 DNA 单链间不等交换或者是核苷酸取代引起的。

（一）串联重复数目多态性

如上述，生物基因组 DNA 序列由编码基因和不编码基因的两部分序列构成，在高等生物中，非编码序列占绝大部分。非编码序列中比例很高的重复序列包括散在重复和串联重复，串联重复又称为卫星DNA（satellite DNA），这是因为在密度梯度离心分离基因组 DNA 时含有串联重复 DNA 的片段形成了一条"卫星"带。尽管卫星带中没有出现清晰的条带，但另外两种串联重复类型，即小卫星和微卫星也属于"卫星"DNA。小卫星形成的串联重复长度达 20 kb，重复单位长度为 25 bp；微卫星串联重复要短些，常常不足 150 bp，重复单位长度小于 13 bp。

（二）单核苷酸多态性

单核苷酸多态性就是基因组 DNA 链上单个核苷酸的变化。每一种生物的基因组都存在大量的 SNP，如人基因组上已发现了 2 000 多万个 SNP，鸡的基因组也已经发现了 1 000 多万个 SNP。有一些 SNP 会导致出现限制片段长度多态性，但许多不会出现。由于基因组上某一位置可以出现 4 种核苷酸中的任何一种，因此似乎可以推测每个 SNP 应该有 4 个等位基因。理论上这是可能的，但实际上大部分 SNP 只有两个等位基因。这是因为 SNP 是在基因组上一个核苷酸变为另一个核苷酸出现的点突变而形成的。假如该突变出现在某一生物个体的繁殖细胞中，那么这一个体后代中有一个或多个会遗传这一突变，而且经过许多世代后，该 SNP 会在群体中最终确立下来。这里只有两个等位基因：原来序列上的和突变产生的。假如要产生第三个等位基因，则需要经历同样过程。这不是不可以，但不太可能发生，结果就造成大量的 SNP 是双等位基因的。

目前已有较多 SNP 成功应用于畜禽分子标记辅助选择（Marker Assisted Selection，MAS）育种中，取得了较好的选种效果，例如猪氟烷（Halothane，HAL）基因分子标记被广泛应用于猪育种中，可减少肉色苍白、肉质松软、有渗出物（Pale，Soft，Exudative，PSE）肉的发生，改良肉质；鱼腥味敏感基因（含黄素单氧化酶，flavin-containing mono-oxygenase 3，FMO3）分子标记应用于蛋鸡育种，提高蛋的品质。

基因组上大量的 SNP 刺激了其分析分型方法的开发。有几种方法是基于寡核苷酸杂交分析建立的，目前使用广泛的是 DNA 芯片技术。

（三）结构变异多态性

结构变异是指基因组上大片段的核苷酸序列重排性变化，它包括长度在 50 bp 以上的长片段序列插入或缺失、串联重复、染色体倒位、染色体内部或染色体间的序列易位、拷贝数目变异及形式更为复杂的嵌合性变异。据统计，平均每个人类个体基因组上存在大约 2 万个 SV。与 SNP 和 indel 相比，尽管 SV 的数目较少，但因其变异长度较大，一旦发生往往会给生命体带来重大影响。控制鸡绿壳蛋性状的 SLCOIB3 基因结构变异广泛应用于绿壳蛋鸡品种的培育；dw 矮小基因的变异广泛应用于矮小型节粮蛋鸡的培育。

（四）其他 DNA 多态性

最有代表性的是 CNV。随着 DNA 芯片技术和二代测序技术等的逐步发展，研究者们发现，在人类基因组中存在大量大于 1 kb 但小于 3Mb 的 DNA 片段多态，包括片段的插入、缺失、重复等。这种片段的插入、缺失、重复造成拷贝数目变异（CNV），它们可以作为一种多态性的情况存在于群体中，形成拷贝数目多态性。由于其发生的频率远远高于显微镜观察到的变异，而且在整个基因组中覆盖的核苷酸总数又大大超过 SNP 的总数，研究者们因此认为，CNV 更有可能和表型变异紧密关联，同时在物种演化和发展中发挥着重要作用。

三、DNA 多态性的分析方法

如果根据其基因型测定方法来分，DNA 多态性包括限制片段长度多态性（restricted fragment length polymorphism，RFLP）、指纹 DNA（finger printing）、随机扩增多态性 DNA（random amplified polymorphic DNA，RAPD）、扩增片段长度多态性（amplified fragment length polymorphism，AFLP）、单链构象多态性（single stranded conformation polymorphism，SSCP）和双链构象多态性（double stranded conformation polymorphism，DSCP）等类型。这些 DNA 多态性的分析都需要依靠如下主要步骤和手段。

（一）真核基因组 DNA 的制备

双链 DNA 是一种相当惰性的化合物，其潜在反应基团镶嵌于中心螺旋里面，与氢键连接。DNA 的碱基对在外部受磷酸基团和糖以一种令人难以置信的包装形式所保护，而且内部得到极强的堆积力量而稳固下来。因此，DNA 极为稳定。尽管双螺旋的 DNA 在化学上稳定，但物理上却是脆弱的。很长而弯曲的、几乎没有什么侧面稳定性的高分子量 DNA 对哪怕是轻微的剪切力来说都是相当脆弱的。DNA 分子越长，令其断裂需要的力越弱。因此，获得片段形式的 DNA 很容易，但要分离得到一定长度的 DNA 则较为困难。大于 150 kb 的 DNA 分子在分离过程中容易断裂。

　　分离制备真核基因组 DNA 的方法可因物种、组织等的不同而有所不同。如从哺乳动物细胞中分离高分子量 DNA 可以采用蛋白酶 K 消化与苯酚抽提的方法、氯仿法等，也有一些方法可以快速抽提，但产量低。对鸟类来说，可以直接利用血液中的红细胞抽提 DNA。

（二）Southern 印迹方法

　　像多肽一样，DNA 片段可以用电泳的方法分离。但是，多肽有一个根据其所含氨基酸数目而预先知道的大小，而一个基因组 DNA 分子在纯化过程中会随机地被剪切成长度不一的片段。所以，任何 DNA 的制备都会出现长度不一的片段。有一类酶能够在 DNA 分子的特异部位切割。这类在特异部位切割 DNA 的酶称为限制性酶（restriction enzymes）。每一种限制酶切割双链 DNA 时都有一条特异性的核苷酸序列，这条序列称为限制酶的限制性位点。图 4-21 是某些限制酶及其限制性位点的示例。在图 4-21 中，限制酶 *Alu*I 在四核苷酸序列 AGCT 位置切割，限制酶 *Eco*RI 在六核苷酸序列 GAATTC 的位置切割。大部分限制酶是四核苷酸或者六核苷酸限制性位点。

　　DNA 不像酶，酶缺乏可用于确定凝胶中某一图带位置的催化能力。另一方面，任何单股的 DNA 都可以通过与具有互补碱基序列的另一股 DNA 配对形成一个双股分子。互补 DNA 的这种配对是鉴别凝胶 DNA 片段方法的基础。如图 4-22 所示，这种方法称为 Southern 印迹（Southern blot）。用于鉴别的试剂是一种称为探针（probe）的 DNA 分子，这种探针含有我们感兴趣的核苷酸序列。探针 DNA 通常可从被克隆的基因或者通过 PCR 扩增获得。在 Southern 印迹方法中，通过电泳分离的 DNA 限制性片段在一种氢氧化钠溶液中浸泡保持单股状态，然后转移到一张经化学处理的硝酸纤维或尼龙薄膜上。将薄膜放在含有作了放射性标记的 DNA 探针的溶液中漂洗。当溶液冷却下来后，探针 DNA 与薄膜上互补的 DNA 片段形

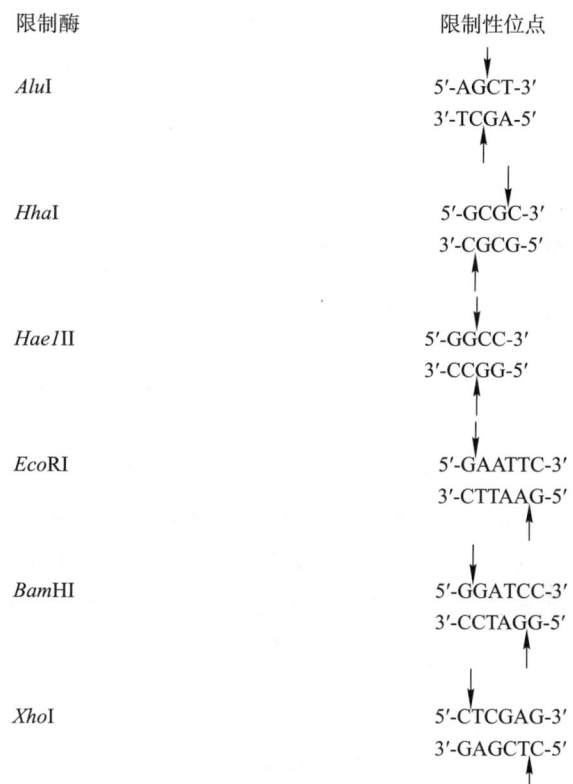

限制酶	限制性位点
*Alu*I	5'-AGCT-3' 3'-TCGA-5'
*Hha*I	5'-GCGC-3' 3'-CGCG-5'
*Hae*II	5'-GGCC-3' 3'-CCGG-5'
*Eco*RI	5'-GAATTC-3' 3'-CTTAAG-5'
*Bam*HI	5'-GGATCC-3' 3'-CCTAGG-5'
*Xho*I	5'-CTCGAG-3' 3'-GAGCTC-5'

图 4-21　在特异性短核苷酸序列位置切割 DNA 分子的限制酶

超过 500 种不同的限制酶市面上有售。切割点用箭头表示

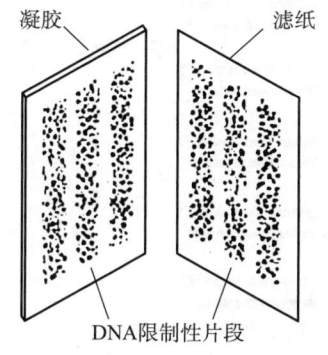
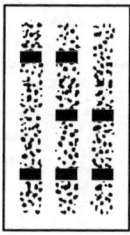
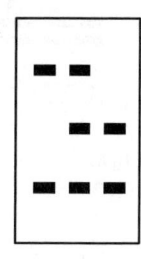

凝胶　　滤纸

DNA限制性片段

图 4-22　Southern 印迹方法

成双链。薄膜压上胶片，在胶片上便显示出可见的图带。另外，该探针可以经过化学修饰而被荧光素或染色鉴别出图带。

引起限制性位点出现与否的遗传差异可以鉴别出来，因为它们改变了限制片段的长度。图 4-23 给出了其中一个例子。图中每一泳道的上半部分表示一个二倍体基因型 DNA 分子限制性位点的位置。A 型分子含有一个在 A 型分子中不出现的额外限制性位点。图的下半部通过适当的 DNA 探针表明，所有的 3 种基因型均可以其限制片段型分辨出来。在群体中分离得到的某一限制片段的长度的差异称为限制性片段长度多态性（restriction fragment length polymorphism，RFLP）。

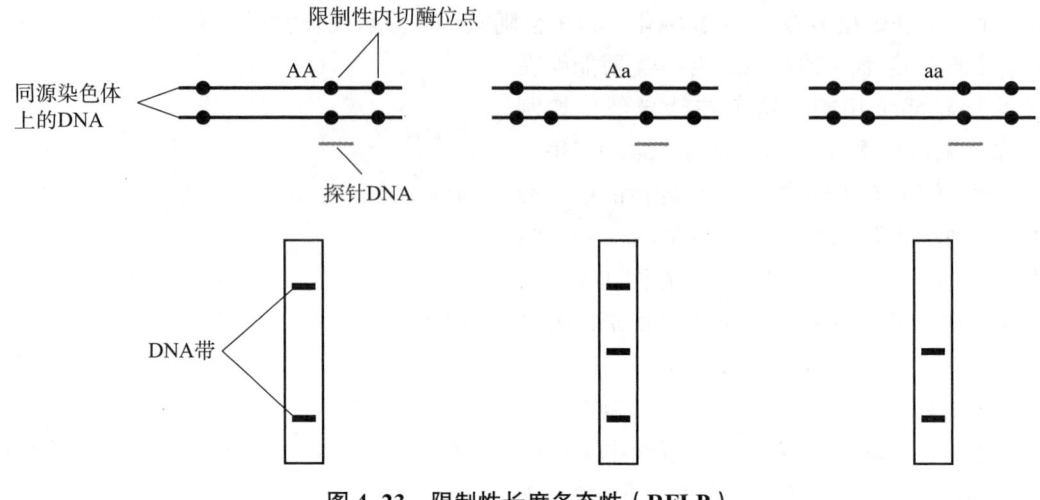

图 4-23 限制性长度多态性（RFLP）

（三）聚合酶链式反应

扩增特异性 DNA 序列的聚合酶链式反应（polymerase chain reaction，PCR）在确认核苷酸序列变异方面具有巨大用途。图 4-24 概括介绍了该方法。被扩增的原有 DNA 序列用深蓝表示，新合成的 DNA 链用浅蓝表示。小的绿色圆形代表与要扩增区域末端互补的合成的寡核苷酸。这些寡核苷酸称为引物（primers）

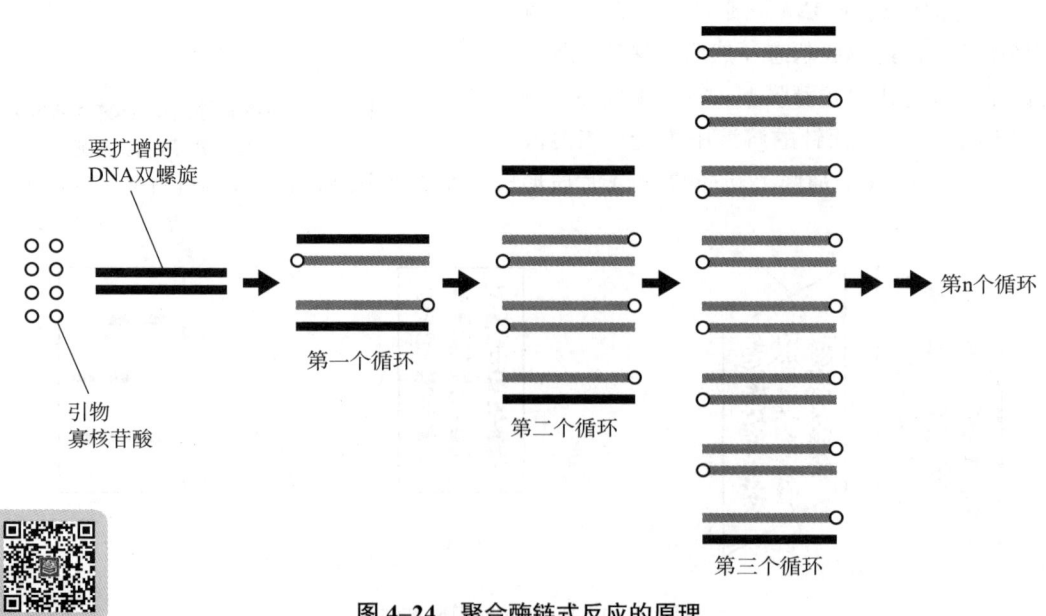

彩图：聚合酶链式
反应的原理

图 4-24 聚合酶链式反应的原理

序列，因为它们退火连到被扩增序列的末端，而且被用作 DNA 聚合酶催化的 DNA 链延伸的引物。引物长度通常 18 ~ 22 个核苷酸长。在 PCR 反应中用作模板的 DNA 首先在缓冲液中与引物以及耐热的 DNA 聚合酶混合。PCR 扩增以循环的方式进行。在第一个循环中，DNA 加热后双股分开，冷却后出现大量的引物寡核苷酸，引物的延伸产生双股分子。PCR 第二个循环跟第一个循环相似，但是，第二个循环后，每一个原始分子有 4 个拷贝。这样的循环重复 20 ~ 30 次，每次分子的数目都加倍。扩增 n 轮的理论结果是每一个模板分子产生 2^n 个拷贝。

（四）DNA 多态性分型方法

RFLP 可以用 PCR 结合酶切进行分型，也可以通过酶切再进行 Southern 印迹分型。指纹 DNA 通常先对基因组进行酶切，然后电泳，再用探针作 Southern 印迹分型。对微卫星而言，可先进行 PCR 扩增，之后用电泳方法检测分型，目前这种分型已经实现自动化高通量分析。RAPD 就是利用随机的短片段序列（常用 10 个碱基对）作引物，PCR 扩增后对其产物进行电泳分离，获得多态性的 DNA 片段。AFLP 则是结合了 RAPD 和 RFLP 两种检测方法发展而来。SSCP 和 DSCP 均是利用产生碱基改变的 DNA 分子在单股或双股状态下构象相应出现变化的原理检测 DNA 变异。

随着基因组研究的不断深入，新的高通量 DNA 多态性分型方法不断地涌现，如基因芯片技术、全基因组测序技术、简化基因组测序技术等。

1. 基因芯片（gene chip）　基因芯片又称 DNA 芯片、DNA 微阵列（DNA microarray）或寡核苷酸阵列（oligonucleotide array），是以基因连锁、限制性长度的多态性及连锁不平衡等基因定位方法为基础设计的检测方法。基因芯片的测序原理是杂交测序，通过将大量已知序列的探针集成在同一个基片上与生物样品的靶序列进行分子杂交，根据产生的杂交信号重组出靶核酸的序列。

2. 全基因组测序（whole genome sequencing）　全基因组测序是指对生物体整个基因组序列进行测序，获取其完整的基因组信息。其工作原理是通过将 DNA 分子随机断裂成小片段，结合高通量测序和计算机分析实现基因组完整序列的拼接。全基因组测序几乎能够鉴定出基因组上所有类型的突变。

3. 简化基因组测序（reduced-representation genome sequencing）　简化基因组测序指利用限制性内切酶打断基因组 DNA，对特定 DNA 片段进行高通量测序的技术。常用的简化基因组测序主要有限制性酶切位点关联 DNA 测序（restriction-site associated DNA）、基因分型测序（genotyping by sequencing）等。

小　结

DNA 是遗传物质，染色体作为遗传物质的载体在遗传规律的阐述中也起着重要作用。遗传物质的改变发生在染色体和 DNA 两个层次，表现为蛋白质的变异与表型的改变。

染色体水平的改变包括数目和结构的改变，染色体数目上的改变分为倍数性变异与非倍数性变异，即个别染色体的数目的增减。具有完整的若干组染色体的生物称为整倍体，具有多个染色体组的生物称为多倍体，而多倍性的水平以基本染色体数 n 表示，$2n$ 为正常的二倍体。个别染色体的数目增减的变异叫非整倍性变异，包括单体（少一个染色体）、缺体（少一对染色体）和多体（多一个或多个染色体）。染色体结构的改变是指染色体的某区段发生改变，从而改变了基因的数目、位置和顺序。染色体结构变异是由于染色体断裂后或不接合或进行差错的接合而产生的，会造成染色体上基因数目和基因位置的变化，导致细胞学行为和遗传效应的异常。染色体结构变异可分为 4 种类型：缺失、重复、倒位和易位。

除了染色体在数目与结构上的变异，经常见到多种染色体结构和形态的微小变异，如某些带纹的大小、着色强度的差异等，这些变异称为染色体多态性。在家畜染色体中，含有高度重复 DNA 结构的异染色体通常集中在着丝粒、随体、次缢痕和 Y 染色体的长臂，因而染色体多态性也常常在这些部位表现。已发现畜禽染色体多态性有核仁组织者区多态性、C 带多态性和 Y 染色体多态性等。

突变和重组是提供生物体进化起始物质的两个过程。基因突变是在基因水平上遗传物质中可检测的能遗传的改变，基因突变具有重演性、可逆性、多方向性和低频性等特征，大多数基因突变是有害的。基因突变实际上都是 DNA 分子上碱基序列、成分和结构发生了改变，归纳起来有碱基替代、移码突变和 DNA 链的断裂等类型。碱基替代是指在 DNA 分子中一个碱基对被另一个碱基对所代替的现象。在碱基替代中，如果一个嘌呤被另一个嘌呤所代替，或一个嘧啶被另一个嘧啶替代的现象称为转换；如果一个嘌呤被一个嘧啶代替，或一个嘧啶被一个嘌呤所代替的现象称为颠换。碱基替代的遗传效应有错义突变、无义突变和同义突变 3 种。移码突变是指在基因组中增加或减少碱基对，使其该位点之后的密码子都发生改变的现象，移码突变的遗传效应比碱基替代所造成的突变要大得多，通常会产生没有功能的蛋白质。

引起基因突变的理化因素很多。主要包括化学物质引起的突变、辐射引起的突变以及由转座因子引起的突变。引起突变的化学物质有碱基类似物、改变 DNA 化学结构的诱变剂和结合到 DNA 上的诱变剂等。

DNA 重组提供了一个基因组结构的变化，该变化引起了表型的改变，通过自然选择发生作用。DNA 重组包括同源重组、位点专一性重组和转座重组三种类型。Holliday 模型、单链侵入模型和双链断裂模型解释了同源重组的模式过程。与同源重组依赖于 DNA 序列的同源性不同，位点专一性重组仅依赖于能与某些酶相结合的特异 DNA 序列。按转座子移动机制划分，转座重组包括复制型转座、非复制型转座和保守型转座。

DNA 的变异与多态性按基因组上 DNA 的序列构成特点划分，包括串联重复的数目多态性、单核苷酸多态性、小片段插入 / 缺失多态性与拷贝数目多态性等类型。串联重复的数目多态性又可分为小卫星多态性和微卫星多态性，前者指的是重复单位为至少 25 个碱基对的重复数目多态性，后者是指重复单位为最多 13 个碱基对的重复数目多态性。所有这些 DNA 多态性都是由复制时 DNA 单链间不等交换或者是核苷酸取代引起的。可以根据其特点采用不同方法测定。

复习思考题

1. 在一牛群中，体型正常的双亲产生一头矮小的雄犊，这种矮小究竟是由于突变的直接结果，还是由于隐性矮小基因"携带者"的偶尔交配后发生的分离，还是由于非遗传（环境）的影响，你怎样确定是哪一种？

2. 何以多倍体可以阻止基因突变的显现？同源多倍体和异源多倍体在这方面有什么不同？

3. 假定对于色氨酸密码子的突变只有单个碱基引起，那么，将有些什么样的碱基替换方式？

4. 一具有四核苷酸顺序的 DNA 分子（如下图）：

$$—C—G—A—T—$$
$$|\quad|\quad|\quad|$$
$$—G—C—T—A—$$

（1）用亚硝酸处理，这条 DNA 复制时，核苷酸的顺序会发生怎样的变化？

（2）用硫酸二乙酯处理，这条 DNA 复制时，核苷酸顺序会发生怎样的变化？

5. 在鸽子中，有一伴性的复等位基因系列，包括：

B^A = 灰红色，B = 野生型（蓝），b = 巧克力色

显性可以认为是完全的，次序从左到右。我们已经知道鸟类的性别决定是：♂ZZ，♀ZW。基因型 $B^A b$ 的雄鸽是灰红色的，可是有时它们的某些羽毛上出现巧克力斑点。

请对这一现象提出两个说明，一个从基因方面，一个从染色体方面。

6. 如果在遗传型 B^A（−）的雌鸽中出现斑点，这斑点往往是巧克力色，但在这类鸽子中有时也可看到蓝色斑点。这个事实对你的上述两个解释中哪一个有利？

7. 一野生型的雄果蝇与一个白眼基因是纯合的雌果蝇杂交，子代中发现有一只雌果蝇具有白眼表型。你怎样确定这个结果是由于一个点突变引起的，还是由于缺失造成的？

8. 果蝇唾腺核中两条同源染色体，一条染色体的顺序是 1·234567，另一条染色体的顺序是 1·265437（注在 1 和 2 之间的点"·"表示着丝点），请画出其同源染色体配对图。

9. 为什么多倍体在植物中比在动物中普遍得多？你能提出一些理由吗？

10. 两个 21 三体的个体结婚，在他们的子代中，患先天愚型（Down 氏综合征）的个体占比例多少？（假定 $2n + 2$ 的个体是致死的）

11. 一个色盲女人和一个正常男人结婚，生了一个性染色体为 XXY 的正常儿子。

（1）此染色体畸变是发生在精子中还是卵子中？

（2）如果父亲是色盲者，而母亲为正常者，这种染色体畸变是发生在精子中还是卵子中？

（3）假如父亲是正常者，母亲是色盲者，生了一个色盲儿子，那么染色体畸变发生在哪里？

12. DNA 遗传多态性的应用有哪些？目前，DNA 亲子鉴定主要应用的是哪种 DNA 多态性标记？

网上更多

思考与提示　　科学与科学人

（聂庆华　蔡柏林）

第五章

基因表达与调控

　　基因表达调控是现代生命科学研究的重要前沿课题之一。无论原核生物还是真核生物，其生长发育、形态结构特征形成及生物学功能的发挥都是由细胞内复杂而有序的调控机制实现的，因此研究基因表达调控机制具有非常重要的理论意义和应用价值。原核生物与真核生物在基因表达调控机制上既有共性又有不同，本章将分两节来讨论基因的表达调控，第一节主要从操纵子结构和调控方式来讨论原核生物基因表达调控；第二节主要从 DNA 水平、转录水平、转录后水平和翻译水平等层次来讨论真核生物基因表达调控。

第一节 原核生物基因的表达调控

原核生物可以迅速调节各种基因的表达水平，以适应不断变化的环境条件。原核生物主要在转录水平上调控基因的表达，即当需要某种产物时，就大量合成其 mRNA，当不需要这种产物时就抑制编码该产物的基因的转录，使其维持在一个较低的本底水平。

视频：原核生物的基因表达调控

一、操纵子的结构、特性及调控方式

（一）操纵子的基本组成

20 世纪初就有人发现在含有乳糖和半乳糖的培养液中培养的酵母菌细胞中有分解半乳糖的酶，但是在葡萄糖的培养液中培养的酵母菌细胞中没有相应的酶，表明酵母中存在酶的诱导表达现象。后来对细菌的研究也发现类似的现象，并把生物细胞中的酶区分为组成酶和适应酶两类，前者是在任何情况下都表达的酶，后者是在诱导物（一般即作用底物）存在的情况下才表达的酶。后来的一系列研究表明，细菌中酶的诱导现象是广泛存在的。法国的莫诺（J. L. Monod）和雅各布（F. Jacob）在大肠杆菌遗传学研究的基础上，对大肠杆菌乳糖发酵中的酶和一系列突变型进行了广泛深入的研究，并在 1960—1961 年提出了乳糖操纵子模型，即原核生物基因表达调控的最初模型，开创了基因表达调控机制的研究，使基因调控的研究逐渐成为分子遗传学的一个重要内容。

操纵子学说指出，很多功能相关的结构基因成簇排列在一起，由一个共有的调控区来操控这些基因的表达。如图 5-1 所示，原核生物中由调控基因（regulatory gene）、启动子（promoter，P）、操纵基因（operator，O）和结构基因（structural gene）组成的一个转录功能单位称为操纵子（operon），包括结构基因和控制区的整段 DNA 序列。操纵子的控制区由启动子（P）和操纵基因（O）组成，其中 O 紧靠结构基因的上游，是调节基因产物的结合位点，调节基因是一个独立转录单位，具有自己的启动子，其产物是一个调节蛋白。

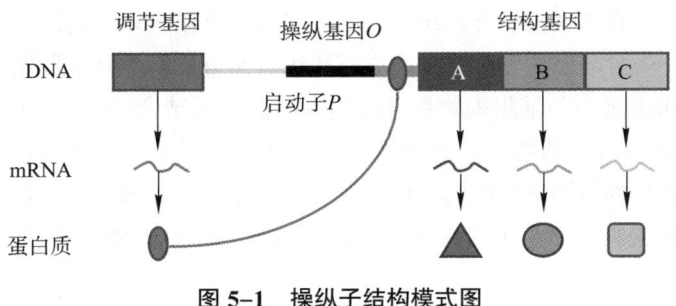

图 5-1 操纵子结构模式图

（二）操纵子的特性

一个操纵子是一个整体，结构基因簇中的各成员是协同调控的，操纵子具有以下特性：①在基因分布上，编码功能相关蛋白质的基因常成簇排列，P 和 O 基因紧密连锁或彼此重叠，位于结构基因上游，因此通常一个操纵子的全部基因都排列在一起，调节基因的位置并不固定，不总是与 O 紧密相连；②一个操纵子虽然包括若干个结构基因，但并不是每个基因分别转录出一条 mRNA，而是整个结构基因簇转录出

一个多顺反子的 mRNA；③在一个操纵子中，几个结构基因所编码的蛋白质通常是按一定的比率合成的；④一个操纵子中靠近操纵基因的结构基因如果发生无义突变（nonsense mutation），则其后面的一系列基因所编码的蛋白质的量会减少。这种突变型称为极性突变型（polar mutation），这种现象称为极性效应。

（三）操纵子的 4 种基本调控模式

1. 酶合成的诱导和阻遏

加入对基因表达有调节作用的小分子后能开启基因转录活性的作用和过程称为诱导（induction），加入的小分子称为诱导物（inducer）；反之，加入小分子后能关闭基因转录活性的作用和过程称为阻遏（repression），相应的小分子称为辅阻遏物（corepressor）。诱导物（底物）的存在使得细胞分解底物的酶合成增加，使诱导物不断被分解。当诱导物逐步耗尽后，酶的合成亦趋于停止。例如，在培养基中添加乳糖作为诱导物，可诱导大肠杆菌合成半乳糖苷酶，分解乳糖产生半乳糖和葡萄糖，当乳糖耗尽后酶的合成亦迅速停止。在阻遏作用中，代谢物的添加使得酶的合成终止，无该代谢物时酶的合成增加。例如，在培养基中添加色氨酸使得大肠杆菌色氨酸合成酶的产生受阻，因为此时细胞不再需要合成色氨酸。

2. 正调控与负调控

根据基因表达调控机制的不同，可分为正调控（positive regulation）和负调控（negative regulation）。原核基因表达的正、负调控系统是根据调节蛋白存在与否的情况下，操纵子对调节蛋白的反应定义的。正调控是指有调节蛋白存在时，基因表达，没有调节蛋白存在时基因不表达；负调控则是在调节蛋白存在时基因不表达，无调节蛋白时基因表达。在负调控系统中的调节蛋白叫阻遏蛋白（repressor）——阻止结构基因转录，其作用部位是操纵区。它与操纵区结合，转录受阻。在正调控系统中调节蛋白是激活蛋白（activator），激活蛋白与 DNA 的启动子及 RNA 聚合酶结合后，转录才会进行。正调控和负调控的共同点是调控蛋白（regulatory protein）都是反式作用因子（trans-acting factor），它通常识别位于基因上游的顺式作用元件（cis-acting element）。这种识别的结果是根据调控蛋白的类型决定的，激活（activate）或阻遏（repress）基因的表达。尽管调控蛋白结合 DNA 的实际长度较长，但它仅识别 DNA 上很短的序列，一般小于 10 bp。细菌的启动子就是一个例子：虽然 RNA 聚合酶在转录起始时，覆盖大于 70 bp 的 DNA，但其识别的关键序列是位于 –35 和 –10 中心处的 6 个碱基的序列。

由此，操纵子具有 4 种基本的调控模式，分别为负调控诱导系统（negative inducible system）、正调控诱导系统（positive inducible system）、负调控阻遏系统（negative repressible system）以及正调控阻遏系统（positive repressible system）。在负调控系统中，调节基因编码的是阻遏蛋白，其作用是与操纵区结合从而阻止结构基因的转录。在负调控诱导系统中，阻遏蛋白没有结合诱导物时具有与操纵区结合的活性，导致结构基因转录受阻；一旦与诱导物结合便失去与操纵区结合的活性从上脱落下来，使结构基因转录；在负调控阻遏系统中，阻遏蛋白与辅阻遏物结合时具有与操纵区结合的活性，导致基因转录受阻。在正调控系统中，调节基因转录活性的物质是激活蛋白，它结合 DNA 的启动子和 RNA 聚合酶后启动转录。在正调控诱导系统中，诱导物与激活蛋白结合使其具有结合启动子和 RNA 聚合酶的活性，促进转录；在正调控阻遏系统中，辅阻遏物与激活蛋白结合使其丧失结合活性，从而抑制结构基因转录。图 5-2 总结了 4 种简单的控制模式。

二、乳糖操纵子

（一）乳糖操纵子的结构

大肠杆菌的乳糖操纵子系统是研究最早且最清楚的基因调控模式。人们在研究中发现，细菌在同时含有葡萄糖和乳糖的培养基中生长时，细菌先利用葡萄糖，待葡萄糖耗尽时才启动利用乳糖的酶类表达。细菌对乳糖的利用需要通透酶的作用使乳糖进入，然后在 β- 半乳糖苷酶和转乙酰基酶的作用下将乳糖转变为葡萄糖和半乳糖供自身的代谢利用。人们把这 3 种酶的编码基因命名为 *lacZ*、*lacY* 和 *lacA*，它们依次串连排列在 DNA 上协同转录为一个多顺反子的 mRNA，再经翻译产生相应的酶，称为 *Lac* 酶系统（图 5–3）。其中 *lacZ* 基因长 3 510 bp，编码 *β*- 半乳糖苷酶（*β*–galactoside），含 1 170 个氨基酸，其活性形式是分子量约为 500 kDa 的四聚体，催化 *β*- 半乳糖苷水解，使乳糖分解为半乳糖和葡萄糖；*lacY* 基因长 780 bp，编码由 260 个氨基酸组成的半乳糖苷通透酶（permease），它是分子量为 30 000 的膜结合蛋白，能促使 *β*- 半乳糖苷转入细胞内；*lacA* 基因长 825 bp，编码含 275 个氨基酸的 *β*- 半乳糖苷转乙酰基酶

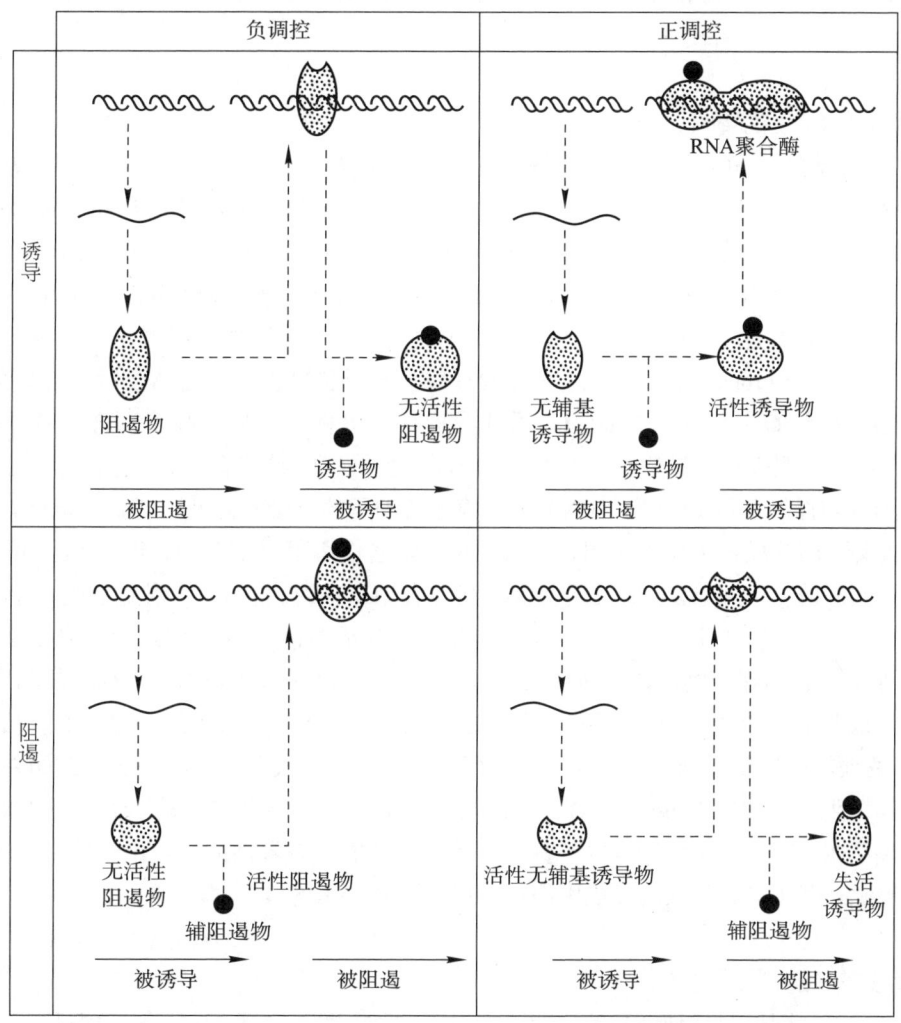

图 5–2　操纵子的 4 种基本表达调控模式（引自余龙等，2005）

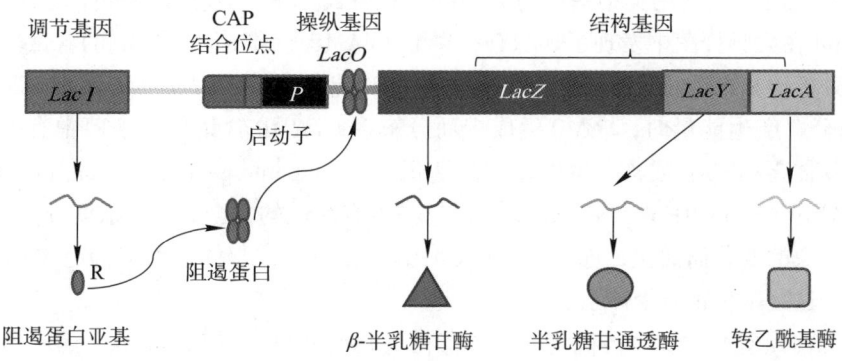

图 5–3　大肠杆菌乳糖操纵子结构模式图

（transacetylase），以二聚体活性形式催化半乳糖的乙酰化。*lacZ* 基因 5′ 端具有大肠杆菌核糖体识别结合位点（ribosome binding site，RBS）特征的 Shine-Dalgarno（SD）序列，因而当乳糖操纵子开放时，核糖体能结合在转录产生的 mRNA 上。由于 *lacZ*、*lacY* 和 *lacA* 三个基因头尾相接，上一个基因的翻译终止密码靠近下一个基因的翻译起始密码，因而同一个核糖体能沿此转录生成的多顺反子（polycistron）mRNA 移动，在翻译合成了上一个基因编码的蛋白质后，不从 mRNA 上掉下来而继续沿 mRNA 移动合成下一个基因编码的蛋白质，依次合成基因簇中所编码的所有蛋白质。紧靠着 *lacZ* 是操纵基因 *lacO*，它不编码任何蛋白质，是调节基因 *lacI* 所编码的阻遏蛋白的结合部位；在 *lacO* 上游是启动子（*P*），包含有 CAP 蛋白结合位点。

（二）可诱导的负调控系统

根据操纵子结构模型，可以推测乳糖操纵子的表达顺序是以 RNA 聚合酶与启动子（*P*）的结合为起点，经过操纵基因（*O*）到达三个结构基因，转录得到一个多顺反子 *lacZYA* mRNA，最终产生 3 种蛋白质来完成乳糖代谢过程。结构基因的转录受操纵基因控制，与操纵基因结合的作用因子是阻遏蛋白。乳糖操纵子的调节基因 *lacI* 编码一种分子量为 38 kDa 的阻遏蛋白（repressor，R），4 个相同的阻遏蛋白分子聚合形成四聚体，IPTG 结合实验表明，每个细胞中含有 5~10 个这样的四聚体。该四聚体阻遏蛋白是一种变构蛋白（allosteric protein），当细胞中的小分子物质如异构乳糖，与之结合后就会改变蛋白质构象，进而降低了阻遏蛋白与 *O* 基因结合的能力，因此异构乳糖也称为乳糖操纵子的开启诱导物（inducer）。*lacI* 基因呈低水平组成型表达，其表达水平只受自身启动子强度的控制。当环境中没有乳糖时，阻遏蛋白 R 以四聚体形式与操纵基因 *O* 结合，RNA 聚合酶与启动子的结合被阻止，因此 *LacZYA* 结构基因的转录不能启动，大肠杆菌乳糖操纵子处于阻遏状态。R 的阻遏作用不是绝对的，即 R 与 *O* 可偶尔解离，使细胞中产生极低水平的 β- 半乳糖苷酶及通透酶。当有乳糖存在时，在 β- 半乳糖苷酶的催化下，乳糖转变为别构乳糖与 R 结合，使 R 构象发生变化，R 四聚体解聚成单体，与 *O* 的亲和力失去并解离，基因的转录开放，β- 半乳糖苷酶在细胞内的含量可增加 1 000 倍。这就是乳糖对 Lac 操纵子的诱导作用。可见，当细胞中有乳糖或其他诱导物的情况下阻遏蛋白便和它们相结合，改变构象，使之不能结合在 *lacO* 上，于是 RNA 聚合酶便能结合于启动子，转录得以进行，从而产生吸收和分解乳糖的酶；如果细胞中没有乳糖或其他诱导物，阻遏蛋白就与 *lacO* 结合，从而从空间上阻碍了结合在启动子 *P* 上的 RNA 聚合酶的前进道路，使转录不能进行。通过这种方式的基因调控，细菌能在有乳糖的环境中合成有关利用乳糖的酶，利用乳糖作为碳源。而在没有乳糖的环境中停止合成这些酶（图 5-4）。

（三）乳糖操纵子的正调控机制

在细菌中，一些分别控制某种糖分解代谢的操纵子，如乳糖、半乳糖、阿拉伯糖及麦芽糖操纵子等，当培养基中含有葡萄糖时就会阻止这些操纵子的功能，如人们在试验中发现，大肠杆菌在含有乳糖和葡萄糖的培养基中生长时，只利用葡萄糖而对乳糖的存在视而不见。这些操纵子称为葡萄糖敏感操纵子。1965 年，Magasonil 在大肠杆菌中发现了环腺苷一磷酸（cAMP）。细菌中 cAMP 的含量与葡萄糖的分解代谢有关，当细胞处于碳源饥饿时，腺苷酸环化酶能将 ATP 转变成 cAMP，cAMP 水平显著提高，反之，当细菌利用葡萄糖分解产生能量时，cAMP 生成少而分解多，cAMP 含量低。细菌中有一种能与 cAMP 特异结合的 cAMP 受体蛋白 CAP 或称分解物基因激活蛋白（catabolite gene activation protein，CAP 或 cAMP receptor protein，CRP），当 CRP 未与 cAMP 结合时它是没有活性的，当 cAMP 浓度升高时，CRP 与 cAMP 结合并发生空间构象的变化而活化，称为 cAMP-CAP，它是一种二聚体，可与特定的 DNA 序列结合起始操纵子进行转录，这是一种正调控体系。

乳糖操纵子除前面叙述的负调控机制外，还存在正调控机制。在 Lac 操纵子的启动子 *P* 上游有一段与 *P* 部分重叠的序列，能与 cAMP-CAP 特异结合，称为 CAP 结合位点（CAP binding site）（图 5-5）。乳

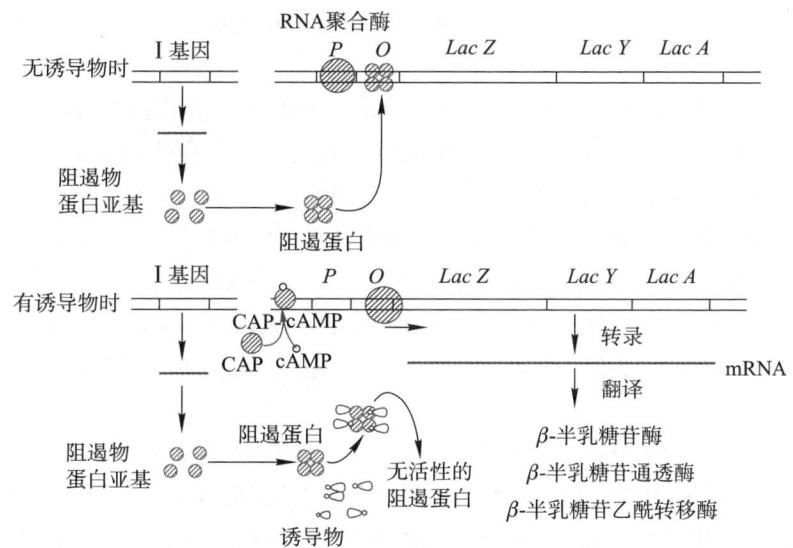

图 5-4 乳糖操纵子的负调控

糖启动子有两个 CAP 结合位点，一个是在 –70 到 –50（Ⅰ），一个是在 –50 到 –40（Ⅱ），位点Ⅰ包含一个反向重复序列，结合力强，位点Ⅱ结合力很弱。但两个位点之间存在协同效应（cooperativity），即当 cAMP-CAP 复合物结合于位点Ⅰ时，位点Ⅱ结合 cAMP-CAP 的能力显著提高。没有葡萄糖存在时，cAMP 含量就升高，cAMP-CAP 与 CAP 结合位点结合（图 5-5），可增强 RNA 聚合酶的转录活性，使转录提高 50 倍。反之，当有葡萄糖存在时 cAMP 不能形成，cAMP-CAP 复合物自然也无法形成，因此启动子上的进入位点不能与 RNA 聚合酶结合，使转录受阻。因此当细胞仅有乳糖作为碳源时，也可以通过正调控机制使结构基因顺利转录，翻译出需要的蛋白。

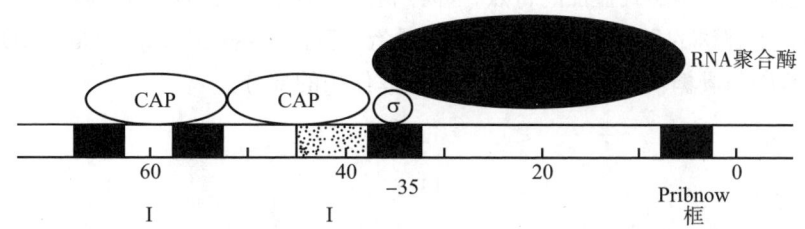

图 5-5 乳糖操纵子的 CAP 结合位点（引自赵书红，2010）

乳糖操纵子在一定程度上反映了原核生物基因表达调控的模式：第一，相关基因的表达调控极大地受环境条件变化的影响，如葡萄糖、乳糖浓度的变化是乳糖操纵子结构基因是否转录的信号；第二，基因表达的负调控机制，即调控蛋白与相应的 DNA 序列结合后，能阻遏基因的表达，如 Lac 阻遏物与操纵基因 O 结合后就抑制了结构基因的表达，在乳糖操纵子这种阻遏作用能被诱导剂解除；第三，基因表达的正调控，即调控蛋白与相应的 DNA 序列结合后，能促进基因的表达，如 cAMP-CAP 就是一种在多个原核生物操纵子中发挥正调控作用的复合物。基因表达的负调控为细菌的生存提供一个保护机制，即当调节蛋白失活时，酶系统可以照样合成，使细胞不会因缺乏酶系统而死亡。

（四）乳糖操纵子的突变类型

雅可布（F. Jacob）和莫诺（J. L. Monod）对大肠杆菌乳糖利用突变体的研究表明，调节系统如果发生突变可能使操纵子表达停止，或者在没有诱导物存在时仍然表达。使操纵子在任何情况下都不能表达的突变称为不可诱导型突变（uninducible mutation）；而无论诱导物是否存在都进行表达，对调节没有反应能力的突变称为组成型基因表达，即操纵子总是处于开放状态，这种突变体称为组成型突变体（constitutive mutants）。

调控基因 *I* 的突变类型有两种：①突变发生在 *I* 基因所编码阻遏蛋白的 DNA 结合结构域上，使突变基因的表达产物失去与 *O* 基因结合的能力，无论乳糖存在与否，突变体的表型为乳糖操纵子开启，即操纵子总是处于开放状态，*I* 基因的这种突变为组成型突变（constitutive mutants，I^c）；②*I* 基因突变发生在阻遏蛋白与诱导物的结合结构域，导致突变基因的表达产物不能与诱导物结合，因此即使存在诱导物，也无法与阻遏蛋白结合，不能改变阻遏蛋白的构象，结合在 *O* 位点上的阻遏蛋白不能被解离下来，这种突变导致无论有无诱导物乳糖操纵子都处于关闭状态，*I* 基因的这种突变称为超阻型突变（super-repressed mutation，I^s）。如果向突变体中引入正常的调节基因，形成 *I* 基因的部分二倍体，既有 lacI⁺ 又有 lacI⁻，则可以正常调节。

通过从诱导变组成型的遗传分析鉴定了操纵基因的另一类组成型突变"O^c"，在这种突变体中，当调节基因 *I* 不发生变化时，阻断 RNA 聚合酶起始转录的阻遏物不能结合上去，因而其下游结构基因 *lacZYA* 得以表达。该突变体的鉴定提供了第一个顺式元件的证据，即 *O* 是有功能的，但本身不编码。由于突变改变了操纵基因 *O*，使阻遏蛋白不能与之结合，O^c 突变相邻接的结构基因得以组成型表达。操纵基因只控制与它相邻接的 *lac* 基因。

有人将第二个 *Lac* 操纵子导入细菌的质粒上，由于它有自己特有的操纵基因，操纵基因互不干扰。因此如果一个操纵子有一个野生型的操纵基因，在通常条件下，它将被阻遏。当第二个操纵子带有 O^c 突变时，它将持续表达。这些特点表明操纵基因是一个典型的顺式作用元件。操纵基因只控制与其相邻接的基因而不影响存在于细胞中的其他 DNA 上的等位座位，因此将 O^c 这样的突变称为顺式 – 显性突变（cis-dominant mutants），即 O^c 对正常操纵基因 O^+ 而言，是显性。顺式作用元件中发生突变就不能和相关蛋白相结合，当两个顺式作用元件彼此靠得很近时（如启动子和操纵基因），通过互补测验不能分辩突变发生在那一个位点上，而只有通过它们对表型的影响来加以区别。如果一个控制位点其功能是多顺反子 mRNA 的一部分，它将表现出顺式显性的特点，即控制位点不能和被它调节的基因相分离。

值得一提的是，上述讲的显性和隐性不是指阻遏蛋白基因本身的有无，而是细菌是否能够利用乳糖的表型。阻遏蛋白基因与乳糖代谢基因是两个独立发挥作用的部分。

三、色氨酸操纵子

（一）色氨酸操纵子的结构

在细菌中，除存在上述象利用乳糖的分解代谢的操纵子外，还存在负责某些合成代谢的操纵子，如色氨酸操纵子（tryptophan operon，trp operon）就是细菌中一种负责色氨酸合成代谢的操纵子。色氨酸是构成蛋白质的组分，一般的环境难以给细菌提供足够的色氨酸，细菌要生存和增殖通常需要自身合成；一旦环境能够提供时，细菌就会充分利用外界的色氨酸，减少或停止自身的合成。细菌之所以能做到这一点，是因为有色氨酸操纵子的存在。在没有外源色氨酸时，色氨酸操纵子表达合成色氨酸所需的蛋白，当有足够色氨酸时，细菌便关闭该合成途径。这种由最终的合成产物阻遏的一类操纵子称为可阻遏系统。

大肠杆菌色氨酸操纵子有 5 个结构基因：*trpE*、*trpD*、*trpC*、*trpB* 和 *trpA*。*trpE* 基因长 1 560 bp，编码邻氨基苯甲酸合成酶的 ε 亚基，*trpD* 基因长 1 590 bp，编码邻氨基苯甲酸合成酶的 δ 亚基，*trpC* 基因长 1 353 bp，编码吲哚甘油磷酸合成酶，*trpB* 基因长 1 191 bp，编码色氨酸合成酶的 β 链，*trpA* 基因长 804 bp，编码色氨酸合成酶的 α 链。与乳糖操纵子类似，结构基因前有一段启动子区（60 bp），包含起点 *P* 和操纵基因 *O*，但所不同的是 *trpO* 和第一个结构基因 *trpE* 之间还有一段 162 bp 的前导序列 *trpL*，其包含的短肽结构基因转录终止处是一个不依赖 ρ 因子的终止子（36 bp），其下游还有一个依赖于 ρ 因子的终止子（约 250 bp）。另外还有编码阻遏蛋白的 *trpR* 色氨酸操纵子区（图 5-6）。

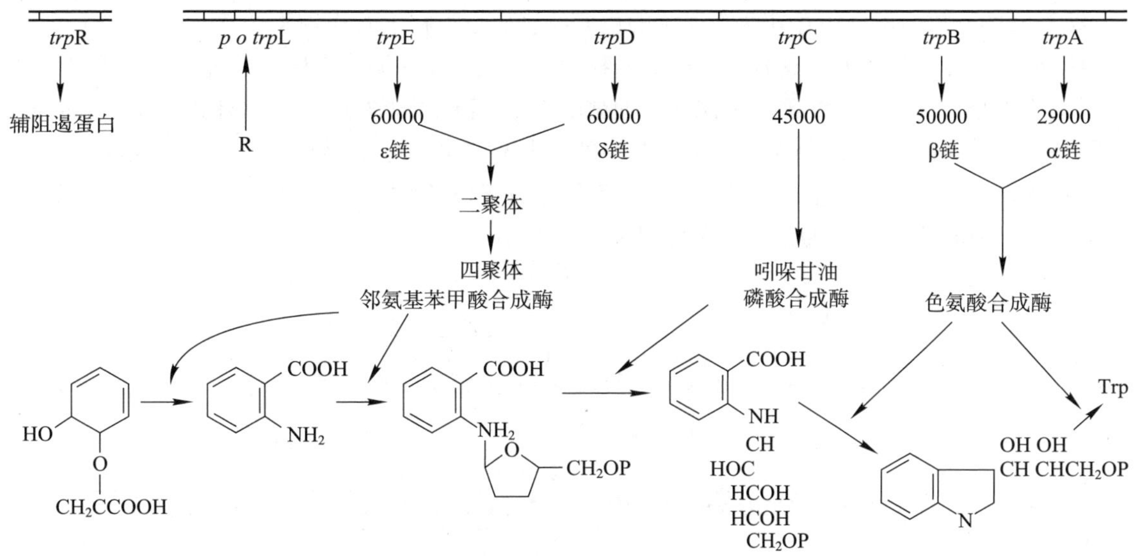

图 5-6 色氨酸操纵子及相应转录产物

（二）可阻遏的负调控系统

色氨酸操纵子中起负调控作用的阻遏蛋白自身不能与操纵基因结合，只有当它与辅阻遏物结合之后才能转变为有阻遏活性的功能蛋白。当培养基中有充足的色氨酸时，阻遏蛋白与其结合而被激活，即具有与操纵基因结合的能力，从而抑制结构基因的表达；当色氨酸不足时，由于阻遏蛋白自身没有活性，不能与操纵基因结合或结合很少，从而结构基因得以转录并表达。因此，色氨酸操纵子是一个可阻遏的负调控系统。

*trp*R 编码 12.5 KDa 阻遏蛋白的亚基，在细胞里以四聚体的形式起作用。实验表明，单独的阻遏蛋白四聚体不能和 *trp*O 结合，只有与色氨酸结合改变构象后才能与 *trp*O 结合。研究还发现，色氨酸操纵子在没有阻遏蛋白时，*trp*P 转录起始的频率明显增加（约 70 倍）；即使在阻遏条件下，结构基因也以低的基础水平（basal level）或阻遏水平（repressed level）转录。另一种情况是当 *trp* 操纵子处于阻遏条件下，结构基因的后三个基因 *trp*CBA 的多肽表达量比 *trp*DE 高 5 倍，通过 DNA 酶保护实验表明，色氨酸操纵子的 5 个结构基因可因条件不同受两个启动子的调控，即除了位于 5 个基因前面的启动子外，在 *trp*D 的末端还有一个弱启动子，该启动子在去阻遏的条件下，可使 *trp*CBA 以低水平、组成型方式进行转录，转录的 mRNA 翻译成蛋白质使得 *CBA* 基因产物的水平增加。

（三）色氨酸操纵子的衰减子调控模式

通过实验观察到，当色氨酸达到一定浓度、但还没有高到能够活化阻遏蛋白 R 使其发挥阻遏作用的程度时，色氨酸合成酶类的产量已经明显降低，而且产生的酶量与色氨酸浓度呈负相关。进一步研究发现，这种调控现象与色氨酸操纵元特殊的结构有关。在阻遏状态下，色氨酸合成酶的合成是诱导状态下的 1/1 000，而色氨酸操纵子中阻遏状态下的合成只有诱导状态下的 1/700，说明色氨酸操纵子的阻遏效率明显较低，推测色氨酸操纵子还有另一个控制系统来辅助调控，从而证实了衰减子的存在。

研究者发现，当细胞中有少量色氨酸存在时，其含量不足以使其作为辅阻遏物激活阻遏蛋白来关闭 O 位点，从而使 RNA 聚合酶可以启动转录，但转录过程仅到达第一个结构基因（*E* 基因）之前的引导序列处，RNA 聚合酶就从 DNA 模板上解离下来。这种当转录从起始位点启动后，RNA 聚合酶在未达到结构基因编码区之前提前终止的现象称之为衰减作用（attenuation）。在编码一些生物合成酶类的操纵子中，通常有衰减作用发生。

衰减子是一个受到翻译控制的转录终止子结构，其最主要的特征是色氨酸 mRNA 前导序列中一个编码 14 个氨基酸的开放阅读框中存在两个连续的色氨酸密码子；在下游相隔 42 个碱基处存在一个不依赖 ρ 因子的终止子结构（图 5-7）。这两个结构上的特征是衰减子发挥调控作用的关键。衰减作用的共同特点是通过细胞内是否存在已经负载氨基酸的氨基酰 tRNA，调节内部终止子发夹结构的形成。如果衰减子区形成了终止子发夹结构，则 RNA 聚合酶不能通过终止子完成开放阅读框（Open Reading Frame，ORF）的转录，结构基因的转录被阻止；如果衰减子区不能形成终止子发夹结构，RNA 聚合酶则可以顺利通过终止子完成整个 ORF 的转录，使结构基因得到表达。

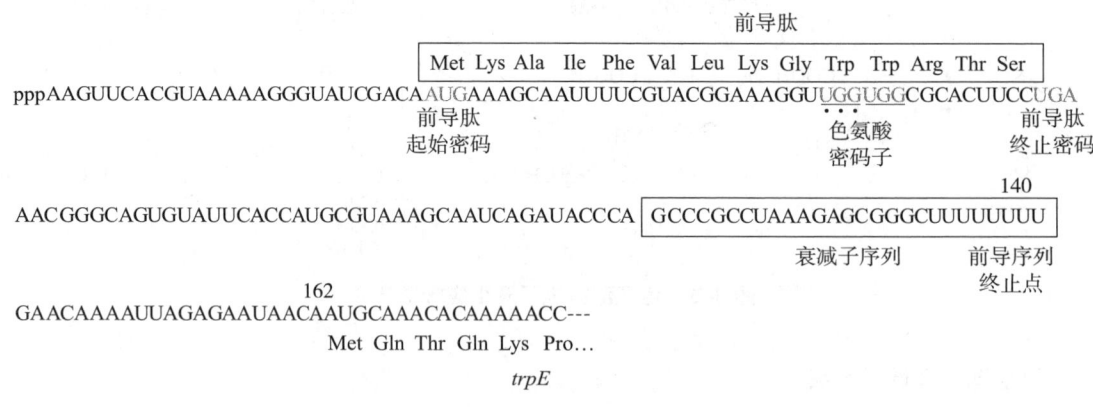

图 5-7　衰减子的结构（引自赵书红，2010）

色氨酸操纵子前导区的碱基序列已经全部测定，完整的前导区序列可以分为 1，2，3，4 区域，这四个区域的片段能以两种不同方式进行碱基配对，即有时可以以 1-2 和 3-4 的方式配对，形成 3-4 终止结构，有时可以以 2-3 的方式配对，形成反终止结构（图 5-6）。当细胞中色氨酸未达到能起阻遏作用的浓度时，色氨酸启动子起始转录，RNA 聚合酶沿 DNA 转录合成 mRNA，同时核糖体就结合到新生成的 mRNA 核糖体结合位点上开始翻译。当色氨酸浓度很低时，生成的 Trp-tRNA 供应量很少，mRNA 形成的翻译复合体中供给合成短肽的概率低，使核糖体沿 mRNA 翻译移动的速度慢，赶不上 RNA 聚合酶沿 DNA 移动转录的速度，这时核糖体翻译在片段 1 处停止滞留，此时片段 4 还未转录出来，因此有利于片段 2、3 形成抗终止结构，使 RNA 聚合酶继续催化转录过程。当培养基中存在高浓度色氨酸时，Trp-tRNA 含量丰富，核糖体沿 mRNA 翻译移动的速度加快，核糖体能顺利通过两个连续的 Trp 区域（位于片段 1）封闭片段 2，片段 2、3 不能形成反终止结构，促使片段 3、4 形成发夹结构使转录终止。

空间和时间上的巧妙安排是实现衰减子对转录调控的关键：在空间上，两个色氨酸密码子的位置和下游的终止子结构是至关重要的，如果发生变化就不能实现衰减；在时间上，核糖体在两个色氨酸密码子上停滞时，序列 4 应当还未转录出来，否则就不会出现序列 2 和 3 的配对，而只能是 3 和 4 配对，也就不能使转录越过衰减子而继续下去（图 5-8）。

在衰减子调控系统中，核糖体具有双重功能，一方面，它可以翻译蛋白质，另一方面，核糖体的功能相当于一个正调控蛋白，它在两个色氨酸密码子停滞位点的结合能促使 RNA 继续合成，相应的氨酰基-tRNA 与之结合则使核糖体丧失与此位点结合的能力，因此氨酰基-tRNA 相当于辅阻遏物。

综上所述，色氨酸操纵子的负调控作用与衰减机制一起协同调控基因表达，比单一的阻遏负调控系统更为有效和精确：一方面，当有活性的阻遏物向无活性转变速度很低时，衰减系统能更迅速作出反应，使色氨酸从较高浓度快速下降到中低浓度；另一方面，若外源色氨酸浓度实在太低，细菌本身又没有其他内源性色氨酸合成体系，导致细菌难以维持自身生长时，就需要衰减体系通过不终止 mRNA 的合成来增加 Trp 酶的合成从而提高内源色氨酸的浓度来加以调节。

衰减作用的机理已被许多实验所证实。细菌中，许多负责氨基酸合成的操纵子的表达受衰减作用的调控，如组氨酸操纵子中，衰减子是唯一的调控结构。有些操纵子的氨基酸还可以对多种氨基酸的合成

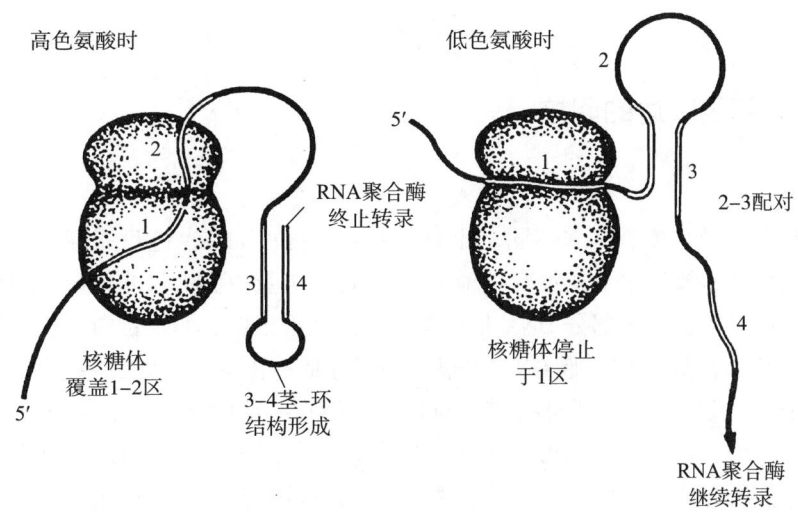

图 5-8 衰减子的作用机理

进行调控，如异亮氨酸操纵子的 mRNA 前导序列中不仅含异亮氨酸，还含有亮氨酸和缬氨酸的密码子。衰减作用是一种应答灵敏、调节灵活的多重调控方式，它结合了 DNA、RNA 的构象变化、mRNA 上终止子的形成以及核糖体上 tRNA 对终止密码子的识别等，使操纵子的表达更加高效、精密。衰减作用的调控具有一定的普遍意义。

四、原核生物中的非编码 RNA 调控

原核生物中，除了 tRNA、rRNA 和 mRNA 等三种 RNA 以外，目前还发现存在非编码 RNA（non-coding RNAs）。细菌非编码 RNA，也称为非编码小 RNA（small non-coding RNAs，sRNAs），长度 50~500 nt，这些非编码 RNA 在新陈代谢、毒力和应对胁迫等生命现象中发挥调控作用。

目前发现的细菌 sRNAs 可分为三类：第一类 sRNA 位于 mRNA 前导序列 5′-UTR 区，外界环境和营养条件可诱导核糖体开关的构象变化，进而调节下游基因表达；第二类 sRNAs 在细菌中分布最为广泛，通过与靶 mRNA 互补配对发挥调节作用；第三类 sRNAs 是 CRISPRs（clustered regularly interspaced short palindromic repeats），成簇规律间隔的重复短回文序列，广泛存在于真细菌类和古细菌类。

细菌的非编码 RNA 一般具有独立的转录单元，转录通常开始于一段能折叠成稳定茎环结构的序列，终止于一个不依赖 Rho 的转录终止因子。环境变化是细菌 sRNAs 转录的主要调控因素，例如低温、营养缺乏或者应激等恶劣条件均可导致不同的 sRNAs 表达。细菌 sRNAs 发挥调节功能普遍的一种形式是与目的 mRNA 配对结合，通过与 mRNA 相互作用以稳定或导致 mRNA 降解，其发挥作用的主要方式包括：① sRNAs 与目标 mRNA 通过不完全的碱基配对结合，影响 RNA 酶对靶 mRNA 的作用。②有些细菌 sRNA 可以结合在靶标 mRNA 的 3′ 端，起到稳定靶标 mRNA 的作用。③ sRNA 与靶 mRNA 互补配对后，影响靶 mRNA 与核糖体结合，调节目的基因翻译水平表达。

除细菌中存在非编码 RNA 调控形式外，病毒中也存在非编码 RNA 调控，能够通过多种方式适应其在宿主体内的生活，而编码 miRNA 调控宿主及其自身的基因表达就是其中一种重要的方式（miRNA 产生及作用机制见后面真核生物基因表达调控）。现在对于病毒 miRNA 作用机制的研究还不是很深入，但可以肯定的是病毒靶细胞和其自身的转录产物都能作为病毒 miRNA 的作用靶点。病毒 miRNA 在宿主中的作用包括：①调控靶细胞增殖分化来调控病毒复制及免疫应答；②调控自身基因表达从而调控自身存活状态，包括潜伏及裂解等。

第二节 真核生物基因表达的调控

真核生物基因组与原核生物有许多不同，比如：一条成熟的 mRNA 链只能翻译出一条多肽链，不存在原核生物中常见的多基因操纵子形式；真核细胞 DNA 都与组蛋白和大量非组蛋白相结合，形成核小体结构，只有活跃表达的基因其一小部分 DNA 是裸露的，这些组蛋白、非组蛋白、核小体的结构与组织状态也都影响到基因活性；高等真核细胞 DNA 中很大一部分是不转录的，且很多存在不被翻译的内含子；真核生物 DNA 能根据生长发育的需要进行有序重排，还能在必要时增加细胞内某些基因的拷贝数；基因转录的调节区相对较大，可以是远离启动子几百个甚至上千个碱基对；真核生物的 RNA 在细胞核中合成，经转运加工后才能翻译成蛋白质，而原核生物中不存在这样严格的空间间隔。

正因为真核生物基因组结构具有这些特点，其基因的表达调控也与原核生物有着明显的区别：可以发生在 DNA 水平、转录水平、转录后加工过程、转运过程、翻译过程以及翻译后蛋白质的加工修饰过程。根据性质可以将真核生物基因表达调控分为两大类：一是瞬时调控（可逆性调控），它相当于原核细胞对环境条件变化所作出的反应。瞬时调控包括某种底物或激素水平升降及细胞周期不同阶段中酶活性的调节；二是发育调控（不可逆调控），是真核生物调控的精髓部分，它决定了真核细胞生长、分化和发育的全部进程。根据基因调控在同一事件中发生的先后次序可将真核生物基因表达调控分为 DNA 水平、转录水平、转录后水平、翻译水平和蛋白质加工水平等几个层次。下面将从这几个不同层次具体讨论真核生物基因表达调控的方式。

一、DNA 水平的调控方式

（一）基因拷贝数的变化

真核生物基因拷贝数的变化包括基因丢失和基因扩增，基因表达可以通过基因拷贝数的变化来调节。基因丢失是指在细胞分化过程中去除某些基因而使其沉默，它是基因表达调控的方式之一。在某些原生动物、线虫、昆虫和甲壳类动物个体发育中，许多体细胞常常会丢失掉整条或部分的染色体，只有将来分化产生生殖细胞的那些细胞一直保留着整套的染色体。例如，有一种叫小麦瘿蚊的昆虫，卵裂时，只是形成卵一端的细胞保持全部 40 条染色体，这些细胞将来形成生殖细胞，而其他部位的细胞只保留 8 条染色体。马蛔虫卵裂的早期也发现有染色体丢失的现象。在马蛔虫的受精卵里只有一对染色体，当个体发育到一定阶段后，在分化为体细胞的细胞中，该对染色体破碎成为许多小染色体，有的小染色体含有着丝点，有的小染色体不含有着丝点。含有着丝点的小染色体在以后的细胞分裂中都将保持下去，而有些小染色体不含有着丝点，不能在细胞中正常分配而丢失。而在将来形成生殖细胞的细胞中，不存在染色体破碎现象。蛔虫胚胎发育过程中有 27% DNA 的丢失，所包含的基因不可能再表达了，这种调控是不可逆的。目前，在高等真核生物（包括动物、植物）中尚未发现类似的基因丢失现象。

基因扩增是基因活性调控的又一种方式，是指某些基因的拷贝数专一性大量增加的现象，它使细胞某种基因产物迅速增加以满足某种生理活动的需要。基因扩增的种类包括：（1）特定组织中整个染色体组的扩增。Rudkm 在 1960 年发现：在双翅目昆虫（如果蝇，*D. melanogaster*）的唾腺中，细胞不分裂但染色体却多轮复制，产生巨大的含有多于 1 000 条染色单体的多线染色体（polytene chromosomes）。在果蝇唾腺的多线染色体中，其常染色质 DNA 可以扩增上千倍，而在异染色质区附近只复制几次。（2）在个体发育过程中染色体的扩增。例如非洲爪蟾的每条染色体上有约 500 拷贝编码 18S、5.8S 和 28S r DNA

的串联重复单位，它们成簇存在，形成核仁组织区，但卵母细胞在大量合成蛋白质时，细胞中的 rDNA 的拷贝数目可由平时的 500 份急剧增加到 2×10^6 份，经转录生成大量的 rRNA，以满足细胞大量合成蛋白质的需要。这一基因扩增仅发生在卵母细胞中，当胚胎期开始时，这些增加的 rDNA 便失去功能并逐渐消失。目前认为 rDNA 扩增的分子机制是 rDNA 串联重复单位被剪切下来后环化，以滚环复制的形式进行扩增。在黑腹果蝇的发育中，卵壳蛋白由多倍体的卵泡细胞合成和分泌。卵壳蛋白基因成簇排列，通过在卵泡细胞中选择性扩增来满足短期内对卵壳蛋白的大量需要。在黑腹果蝇中已鉴别出两组这样的卵壳蛋白基因，其中一组是位于卵泡中 X 染色体上的基因，在表达之前经 4 次重复扩增 16 倍；另一组基因在第 Ⅲ 染色体上经 6 次重复，扩增了 64 倍。与上面叙述的不同，卵壳蛋白基因不被剪切，在基因组中通过复制的重叠环而被扩增。（3）哺乳动物培养细胞中基因的应激性扩增。在培养的细胞中加入一些化学试剂可使对其产生抗性的基因大量扩增。当用药物处理培养的哺乳类细胞来抑制特定的酶时，抗性细胞可以被分离并大量生长。典型的例子是应用二氢叶酸还原酶（DHFR）的竞争性抑制剂氨甲蝶呤（methotrexate）处理细胞系，可以分离到能耐受氨甲蝶呤的细胞。在这类细胞中，dhfr 基因发生扩增产生更高的酶活性来增加对氨甲蝶呤的抗性。在抗氨甲蝶呤细胞中，dhfr 基因数目的变化范围是 40 ~ 400 拷贝，拷贝数的多少取决于选择的程度和单个细胞系本身。在经过几轮筛选的高抗性细胞中，这个基因座可能扩增上千倍。对这种高抗性的细胞染色体分析发现扩增区域形成一延伸的染色体带，称为均一染色区（homogeneously staining region，HSR）或形成小的点状染色体称为双微体（double minute chromosomes）。类似这样的基因扩增现已发现 20 种以上。

（二）真核生物基因重排对基因表达的调控

将一个基因从远离启动子的地方转移到距它很近的位点从而启动转录，这种方式称为基因重排。

1. 酵母交配型的转变

很多真菌的有性生殖过程都需要不同交配型（mating-type）的菌株相互接合才能产生二倍体的合子，如啤酒酵母（*Saccharomyces cerevisiae*）的 a 型和 α 型。酵母细胞的交配型是由 MAT（mating）座的遗传信息决定的。在此座位上带有 *MATa* 等位基因的细胞就称为 a 型细胞；带有 *MATα* 等位基因的细胞就称为 α 型细胞。只有 a 型和 α 型细胞之间才能交配，相同型细胞之间是不能交配的。不同交配型细胞分泌的外激素（pheromones）决定了不同交配型细胞之间的识别。α 细胞分泌 α 因子，含有 13 个氨基酸；a 细胞分泌 a 因子，含有 12 个氨基酸。一种交配型的细胞带有另一种结合型外激素的表面受体。当两种不同交配型的 α 细胞和 a 细胞相遇时，它们的外激素相互作用，使双方细胞周期都停止在 G1 期，然后发生各种形态学的变化，并产生胶着。在成功的接合中，细胞周期的停止使细胞和细胞核得以融合，产生一个 α/a 二倍体细胞。α/a 二倍体细胞带有 *MATα* 和 *MATa* 等位基因，与单倍体细胞不同的特点在于 α/a 细胞能形成孢子，而单倍体细胞不能形成孢子。

1977 年，希克斯（T. B. Hicks）等提出了解释交配型互变的暗箱模型（cassette model）。他们认为 MAT 是活性暗盒（active cassette），当这个盒子是 MATα 时细胞就是 α 型；当这个盒子是 MAT a 时细胞就是 a 型的。在 MAT 同一条染色体的两侧分别存在 *HML* 和 *HMR* 两个沉默暗盒（silent cassettes），它们都不能表达。通常 *HML* 带有 *HMLα* 基因，而 *HMR* 带有 *HMRa* 基因，三个暗盒都带有编码交配型的信息，但只有 *MAT* 可以表达。当活性暗盒信息被沉默暗盒信息所取代时，新"装进"活性暗盒的信息就可以表达，从而发生交配型转换。可见，细胞通过交替改变 *MAT* 座位中的等位基因，控制细胞的交配型，这种 DNA 重排称为盒式机制（cassette mechanism），交配型的座位像是一个盒式播放机，α 或 a（等位基因）都能插进去播放（转录，图 5-9）。

通过比较沉默暗盒（HMLα 和 HMRa）和活性暗盒（MATa 和 MATα）的序列，就能描绘出决定交配型的序列。每种暗盒都有共同的序列，侧翼序列 W、X 和 Z 夹着一个中心区 Y，在 a 和 α 型暗盒中仅 Y 区域是不同的，分别称之为 Ya 和 Yα。中心区的两侧序列都是相同的，仅 HMRa 缺少了 W 区（图

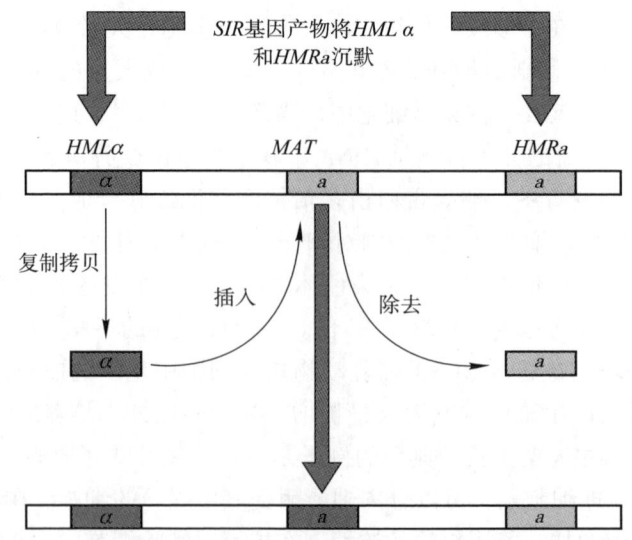

图 5-9　酵母细胞的交配型盒的转换（引自余龙等，2005）

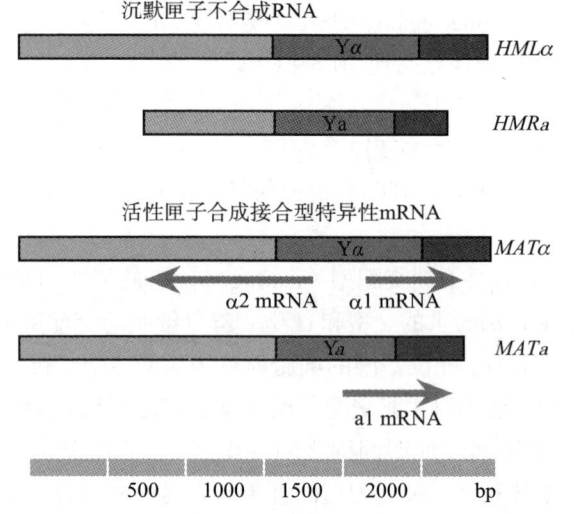

图 5-10　沉默基因座和其对应的活跃基因座比较（引自余龙等，2005）

沉默基因座和其对应的活跃基因座序列相同，但是沉默的基因座在 HMRa

位置缺少了一大段旁侧序列；a 接合型和 α 接合型只有 Y 区不同

5-10）。对暗盒基因的功能分析发现，MAT 基因的基本作用是调控信息素基因、受体基因以及在接合中起作用的功能基因的表达。在 α 型细胞中，$MAT\alpha$ 基因编码 α1 和 α2 两种蛋白质，在 a 型细胞中，$MAT a$ 编码 a1 一种蛋白质。a 蛋白质和 α 蛋白质通过正调控或负调控直接调控目的基因的转录；在单倍体中它们独立起作用，在双倍体中协同作用。

　　对 $HML\alpha$ 和 $HMRa$ "沉默" 的机理研究是遗传学家关心的问题。起初，人们认为是由于它们缺乏启动子，但 $MAT\alpha$ 和 $MAT a$ 特异性 mRNA 的转录是在 Y 片段的内部起始的，沉默暗盒和 MAT 暗盒中的 Y 序列是相同的，因此它们具有相同的启动子。遗传学家们差不多在同一时期发现了 4 个不连锁的沉默信息调节基因 SIR（silent information regulator）1、2、3 和 4 基因座，这些基因在不同染色体上，其产物共同起反式作用来阻止沉默暗盒中的基因表达，这四个基因对抑制 HMR 和 HML 都是必需的。若这 4 个 SIR 基因中任何一个基因发生突变就会使 $HML\alpha$ 和 $HMRa$ 基因发生转录。研究表明 SIR 蛋白作用的可能模型是 SIR 蛋白通过作用于染色质的结构阻止基因的表达。

2. 免疫球蛋白（Ig）类型转换的调控

免疫系统（immune system）是动物机体保护自身的防御性结构，主要由淋巴器官（胸腺、淋巴结、脾、扁桃体）、其他器官内的淋巴组织和全身各处的淋巴细胞、抗原呈递细胞等组成；广义上也包括血液中其他白细胞及结缔组织中的浆细胞和肥大细胞。抗原性物质进入机体后激发免疫细胞活化，分化和效应的过程称之为免疫应答（immune response）。免疫系统在识别机体自身和非自身的细胞或抗原中有两类细胞表面的结构特别重要：一类是 T 细胞和 B 细胞表面的特异性抗原受体；另一类是组织相容性抗原（major histocompatibility antigen，MHC）。T 淋巴细胞是来自于骨髓的干细胞经胸腺（thymus）加工逐步分化而成，其功能是调节免疫应答，杀伤抗原，但不分泌抗体，因此将 T 淋巴细胞参与的免疫反应称为细胞免疫应答（cell-mediated response）。B 淋巴细胞由骨髓分化成熟，其主要功能是分泌抗体（antibody，Ab），即免疫球蛋白（immunoglobin，Ig），因此称为体液免疫应答（humoral response）。

针对外来分子产生特异性抗体是识别外来抗原的最基本环节，这种识别要求抗体能够与抗原的部分区域结合，形成抗原 – 抗体复合物，这种复合物能够被免疫系统中的其他组分所识别，进而通过补体（complement）系统或巨噬细胞的吞噬作用将抗原 – 抗体复合物消灭。无论是细胞免疫还是体液免疫，其目的都是攻击外源物质，机体对外源物质的识别只能由 B 细胞的免疫球蛋白和 T 细胞受体执行，他们的一个重要功能特点是能够使自身的细胞和蛋白质不受攻击（免疫耐受性，tolerance），而外源物质则必须被完全消灭。免疫应答所需要的三组蛋白质（免疫球蛋白、T 细胞受体、MHC 蛋白）都具有多样性，而且每一种蛋白都有许多变异体。因此无论遇到何种抗原，机体都能产生相应的抗体 . 由于每个抗原的结构不可预知，机体是如何产生那些能够特异性识别这些抗原的抗体呢？研究表明哺乳动物能生成一百万种以上的抗体，一种淋巴细胞又只能合成一种特异性的抗体，而人类基因组只有 3 万多个基因，不可能由不同的基因来编码各种抗体，那么免疫球蛋白多样性产生的机理是什么呢？

每一种抗体都是免疫球蛋白四聚体，有两个轻链（L）和两个重链（H）组成，由二硫键连接构成了 Y 型的对称结构（图 5-11）。轻链大约由 214 个氨基酸残基组成，分子量约为 24 kD。每条轻链含有两个由链内二硫键所组成的环肽。L 链共有两种类型：κ（kappa）与 λ（lambda），同一个天然 Ig 分子上 L 链的型总是相同的。H 链大小约为轻链的 2 倍，含 450～550 个氨基酸残基，分子量约为 55 或 75 kD。每条 H 链含有 4～5 个链内二硫键所组成的环肽。不同的 H 链由于氨基酸组成的排列顺序、二硫键的数目和位置等不同，其抗原性也不相同，根据 H 链抗原性的差异可将其分为 5 类：μ 链、γ 链、α 链、δ 链和 ε 链，不同 H 链与 L 链（κ 或 λ 链）组成完整 Ig 的分子分别称之为 IgM、IgG、IgA、IgD 和 IgE。

免疫球蛋白的 H 链和 L 链均由两部分组成：N- 端的可变区（variable region，V）区和 C- 端的恒定区（constant region，C）。抗体的多样性是由 V 区的高变异性造成。在可变区中又有 3～4 高变区（hypervariable region），其氨基酸序列非常多变，是与抗原分子的结合部位。在 Ig 分子中的 C_{H1}，C_{H2} 和 C_{H3} 每一区段承担着不同的生物学功能，因此又称为效应区（effector functions）。如 C_{H2} 具有活化补体的作用，C_{H3} 具有使抗体分子粘连在单核细胞表面的功能等。

编码重链 V 区基因包括 V、D、J 三组基因片段，长 1 000～2 000 kb。小鼠 V_H 基因片段数目为 250～1 000 个。根据 V_H 基因片段核酸序列的相似性（>80% 同源性），至少可将其分为 11 个家族（family）。人 V 基因片段约为 100 个，至少可分为 6

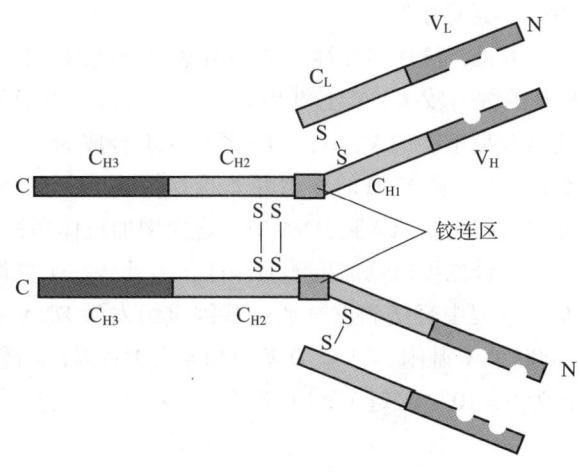

图 5-11 免疫球蛋白的结构

个家族，每个家族含有 2～60 个成员不等。V 基因片段由 2 个编码区（coding regions）组成：第一个编码区编码大部分信号序列；第二个编码区编码信号序列羧基端的 4 个氨基酸残基和可变区约 98 个氨基酸残基，包括互补决定区 1 和 2(complementarity determining region 1 和 2，CDR1 和 CDR2)。重链 D（diversity）基因 D_H 片段仅存在于重链基因中而不存在于轻链中。D 基因片段编码重链 CDR3。小鼠 D_H 共有 12 个片段，位于 V_H 和 J_H 基因片段之间，大部分 D_H 片段较为集中，约占 60 kb～80 kb，但靠上游的 D_H 可能位于 V_H 区域内，最后一个 D_H 片段与 J_H 基因 5′ 端相距约 0.7 kb。人类 D_H 片段可能有 10～20 个左右。重链的 J 基因（joining）是连接 V 和 C 的基因片段。J_H 编码约 15～17 个氨基酸残基，包括重链 V 区 CDR3 除 D_H 编码外的其余部分和第 4 骨架区。小鼠 J_H 基因片段有 4 个，与 $C\mu$ 相距约 6.5 kb。人有 9 个 J_H，其中 6 个是有功能的 J_H 基因片段。V、D、J 基因片段经重组连接在一起，组成 2 个外显子，一个外显子编码信号序列的大部分，另一个外显子编码信号序列的其余部分和重链可变区。

轻链的 κ 链基因是 V 基因片段（Vκ）、J 基因片段（Jκ）和 C 基因片段（Cκ）重排后组成。小鼠 Vκ 基因片段约有 250 个，Jκ 有 5 个（其中 4 个功能），Cκ 只有 1 个。人 Vκ 基因片段约有 100 个，Jκ 有 5 个。Cκ 也只有 1 个。Vκ 与 Cκ 之间以随机方式发生重排。轻链的 λ 链基因也是由 Vλ、Jλ 和 Tλ 基因片段经重排后组成。小鼠 Vλ 基因片段有 3 个：Vλ1、VλX；4 个 Jλ 和 4 个 Cλ 基因片段，分为（Jλ2Cλ2，Jλ4Cλ 和 Jλ3Cλ3，Jλ1Cλ1）两组。它们的基因重排比较复杂。人 Vλ 约有 100 个，至少有 6 个 Cλ 与各自的 J 基因片段相连，人 λ 链确切的重排情况还不清楚。

关于抗体产生的多样性机制，1957 年伯内特（F. M. Burnet）提出了克隆选择学说，其主要论点是：一种浆细胞只能产生一种抗体；抗原起到了选择某一淋巴细胞克隆的作用。尽管很多的实验都支持这一观点，但仍不能解释哺乳动物抗体的多样性。人们提出的一些理论来解释克隆选择：一是在生殖细胞中就已存在大量的 V 区基因，但仍不能解释 Ig 的多样性和基因数有限的矛盾；有人又提出了体细胞突变的假说，但这样高的突变率也难以解释。美国加州理工学院的德雷尔（W. Dreyer）和班尼特（J. C. Bennett）在 60 年代提出了体细胞重组（somatic recombination）学说，他们认为在浆细胞成熟的过程中，染色体发生了重排，不同的 V 区基因和 C 基因组合，产生一条 DNA。1976 年，利根川进（Tonegawa Susumu）等用实验证实了 IgG 基因中 DNA 的体细胞重排，从根本上解决了 Ig 多样性的问题。他们的分子杂交实验发现，在胎鼠细胞中编码 V 区和 C 区的 DNA 序列相隔较远，但在成熟的抗体细胞中（淋巴瘤细胞）这两个区域却紧密相连，表明在淋巴细胞分化过程中，免疫球蛋白基因曾发生过体细胞重组。然后他们将胎鼠细胞免疫球蛋白 DNA 在细菌中克隆，测定 λ 轻链 V 基因序列时，意外发现 V 基因只编码 V 区 108 个氨基酸中的 95 个，最后的 39 bp（13 个密码子）消失了，移到了 C 基因附近，即连接 V 和 C 基因的 DNA 序列 J（Joining）区附近。1982 年 Hood 和利根川进等又在 H 链的编码区中发现了编码高变区氨基酸的多样性基因（Diversity），D 基因，其位置在 V、J 基因之间。利根川进因其重大的发现荣获了 1987 年诺贝尔奖。

可见，抗体多样性主要是由基因控制的，目前认为，抗体多样性产生可能具有以下机制（表 5-1）：V 基因数目较多，V-J 和 V-D 连接组合多，由于 V 与 J 或 D 的连接是随机的，因此轻链的 V 基因和 J 区域或者是重链的 V、D、和 J 区域的组合成为另一个高度可变因素，产生许许多多的 V-J 和 V-D-J 连接形式；V-J 和 V-D 的重组并非总是精确的，在 D 与 J 片段的连接处，经常存在一系列核苷酸由末端转移酶的催化而插入到 DNA 中，进而增加抗体多样性；V 基因存在体细胞突变；B 细胞中，不同轻链和重链的组合也可以增加抗体多样性；另外，一个抗体可以与多个相似结构的抗原决定簇进行反应。小鼠在发育过程中轻链和重链通过基因重组发生 DNA 重排例子见图 5-12 和图 5-13。假定 B 细胞中，H 链有 1 000 个 V 基因、15 个 D 基因和 4 个 J 基因，κ 链中具有 300 个 Vκ 和 4 个 J 基因，则重链 $V×D×J$ 的组合为 $6×10^4$，轻链 $V×J$ 的组合 $1.2×10^3$，重链和轻链随机组合产生的 IgG 数目为 $7.2×10^7$。

表 5-1　抗原 – 受体基因产生独特型多样性的机制

多样性机制	分子基础
组合多样性	不同 V、D 和 J 片段的使用，多个 D 片段的使用
连接多样性	外切块酶在编码接头处降解，导致基因片段连接处位置的变化
N 区域多样性	通过末端脱氧核苷酸转移酶在编码接头掺入随机核苷酸
V 基因多样性	在一个已拼接的但为非生产性的 V（D）J 外显子和剩余的 V 片段之间进一步的重组
体细胞超突变	可变区中的点突变，有助于亲和力成熟；只发生在免疫球蛋白基因座（见突变和选择）

引自 Twyman，1998

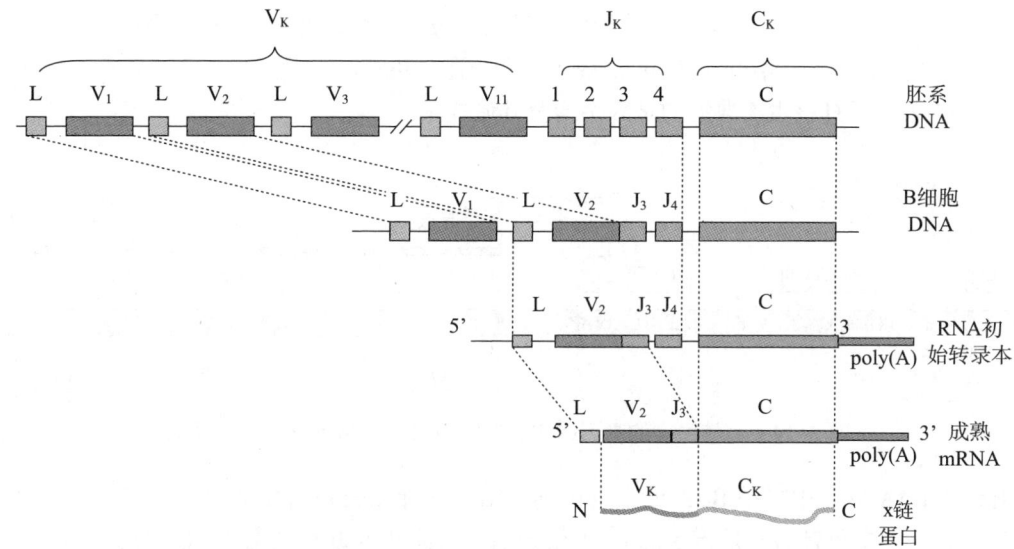

图 5-12　小鼠在发育过程中轻链通过基因重组发生 DNA 重排（引自赵书红，2010）

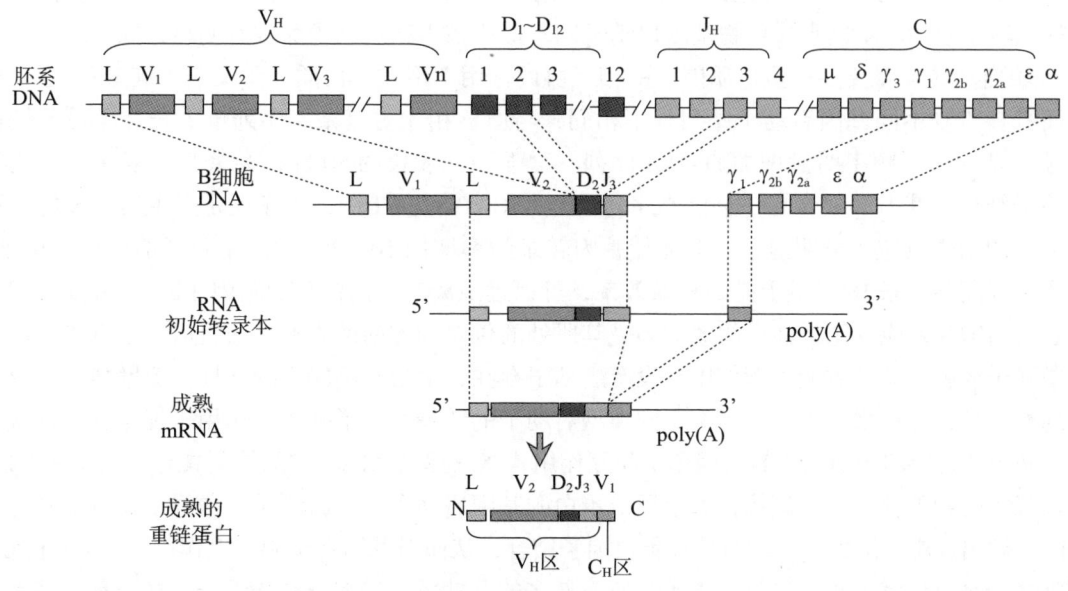

图 5-13　小鼠在发育过程中重链通过基因重组发生 DNA 重排（引自赵书红，2010）

二、转录水平的调控方式

视频：转录起始水平的调控

上述所讲的 DNA 水平的调控方式并不是真核生物基因表达调控的主要方式，真核生物的基因表达调控多数发生在转录水平及以后的水平上。转录水平的调控涉及顺式作用元件、反式作用因子和"基本转录单位"等。转录单位包括转录模板和 5′ 近端调控序列。转录的起始具有严格而精密的调控机制，而转录链的延伸则没有严格的选择性和明确的终止信号。

（一）真核生物基因调控的顺式作用元件与反式作用因子

顺式作用元件（cis acting element）是指影响自身基因表达活性的非编码 DNA 序列，组成基因转录的调控区。启动子（promoter）、增强子（enhancer）、沉默子（silencer）、绝缘子（insulator）均属于顺式作用元件。图 5-14 表示了真核生物典型的基因结构及其调控区。

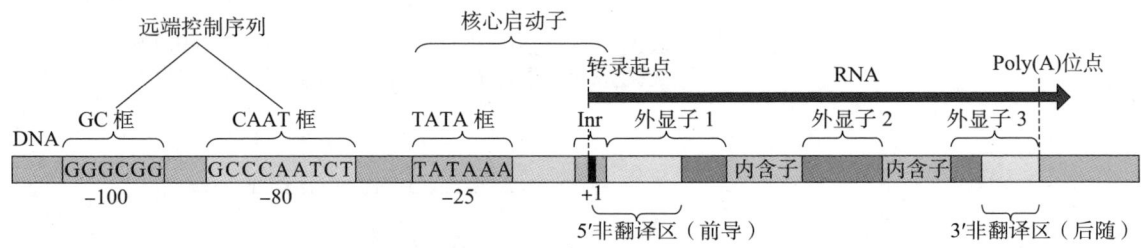

图 5-14　真核生物的基因结构及其调控区（引自赵书红，2010）

启动子是在 DNA 分子中能被 RNA 聚合酶识别、结合并导致转录起始的序列。启动子可分为核心启动子和上游启动子。核心启动子是指保证 RNA 聚合酶 Ⅱ 转录正常起始所必需的、最少的 DNA 序列，包括转录起始位点及转录起始位点上游 –30 bp ~ –25 bp 处的 TATA 盒，其作用是确定转录起始位点并产生基础水平的转录。上游启动子是包括位于 –70 bp 附近的 CAAT 盒和 GC 盒等，作用是调节转录起始的频率，提高转录效率。不同真核生物基因启动子间不像原核生物启动子那样有明显共同一致的序列，且 RNA 聚合酶启动转录需要多种蛋白质因子的相互协调作用，不同蛋白质因子又与不同 DNA 序列相互作用，因而真核生物不同基因启动子序列很不相同，与原核相比更复杂、序列也更长。增强子是指能使与它连锁的基因转录频率明显增加的 DNA 序列。增强子一般长约 50 bp，大多为重复序列，适合与某些蛋白因子结合，其内部常含有一个核心序列：(G)TGGA/TA/TA/T(G)，该序列是产生增强效应时所必需的；增强子的增强效应十分明显，一般能使基因转录频率增加 10 ~ 200 倍。增强子的作用有以下特点：①增强子可提高同一条 DNA 链上基因转录效率，可以远距离起作用，与靶基因相距几 kb 或在靶基因下游也可表现出增强效应。②增强子的效应不受其所处的位置和方向的影响，而将启动子倒置就不能起作用。③增强子要有启动子才能发挥作用，没有启动子存在，增强子不能表现活性。但增强子对启动子没有严格的专一性，同一增强子可以影响不同类型启动子的转录。④增强子的作用机理与其他顺式调控元件一样，必须与特定的蛋白质（转录因子）相互作用才能发挥其功能，它的效应具有组织和细胞特异性。⑤许多增强子受到外部信号的调控，如金属硫蛋白的基因启动子区上游所带的增强子就可以对环境中的锌、镉浓度做出反应。沉默子是能与特异蛋白因子结合，从而对基因转录起阻遏作用的 DNA 序列。酿酒酵母沉默接合型座位沉默子是最早发现也是研究最多的沉默子。沉默子与增强子一样，都在基因转录调控中起着重要作用。沉默子对基因转录的调节也是通过与蛋白因子的结合来完成的。沉默子结合蛋白的特性比较复杂，如有的结合蛋白不仅与沉默子结合起阻遏作用，而且可与正调控元件结合增强转录；还有实验表明一个沉默子可因其结合蛋白的改变而行使增强功能。哺乳类 RNA 聚合酶 Ⅱ 启动子中常见的元件见表 5-2。绝缘子（insulator）是长约几百个核苷酸对，通常位于启动子同正调控元件（增强子）或负调控因子（为异染色质）之间的一种调控序列。绝缘子作用是不让其他调控元件对基因的活化效应或失活效应发生作用，本身对基因的表达没有正效应，也没有负效应，绝缘子的作用具有方向性。

表 5-2　哺乳类 RNA 聚合酶 Ⅱ 启动子中常见的元件

结合 DNA 长度	共同序列	结合的转录因子名称	分子量	长度
TATA box	TATAAAA	TBP	30 000	~ 10 bp
GC box	GGGCGG	SP-1	105 000	~ 20 bp
CAAT box	GGCCAATCT	CTF/NF1	60 000	~ 22 bp
Octamer	ATTTGCAT	Oct-1	76 000	~ 20 bp
		Oct-2	53 000	~ 23 bp
kB	GGGACTTCC	NFk B	44 000	~ 10 bp

（二）真核生物基因调控的反式作用因子

在转录水平调控真核生物基因表达的还有一类属于反式作用因子（trans acting factor），即能直接或间接识别或结合在各类顺式作用元件核心序列上，参与调控靶基因转录效率的蛋白质，也称转录因子（transcription factor）。真核基因转录除分别需要三种 RNA 聚合酶（Ⅰ、Ⅱ、Ⅲ）外，还必须有转录的辅助因子即反式作用因子的参与；反式作用因子及 RNA 聚合酶先与起始点附近的 DNA 形成稳定的转录起始复合体，才能开始转录。反式作用因子可分为通用转录因子和特异转录因子两大类：通用转录因子的命名是分别按照其所辅助的聚合酶种类进行的；如参与 RNA 聚合酶 Ⅱ 转录的因子为 TFⅡ类，并再以 TFⅡA、TFⅡB 等作为个别因子的名称，这类 RNA 聚合酶结合启动子所必需的一组蛋白因子，如 TFⅡA、TFⅡB、TFⅡD、TFⅡE 等属于通用转录因子；个别基因转录所必需的蛋白因子，如 OCT-2 是在淋巴细胞中特异性表达，能识别 Ig 基因的启动子和增强子，是属于特异转录因子。反式作用因子有一些共同特征：①反式作用因子具有 DNA 识别结合域（DNA-binding domain）；转录活性域（transcriptional activation domain）、结合其他调控蛋白的调节域；通常为 DNA 结合蛋白，核内蛋白，可使邻近基因开放（正调控）或关闭（负调控）；②转录因子基本结构特征有三大类，即螺旋/转折/螺旋（H/T/H）；锌指（zinc finger）结构以及通常包括亮氨酸拉链（leu elne zipper）在内的螺旋/环/螺旋（H/L/H）结构；③转录调控的结构域内主要有带负电荷的螺旋结构即富含谷氨酰胺或富含脯氨酸的结构，以及其他的酸性氨基酸残基等；④在调控元件中存在回文结构及串联序列，表明反式因子二聚化可能是蛋白质与 DNA 作用的重要方式，而反式因子结构上的亮氨酸拉链和螺旋/环/螺旋等则是因子间同源或异源二聚化的主要基本结构。转录因子转录活性的调节具有以下特点：合成后即有活性，需要时合成，不需要时可迅速降解，存在共价修饰即可以磷酸化 - 去磷酸化，糖基化，可以与配体结合，如激素与受体的结合，可与其他蛋白质相互作用形成二聚体。

（三）染色质状态对转录调控的影响

真核细胞中染色质组成有两种，常染色质（euchromatin）和异染色质（heterochromatin），异染色质是在整个细胞周期中，保持深染和浓缩的染色体区域。异染色质为固缩状态，如间期细胞着丝粒区、端粒、次溢痕，染色体臂的某些区域的重复序列和巴氏小体等，位于异染色质区域的基因通常不能表达，处于沉默状态。常染色质与异染色质相反，是在间期核中处于高度伸展状态的染色质，具有弱嗜碱性，染色浅，染色质丝包装折叠松散，有较高的转录活性，多在 S 期早、中期复制。构成常染色质的 DNA 主要是单一序列 DNA 和中度重复序列 DNA（如组蛋白基因和 tRNA 基因）。在转录发生之前，常染色质在特定区域被解旋或松弛，这是由于此区域染色质的 DNA 蛋白质结构变得松散，DNase I 易于接触到 DNA 之故。因此在转录时常染色质区形成自由 DNA，这种变化可能包括核小体结构的消除或改变，DNA 本身局部结构的变化，如双螺旋的局部去超螺旋或松弛、DNA 从右旋变为左旋等，另外该区对 DNase I 降解的敏感性要比无转录活性区域高得多，这些变化都可导致结构基因暴露，使 RNA 聚合酶、转录因子等与启动子区 DNA 结合，导致基因转录。常染色质中并非所有基因都具有转录活性，处于常染色质状态只是基因转录的必要条件，而不是充分条件。

细胞的染色质活化状态受到 DNA 甲基化、组蛋白修饰和长链非编码 RNA 调控，从而影响基因的转录。

DNA 甲基化是指碱基在 DNA 甲基转移酶（DNA methyltransferase，DNMT）催化作用下，以 S- 腺苷甲硫氨酸（S-adenosyl methionine，SAM）为供体，以共价结合的方式获得一个甲基基团的化学修饰过程。研究表明，胞嘧啶的 C-5 位、腺嘌呤的 N-6 位及鸟嘌呤的 G-7 位均可发生 DNA 甲基化修饰，其中发生在 CpG 二核苷酸中胞嘧啶上第 5 位碳原子的甲基化修饰 (5- 甲基胞嘧啶，5mC) 是真核生物 DNA 甲基化的主要形式。人类基因组中有大约一半的编码基因 5′ 端调控区域存在成簇串联排列的 CpG 二连核苷区域，称为 CpG 岛 (CpG islands)。一旦 CpG 岛中大量胞嘧啶发生甲基化修饰，该区域的染色质会向凝缩状态转化，阻碍转录起始复合体与 DNA 的结合，因此 DNA 甲基化一般与基因沉默相联系。

组蛋白是染色质的重要组成部分，也是基因活性的重要调节因子。构成核小体的组蛋白包括 H2A、H2B、H3 和 H4，此外，H1 组蛋白对于维持染色质状态也是必需的，这些组蛋白上一些氨基酸残基发生修饰会直接影响与核小体相结合的 DNA 活化状态。H3 组蛋白是修饰最多的组蛋白，修饰方式包括甲基化、乙酰化、磷酸化、腺苷酸化、泛素化和 ADP 核糖基化，例如 H3K4me3，代表 H3 组蛋白的第 4 位赖氨酸的三甲基化修饰，这种修饰方式被发现富集在激活的启动子转录起始位点附近；H3K27ac，代表 H3 组蛋白的第 27 位赖氨酸发生乙酰化修饰，这种修饰方式也与基因转录激活相联系。

除了 DNA 甲基化和组蛋白修饰之外，一些长链非编码 RNA 被报道与基因的染色质状态调节密切相关，比如长链非编码 RNA HOTAIR 与 H3K27 甲基化修饰互作，调节 PRC2 复合体的结合状态，从而调节基因的转录。

染色体中组蛋白以外的蛋白质成分称非组蛋白。真核细胞可能有 100 种以上的非组蛋白。非组蛋白和组蛋白、核酸等有结合能力，具有聚合特性，绝大部分非组蛋白呈酸性，因此也称酸性蛋白质。非组蛋白在不同组织和细胞的分化及发育过程中，及在正常细胞向肿瘤细胞的转化过程中均会发生变化。各种不同的动物和组织中的非组蛋白成分也有较大的变化。非组蛋白与 DNA 结合具有选择性，在 RNA 聚合酶作用下非组蛋白在体外能促进 DNA 的转录，因此有人认为染色质中具有专一功能的非组蛋白在基因转录的选择性调控上也起重要作用。

三、转录后水平的调控方式

视频：转录后和翻译水平的调控

真核生物基因活性可以在转录水平上调控，也可以在转录后对 RNA 的加工进行调控，即转录后调控，转录后水平的调控在基因表达过程中也起重要作用。转录后水平的主要调控方式有 RNA 可变剪接、RNA 编辑及微小 RNA 调控等。

（一）可变剪接

真核生物的基因有外显子与内含子两部分，外显子组成编码区，内含子不参与编码区的组成。真核生物基因这种结构导致了其基因产物可能有不同的长度，造成这种结果的原因是可变剪切，即并非所有的外显子都包含在最终的 mRNA 中。可变剪接（alternative splicing）是指从一个 mRNA 前体中通过不同的剪接方式（选择不同的剪接位点组合）产生不同的 mRNA 剪接异构体的过程。可变剪接是调节基因表达和产生蛋白质多样性的重要机制。由于 mRNA 的编辑产生了不同的多肽，进而形成不同蛋白质，这些蛋白质就互称为剪接变体（splice variants）或者可变剪接形式。剪接过程受多种顺式作用序列和反式作用因子相互作用调节。根据内含子结构特点及剪接机制的不同，可把真核生物的内含子划分为三类：① Ⅰ 类内含子，即自我剪接内含子，这类内含子具有特殊结构而可以自我剪接，不需要酶或蛋白质参与；② Ⅱ 类内含子，这类内含子主要是在 tRNA 前体剪接的研究中发现的，tRNA 基因长度为 14 ~ 60 核苷酸，携带同一种氨基酸的各种 tRNA 中有相同的内含子，携带不同氨基酸的 tRNA，其内含子序列及剪接接头明显不同，因此 tRNA 基因的内含子没有为剪接酶所识别的共有序列，它们的剪接是在一系列酶的催化下进行的；③ Ⅲ 类内含子，Ⅲ 类内含子是由剪接体剪接的内含子，主要是细胞核编码的蛋白质基因中，绝大多数剪接反应使用 GU-AG 内含子，如人类基因中符合该规律的基因占剪接位点的 98% 以上，小于 1% 的内含子使用 GC-AG 剪接位点，另外少数内含子使用 AU-AC 剪接位点。

　　一般情况下，剪接只以顺式方式进行，即只有同一条 RNA 分子的序列才能剪接到一起。基因组中还存在反式剪接的情况，反式剪接（trans-splicing）指的是两条不同的 mRNA 的外显子连接到一起。在某些特殊的情况下，如两个 RNA 分子的内含子互补时就会发生反式剪接，互补序列间的碱基配对能产生一个 H 型分子，该分子可进行顺式剪接将通过内含子相连的外显子连接，也可以进行反式剪接将并列的 RNA 分子的外显子连接在一起。反式剪接的情况较为稀少。

（二）RNA 编辑及其意义

　　基因转录产生的 mRNA 分子中，由于核苷酸的缺失、插入或置换，基因转录物的序列不与基因模板序列互补，使翻译生成的蛋白质的氨基酸组成，不同于基因序列中的编码信息，即某基因的 DNA 序列与蛋白序列不是线性相关的，这种现象称为 RNA 编辑（RNA editing）。RNA 编辑同基因的可变剪接一样，使得一个基因序列可能产生几种不同的蛋白质。1986 年本恩（R. Benne）在研究锥虫线粒体 mRNA 转录加工时发现 mRNA 的多个编码位置上会加入或删除尿苷酸，1990 年在高等动物和病毒中也发现了编辑现象。

　　RNA 编辑对遗传信息的改变是发生在 mRNA 水平上的，且往往会增加一些原来 DNA 模板中不曾编码的碱基。RNA 编辑的研究始于 1986 年 Banne 等对锥虫（trypanosomatids）线粒体 mRNA 中插入非编码尿嘧啶的研究。1990 年辛普森（L. Simpson）等在研究锥虫线粒体 mRNA 时发现了一类新的小分子 RNA，这种 RNA 可以和 mRNA 分子被编辑的部分发生非常规的互补——G-U 配对，对 mRNA 前体分子的编辑起了指导作用，故称其为指导 RNA（guide gRNA）。gRNA 含有一段序列可和被编辑的 mRNA 互补。gRNA 分子是引导 RNA 编辑的 RNA 分子，是由线粒体基因转录的长 55 ~ 70 核苷酸的 RNA，能通过正常的碱基配对途径，或通过 G-U 配对方式与 mRNA 上的互补序列配对。在编辑时，形成一个编辑体（editosome），以 gRNAs 内部的序列作为模板进行转录物的校正，同时产生编辑的 mRNA。gRNA3' 端的 oligo（U）尾可作为被添加的 U 的供体。编辑前的 mRNA 分子中删除了一个腺嘌呤核苷酸（A），由 gRNA 和 mRNA 形成了一个杂合分子，增加了 A-U 和 U-G 碱基对。被删除的 A 又重新插入杂合分子中的 mRNA 部分。通过这样编辑后的 mRNA 分子，比原来的 mRNA 分子增加了二个 U。在翻译成蛋白质时就相当于发生了移码突变。在植物及一些低等生物的线粒体或叶绿体中也发现了以尿嘧啶插入 mRNA 为编辑模式的 RNA 编辑。哺乳类中载脂蛋白 ApoB mRNA 和中枢神经节中谷氨酸受体（GluR）mRNA 上发生的 RNA 编辑，使得 RNA 编辑的概念拓宽为转录后 RNA 上发生的碱基修饰和加工过程，包括核苷酸的替换、删除及插入。编辑的生物学意义体现在具有校正作用，即可以对 RNA 中的碱基进行校正，通过编辑还可以构建或去除起始密码子和终止密码子。例如哺乳动物 apo-B 基因在肝和肠中的不同表达。编辑也可能是生物在长期进化过程中形成的、更经济有效地扩展原有遗传信息的机制。mRNA 通过移码和密码子的改变从而影响蛋白质的结构和功能；发生在 tRNA 反义密码序列上的 RNA 编辑则影响蛋白质的一级结构；若是发生在 rRNA 上，则可能通过 RNA 分子内部或分子间的相互作用，改变 RNA 的稳定性及在细胞内的分布。

（三）微小 RNA

miRNA（microRNA，miRNA），即微小 RNA，一类新的调控性非编码 RNA（non-coding RNA，ncRNA），是近年来在数量不断增长的 RNA 家族中发现的一类对生命活动起重要调控作用的小非编码 RNA，普遍存在于从低等生物到人类的细胞中。miRNA 长度为 22nt 左右 5′ 端带磷酸基团、3′ 端带羟基的非蛋白编码的调控小 RNA 家族，是由具有发夹结构的 70～90 个碱基大小的单链 RNA 前体经过 Dicer 酶加工后生成。miRNA 广泛存在于真核生物中，不具有开放阅读框架，不编码蛋白质。

与外源性 siRNA（小干扰 RNA）不同，miRNA 是一种内源性的小分子 RNA，其产生过程如下：首先由 miRNA 基因转录成较大的初级 miRNA，再由 RNase Ⅲ 核酸酶 Drosha 和其他蛋白构成的微处理器（microprocessor）复合体加工成 60～120 nt 长的具有茎环发夹结构的 miRNA 前体，随后在转运蛋白的协助下进入胞质，进一步经核糖核酸酶Ⅲ（RNase Ⅲ）家族成员 Dicer 酶切割为双链小分子，最后释放互补链，变为成熟分子（图 5-15）。miRNA 的编码基因在进化上呈现较强的保守性，研究者认为大约 12% 的 miRNA 存在于整个生命进化过程，几乎所有 miRNA 基因在其他物种中都具有直向同源物。miRNA 基因不是随机排列的，除少部分基因位于宿主基因（host gene）的内含子区外，绝大多数基因都位于基因间区，即所谓的"垃圾 DNA"区，且有相当数量的基因以基因簇的形式排列在染色体上。miRNA 基因具有严谨的时空表达模式，呈现出明显的发育阶段特异性和细胞、组织特异性。此外，一些 miRNA 基因，如 miR-127 和 miR-136，还表现出遗传印记（imprinting）现象。

miRNA 通过序列、结构、丰度和转录方式的多样性拓宽了基因表达调控领域，代表一个全新层次上的调控方式。miRNA 由基因组序列编码，和顺式作用元件一样，不同的碱基序列具有不同的调控功能，但遵循了截然不同的转录后调控机制：加工成熟的双链 miRNA 降解为单链，单链 miRNA 被 PPD（PAZ&Piwi domain）蛋白家族成员识别结合，形成核蛋白复合体（miRNP/RISC），miRNA 通过与特异靶 mRNA 3′ 末端的非翻译区（untranslated region，UTR）互补结合，引发靶 mRNA 的翻译抑制或降解。一个 miRNA 分子往往同时抑制多个具备识别序列的组织特异性 mRNA 的表达。越来越多的证据表明，miRNA 具有十分广泛的基因表达调节功能，与多种生命现象密切相关。

miRNA 的发现及其调控功能的诠释是对中心法则内容的重要补充，它促进了研究者更加深入地思考和探索遗传信息的表达调控问题，miRNA 已掀起了新一轮的功能基因组学研究热潮。毫无疑问，发现和鉴定特定组织细胞和发育阶段中非编码 RNA 及其在基因表达调控中的具体作用是当前及今后一段时期内功能基因组学研究的热点之一。

（四）长非编码 RNA

长链非编码 RNA（long non-coding RNA，lncRNA）通常指长于 200 核苷酸的不编码蛋白质的 RNA，主要由基因间区序列转录，可能带有 poly-A 信号，但它们本身并不编码蛋白，其表达具有组织特异性。长链非编码 RNA 的序列在物种间的保守性较低，这也是起初被认为是转录噪音的主要原因。但对于维持结构或特异性相互作用较为关键的区域具有较高的保守性。lncRNA 对基因的表达调控体现在多种层面上，包括转录调控以及转录后调控等，其关键的功能参与了多种生命过程，例如染色质重塑，胚胎干细胞全能性，胚胎的形成和发育以及基因印记的发生等等。

长链非编码 RNA 可以在不同层次对基因表达进行调控：

（1）长链非编码 RNA 可以通过多种机制在转录水平实现对基因表达的调控，具体表现为：干扰临近基因的表达；与 RNA 结合蛋白作用，并将其定位到基因启动子区从而调控基因的表达；调节转录因子的活性；抑制 RNA 聚合酶Ⅱ活性等。

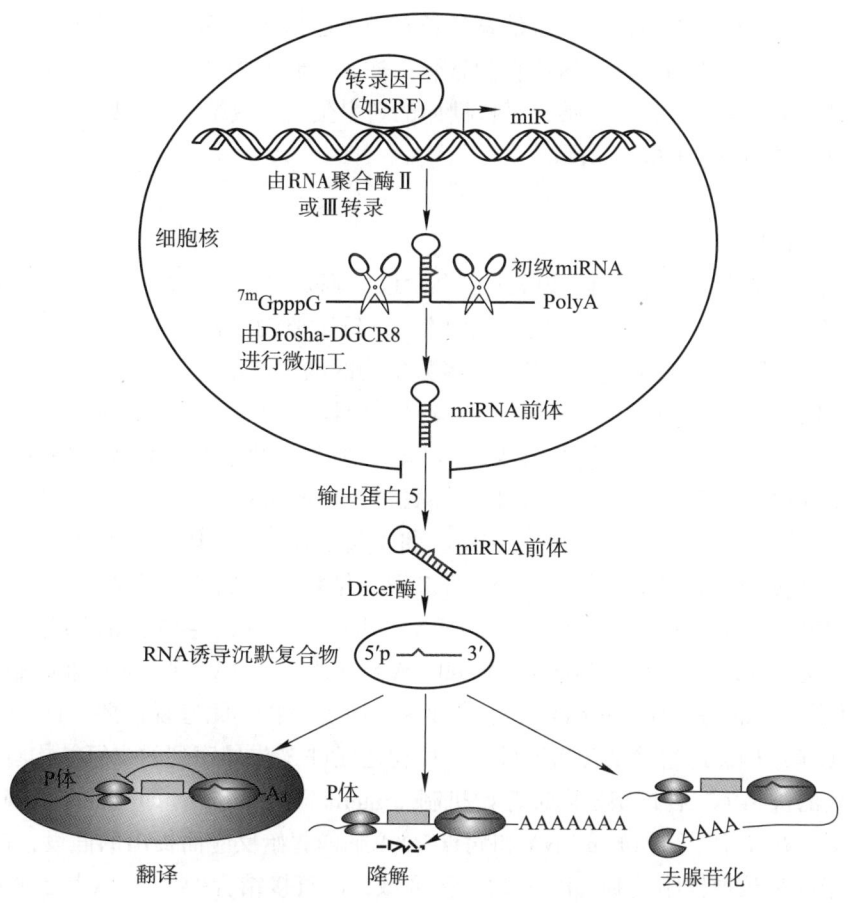

图 5-15　微小 RNA 的产生和功能模型

（2）长链非编码 RNA 可以进行转录后调控，方式主要有：①覆盖靶基因 RNA 分子的重要区域。例如调控可变剪切，通过对可变剪切位点的覆盖，产生新的可变剪切体，从而调控蛋白表达。②覆盖 miRNA 结合位点，阻止 miRNA 对靶基因的降解，增加靶基因 mRNA 分子的稳定性，从而提高靶基因蛋白水平。③分子海绵。有的长链非编码 RNA 上具有多个 miRNA 结合位点，从而降低 miRNA 与其他靶基因的结合概率，促进靶基因的表达。

四、翻译水平的调控方式

（一）mRNA 自身的稳定性的调控

真核生物 mRNA 稳定性的调控是调节基因表达的主要机制之一。调控 mRNA 稳定性的因素有 mRNA 自身的序列元件［5'- 帽子结构、5'- 非翻译区、编码区、3'- 非翻译区、poly（A）尾巴、5'- 和 3'- 两末端的相互作用］、mRNA 结合蛋白［5'- 帽子结合蛋白、编码区结合蛋白、3'-UTR 结合蛋白、poly（A）结合蛋白］、mRNA 的翻译产物（自主调控）、核酸酶等因素。通常核糖体中的 rRNA 和 tRNA 是很稳定的，mRNA 分子的稳定性则很不一致，有的 mRNA 的寿命可延续几个月，有的只有几分钟。mRNA 降解速率的不同和各种 mRNA 结构特点有关，mRNA 的选择性降解在很大程度上是核酸酶和 mRNA 内部结构相互作用的结果。例如在很多短寿命的 mRNA 3' 端非翻译区（UTR）中的一组富含 AU 的序列（UUAAUUUAU）是和它们的不稳定性有关系的，但尚不清楚 AU 丰富区是怎样使 mRNA 不稳定的，可能和去除 poly（A）有关，也可能和 AU 序列与 80S 复合物形成过程中的某种因子结合有关。

mRNA 的翻译具有自主调控的特性。例如微管蛋白的合成就具有自我调节现象。微管蛋白是构成纺锤体的主要成分，是形成微管的单体，秋水仙碱和长春碱都能抑制微管蛋白的多聚化，从而使细胞中游离的微管蛋白浓度增加。如果用微量注射器将微管蛋白注入哺乳动物细胞中，就会抑制微管蛋白的进一步合成。其原因可能是过量的微管蛋白结合于核糖体的新生蛋白上或结合于 mRNA 上，阻止翻译，并影响到 mRNA 稳定性导致 mRNA 的降解所致。

（二）翻译的起始调节

蛋白质的合成过程包括起始、延伸和终止三个阶段，翻译水平的调控主要发生在起始阶段。真核生物细胞蛋白质的合成需要一系列蛋白质因子的参与，较重要的是翻译起始因子（eukaryotic initiation factor，eIF）。从没有细胞核的兔网织红细胞和大多数生物的网织红细胞研究发现，这些细胞没有 DNA，而 mRNA 也早已加工好了，所以蛋白质的合成调节只能依赖于翻译水平，如血红素对珠蛋白合成的调控，这种调节是通过对翻译起始复合物的形成来控制的。真核生物蛋白质合成起始反应的机制有两种，一种是 Kozak 提出的扫描模型（scanning model），即真核生物的 mRNAs 的 5′ 末端都带有"帽子"结构，它对 RNA 剪切、转录、稳定和翻译都有重要作用。翻译起始时，核糖体与 mRNA 的 5′ 末端结合，然后沿着 mRNA 扫描直至 AUG。实验证明有专一识别 5′ 帽子结构的蛋白质，称为"帽子"结合蛋白（cap binding protein，CBP），CBP 直接识别并结合在 mRNA 5′ 末端，然后 eIF-4A、4B 结合到 CBP 上，并利用 ATP 所释放的能量促进 40S 前起始复合物结合到 mRNA 5′ 末端，随之，这一 40S 前起始复合物便向起始密码 AUG 处移动，并在此与 60S 亚基结合，生成 80S 起始复合物，此过程需要 ATP 供给能量。CBP 除识别 mRNA 上的帽子结构促进起始复合物形成外，可能还促进 5′ 先导序列的二级结构解旋。真核生物蛋白质合成起始反应的机制第二种模型是内部起始机制（internal initiation），即一种非依赖帽子结构的蛋白合成的模式，是对一些无帽子结构的 mRNA 和病毒 RNA 翻译起始反应而提出的假设，在小 RNA 病毒家族中发现的，它指的是核糖体结合到 mRNA 的内部区域，即直接结合到 AUG 或其上游的翻译起始表达过程，这个发现是针对多顺反子 mRNA 扫描模型的重要补充。在此机制中，与核糖体相结合的 5′UTR 序列称为 IREs 元件（internal ribosome entry site）。除了微小 RNA 病毒的 mRNA 外，一些病毒和真核生物细胞 mRNA 内也被观察到存在着 IREs 元件，像编码免疫蛋白重链结合蛋白、果蝇触角足蛋白、成纤维细胞生长因子 2 等的 mRNA 5′UTR 都存在着 IREs 元件。

最近研究表明，微 RNA（miRNA）通过调节 mRNA 稳定性和翻译控制基因表达。若干实验室最近对 miRNA 指导的翻译抑制分子机制进行了深入研究，结果表明 miRNA 在翻译起始的早期阶段抑制翻译。miRNA 可以指导在转录后水平下调基因的表达：mRNA 的降解或翻译抑制。采取哪种沉默方式是由 mRNA 的特性所决定的，如果 mRNA 能够与 miRNA 完全互补，该 mRNA 就会被特异性地降解；如果 mRNA 不能与 miRNA 完全互补，仅在某个位点与 miRNA 互补，那么就不会特异地降解 mRNA，只是阻止 mRNA 作为翻译的模板而不能合成蛋白质。研究发现，在植物和动物发育过程中，miRNA 与靶 mRNA 结合的程度和部位不同，作用方式也不同。在动物中，多数 miRNA 以不完全互补方式与其靶 mRNA 的 3′ 端非翻译区的识别位点结合，从而阻碍翻译及其对该 mRNA 的翻译来调控基因表达，但不影响 mRNA 的稳定性。如线虫中的 miRNA *lin4* 就是以这种方式调控它的两个靶基因 *lin14* 和 *lin28* 的翻译。

（三）mRNA 结构对翻译效率的调节

mRNA 结构对翻译效率具有调节作用，主要表现在以下几个方面：

（1）5′ 非翻译区参与调控翻译的起始作用，而且 5′ 帽子结构被甲基化，形成 m^7G 时才能有效翻译。5′ 端非翻译区的长度也会影响到翻译的效率和起始的精确性，当此区长度在 17~18 核苷酸之间时，体外翻译效率与其长度成正比。5′ 端非翻译区的二级结构影响到调控蛋白与帽子结构的接近，阻碍 40S 前起始复合体的装配和在 mRNA 上的扫描，起负调控的作用。

（2）起始密码子 AUG 的位置和其侧翼的序列对翻译的效率也有影响，这些因素主要是通过与调控蛋白、核糖体、RNA 等的亲和性改变影响到起始复合物的形成，以致影响到翻译的效率。Kozak 还对 699 种脊椎动物 mRNA 翻译起始密码两侧的核苷酸序列进行了分析，并提出了有关共有序列，揭示出 AUG 上游 –3 位的 A 和 +4 位的 G 对于识别 AUG 具有最为显著的促进作用，如果 –3 位不是 A，则 +4 位的 G 是有效翻译起始作用所不可缺少的。卡瓦纳（D. R. Cavener）等也应用统计方法对真核生物 mRNA 翻译起始位点旁侧序列的规律进行了分析，进一步说明 –3 的 A 是真核生物 mRNA 翻译所必须，且 –4、–2、和 +1 的碱基也存在保守性，通常是 A 或 C。

（3）3′–UTR 结构对翻译也存在调控作用。mRNA3′ 端的 poly（A）不仅和 mRNA 穿越核膜的能力有关，而且影响到 mRNA 的稳定性和翻译效率。有 ploy（A）的 mRNA 其翻译效率明显高于无 poly（A）的 mRNA，poly（A）长度和翻译效率成正比。poly（A）对翻译的促进作用是需要 PABP［poly（A）结合蛋白］的存在，PAPB 结合 poly（A）最短的长度为 12nt，当 poly（A）缺乏 PAPB 的结合时，mRNA 3′ 端的裸露则易降解。还有一些研究揭示，3′–UTR 不仅决定该 mRNA 稳定性，而且还能决定所表达细胞的种类，3′–UTR 区的突变也可引起遗传疾患。

（四）反义 RNA 对翻译的调控

反义 RNA（antisense RNA）是指与 mRNA 互补的 RNA 分子。基因组中存在天然反义 RNA（Natural antisense transcripts），它是内源性的 RNA 分子，其分为顺式（Cis–）和反式（Trans–）两类。顺式天然反义 RNA 来自它的靶基因 DNA 序列的互补链的转录。反式天然反义 RNA 则是基因组其他位置的转录产物。顺式和反式天然反义 RNA 序列都与其对应靶基因的部分或者全部序列完全互补配对。由于核糖体不能翻译双链的 RNA，所以反义 RNA 与 mRNA 特异性的互补结合，抑制了该 mRNA 的翻译。通过反义 RNA 控制 mRNA 的翻译是原核生物基因表达调控的一种方式，最早是在 *E.coli* 的产肠杆菌素的 Col E1 质粒中发现的，许多实验证明在真核生物中也存在反义 RNA。近几年来通过人工合成反义 RNA 的基因，并将其导入细胞内转录成反义 RNA，即能抑制某特定基因的表达，阻断该基因的功能，有助于了解该基因对细胞生长和分化的作用。1984 年，阿德尔曼（J. P. Adelman）等发现大鼠的促性腺激素释放激素（gonadotropin releasing hormone，GnRH）的基因两条链都能转录，首次在真核生物中发现了反义 RNA。1986 年格林（S. Green）等发现来自骨髓细胞瘤病毒的癌基因 *myc* 三个外显子中的第 1 ~ 2 两个外显子之间有部分互补，在有的细胞中，当失去外显子 1 时，*myc* 基因过量表达，推测外显子 1 可能通过互补来抑制 *myc* 的表达。在线虫（*C. elegans*）中，控制幼虫发育的基因 *lin 14* 基因受其反义 RNA 的调节。人们已将反义 RNA 发展成一门反义技术应用于动、植物病毒的抑制，果蔬的保鲜，基因治疗等。

小　结

原核生物和真核生物基因表达调控有惊人的相似性，都涉及核酸分子间的互作，核酸与蛋白质分子间的互作，蛋白质分子间的互作。但由于原核生物和真核生物的细胞结构以及对环境适应方式不同，其基因表达调控机制也存在一定程度的差异。原核生物的 DNA 一般不与蛋白质结合形成染色质结构，因而可以快速做出基因转录的起始及终止的决定和反应。但大多数真核生物的 DNA 都与蛋白质紧密结合形成核小体，说明原核生物与真核生物在基因表达和调控方面可能具有完全不同的机制；基因表达调控的层次和复杂程度不同，原核生物没有核膜结构，转录和翻译在细胞内同一部位进行，使转录和翻译密切偶联，翻译可以对转录发生影响，弱化子的调控作用成为可能。而真核生物有核膜，转录和翻译不在同一部位进行。因此，基因表达调控比原核生物有更多的机会，更多的层次，运用了更加复杂甚至可能是全新的机制；基因转录调控的方式方面，原核生物基因转录调控以负性调控为主，而真核生物基因转录以正性调控为主，RNA 聚合酶需在转录因子的协助下才能起始转录。原核生物的细胞群体生活环境条件基本一致，对环境变化作出直接的、一对一的反应。而真核生物的细胞只有一小部分间接地受到外界环境条件的影响，大部分细胞基本上不受影响，这就使真核生物能够按照原有的正常生长发育的程序进行基因表达和调控。

复习思考题

1. 比较操纵子正调控和负调控表达的根本区别。

2. 当培养基中色氨酸浓度从高含量降到低含量时，以下大肠杆菌细胞中色氨酸操纵子的转录水平可能会提高还是降低？为什么？

A. 野生型　B. 前导序列中 2 个色氨酸密码 UGGUGG 突变成 UGAUGG 的突变体

3. 比较真核生物与原核生物基因表达调控的区别。

4. 真核生物基因表达调控发生在哪些水平上？

5. 说明酵母交配型转变的机理。

6. 说明免疫球蛋白多样性的机制。

7. 何为 miRNA？何为长链非编码 RNA？其可能的调控机理是什么？

网上更多

 思考与提示　　 科学与科学人

（赵书红　徐学文）

第六章

非孟德尔遗传

　　生物性状的遗传不符合经典孟德尔遗传方式的现象称为非孟德尔遗传，包括母性影响、基因组印记、哺乳动物 X 染色体随机失活和核外遗传等。正、反交的结果不同，子代的表型受母本基因型的影响，这种现象称为母性影响，包括短暂的母性影响和持久的母性影响。基因表达的改变不依赖于 DNA 核苷酸序列的改变，而是受 DNA 的甲基化、核小体组蛋白修饰、染色质重塑以及非编码 RNA 等的影响，而且这种改变能通过细胞的有丝分裂或减数分裂向后代传递的现象称为表观遗传；表观遗传丰富了人们对基因表达差异及数量性状变异机制的认识。后代中来自亲本的两个等位基因中只有一个表达的现象称为基因组印记，基因印记状态的改变与胎儿发育、胎盘形成和脑功能等方面有关。哺乳动物采用雌性个体随机失活一条 X 染色体的方式使雌雄个体 X 染色体上基因表达量的平衡，称为剂量补偿效应，由即将失活的 X 染色体上的 X 染色体失活中心控制，其中 Xist RNA 的包被是 X 染色体失活的重要步骤。由核外 DNA 所控制的性状的遗传方式称为核外遗传；其中，动物线粒体 DNA 主要通过母系传递给后代，常用于物种的进化研究。非孟德尔遗传丰富了人们对生物性状遗传的认识。

孟德尔在 19 世纪 60 年代提出的分离定律、自由组合定律以及后来摩尔根提出的连锁互换定律、伴性遗传规律对于大多数动物性状的遗传都是适合的，杂交后代的分离比通常称作孟德尔分离比，这种遗传方式统称为孟德尔遗传。后来，随着对遗传现象认识的不断拓宽和深入，人们逐渐发现有些性状不以孟德尔遗传方式向后代传递。早在 1909 年，Correns 和 Baur 就发现植物叶绿素特征的遗传不符合孟德尔定律，比如正、反交的结果不同，后代的性状与母本来源有关等等，这类生物性状的遗传不符合经典孟德尔遗传方式的现象称为非孟德尔遗传。

下面介绍几种非孟德尔遗传现象，以及人们对其产生机制的认识。

第一节　母性影响

视频：母性影响

对符合孟德尔遗传的性状而言，除了伴性遗传以外，正交 $♀AA×♂aa$ 或反交 $♀aa×♂AA$，子代的表型均相同。这不难理解，因为后代的两个等位基因分别来自父本和母本，两个等位基因对后代表型的形成均有贡献，后代在相同的环境下生长和发育，基因型相同（都是 Aa），表型自然相同。可是，有些性状的遗传其正、反交的结果并不相同，子代的表型受母本基因型的影响，这种现象称为母性影响（maternal effect）。母性影响有两种类型：一种是母本基因型对子代的影响仅体现在子代个体生长发育的幼龄期，成年以后这种影响就消失，称为短暂的母性影响；另一种是母本基因型对子代的影响延续至子代个体的终生，称为持久的母性影响。以下举两个例子分别说明。

一、短暂的母性影响

麦粉蛾（*Ephestia kuehniella*）是生活在谷物颗粒中的一种昆虫，它的生活史包括卵、幼虫、蛹和成虫 4 个时期。野生型麦粉蛾幼虫的皮肤表现为有色，成虫的复眼表现为褐色。突变型个体幼虫的皮肤表现为无色，成虫的复眼表现为红色。麦粉蛾幼虫皮肤和成虫复眼的颜色均与色素的合成有关，取决于一种称为犬尿素的物质是否能够形成。遗传杂交试验结果表明，该性状受一对等位基因 A 和 a 控制，纯合的野生型和突变型个体的基因型分别为 AA 和 aa。将纯合野生型麦粉蛾个体和突变型个体杂交，无论 AA 还是 aa 作为母本，F_1 代（基因型为 Aa）都表现为幼虫的皮肤有色，成虫的复眼为褐色。说明皮肤有色对无色为显性。将 F_1 代个体与突变型个体（aa）交配得到的两种基因型（Aa 和 aa）个体，其表型在正交与反交间的表现不同（图 6-1）：

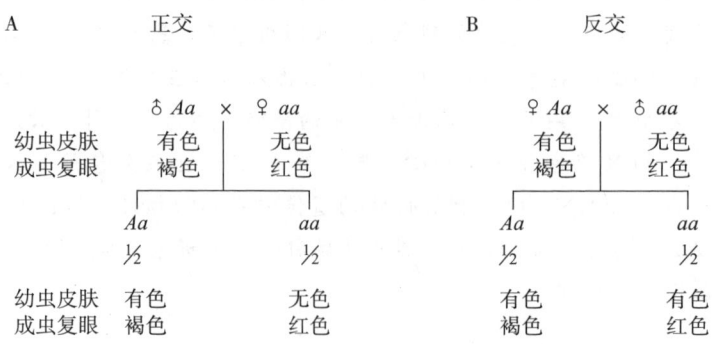

图 6-1　麦粉蛾幼虫皮肤和成虫眼色的遗传

正交（♂Aa×♀aa）的结果（图 6-1A）：后代 Aa 幼虫皮肤有色、成虫复眼为褐色，aa 幼虫皮肤无色、成虫复眼为红色。麦粉蛾幼虫的肤色以及成虫复眼的眼色，与根据基因型推导出的结果一致。反交（♀Aa×aa♂）的结果（图 6-1B）却不同：后代中无论 Aa 还是 aa 基因型的麦粉蛾个体，幼虫皮肤均表现为有色，与母本的表型相同，不符合 1∶1 的孟德尔分离比；但到了成虫，aa 个体的复眼没有表现为褐色，而是表现为红色，Aa 个体的复眼表现为褐色。由此可见，母本基因型对后代的性状有影响（如皮肤有色），但这种影响仅限于幼虫期，成年以后生物体的性状仍由基因型决定。这种母本基因型对后代的影响是短暂的，故称短暂的母性影响。

这种遗传现象可解释为：反交后代中，aa 个体幼虫的体色受母本基因型的影响，当 Aa 基因型的雌性麦粉蛾产卵时，无论携带 A 等位基因的卵还是携带 a 等位基因的卵，细胞质中都含有足量的犬尿素，使得后代 aa 型个体的皮肤有色，即幼虫的肤色是由于母本所产卵中所包含的犬尿素所造成的，不受幼虫自身基因（a）表达的产物的控制；但由于 aa 个体无 A 基因，不能自己制造犬尿素，故此随着个体的发育，犬尿素逐渐耗尽，aa 成虫的复眼发育为红色，仍由自身基因型决定。

二、持久的母性影响

椎实螺（*Limneae peregra*）是一种软体动物，其贝壳的螺旋方向有左旋和右旋两种（图 6-2），受一对等位基因控制，右旋（D）对左旋（d）是显性。椎实螺为雌雄同体，有两种生殖方式：当把它们分开单独养殖时，它们以自体受精方式进行繁殖后代；但当它们在一起时，一般进行异体受精。对于异体受精的情况，当将不同螺旋方向的椎实螺作为亲本进行杂交时，正反交的结果不同（图 6-3）。

对比正、反交的结果，可以看出，尽管 F_1 的基因型相同，但表型明显不同：F_1 椎实螺壳螺旋的方向与母本螺壳的旋转方向相同，

左旋　　　右旋

图 6-2　椎实螺壳的螺旋方向
（引自刘祖洞，1990）

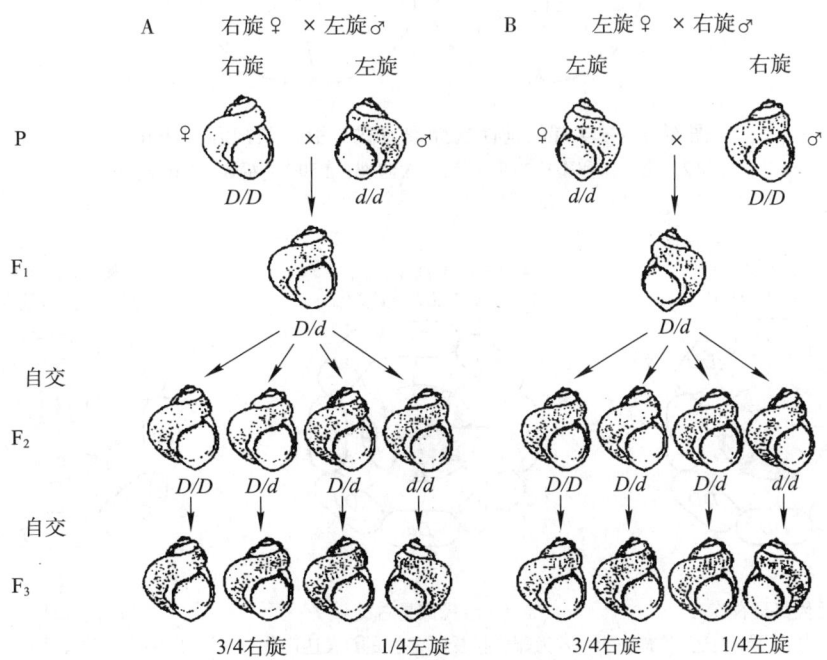

图 6-3　椎实螺的杂交试验（引自李宁，2010）
A. 表示正交，B. 表示反交

母本的基因型决定子一代的表型，而且终生不变，这种遗传方式称为持久的母性影响。

在正交情况下，F_1 自体受精时，由于母本基因型均为 Dd（右旋），故而 F_2 均右旋；而 F_2 在自体受精产生 F_3 时，dd 作为亲本的后代为左旋，DD 和 Dd 作亲本的后代均为右旋，均证明了椎实螺螺旋转方向呈母性影响遗传。反交情况下，尽管 F_1 从表型上为左旋，但基因型为 Dd，母本所产卵中包含右旋物质，故此 F_2 个体均表现右旋，但 F_2 自体受精产生 F_3 代的情况与正交相同。

研究证明，椎实螺螺壳旋转方向取决于椎实螺胚胎发育早期第一次卵裂时纺锤体的方向（图6-4：1和2），第二次卵裂（图6-4：3和4）及随后发育过程中的旋转方向与第一次相同。母本基因型为 DD 或 Dd 的椎实螺所产的卵，胞质中包含由母体滋养层细胞所产生的决定细胞分裂时纺锤体方向的右旋物质，使螺壳发育为右旋；与之相反，母本基因型 dd 的椎实螺所产的卵，胞质中包含由母体滋养层细胞所产生的决定细胞分裂时纺锤体方向的左旋物质，使螺壳发育为左旋，与受精后所形成个体的基因型无关（图6-5）；一旦形成之后，螺壳的这种旋转方向不再受个体基因型的影响，子代的螺壳方向与母本基因型所决定的表型相同。

无论是短暂的母性影响，还是持久的母性影响，虽然直接原因是细胞质中的物质，但归根结底还是受母本的基因型所控制的，仍属于核基因控制的性状，与后面将要讲的核外遗传不同。

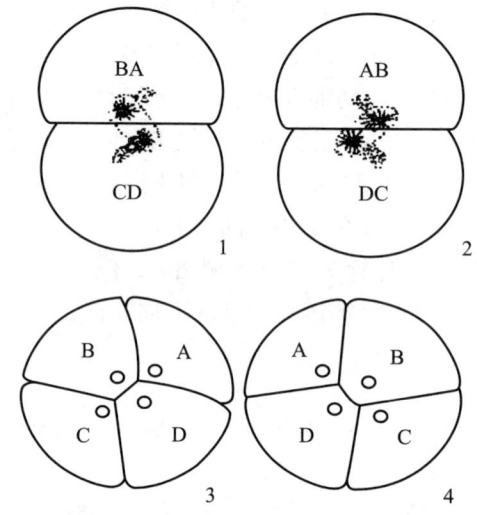

图6-4 椎实螺的前两次卵裂方式（引自刘祖洞，1990）
1和2，第一次卵裂；3和4，第二次卵裂；1和3，左旋；2和4右旋

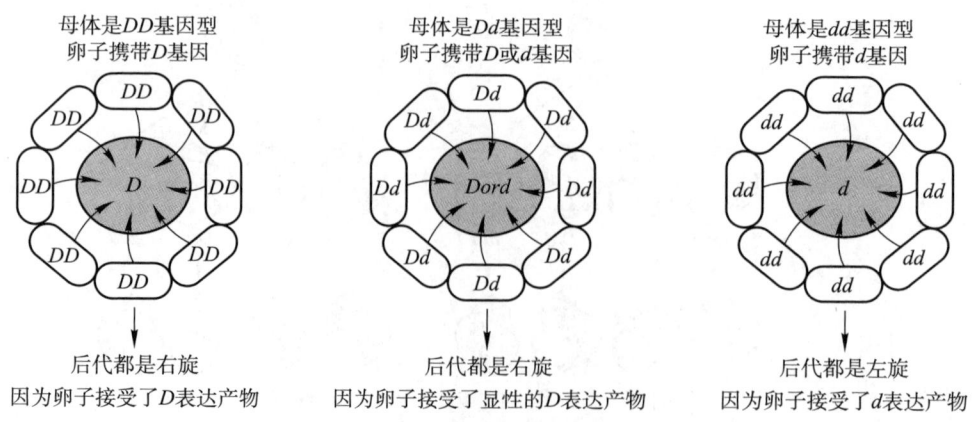

图6-5 对椎实螺壳螺旋方向的解释
从左到右示 DD、Dd 和 dd 基因型椎实螺母体所产卵

第二节　表观遗传

一、表观遗传的由来

视频：表观遗传

　　众所周知，基因中包含的遗传信息由 DNA（少数由 RNA）编码。一般认为，编码氨基酸的碱基发生错义突变、编码区碱基的插入和 / 或缺失以及染色体的畸变（包括结构和数目的变异）均可导致遗传信息的改变，表现为外观或生化代谢的紊乱等。但在有的情况下，编码氨基酸的核苷酸序列并没有发生改变，却导致了基因表达信息的改变，这种基因表达的改变不依赖于 DNA 核苷酸序列的改变，而是受 DNA 的甲基化、组蛋白修饰、染色质重塑以及非编码 RNA 等的影响，而且这种改变能通过细胞的有丝分裂或减数分裂向后代遗传，这一现象称为表观遗传（epigenetic），在 DNA、组蛋白以及核小体水平上所发生的修饰称为表观遗传修饰（epigenetic modification）。可见，表观遗传是指 DNA 序列未发生变化，但基因表达却发生了可遗传的改变，即基因型未发生变化而表型却发生了改变的一种遗传现象。异常的表观遗传可导致肿瘤、自身免疫性疾病、衰老和多种儿科综合征等。

　　"表观遗传学（epigenetics）"这个术语最早于 1942 年由沃丁顿（C. Waddington）首次提出。当时他给出的表观遗传学定义是"研究基因和它们的产物间通过相互作用导致性状形成的生物学的一门分支学科"，用于描述那些不能用遗传定律来解释的可遗传的现象。目前的定义为，表观遗传学主要是指对 DNA 甲基化及组蛋白修饰、染色质重塑、非编码 RNA 等表观遗传修饰及其与基因组印记（genomic imprinting）、基因组的稳定性以及基因沉默等现象的关系进行研究的一门新兴学科。其中，表观遗传与发育、肿瘤发生、营养等的关系、表观基因组等内容是当前研究的重要领域。

　　表观遗传学与发育生物学关系密切。在个体发育过程中，一个单细胞受精卵经过分裂成为一个由分工明确的各种细胞组成的多细胞个体。在此过程中，分化前后的细胞其基因组完全相同，但其表达的基因即基因表达谱却表现出差异。例如，人的神经细胞和肝细胞，尽管同一个体的基因组组成完全一样，但它们所表达的基因却有极大的不同，使之行使不同的功能。而且，在同类细胞中这种基因表达的改变能够稳定存在，即能够随细胞的有丝分裂遗传给下一代的细胞。这种基因表达上的改变并不是由 DNA 的核苷酸序列所决定，而是与发生在 DNA 序列以外的各种修饰有关。由此提出性状的遗传除了由 DNA 序列编码的那部分信息控制以外，还受那些非 DNA 编码的遗传信息改变的影响。相比较前者，表观遗传是亚稳的，易受环境的影响。表观遗传的提出为解释环境影响基因表达的机制拓宽了思路。

二、表观遗传修饰

　　表观遗传修饰指与表观遗传有关的各种修饰，包括 DNA 的甲基化、组蛋白的各种修饰、染色质重塑以及非编码 RNA 等。

（一）DNA 的甲基化

　　DNA 的甲基化（methylation）是对 DNA 分子的一种共价修饰，存在于从大肠杆菌到人类的大多数生物体中。DNA 甲基化由一系列的 DNA 甲基转移酶（DNA methyltransferase，DNMT）完成。甲基的供体是 S- 腺苷甲硫氨酸（SAM）（图 6-6）。

　　原核生物基因组 DNA 的腺嘌呤和胞嘧啶均可发生甲基化，其功能之一是保护细胞免受入侵 DNA 的影响，通过限制性内切酶能够辨别是否甲基化，借以区分自身的和外源的 DNA，将未甲基化的入侵的外源 DNA 切碎并清除。原核生物 DNA 甲基化的另一个功能是保证 DNA 复制的忠实性。在原核生物 DNA 复制过程中，新合成的子代 DNA 链未立即发生甲基化，当发生复制错误时，错配修复系统能够通过识别 DNA 是否发生甲基化修饰，区分子链和亲链，将子链中的错误改正。

与原核生物不同，真核生物的 DNA 甲基化主要发生在胞嘧啶上。在哺乳动物，主要发生于 5′–CpG–3′ 的胞嘧啶（C）上，有两种基本类型（图 6-7）。

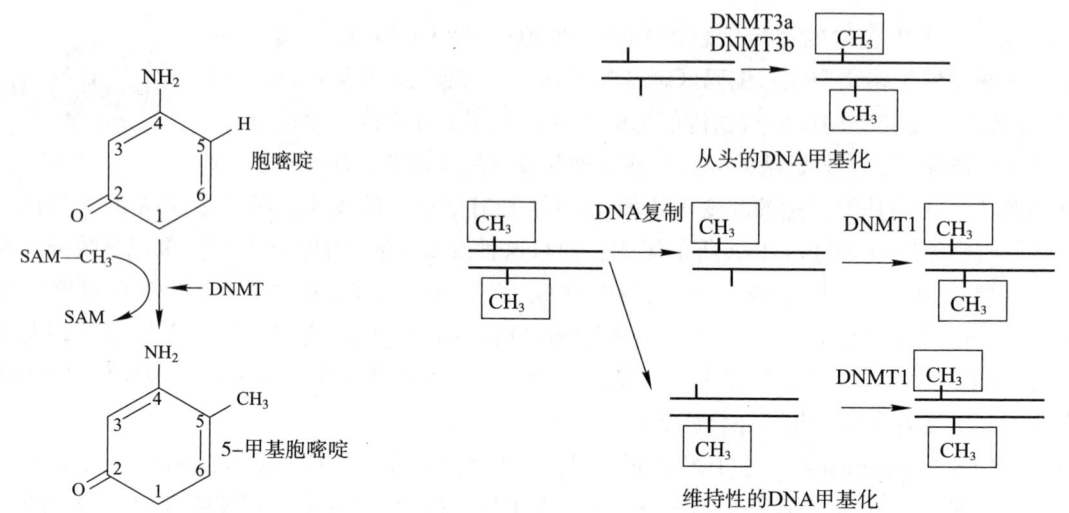

图 6-6 DNA 甲基化的发生机制　　图 6-7 哺乳动物 DNA 甲基化的两种形式（以一个 CpG 为例）

一种是从头性的 DNA 甲基化（*de novo* methylation）。即在发生甲基化之前 DNA 链上原先没有甲基化的 CpG，见于胚胎发育过程或成体细胞的分化过程中。有两种甲基转移酶（DNMT3a 和 DNMT3b）具有从头甲基化的活性。另一种是维持性的 DNA 甲基化，负责在 DNA 复制后产生的子链中维持已经在亲链中存在的甲基化方式。DNMT1 具有维持性 DNA 甲基转移酶的活性。在 DNA 复制过程中，DNMT1 定位于复制复合体中，它识别亲链中甲基化的 CpG 并将子链中对应的 CpG 的胞嘧啶加上甲基。

其他几种 DNA 甲基转移酶包括 DNMT2，DNMT1o，DNMT3L 等。其中，DNMT2 对于小鼠胚胎干细胞 DNA 的甲基化并非至关重要，但也有较弱的甲基转移酶的活性。DNMT1o 是卵母细胞特异的一种 DNMT1，在母本印记中起作用。DNMT3L 缺少甲基转移酶的活性，在细胞中与 DNMT3a 及 DNMT3b 一起建立雌性生殖系的印记。

（二）组蛋白修饰与染色质重塑

在真核生物的细胞内，DNA 缠绕在由 H2A、H2B、H3 和 H4 各两个分子形成的 8 聚体核心组蛋白上，形成核小体。H1 组蛋白位于核小体的外面，与出入核小体的 DNA 结合。核心组蛋白包括一个碱性的 N- 端尾巴、一个球状的结构域和一个 C- 端尾巴。核心组蛋白的 N 和 C- 端尾巴可被乙酰化、甲基化、泛素化、生物素化及磷酸化修饰，而且这些修饰是可逆的；另外，球状的结构域也存在甲基化和乙酰化的修饰，组蛋白 H1 能够被磷酸化修饰（图 6-8）。

核心组蛋白尾巴以及 H1 组蛋白的修饰使得染色质的高级结构不稳定，与基因是否转录有关。例如，在哺乳动物细胞中 H3 组蛋白 K4（K4 表示第四位的赖氨酸）和 K79 的甲基化，K9 和 K14 的乙酰化与转录活化有关，而 K9 的甲基化则与转录的抑制关联。

哺乳动物基因的活化或抑制涉及染色质的重塑（chromatin remodeling），与组蛋白修饰酶和染色质重塑复合体（如 SWI/SNF）有关。组蛋白乙酰基转移酶（HATs）和组蛋白去乙酰基酶（HDACs）分别催化

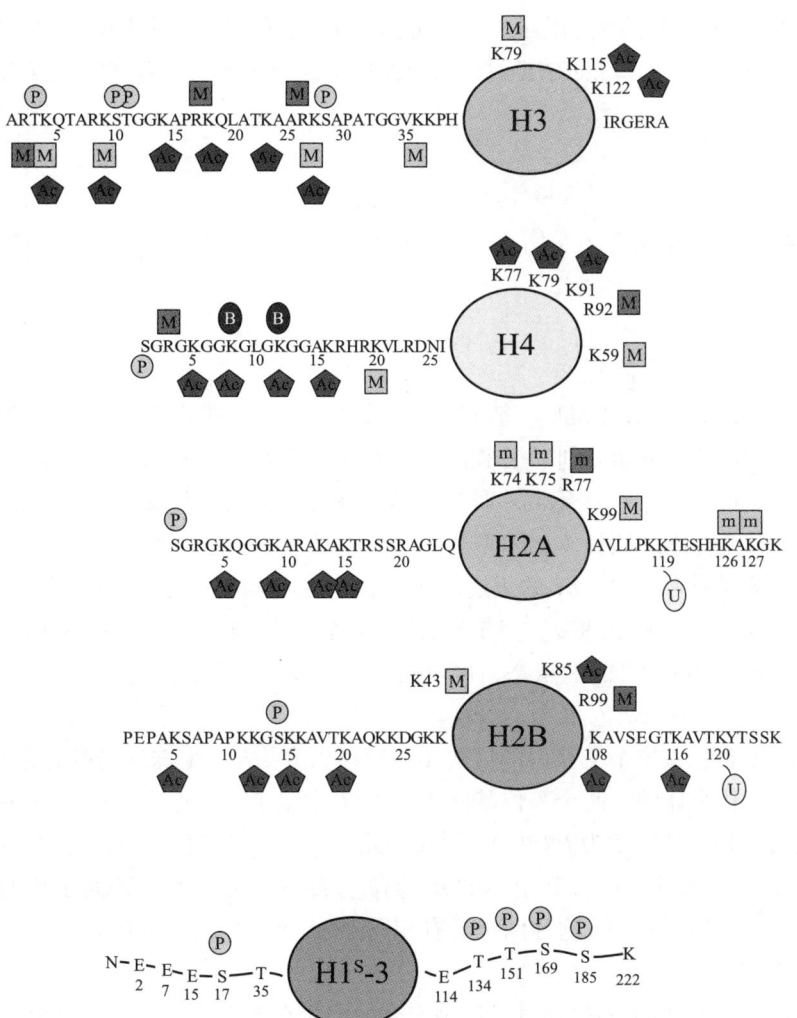

图 6-8　组蛋白的修饰（引自 Espino，2005）
M、Ac、P、U、B 分别代表甲基化、乙酰化、磷酸化、泛素化和生物素化修饰；
K、T、S、R 分别代表赖氨酸、苏氨酸、丝氨酸和精氨酸

彩图：组蛋白的修饰

可逆的组蛋白的乙酰化修饰。在转录起始过程中，转录因子将具有 HAT 活性的辅激活物（如 p300/CBP）募集至基因的调控 DNA 元件上，活化转录；而转录的阻遏物则将具有 HDAC 活性的辅阻遏物募集，抑制转录的起始。依赖于 ATP 的染色质重塑复合体将核小体沿着 DNA 移动，以便转录因子、组蛋白修饰酶以及转录起始因子能够接近基因的转录调控元件。

（三）非编码 RNA

非编码 RNA（ncRNA）的特征是包含高密度的终止密码子，不含有开放阅读框（ORF）。广义的 ncRNA 包括除 mRNA 之外的其他所有 RNA，如 rRNA、tRNA 和 snRNA 等。它们的功能分别为构成核糖体、转运氨基酸到核糖体和参与转录后内含子的剪切等。近十几年来发现了其他一些 ncRNAs，其中有一些与基因的表观遗传调控有关。根据它们的长度和功能，ncRNA 可分为三种类型：① miRNA（microRNA）和 siRNA（small interference RNA，小干扰 RNA），长约 18 至 25 nt，在转录后的基因沉默和 RNA 干扰过程中起作用，通过对靶 RNA 的降解和抑制翻译调控基因的表达。②小 RNA，长约 20 至 300 nt，参与靶 RNA 的修饰、端粒 DNA 的合成、染色质结构的变化以及转录的调节等。2006 年发现一种长约 30 nt 的 piRNA，在配子的生成过程中可能发挥重要作用。③中等/大 RNA，长 200 至 1 000 nt

或以上，又称 lncRNA，参与基因组的印记、X 染色体随机失活、DNA 的去甲基化、转录以及产生其他 miRNA 和小 RNA 等。ncRNA 尤其 lncRNA 成为当前遗传学和分子生物学研究的热点之一。

三、表观遗传现象

表观遗传学的概念提出以后，人们逐渐认识到了许多表观遗传现象。以下介绍几种表观遗传现象。

（一）副突变（paramutation）

20 世纪 50 年代，布林克（A. Brink）将副突变定义为，由基因的两个等位基因之间的互作所造成的基因表达变化可遗传的现象。下面分别以玉米和小鼠中两个副突变的例子进行说明。

1. 玉米的 *b1* 座位（图 6-9）：*b1* 编码一种启动紫色花青素合成的转录因子，由 *B–I* 和 *B'* 两个等位基因编码。*B–I* 等位基因纯合体的植株（基因型为 *B–I/B–I*）*b1* 的表达水平很高，表型为深紫色；而 *B'* 等位基因纯合子植株（基因型为 *B'/B'*）*b1* 的表达较弱，表型为轻微的着色。两个等位基因上游约 100 kb 处均有 7 个大小为 853 bp 序列的串状重复，且 DNA 序列完全相同，但其 DNA 的甲基化修饰不同：与 *B'* 相比，*B–I* 的染色质处于一种更加开放的状态，也可能包含增强子序列，具有促进 *b1* 表达的作用，使得基因型为 *B–I/B–I* 的玉米表型为深紫色。

纯合深紫色与轻微着色玉米杂交获得的后代（基因型为 *B–I/B'*）植株均轻微着色，与 *b1* 的表达水平较低有关。在这样的后代个体中，两个等位基因 *B–I* 和 *B'* 发生了相互作用，*B'* 将 *B–I* 副突变为 *B'*，表现 *B'* 等位基因所控制的表型（基因型为 *B'/B'**）。不仅如此，这样的植株再与基因型为 *B–I/B–I* 的玉米杂交，由 *B–I* 副突变而成的等位基因（*B'**）和亲本的 *B'* 等位基因一样在后代中都能将 *B–I* 副突变成 *B'*，所有的后代基因型均为 *B'/B'**（图 6-9）。这种两个具有相同 DNA 序列的两个等位基因由于表观修饰不同发生转换的现象，称为副突变。

研究表明，一种依赖于 RNA 的机制对于该副突变的产生至关重要：上述 7 个串状重复序列的 2 条链都转录，产生双链 RNA（dsRNA）；一种依赖于 RNA 的 RNA 聚合酶［Mop1（mediator of paramutation 1）］可能与一种 25 nt 的 siRNA 的产生有关，是形成副突变不可缺少的（图 6-9）。可以认为，这种 siRNA 介导了 *B–I* 和 *B'* 等位基因的通讯联系，在串状重复序列中建立了不同的染色质状态；细胞需要 RNA 维持

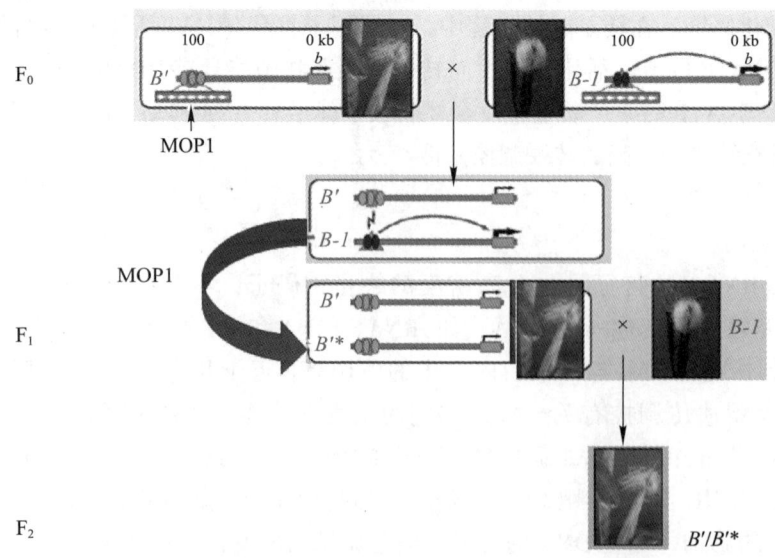

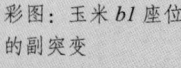
彩图：玉米 *b1* 座位的副突变

图 6-9　玉米 *b1* 座位的副突变（引自 Chandler，2007 并修改）

b1 在 *B–I* 等位基因中的高表达和在 *B'* 等位基因中低表达的那种状态。

2. 小鼠的 *Kit* 座位

2006 年，拉索赞德甘（M. Rassoulzadegan）首次发现小鼠的 *Kit* 座位存在副突变。*Kit* 座位编码一种酪氨酸激酶受体，在黑素生成、生殖细胞分化和血细胞生成中起重要作用。*Kit* 基因敲除（*Kit^{tm1Alf/tm1Alf}*）的小鼠出生后不久死亡，但杂合体小鼠（*Kit^{tm1Alf/+}*）能存活并表现为尾尖和四足白色。将这样的杂合体小鼠互交或与野生型（*Kit^{+/+}*）回交，后代中许多从遗传上来看为野生型（*Kit^{+/+}*）的小鼠中，也表现出尾尖和四足白色，与杂合体小鼠的表型一致（图 6–10）。

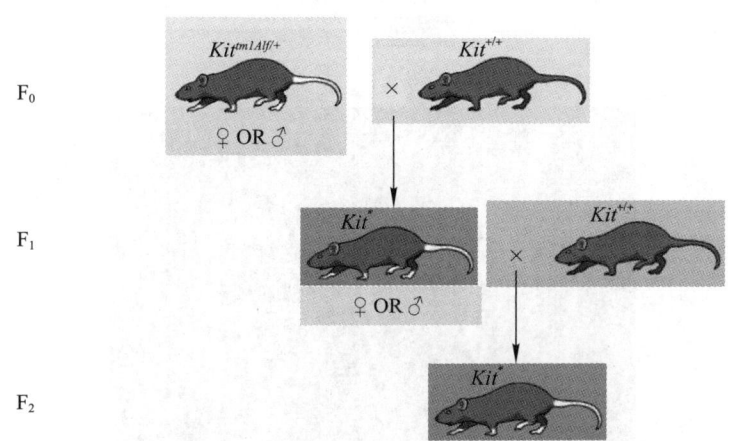

图 6–10　小鼠 *Kit* 座位的副突变（引自 Chandler，2007 并修改）

彩图：小鼠 *Kit* 座位的副突变

这样的小鼠在 *Kit* 位点的等位基因用 *Kit^** 表示。与玉米 *b1* 座位的副突变不同，小鼠 *Kit^** 的频率不是 100%，而且其频率与杂交亲本有关，白色部分的程度在个体间也不同。这样的个体与野生型杂交，随着世代数的增加出现白色的频率越来越低。

小鼠 *Kit* 座位副突变状态的遗传也与 RNA 有关。但其作用方式似与玉米 *b1* 位点不同。据推测，RNA 分子通过配子传递给后代，由此引发了后代中副突变个体 *Kit* mRNA 的降解。因此，小鼠 *Kit* 座位的副突变似乎是一种转录后的沉默机制。

由此可见，副突变具有 3 个主要特征：①在杂交后代中新建立的表达状态传递给随后的世代时，即便最初发布指令的等位基因或序列未向下遗传，这种副突变状态仍然维持。②改变的座位（如 *B'^**，*Kit^**）继续对同源的序列发布相似的指令。③所影响的等位基因序列没有发生改变，说明上述指令和记忆是通过表观遗传机制介导的。

（二）小鼠 Agouti 基因的表达与 IAP 的甲基化有关

Agouti 编码一种旁分泌的信号分子，使黑素细胞产生黄色浅黑素而非黑色真黑素。该基因通常只在皮肤中表达，其在毛囊中的表达使小鼠的毛色表现为野鼠色（Agouti），即黑色的毛杆的近尖端有一黄色的带。

与 Agouti 不同，*A^{vy}*（Agouti variable yellow，存活的黄色 Agouti）等位基因上游约 100 kb 处有一个 IAP（intra-cisternal A particle）转座元件的插入（图 6–11A）。在该等位基因 IAP 的近端有一个隐藏的启动子，当 IAP 不发生甲基化时，该启动子能够启动组成性的 Agouti 异位表达，不使用 Agouti 的启动子，使得小鼠皮毛呈黄色，小鼠表现为肥胖、糖尿病和产生肿瘤。反之，则仅从 Agouti 自身的启动子表达，小鼠表现为褐色。基因型同为 *A^{vy}/a* 的小鼠，由于 IAP 甲基化程度不同呈现从黄色到褐色的广泛分布（图 6–11B），甲基化程度越高，褐色程度越明显。

不仅如此，*A^{vy}/a* 母鼠与 *a/a* 小鼠杂交所生的基因型为 *A^{vy}/a* 后代的毛色与母鼠妊娠期间食物中是否添

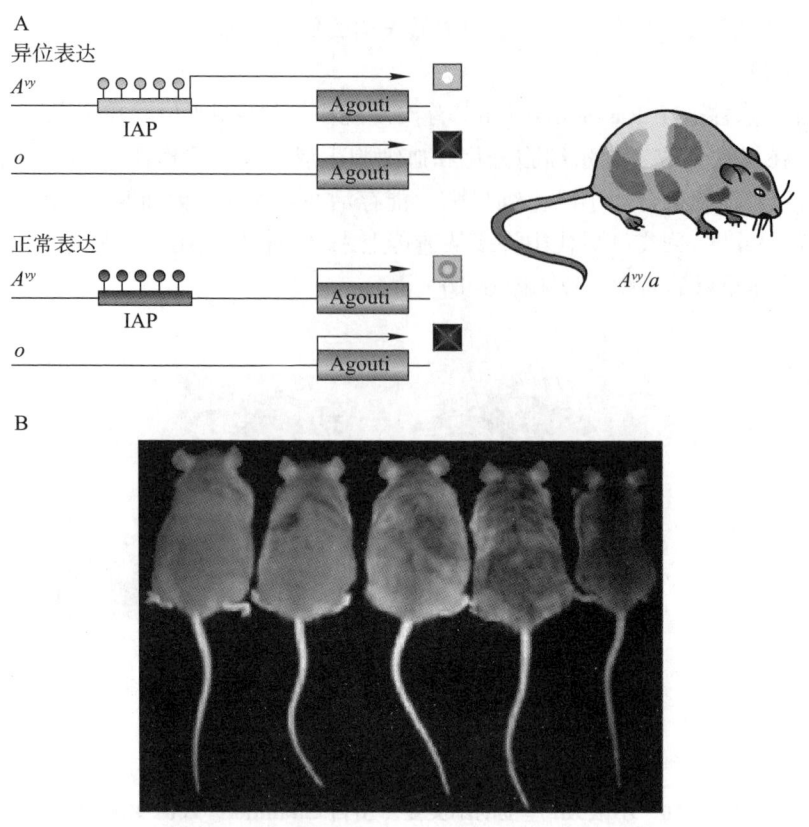

图 6-11 小鼠的毛色变异与 IAP 甲基化的关系 (引自 Jirtle, 2007)

加叶酸、维生素 B_{12}、胆碱和甜菜碱有关 (图 6-12)。添加这些物质的妊娠母鼠,其 A^{vy}/a 基因型后代的毛色较深,呈现棕色的假 agouti 表型,这是由于 IAP 隐藏的启动子发动的 agouti 基因异位表达水平低造成的。

(三) 果蝇眼色的位置效应花斑 (position effect variegation, PEV)

1930 年,穆勒 (H. J. Muller) 首次描述了果蝇的白色眼色基因 (white[+], w^+) 突变。w^+ 基因位于 X 染色体远端的常染色质区。由于部分细胞的染色质畸变,导致控制果蝇眼色的基因位置发生了改变,使 w^+ 基因在细胞与细胞之间的表达出现显著区别,表现在果蝇复眼上为白眼与红眼的镶嵌分布 (图 6-13),有些突变表现为在果蝇成体的复眼上大片的白色小眼处邻接着大片的红色小眼。这种镶嵌表型是由染色体位置效应造成的:一个染色体重排断裂点将 w^+ 基因从其正常的常染色质位置移至异染色质附近,该基因所处的这种局部异染色质环境,使其不表达。由于常染色质与异染色质表观修饰的不同,影响了 w^+ 的表达。

利用显性抑制子 [$Su(var)$] 和增强子 [$E(var)$] 突变的方法,已经筛选到超过 380 个 PEV 修饰突变,鉴定了大约 150 个与 PEV 有关的基因。

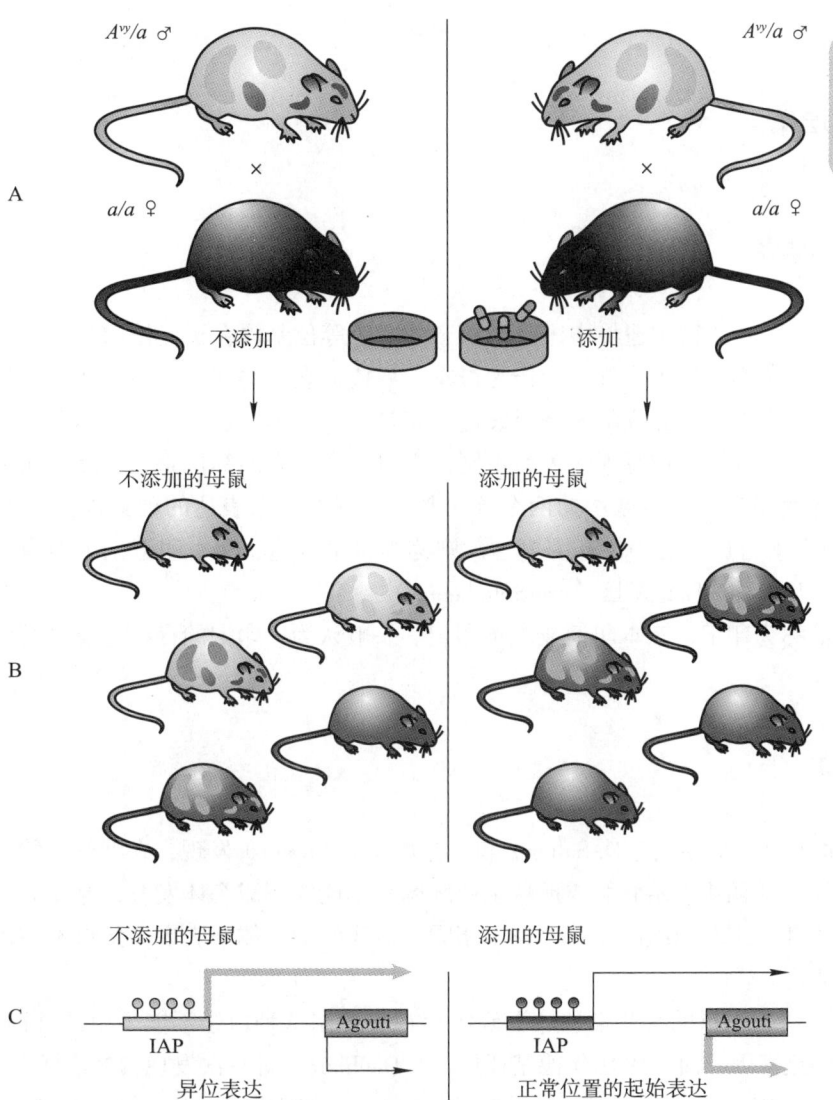

图 6-12 妊娠母鼠的营养对其 A^{vy}/a 基因型后代表型及表观基因型的效应（引自 Jirtle，2007 并修改）
A. 妊娠期间添加或不添加甲基供体；B. A^{vy}/a 后代；C. Agouti 表达

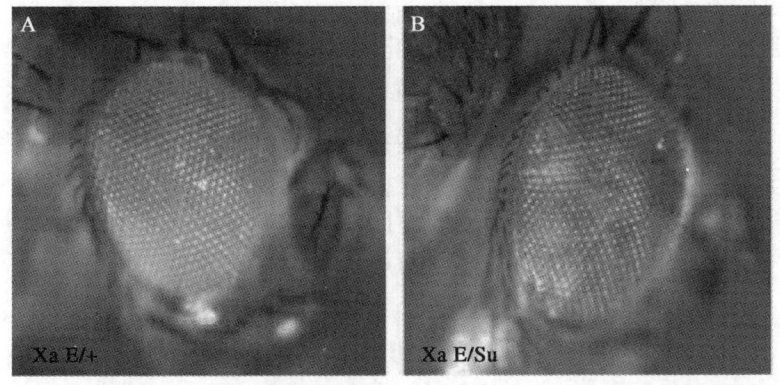

图 6-13 果蝇眼色的位置效应花斑（引自 Schotta，2003）
A. 白眼；B. 镶嵌型

第三节 印记遗传

一、基因组印记的概念

视频：基因组印记

　　在孟德尔遗传中，来自双亲的两个等位基因在子代性状形成中均起作用，无论哪一个作为父本，哪一个作为母本，后代的表型均相同。但存在这样的基因，后代中该基因的 2 个等位基因是否表达与其是来自父本、还是来自母本有关，即父本来源和母本来源的等位基因的表达不同，来自一个亲本的等位基因沉默，而来自另一个亲本的等位基因表达，这种后代中来自亲本的两个等位基因中只有一个表达的现象称为基因组印记（genomic imprinting）。若只有来自母本的等位基因表达，则称为母本表达、父本印记，否则为父本表达、母本印记。呈印记遗传的基因称为印记基因（imprinted gene）。

　　基因组印记简称为印记，亲本印记或配子印记。一般认为，印记的存在是抑制基因的表达，使基因沉默。

二、印记遗传现象

　　在 20 世纪 80 年代，索尔特（D. Solter）和苏拉尼（M. Surani）发现，在哺乳动物中，来自单亲遗传物质的二倍体胚胎，即孤雄生殖胚胎或孤雌生殖胚胎，不能够完成个体发育，这充分说明在对后代的遗传贡献方面，父本和母本基因组的作用不完全相同。后代的染色体中表现出父母本在表达上不同的部分即为来自亲本的印记。

　　后来的研究证明，小鼠的某些染色体上确实存在着控制这种单亲不能生殖的基因（印记基因）。在哺乳动物内源性印记基因方面，1991 年德基亚拉（T. Dechiara）等首次发现胰岛素样生长因子 2（insulin-like growth factor 2，*IGF2*）是母本印记的，随后其他研究小组亦发现 *Mash2* 是父本印记的。有关印记基因的数据参见基因印记（geneimprint）网站。

　　以下举两个动物性状呈印记遗传的例子。

（一）小鼠矮小型性状的遗传

IGF2 在动物细胞的增殖、分化、细胞凋亡和转化中具有重要作用。该基因的正常功能是促进个体的生长，其突变纯合体小鼠（*Igf2^m^/Igf2^m^*）的体型明显比正常个体（*Igf2^+^/Igf2^+^*）小，称为矮小型。以矮小型个体作为亲本与正常大小的个体杂交时，有别于孟德尔遗传方式，正反交的后代表型不同（图 6-14），F1 的表型始终与父本的表型相同。

　　这种现象与该基因的两个等位基因的表达状态有关：来自母本的（即母源的）等位基因不表达，而

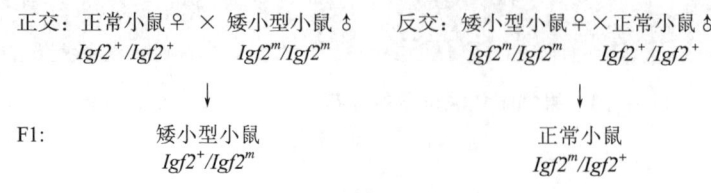

图 6-14　小鼠矮小型性状的遗传

来自父本的（即父源的）等位基因表达。正交试验的后代，父源的等位基因 $Igf2^m$ 表达，母源的等位基因 $Igf2^+$ 不表达，因此个体表现为矮小；而反交试验的后代，父源的等位基因 $Igf2^+$ 表达，来自母本的突变等位基因 $Igf2^m$ 不表达，因而 F_1 代小鼠表现为正常体型。可见，这种小鼠的矮小型性状的形成与 $Igf2$ 基因的母本印记有关，在这种情况下，F_1 小鼠的表型只取决于来自的父本等位基因是正常的还是发生了突变。

H19 是最早鉴定的一种 ncRNA，属于 lncRNA。它参与 $IGf2$ 的母系印记。$IGf2$ 和 $H19$ 位于同一条染色体上的一个印记簇中，$H19$ 基因位于 $IGf2$ 的下游（图 6-15）。在二者之间，靠近 $H19$ 的地方有一个差异甲基化区（Differentially Methylated Domain，DMD）。对于来自母本的染色体，DMD 未甲基化，它能够被一种锌指蛋白 CTCF 结合，$H19$ 下游的增强子通过作用于 CTCF 增强 $H19$ 的表达，转录为 $H19$ RNA，使 $IGf2$ 不表达，因而为母本印记。在来自父本的染色体中，DMD 发生了甲基化，CTCF 不能结合于 DMD，$H19$ 不表达，$H19$ 下游的增强子作用于 $IGf2$ 的上游，使 $IGf2$ 表达。

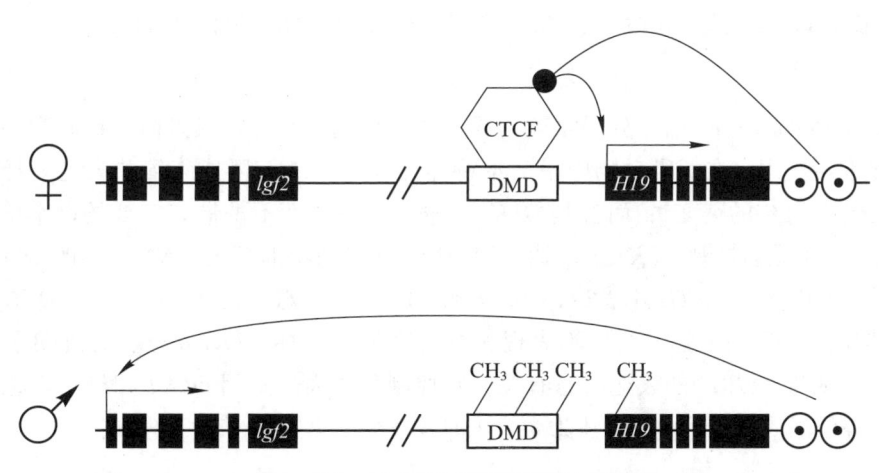

图 6-15 H19 RNA 参与 $IGf2$ 基因的印记表达（引自 Reik，2001）

（二）绵羊美臀性状的遗传

1993 年，杰克逊（S. P. Jackson）和格林（R. D. Green）发现了绵羊的一种肌肉肥大的表型，突出表现为臀部肌肉特别发达（图 6-16，左），以希腊爱神 Aphrodite Kallipygos（Kalli- 美丽的，-pygos，臀部）的名字命名为美臀绵羊（callipyge）。遗传分析表明该性状受单个基因控制，突变位点（$CLPG$，简写为 C）位于绵羊 18 号染色体的端粒附近，该基因对美臀绵羊肌肉的发育、胴体的组成、个体的体型以及肉质均有显著的效应。

绵羊美臀性状的遗传呈现出一种独特的亲本来源依赖的方式，称为父本极性超显性遗传（paternal polar overdominance），即只有当个体的突变等位基因 C 来自父本（标记为 C^{pat}）而且个体是杂合状态下（基因型为 $C^{pat}N^{mat}$）才表现美臀性状，其余基因型（$N^{pat}C^{mat}$，CC 和 NN）个体均不表现美臀特征。

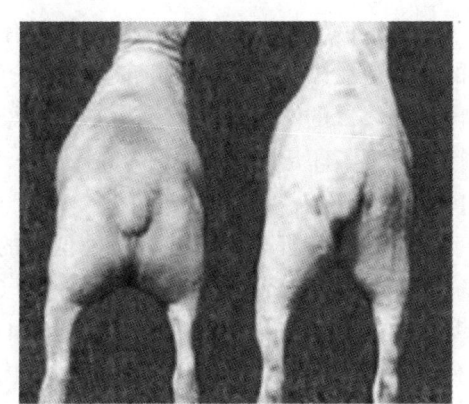

图 6-16 美臀绵羊（左）和普通绵羊（右）（引自 Duke University Medical Center）

绵羊美臀性状的遗传呈基因组印记特征。研究表明，位于 18 号染色体端粒附近 $DLK1$（Delta Like Non-Canonical Notch Ligand 1）和 $MEG3$（Maternally Expressed Gene 3，又名 $GTL2$）基因之间一个 A 到 G 的突变（图 6-17）与该性状的产生有关。

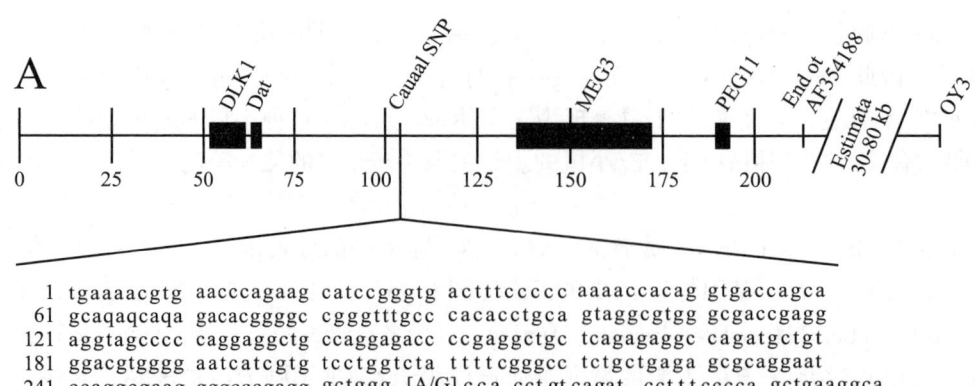

图 6-17　美臀绵羊 *DLK1* 与 *MEG3* 之间 A/G 突变的位置（引自 Freking，2002）

　　DLK1 是 Notch/Delta/Serrate 信号分子家族的成员之一，编码一种跨膜蛋白，在肌肉和骨骼等组织的分化过程中发挥重要作用，在哺乳动物中呈父本特异性表达。$C^{pat}N^{mat}$ 成年绵羊表达一种特异的转录本 *CLPG1*（包含上述 A 到 G 的突变），而且其 *DLK1* 的表达升高；而不携带 *C* 突变的母本来源的等位基因（N^{mat}）*MEG3* 的表达不足以抑制 *DLK1* 的表达，使得绵羊臀部骨骼肌肥大。*NN* 个体的 *DLK1* 和 *MEG3* 间的染色质处于不活化状态，*CLPG1* 不表达，*DLK1* 的 mRNA 表达水平较低。*CC* 个体 *MEG3* 的表达增加，反式（*trans*-）抑制 *DLK1* 的表达，个体不表现美臀。$N^{pat}C^{mat}$ 个体 *DLK1* 的表达水平亦较低。可见，绵羊美臀特征是否出现与 *CLPG1* 的表达状态有关，它控制父本表达基因 *DLK1* 和母本表达基因 *MEG3* 的表达。只有当 *C* 等位基因来自父本且个体为杂合子时才表现出美臀特征。

三、印记基因的特征

　　从染色质和 DNA 水平上印记基因有哪些特征，印记基因单等位表达的机制是什么？印记基因最显著的特征是在染色体上成簇分布。研究发现，大约 80% 的印记基因与其他印记基因聚集在染色体的同一区段，如小鼠的 7 号染色体、人的 11 号染色体和 15 号染色体上均成簇分布着印记基因。在有些印记基因簇中发现了印记中心（imprinting center，IC）。印记基因的成簇分布可能反映了在染色体上它们的表达受 IC 的协调调控。

　　第二个特征是印记基因所处位置的 DNA 序列有两个特点（图 6-18）：一是通常富含 CpG 岛（CpG island，一段大于 500bp 的 DNA 序列中 CpG 的含量较高且一般不发生 C 的甲基化）。约 80% 的小鼠印记基因富含 CpG 岛，远高于非印记基因 47% 的比例；二是在 CpG 岛内或附近常见成簇分布的直向重复序列（图 6-18 箭头所示），可能与建立和维持父母本等位基因的差异甲基化有关。

　　第三个特征是，大量印记基因的父本和母本等位基因之间存在着 DNA 甲基化的差别。印记基因的单等位表达的根本原因在于基因所处染色质的构象显著不同，与 DNA 的 CpG 中胞嘧啶的甲基化，核小体组蛋白的磷酸化、乙酰化、甲基化以及调节蛋白的修饰与组装上的差别有关。DNA 的甲基化与组蛋白的去乙酰化等修饰一起导致染色质发生致密化，使基因不表达；而组蛋白的乙酰化和 DNA 的去甲基化则使染色质处于打开状态，转录复合体能够结合，基因处于表达状态。

　　第四个特点是，处于印记区的 DNA 在细胞周期的 S 期，复制时不同步。对于大多数印记基因来说，父源等位基因 DNA 的复制早于母源等位基因 DNA。其分子机制和意义目前尚不清楚。

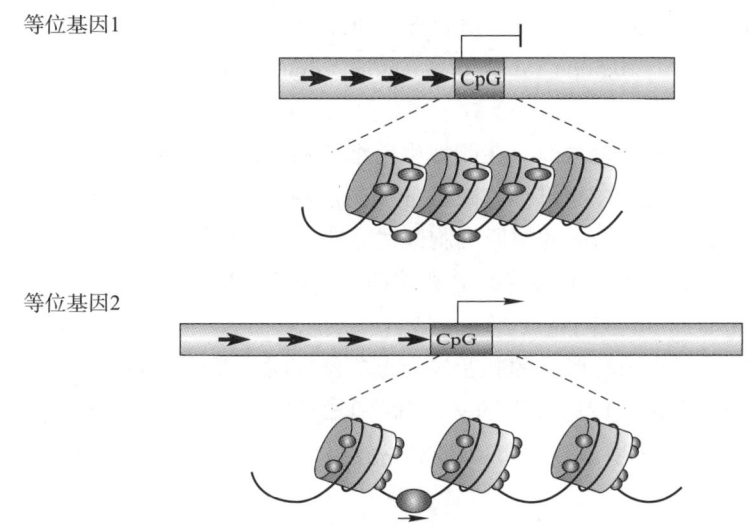

等位基因1

等位基因2

○ ● ◐ 分别表示DNA的甲基化、组蛋白的乙酰化和转录复合体

图 6-18　印记基因的结构特征（引自 Reik，2001）

等位基因1为印记的

彩图：印记基因的
结构特征

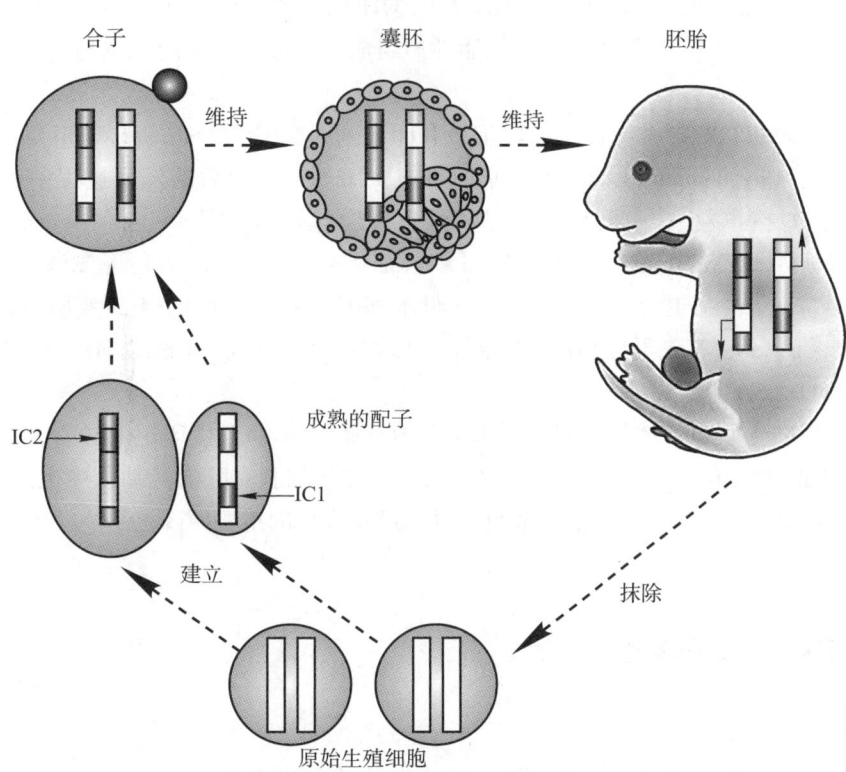

图 6-19　哺乳动物生活史中的印记循环（引自 Reik，2001）

彩图：哺乳动物生
活史中的印记循环

四、基因组印记的抹除、重建与维持

在哺乳动物的生活史中，基因组的印记状态会发生变化，包括印记的抹除、重建和维持三个阶段（图 6-19）。在个体发育的胚胎时期，在形成原始生殖细胞时，来自该个体上一代的基因组印记要被抹除，由原始生殖细胞产生精子或卵细胞时分别建立不同的基因组印记，这种印记状态在受精后下一代个体的发育过程中随着细胞的有丝分裂在体细胞中维持。

印记的抹除：原始生殖细胞在进入生殖嵴后不久即开始发生印记的抹除，如 DNA 甲基化的抹除。小鼠印记基因印记的抹除开始于 10.5dpc（days post coitum，dpc，交配后天数），11.5dpc 时完成，这种抹除状态一直维持到 13.5dpc。

印记的重建：发生在减数分裂之前。在雌性生殖细胞系，印记的重建发生在生长的卵母细胞，各种各样的印记基因在特定的阶段，在卵母细胞减数分裂的前期 I、从原始卵泡到有腔卵泡不同步地获得印记标记。雄性生殖细胞系早在二倍体的精原细胞即建立印记标记，例如，小鼠的雄性印记基因 *H19* 甲基化的建立发生在前精原细胞，到出生后减数分裂前期 I 的粗线期完成。DNA 甲基化的重建由 DNA 甲基转移酶 *DNMT3L* 和 *DNMT3a/3b* 共同完成。

印记的维持：经过受精作用所形成的胚胎发育至原肠期时，基因组的印记完全建立，所有随后的细胞系，包括原始生殖细胞在内，印记基因的父源和母源的等位基因上均呈现包括 DNA 甲基化在内的差别。DNA 甲基化的维持由 DNA 甲基转移酶 *DNMT1* 完成。

五、印记异常

印记的丢失（LOI，loss of imprinting）指由于表观遗传修饰的改变导致通常沉默的基因被活化，通常活化的基因被异常印记（沉默）的现象。*IGf2* 基因的印记丧失在很多儿童和成年个体中导致 Wilms' Tumor（一种迅速形成的恶性混合型肾瘤，由胚胎性瘤组成，一般 5 岁前的儿童易患）、肝胚细胞瘤、横纹肌肉瘤和肾上腺瘤。

人的几种神经行为和发育异常与特定的印记区和印记基因有关。① Prader-Willi 综合征（PWS），婴儿期表现为肌张力低（hypotonicity）、难以存活（failure to thrive），以后的发育过程中表现为饮食亢进、极度肥胖；亦表现为身材矮小、中度神经痴呆和强迫观念与行为异常（obsessive compulsive disorder），是 15q11-q13 父本基因不表达所致；② Angelman 综合征（AS），症状包括共济失调；严重的运动和神经退化，失语、癫痫、张力减退等，由 15q11-q13 母本基因不表达或 UBE3A 突变所造成；③ Beckwith-Wiedemann 综合征（BWS），有先天性脐疝，巨舌症，体细胞生长过度（somatic overgrowth），易于发生癌变等症状，起因于 11p15.5 印记的破坏。

另外，在人工辅助生殖中，体外培养容易使胚胎在发育的早期发生印记的异常，使得出生孩子 AS 和 BWS 的发病率比正常生殖出生个体高 3~6 倍。另外，在体细胞克隆哺乳动物中也发现了印记异常以及克隆胚胎的去甲基化不完全的现象，是造成克隆动物成功率低的重要原因之一。

第四节　哺乳动物 X 染色体随机失活

哺乳动物的性染色体是 X 和 Y，雌性哺乳动物（XX）有两条 X 染色体，雄性哺乳动物（XY）有一条 X 染色体和一条 Y 染色体。由于 Y 染色体上携带的基因极少，对于 X 染色体连锁的基因理论上就会产生遗传剂量问题，造成雌、雄两性个体在基因的拷贝数上剂量的不平衡。

其他 XX—XY 型性别决定方式的生物，要么采取提高雄性的 X 染色体基因表达活性的方法，要么采取降低雌性个体 X 染色体基因表达水平的方法，以达到两性在基因剂量上的平衡。而哺乳动物采用的是雌性个体随机失活一条 X 染色体的方法。这种通过改变基因的活性，使雌雄个体 X 染色体上基因表达量平衡的机制称为剂量补偿（dosage compensation）。

视频：X 染色体随机失活

一、哺乳动物 X 染色体随机失活现象

玳瑁猫（calico cat）的皮毛颜色：玳瑁猫的皮毛除白色外，呈现出橙色与黑色镶嵌存在的现象。仅见于雌猫（图 6-20）。

图 6-20　玳瑁猫的毛色（引自 Klug & Cummings，2002）

1949 年，巴尔（M. Barr）首先在雌猫细胞分裂间期的神经细胞细胞核中，观察到一个深染的小体，其位置靠近核膜（位于细胞核的周边）；而在雄猫类似细胞中未发现。后人称之为性染色体，并以发现者的名字命名为巴氏小体（Barr body）。现在知道巴氏小体在雌性哺乳动物包括人中都存在（图 6-21）。

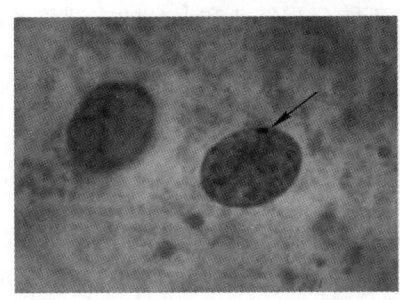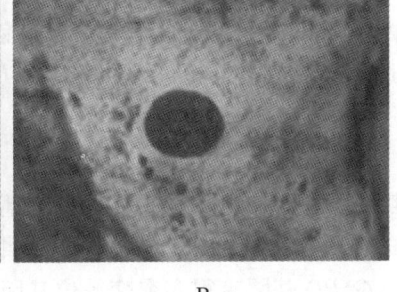

A　　　　　　　　　　　　　　　　B

图 6-21　人口腔上皮细胞细胞核的观察（引自 Klug & Cummings，2002）
A. 女性，箭头所指为巴氏小体；B. 男性，观察不到巴氏小体

巴氏小体产生的原因成为当时研究的重要课题。1961 年，莱昂（M. F. Lyon）在 Nature 发表论文，提出了莱昂假说（Lyon hypothesis），解释巴氏小体形成的机制。莱昂认为：①巴氏小体是一个遗传上失活的 X 染色体，在小鼠中，该过程发生于受精后的第 16 天，由正常 X 染色体通过失活而产生，该过程称为莱昂化；②来自父本或母本的 X 染色体都有可能发生失活，其选择是随机的，而且细胞之间具有独立性；③ 从同一细胞系形成的组织失活同一条 X 染色体。莱昂化是使 X 连锁基因的效应最小化的一种方式，通过 X 染色体的随机失活，使雌雄哺乳动物 X- 连锁基因的表达同等化。

对玳瑁猫皮毛颜色形成的解释：玳瑁猫皮毛的颜色由 X 染色体上的一对等位基因（B 和 b）控制，分别使毛色呈现黑色和橙色。基因型为 $X^B X^b$ 的雌猫在发育过程中发生了一条 X 染色体的随机失活，致使该染色体上控制玳瑁猫毛色的基因不表达：若携带 B 等位基因的 X 染色体失活，B 等位基因不表达，b 表达，则毛色为橙色；相反，若携带 b 等位基因的 X 染色体失活，则 b 等位基因不表达，B 表达，毛色为黑色。由于不同的胚胎细胞对要失活的 X 染色体的选择具有随机性，而且细胞之间不存在依赖性，因而造成了玳瑁猫毛色分布的镶嵌性。

在小鼠、大鼠等其他哺乳动物这种毛色镶嵌分布的现象均存在，对杂合子雌性哺乳动物，位于 X 染色体上的基因所控制的性状均可能表现出镶嵌现象。值得注意的是，在袋鼠、袋狼等有袋类哺乳动物，失活的 X 染色体总是来自父本。

二、其他支持莱昂假说的例子

（一）人无汗性外胚层发育不良（anhidrotic ectoderma dysplasia）

该遗传病呈 X- 连锁隐性遗传，主要症状为毛发稀少，牙齿发育异常，无汗或少汗。杂合体女性表现出有牙齿和无牙齿腭区的镶嵌存在，有汗腺和无汗腺皮肤的镶嵌存在现象。而且，不同杂合子个体之间在镶嵌位置和镶嵌形式上均表现出不同。这些症状均符合 X 染色体随机失活的特征。

人 X 染色体上有一个控制汗腺发育的基因，该基因突变后导致患者的皮肤缺乏汗腺。在胚胎发育过程中，若携带正常等位基因的 X 染色体不失活，而携带突变等位基因的 X 染色体失活，由这样的胚胎细胞发育而成的皮肤，汗腺发育正常，皮肤有汗腺；与此相反，若携带正常等位基因的 X 染色体失活，则该胚胎细胞形成的皮肤无汗腺。由于女性的两条 X 染色体随机地发生失活，使得该突变等位基因的女性携带者表现为身体皮肤有汗腺区和无汗腺区的镶嵌分布。

（二）人红 – 绿色盲的遗传

人的红 – 绿色盲以隐性伴性方式遗传，控制该遗传病的基因位于 X 染色体上。男性在该位点上是半合子（hemizygous），男性患者（$X^c Y$）在所有视网膜上都是完全色盲；女性杂合子（$X^+ X^c$）虽然不表现为色盲，但其视网膜细胞却呈现镶嵌性，有成片分布的不能分辨红色和绿色的有缺陷的视网膜细胞，其周围环绕着正常的视网膜细胞。由于形成视网膜的细胞发生了 X 染色体随机失活，导致有的细胞内正常色觉的基因（X^+）表达，有的细胞内红 – 绿色盲基因（X^c）表达，导致了视网膜细胞对色觉识别的镶嵌性分布。

（三）人成纤维细胞克隆中 6- 磷酸葡萄糖脱氢酶（G6PD）基因的表达

支持莱昂假说的最直接的证据来自对人成纤维细胞克隆基因表达的研究。G6PD 的合成由位于 X 染色体上的基因控制。*G6PD* 基因有很多突变等位基因，其表达产物可通过 SDS–PAGE 电泳进行辨别。分离并培养 *G6PD* 突变杂合体女性的成纤维细胞，然后再挑取单个细胞进行体外培养，经过细胞分裂获得一个克隆。对这些细胞表达 *G6PD* 的情况进行分析。1963 年，戴维森（R. Davidson）等用一个来自 *G6PD* 突变杂合体妇女的 14 个克隆进行了 *G6PD* 的表达分析，结果发现，其中的 7 个克隆表达 *G6PD* 的一个等位基因，另外 7 个表达 *G6PD* 的另一个等位基因，没有一个克隆同时表达 2 个等位基因。

该试验的结果充分证明了：①该女性的 2 条 X 染色体中的 1 条在细胞中发生随机失活，因而出现了 2 种类型的克隆；②由该细胞经有丝分裂形成的子代细胞保留着与亲代细胞相同的 X 染色体失活形式，即失活同一条 X 染色体。这与前面提到的表型的镶嵌分布一致。

三、X 染色体随机失活的机制

自从莱昂提出 X 染色体随机失活假说以来，人们对哺乳动物 X 染色体随机失活的过程、机制和意义进行了广泛的探讨。

为了达到转录失活（即基因不表达）的目的，雌性哺乳动物的每一个细胞必须经历一个高度协调化（组织化）的过程，包括 X 染色体数量的确定（counting），即将失活的 X 染色体的选择，失活的起始和失活的维持等过程。首先，细胞要数一数细胞核里有几条 X 染色体，若多于 1 条，则除了保留一条有活性以外，失活其余的 X 染色体；然后细胞对所选择的 X 染色体开始进行失活并向整条染色体扩展；最后，细胞将在随后的细胞分裂中失活同一条 X 染色体。

在小鼠，有两种形式的 X 染色体随机失活。一种是随机的，发生在体细胞中；另一种是印记的，发生在胚外组织（trophectoderm and primitive endoderm）中。另外，近期的研究表明，着床前胚胎的所有细胞都表现为印记形式的 X 染色体随机失活，而囊胚后期（晚囊胚期）的内细胞团又重新活化了失活的 X 染色体。以后的小鼠 X 染色体随机失活发生在上胚层（epiblast），到大约 5.5~6.5 dpc 结束。

X 染色体随机失活由即将失活的 X 染色体上的 X 染色体失活中心（X inactivation center，Xic）控制。Xic 包括 X 失活特异的转录本基因（X chromosome inactivation specific transcript，*Xist*）、*Tsix* 基因和 X- 控制元件（X-controlling element，Xce）。在 X 染色体随机失活过程中，*Xist* 发挥着极其重要的作用：即将失活的 X 染色体表达 *Xist* 基因，产物为 *Xist* RNA；*Xist* RNA 逐渐由 Xic 向两个方向包被（coating）该 X 染色体，致使 X 染色体发生异染色质化，最后的结果是转录沉默，X- 连锁的基因不表达。

第五节 核外遗传

正如前面提到的那样，真核生物的遗传物质（DNA）主要位于细胞核内，生物体的性状主要由核基因控制；另外，在细胞质中的某些细胞器，如叶绿体、线粒体中也有 DNA，由这部分 DNA 控制的性状也能遗传。由于它们不存在于细胞核内，因此这类由核外 DNA 所控制的性状的遗传方式称为核外遗传（extranuclear inheritance），也叫细胞质遗传。

视频：核外遗传

一、核外遗传现象

紫茉莉（*Mirabilis jalapa*）有绿色斑植株，即，在同一植株上有些枝条长出深绿色的叶子，有些枝条长出白色或极淡绿色的叶子，有些枝条则长出绿白相间的花斑叶。将这些枝条上的种子种下去，后代的枝条长出的叶子的颜色与母本枝条相同，而与用哪类枝条上的花粉授粉无关。即深绿色枝条上结的种子必长成深绿色幼苗，来自白色枝条的种子必长成白色幼苗，来自花斑枝条获得的种子长成的幼苗，表现出花斑色幼苗，而且深绿色、淡绿色和绿白斑三色间的比例在不同花间不一致，不表现出规则的分离比（表 6-1）。

可见，紫茉莉枝条的颜色由母本决定。为什么呢？首先从叶片颜色的成因说起。植物叶片的绿色能否形成取决于细胞中有无正常的叶绿体。将上述三类枝条用显微镜检查叶绿体的特征，发现在绿色的叶片或花斑叶绿色部分的细胞有正常的叶绿体；而白色的叶片或花斑叶白色部分的细胞则缺乏正常的叶绿体，取而代之的是一些败育的无色颗粒。由于叶绿体存在于细胞质中，在被子植物有性生殖产生下一代时，细胞质主要来自雌配子，雄配子（花粉）中有很少的细胞质，因此子代叶绿体的基因主要来自母本，其所控制的紫茉莉叶片颜色的遗传符合细胞质遗传的特征，种子后代的叶绿体类型取决于种子所取自的枝条，与花粉来源无关。

叶绿体 DNA（chloroplast DNA，ctDNA）是裸露的闭合

表 6-1 紫茉莉植株色斑的遗传
（刘祖洞，1990）

接受花粉的枝条的表型	提供花粉的枝条的表型	杂交后代植株的表型
白色	白色	白色
	绿色	
	花斑	
绿色	白色	绿色
	绿色	
	花斑	
花斑	白色	花斑
	绿色	
	花斑	

双链 DNA 分子，每个叶绿体内含 30~60 个拷贝，在物种间有较大差别。ctDNA 能自主复制，编码部分自身蛋白质的基因，另外一些蛋白质由核基因编码。

植物中核外遗传的另一个例子是玉米、水稻中的雄性不育。从母本细胞质中产生的突变基因阻止了花粉的形成，使得该植株的雄蕊产生的花粉退化或败育，不能通过自花授粉结实；但是它的雌蕊正常，能够接受别的植株正常的花粉形成果实。根据这个特点，可以用于产生杂种 F1 种子，利用品种间的杂种优势，提高农作物的产量。

核外遗传在真菌中也有发现，如酿酒酵母（Saccharomyces cerevisiae）的小菌落与线粒体有密切关系。有两种线粒体的突变与酵母菌的生长缓慢有关。一种为中性小菌落突变，这样产生的小菌落酵母菌在与正常的酵母杂交时产生正常的子囊孢子；另一种为抑制型小菌落突变，当它与正常酵母杂交时，后代既有正常的，也有小菌落的。线粒体是细胞的代谢中心之一，是呼吸酶和其他酶系产生的场所，呼吸酶的减少会影响细胞的生长，造成生长迟缓的突变类型。小菌落突变体不能进行有氧呼吸，体现在线粒体 DNA 上，常发现有大量的 DNA 片段的缺失。另外，链孢霉的缓慢生长突变型与酵母菌的小菌落一样，也属于细胞质遗传。

二、人的线粒体遗传病

动物和人的核外遗传物质为线粒体 DNA。在高等动物（包括人），后代细胞质（线粒体）主要来自母本，因为雄性配子对受精卵胞质的贡献极少。因而线粒体基因决定的性状通常呈典型的母性遗传。对于一个由线粒体基因控制的性状来说，一个表型异常（有遗传缺陷）的母亲和正常父亲的后代都表现为异常；而一个表型正常的母亲与表型异常的父亲的后代均表现为表型正常。

线粒体 DNA 所发生的突变会使人类患病，多数情况下会导致线粒体产生 ATP 的能力降低，并且影响肌肉和神经细胞的功能，对中枢神经系统的影响更甚，最终使患者的视觉、听觉丧失，产生中风。人的许多线粒体病都是致死的，但由于患者细胞中正常线粒体和突变线粒体的比例不同，个体的表现度有一定变化。

下面举几个人线粒体病的例子。

（1）Leber 遗传性视神经萎缩（LHON）：是一种以进行性视神经萎缩，异常心脏搏动及伴有神经系统异常为特征的线粒体病，该病与线粒体 DNA 不同位点编码的 5 种 NADH 脱氢酶的功能异常有关。

（2）MERRF（惊厥样抽搐）（图 6-22 为该病的家系图）：属于肌阵挛性癫痫的一种，影响中枢神经系统和骨骼肌。患者中发生突变的线粒体的比例多数在 90% 以上。该病是线粒体 DNA 中编码 $tRNA^{Lys}$ 的基因发生突变造成的。发生突变的线粒体中出现由突变蛋白积累形成的结晶包涵体。

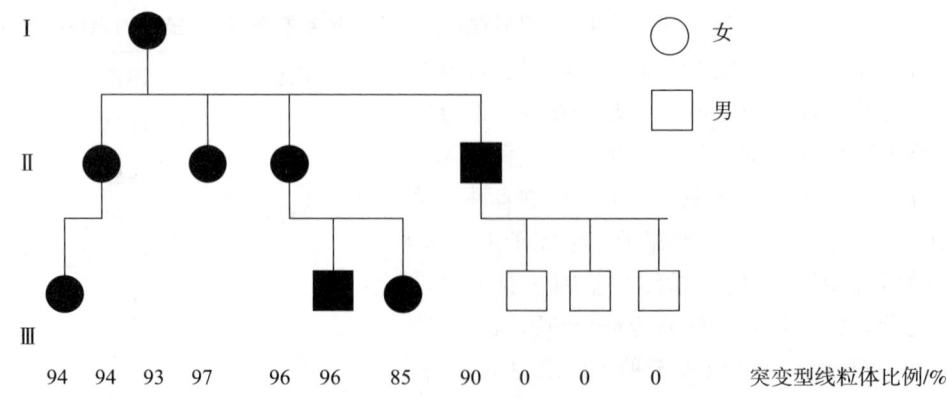

图 6-22 人线粒体病 MERRF 的一个家系（引自 Hartl 和 Jones，2001）

阴影表示为患者

（3）MELAS 综合征。由于线粒体 DNA 编码 tRNA^{Leu} 的基因 3243 位发生 A 到 G 的突变所造成。症状有线粒体性肌病、脑病和乳酸贮积症（血中乳酸堆积）和惊厥样发作。

三、线粒体 DNA 的结构

线粒体 DNA（mtDNA）位于线粒体的基质中，一个线粒体中有多个 mtDNA 拷贝，平均 2.6 个 / 线粒体，可多达上千个，有的附着于内膜。除少数动物（如腔肠动物和草履虫）的 mtDNA 为线性以外，其余大多数真核生物的 mtDNA 均为双链、闭合环状分子（图 6-23）。

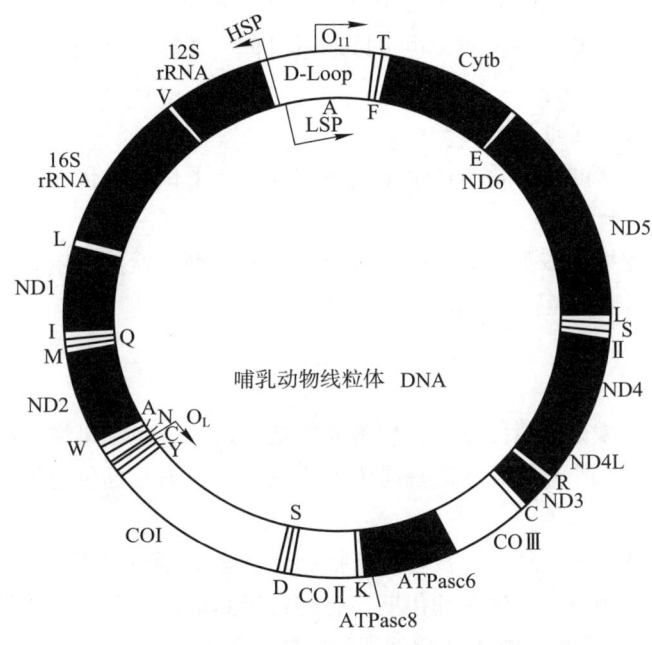

图 6-23 哺乳动物线粒体 DNA 的结构（引自李宁，2011）

不同物种 mtDNA 的大小变化较大，酵母的 mtDNA 为 17～101 Kb，草履虫 mtDNA 为 40 Kb，植物的 mtDNA 为 200～2 500 Kb，果蝇和爪蟾的 mtDNA 在 18 Kb 左右，人类的 mtDNA 为 16 596 bp，其他哺乳动物 mtDNA 的大小与人的相近。

mtDNA 的两条链依据碱基的组成可区分为重链和轻链，两条链均参与基因的编码。动物 mtDNA 可分为编码区和非编码区，共编码 37 个基因，包括细胞色素 b 基因、ATP 酶亚基基因（*ATPase6* 和 *ATPase8*）、细胞色素氧化酶亚基基因（*CO I*，*CO II* 和 *CO III*）、NADH 脱氢酶亚基基因（*ND1～ND6*，*ND4L*）、2 个 rRNA 基因（*12s rRNA* 和 *16s rRNA* 基因）等 13 个结构基因和散布于结构基因与 rRNA 基因间的 22 个 tRNA 基因（*tDNA*）。可见，线粒体 DNA 中包含了遗传信息传递所需的各类基因，使之能够完成从复制、转录到翻译的全过程。

非编码区是 mtDNA 的控制区，又称取代环（D-LOOP），在 mtDNA 复制和转录中不可缺少。与编码区相比，D-LOOP 的碱基替换率高出 5～10 倍，是单拷贝核基因突变率的 25～100 倍。不同物种 mtDNA 的 D-LOOP 区的长度有较大差异，从几百到几千碱基对不等。可见 D-LOOP 是 mtDNA 的高变区，据此，通过 D-LOOP 区的序列比对，可对动物的不同物种、亚种甚至品种之间的起源关系进行分析。

四、线粒体 DNA 的应用

mtDNA 可用于进化研究。通过对代表亚洲人、非洲人、大洋洲人、欧洲人和新几内亚人共 147 人的样本 mtDNA 的限制性酶切多态性的分析，证明现今人群体起源于距今 200 000 年以前非洲的一个共同女性祖先。

通过对原鸡及分布于各大洲家鸡品种 mtDNA 的分析，证明家鸡有多个母本起源。另外，世界上狗、山羊、绵羊等物种的起源也通过 mtDNA 的分析得到了初步证实。

五、母性遗传与母性影响

母性遗传（maternal inheritance）指性状只通过雌性生殖细胞在上下代间传递的遗传方式，通常指核外遗传，但不总是。在区分母性遗传和母性影响时，有时十分困难。母性影响是母本核基因型对后代表型的影响，这种效应既可通过卵中的物质，也可以通过母体的哺育施加给后代，例如，雌性哺乳动物子宫内的环境对后代的表型产生影响。

母性遗传和母性影响的区别如下：

在母性遗传中，决定性状的遗传物质位于细胞核之外，上下代间遗传物质的传递仅通过母本的细胞质，后代中观察不到孟德尔分离比。

在母性影响中，母本的细胞核基因的基因型决定后代的表型。遗传决定物质是细胞核基因，经过两性传递，在杂交后代中延迟表现孟德尔分离比。

小　结

有些性状的遗传不符合孟德尔遗传方式，称为非孟德尔遗传，包括母性影响、印记遗传、哺乳动物 X 染色体随机失活现象以及核外遗传等，这些遗传现象是对经典的孟德尔遗传的补充，加深了人们对生物界遗传规律的认识。

母性影响所涉及的性状实质上还是由核基因所控制，母本基因型表达的一些物质影响了后代早期发育的一些特征，这种影响有的只是发生在幼年期，有的持续到成体，分别称做短暂的母性影响（如麦粉蛾幼虫的体色）和持久的母性影响（如椎实螺外壳的旋转方向）。

表观遗传学主要是对 DNA 甲基化及组蛋白修饰、染色质重塑、非编码 RNA 等表观遗传修饰及其与基因组印记、X 染色体随机失活、基因组的稳定性以及基因沉默等的关系进行研究的一门新兴学科。表观遗传现象包括副突变、小鼠 A^{vy} 基因上游 IAP 插入及甲基化对毛色等的影响、果蝇的位置效应花斑等。哺乳动物 DNA 甲基化包括从头甲基化和维持性甲基化，基因组印记受 IC 的甲基化调控。组蛋白的修饰包括乙酰化、甲基化、泛素化、生物素化及磷酸化修饰，非编码 RNA 包括 H19、Xist、siRNA、miRNA 和 piRNA 等。DNA 的甲基化与基因的沉默有关，核心组蛋白尾巴以及 H1 组蛋白的修饰使得染色质的高级结构不稳定，与基因是否转录有关。依赖于 ATP 的染色质重塑复合体将核小体沿着 DNA 移动，以便转录因子、组蛋白修饰酶以及转录起始因子能够接近基因的转录调控元件。siRNA 和 miRNA 通过对靶RNA 的降解和抑制翻译调控基因的表达。

印记遗传是一种后代的二倍体基因组（染色体）中，只有来自一个亲本的等位基因表达，而来自另一个亲本的等位基因不表达的现象。第一个发现的内源性印记基因是 IGf2，目前已在哺乳动物中发现了80 个以上的印记基因。印记基因有成簇分布、富含 CpG 岛和直向重复序列、父母本等位基因之间存在DNA 的差别甲基化和印记区的 DNA 复制时不同步 4 个特征。在哺乳动物生活史中，有印记的抹除、重建和维持三个阶段。印记的异常与一些癌症、神经行为和发育异常及克隆动物成功率低有关。

巴氏小体是一个遗传上失活的 X 染色体，来自父本或母本的 X 染色体都可能发生失活，其选择是随机的，从同一细胞系形成的组织失活同一条 X 染色体。玳瑁猫、人无汗性外胚层发育不良、人红－绿色盲的遗传等均支持莱昂假说。X 染色体随机失活由即将失活的 X 染色体上的 X 染色体失活中心控制。Xist 在 X 染色体随机失活过程中发挥着极其重要的作用。即将失活的 X 染色体表达 Xist 基因，产物为

RNA；*Xist* RNA 逐渐由 *Xist* 向两个方向包被该 X 染色体，致使 X 染色体发生异染色质化，最后的结果是转录沉默，X- 连锁的基因不表达。

由核外遗传物质，包括叶绿体和线粒体等，控制的性状的遗传称为核外遗传。紫茉莉植株绿色斑的遗传是第一个发现的核外遗传的例子。动物和人的核外遗传物质为线粒体 DNA，若发生突变则可导致线粒体病。线粒体 DNA 位于线粒体的基质中，一个线粒体中有多个 mtDNA 拷贝。除少数动物（如腔肠动物和草履虫）的 mtDNA 为线性以外，其余大多数真核生物的 mtDNA 均为双链、闭合环状分子。不同物种 mtDNA 的大小变化较大。线粒体 DNA 中包含了遗传信息传递所需的各类基因，使之能够完成从复制、转录到翻译的全过程。非编码区（D-LOOP）是 mtDNA 的控制区，在 mtDNA 复制和转录中不可缺少。通过对比 D-LOOP 的序列比对揭示了人、鸡、狗等物种的起源。

复习思考题

1. 名词解释

母性影响　表观遗传　DNA 甲基化　非编码 RNA　副突变　基因组印记　X 染色体随机失活　巴氏小体　核外遗传　D-loop

2. 以椎实螺壳螺旋方向的遗传为例，解释为什么说母性影响由核基因控制？
3. 描述一种副突变现象并解释其可能的机制。
4. 哪些表观遗传修饰与基因的沉默有关？
5. 如何判断一个性状是否呈印记遗传？
6. 描述哺乳动物生活史中的印记循环过程。
7. 阐述哺乳动物 X 染色体随机失活的意义及产生机制。
8. 动物的核外遗传有什么特点？
9. 母性遗传与母性影响有何区别？

网上更多

 思考与提示　　 科学与科学人

（姜运良　师科荣）

第七章

动物基因组学概述

　　基因组是动物的物种属性之一。获取动物基因组序列的过程包括基因组文库构建、序列测定、序列组装以及序列注释等步骤。随着全基因组测序工作的陆续完成，越来越多的动物基因组结构特点得以揭示，重复、插入、缺失、倒置及转座等是引起基因组功能演变的重要方式，其同时也影响着基因组大小的演变。

　　为了系统地阐述基因组的结构和内涵，基因组学（genomics）应运而生。基因组学是以基因组分析为手段，研究基因组的结构组成、时序表达模式和功能，并提供有关生物物种及其细胞功能的进化信息；当所研究的对象为动物时，则为动物基因组学。随着基因组学研究的快速发展，目前主要研究内容包括结构基因组学、比较基因组学、泛基因组学、功能基因组学和宏基因组学五大部分。

　　本章从基因组概念讲解出发，首先介绍动物基因组结构特征、起源和演化；随后综述基因组学研究内容和测序技术，并着重阐述如何从基因组图谱和序列中解码遗传信息并进行基因定位等内容；本章最后描述基因组计划以及基因组序列解析对生物学和动物遗传育种工作的影响。

第一节 动物基因组结构与起源演化

基因组（genome）是指一个物种单倍体所携带的一整套 DNA 序列。一个完整的基因组就是组成一个生物体的全部 DNA 的集合。每个独立生物个体的基因组包含了对其身份进行最终限定的一些特殊基因和其他一些 DNA 元素。由于基因组普遍具有重复、插入、缺失、倒置及转座等特点，导致其大小变化范围很大，小的（如最小的病毒）只编码少于 10 个基因，而大的（如人类等真核生物）则包含数十亿个碱基对，编码数万个基因。

视频：基因组结构与演化

一、动物基因组结构特征

现存的生物基因组可分为原核生物与真核生物基因组。原核生物一般只含有单一序列，而真核生物的染色体基本都含有重复序列，其基因组含量远大于原核生物。动物基因组包含细胞核基因组与细胞质基因组。迄今为止，研究过的真核生物基因组同人类基因组一样都含有数目不等的线性 DNA 分子，每个长链 DNA 分子都与组蛋白结合形成染色体。几乎所有真核生物都有环状的线粒体 DNA。

（一）单一序列

单一序列（unique sequence）也叫单拷贝序列，是指在整个基因组中只出现一次或者少数几次的序列，占哺乳动物基因组的 50%～80%，如在小鼠中约占基因组的 70%。单一序列的序列长度为 750～2 000 bp，只有一小部分编码蛋白质，其他部分的功能尚不清楚。

（二）重复序列

真核生物基因组中普遍存在重复序列（repetitive sequence），这也是动物基因组的结构特点之一，这些重复序列或集中成簇，或散在分布于基因间。根据重复程度，可分为高度重复序列和中度重复序列两类。

1. 高度重复序列

是指在动物基因组中重复频率高达百万次以上的重复序列，一般为少于 10 个核苷酸组成的短片段，在小鼠的基因组中约占 10%。由于高度重复序列中碱基组成的复杂度很低，因此其复性速率很快。高度重复序列按其特点可分为以下几类。

（1）反向重复序列　在 DNA 的一条链或者两条链内的相反方向上存在的重复核苷酸序列。这种重复顺序复性速度极快，序列长度一般为 100～1 000 bp，包含两种形式，即两条链上的反向重复和一条链上的反向重复，前者称为回文结构，后者称为镜像重复，如图 7-1。

（2）串联重复序列　由 1～172 bp 的重复单位排列成串而形成的序列。由于碱基组成不同于其他部分，在氯化铯密度梯度离心时与主体 DNA 分开，称为卫星 DNA。包括以下三类。

① 卫星 DNA：重复区涵盖 100 kb～5 Mb，大部分位于染色体的着丝点。重复单位为 2～172 bp，人类的重复单位为 172 bp，约占每条染色体的 3%～5%。

② 小卫星 DNA：重复区域在 0.1～20 kb 之间，主要包括重复单位在 6～25 bp 之间的可变数目串联重复序列。如端粒，大多位于非编码区，重复的数目因个体不同而差异很大。

③ 微卫星 DNA：重复单元为 1～6 bp 的短串联重复序列，涵盖区域一般小于 150 bp。微卫星 DNA 里的重复数目也会因为个体的不同而有差异。

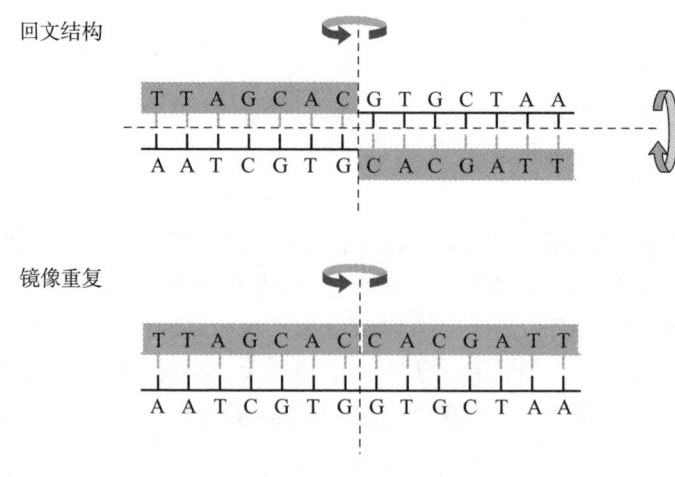

图 7-1　回文结构与镜像重复示意图

（3）散布重复序列　散布重复序列可以看成是一种转座子，它们借助 DNA 重组机制而转移。经过许多代的遗传积累，DNA 的某段序列会散布各处。由于突变的存在，每个重复单位的序列并不完全相同。

2. 中度重复序列

在动物基因组中的重复频率为数十至数万次的重复序列，序列长度为 100 ~ 5 000 bp，在基因组中所占比例约为 10% ~ 40%，分布于结构基因之间、基因簇中以及内含子中。中度重复序列一般不编码蛋白质，有些中度重复序列是编码蛋白质或某些 RNA 的结构基因，如组蛋白基因、rRNA 基因、tRNA 基因等。依据重复序列的长度可以分为两种类型。

（1）短分散核元件（short interspersed nuclear elements，SINEs）　重复序列的平均长度为 350 ~ 400 bp，与平均长度为 1 000 bp 左右的单拷贝序列间隔排列，拷贝数可高达 10 万左右，如 Alu 家族、Hinf 家族等属于这种类型的中度重复序列。Alu 序列长度约 300 bp，以每个序列中有一个限制性内切酶 Alu 的酶切位点而命名，分散在整个哺乳动物基因组中，平均每 5 kb 就有一个 Alu 序列。

（2）长分散核元件（long interspersed nuclear elements，LINEs）　重复序列的长度大于 1 000 bp，平均长度为 3 500 ~ 5 000 bp，如 KpnI 家族。用限制性内切酶 KpnI 酶切灵长类动物的 DNA 分子，在电泳图谱上可看到 4 条不同长度的片段，这就是 KpnI 家族。该家族成员序列比 Alu 家族长，而且不均一，呈散在分布。

（三）多基因家族和假基因

1. 多基因家族（gene family）

多基因家族是一群具有相似序列的基因，编码在结构和功能上相关联的一个蛋白质家族（或在结构和功能上相关的 rRNA 和 tRNA）的若干个基因。

（1）简单多基因家族　各成员相同或基本相同，如 5S RNA 基因，在爪蟾中 5S 基因与非转录间隔区相间排列，组成一个重复单位。5S rRNA 基因后面是一段不能转录的假基因，如图 7-2。

（2）复杂多基因家族　各成员不完全相同，但功能相关，串联在一起成为一个重复单元。如 H2A、H2B、H3 及 H4 属于相同的组蛋白家族。

　⊠ 5S rRNA基因　　　　　⊠ 5S rRNA假基因　　　■ 非转录空隔区

图 7-2　非洲爪蟾的 5S RNA 基因结构示意图

2. 假基因（pseudogene）

在同一个多基因家族中，某些成员并不产生具有功能的基因产物，这些基因称为假基因。假基因与其功能基因是同源的，但由于缺失、倒位或点突变等机制的存在，使这一基因失去表达活性，成为无功能的基因。人们推测假基因的来源之一可能是，基因经过转录后生成的 hnRNA 通过剪接失去内含子形成 mRNA，mRNA 经过逆转录产生 cDNA，再整合到染色体 DNA 中去，便有可能成为没有内含子的假基因。在这个过程中，可能会同时发生点突变、缺失或者倒位等变化，从而使假基因失去表达活性。

 彩图：假基因形成的分子机制

 彩图：假基因在基因调控中的功能

二、基因组大小与 C 值之谜

生物基因组 DNA 总量通常用 C 值（C-value）表示。C 值是指一个单倍体基因组中所含 DNA 的总量。C 值可分为最大 C 值和最小 C 值两类，最大 C 值是指每一种生物中单倍体基因组 DNA 的总含量；而最小 C 值则是指每一种生物中编码基因信息的 DNA（即外显子 DNA）总含量。一般来说，最大 C 值大于最小 C 值；然而，对于噬菌体等基因组内不存在内含子并具有重叠基因的生物来说，其最大 C 值小于最小 C 值。

每一个特定的种属都有其特征性 C 值。从原核生物到真核生物，C 值变化很大。研究发现基因组及其生物的复杂度与 C 值之间并不一定线性相关，也就是说生物的复杂性与基因组的大小并不是完全成比例增加的，这就是所谓的 C 值悖论（C-value paradox）。例如变形虫的 C 值是人类基因组的 200 倍，有些鱼类和两栖类具有比哺乳类更高的 C 值。图 7-3 所示为不同门类生物的 C 值分布。从图中可以看出，不同门类生物基因组 C 值变化范围不同，有些门类生物的 C 值变化范围宽泛，这可能与其染色体上存在不同数目的重复序列有关。

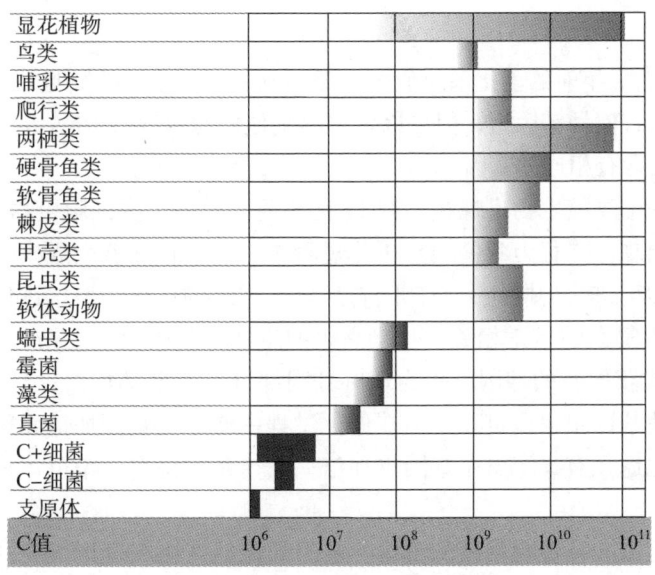

图 7-3　不同门类生物的 C 值分布（引自 Lewin 等，2000）

C 值悖理说明了什么呢？虽然物种进化的过程是基因数增加的过程，但基因数增加与 DNA 含量的增加并不是一回事，基因数的增加必然会导致 DNA 含量的增加，反之却未必。在基因数相同的情况下每一基因的长度越长，则 C 值越大。但事实表明，物种 mRNA 分子长度上的变异并不能解释 C 值悖理。另外，在存在基因重复时，两物种间虽然基因数相同，但如果每一基因的拷贝数不同，则重复程度与基因组大小间就有一定的相关性。不过，所有这些基因只是构成了基因组的一小部分，它们在拷贝数上的变

异并不能完全解释基因组大小的变异。已有研究结果表明在编码区和非编码区都存在变异且缺乏一致规律性时，基因长度和基因组大小无相关性，呈现 C 值悖论。通过前述编码区 DNA 变异对基因组大小变异的影响，目前科学界普遍认为，基因组大小的变异主要是由非编码的 DNA 区段变异所造成，而非由编码基因的 DNA 区段变异所造成，这也是出现 C 值悖理的原因。

三、基因组的起源与演化

目前已有研究表明地球大约在 50 亿年前形成，对于最初的生命系统，人们还无法设想是一种怎样的状态，但其必须具备的基本特点是：具有自我复制的能力，能够积累变异并遗传给后代。对基因组起源和进化的研究，是探索生命起源和进化的重要组成部分。

（一）基因组的起源

早期关于生命起源的研究一直致力于研究蛋白质与 DNA 的关系，直到 20 世纪 80 年代中期，具有催化活性的 RNA 分子被发现后，人们才开始将生命系统起源的研究集中在 RNA 分子上。研究显示，通过 RNA 的催化和编码，使 RNA 的世界最终过渡到了 DNA 的世界。地球上最早出现的大分子物质是 RNA，此时的 RNA 具有催化和编码两种功能，具体表现为：RNA 可以催化肽键合成蛋白质，RNA 可以与蛋白质联手以 RNA 为模板合成 DNA。通过 RNA 的这些作用，生命世界的三种主要的大分子物质（RNA、蛋白质、DNA）的分工基本确定；之后 RNA 的编码功能由 DNA 取代，蛋白质则取代了 RNA 的催化功能，RNA 自身则演化成为表达遗传信息中介的分子。在现存的生化体系中，我们仍能够发现这些进化的蛛丝马迹，渐渐地，DNA 作为主要的遗传物质开始指导生命进化，自此以后，由 DNA 组成的基因组成为生命进化的主角。

（二）基因组的演化

古代生物化石表明 35 亿年前的生化系统似乎已经形成了类似今日的细胞结构，虽然我们很难从此时的细胞鉴别出古代生物具有何种基因组，但可以肯定的是他们应由双链 DNA 组成，亦可能含有少数的染色体，并且每条染色体上含有相连的基因。

依据化石记录，第一个真核生物出现在大约 14 亿年前，第一个多细胞生物出现在 9 亿年前，约在 6 亿年前多细胞动物开始出现。在亿万年的地球进化过程中，不断存在着大规模的生物灭绝，但生物的进化仍然在继续。在生物形态进化的同时，亦伴随着生物基因组的进化。根据进化系统发生树我们发现生物机体的复杂性与基因组复杂性呈正相关，越是高级的生物，基因组越复杂。在亿万年的进化过程中，基因组主要通过两种方式获取新的基因：一为现有基因部分或是全部加倍；二为从其他物种获得基因。虽然这两种方式都可以使基因组得以进化，但在进化过程中使原有基因加倍无疑是最简单也是最重要的方式，此方式的主要进化途径有：①整个基因组加倍；②单条或是部分染色体加倍；③单个或成簇基因加倍。

另外，基因组的进化还涉及现有基因的重排。基因加倍后产生突变形成新的基因，但基因重排产生创新性功能的蛋白质，基因重排主要是基因的功能域区段重排，包括功能域加倍和功能域或外显子洗牌（domain shuffling or exon shuffling）。

除此之外，研究发现非编码 DNA 以相当随意的方式进化。这种随意的进化方式主要体现在转座子元件和内含子的进化方式上。转座子元件的进化对基因组的进化有多种影响，大部分变化是负面的，但有时候也会产生有益的结果，也在一定程度上促进了基因组进化。

第二节 基因组学定义及研究内容

随着分子生物学和分子遗传学理论及技术的发展，到20世纪末，科学家已有能力开始研究单个生物的全部遗传信息。科技的进步推动了遗传学领域的研究工作从研究一个物种的特定基因或几个基因转向研究一个物种的所有基因即基因组，由此形成了基因组学。

视频：基因组学研究和测序应用

一、基因组学定义

基因组一词自 H. Winkler 于1920年提出后便进入了一个全面研究的阶段，在随后的1986年，美国科学家 T. Roderick 率先提出了基因组学概念。基因组学概念随着人类基因组计划的深入开展，其含义得到了不断的发展和更新。目前基因组学的一般定义为以基因组分析为手段，研究基因组的结构组成、时序表达模式和功能，并提供有关生物物种及其细胞功能的进化信息；当所研究的对象为动物时，则为动物基因组学（animal genomics）。

此外，科学家们也按照各自学科内涵对基因组学进行了不同的定义，概括起来主要包含以下几种：①指对所有基因进行基因组作图（包括遗传图谱、物理图谱和转录本图谱等）、核苷酸序列分析、基因定位和基因功能分析的一门科学；②基因组学是一门系统研究某物种全部基因及其产物所构成的生理结构和生命活动的学科；③基因组学是研究生物基因组以及如何利用基因的一门学问，用于概括涉及基因作图、测序和整个基因组功能分析的遗传学分支。该学科提供基因组信息以及相关数据系统利用，试图解决生物、医学和工业领域的重大问题。

二、基因组学研究内容

基因组学的研究内容主要包括结构基因组学（structural genomics）、比较基因组学（comparative genomics）、泛基因组学（pangenomics）、功能基因组学（functional genomics）和宏基因组学（metagenomics）五大部分。

（一）结构基因组学

结构基因组学是基因组学的一个重要组成部分和研究领域，是一门通过基因作图、核苷酸序列分析确定基因组成，并进行基因定位的科学。根据使用的标记和研究手段的不同，可以做出三张不同的图谱，即构建生物体基因组高分辨率的遗传连锁图谱（linkage map）、物理图谱（physical map）和转录本图谱（transcription map），一个生物体基因组的最终图谱就是它的全部DNA序列。有关基因组图谱的相关知识将在下一节具体介绍。

基因组测序是结构基因组学最基本的研究手段。因为只有完成了物种基因组的测序，即测定物种基因组的DNA序列后，才有可能在碱基水平上破译生物的遗传之谜。自1990年开始实施人类基因组计划以来，在它的影响下陆续完成了大量生命体的测序工作。截止到2023年7月，美国国家生物技术信息中心（National Center for Biotechnology Information，NCBI）公布已经测序完成的真核物种高达30 530种，其中包括小鼠、酵母、牛、猪、鸡等多个模式生物和家养动物。

（二）比较基因组学

基因组学中比较不同生物基因组的研究有一个专门的名字，称为比较基因组学。科学家们对比较基因组学定义的诠释也各有不同，现举两例如下：①基于基因组图谱和测序基础之上，对已知的基因和基因组结构进行比较，以了解基因功能、表达机理和物种进化的学科；②利用分子标记对基因进行作图，通过比较作图、模式生物基因组序列分析、微观共线性分析等，研究物种之间的进化关系、克隆重要性状基因、进行遗传研究和性状改良的学科。

基因组比较是一种识别重要序列强有力的技术和工具。尽管比较基因组学还非常年轻，却承载着生物学家们很多期望，人们希望通过它来揭示功能基因、基因组的内在结构乃至演化的诸多机制，而识别这些功能信息则是目前生物学研究中的一个中心问题。比较基因组学通过对不同亲缘关系物种的基因组序列进行比较，能够鉴定出编码序列、非编码调控序列及给定物种特有的序列等基因组结构特征。基因组比较一般可归为物种内比较和物种间比较两种，如图7-4。基因组范围之内的序列比对，可以了解不同生物在核苷酸组成、同线性关系和基因顺序方面的异同，进而可获得基因分析预测与定位、生物系统发生进化关系等方面的信息。例如根据基因组序列变化的异同，推测选择（selection）对生物间基因组区段的影响。一般认为各物种间均存在的相似序列为保守序列，是稳定选择（stabilizing selection）的结果；物种间不同的序列，若认定是有差异的，则为趋向性选择（directional selection）；另外还有相当多的基因组区段对个体的选择适应度既无利也无害，定义为中性选择（neutral selection）。

图 7-4　比较基因组学应用

A. 种间比较（"Inter-Species" Comparisons）；B. 种内比较（"Intra-Species" Comparisons）

识别真核生物基因组演化的机制是比较基因组学的重要目标之一。但是现代物种的基因组往往承载了众多的信息，它们是物种演化史上系列事件的后果，因此基因组的信息是混杂的，一种信息往往叠加在另一种信息之上。由于这个原因，比较基因组学通常从简单的模式生物（例如酵母）开始，来拓展我们对一般演化机制的理解。据一篇研究酵母基因组的文章报道，研究人员将三种酵母的基因组序列草图与酿酒酵母（*S. cerevisiae*）的完整基因组序列进行比对（这些酵母与酿酒酵母分化时间相距500万~2000万年），仅在一个50 kb的区域就找到了很多以前从未预测到的编码蛋白基因。这一比对导致酵母基因目录发生了重大修正，这些修正包括建议删除大约500个已经注释的基因和约50个新基因。这些成果为识别基因组中具有调控功能的非编码序列提供了新的依据。

通过比较基因组学的研究还可以发现其他一些有趣的现象，如人类第7号染色体包含的序列大部分在鼠的基因组中存在，但这些同源序列在鼠中被分成了19段，分别位于6条不同的染色体上，此结果从比较基因组学层面解释了染色体的重排现象。事实上，至少在哺乳动物中，不同物种（包括人类）共享了大部分的DNA片段，其差异是不同物种间这些DNA片段的拼接方式不同。

比较基因组学的主要目的就是挖掘功能基因，但现在更多的研究是寻找鉴定调控区域以及小/长的非编码 RNA，这主要是源于最近的科研发现。研究数据表明遗传相距很远的物种经常共享很长的基因组序列片段，而这些序列片段似乎不编码任何蛋白，推测是调控区序列或是小的非编码 RNA。目前我们对这些超保守区域的功能仍不了解，还需要进一步研究确定。海量基因组数据的产生，使得比较基因组学通常以大规模的计算为特征。目前基因组的比较也是计算机科学中的重要课题之一，随着计算机辅助数学的发展（如利用 Mathematica、Matlab、R 等产品），各种数学和计算机的人才也加入到了这个行业，比较基因组学分析正在以前所未有的速度发展。

（三）泛基因组学

近年来，随着越来越多生物的基因组被组装，比较基因组不仅在不同物种间进行比较，同一物种不同个体间的比较也越来越广泛地应用于各类精准遗传评估研究中。在此过程中，人们逐渐认识到单一品种或品系的参考基因组并不能完全涵盖特定物种的所有遗传信息，泛基因组 (pan-genome) 因此应运而生。泛基因组是指同一物种所有基因组的集合，包括核心基因组（core genome）和非必需基因组（dispensable genome）。图 7-5 为真核生物泛基因组构成示意图。

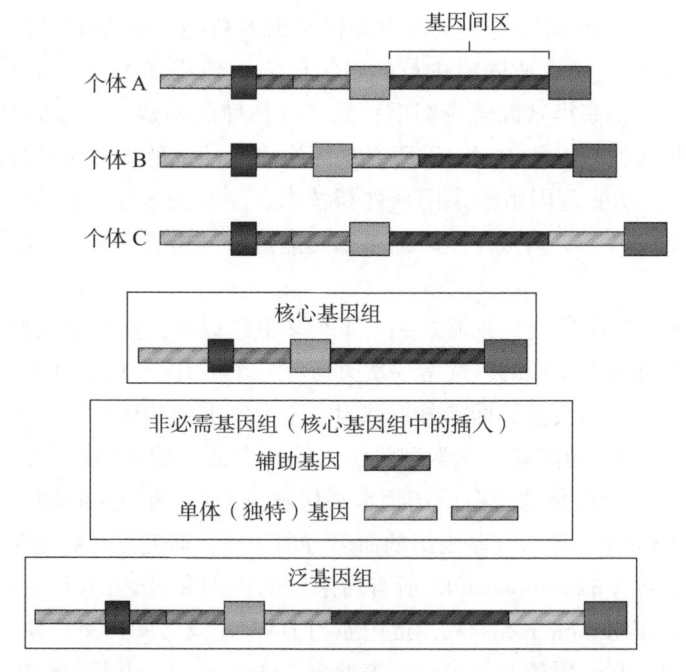

彩图：真核生物泛基因组构成示意图

图 7-5　真核生物泛基因组构成示意图（引自 Salzberg 等，2020）

泛基因组在近几年发展迅速，正逐渐成为揭示动植物种群遗传特性的强有力工具。通过对同一物种内不同个体基因组进行测序、组装，构建泛基因组图谱，获得该物种全部遗传信息；在此基础上开展个体间遗传变异解析，挖掘重要性状相关的基因资源，为科学精准育种提供基础素材。此外，通过泛基因组测序，基于核心单拷贝基因序列信息构建系统发育树，对了解物种的起源及演化起到了重要推动作用。

泛基因组的构建主要是基于高通量测序及生物信息学分析等技术手段。目前比较流行的构建和组装泛基因组的方法有三种：①不基于参考基因组的从头组装（de novo assembly）。这种方法可以避免因与参考基因组比对而产生的误差，但通常需要较高的测序深度以及较大的计算资源。②基于参考基因组的迭代组装（iterative assembly）。即将测序所得的 reads 一个一个比对到参考基因组中，然后再将没有比对上的部分进行统一组装，以此来扩展原有的参考序列。该方法只组装没有比对上的部分，故占用计算资源较少，适合构建群体数目多的物种泛基因组；③基于参考基因组的重头组装。这种方法需要先进行重头组装，然后将组装好的每个个体的基因序列比对到参考基因组中，最后将所有没有比对上的序列进行泛基因组构建。

泛基因组学由于发展时间不长，仍存在一些问题亟待解决。如各种生物的基因组组装不完整，相关研究还未有公认的标准化流程等，但它的确为更全面地了解整个物种的群体基因组遗传多样性提供了新的途径。目前动物泛基因组的研究主要集中在人类和家养动物上，包括猪、牛、羊等越来越多的动物泛基因组研究也在如火如荼的进行中。2010 年，通过整合亚洲人和非洲人新组装的基因组以及当时的人类参考基因组，构建了人类的第一个泛基因组；2019 年，美国国家人类基因组研究所（National Human Genome Research Institute，NHGRI）资助的一项从 350 个不同的个体中建立人类泛基因组计划已启动首个人类泛基因组草图已于 2023 年 5 月发布；2021 年，我国科研工作者通过构建第一个鸡泛基因组，解析了影响鸡生长性状主效基因 *IGF2BP1* 的致因突变，提高了对鸡基因组多样性的理解，并为揭示鸡驯化的进化历史提供了基础数据。

（四）功能基因组学

功能基因组学的研究往往也称为后基因组学（post genomics）研究，它是利用结构基因组学提供的信息和产物，通过在基因组或系统水平上全面分析基因的功能，使得生物学研究从对单一基因或蛋白质的研究转向对多个基因或蛋白质同时进行的系统研究。功能基因组研究主要包括以下几个方面：①全长 cDNA 克隆与测序；②获得基因转录图谱；③突变体库的构建；④高通量的遗传转化鉴定系统；⑤生物信息技术平台与相应数据库的构建；⑥研究基因组表达的全部蛋白质及其相互作用为主要内容的蛋白质组学（proteomics）。功能基因组学采用系列新技术，如基因表达系列分析（serial analysis of gene expression，SAGE）、DNA 芯片等，对成千上万的基因功能进行分析和比较，力图从基因组整体水平上对基因的活动规律进行阐述。

功能基因组学是分子生物学的研究领域之一。半个多世纪以来，遗传学家们一直在研究基因的表达和互作。但这些研究通常都是小规模的，通常一次只研究一个或几个基因。随着基因组测序的发展，遗传学家可利用基因组测序产生的大量数据来分析基因（蛋白质）的功能和相互作用。相对于静态的基因组信息，如 DNA 序列或结构，功能基因组学则关注于动态方面，如基因转录、翻译和蛋白质 - 蛋白质互作，试图从基因、RNA 转录产物和蛋白质产物水平来解决 DNA 的功能问题。基因表达的产物既包括 RNA，也包括由 RNA 编码的蛋白质。与基因组的命名方法类似，研究人员将各种基因表达的数据分别命名为各种组。包括：转录组（transcriptome），所有转录子的序列和表达；蛋白组（proteome），所有蛋白质的序列和表达形式；互作组（interactome），蛋白质与 DNA 片段之间、蛋白质与 RNA 片段之间以及蛋白质与蛋白质之间的物理相互作用的全部集合；表型组（phenome），由基因组中所有基因的功能相互作用产生的表型集合的描述。功能基因组学所要面对的数据量极其庞大，因此生物信息学的内容和技术是功能基因组学研究的基础。浩瀚的数据如"恒河之砂"，生物信息学则要淘出"砂中之金"，分析理解这些数据远远比产生这些数据更为意义重大。

基因组学与所有其他"组学"共同组成了一个称为系统生物学的研究领域。传统的遗传学研究是通过各种突变来揭示生物体的遗传本质，解决了很多问题。系统生物学则尝试将各种组件整合到一起，将整体作为系统来研究。系统生物学家们通常这样来比喻他们的研究，知道一架飞机的所有零件并不能告诉我们飞机是如何飞行的。飞机就是一个系统，它需要所有部件整合到一起相互作用才能起飞。一个生物系统包含基因—调控网络、信号—转导级联、细胞与细胞通讯以及各种各样分子间以及它们与环境之间的相互作用等。要去理解系统，不仅需要看到各部件的作用，更重要的是理解系统存在和发生功能的原理。这正是后基因组时代生物学的研究重点。

（五）宏基因组学

复杂的微生物群落不仅存在于生物体的外环境中，也存在于动物体的内环境中，包括生殖道、皮肤、口腔和肠道等器官组织，它们与宿主共同进化，发挥着重要的作用。1998 年由 J. Handelsman 等人提出了宏基因组的概念，是指包括生物体内、外环境中全部微小生物遗传物质的总和，也称为微生物环境基因组或元基因组。人们把研究所有微生物基因组集合的技术和方法称为宏基因组学（metagenomics）。

目前宏基因组的研究方法主要分为扩增子 16S/18S 测序和宏基因组 de novo 测序两种。前者是指对环境中或体内的微生物 16S（原核生物）或 18S（真核生物）rDNA 高变区 / 转录间隔区 (internal transcribed spacers，ITS) 进行高通量测序分析，主要用来研究群落的物种组成以及分布；后者是对微生物基因组进行测序，组装参考基因组进行注释以及比对分析，从基因和功能层面探究微生物群落多样性、种群结构、进化关系、功能活性及与环境之间的相互协作关系，极大地扩展了微生物学的研究范围。

彩图：宏基因组 de novo 分析流程

科学家们已经利用宏基因组学技术成功构建了人类、猪、鸡、小鼠、反刍动物等常见动物肠道微生物基因集。肠道微生物群被认为是调节宿主健康的关键因素之一，在宿主面对快速变化的环境时为其提供灵活的多样化适应。研究人员发现大熊猫虽然以富含纤维素的竹子为食，但其基因组中却缺乏消化纤维素的相关酶类基因，通过分析大熊猫肠道微生物宏基因组，发现微生物中存在纤维素酶等多种糖苷水解酶编码基因。证实了微生物与其宿主之间的共同进化以及在其中发挥着重要作用。

宏基因组学如今已经成为研究微生物群落的重要技术和工具，宏基因组的应用领域也逐渐从环境微生物多样性检测、基因挖掘、疾病关联分析等拓展到了其他方面。相信随着高通量测序技术的成熟以及成本的下降，宏基因组学研究将发挥越来越重要的作用。

（六）生物信息学

虽然我们将基因组学的研究内容分为上述五大块进行讲述，但实际上这几个研究领域相互之间存在着千丝万缕的联系。例如得到基因组序列之后，我们在其中搜索编码基因的序列，这属于功能基因组学的范畴；然而这种工作的主要手段是序列比对，而序列比对又属于比较基因组学的研究范畴；基因组和功能基因序列的确定又是结构基因组学的基础。这些错综复杂的研究内容促使了眼下非常热门的一门学科的诞生——生物信息学（bioinformatics）。

生物信息学一词与基因组学相比虽然出现较晚，但近年来发展迅速，利用谷歌（Google）搜索可以获得 27 亿多条结果，仅中文结果也有 8 600 万条。最初的生物信息学研究主要集中在序列比对，如人类基因组的组装就是生物信息学最伟大的成就之一，现在这样的研究仍然占很大比重，但其研究内容显然已经不仅限于基因组，它的研究对象和实践正处在加速扩张时期。这些数据可以是基因型和表型资料，可以是核苷酸或氨基酸序列，也可以是蛋白质的结构、功能或者表达数据。生物信息学所牵涉的领域十分广泛，除了生物学和遗传学以外，它还牵涉到应用数学、信息学、统计学、计算机科学、人工智能、化学和生物化学等，因此是一种跨多学科的研究。由于生物信息学所涉及的领域广泛，在世界各地，虽然同样命名为生物信息研究所或院系，但各自的建制或具体研究内容和方向可能非常不同。

生物信息学又称为计算生物学，经常与系统生物学重叠。概括起来，生物信息学的研究内容大概包含以下几个主要方面：①基因组序列比对；②基因寻找；③基因组组装；④蛋白质结构比对；⑤蛋白质结构预测；⑥基因表达预测；⑦蛋白质 – 蛋白质互作预测；⑧演化（evolution）建模等。由此可见，生物信息学不仅提供数据库和工具，它还要尝试给出许多生物学对象的解释。它所关心的也不止在技术层面，更包括原理。

第三节 基因组图谱

动物基因组图谱（genomic map）是基因组学研究领域的一项重要内容，是综合基因在染色体上的分布状态、排列顺序等信息绘制而成的图谱。建立一张详尽的基因组图谱，可以使人们明确染色体上各基因之间的距离及它们之间的相互关系，也可以对新基因进行定位，并有助于育种专家们选择有利基因在品种间进行转移和培育。

一、基因组图谱的类型

按建立图谱的研究目的方法和精细程度，基因组图谱可以有不同的形式（图7-6），包括以遗传学方法建立的遗传连锁图谱；以距离绘出基因位置分布的物理图谱，其中包括按照显微镜下染色体的染色和可视图像为依据描绘获得的细胞遗传学图谱；标记出可表达序列的转录图谱等。

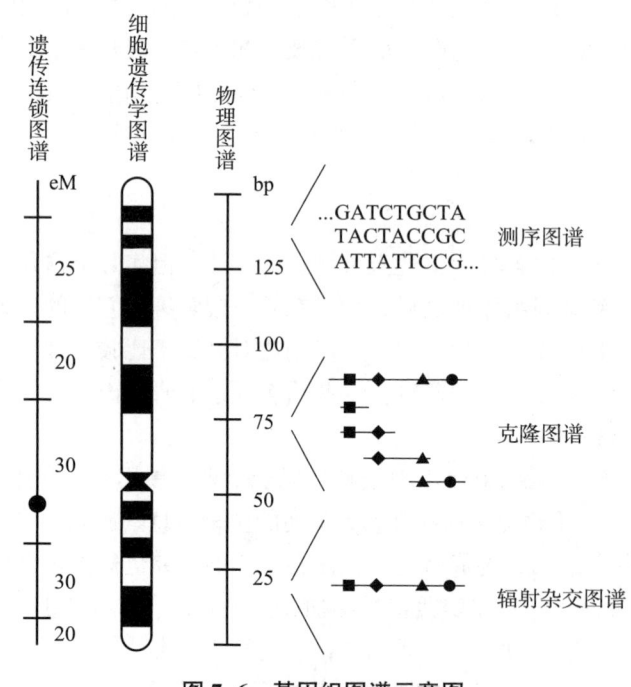

图 7-6 基因组图谱示意图

（一）遗传连锁图谱

遗传连锁图谱（linkage map）作图的基本原理是染色体的交换与重组，即同源染色体减数分裂过程中发生交换，使染色体上的基因发生重组，两基因之间发生重组的频率取决于他们之间的相对距离。因此，只要准确地估算出交换值，进而确定基因在染色体上的相对位置，就可以绘制出遗传连锁图谱。

遗传连锁图谱是根据标记座位之间的重组率绘制。大规模连锁分析的数据量和计算量都很大，远远超过一般两点分析和三点分析的计算量，因而必须借助计算机才能完成。常用的连锁分析软件有 CriMap 和 MapMaker 等。有兴趣的同学可以下载这些软件并根据说明试着操作运行。利用这些软件可以计算得到一个称为 Logofodds（LOD）值的测验统计量，它所计算的是两个座位之间所观察的重组率相对于无重组（重组率50%）的似然率之比的对数，这个值越大，两个座位或者所考察的众多座位连锁在一起的可能性就越大。

遗传连锁图谱对确定拼接序列片段在染色体上的先后顺序极为有用。需要说明的是，遗传连锁图谱上的图距并不能准确地度量两点之间的线性距离，即两点之间的碱基对数。这是因为交叉互换点并不是沿染色体均匀发生的。通常着丝粒附近重组率较低，而端粒附近重组率一般较高；另外，基因组中往往存在一些重组热点，使得这些区域内的线性距离往往被高估。

（二）物理图谱

物理图谱（physical map）根据绘制方法和所使用标记的不同可分为低精度物理图谱和高精度物理图谱两种。

低精度物理图谱：主要指染色体图谱（或称细胞遗传学图谱），该图谱以染色体带型为表现形式，可以直接说明基因在染色体上的位置。染色体是螺旋状的三维结构体，展开之后为多个核酸片段交互重叠或交叉连接，因此基因间的实际碱基长度相比于遗传图谱上重组交换的直线距离来说要大很多。原位杂交技术是应用较为广泛的绘制低精度物理图谱的技术之一，该技术采用标记的 RNA 或 DNA 为探针与通过细胞学制片得到的染色体进行杂交，将这些标记定位到染色体特定位置上，能有效地反映染色体上基因排列的准确位置。

高精度物理图谱：是利用限制性内切酶将染色体切成片段，根据重叠序列确定片段间连接顺序，并根据遗传标记之间物理距离构建的图谱。主要包括以下四种构建方法：

（1）限制性酶切图谱法（restriction mapping）。所谓的限制性酶切图谱法就是对载体上插入的外源 DNA 片段进行酶切图谱分析，并与目的基因的已知图谱对比，以便于区分重组子和非重组子并确定目的重组子。但这种方法在用于规模较大的筛选时，时间成本和经济成本较高。

（2）荧光原位杂交法（fluorescence in situ hybridization, FISH）。FISH 是一种非放射性分子遗传学实验技术，其基本原理是将携带有荧光素结合的寡聚核苷酸探针或（采用间接法）用生物素、地高辛等标记的寡聚核苷酸探针与变性后的染色体、细胞或组织中的核酸进行杂交，形成靶 DNA 与核酸探针的杂交体，直接检测或通过免疫荧光系统检测，最后在荧光显微镜下显影，即可对待测 DNA 进行定性、定量或相对定位分析。

（3）序列标签位点法。序列标签位点（sequence-tagged site, STS）是指已知核苷酸序列的 DNA 片段，是基因组中任何单拷贝的短 DNA 序列，长度在 100 ~ 500 bp 之间。鉴于 STS 的序列在基因组中是单拷贝的、覆盖密度较广并且易于检测（利用聚合酶链式反应和特异性引物检测），通常作为构建遗传图谱和物理图谱的有效方法。

（4）基因组序列图谱法（genome sequence mapping）。基因组序列图谱是基因组在分子水平上最高层次、最为详尽的物理图谱。其利用"鸟枪法"测序过程大致如下：首先将基因组破碎成小的片段，然后将每个片段进行测序，最后将测序的片段进行拼接。

（三）转录图谱

转录图谱的作图原理与遗传连锁图谱大致相同，但它是利用表达序列标签（expressed sequence tag, EST）作为标记所构建的分子遗传图谱。EST 一般是指长 100 ~ 500 bp 的 DNA 片段，该片段是在生物组织中提取 mRNA 后，利用反转录法从 mRNA 合成相应的互补 cDNA 片段，然后以 EST 为探针，从基因组文库中筛选到全长的基因序列。目前已建立了包括人类及许多动物的 EST 文库。RNA 测序（RNA sequencing, RNA-seq）是近年来应用较为广泛的转录组测序技术，它是利用测序手段捕捉某个时刻 RNA 的存在及其表达数量的一种新型技术。

二、基于基因组图谱的基因定位方法

研究基因组结构和遗传特征的目的就是进行应用，而基因的发现便是进行基因组利用的最直接和重要的方式之一。本部分内容将在前期基础上向读者简介几种常见的基因定位方法和策略。

（一）全基因组序列分析方法

从基因组水平对基因进行挖掘，必不可少的便是获得全基因组序列，而要获得全基因组序列，测序技术则为重中之重。基因组图谱（遗传图谱和物理图谱）一方面指明了基因的位置以及其他可识别的特征，为测序计划提供了工作框架；另一方面也为研究人员检测一个已组装好的 DNA 序列的准确性提供了依据。

哺乳动物基因组庞大而且复杂，绘制其序列图需要将它分成许多区段，每一区段利用全基因组鸟枪法（whole genome shotgun sequencing，WGS）策略进行测序，最后完成组装。这时采用能携带大片段的载体可以大大简化测序工作。例如，一般的 P1 人工染色体（P1-derived artificial chromosome，PAC）文库只能携带约 40 kb 的序列片段，这样对于基因组长度只有 1 亿碱基对的秀丽线虫也至少需要 2 500 个质粒，而采用能够携带 200 kb 的细菌人工染色体（bacterial artificial chromosome，BAC）文库，只需要 PAC 文库 1/5 数目的克隆就够了。早期复杂基因组的测序过程大体可以用图 7-7 表示。

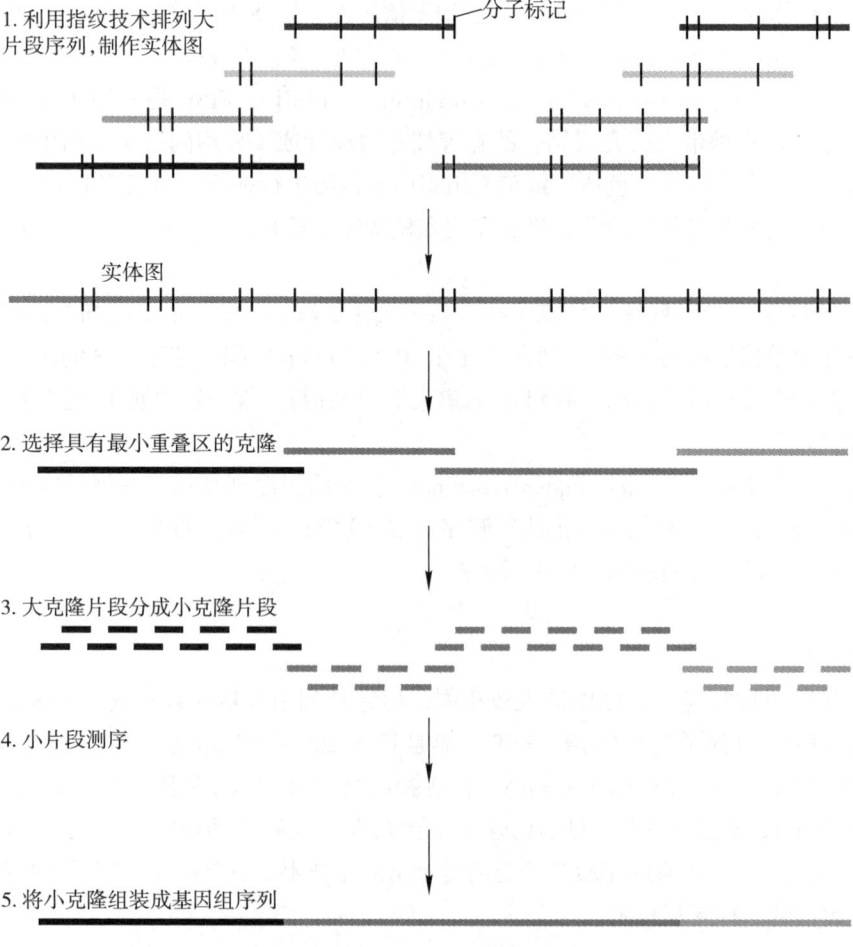

图 7-7　顺序克隆测序的策略（引自 Griffths 等，2005）

大克隆片段的排序通常采用 DNA 指纹的方法。首先利用单一的限制性酶消化 DNA，随后将产物电泳，按分子量大小分离后，那些具有相同序列片段的克隆至少会有一个大小完全一样的限制性片段，这样就可以把克隆片段串连成重叠群。这个过程如图 7-8 所示。近年来随着测序技术的发展，越来越多的物种完成了基因组序列的测定。自 1995 年以来截止到 2021 年 12 月，已经至少有 3 300 种动物的基因组被测序完毕；同时各物种的测序数据量也在加速增长。例如 GenBank 数据库，1982 年的 3.0 版本有 606 个序列，680 338 bp 的记录，而目前的 247.0 版则有 2 358 202 549 个序列，15 419 048 256 410 bp 的记录。如此庞大的数据包含了海量的信息，例如为什么人之为人、鼠之为鼠、果蝇之为果蝇，为什么有的动物高产，为什么人们会得这样或那样的遗传疾病等。解码这些信息的各种工作合并起来就是生物信息学研究的主要内容。绘制高密度的基因图谱可用于基因克隆，快速、经济地分离那些影响发育和控制重要经济性状的基因并进行基因的序列分析，为基因结构功能的研究打下基础。

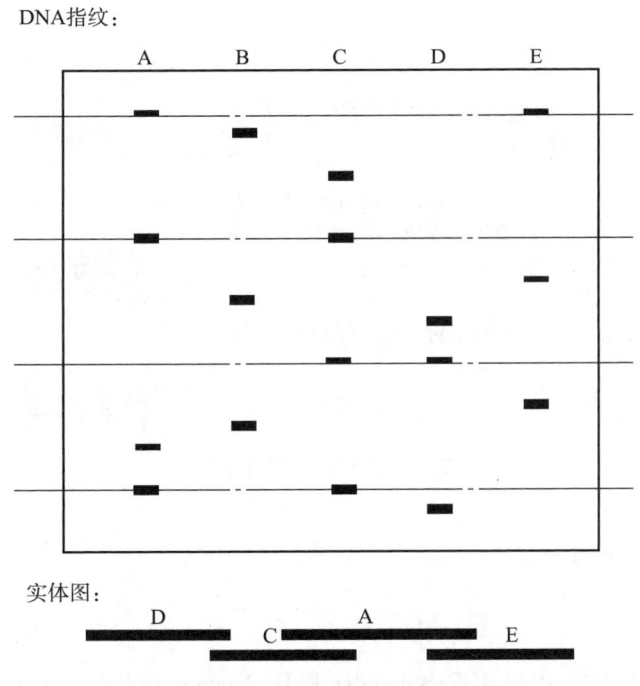

图 7-8　利用 DNA 指纹寻找重叠

随着基因组信息积累得越来越多，越来越准，更多的基因组属性将被揭示。同时由于物种间进化的保守性，使得科学家们可以利用基因间的同源性进行基因定位，即在某一个物种中发现的功能片段也可以用作其他物种同一功能片段的发现，而且随着功能基因序列片段的积累，这也成为发现基因或进行基因定位的常用方法之一。序列数据库搜索算法 BLAST 和 FASTA 是实现这一方法的主要算法。

（二）图位克隆法

实际上，人们更关心那些对医学或农业生产有重要意义的性状基因。在医学上，已知有很多疾病都是遗传基础各异的复杂性状，例如心脏病、癌症、糖尿病、老年痴呆症、帕金森症等。农业中的经济性状大多也属于复杂性状，了解这些性状的机制对疾病的治疗和农业生产具有重要意义。人们想方设法了解这些基因的另外一个主要原因则是出于人类追求事物本质或者探究科学的本性。解析基因如何影响性状或者不同基因间相互作用的机制无疑充满了美感。

但是发现这样一些基因的过程则充满了艰辛，图 7-9 简单示意了人类基因位置克隆的过程。所谓位置克隆就是根据一个基因的遗传连锁图谱或者细胞遗传图谱来识别该基因，位置克隆或位置候选基因克隆［positional（candidate gene）cloning］是这一领域标准的基因定位方法。农业领域的家畜和作物位置克

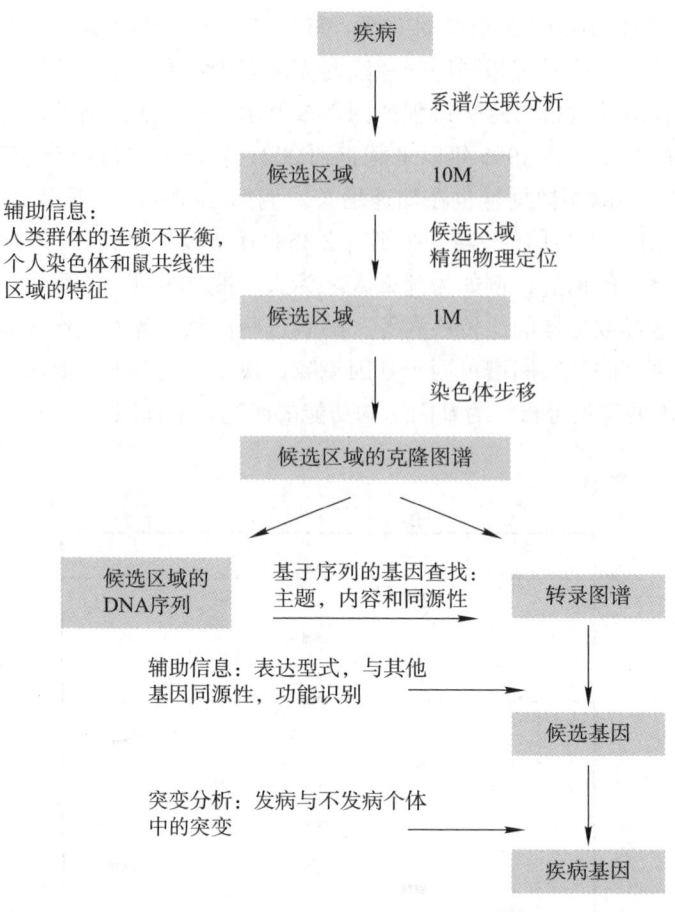

图 7-9 位置克隆过程示意图

隆过程与图 7-9 所示过程大同小异。

（三）遗传连锁分析法

连锁分析最重要的论文首推 1989 年 E. S. Lander 和 D. Botstein 发表于 *Genetics* 上的一篇论文。自此以后，人们研究出各种各样的实验设计和统计方法用于遗传连锁分析。遗传连锁分析的可行性源于染色体 DNA 序列本身多态遗传标记的出现，如最初的限制性片段长度多态性（RFLP）和随后出现的微卫星标记以及单核苷酸多态性（SNP）等。有了这些 DNA 分子标记，我们就可以跟踪 DNA 片段在不同世代间的传递。

进行连锁分析所需要的资料包括标记基因型、表型记录和系谱三方面资料。通常称用于绘制遗传连锁图谱的家系为参考家系，用于连锁分析的家系为资源家系。但这两种材料通常合二为一，即连锁分析之前也需要重新绘制连锁图谱，并与已知图谱进行比较。尽管连锁分析往往涉及复杂的运算，但其原理非常简单。通俗地讲，染色体在传递的过程中，由于交叉互换，会形成由不同来源 DNA 片段组成的马赛克。如果包含不同来源 DNA 片段的个体表型间有显著差异，或者包含相同 DNA 片段的个体表型相似，那么该片段或其附近一定有调控该性状的基因或者 DNA 序列。如前所述，这些 DNA 序列在系谱中的传递由分子遗传标记来示踪。如果该序列影响的是数量性状，那么称该 DNA 片段为数量性状座位（quantitative trait locus，QTL）。

在哺乳动物中，遗传连锁分析一般可以将 QTL 定位在 5~40 cM 的区间之内。相对于 3 000 cM 的总长度，这大大缩小了搜索的范围，但这样的精度仍显粗糙。通过优化的实验设计，如级进杂交、重组近交系等，定位的精度可进一步提高。级进杂交（advanced intercross line，AIL）经常用于动物的连锁分析。

这种设计与 F_2 设计类似，但在 F_2 以后的世代中继续随机相互交配产生 F_3 直至 F_t 代。这样基因组就可以在后代中积累我们所需要的重组。AIL 在近交系要收集的数据仅包括 F_2（用于早期筛查）的基因型和表型及 F_t 的基因型（仅包括在 F_2 筛查出的区段）和表型。A. Davasi 等（1995）证明，当 $t = 20$ 时，这种方法可以将 QTL 的置信区间缩小至 F_2 设计的 1/5 范围，为功能基因的精细定位提供了可行途径。

（四）连锁不平衡分析法

值得一提的是，近年来开发的连锁不平衡分析（linkage disequilibrium，LD）、同源片段追溯分析（identity-by-descent，IBD）或者关联分析是另外一种精细定位的思路。LD 的基本原理同 AIL 相似，即增加实验群体中的重组数，但 LD 所利用的是实验动物不发生重组的区段，这样关联分析往往不需要了解实验群体的系谱资料。对质量性状来说，LD 定位是要找出所有另类配子（如致病配子）都是 IBD 的区段（如图 7-10）。定位数量性状位点的原理与上述定位质量性状突变因子类似，即为找出染色体上单倍型之间的 IBD 概率值与表型相似程度之间关联最大的位点。目前科研工作者已开发出一系列相关的统计方法，例如传递不平衡测验（transmission disequilibrium test，TDT）和方差组分估计等。

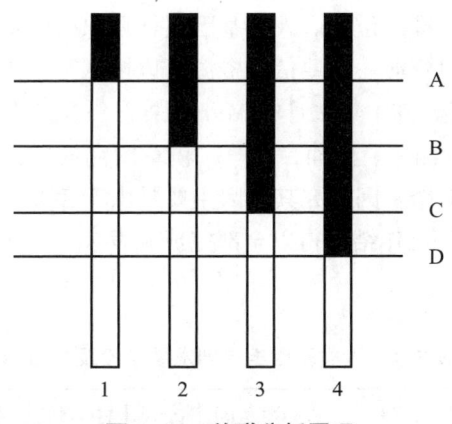

图 7-10　关联分析原理

图中竖条代表 4 个个体的单倍型，标记 A 和 D 附近为 QTL 候选区域；假定个体该染色体区域的其他单倍型相同；颜色相同的染色体片段来源相同。如果个体 1、2 表型值高，3、4 表型值低，那么 QTL 显然应该位于标记 B～C 之间

随着测序和基因分型成本的降低，近年来有许多谱系/群体直接采用关联分析进行质量和数量性状基因定位。但综合来看简单孟德尔突变的定位相对容易，例如在人类中，表型及分子基础已知的孟德尔突变已鉴定 6 680 个（截至 2023 年 7 月），但影响生物复杂性状的基因到目前为止仅仅确定了上百个左右，究其原因主要是因为单个数量性状位点的作用往往被遗传背景和环境噪声所淹没，较难检测出来。但一般来说功能基因的最终确定还是要结合细胞遗传图谱和基因组序列图谱。

第四节　基因组研究中的重大事件及其意义

基因组计划（genome project）是一项重大的科学研究工作，这项工作的主要目的是为了解析生物有机体（包括动物、植物和微生物）的基因组序列、注释编码蛋白基因并阐述基因组编码的特性。

一、人类基因组计划

人类基因组计划（human genome project，HGP）是始于 1990 年的人类历史上最宏伟的探索性伟绩之一，是一项向人类自身展开的探秘之旅，而不是一项向外星球或宇宙的探索计划；人类基因组计划同时也是一项国际合作性的研究工作，目的是破译和定位我们人类所有的基因，而这些基因的集合就是我们所说的"基因组"。在 2001 年 2 月大部分基因组信息公布之前，美国的人类基因组研究中心（National Human Genome Research Institute，NHGRI）主管 F. Collins 将基因组比喻成多用途的书籍，他曾说："这是一本历史书……记录了我们人类种族的时间进化旅程；这是一个指导手册……让我们惊奇地发现它记录了建造每个人类细胞的详细过程；这是一本动态的医疗典籍……可以给医疗工作者对于治疗、预防和治愈疾病带来巨大的力量。"

HGP 研究人员解析人类基因组主要包括以下三个步骤：首先是破译人类基因组上脱氧核糖核酸碱基的排布序列，也就是 DNA 序列信息；其次是绘制人类基因组图谱，并且辨识其装载的基因及其序列；最后是绘制人类遗传连锁图谱。HGP 已经公布人类基因组上大约装载有 20 500 个基因，目前已经完成的人类基因组序列可以定位所有基因的准确位置。人类基因组计划取得的卓越成绩驰名中外，该计划的完成为世界提供了重要的人类基因信息资源。这些信息资源可以被认为是人类基因组内可遗传的"指令"基本集合。国际人类基因组测序联盟 2001 年 2 月在 *Nature* 杂志公开发表了人类基因组的草图，当时完成了整个基因组 30 亿碱基约 90% 的测序。然而，在第一稿草图完成后，科学家们发现人类基因数量远远少于先前预测的 50 000 到 140 000 个基因，究其原因主要是由于存在一个基因编码多个蛋白质的生物学机制造成。2003 年 4 月，所有测序工作结果得以全部完成和发表。人类基因组计划的各发展阶段及其目标详见表 7-1。

表 7-1　人类基因组计划发展阶段及其目标

人类基因组计划（HGP）阶段性进展				
	目标	主要内容	时间	完成情况
遗传图谱绘制	预计完成 2~5 cM 标签分辨率图谱（600~15 00 个标记）	用遗传标签来确定基因在染色体上的排列	1994 年 9 月	完成了包含 3 000 个标签分辨率 1cM（1% 重组率）的遗传图谱的绘制
物理图谱绘制	预计完成 30 000 个序列标签位点的物理图谱	通过序列标签位点对构成基因组的 DNA 分子进行测定，从而对基因相对值遗传信息及其在染色体上的相对位置做一线性排列	1998 年 10 月	完成了包含 52 000 个序列标签位点的物理图谱的绘制
DNA 序列测定	预计完成含基因的人类基因组的 95% 的测序工作，准确率达到 99.99%	通过测序得到基因组的序列是一般意义上的人类基因组计划	2003 年 4 月	超额完成了含基因的人类基因组序列 >98% 的测定工作，精确度为 99.9%
测序能力和成本	预计完成年测序量 500 Mb 的测序能力，< $0.25/ 碱基测序成本	提高测序仪器的测序能力和开发新的测序方法	2002 年 11 月	年测序量 >1 400 Mb，测序成本 < $0.09/ 碱基

续表

人类基因组计划（HGP）阶段性进展			
目标	主要内容	时间	完成情况
辨别序列中的个体差异	预计完成 100 000 个单核苷酸多态性位点的测定工作	个人之间基因序列具有多态性，HGP 发布数据不可能精确到所有人的序列信息。HGP 为未来鉴定不同个体间基因组差异奠定基础	2003 年 2 月	完成了约 3 700 000 个单核苷酸多态性位点的测定
基因测定	预计获得人类全长的 cDNA 文库	HGP 不止是以最小的错误率检测出人类基因组 30 亿碱基对，还可确认出所有的基因及其序列	2003 年 3 月	完成了 15 000 个全长人类 cDNA 文库的构建
模式生物基因组计划	预计完成大肠杆菌、酵母、秀丽线虫、果蝇的测序工作		2003 年 4 月	完成了大肠杆菌、酵母、秀丽线虫、果蝇的测序工作，同时还完成了榄杆线虫、果蝇、小鼠和大鼠的全基因组草图
基因的功能性分析	开发全基因组水平新技术		1994 年	高通量的寡核苷酸合成
			1996 年	DNA 微列阵
			1996 年	标准和消减 cDNA 文库
			1999 年	真核（酵母）全基因组敲除技术
			2002 年	高通量双杂交定位

数据来自 Collins 等，2003

　　随着人类基因组计划的完成，各国竞相开展了不同物种的基因组测序计划。英国、美国、加拿大等国家均已相继启动了万人基因组计划。2015 年，韩国也宣布启动韩国万人基因组计划。2017 年 11 月 28 日，我国正式启动"中国十万人基因组计划"，最终将绘制完成 10 万人规模的中国人基因组图谱和中国人健康地图，为研究疾病健康和基因遗传的关系奠定基础。

二、动物基因组计划

　　伴随着人类基因组计划的完成，一些模式生物如小鼠、果蝇、线虫、斑马鱼、酵母等的基因组计划也相继完成，为研究人类疾病和生物学分子机理奠定了坚实的基础。随后，32 个哺乳类动物和 24 个非哺乳类动物的基因组测序工作完成（包括家养动物鸡、猪、牛、羊和马全基因组的测序，如表 7-2），补充了人类基因组计划的比较基因组学分析工作。

表 7-2 家养动物参考基因组测序工作

动物	物种	基因组大小	最新版本	测序中心
鸡	Gallus gallus	1.1 GB（39 对常染色体，W 和 Z 性染色体，MT 染色体）	NCBI bGalGal1.mat.broiler.GRCg7b （2021）	Vertebrate Genomes Project
猪	Sus scrofa	2.5 GB（18 对常染色体，X 和 Y 染色体，MT 染色体）	NCBI Sscrofa11.1（2017）	The Swine Genome Sequencing Consortium (SGSC)
牛	Bos taurus	2.7 GB（29 对常染色体，X 性染色体，MT 染色体）	NCBI ARS-UCD1.2（2018）	USDA ARS
羊	Ovis aries	2.6 GB（26 对常染色体，X 性染色，MT 染色体）	NCBI ARS-UI_Ramb_v2.0（2021）	University of Idaho
马	Equus caballus	2.5 GB（31 对常染色体，X 性染色体，MT 染色体）	NCBI EquCab3.0（2018）	University of Louisville

数据来自 NCBI，2022

2009 年，全球 43 个研究机构和 68 位科学家联合组成"万种脊椎动物基因组计划联盟（Genome 10K Community of Scientists）"并启动了"万种脊椎动物基因组计划"（genome 10K project，G10K），预计在 2015 年完成 10 000 种脊椎动物的基因组测序和组装工作。2010 年 11 月中国深圳地区华大基因与"万种脊椎动物基因组计划"联盟联合宣布启动 G10K 计划，该计划拟绘制万种脊椎动物基因组图谱，建立包括哺乳纲、鸟纲、爬行纲、两栖纲和鱼纲，共计 16 203 种脊椎动物的遗传信息数据库。此数据库的建成将为生物多样性和动物进化机制以及全球动物保护等生命科学的研究提供前所未有的基础资源。表 7-3 为 2009 年华大基因与 G10K 计划联盟公布的已完成动物物种的基因组测序工作。

表 7-3 "万种脊椎动物基因组计划"基因组测序样本统计

类别	目			科			属			种		
	G10K 样本数目	总数	所占比例 %	G10K 样本数	总数	所占比例 %	G10K 样本数	总数	所占比例 %	G10K 样本数	总数	所占比例
哺乳纲	27	27	100	145	150	97	763	1 230	62	1 826	5 416	34
鸟纲	32	34	94	182	199	91	1 587	2 172	73	5 074	9 723	52
两栖纲	3	3	100	50	56	89	301	510	59	1 760	6 570	27
爬行纲	4	4	100	50	56	89	751	1 087	69	3 297	9 002	37
鱼纲	62	62	100	424	532	80	1 777	4 956	36	4 246	31 564	13
总计	128	130	98	864	1 002	86	5 179	9 955	52	16 203	62 275	26

数据来自 Genome 10K Coununty of scientists，2009

三、基因组解析的意义

细胞是每个生命系统的基础工作单位，所有指导细胞活动的"指令"都由基因组 DNA 发出。DNA 的序列信息翻译出准确的"指令"，这些"指令"便指导特定的生命体表现出独特的性状。基因组是整个生命体全套 DNA 的集合，各个生命体的基因组大小差异较大，如最小的细菌基因组只有约 600 000 个 DNA 碱基对，而人类和小鼠的基因组约有 30 多亿个碱基对（如表 7–4）。哺乳动物除了成熟的血红细胞，其他所有的细胞都有一套基因组。每个生命体的基因组有不同数目的染色体，如人有 46 条（23 对）染色体；猪有 38 条（19 对）染色体，每条染色体上分布着许多基因，每个基因有特定的序列编码不同的蛋白质。目前已经发现的基因序列占整个基因组序列的很小比例（人的基因序列占整个基因组序列的 2%），其余的序列包含非编码区（组成染色体的结构）和基因功能的调节区（调节蛋白表达的时空性、特异性等）。虽说蛋白质是最终功能的执行者和细胞结构的组成部分，同时也是解析疾病分子机制的重要物质，但它受到基因组信息的直接影响。因此概括来讲，生命体的基本活动都是受基因组控制的，基因组掌握和调控着不同类型、不同位置、不同功能的细胞的活动特征。也就是说，基因组是整个生命体的精髓。

表 7–4　不同生命体基因组大小

生命体	基因组大小（碱基对）
人类 Human（*Homo sapiens*）	3.1×10^9
小鼠 Laboratory mouse（*M. musculus*）	2.7×10^9
拟南芥 Mustard weed（*A. thaliana*）	1.191×10^8
秀丽线虫 Roundworm（*C. elegans*）	1.003×10^8
果蝇 Fruit Fly（*D. melanogaster*）	1.437×10^8
酵母 Yeast（*S. cerecisiae*）	1.21×10^7
大肠杆菌 Bacterium（*E. coli*）	5.6×10^6
艾滋病病毒 Human immunodeficiency virus（HIV）	9.078×10^3

数据来自 NCBI，2022

DNA 潜在地影响着机体各个方面的机能，获得具体的基因组信息有助于我们解析生命体的生物学过程，预防治疗人类疾病，提高经济性状价值等。这些生命过程的解码对于人类发展有着重要而又深远的意义。在农业动物研究中，畜禽基因组序列的解析同样能够推动农用动物遗传育种工作的发展，促进农用动物遗传改良进程。

（一）控制复杂性状关键基因的解析

家养动物的经济性状大都是复杂的数量性状，由多个不同基因共同控制，采用传统的育种方法获得的遗传改良进展缓慢。而动物基因组序列的解析能够从全方位阐述影响复杂数量性状的关键基因，有助于提高数量性状育种强度和加速育种进程。如猪 *IGF2* 基因影响猪的背膘厚度、生长速度等；*MC4R* 基因在哺乳动物体重和能量平衡的调控中发挥重要作用等。

（二）分子遗传鉴定

在家畜育种工作中产生的不利基因突变往往影响着育种工作进度，而基因组学分析可以对这些不利基因突变做出及时的诊断，快速正确地检测出个体的基因型，并直接剔除易感个体，大大缩短了常规的测交方法淘汰易感个体的育种时间和降低育种成本，加快畜禽改良速度。PCR–RFLP 法是较为便捷的分子诊断策略，在家畜育种上已有许多成熟的案例，如猪恶性高温综合征基因、牛血液瓜氨酸积聚症基因等。

（三）标记辅助选择

在前面的章节中，我们了解到全基因组序列的解析极大地推动了利用连锁不平衡定位与性状关联的基因或位点的定位进程，标记辅助选择正是采用这一关联的基因或位点为标记对相关性状进行选择。利用标记辅助选择可以有效地降低需要进行测定的候选家畜的数目，也就是利用标记进行后备个体的初筛，降低经济成本和时间成本。

（四）全基因组选择育种

利用覆盖全基因组的高密度标记估算动物个体育种值的新方法，即全基因组选择方法，极大地推进了动物育种的进程。在以往检测 QTL 的过程中，由于要进行假设检验，有相当多位点的遗传效应被否定掉了。如果跳过假设检验，首先估计全基因组的单倍型值，然后再利用这些值来估计个体总的基因型值，即育种值，可以产生意想不到的效果。很多研究表明，利用这种方法对个体育种值估计的准确度要比只通过个体的表型值估计的准确度更高。这在育种中有立竿见影的作用，即一旦个体诞生，我们立刻就可以估计它们的育种值。这大大缩短了育种的世代间隔，加快了选择反应。这在一些世代间隔长，测定费用昂贵的物种，如奶牛育种的应用中意义就非常重大。

（五）优良遗传种质资源的挖掘

中国地大物博，各个地方独特的生态和地理气候形成了丰富的遗传种质资源，其中不乏高品质的地方种质资源。如何解析和利用这些高品质种质资源成为目前研究的工作重点。通过比较基因组学的分析方法，挖掘不同品种间特殊性状形成的关键位点，为利用这一品种进行遗传改良并解析影响性状形成的分子机理奠定了基础。

基因组学的快速发展及其应用证明了 21 世纪是生命科学的世纪。基因组学的分析技术和资源的不断更新完善影响着整个生命科学领域。下表列举了基因组学对各个领域的影响（表 7-5）。

表 7-5　基因组学应用领域

应用领域	用途
分子医学	提高疾病诊断
	检测遗传疾病易感个体
	根据分子信息生产药物
	作为药物用于基因治疗和控制
	根据个体遗传特性设计"特定药物"
微生物基因组学	临床中快速检测和治疗病原体
	开发新能源
	检测环境污染
	保护公众避免生物危机战争
	安全有效地清除有毒垃圾
危险评价	评价接触辐射、致癌化学物质和有毒物体后个体的健康状况
生物考古学、人类学、进化和人类迁徙	通过种系突变研究进化过程
	研究基于母系遗传下不同群体的迁徙过程
	通过研究 Y 染色体突变追溯血统和雄性迁徙
	利用群体年龄和历史事件比较进化节点

续表

应用领域	用途
DNA 鉴定	通过 DNA 鉴定犯罪嫌疑人
	鉴定亲子和亲属关系
	鉴定濒临灭绝和保护品种
	检测细菌和其他有机体防止污染空气、水、土壤和食物
	器官捐赠匹配度检测
	确定家畜系谱
农业、家畜育种和生物工程	培育抗疾病、虫害和干旱的作物
	培育用于生物能源的作物
	培育健康、高产和抗病的家畜
	生产高营养的畜产品
	开发生物农药
	整合可食用疫苗到食物产品中
	研究新的环境清洁型作物

数据来自 The human genome project and beyond，2003

小　结

　　基因组（genome）特征是描述生物种属特性的指标之一，现已发现重复、插入、缺失、倒置及转座等是引起基因组功能演变的重要方式，并影响着基因组大小的演化。生物单倍体基因组的 DNA 含量称为 C 值，C 值的大小与物种的结构组成和功能的复杂性有关，每一个特定的种属都有其特征性 C 值。从原核生物到真核生物，C 值变化很大。研究发现基因组大小与生物的复杂度之间并不存在严格的线性相关，即生物的复杂性与基因组的大小并不是完全成比例增加的，这就是所谓的 C 值悖论（C-value paradox）。

　　真核生物基因组中存在单一序列、重复序列、基因家族以及假基因等特有的基因组结构特征。目前认为真核生物中含有的大量不表达的重复序列是产生 C 值悖论的主要原因。真核生物的重复序列分为中度重复和高度重复序列。中度重复序列包括短分散核元件（short interspersed nuclear elements，SINEs）和长分散核元件（long interspersed nuclear elements，LINEs）两种。高度重复序列包括反向重复序列、串联重复序列、散布重复序列。串联重复序列又称为卫星 DNA，主要包含两种长度不同的核心序列组成的串联重复序列，一种称为微卫星 DNA，其核心重复序列为 1 ~ 6 bp；另一种称为小卫星 DNA，核心重复序列为 6 ~ 25 bp。这两种 DNA 序列作为 DNA 多态遗传标记，广泛应用于动物遗传育种领域。基因家族是指一组来源相同、结构相似、功能相关的基因。一个基因家族的基因成员既可以成簇集中排列在同一条染色体的某一区域，形成一个基因簇，也可以成簇地分布于几条不同的染色体上。假基因是指在结构和 DNA 序列上与相应的功能基因具有相似性，但由于缺少某些序列而不能产生有功能的基因产物的 DNA 序列。

　　基因组学是随着人类对基因组研究的不断深入而逐渐发展起来的一门学科，主要研究内容包括结构基因组学、比较基因组学、泛基因组学、功能基因组学和宏基因组学五大部分。基因组学所涉及的方法仍然是各种遗传分析的方法，但其研究对象是来自全球的巨大的数据集。基因组学的目的就是基于已有的遗传和物理图谱精准绘制生物的基因组序列图谱，识别所有的转录因子和蛋白质。

　　结构基因组学是基因组学的一个重要组成部分和研究领域。它以全基因组测序为目标，是一门通过基因作图、核苷酸序列分析确定基因组成、基因定位的科学。比较基因组学通过比较相关物种的基因组来分析和注解基因组。在许多动植物中，物种之间的序列保守性是识别复杂基因组中功能序列的可靠线索。比较基因组学也可以揭示在演化历程中基因组的变化，以及这些变化如何造成了各物种在生理学、解剖学和行为学上的差异；泛基因组学为物种的起源演化、种群遗传特性、群体间基因渗入以及重要通路基因的遗传变异解析等提供了新的研究思路和方向；功能基因组学则试图从整体上来理解基因组的运作，例如研究所有的转录组和互作组；宏基因组学通过分析生物体、微生物与环境间的互作网络关系，系统、深入地挖掘对种群遗传特性具有重要应用价值的基因及环境微生物。

基因组图谱有不同的形式，包括以遗传学方法建立的遗传连锁图谱；以碱基分布的绝对距离绘出基因位置分布的物理图谱，以及标记出可表达序列的转录图谱等。绘制准确序列图的关键在于将测序所得的小片段序列准确组装串联起来。细菌等简单生物的基因组拼接比较简单，这是因为原核基因组中没有或者很少有重复序列；而动物基因组这一类复杂基因组由于富含重复序列，则需要借助序列本身或者用于测序克隆的序列顺序来进行拼接。

基因组序列图就是一组加了密的基因文本，而生物信息学的工作就是解释这些加密信息。例如，为了分析基因产物，有各种各样的计算技术来识别开放阅读框和非编码的 RNA，然后将这些结果与获得的实验证据（如转录结构 cDNA 序列），蛋白质相似程度以及典型的序列功能域信息结合起来进行系统分析，为了解基因功能提供信息。研究基因组结构和遗传特征的目的就是进行应用，而基因的发现便是进行基因组利用的最直接和重要的方式之一。常见的基因定位方法包括全基因组序列分析方法、图位克隆法、遗传连锁分析法以及连锁不平衡分析法等。

基因组计划（genome project）是一项重大的科学研究工作，这项工作的主要目的是为了解析生物有机体（包括动物、植物和微生物）的基因组序列、注释编码蛋白基因并阐述基因组编码的特性。动物基因组序列的解析对于动物复杂性状关键基因的鉴定、分子遗传鉴定、标记辅助选择和优良种质资源的挖掘等都具有重要意义。现在比较新的研究动态则是利用全基因组信息来估计个体的育种值，从而能够在育种值估计的准确度、测定费用的降低和世代间隔的缩短等方面取得突破，加快农用动物遗传改良进程。

复习思考题

1. 简述基因组的定义以及真核生物基因组的结构特征。
2. 什么是 C 值悖论？如何理解 C 值悖论产生的原因？
3. 简述基因组学的定义及其主要包括的研究内容。
4. 基因组图谱主要包括哪几种？各自构建图谱的依据是什么？
5. 生物信息学的主要研究内容有哪些？
6. 如何借助基因组序列图寻找基因？
7. 现有如下的果蝇（*Drosophila melanogaster*）基因组序列，试将其拼接成一个片段（Contig）：

    TGGCCGTGATGGGCAGTTCCGGTG

    TTCCGGTGCCGGAAAGA

    CTATCCGGGCGAACTTTTGGCCG

    CGTGATGGGCAGTTCCGGTG

    TTGGCCGTGATGGGCAGTT

    CGAACTTTTGGCCGTGATGGGCAGTTCC

8. 连锁分析和连锁不平衡分析的一般原理是什么？
9. 试简述通过位置克隆发现基因的一般过程。
10. 简述基因组研究中的重大事件。
11. 简述基因组学在动物遗传育种中的应用。

网上更多

思考与提示　　科学与科学人

（方美英　汤启国）

第八章

动物遗传操作

　　随着对遗传物质结构和遗传机制认识的逐渐深入，人类不再仅仅满足于探索生物遗传密码的奥秘，而是开始设想在分子水平上改造生物的遗传物质，以创造出新的生物性状。这种利用工程设计的方法，按照人类的需求把不同生物的基因重新"施工"并"组装"成新的基因组合，或对生物基因组的功能基因进行编辑，并创造出新生物性状的生命科学技术，称为"基因工程"或"遗传工程（genetic engineering）"。目前该领域的研究不断取得新的突破，在这场技术革命的浪潮中，作为基因工程强大支撑的动物遗传操作技术也取得了长足的发展，在目标基因获得、目标基因筛选和功能验证、基因编辑及转基因动物制作等领域展示了广阔的应用前景。

　　本章描述了动物遗传操作的定义及基本技术，探讨了动物重要经济性状功能基因的筛选与鉴定方法，并对转基因技术、基因打靶和基因编辑等主要动物遗传操作技术原理与方法进行了论述。

第一节　动物遗传操作的定义及基本技术

基因工程和生物技术的最终结果大都经过动物遗传操作来实现。一个完整的动物遗传操作技术流程包括：外源目标基因的分离克隆及结构与功能研究；目标基因的表达调控、结构重组及细胞水平的筛选与功能验证；目标基因的导入；目标基因在宿主基因组上的整合、表达及筛选；目标基因表达产物的功能检测；携目标基因动物新品系的选育等。

一、动物遗传操作的概念

动物遗传操作（genetic manipulation，GM）是指在分子、细胞及个体水平对动物的遗传结构进行解析并定向修饰和重组的技术总称，包括解析功能基因对动物性状的作用机理、功能基因的遗传修饰与重组、携带靶性状功能基因动物个体的培育等所采用的一系列技术。动物遗传操作具有巨大的潜在应用价值，已成为当前生命科学研究的热点领域之一。通过动物遗传操作，可以了解动物功能基因对重要经济性状的调控机制，进而对遗传物质进行遗传修饰，定向改变动物个体的遗传特性，实现动物的遗传改良，培育出抗病、抗逆、耐粗饲、优质、高产的动物新品种（系）。

二、动物遗传操作的基本技术

对控制动物重要经济性状的基因或基因位点进行改变或定向修饰，解析这些基因的功能并获得全新的动物育种新材料是动物遗传操作的主要目标。要实现这一目标，需要获得目标基因，鉴定目标基因的功能，将目标基因转入宿主细胞并整合到宿主基因组中，筛选获得具有目标基因的新个体。通常需要以下基本技术：

（一）聚合酶链式反应 DNA 扩增技术

聚合酶链式反应（polymerase chain reaction，PCR）是一种用于扩增特定 DNA 片段的常用分子生物学技术，它可看作是生物体外特殊方式的 DNA 复制。化学生物学家穆利斯（K. Mullis）于 1984 年发明了 PCR 技术，并因此获得 1993 年诺贝尔化学奖。PCR 技术可用于目标基因的获得，目标基因的鉴定等遗传操作过程。PCR 也被应用于许多其他生物技术过程，如 DNA 测序，用来检测 DNA 序列及其变异，以帮助我们了解性状形成和疾病发生的遗传基础。以 PCR 技术为基础还研发了多种改进的 PCR 方法，如实时荧光定量 PCR 技术，主要用于目的基因表达水平的检测；PCR 技术还可以和其他技术相结合，用于不同研究用途，如 PCR 与限制性酶切技术结合所建立的 PCR–RFLP 技术，广泛应用于动物遗传标记的研究与应用。

彩图：PCR 技术流程

PCR 有很多优点，但它也存在一些局限性。其中一个主要的限制是，它需要相对纯净的 DNA 样本，蛋白质或其他核酸等污染物会干扰 PCR 过程，导致结果不准确。另一个限制是 PCR 可能在扩增的 DNA 序列中引入错误，这些错误可能由多种因素引起，包括引物设计错误或 DNA 聚合酶保真性差等，因此引物设计的好坏和 DNA 聚合酶的选择是 PCR 成败的关键。尽管存在限制，PCR 仍然是分子生物学中最重要的基本技术之一。

彩图：PCR 技术应用

（二）限制性内切酶酶切技术

1965 年，阿尔伯（W. Arber）从理论上提出可以利用核酸酶切断病毒的 DNA 来限制病毒增殖。1970 年，史密斯（H. Smith）和他的同事发现了第一个限制性内切酶 Hind Ⅱ，1971 年，纳森斯（D. Nathans）等通过研究流感嗜血杆菌限制酶对 SV40 DNA 的特异性切割，首次得到限制性内切酶图谱。限制性内切酶的发现彻底改变了分子生物学领域，研究人员能够精确地"剪切"和"粘贴"DNA 序列。纳森斯（D. Nathans）、史密斯（H. Smith）和阿尔伯（W. Arber）凭借在限制酶领域开创性的研究，共同获得 1978 诺贝尔生理学或医学奖。该技术是动物遗传操作过程中广泛应用的重要技术之一，主要用于 DNA 重组、目标基因的鉴定、目标基因的插入和物理图谱的构建等。

限制性内切酶（restriction endonuclease），简称限制酶，是一类能识别双链 DNA 分子中的特定核苷酸序列，并由此切割 DNA 双链的核酸内切酶。通过限制性内切酶能将 DNA 分子切割成不同的片段，并产生特定的末端序列。限制性内切酶是动物遗传操作的重要工具，可分为三种类型：

Ⅰ类和Ⅲ类酶在同一蛋白质分子中兼有切割和修饰（甲基化）作用且依赖于 ATP 的存在。Ⅰ类酶结合于识别位点并随机地切割识别位点不远处的 DNA，而Ⅲ类酶在识别位点上切割 DNA 分子，然后从底物上解离。

Ⅱ类由两种酶组成：一种为限制性核酸内切酶（限制酶），它切割某一特异的核苷酸序列；另一种为独立的甲基化酶，它修饰（甲基化）同一识别序列。绝大多数Ⅱ类限制酶识别长度为 4～6 个核苷酸的特异性回文对称核苷酸序列（如 EcoR Ⅰ识别 6 个核苷酸序列：5′–GAATTC–3′），有少数酶识别更长的序列或简并序列。Ⅱ类酶切割位点在识别序列中，有的在对称轴处切割，产生平齐末端的 DNA 片段（如 Hae Ⅲ：5′–GGCC–3′）；有的切割位点在对称轴一侧，产生带有单链突出末端的 DNA 片段称黏性末端，如 BamH Ⅰ切割识别序列（5′–GGATCC–3′）后产生两个互补的黏性末端（图 8–1）。

目前，限制性核酸内切酶已经被广泛应用于克隆、基因编辑和 DNA 测序。在克隆过程中，限制性内切酶切割特定位点的 DNA 并将外源 DNA 插入载体，创建重组 DNA 分子，用于表

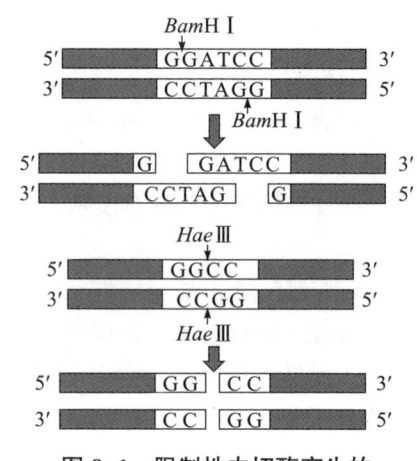

图 8–1 限制性内切酶产生的黏性末端和平齐末端

达蛋白质或研究基因功能。限制性内切酶也用于 DNA 测序，它们将 DNA 切割成更小的片段，进一步使用各类技术进行测序。限制性内切酶的另一个重要应用是基因编辑，CRISPR/Cas9 系统（详见第四节）的研发和应用已经彻底改变了基因编辑领域，这项技术通常依赖于一种称为 Cas9 酶的特定类型内切酶，Cas9 被 RNA 分子引导到特定的 DNA 序列，从而在精确的位置切割 DNA 并进一步实现基因编辑。

限制性核酸内切酶是分子生物学中必不可少的工具，限制性内切核酸酶与其他分子生物学技术（如 PCR 和基因编辑）的结合使用，能够以较高的精度和准确性实现 DNA 操作。但在限制性内切酶的使用过程中仍存在一些局限性：其一是有些片段比其他片段更难剪辑；例如，含有高比例 G 和 C 核苷酸的序列可能比含有高比例 A 和 T 核苷酸的序列更难切割。其二是一些酶可能会产生不必要的副反应，如星号活性（star activity）等。星号活性是同一类限制性内切酶在酶浓度过高、反应液离子强度过低、pH 改变等反应条件变化时，酶切割位点的专一性发生改变，导致在 DNA 操作时特异性和准确性丧失的现象。因此，具有独特识别序列和性质的新酶开发和提高酶切的精准性是目前限制性核酸内切酶的研究和发展方向。

（三）分子克隆技术

分子克隆技术诞生之前，人们根本无法纯化单个基因，这意味着只能对基因群、而不是特定基因的结构与功能进行研究和利用。基因克隆是将目的基因导入宿主细胞并在宿主细胞内被大量复制的操作过程，为我们提供对目的基因进行序列鉴定和功能验证的技术工具。一个典型的基因克隆实验主要包括以下操作（如图 8-2 所示）：

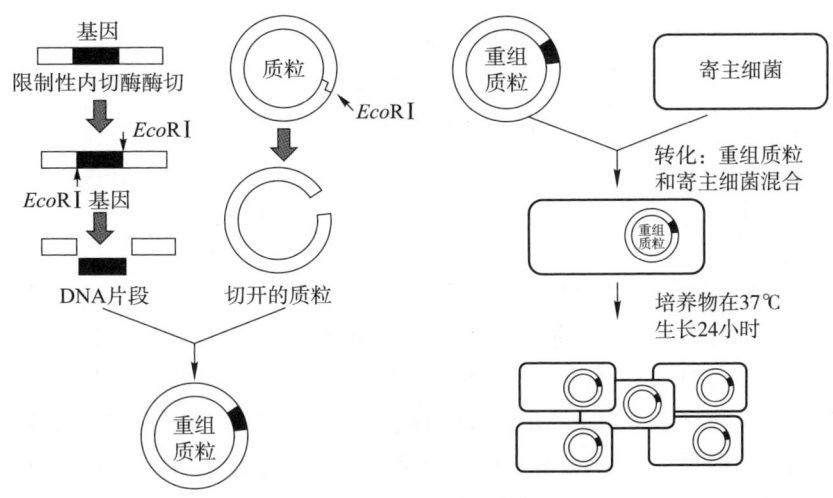

图 8-2　分子克隆的主要技术流程

1. 包含目标基因在内的 DNA 片段插入另一个 DNA 分子（克隆载体，通常是环状的），形成重组 DNA 分子。

2. 重组 DNA 分子通过转化或其他类似的方法被导入受体细胞。大肠杆菌是使用较多的受体细胞。

3. 在受体细胞中，克隆载体指导重组 DNA 分子复制，产生许多完全相同的拷贝。

4. 当受体细胞分裂时，重组 DNA 分子的拷贝进入子细胞，克隆载体的复制将在子细胞中继续。

5. 大量分裂的受体细胞形成克隆，其中每个细胞都含有许多重组 DNA 分子的拷贝。

利用分子克隆技术，可以从动物身上分离、扩增和操作这些基因，进而研究其功能。分子克隆技术还使得在动物体内生产重组蛋白成为可能，通过克隆编码治疗性蛋白质的基因，科学家可以在动物和微生物体内生产大量用于医疗用途的蛋白质。在家畜育种领域，通过克隆与理想性状相关的基因，如增加产奶量的 *DGAT1* 基因，可以加快育种进程，提高动物产品的产量和品质。此外，分子克隆技术还可以用于识别和跟踪种群内的遗传变异，有助于遗传资源保护工作和管理策略制定。总之，分子克隆技术在动物遗传育种中的应用非常广泛，不仅为我们提供了更深入地了解基因功能和性状调控机制的方法，还为动物育种、医学模型研究和保护濒危物种等方面提供了有力的技术支持。分子克隆技术的应用与发展，推动了遗传学的发展，加速了人们对生命遗传基础的理解进程。

 彩图：分子克隆的应用

第二节　目标基因的获得和鉴定

动物遗传操作的对象是控制重要经济性状的目标基因，因此如何筛选与确定对重要经济性状具有影响的功能基因是动物遗传操作的首要关键问题。通常采用功能基因组学研究方法初步筛选候选功能基因，然后采用分子生物学实验技术分离和鉴定目标基因。

一、候选功能基因的筛选

彩图：候选功能基因的筛选一般流程

动物细胞或组织内的功能基因主要包括持家基因、调控基因和组织特异性表达的基因等，其中组织特异性基因（tissue-specific genes）在不同的细胞类型进行特异表达，其产物赋予各种类型细胞特异的形态结构特征与特异的生理功能。这些基因特异表达与否，决定了生命历程中细胞的发育、分化、代谢调控、体内平衡、细胞衰老及程序化死亡，其选择性表达对于重要经济性状变异的形成具有重要作用。筛选候选基因的方法通常是通过对性状差异的极端个体间进行 mRNA 表达谱或蛋白质组差异分析，或者通过大群体基因组重测序关联分析等手段，获得对重要经济性状相关联的候选基因，然后进一步开展基因功能的鉴定，筛选出可用于动物遗传操作的功能基因。

（一）基于转录水平的功能基因筛选

"中心法则"表明，在精密调控下，遗传信息通过信使 RNA 从 DNA 传递到蛋白质。因此，mRNA 被认为是 DNA 与蛋白质之间生物信息传递的"桥梁"，而所有表达基因及其转录水平的总和被称作转录组（transcriptome）。通过对性状有显著差异的组织或细胞 mRNA 进行分析，可以筛选到对差异性状具有重要影响的候选基因。目前常用的转录水平差异基因分析是重要性状功能基因筛选的主要方法。

转录组学研究方法主要分为两类：一类是基于杂交的方法，主要是指基于表达水平分析的基因芯片（microarray）技术；一类是基于测序的方法，这类方法包括表达序列标签（expression sequence tags technology，EST）、基因表达系列分析技术（serial analysis of gene expression，SAGE）、大规模平行测序（massively parallel signature sequencing，MPSS）、RNA 测序（RNA sequencing，RNA-seq）等技术。其中，microarray 和 EST 技术是较早发展起来的先驱技术，SAGE、MPSS 和 RNA-seq 是高通量测序条件下的转录组学研究方法，这些方法的应用有助于了解特定生命过程中相关基因的整体表达情况，进而从转录水平揭示生命过程的代谢网络及调控机理。目前转录组水平筛选功能基因应用最广泛的技术是表达谱芯片和高通量转录组测序。

1. 表达谱芯片

DNA 芯片技术是 20 世纪 90 年代中期影响最深远的重大科技进展之一，是物理学、微电子学与分子生物学综合交叉形成的高新技术。基因组计划已经进入功能基因组学研究时期，充分利用各种基因组图谱资源进行功能基因的研究，成为基因组学研究的新热点。DNA 芯片在研究基因的结构和表达中有快速高效的独特优势，使其成为后基因组时代基因功能分析研究的最重要技术之一。

基于 cDNA 序列的表达谱芯片是经济性状功能基因筛选的重要工具。表达谱芯片可以将克隆到的成千上万个基因特异的探针或其 cDNA 片段固定在一块芯片上，对具有相对性状差异或不同发育时期的个体、组织及细胞内的 mRNA 或反转录的 cDNA 进行检测，从而分析这些基因表达的个体特异性、组织特异性、发育阶段的特异性及对重要性状的影响，并确定这些基因与性状的相关关系及基因间相互作用的关系。

2. 高通量转录组学测序

高通量转录组测序是在转录组水平上进行深度测序的一项技术。转录组研究是一个发掘功能基因的重要途径，是基因功能及结构研究的基础和出发点。转录组学相对于基因组学而言，只研究被转录的基因，研究范围缩小，针对性更强。经典的消减杂交、差异显示以及表达序列标签等技术已被广泛用于鉴定和克隆差异表达的基因，但是这些技术不能对大量基因进行全面系统的分析，也不能对细胞内基因表达进行准确的定量研究，于是大规模平行测序技术等能够进行大规模基因差异表达分析的技术应运而生。近年来，基于新一代测序技术的转录组学测序分析已成为大规模研究转录组学的一种新的且更为有效的方法。转录组测序是利用大规模测序技术直接对特异组织的转录本进行测序，在获得海量数据的基础上寻找所需的生物学信息，尤其适合功能基因的挖掘。转录组测序是一个高度灵活的平台，与其他转录组学技术比较，具有以下优点：高通量、成本低、灵敏度高，可以获得低丰度的表达基因，不局限于已知的基因组序列信息，适用于未知基因组序列的物种，不需要克隆的步骤，操作简单，应用领域广。

对性状差异的不同细胞或组织进行转录组测序，得到大量序列信息。通过与数据库中的参考序列进行对比，对获得的序列进行生物学功能注释，从而获得在该组织和细胞中表达的所有 mRNA 的信息和差异表达基因的类型。这些差异基因作为可能对差异性状具有影响的候选基因，通过对这些基因的鉴定和功能验证，解析候选基因对性状形成的影响，明确基因的功能，获得可用于动物遗传操作的目标基因。

（二）基于蛋白质水平的功能基因筛选

蛋白质是生物性状形成的物质基础。基因对生物性状具有决定作用，它通过直接控制蛋白质的合成而实现对性状的决定作用。基因通过"中心法则"控制蛋白质的合成并影响性状，主要包括两种方式：（1）通过控制酶的合成调控代谢过程，间接控制生物体的性状；（2）通过控制蛋白质的结构直接控制生物的性状。蛋白质的种类很多，性质、功能各异，但都是由 20 多种氨基酸按不同比例组合而成的，并在体内不断进行代谢与更新。蛋白质组（proteome），源于蛋白质（protein）与基因组（genome）两个词的组合，意指"一种基因组所表达的全套蛋白质"，其本质上指的是在细胞或组织整体水平上研究蛋白质的特征，包括蛋白质表达水平、翻译后修饰、蛋白与蛋白相互作用等，获得关于性状发生、细胞代谢等过程的整体认识。

由于蛋白质构成和功能的不同，形成了动物性状的表型差异。利用生物性状具有差异的细胞或组织开展蛋白质组学分析，解析并获得对相对性状具有决定作用的差异蛋白质。依靠双向电泳和进一步的图像分析获得多肽图谱，同时依靠多种蛋白质的分离后鉴定，如质谱技术、氨基酸组分分析等可以获得对差异性状具有决定作用的目的蛋白，从而筛选出控制蛋白合成的基因。

（三）基于基因组水平的功能基因筛选

1. 全基因组关联分析

全基因组关联分析（genome-wide association studies，GWAS）将基因组范围内的单核苷酸变异（SNP）作为分子标记，与人类及畜禽一些疾病及复杂性状进行关联分析，从而鉴定出与目标性状相关的遗传变异。早在 1996 年，瑞斯奇（N. Risch）等首次提出了全基因组关联分析的概念，即在特定群体中选择性状差异组别个体，对全基因组范围内 SNP 位点的基因型频率在不同分组间的差异进行比较分析。若某个位点的基因型在不同分组中的差异显著，则认为该位点与目标性状相关，并根据其物理位置推断候选基因。在 2005 年，首例 GWAS 研究成果发表在 Science 杂志上，该研究基于人类基因组上的 116 204 个 SNPs 位点，鉴定与年龄相关的黄斑病变的候选基因，并筛选到 CFH 基因作为影响该病的重要候选基因。目前 GWAS 方法已经逐渐成为一种鉴定畜禽经济性状重要候选基因的主流策略，并广泛应用于畜禽重要经济性状候选基因的挖掘与鉴定，大量与目标性状相关的功能基因被首次报道，进一步佐证了该方法可以用于重要经济性状功能基因的筛选。

2. SNP 芯片与重测序技术

目前，基于高通量测序技术开发出的 SNP 芯片和重测序技术是开展全基因组关联分析的主要方法。SNP 基因芯片基因分型技术主要采用不同标记密度的芯片对动物个体进行基因分型，本质是通过对已知 SNP 多态位点的扫描来鉴定样本在当前位置的基因型，适用于参考基因组已知的群体，即必须预先拥有目标物种的基因组单标记多态信息，筛选 SNP 进行芯片的设计，才能进行后续的基因分型。SNP 芯片只能针对已知物理位置的位点进行基因分型，无法对未知的位点进行定位和识别，因此该方法更加适用于基因组已知的且具有标准化芯片的动物。全基因组重测序技术是对已知基因组序列的物种进行全部的基因组测序，以此为基础对个体进行差异化分析，该方法是对整条序列进行比对，从而获得最为全面的标记信息，包括大量的 SNP、拷贝数变异（copy number variation，CNV）、结构变异（structure variation，SV）和插入缺失（insertion/deletion，InDel）等位点信息。该方法是畜禽群体中功能基因更全面实用的筛选方法，可针对多个性状，其 SNP 标记的数量最多，结果最可靠；其不足主要在于数据量的庞大和费用的相对高昂。

二、功能基因的获得

（一）利用文库获得功能基因

1. cDNA 文库

彩图：cDNA 文库建立流程

cDNA 文库是指动物某一细胞或组织所有编码基因的 cDNA 分子的克隆集合。以特异细胞和组织的总 mRNA 为模板，经反转录酶催化，在体外反转录成 cDNA，与适当的载体（常用噬菌体或质粒）连接后转化受体菌，则每个细菌含有一段动物基因组编码 cDNA，并能繁殖扩增，这样包含着细胞全部 mRNA 信息的 cDNA 克隆的集合称为该组织细胞的 cDNA 文库。构建 cDNA 文库已成为研究功能基因组学的基本手段之一。目前已广泛用于研究不同发育阶段基因的表达变化、特定发育期基因表达情况分析、新型细胞因子的克隆、新组织特异性基因的分离等。cDNA 表达文库的构建可以用于分离和筛选全长的目标基因，进而开展基因功能研究，并可用于该基因的遗传操作。

如果已知某一基因可能对特定生物学特性具有决定作用，可采用 cDNA 文库的构建和阳性克隆的筛选获得目标基因。在需要对目标基因进行遗传操作时，利用稀释后的 cDNA 文库原液，采用 PCR 方法结合原位杂交等技术，以已知的 DNA 或 cDNA 序列为探针，可获得含有目标基因的阳性克隆，并利用限制性内切酶将目标基因从阳性克隆中切下完整的基因编码序列，并进行下一步的功能验证。

2. 细菌人工染色体 BAC 文库

细菌人工染色体（bacterial artificial chromosome，BAC）是一种承载 DNA 大片段的克隆载体系统，用于人、动物和植物基因组文库构建。BAC 具有插入片段大、嵌合率低、遗传稳定性好、易于操作等优点。BAC 文库的构建是基因组较大的真核生物基因组学研究的重要基础，可用于真核生物重要基因及全基因组物理作图、重要性状基因的图位克隆、基因结构及功能分析。BAC 能容纳大片段 DNA，比其他载体系统构建的基因组文库有更高的覆盖率和稳定性，易于分离和操作。BAC 文库在某些动植物和人类基因组测序及后基因组计划中发挥了巨大的作用。利用 BAC 文库容量大的特点，进行基因表达调控、基因互作和目标基因定点整合等后基因组时代的工作是未来 BAC 文库利用的发展方向。随着越来越多 BAC 文库的构建以及应用方法的创新和范围的扩大，BAC 文库还将为基因组研究带来更大的飞跃。

在需要对目标基因进行遗传操作时，可以利用 PCR 等技术获得 BAC 文库阳性克隆。将阳性克隆的完整 DNA 序列进行限制性酶切，获得目标基因；也可以对整个 BAC 克隆内的大片段结构进行遗传操作。目前已经有含乳铁蛋白基因 BAC 染色体片段的转基因奶牛，由于所转染色体片段含有完整的基因结构和调控成分，因此具有较好的表达效果。

（二）利用 PCR 方法获得目标基因

1. 利用基因组序列扩增获得目标基因

如果进行动物遗传操作的基因是已知的基因，可以根据已经发表的基因组序列作为模板序列，依据碱基互补配对原则，分别设计正向和反向扩增引物，来获得目标 DNA 或基因。PCR 扩增技术已广泛地用于分离目标基因。

如果知道目标基因的全序列或其两侧的序列，可以通过合成一对与模板 DNA 互补的引物，十分有效地扩增出含目标基因的 DNA 片段。采用常规 PCR 技术扩增分离目标基因比较方便，但必须知道待扩增目标基因 DNA 片段的核苷酸序列，或者至少要求 DNA 片段两端长度大于 20 bp 的序列是已知的，这样才能设计 PCR 引物进行有效 PCR 扩增反应。此外，利用常规 PCR 反应，允许扩增的 DNA 片段长度一般在 1 kb 以内，超过 1kb 时扩增效果显著下降。对于扩增未知核苷酸序列的目标基因，或是那些长达几千碱基对的大基因，则需要选择特殊类型的 PCR 策略，目前已采用的有套式 PCR、反向 PCR、不对称 PCR、锚定 PCR、长程 PCR 等。

如果需要扩增的 DNA 序列在所研究的动物中是未知的，但在其他物种已经具有该基因的序列，可根据物种之间的保守性来设计同源引物。如果在不同物种同一基因的某些位点含有突变，可以在突变的位置，根据简并性原则设计简并引物，来进行目标基因的扩增。如果已知不同物种中同一目标基因的蛋白质序列，可以根据密码子的对应关系，设计引物进行目标 DNA 的扩增。由于密码子具有简并性，不同物种间氨基酸序列虽然是保守的，但通过氨基酸顺序推测的编码 DNA 序列可能是不准确的，可以根据简并性设计简并引物，扩增所有编码已知氨基酸顺序的核酸序列。

2. 利用 mRNA 序列获得目标基因

真核生物的基因由编码的外显子（exon）和大量不编码的内含子（intron）两种序列组成。在遗传信息传递过程中，mRNA 是合成蛋白质的模板序列，因此在对某一基因进行功能鉴定时，常常需要根据 mRNA 序列，来研究编码的蛋白质可能具有的生物学功能。mRNA 序列只含有编码序列，而没有内含子和启动子。在针对 mRNA 进行遗传操作时，可以利用反转录 PCR，来合成目标基因的 cDNA 序列，再进一步研究该基因的功能。合成目标基因的 cDNA 序列后，可以外接一段调节序列，就能在受体细胞中表达，所以此法是研究真核生物基因功能的有效方法。

cDNA 的合成可用反转录 PCR（reverse transcription–PCR，RT–PCR）法，它是一种酶促合成法，是将 RNA 的逆转录（RT）和 cDNA 的聚合酶链式扩增反应（PCR）相结合的技术。即以 mRNA 为模板，在反转录酶的作用下，以 4 种脱氧核苷三磷酸为材料合成 cDNA，再以 cDNA 为模板进行 PCR 扩增，从而获得目标基因或检测基因表达（图 8-3）。RT–PCR 使 RNA 检测的灵敏性提高了几个数量级，使一些极为微量的 RNA 样品分析成为可能。该技术主要用于分析基因的转录产物、获取目标基因、合成 cDNA 探针、构建 RNA 高效转录系统。RT–PCR 技术灵敏而且用途广泛，可用于检测细胞 / 组织中基因表达水平、细胞中 RNA 病毒的含量和直接克隆特定基因的 cDNA 序列等。

（三）人工合成目标基因

DNA 的化学合成广泛应用于合成寡核苷酸探针和引物，也应用于人工合成目标基因和反义寡核苷酸。1970 年，科拉纳（H. Khorana）等首次成功地合成了转录酵母丙氨酸 tRNA 结构基因，但因没有调控因子，没有活性，不能表达。1976 年他们又用此法合成了具有启动子和终止子及表达活性的大肠杆菌酪氨酸 tRNA 的基因。

大多数 DNA 合成仪是以固相磷酰亚胺法为基础设计制造的。固相合成的基本原理是将所要合成的核酸序列的末端核苷酸先固定在不溶性的高分子固相载体上，然后从此末端开始将其他核苷酸按照顺

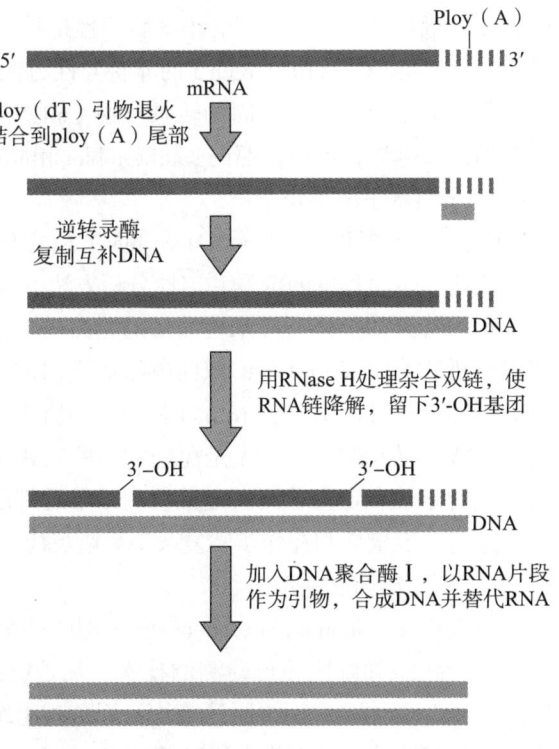

图 8-3　利用反转录方法获得目的基因示意图

序逐一接长。每接长一个核苷酸残基则经历一轮相同的操作。由于接长的核酸链始终被固定在固相载体上，所以过量的未反应物或反应副产物可通过过滤或洗涤的方法去除。合成完成的核酸链可从固相载体上切割下来并脱去各种保护集团，再经过纯化即可得到最终的产物。一般利用人工合成方法合成目标基因的片段不宜过长。此法的缺点是，必须预先了解所要合成基因的核苷酸顺序，而且费时费力，成本较高。然而，它为研究基因的结构和功能、人工改变核苷酸以及控制定向变异提供了重要途径。

三、功能基因的鉴定

（一）不同层次的功能基因鉴定

1. DNA 水平的鉴定

PCR 技术和 southern blot 技术是 DNA 水平基因组特定序列的常用的鉴定方法。如果经过遗传操作

彩图：功能基因鉴定

的基因在正常动物基因组中不存在同源序列，可直接采用 PCR 技术扩增特异的靶序列，来鉴定外源基因是否已经整合到宿主基因组中；southern blot 技术是利用探针序列与动物基因组 DNA 进行杂交，通过显色来判断动物基因组中是否存在相应的靶序列。其主要程序为：利用琼脂糖凝胶电泳分离经限制性内切酶消化的 DNA 片段，将胶上的 DNA 变性并在原位将单链 DNA 片段转移至尼龙膜或其他固相支持物上，经干烤或紫外线照射固定，再与相应结构的标记探针进行杂交，用放射自显影或酶反应显色，从而检测特定的 DNA 片段。利用 southern 印迹法可进行克隆基因的酶切、图谱分析、基因组中某一基因的定性及定量分析、基因突变分析及限制性片段长度多态性分析（restriction fragment length polymorphism，RFLP）等。

2. RNA 水平的鉴定

包括荧光实时定量 PCR 及 northern blot 技术。荧光实时定量 PCR（real-time PCR），是指在 PCR 反应体系中加入荧光基团，利用荧光信号累积实时监测整个 PCR 进程，最后通过特定数学算法对未知模板进行定量分析的方法。荧光定量 PCR 的方法可分为特异性和非特异性两类，特异性检测方法是在 PCR 反应中利用标记荧光染料的基因特异寡核苷酸探针来检测产物，而非特异性检测方法是在 PCR 反应体系中，加入过量荧光染料，荧光染料特异性地掺入 DNA 双链后，发射出荧光信号。荧光定量最常用的方法是 DNA 结合染料 SYBR Green I 的非特异性方法和 taqman 水解探针的特异性方法。northern blot 技术可用于检测样品中是否含有基因的转录产物（mRNA）及其含量。在变性条件下将待检的 RNA 样品进行变性琼脂糖凝胶电泳，继而按照同 southern blot 相同的原理进行转膜和用探针进行杂交检测。

3. 蛋白水平的鉴定

蛋白质分子印迹分析（western blot）和酶联免疫吸附测定（ELISA）方法是常用的在检测目的蛋白质是否表达和表达程度的定量和定性分析方法。western blot 是将电泳分离的蛋白质样品转移到固相载体上，而后利用特异的抗体反应来检测目的蛋白质是否表达和表达量的一种方法。单向电泳后的蛋白质分子的印迹分析称为 western blot，双向电泳后蛋白质分子的印迹分析称为 eastern blot。凡是涉及蛋白质水平检测的研究，均可运用 western blot 技术。当所表达的蛋白质由于表达量小而无法用 western blot 检测时，可用 ELISA 方法检测。ELISA 是免疫学中的经典试验，利用抗原抗体特异性结合，通过免疫反应进行目标蛋白质的定性和定量检测。定性检测结果是判断受检标本中是否含有待检测目的蛋白质，从而做出有或无的判断，定量检测操作步骤复杂，影响反应的因素较多。

4. 组织水平的鉴定

免疫组化（immunohistochemistry，IHC）是用标记的特异性抗体（或抗原）对组织内抗原（或抗体）分布进行组织和细胞原位检测的技术。凡是组织细胞内具有抗原性的物质，如肽类、激素、神经递质、细胞因子、受体、表面抗原等等均可用免疫组织化学方法显示。免疫组织化学方法可以分析目标蛋白的表达及细胞定位，进而深入研究其功能。

（二）目标基因功能鉴定的主要方法

1. 目标基因的过表达

基因过表达技术，通常是指将目标基因的编码区（coding sequence，CDS）构建到组成型启动子或组织特异性启动子的下游，通过载体转入某一特定细胞中，实现基因表达量的增加。当基因表达产物超过正常水平时，观察该细胞的生物学行为变化，从而了解该基因的功能。

通过基因筛选后获得了重要经济性状功能基因，为了更好地解析这些基因的功能和调控通路，可以在功能基因表达载体构建的基础上，将含目标基因的过表达载体转入动物的细胞中，通过目标基因的表达上调来观察目标基因功能。这是应用最为广泛的一种功能基因研究手段。通过过表达外源目标基因，可以帮助研究人员了解基因的差异性表达如何影响细胞功能。在此基础上，依据基因本身的不同特性及基因表达的时空特异性，人们开发出了一系列可以特异地在时间和空间上启动基因表达的诱导表达系统和组织特异性表达系统。通过融合不同的标签蛋白，还可以帮助科学家们研究亚细胞定位、细胞或组织定位、蛋白的相互作用网络等。

为了更好地了解基因的功能，人们可以通过将目标基因进行突变后，转入动物细胞中，观察这些基因的功能改变。过表达系统在功能基因的研究和解析中发挥了重要作用，但由于其并不能完全模拟体内基因表达特征，甚至在很多情况下，没有考虑时空特异性表达因素，引入了过多的人为因素从而得出错误结论。所以现在更倾向于设计和使用稳定表达系统，以排除在一段时间周期内瞬时表达导致的表达量变化对基因功能研究的影响。

2. 基因沉默

基因沉默（gene silencing）是指生物体特定基因由于某种原因丧失功能的现象。发生沉默的基因可以是外源转移基因，也可是入侵的病毒或宿主的内源基因。研究表明，环境因子、发育因子、DNA 修饰、组蛋白乙酰化程度、基因拷贝数、位置效应、生物的保护性限制修饰以及基因的过度转录等都与基因沉默有关。

基因沉默一般有两种情况，一种是转录水平的基因沉默（transcriptional gene silencing，TGS），即由于 DNA 甲基化、异染色质化以及位置效应等引起的基因沉默。另一种是转录后水平的基因沉默（post-transcriptional gene silencing，PTGS），即在转录后通过对目标 RNA 进行特异性降解而使基因沉默。动物遗传操作的内涵不仅仅是基因的转移和获得特异性蛋白质的表达，抑制或消除生物体基因组内某些基因的表达也是遗传操作技术的另外一个内涵。实现基因沉默有两种方法：一是阻止 mRNA 的合成，二是使 mRNA 在到达核糖体之前失效。这两种方法可阻止蛋白质的合成，从而消除该基因的表达，实现基因的沉默。

RNA 干扰（RNA interference，RNAi）是基因沉默的常用手段，该方法是一种由双链 RNA 引发的序列特异性的转录后基因沉默，它是沉默目标基因表达从而验证靶基因功能的一种有效手段。由于载体转染效率的差异可以将结果分为敲降和敲除。RNAi 技术仍然存在一些问题：低等生物对 dsRNA 或 siRNA 导入的条件要求很

彩图：RNA 干扰（RNAi）

低，成功率较高，但对较高级的哺乳动物和人类细胞株的转染成功率却不理想。此外，RNAi 技术和反义 RNA 技术类似，有一些如寡聚核酸合成困难、易被降解、导入困难等缺点。RNAi 技术的应用，不仅能大大推进后基因组计划的发展，还可用来抑制基因的异常表达，为动物性状功能基因的验证开辟新的途径。

3. 基因敲除

基因敲除是自 20 世纪 80 年代末以来发展起来的一种新型分子生物学技术，是通过一定的途径使机体特定的基因失活或缺失的技术。基因敲除主要应用 DNA 同源重组原理，采用设计的同源片段替代靶基因片段，并将外源基因定点整合入基因组上序列已知但功能未知的位点，从而使特定的基因功能丧失，进而推测出该基因的生物学功能。它克服了随机整合的盲目性和偶然性，是一种理想的修饰、改造生物

遗传物质的方法。随着基因敲除技术的发展，除了同源重组外，新的原理和技术也逐渐被应用，比较成功的有基因的插入突变和基因编辑技术，它们同样可以达到基因敲除的目的。

基因敲除是针对序列已知但功能未知的目标基因。与转基因技术不同，基因敲除是去掉某一个或几个原有的基因，转基因是增加一个或多个原来没有的基因。基因敲除分为完全基因敲除和条件性基因敲除。

（1）完全基因敲除。20 世纪 80 年代初，胚胎干细胞（embryonic stem cell，ES 细胞）分离和体外培养的成功奠定了基因敲除的技术基础。1987 年，汤姆森（J. Thomson）首次建立了完整的 ES 细胞基因敲除的小鼠模型。直到现在，运用基因同源重组进行基因敲除依然是构建基因敲除动物模型最普遍的方法。该方法首先获得小鼠 ES 细胞系，测试 ES 细胞嵌合入受体囊胚的能力；然后根据不同基因、不同目的设计并构建敲除载体，将敲除载体转入 ES 细胞中；利用同源重组原理，载体中的外源 DNA 片段会定点整合于基因组的同源位点，鉴定筛选正确同源重组的突变靶 ES 细胞；采用显微注射或者胚胎融合的方法将经过遗传修饰的 ES 细胞引入受体胚胎内，并发育为嵌合体动物；再经过生殖系嵌合小鼠的自交，得到带有修饰基因的突变小鼠。通过观察重组小鼠生物性状变化，了解所敲除目标基因的生物学功能。要得到稳定的纯合基因敲除个体，需要进行至少两代遗传。目前，在 ES 细胞中进行同源重组，已经成为一种研究特定基因甚至基因的特定结构域，以及对小鼠染色体组上任意位点进行遗传修饰的常规技术。

（2）条件性基因敲除。条件性基因敲除是将某个基因的修饰限制于特定细胞类型或某一特定发育阶段的基因敲除方法。该方法是在常规基因敲除的基础上，将敲除基因的表达限定在特定组织或发育阶段，并处于一种可控的状态。条件性敲除更加关注基因表达的时空性，尤其对于一些动物生长发育和繁殖相关的重要功能基因，以及不适合进行完全敲除的功能基因均可以采用条件性敲除。以 Cre/loxp 系统为例，利用控制 Cre 表达的启动子的活性或所表达的 Cre 酶活性具有可诱导性的特点，借助 Cre 表达系统中载体的细胞及组织特异性或表达时间的特异性，在转有 loxp 结构的动物的一定发育阶段和特定组织细胞中表达 Cre 酶，实现对特定组织基因的敲除。诱导性基因敲除也是一种重要的条件性基因敲除方式。人们通过对诱导剂给予时空的预先设计，来控制动物基因的时空特异性表达，使得目的基因在特定的时间和条件下表达，以避免出现死胎或动物出生后不久即死亡的现象。常见的几种诱导类型包括四环素诱导型、干扰素诱导型、激素诱导型等。

动画：条件性基因敲除原理

4. 定点突变与定点重组

定点突变是在已知蛋白质结构与功能的基础上，在已知 DNA 序列中碱基替换、插入或删除特定的核苷酸，从而产生具有新性状的突变蛋白质（酶）分子的一种遗传操作技术，该技术在生物和医学领域中的应用非常广泛。定点突变技术具有突变率高、简单易行、重复性好的特点。定点突变技术作为一种研究手段，也广泛应用于蛋白质结构与功能关系的研究，从而阐明基因的调控机理、疾病的病因和机制等。要进行基因定点突变，改变 DNA 核苷酸序列，方法有很多种，如基因的化学合成、基因直接修饰、盒式突变技术等。

蛋白质中的氨基酸是由基因中的三联密码子决定的，只要改变其中的一个或两个碱基就可以改变氨基酸的种类，从而产生新的蛋白质。通常是改变功能区域某个位置的氨基酸，以研究蛋白质的结构、稳定性或催化特性。体外定点突变技术是研究蛋白质结构和功能之间的复杂关系的有力工具，也是实验室中改造基因常用的手段。

Cre/Loxp 重组系统是进行基因组定点重组的经典途径。该系统包括 Cre 重组酶和 Loxp 位点两个部分，Cre 重组酶通过与 DNA 上 Loxp 位点的结合，依赖 Holliday 模型重组机制发挥定点重组作用，也是进行功能基因研究的有效工具。在哺乳类细胞和转基因鼠中，可以因 Loxp 位点设计的不同而产生特异性重组。其应用主要包括基因失活或敲除、基因激活、基因颠换、基因易位，还可利用此系统进行载体的构建。相对于传统的基因突变技术，Cre/Loxp 系统借助 Cre 重组酶表达的特异性，条件性失活或敲除内、外源基因，大大降低了模型动物的死亡率。Cre/Loxp 系统利用 Cre 酶作用的专一性，可以在不影响基因在靶组织以外的正常表达与调控情况下，对基因进行特异性失活或激活，用于直接展示基因的效应。

第三节　目标基因遗传操作与应用

获得具有特定功能的动物目标基因后，可通过对目标基因的遗传操作改变动物的基因组，使其表现出某些特殊的性状或功能。动物遗传操作技术主要包括转基因、基因打靶和基因编辑等。转基因技术是将人们所需要的目标外源基因导入某种动物的受精卵或早期胚胎细胞，使其与动物本身的基因组整合，发育成新的个体，且能稳定地遗传给后代的一类动物。其实质是按照人类的意志，有计划、有目的地定向改造动物的遗传组成，赋予转基因动物新的特征，使之更好地为人类服务。基因打靶又称基因定向转移，是人工精确地修饰基因组的一种技术，它是利用基因转移方法，将外源 DNA 序列与靶细胞内染色体上同源 DNA 序列间进行重组，将外源 DNA 定点整合入靶细胞基因组上某一确定的位点，或对某一预先确定的靶位点进行定点突变，从而改变细胞遗传特性。基因打靶是基于同源重组的动物遗传操作技术。基因编辑技术就是对目的基因及其转录产物进行精确的定向改造，在不引入外源基因的前提下，对动物基因组实现特定 DNA 片段的插入、删除，特定 DNA 碱基的缺失、替换等，以改变目的基因或调控元件的表达活性和功能，进而改变生物性状。

一、转基因技术

严格来讲，转基因技术转入的外源基因是目标动物所不具有的基因。1980 年，戈登（J. Gordon）将外源基因分别注入爪蟾卵母细胞和小鼠受精卵，在所产生小鼠的组织细胞内检查到外源基因的整合，由此开创了转基因动物生产的新时代。2015 和 2016 年，转基因三文鱼分别在加拿大和美国上市，标志着第一个可食用的转基因动物品种走上了餐桌。在过去的几十年中，已建立了许多整合有外源基因的转基因大鼠和小鼠，转基因兔、猪、绵羊、山羊、牛、鱼、鸡等也相继问世，使得转基因技术在基础研究和动物育种中均展现出了广阔的前景。

（一）转基因动物的概念

转基因动物（transgenic animal）是指在动物遗传操作技术基础上，将人们所需要的目标外源基因导入某种动物的受精卵或早期胚胎细胞，使其与动物本身的基因组整合，发育成新的个体，且能稳定地遗传给后代的一类动物。其实质是按照人类的意志，有计划、有目的地定向改造动物的遗传组成，赋予转基因动物新的特征，使之更好地为人类服务。

转基因技术结合了细胞生物学、基因工程和胚胎工程等相关技术，被公认为是遗传学研究中继 20 世纪初的连锁分析、20 世纪 60 年代的体细胞遗传和 20 世纪 70 年代的基因克隆之后的第四代遗传操作技术。

（二）转基因动物的制作方法

经典的转基因动物制作主要采用具有胚胎操作过程的显微注射法、胚胎干细胞介导法、精子载体法、逆转录病毒载体介导法等转基因技术。自体细胞克隆成功以来，在大中型转基因动物制作时，采用转基因和体细胞克隆相结合的转基因克隆技术可能具有一定的优势。在禽类转基因研究中，由于其独特的生殖生理特点，一般采用嵌合体制作的转基因技术。

1. 经典的动物转基因技术

（1）显微注射法

显微注射法（microinjection）是最先采用的转基因方法，其实质就是利用管尖极细（0.1～0.5 μm）的微量注射针，将携带外源基因的 DNA 片段直接注射到原核期胚胎中的雄原核或者雌原核，在雌雄原核融合和早期胚胎的细胞增殖过程中，由于宿主基因组序列可能发生的重排（rearrangement）、缺失（deletion）、复制（duplication）或易位（translocation）等现象而使外源基因嵌入宿主染色体内的转基因方法（图 8-4）。

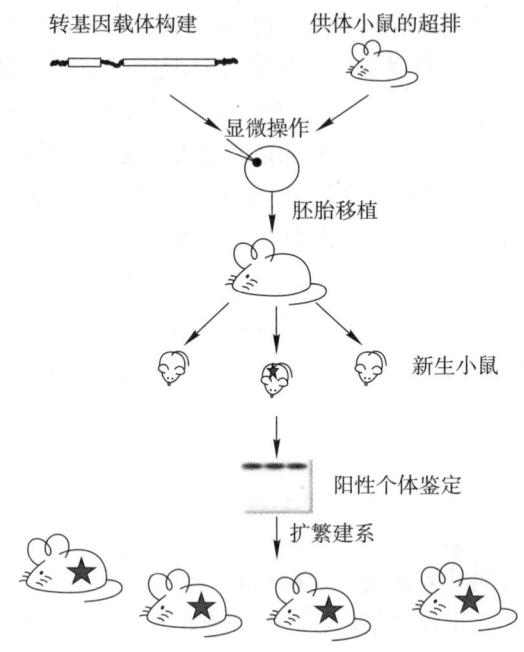

图 8-4　显微注射法生产转基因动物

1980 年，戈登（J. Gordon）首次利用原核注射的方法开展动物转基因研究，该技术是目前比较成熟、应用比较广泛、效果比较稳定的制作转基因动物的方法之一，也是转基因动物研究中最经典的技术。这种方法的优点是：①操作比较简便，外源基因易整合入动物的染色体；②导入的外源基因长度大小不限；③可使用任何载体承载基因片段，也可注射无载体的基因片段；④实验周期相对比较短。但其不足之处是：①由于基因整体进入染色体的随机性，使外源基因整合位点和拷贝数无法控制，该方法的外源基因转移整合率低（小鼠为 6%～10%，猪、羊和牛仅为 1% 左右）；②大家畜所能提供的受精卵数目少，又较难把握大家畜早期胚胎的发育时序，很难取得足够的原核期受精卵；③大家畜受精卵的细胞质中，含有不少脂肪和色素等透光度较低的颗粒，降低了原核的可见度。

（2）胚胎干细胞介导法

胚胎干细胞（embryonic stem cell，ES 细胞）是一种从早期胚胎的囊胚内细胞团（inner cell mass，ICM）细胞或胎儿原始生殖细胞（primordial germ cells，PGCs）经分离、体外抑制分化培养得到的具有发育全能性（或多能性）的细胞，ES 细胞是公认的研究转基因、基因定点整合的一类极有前途的实验材料。胚胎干细胞介导法通过对 ES 细胞进行基因操作，将外源基因导入 ES 细胞，经药物筛选获得转基因的阳性 ES 细胞，然后应用核移植或直接把阳性细胞注入囊胚中，获得转基因的胚胎，再把这样的胚胎移植到假孕的代孕子宫内，产生转基因动物或嵌合体动物。将得到的转基因动物进行杂交，就可以获得纯合的转基因动物。美国科学杂志评出的 20 世纪十大科学突破中，干细胞研究与应用名列榜首。ES 细胞的研究还处于起步阶段，目前人们已经能够分离培养干细胞，并在小鼠上应用较为成功，但诱导 ES 细胞定向分化还面临许多困难，大家畜干细胞系建立方法还不够成熟，因此在大动物上胚胎干细胞介导法应用得较少。

彩图：胚胎干细胞介导法

（3）逆转录病毒感染载体介导法

将目标基因重组到逆转录病毒载体（retroviral vectors）上，制成高滴度病毒颗粒，人为感染着床前或着床后胚胎，也可直接将胚胎与能释放逆转录病毒的单层培养细胞共育，以能达到感染目的（图8-5）。通过病毒 DNA 插入宿主细胞 DNA，将外源目标基因整合宿主基因组，呈单一位点、单拷贝结合、整合率高以及插入位点克隆分析较容易等都是逆转录病毒感染法的优点。

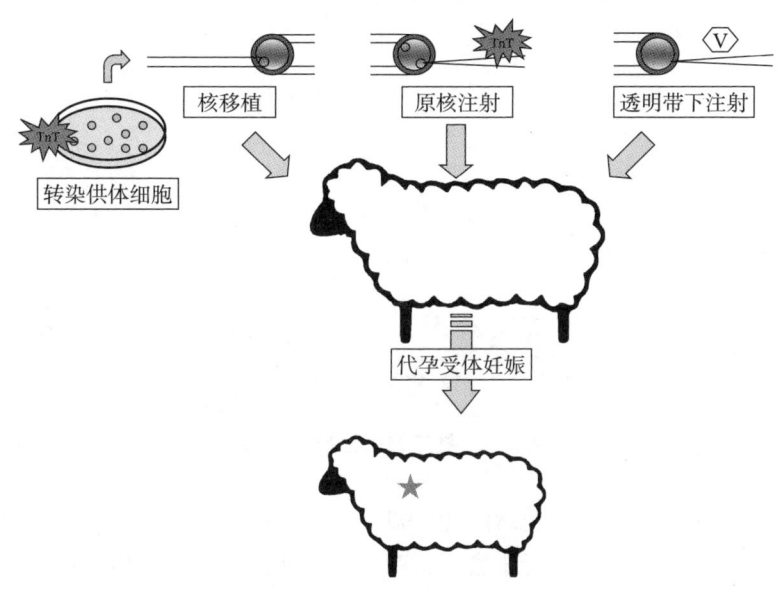

图8-5　逆转录病毒载体介导基因转移示意图（引自李光鹏等，2018）

逆转录病毒是正链 RNA 病毒，病毒呈圆形，其直径约 10～120 nm，由拟核（含 RNA、逆转录酶、壳蛋白）和包膜组成。逆转录酶负责病毒核酸的逆转录过程。包膜蛋白决定病毒的感染范围。逆转录病毒通过包膜蛋白与宿主细胞表面特异性受体相互作用，促使病毒颗粒进入细胞内，然后经脱壳释放病毒 RNA，在逆转录酶作用下合成 cDNA，形成 RNA/DNA 杂交体，由 RNaseH 水解杂交体中的 RNA，再借助细胞的 DNA 聚合酶合成另一条与之互补的 DNA 链，形成双链 DNA，连接成环状结构后进入细胞核，与细胞染色体 DNA 整合。整合形成的病毒 DNA 称作前病毒，它是表达病毒基因、合成子代毒粒 RNA 的模板。病毒蛋白与毒粒 RNA 装配成完整的病毒颗粒，在细胞表面以芽生方式释放。除极少数外，逆转录病毒感染细胞后持续地产生病毒，但对细胞生长无抑制作用，不引起细胞破裂。

（4）精子载体法

精子载体法（sperm-mediated gene transfer）广义上讲是利用精子或精原干细胞作为外源基因携带载体，通过受精前的试验干预，使其携带外源基因，通过受精过程将外源基因导入受精卵，并稳定整合到子代基因组中（图8-6）。早在 1971 年，布莱克特（B. Brackett）等就已经发现兔精子能与共孵育的 SV40 DNA 结合，但由于当时的分子生物学和体外受精技术尚处于早期发展阶段，这一现象并没能引起人们的足够重视。直到 1989 年，阿雷佐（F. Arezzo）等和拉维特拉诺（M. Lavitrano）等几乎同时发表了两个独立的研究成果，证实了精子可作为外源 DNA 转移的载体，再次报道了这一现象，才引起了科学界的轰动。但遗憾的是，此后很多实验未能重复出原有的结果。直到 1999 年佩里（A. Perry）等将精子破膜并与 DNA 混合处理后进行精子的胞浆内注射受精，外源基因在 20% 后代中获得了有效表达。2000 年，有研究人员从睾丸内转染的成熟精子中筛选出阳性精子进行显微受精，获得了 4 只阳性动物后代。2002 年拉维特拉诺（M. Lavitrano）等利用 DNA 转染的精子进行人工授精，获得了表达具有生物活性的人衰变加

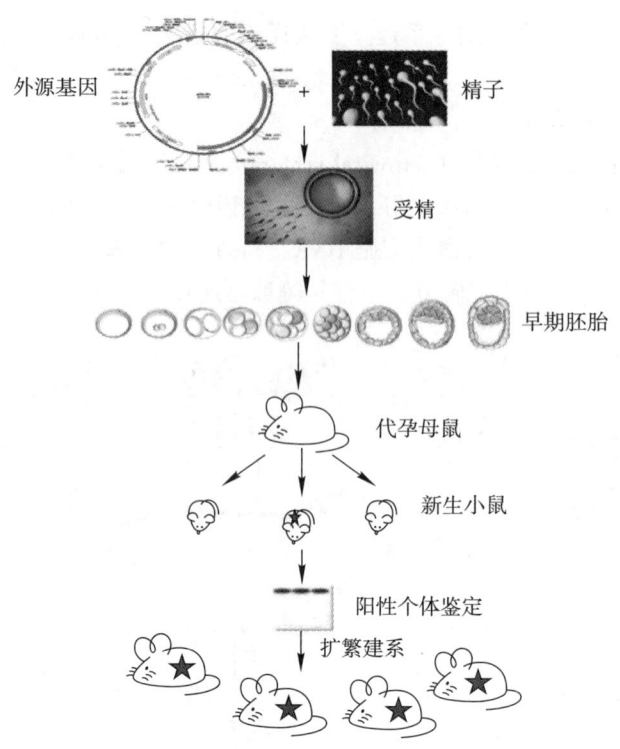

图 8-6　精子载体法操作步骤

速因子（human decayaccelerating factor，hDAF）的转基因猪，阳性率 64%。

　　精子能携带外源基因入卵，并且产量丰富，这两大特性使精子作为载体制备转基因动物成为一个简便的途径。相对于显微注射法、逆转录病毒感染法、胚胎干细胞法等方法而言，它的主要优点是利用精子的自然属性克服了人为机械操作给胚胎造成的损伤，提高了转基因效率，且操作简便、无需昂贵的试验设备。该技术已成为转基因动物研究热点。

　　2. 转基因克隆技术

　　转基因克隆（transgenic cloning）是指以动物体细胞（包括动物成体细胞、胎儿成纤维细胞及多能干细胞等）为受体，将目标基因以 DNA 转染的方式导入能进行传代培养的动物体细胞，筛选获得转基因的阳性细胞后，再以转基因细胞为核供体进行核移植生产克隆胚胎，通过对已经进行发情处理的受体动物进行胚胎移植生产转基因克隆动物个体的方法（图 8-7）。与经典的转基因技术相比，转基因克隆动物是在转基因技术和动物克隆技术有机结合的产物，由于在核移植前首先进行体细胞建系、外源基因的导入和阳性细胞的筛选，然后再进行细胞核移植，因此理论上进行细胞核移植的均为转基因细胞核，即所产生的个体均为转基因后代，大大提高了生产效率，降低了成本。尤其在世代间隔较长、单胎的大动物转基因操作过程中具有明显的优势。

　　转基因克隆技术具有其他转基因技术不可比拟的优点：①卵母细胞可以直接从屠宰场的动物卵巢中获得，经体外成熟后供转基因克隆操作使用，解决了家畜生殖细胞来源困难等难题；②筛选出的转基因阳性细胞作为供体，构建的胚胎理论上 100% 是转基因胚胎，大幅度减少所需受体动物数量，降低了转基因家畜的培育成本；③培养的体细胞可以事先确定核移植后代的性别，生产出所期望的转基因动物。

　　转基因克隆技术有着广泛的应用前景，但距产业化尚有很大距离。作为一个新兴的研究领域，克隆技术在理论和技术上都还很不成熟。在理论上，分化的体细胞克隆对遗传物质重编程（细胞核内所有或大部分基因关闭，细胞重新恢复全能性的过程）的机理还不清楚。克隆动物是否会记住供体细胞的年龄，克隆动物的连续后代是否会累积突变基因，以及在克隆过程中胞质线粒体所起的遗传作用等问题还没有解决。在生物安全方面，人们对于来自转基因动物的畜产品对人体的安全性还存在着争议。但整体来说，

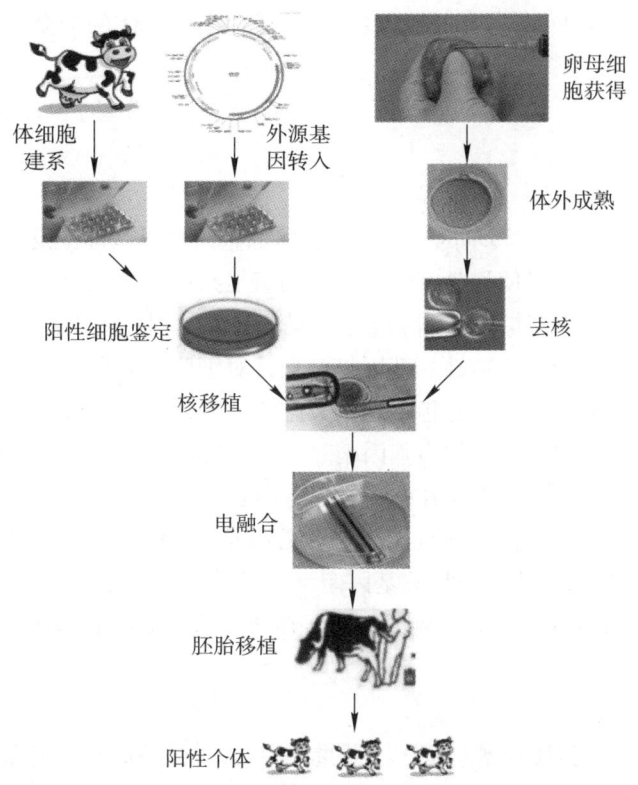

图 8-7　转基因克隆方法生产转基因动物技术流程

该技术在动物生物反应器和家畜新品种培育上的应用前景还是相当诱人的。

3. 禽类转基因技术

与哺乳动物相比，家禽的世代间隔比较短，产蛋量比较高，更适合转基因技术和生物反应器的研究和应用。但是，禽类需要孵化才能产生后代，其生殖系统特殊性，导致卵母细胞分离、体外胚胎操作、胚胎移植等非常困难，限制了禽类转基因技术的研究进展。家禽转基因技术起步较晚，开发适合家禽生殖特点的转基因技术依然是目前转基因家禽生产的关键问题。除了哺乳动物显微注射法、反转录病毒载体法、脂质体－精子载体技术等基因导入方法，原始生殖细胞（primordial germ cells，PGCs）转染等方法也应用于转基因禽类的生产。嵌合体的制作是目前禽类转基因制作的主要方式。

家禽转基因的方法主要包括：①对输卵管/受精卵的操作。如精子介导法，指直接采用外源基因或用阳离子脂质体包埋的外源基因与成熟精子共同孵育后进行人工授精，对种蛋孵化从而获得转基因鸡。②对生殖细胞的操作。如采用 PGCs 转染法，先分离 PGCs，通过体外遗传操作将外源基因导入 PGCs 中，再将这些 PGCs 重新注入鸡的 X 期胚盘或同期血管中，可获得整合有外源基因的性腺嵌合体。③对胚胎细胞的操作。逆转录病毒载体法，将外源基因构建到逆转录病毒载体上，制成高滴度的病毒颗粒，再感染胚胎，如直接将胚胎与释放逆转录病毒的单层培养细胞共同孵育，依靠逆转录病毒的作用将所携带的外源基因整合到禽类基因组中，即完成了外源基因的转移。④对胚盘的直接操作。胚盘操作方式有两种：一种是先分离供体胚盘细胞，在体外进行外源基因的转染，再将胚盘细胞注入同期受体胚盘中；另一种是对胚盘直接注射外源基因，在体内转染，从而省去了细胞培养、性别鉴定等复杂操作。

利用逆转录病毒感染鸡蛋中的胚盘细胞生产转基因嵌合体鸡，利用性系嵌合个体进行杂交生产纯合子后代的方法，是目前转基因鸡生产常用的方法。分别应用处于 X 阶段（从受精开始鸡胚发育的第 X 阶段）的胚盘细胞（blastodermal cells，BCs），在构建病毒载体的基础上，对供体胚盘细胞进行 48h 单层培养和组织块培养后进行感染，然后注入经处理的受体胚胎；孵化后可获得嵌合体个体。如果孵化的个体为性系嵌合，则可以产生携带外源基因的精子或卵子。通过阳性个体的杂交，可产生携带外源基因的纯合个体。

二、基因打靶技术

基因打靶技术是 2005 年以来在转基因技术和人工同源重组技术基础上发展起来的能够使外源基因定点整合的遗传操作新技术，它可以使科学家们针对基因组上某一靶基因进行精确修饰成为可能。具体地说，就是它能够使外源 DNA 与受体细胞基因组上的同源序列之间发生重组，并整合到预定位点上，而不影响其他基因，并改变细胞的遗传特性。基因打靶是针对细胞内染色体上某一特定位点的基因所进行的修饰，所以又称基因定点同源重组。它包括两种类型：一种是用一个突变的基因去修饰其对应的野生基因，观察修饰前后基因功能的变化，称为基因敲除（gene knockout），也称基因剔除；另一种是用一个正常基因替代突变基因，或引入新基因使其在受体细胞中表达，这就是所谓的基因敲入（gene knockin）。基因打靶具有三个重要特征：直接性，即直接作用于靶基因，不涉及基因组的其他序列；准确性，即可以将事先设计好的 DNA 序列插入选定的目标基因座，或者用事先设计好的 DNA 序列去取代基因座中相应的 DNA 序列；有效性，即在技术上有实施的可能，在功能基因鉴定中具有重要的实用意义。

（一）基因打靶的原理

彩图：基因打靶原理

基因打靶技术是基于同源重组原理，将外源 DNA 定点整合到宿主细胞基因组预定的基因位点，从而改变细胞或生物个体遗传特性的遗传操作方法。基因打靶是反向遗传学的基础工具，利用基因打靶，可以将某个基因进行沉默、敲入或敲除，继而通过表型分析来解析基因的功能。

在生物界，同源重组是一种普遍存在的现象。在减数分裂形成配子的过程中，同源染色体上的基因相互交换其同源片段，就是同源重组。基因打靶的原理即仿照了这一过程。将外源基因引入靶细胞，通过外源 DNA 与靶位点上相同核苷酸序列间的同源重组，使外源基因稳定插入预定的位点，再通过适当的筛选手段得到剔除了某个基因的阳性细胞。一般的转基因整合有两种性质，即整合的随机性和拷贝数的变异性。由于非同源重组的频率太高，整合的随机性会极大地影响打靶的效率，整合的位点不同，转入基因可能会有不同的表达。若整合在封闭的染色质区，转入基因很少或几乎不表达；若整合在活化的染色质区，转入基因则可能高效表达。整合的转入基因拷贝数的不同也会影响所转入基因的表达水平。由于基因打靶技术是针对特定的基因组内的靶位点进行操作，利用外源基因与基因组内 DNA 片段的同源性，通过同源重组将外源基因定点整合于基因组内的特异位点，具有较好的目的性。外源基因与基因组内 DNA 序列的同源性是基因打靶技术成功的关键。

（二）基因打靶的基本环节

1. 基因打靶载体的构建

把目标基因和调控序列等与内源靶序列同源的序列都重组到带标记基因的载体上，以进行后续的遗传操作。基因打靶载体的主要元件包括载体骨架、靶基因同源序列和突变序列及选择性标记基因等非同源序列，其中同源序列是同源重组效率的关键因素。基因打靶载体有插入型载体（insertion vector）和置换型载体（replacement vector）。插入型载体中与靶基因同源区段中含有特异的酶切位点，线性化后的同源重组导致基因组序列的重复，从而干扰了目标基因的功能。置换型载体的酶切位点在引导序列和筛选基因外侧，线性化后的同源重组使染色体 DNA 序列被打靶载体序列替换，多数基因敲除突变都采用置换型载体进行基因打靶。

2. 外源基因的导入

外源 DNA 导入的方法主要有显微注射法、电穿孔法、精子载体法和逆转录病毒法。目前应用最广的是显微注射法。

3. 同源重组子的筛选及鉴定

由于外源基因与靶细胞 DNA 可发生同源重组或非同源重组，而且同源重组的发生频率较低，故必须从中筛选出被转化的靶细胞，并从中去除随机插入的细胞。筛选后，采用特异 PCR 和 southern blot 等技术对所筛选克隆的基因组进行鉴定。将重组阳性细胞用于生产转基因动物，并进行个体水平的功能基因的表达与安全检测。

在人工核酸内切酶出现之前，基于同源重组原理的基因打靶技术是进行重要经济性状功能基因遗传操作的主要方法，可以定点、定向地对基因组 DNA 进行改造。研究者利用基因打靶技术揭示了某些基因在组织器官发育、生理过程以及疾病发生中的重要功能。基因治疗是对人类疾病相关缺陷基因进行纠正或矫正的一种技术，大多数基因治疗均是采用正常基因以替换异常的致病基因。因此通过基因敲入技术将正常基因引入病变细胞中，代替原来异常的基因或对缺陷基因进行精确改正，使修复后的细胞不再表达错误的基因产物，因而是一种理想的基因治疗策略。另外，可通过基因打靶技术敲除多余的、过量表达的、影响正常生理功能的基因，以达到治疗目的。基因打靶技术不仅适用于动物，而且可以应用于植物，使转基因植物和生物反应器的制备更为精确。外源基因将被准确的插入受体的基因组中，定点改造原有的基因功能，使生物获得优良的性状，并避免由于外源基因在基因组中随机整合可能带来的不利影响。

基因打靶技术的出现，使转基因在体内的定点整合成为现实，使得外源基因转入到受体基因组不再随机整合，大大提高了转基因的目的性和效率。但同源重组效率低，载体设计和构建过程较复杂，有时需要多步细胞转染和筛选等问题，也限制了该技术的广泛应用。

三、基因编辑技术

动物重要经济性状都由基因组的遗传信息来决定，基因组重要性状功能基因的编码序列发生变异，可以引起性状表型的改变。从 20 世纪中期开始的分子生物学革命使得动物重要经济性状功能基因的遗传密码不断得到解析，在此基础上，科学家们进一步通过修改基因来从根本上改变性状，随着理论与技术的不断积累，基因编辑技术的优势日益显现。

基因编辑（gene editing）是在不引入外源基因的前提下，对动物基因组实施特定 DNA 片段的插入、删除或替换等，以改变目的基因或调控元件的表达活性和功能，进而改变生物性状。其基本原理是通过序列特异性的 DNA 结合结构域和非特异性的 DNA 修饰结构域组合而成的序列特异性核酸内切酶，识别染色体上的 DNA 靶位点，进行切割并产生 DNA 双链断裂，诱导 DNA 的损伤修复，从而实现对指定基因组的定向编辑。同源重组（homologous recombination，HR）技术是最早的基因编辑技术，通过将外源性目的基因导入受体细胞和同源序列交换，使外源性 DNA 片段取代原位点上的基因，从而达到使特定基因失活或修复缺陷基因的目的。但是对高等真核生物来说，外源 DNA 与目标 DNA 自然重组率非常低，因此 HR 的大规模应用受到了一定的限制。为应对这一挑战，一系列基于核酸酶的基因编辑技术相继出现，实现了在真核生物尤其是哺乳动物中精准有效的基因编辑。基于 DNA 核酸酶的基因编辑技术发展迅速，从第一代 DNA 核酸酶编辑系统 ZFN、第二代 TALEN 到第三代 CRISPR/Cas9 系统，基因编辑效率不断提高、成本逐渐降低，应用范围不断扩大。同源重组可以对大片段进行操作，而基因编辑可以对小片段甚至单个碱基进行操作。

（一）锌指核酸酶技术

锌指核酸酶（zinc finger protein nuclease，ZFN）是第一代人工核酸内切酶，能够定点识别基因组 DNA

双链靶位点，形成双链断裂并启动细胞自身的 DNA 修复机制，实现非同源末端连接（nonhomologous DNA end joining，NHEJ）和同源重组（homologous recombination，HR）介导的基因组突变与基因组片段的删除。

ZFN 主要是由两部分组成，一部分是锌指蛋白 DNA 结合结构域（zinc finger DNA-binding domain），另一部分则是非特异性核酸内切酶 DNA 切割结构域（DNA cleavage domain）。锌指是一类能够结合 DNA 的蛋白质，由于该蛋白结构域络合了一个 Zn^{2+}，在起作用时，α 螺旋嵌入 DNA 分子的大沟中，像手指一样指向靶位点，因此称之为锌指。多个锌指蛋白串联起来形成一个锌指蛋白组，从而识别一段特异的碱基序列，具有很强的特异性。与锌指蛋白组相连的非特异性核酸内切酶，来自 *Fok* I 的 C 端的 96 个氨基酸残基组成 DNA 切割结构域。*Fok* I 是来自海床黄杆菌的一种限制性内切酶，只在左右两侧形成二聚体状态时才有酶切活性，每个 *Fok* I 单体与一个锌指蛋白组相连构成一个 ZFN，识别特定的位点，当两个识别位点相距恰当的距离时（6~8 bp），两个单体 ZFN 相互作用产生酶切功能，形成双链断裂，并达到 DNA 定点剪切的目的（图 8-8）。

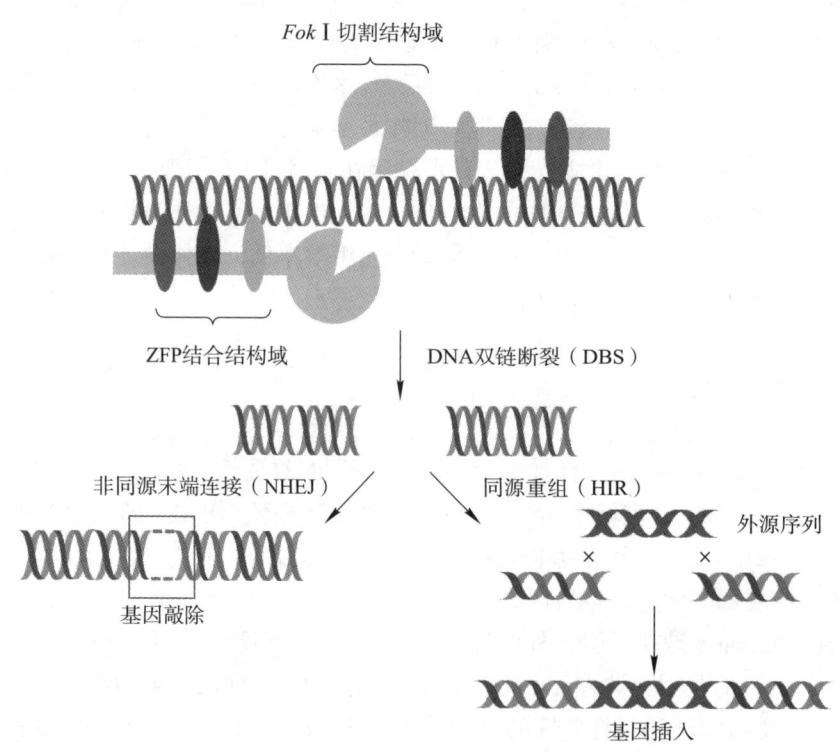

图 8-8 ZFN 作用原理

DNA 结合域通常是由 3~4 个 C_2H_2 结构的锌指蛋白构成，具有特异性识别 DNA 的功能，它主要是由转录调控因子家族（transcription factor family）形成。每个锌指蛋白都能够识别一个特定的三联体碱基，当多个锌指蛋白结合在一起后能够识别特异碱基序列的 DNA 片段。与结合结构域相连的 *Fok* I 并不具有识别位点的特异性，也只有二聚体状态时才具有酶切活性，当与锌指蛋白结合形成一个 ZFN 后才能够识别特定的基因位点，而且只有当两个识别位点距离较近时才能够相互作用并具有定点的酶切功能。

ZNF 是首个基于精确位点的基因编辑技术。迄今为止，该技术已经成功应用于多个物种的基因编辑。通过结合显微注射受精卵的方式进行基因编辑动物的研究，并通过基因编辑细胞系的建立与体细胞克隆技术的结合，获得重要经济性状发生变异的基因编辑大动物。ZNF 技术的出现，彻底改变了基于同源重组原理的基因打靶技术。目前尚无法实现在任意一段 DNA 或基因序列顺利找到合适的 ZFN 作用位点，因此如何设计筛选具有高亲和性和高特异性的锌指蛋白，如何避免 ZNF 对基因组非靶向性位点随机切割产生的细胞毒性，如何更有效地调控 ZNF 的表达等，还有许多问题需要去研究和解决。

（二）类转录激活因子效应物核酸酶技术

类转录激活因子效应物核酸酶（transcription activator-like effectors nuclease，TALEN），是一种人工构建的可识别特异 DNA 序列并引起双链断裂的核酸酶，能够特异性地识别一段 DNA 序列，并能够对双链 DNA 进行切割，TALEN 造成 DNA 断裂后可以启动细胞对 DNA 的修复，从而实现特定位点的基因操作如基因敲除、基因敲入、基因修复等，是一种崭新的分子生物学工具。每个 TALEN 单体由 TALE 蛋白的 DNA 结合结构域与 *Fok* I 内切核酸酶的切割结构域连接而成。它借助于 TAL 效应子（一种由植物细菌黄单胞杆菌属分泌的天然蛋白）来识别特异性 DNA 碱基对，可被设计识别和结合所有的目的 DNA 序列。TALE 结构特征包括 N 端分泌信号、中央的 DNA 结合域和 C 端的激活域。不同 TALE 蛋白中的 DNA 结合域有一个共同的特点，即由数目不同（12～30）、高度保守的重复单元组成，每个重复单元含有 33～35 个氨基酸，其中第 12 和 13 位的氨基酸可变，并靶向识别特异 DNA 碱基。这些重复单元的氨基酸组成相当保守。两个 TALEN 单体以尾尾相对的方式通过 TALE 特异性结合到靶 DNA 上，非特异性的 *Fok* I 内切核酸酶以二聚体形式对识别位点间的几个核苷酸进行切割断裂。双链断裂通过 HR 和 NHEJ 修复（图 8-9）。

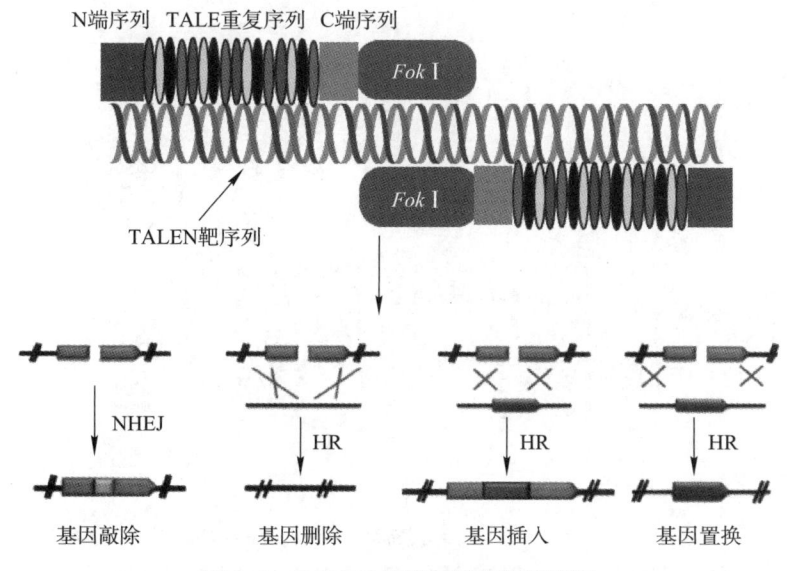

图 8-9　TALEN 技术基因编辑原理图

相比 ZFN 技术，TALEN 技术的特异性很高，脱靶效应（off-target）远远低于 ZFN 技术。TALEN 使用了 TALE 分子代替 ZF 作为人工核酸酶的识别结构域，极好地解决了 ZFN 对于 DNA 序列识别特异性低的问题。在构建载体过程中，TALE 分子的模块组装和筛选过程比较繁杂，需要大量的测序工作，对于普通实验室的可操作性较低。TALEN 蛋白质的分子量要比 ZFN 大得多，过大的蛋白质分子往往会增加分子操作的难度，去除 TALEN 分子的不必要结构或者缩短识别序列的长度能一定程度地减轻影响，但是却有可能造成识别特异性降低而导致脱靶切割，引起细胞毒性。

自 2009 年破译 TALEN "机密"以来，TALEN 技术已经应用到人细胞、植物细胞、酵母、斑马鱼及大、小鼠等模式生物中，未来 TALEN 技术最具应用价值的领域莫过于基因治疗，结合干细胞最新的研究成果，如采用来自患者自身的 iPS 细胞，利用 TALEN 技术对有缺陷的基因进行改造，然后把改造后正常的细胞重新输入患者体内，达到治疗疾病的目的。另外，在大动物转基因方面，通过 TALEN 技术进行遗传操作，将会加快动物乳腺反应器等领域的研究步伐。

（三）CRISPR/Cas9 技术

CRISPR/Cas9 基因编辑技术是一种全新的用于基因修饰的人工核酸内切酶技术，主要依据细菌的获得性免疫系统改造而来，是一种更简单、更安全的生物（包括人类）细胞基因组编辑新方法。不同于依赖于 DNA 序列特异性结合蛋白模块的合成，CRISPR/Cas9 系统基于 RNA 导向的 DNA 识别机制，通过一段序列特异性向导 RNA 分子（sequence-specific guide RNA，sgRNA）引导核酸内切酶到靶点处，从而完成基因组的编辑。

早在 1987 年，科学家们就发现在细菌中存在一种短的回文序列，这种序列重复的成簇存在称为 CRISPR（clustered regularly interspaced short palindromic repeats），该系统可将细菌基因组中的外源基因切除，是细菌在噬菌体长期选择压力下进化出来的一种有效抵御外源 DNA 入侵的免疫机制之一。CRISPR 与原核生物的适应性免疫功能有关，可以根据不同的外源性病毒序列来进行调整。在菌体内，CRISPR 簇在其前导区的调控下转录成 precrRNA，在 tracerRNA 和 Cas9 参与下加工成成熟的 crRNA，并引导 crRNA/tracerRNA/Cas9 复合体识别结合外源 DNA 特定序列，剪切 DNA 双链，沉默外源基因的表达。基于此种原理，CRISPR/Cas9 系统被开发成一种新型的基因编辑系统。该系统在 gRNA 的引导下，切割 DNA 双链形成双链断裂，其双链断裂后的修复途径与 ZFN 和 TALEN 相同：①同源重组修复，即在一个具有同源臂的 DNA 模板存在下，细胞能够将含有同源臂的外源基因整合到靶位点的 DNA 序列上；② NHEJ 直接修复断裂的 DNA 双链，该修复机制往往导致 DNA 断裂处碱基的突变，产生插入或缺失突变（图 8-10）。

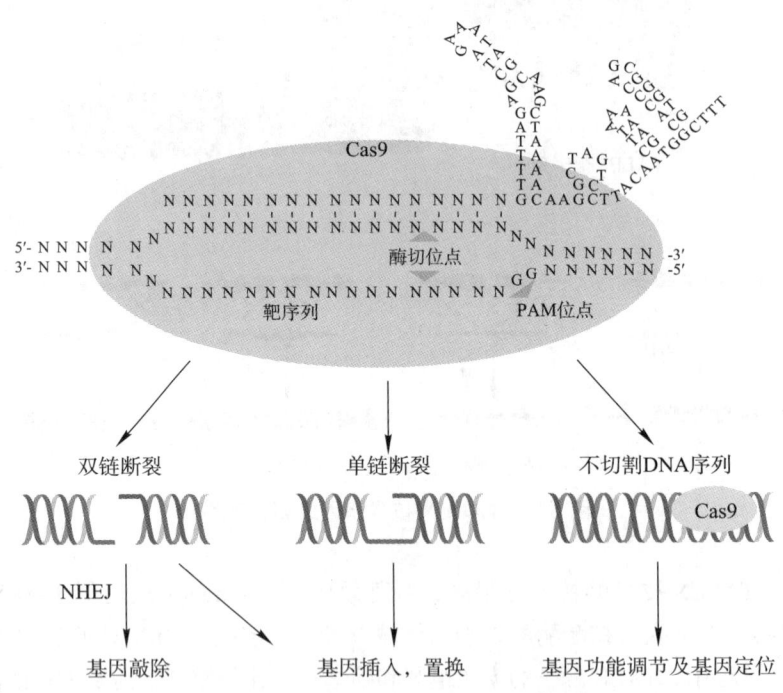

图 8-10　CRISPR/Cas9 技术基因编辑原理图

CRISPR/Cas9 技术能够高效切割目标基因组的靶位点，极大地提高了基因编辑效率。但该系统存在一个主要缺点：一旦进入细胞中，它可以结合并切割额外的非目标位点，有可能造成意外的编辑，完全改变非目标基因表达或是敲除掉某一基因，导致其他性状变异或问题出现。因此，脱靶效应是 CRISPR/Cas9 的一个关键技术问题，如何降低脱靶效应是目前相关研究领域的研究热点。CRISPR/Cas9 技术是目前研究最为热门的基因编辑技术，在动物、植物及微生物的多个物种中均有应用，多种基于此系统的变种技术不断涌现，为科学家们进行基因编辑研究提供了强有力的工具。

　　基因编辑技术在动物遗传操作领域展现出越来越广阔的应用前景。与基因编辑技术相比，基因打靶技术更适合大片段的遗传操作，其优点是精确无脱靶，可进行各种复杂的基因改造，缺点是低效、耗时、费力、成本高昂；而基因编辑技术可以针对单个或几个碱基进行操作，其优点是高效、快捷、简便、成本低廉，缺点是始终有不可预测和不可控的脱靶风险，并且不适用于复杂的基因改造。

四、动物遗传操作的应用

　　从 20 世纪 80 年代初，人类研究开发转基因等动物遗传操作技术已经历了 40 多年。从取得的初步成果来看，已深刻地影响到农业、畜牧业、医药业等许多重要领域，极大推动了生命科学的发展，并且带来了巨大的经济效益，进一步研究和利用动物遗传操作技术，提高生产效率势在必行。动物遗传操作技术研究成果在提高畜禽生产能力，改善肉和奶品质，生产生物医药产品，建立人类疾病模型等方面都显示出了广阔的应用前景。

彩图：动物遗传操作的应用与挑战

（一）提高动物生长速度，改善生产性能

　　由于家畜许多性状如生长速度等都受激素调节，所以，早期的遗传操作所选择的目标基因一般是能提高相关激素水平的基因。1982 年美国的帕尔米特（R. Palmiter）和布林斯特（R. Brinster）把大鼠的生长激素基因（*GH*）与小鼠的金属硫蛋白基因的启动子（*MT*）拼接在一起，并将这种融合基因导入小鼠受精卵雄原核内，首次获得转基因小鼠，由于与野生型相比其生长速度极快，被人们称为"超级鼠"。利用"超级鼠"的原理，加拿大科学家非常巧妙地培育出一种新的大西洋鲑鱼品种——转基因大西洋鲑鱼。该品种采用鲑鱼科中体型最大的帝王鲑的生长激素基因，与鳕鱼抗冻蛋白基因的启动子组合成一种新基因，使其具有了新的性状，即在寒冷的冬季，由于抗冻蛋白启动子的调控，生长激素能够持续分泌，从而保持较高的生长速度。转基因鲑鱼的生长速度比普通大西洋鲑鱼快 1 倍以上，16～18 个月就能达到上市体重，而普通大西洋鲑鱼则需要 3 年以上；转基因鲑鱼不仅长得快，而且饲料利用率显著提高，可比目前养殖的普通大西洋鲑鱼节省 25% 饲料，2015 年 11 月和 2016 年 6 月，相继在美国和加拿大批准上市，标志着转基因三文鱼已经真正从实验室跳上人们的餐桌。我国的转基因鱼研究早于国外的研究，已经具有较好的生产性能，但是上市依然遥遥无期。

（二）创造新的性状，培育新品种

　　自从人类饲养动物以来，我们的祖先就从未停止过动物的遗传改良。过去的几千年，动物改良的方式主要是对自然突变产生的优良基因和重组体的选择和利用，通过随机和自然的方式来积累优良基因。遗传学创立后近百年的动物育种则是采用人工杂交的方法，进行优良基因的重组和外源基因的导入而实现遗传改良。基因转移在杂交中自然发生。一般情况下，通过自然杂交进行的转基因是严格控制在同一物种内（特别是在动物中），或是亲缘关系很近的物种之间。但是，遗传距离较远的不同种属的动物间进行交配后，也可以产生与亲代种属都不同的子代，如狮虎兽。自然杂交引起的基因转移没有目的性和定向性，而动物遗传操作可以将我们所需要的基因进行定位和分离克隆，然后通过载体将这个目标基因转移到目标物种或品种中去。这与自然的和传统通过人工杂交转移的方法没有本质上的区别，只是这种用遗传操作的方法使得性状的改变预见性更强。

　　在基因操作的范围和效率上，采用转基因、基因打靶和基因编辑技术与传统育种方法有重要区别。第一，传统育种技术一般只能在生物种内个体间实现基因转移，而遗传操作技术所针对的目的基因不受生物体间亲缘关系的限制。第二，传统的杂交和选择技术一般是在生物个体水平上进行，操作对象是整个基因组或含有大量的基因，很难准确地对某个基因进行操作和选择，对后代的表现预见性较差。而遗传操作技术所针对的目的基因一般是经过明确定义的基因，功能清楚，后代表现可准确预期。因此，采

用转基因、基因打靶和基因编辑技术是对传统技术的发展和补充。将两者紧密结合，可将原物种具有的性状快速导入其他物种或对基因组内特定的基因进行编辑，可以大大地提高动物品种改良的效率，甚至还可以将亲缘关系较远的生物的基因或人工合成的基因转移到我们需要改良的品种中，从而创造出原来没有的新的生物性状，打破生殖隔离。这样的方法可以创造新的突变和种质资源，并为新品种的培育奠定种源基础。肌肉生长抑制素（Myostatin, MSTN）是在骨骼肌中广泛表达的一类糖蛋白。该基因在自然状态下在比利时蓝牛中发生突变，使比利时蓝牛表现为"双肌性状"。内蒙古大学和中国农业大学合作，采用基因编辑方法，将鲁西黄牛的 MSTN 基因失活，使得基因编辑牛的肌肉产量大大提高，为双肌鲁西黄牛新品系的培育奠定了基础。

（三）提高动物抗病力，为抗病育种提供了新途径

动物疾病长期以来困扰着畜牧业的发展，不仅影响了畜禽产品生产，同时也为食品安全带来隐患。利用转基因技术将某些抗病基因转入畜禽的基因组中，可以让其获得相应的抗病能力。例如，乳房炎是奶牛最常见的、也是对奶牛生产危害性最大的一种疾病，金黄色葡萄球菌是引起乳房炎的主要病原体之一。2005 年，美国学者多诺万（D. Donovan）等将编码溶葡萄球菌酶的基因转入奶牛中，所获得的转基因牛可以有效地预防由葡萄球菌引起的乳房炎。疯牛病可以由家畜传染给人，曾一度引起全球的高度关注甚至恐慌，朊病毒蛋白体是引起疯牛病的病原体。2007 年，美国学者里奇特（J. Richt）等通过基因打靶技术获得朊病毒蛋白基因缺失的转基因牛，也预示着生产无疯牛病种群的可能性。近年来，我国养猪业面临着繁殖与呼吸综合征、猪瘟、猪传染性胃肠炎病毒、猪流行性腹泻病毒、猪轮状病毒等重要疾病的挑战，严重影响了我国猪肉的供应和人民的生活。吉林大学制备的世界首例"带有抗猪瘟病毒基因的克隆猪"，中国农业科学院北京畜牧兽医研究所联合华中农业大学、加拿大圭尔夫大学等单位采用基因编辑的方法获得首例抵抗猪繁殖与呼吸综合征病毒、德尔塔冠状病毒和传染性胃肠炎病毒三种重大疫病猪，探索了利用转基因技术预防重大疾病的新途径。针对猪肌肉抑制因子 MSTN 基因可以影响猪后代瘦肉率，以及猪 CD163 基因所编码的蛋白是 PRRSV 感染所必需的受体，西北农林科技大学和云南农业大学合作，采用高效多基因编辑 sgRNA 表达方案，生产既影响提高瘦肉率又可以预防蓝耳病的双基因编辑猪，为最终培育出抗病高产新品种，提供了技术支撑。

（四）新型药物蛋白生产与生物反应器

转基因动物作为一种新型生物反应器，可以为人们生产一些珍贵的蛋白质，如药用蛋白或营养保健蛋白。目前获得的动物生物反应器有血液、膀胱、鸡蛋清、乳腺等，其中乳腺是最理想也是目前发展最成熟的一种模式。乳腺是一个外分泌器官，乳汁不进入体内循环，对动物本身的生理活动不会造成影响，且从乳汁中获取目的产物具有产量高、易提纯等优点。2006 年，美国食品和药物管理局批准首个转基因表达的药物——由美国 GTC Biotherapeutics 公司利用转基因羊生产的 ATryn，这也是全球首例成功上市的转基因动物药物。该药品是从导入了人抗凝血酶Ⅲ基因的转基因奶山羊乳中提取，用于治疗一种发病率较高的遗传性抗凝血酶缺乏症。它的上市为众多患有该遗传疾病的人带来了福音，堪称生物技术产业里程碑式的成就。中国农业大学在 2005 年利用转基因体细胞克隆技术，分别获得了导入"人乳铁蛋白""人 α-乳清白蛋白""溶菌酶"及"岩藻糖转移酶"的转基因牛，这几种蛋白是人乳中重要的营养保健成分，有多种抗菌和抗癌等药用功能，这些成果为开发"人乳化"牛奶提供了方向。2008 年，中国农业大学又获得携带人 CD20 抗体基因的转基因奶牛，可以从其乳汁中提取 CD20 单克隆抗体，该抗体是治疗 B 淋巴细胞瘤等恶性肿瘤的特效药物。

（五）人类疾病动物模型的构建

基因编辑技术可以在动物和人类基因功能的研究、人类疾病的动物模型建立、人类疾病的基因治疗、

改造生物和培育新的生物品种等方面都显现出巨大的技术优势。应用于人类疾病研究的基因编辑动物模型主要有小鼠、大鼠和猪等动物模型。其中，基因编辑鼠模型一般通过原核注射法制备，相对于大动物模型具有制作成本低、周期短、操作方便等优点；但是鼠类在机体各方面与人类差异较大，且寿命短，作为疾病模型的有效性和可信度尚有待商榷。基因编辑猪模型主要通过体细胞克隆法制备，猪相对于鼠类在生理学、解剖学、营养学和遗传学等各方面与人类都有相似之处，且相对于非人灵长类动物具有快速繁殖和产仔数多的明显优势，作为实验动物模型近年来被广泛应用于人类疾病研究。

目前利用动物遗传操作技术已经成功获得了转基因及基因编辑牛、羊、猪、兔、鱼、鸡等动物，但现有的技术体系尚面临许多技术瓶颈，尤其在大动物生产中迫切需要技术上的突破。但毫无疑问的是，以基因编辑和转基因为代表的动物遗传操作技术，已经在动物生物反应器和家畜新品种培育等领域展现出了巨大优势和广阔的应用前景。

小　结

动物遗传操作是指在分子、细胞及个体水平对动物的遗传结构进行解析并定向修饰和重组的技术总称。基因工程及生物技术的最终结果大都经过动物遗传操作来实现。PCR、限制性酶切以及分子克隆技术是在动物遗传操作各个环节都可以应用的动物遗传操作基本技术。

筛选与鉴定重要性状功能基因是动物遗传操作的首要关键问题。目前，筛选候选基因可以采用转录组、蛋白质组和基因组等水平的分析方法，通过对性状差异的极端个体间进行 mRNA 表达谱或蛋白质组差异分析，或者通过大群体基因组重测序关联分析等手段，筛选对重要经济性状相关联的功能基因。通过 cDNA 或 BAC 文库的筛选、PCR 或 RT-PCR 以及人工合成等方法可以获得结构完整的功能基因。在开展动物水平的遗传操作之前，应该首先对获得的目的基因进行功能研究，一般通过基因的过表达、基因沉默或干扰、基因敲除或敲入、定点突变等方法，在细胞或模式动物水平检测基因的功能和对目标性状的影响。

以定向改变动物基因组结构和有目的的改造动物生产性状为基础的分子设计育种是未来生物育种的发展方向。转基因动物是指在遗传操作技术基础上，将人们所需要的目标外源基因导入某种动物的受精卵或早期胚胎细胞，使其与动物本身的基因组整合，发育成新的个体，且能稳定地遗传给后代的一类动物。其实质就是按人的意志，有计划、有目的地定向改造动物的遗传组成，赋予转基因动物新的性状，使之更好地为人类服务。基因打靶技术是基于同源重组原理，将外源 DNA 定点整合到宿主基因组的预定位点，从而改变细胞或个体遗传特性的遗传操作方法。基因打靶技术的出现，使转基因在体内的定点整合成为现实，使得外源基因转入到受体基因组不再随机整合，大大提高了转基因的目的性和效率。但其整合率低等缺点也限制了该技术的应用。为应对这一挑战，一系列基于核酸酶的基因编辑技术相继出现，实现了在真核生物尤其是哺乳动物中精准有效的基因编辑。从第一代的 ZFN、第二代的 TALEN 到第三代的 CRISPR/Cas9 系统，基因编辑效率不断提高、成本逐渐降低，应用范围不断扩大。动物遗传操作技术已深刻地影响到农业、畜牧业、医药业等许多重要领域，极大推动了生命科学的发展。其研究成果在提高畜禽生产能力，改善肉蛋奶的质量，生产生物医药产品等方面都显示出了广阔的应用前景。

复习思考题

1. 名词解释

动物遗传操作　分子克隆技术　基因打靶　基因过表达　RNA 干扰　基因沉默　基因敲除　定点突变　基因编辑　同源重组　转基因动物　转基因克隆技术

2. 简述动物遗传操作的主要技术环节。

3. 简述分子克隆技术的主要操作环节。

4. 简述候选功能基因筛选的主要方法。

5. 简述获得全长功能基因的主要方法。

6. 简述目标基因的功能鉴定的主要方法。

7. 如何在基因组水平、转录水平、蛋白质水平和组织学水平鉴定功能基因？

8. 简述基因敲除的概念及其主要类型。

9. 简述 RNAi 的概念及原理。

10. 简述经典的转基因技术与方法。

11. 简述转基因克隆动物的主要技术程序和优缺点。

12. 什么是基因打靶技术？简述基因打靶技术的主要技术环节和应用前景。

13. 简述基因编辑的概念，并比较基因编辑和基因打靶的优缺点。

14. 简述禽类转基因技术的特点。

15. 简述动物遗传操作的主要应用。

16. 谈谈自己对动物遗传操作主要技术的认识及其应用前景。

网上更多

 思考与提示　　 科学与科学人

（赵志辉　房希碧）

第九章

群体遗传学基础

　　群体遗传学是一门应用数学和统计学方法研究群体遗传结构及其变化规律的遗传学分支学科。本章主要讲述群体的遗传结构、哈代－温伯格定律以及影响群体遗传结构的因素。要求掌握群体的概念、基因频率与基因型频率及其关系、基因平衡定律要点、基因频率的计算、影响基因频率的因素。了解基因平衡定律的数学、生物学证明及其意义。

第一节　群体的遗传结构

一、群体和基因库

（一）群体

所谓群体（population）是指在一定的时间和空间范围内，具有特定的共同特征和特性的个体集合，它可以是一个种、一个亚种、一个变种、一个品种、一个品系或一个其他同类生物的类群所有成员的总和。它是指生活在一定空间范围内，能够相互交配并生育具有正常生殖能力后代的同种个体群（图 9-1）。不同种生物类群的个体总和不能叫群体，如马和驴组成的个体群。

视频：群体及其遗传结构

图 9-1　辽宁绒山羊（左）与内蒙古绒山羊（右）群体

群体中的每一个成员称为个体。例如内蒙古绒山羊，不管在什么地方，只要是内蒙古绒山羊，都属于内蒙古绒山羊这个群体，每一只内蒙古绒山羊都是这个群体中的一个个体。

在群体遗传学中，所指的群体一般是孟德尔群体（Mendelian population）。所谓孟德尔群体，是指具有共同的基因库，并由有性交配个体所组成的繁衍群体。孟德尔群体是以有性繁殖为前提的，群体内所有个体间随机交配因而其对象是具有二倍体的染色体数并限于进行有性繁殖的高等生物。无性繁殖的生物体不发生孟德尔分离现象，通过无性繁殖形成的无性繁殖系或无性繁殖系群，其基因的分配规律不能用孟德尔的方法进行研究和鉴别，所以这些纯系不能算作孟德尔群体。单倍体微生物等原核生物一般也不称为孟德尔群体。

（二）基因库

在群体遗传学中，将群体中所有个体具有的全部基因定义为一个基因库（gene pool），亦即含有在特定位点的全部等位基因，是一个群体所具有的全部遗传信息。

孟德尔群体由一群可交配繁衍的个体组成，这些个体分别具有共同基因库（图 9-2）中的某些基因，群体中每个个体的基因型只代表基因库的一小部分。因此，为了解群体的遗传结构，我们就必须要研究孟德尔群体的基因库，而不是单个成员的基因型。群体演变是基因库中各个基因频率变动的过程，群

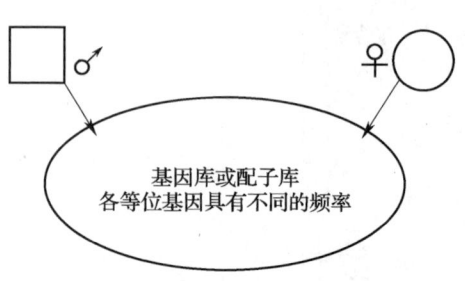

图 9-2　孟德尔群体的基因库

体遗传学的中心任务就是研究基因频率变化的动力学。

二、基因型频率

基因型频率（genotype frequency）是指在二倍体生物群体中，某一基因型个体数占群体总数的比率。

$$基因型频率 = \frac{某一基因型个体数}{群体总数} \qquad （式 9-1）$$

例如，某牛群的有角和无角性状由一对等位基因 Y 和 y 控制，它们组成的基因型有 3 种，即 YY、Yy、yy。设 3 种基因型的总数为 N，YY 的数目为 n_1，Yy 的数目为 n_2，yy 的数目为 n_3，则有 $N = n_1 + n_2 + n_3$。一般地，分别用 D、H、R 表示 3 种基因型频率，即 $D = n_1/N$，$H = n_2/N$，$R = n_3/N$。由此可知，$D + H + R = 1$。

三、基因频率

基因频率（gene frequency）是指群体中某一基因占其同一位点全部基因的比率。

$$基因频率 = \frac{某基因个数}{群体中同一位点基因总数} \qquad （式 9-2）$$

基因频率是群体遗传组成的基本标志，不同群体的同一基因往往频率不同。

在上面的例子中，群体中总的等位基因数为 $2N$，Y 基因的频率 $p = (2n_1 + n_2)/2N$，y 基因的频率 $q = (n_2 + 2n_3)/2N$，由此可知，$p + q = 1$。

四、基因频率和基因型频率的关系

（一）位于常染色体上的基因

设在 N 个个体的群体中有一对等位基因 A、a，在常染色体上遗传，其可能的基因型为 AA、Aa、aa，共 3 种。如果群体有 $n_1 AA + n_2 Aa + n_3 aa$ 个体，$n_1 + n_2 + n_3 = N$，于是此 3 种基因型的频率为：

$$AA : D = \frac{n_1}{N}; \quad Aa : H = \frac{n_2}{N}; \quad aa : R = \frac{n_3}{N} \qquad （式 9-3）$$

由此可知，$D + H + R = 1$。

由于每个 AA 个体有 2 个 A 基因，每个 Aa 个体只有 1 个 A 基因，于是等位基因 A 的频率为：

$$p = \frac{2n_1 + n_2}{2N} = D + \frac{1}{2}H \qquad （式 9-4）$$

同理，等位基因 a 的频率为：

$$q = \frac{2n_3 + n_2}{2N} = R + \frac{1}{2}H \qquad （式 9-5）$$

由于 $p + q = 1$，上述公式即为基因频率与基因型频率之间的关系。

（二）位于性染色体上的基因

由于性染色体具有性别差异，在 XY 型的动物中，雌性（♀）为 XX，雄性（♂）为 XY；在 ZW 型的动物中，雌性（♀）为 ZW，雄性（♂）为 ZZ，所以应把雌雄分别计算。

1. 性染色体同型群体（XX，ZZ）与常染色体上基因频率和基因型频率关系相同，即：

$$p = D + \frac{1}{2}H$$

$$q = R + \frac{1}{2}H$$

2. 性染色体异型群体（XY，ZW）因为基因的数量和基因型的数量相等，所以基因频率等于基因型频率，即：

$$p = D$$

$$q = R$$

只要是孟德尔群体（平衡或不平衡），这种关系都是适用的。

第二节　哈代–温伯格定律

英国数学家哈代（G. H. Hardy）和德国医生温伯格（W. Weinberg），经过各自独立的研究，都于1908年证明了关于基因频率和基因型频率的重要规律，即哈代–温伯格定律，又称基因平衡定律或遗传平衡定律。其内容主要包括：如果一个群体符合这个规则依据的条件，那么这个群体各代之间的等位基因频率应该没有变化；如果一个群体一开始处在不平衡状态，那么经过一代的随机交配就足以使其达到遗传平衡（等位基因的频率不变），而且只要符合这个规则依据的条件，该群体就会保持遗传平衡状态。哈代–温伯格定律所达到的遗传平衡是基于平衡群体假设的。

视频：平衡定律

一、平衡群体的条件

所谓平衡群体，是指在世代交替的过程中，遗传组成不发生变化的群体。一个平衡群体必须具备以下条件：

（一）群体无限大

所谓随机交配（random mating），是指在一个有性繁殖的生物群体中，一个性别的任何个体与相反性别的任何个体具有同样的交配机会，即每个雌雄个体间具有同样的交配概率。

（二）随机交配

随机交配不是自然交配（natural mating），也不是自由交配。所谓自然交配，是指将公母畜（禽）混在一个群体里，任其自由组合。这种交配方式实际上是自然选配在其中起作用，最明显的就是灵活强壮的雄性，其配种的概率高于其他雄性个体。

（三）无选择的作用

即被研究的每一种基因型与其他基因型的存活情况相同（无差别死亡率），而且每一种基因型在后代的产生中是等效的（无差别繁殖）。

（四）无迁移现象

既没有另一个群体的个体迁入，也没有个体从所研究的群体中迁出，群体是封闭的。

（五）无突变

没有从一个等位基因状态向另一个等位基因状态的突变。如果正向突变和回复突变的速率相同，则可以允许突变存在，即 A 突变为 a 的频率和 a 突变为 A 的频率相同。

二、哈代 – 温伯格定律的要点

1. 在随机交配的大群体中，若没有其他因素的影响，基因频率世代保持不变。

2. 任何一个大群体，无论其基因频率如何，只要经过一代随机交配，一对常染色体基因型频率就达到平衡状态，如果没有其他因素的影响，以后一代一代随机交配下去，这种平衡状态保持不变。

3. 在平衡状态下，基因频率与基因型频率的关系是：$D = p^2$，$H = 2pq$，$R = q^2$。 　　　　（式 9-6）

这个定律揭示了在一个随机交配的大群体中，基因频率与基因型频率的遗传规律。正因为具有这样的规律，群体的遗传性才能保持相对的稳定。生物的变异归根结底是基因和基因型的差异所引起的。同一群体内个体间的变异是由于等位基因的差异引起的，而同物种的不同群体间的变异是由于基因频率的差异造成的。因此，基因频率的平衡对群体的稳定性起着保证作用。即使由于各种因素（选择、杂交、人工诱变、迁移等）改变了群体的基因频率，只要这些因素不继续起作用，群体又可恢复平衡状态。目前改变群体的基因频率，仍是动植物育种工作中的主要手段之一。

三、哈代 – 温伯格定律的证明

（一）基因型频率的平衡

设在一个群体中亲代 AA、Aa、aa 的基因型频率分别为（D_0，H_0，R_0），A 和 a 的基因频率分别为（p_0，q_0），则有（D_0，H_0，R_0）=（p_0^2，$2p_0q_0$，q_0^2）。当该群体中雌雄个体全部随机交配，其交配频率见表 9-1。

 视频：平衡定律的验证和检验

表 9-1　亲代随机交配频率

雌亲	雄亲		
	AA，D_0	Aa，H_0	aa，R_0
AA，D_0	D_0^2	D_0H_0	D_0R_0
Aa，H_0	D_0H_0	H_0^2	H_0R_0
aa，R_0	D_0R_0	H_0R_0	R_0^2

一世代基因型及其频率变化情况见表 9-2。

表 9-2　一世代基因型及其频率

交配方式		子代基因型频率		
交配型	频率	AA	Aa	aa
$AA \times AA$	D_0^2	D_0^2		
$Aa \times AA$	$2D_0H_0$	D_0H_0	D_0H_0	
$aa \times AA$	$2D_0R_0$		$2D_0R_0$	
$Aa \times Aa$	H_0^2	$1/4 H_0^2$	$2/4 H_0^2$	$1/4 H_0^2$

交配方式		子代基因型频率		
交配型	频率	AA	Aa	aa
$Aa \times aa$	$2H_0R_0$		H_0R_0	H_0R_0
$aa \times aa$	R_0^2			R_0^2

一世代的基因型频率为：

$$D_1 = D_0^2 + D_0H_0 + \frac{1}{4}H_0^2 = (D_0 + \frac{1}{2}H_0)^2 = p_0^2$$

$$H_1 = D_0H_0 + 2D_0R_0 + \frac{2}{4}H_0^2 + H_0R_0 = 2 (D_0 + \frac{1}{2}H_0^2H_0) (R_0 + \frac{1}{2}H_0) = 2p_0q_0$$

$$R_1 = \frac{1}{4}H_0^2 + H_0R_0 + R_0^2 = (R_0 + \frac{1}{2}H_0)^2 = q_0^2$$

若一世代继续随机交配，其交配频率见表9-3。

表9-3 一世代随机交配频率

雌亲	雄亲		
	AA, p_0^2	Aa, $2p_0q_0$	aa, q_0^2
AA, p_0^2	p_0^4	$2p_0^3q_0$	$p_0^2q_0^2$
Aa, $2p_0q_0$	$2p_0^3q_0$	$4p_0^2q_0^2$	$2p_0q_0^3$
aa, q_0^2	$p_0^2q_0^2$	$2p_0q_0^3$	q_0^4

二世代基因型及其频率变化情况见表9-4。

表9-4 二世代基因型及其频率

交配方式		子代基因型频率					
交配型	频率	AA		Aa		aa	
$AA \times AA$	p_0^4	1	p_0^4	0		0	
$AA \times Aa$	$4p_0^3q_0$	1/2	$2p_0^3q_0$	1/2	$2p_0^3q_0$	0	
$AA \times aa$	$2p_0^2q_0^2$	0		1	$2p_0^2q_0^2$	0	
$Aa \times Aa$	$4p_0^2p_0^2$	1/4	$p_0^2q_0^2$	2/4	$2p_0^2q_0^2$	1/4	$p_0^2q_0^2$
$Aa \times aa$	$4p_0q_0^3$	0		1/2	$2p_0q_0^3$	1/2	$2p_0q_0^3$
$aa \times aa$	q_0^4	0		0		1	q_0^4

二世代的基因型频率为：

$$D_2 = p_0^4 + 2p_0^3q_0 + p_0^2q_0^2$$
$$= p_0^2 (p_0^2 + 2p_0q_0 + q_0^2)$$
$$= p_0^2 (p_0 + q_0)^2$$
$$= p_0^2$$

$$H_2 = 2p_0{}^3q_0 + 2p_0{}^2q_0{}^2 + 2p_0{}^2q_0{}^2 + 2p_0{}^2q_0{}^3$$
$$= 2p_0{}^3q_0 + 4p_0{}^2q_0{}^2 + 2p_0q_0{}^3$$
$$= 2p_0q_0(p_0{}^2 + 2p_0q_0 + q_0{}^2)$$
$$= 2p_0q_0(p_0 + q_0)^2$$
$$= 2p_0q_0$$
$$R_2 = p_0{}^2q_0{}^2 + 2p_0q_0{}^3 + q_0{}^4$$
$$= q_0{}^2(p_0{}^2 + 2p_0q_0 + q_0{}^2)$$
$$= q_0{}^2(p_0 + q_0)^2$$
$$= q_0{}^2$$

因此：$\qquad\qquad\qquad\qquad D_2 = D_1$

同理可证：$\qquad\qquad\qquad H_2 = H_1$

$$R_2 = R_1$$

同理可证：$\qquad\qquad D_n = D_{n-1}\cdots = D_3 = D_2 = D_1$

$$H_n = H_{n-1}\cdots = H_3 = H_2 = H_1$$
$$R_n = R_{n-1}\cdots = R_3 = R_2 = R_1$$

（二）基因频率的平衡

根据基因型频率与基因频率互换公式，公式（9-4）和（9-5）可计算出一世代的基因频率：

$$p_1 = D_1 + \frac{1}{2}H_1 = p_0{}^2 + \frac{1}{2}(2p_0q_0) = p_0(p_0 + q_0) = p_0$$

$$q_1 = R_1 + \frac{1}{2}H_1 = q_0{}^2 + \frac{1}{2}(2p_0q_0) = q_0(p_0 + q_0) = q_0$$

即子代的基因频率与亲代的基因频率完全相等。

亦可计算出二世代的基因频率：

$$p_2 = D_2 + \frac{1}{2}H_2 = p_0{}^2 + \frac{1}{2}(2p_0q_0) = p_0(p_0 + q_0) = p_0$$

$$q_2 = R_2 + \frac{1}{2}H_2 = q_0{}^2 + \frac{1}{2}(2p_0q_0) = q_0(p_0 + q_0) = q_0$$

同理得：

$$p_n = p_{n-1} = p_0$$
$$q_n = q_{n-1} = q_0$$

四、平衡群体的性质

性质1：在二倍体遗传平衡群体中，杂合子（Aa）的频率 $H = 2pq$ 的值永远不会超过 0.5。

证明：因为 $\dfrac{dH}{dq} = \dfrac{d(2pq)}{dq} = \dfrac{d[2q(1-q)]}{dq} = \dfrac{d(2q - 2q^2)}{dq}$

求导：$2 - 4q = 0$　所以 $q = \dfrac{2}{4} = \dfrac{1}{2}$

即 $q = \dfrac{1}{2}$ 时，H 最大，$p = 1 - q = 1 - \dfrac{1}{2} = \dfrac{1}{2}$

由公式（9-6）可得，

$$H = 2pq = 2 \times \frac{1}{2} \times \frac{1}{2} = 0.5 \text{（最大值）}$$

根据这个性质可知，H 值可大于 D 或 R，但不能大于 $D + R$，如果 $P > 2q$，即 $P^2 > 2pq > q^2$。

利用这个性质可知，只要 $H > \frac{1}{2}$，就绝对不是平衡群体。

性质 2：杂合子频率是两个纯合子频率乘积平方根的 2 倍，即：

$$H = 2\sqrt{DR}$$

证明：因为 $D = p^2$，$H = 2pq$，$R = q^2$

所以
$$\sqrt{DR} = \sqrt{p^2 q^2} = pq$$

两边同乘以 2：
$$2pq = 2\sqrt{DR}$$
$$H = 2\sqrt{DR}$$

该性质给我们提供了检验群体是否达到平衡的一个简便方法，即 $\frac{H}{\sqrt{DR}} = 2$，就说明是平衡群体。

五、群体遗传平衡的检测

一个没有迁移和混合的群体的基因型频率的分布服从于（p^2，$2pq$，q^2）的二项分布。群体遗传平衡的检测用于检验取样群体与这一分布有无偏移。在包括显性的情况下，杂合类型很难在表型上与纯合类型区别。因此，除非通过观察测交后代对显性表型进行遗传分析，否则，无法检查观察到样本是否符合基因平衡定律。当涉及共显性等位基因时，我们可以很容易地通过卡方检验，检测我们的观测结果是否符合哈代 – 温伯格平衡。

例如，人的 MN 血型是由一对常染色体基因控制的。1977 年某中心血站曾对居民中的 1 788 人进行了 MN 血型调查。M、MN、N 型血液的人频率依次为 0.222 0、0.481 6、0.296 4，总和为 1。以此数据并根据公式（9-4）和（9-5）可计算 L^M、L^N 基因频率 p 和 q。

$$p = D + H/2 = 0.222\ 0 + 0.481\ 6/2 = 0.462\ 8$$
$$q = R + H/2 = 0.296\ 4 + 0.481\ 6/2 = 0.537\ 2$$

进而求出 M、MN、N 血型的理论频率和理论人数，并与这 3 种血型的实际人数和频率比较，看看该群体是否是一个平衡群体。分析结果如表 9-5，3 种血型的实际人数及频率与平衡群体的理论值十分接近，同时卡方检验（$P = 0.412 > 0.05$）表明观察值与理论值相吻合。

表 9-5　人 MN 血型基因型及其频率

血型	*M*	*MN*	*N*	总计
实际人数	397	861	530	1 788
基因型频率	0.222 0	0.481 6	0.296 4	1
基因型频率理论值	$P^2 = 0.462\ 8^2 = 0.214\ 2$	$2pq = 2 \times 0.462\ 8 \times 0.537\ 2 = 0.497\ 2$	$q^2 = 0.537\ 2^2 = 0.288\ 6$	1
理论人数	$1\ 788 \times 0.214\ 2 = 383$	$1\ 788 \times 0.497\ 2 = 889$	$1\ 788 \times 0.288\ 6 = 516$	1 788

又如，某一品种鸡含有"卷羽"基因，杂合子（*Ff*）表现为轻度卷羽，纯合子（*FF*）表现为羊毛状，纯合子（*ff*）表现正常羽毛。在某地区该品种的一个群体样本中共有 1 000 只个体，其中 800 只轻度卷羽，150 只正常，50 只羊毛状。以此数据可计算 F、f 基因频率 p 和 q（表 9-6）。

由公式（9-4）和（9-5）可得，

$$p = D + H/2 = 0.050 + 0.800/2 = 0.450$$

$$q = R + H/2 = 0.150 + 0.800/2 = 0.550$$

表 9-6 鸡羽毛基因型及其频率

基因型	*FF*	*Ff*	*ff*	合计
观察值	50	800	150	1 000
基因型频率	0.050	0.800	0.150	1
基因型频率理论值	$P^2 = 0.45^2 = 0.202\ 5$	$2pq = 2 \times 0.45 \times 0.55 = 0.495$	$q^2 = 0.55^2 = 0.302\ 5$	1
理论只数	202.5	495	302.5	1 000

卡方检验结果 $P < 0.01$，否定与平衡预测值一致的假设。与平衡值的大幅偏离可能有两个原因。一是大量人为的选择在起作用，卷羽是该品种不同于其他品种的显著特征，育种者淘汰了许多正常羽毛和羊毛状羽毛类型的个体；其次，自然选择在羊毛状羽毛的个体上也起作用，因为这类个体羽毛保温性能差，需要较高的维持需要，死亡率高，性成熟晚，产蛋数少。

六、哈代-温伯格定律的扩展

（一）复等位基因的平衡

当一个基因座位上有两个等位基因时，在平衡群体中基因型频率为 p^2、$2pq$ 和 q^2。假如有 3 个等位基因 A_1、A_2、A_3，它们的频率分别为 p、q、r，平衡时基因型频率为：$(p + q + r)^2 = p^2 + q^2 + r^2 + 2pq + 2pr + 2qr$，推而广之，可用基因频率和的平方的多项式展开式来计算一个基因座有更多的等位基因的基因型频率。

（二）伴性基因的平衡

遗传平衡定律也适用于性连锁基因。由性染色体决定性别的哺乳动物中，考虑伴性基因的遗传平衡时，要区分同型配子的性别 XX 是雌体和异型配子的性别 XY 是雄体。如果一对等位基因 A、a 在 X 染色体上遗传，在随机交配条件下，下列情况被认为达到了遗传平衡，按照通常的符号：

雄体		雌体	
$(X^A Y \quad X^a Y)$	和	$(X^A X^A \quad X^A X^a \quad X^a X^a)$	
$p \quad q$		$p^2 \quad 2pq \quad q^2$	

显然，伴 X 的基因处于平衡状态，在雄性和雌性中的基因频率是相等的，即 $p_X = p_{XX} = p$，$q_X = q_{XX} = q$（下标 X 表示雄性，XX 表示雌性），而且在雌性中，必定有 p^2、$2pq$、q^2。平衡时，雌性的基因型频率与常染色体上基因的基因型频率的平衡一样；而雄性基因型频率与其基因频率相同。

由于雄性与雌性的性染色体组成不同，群体中的伴性基因有 2/3 存在于雌性中，1/3 存在于雄性中。如果雌、雄的基因频率不相等，$p_X \neq p_{XX}$（或 $q_X \neq q_{XX}$），达到相等（平衡）的时间和方式不同于常染色体上的基因，平衡并不能由一个任意的起始群体经过一个世代的随机交配就可达到，而是以一种振荡的方式快速地接近。亦即，雌、雄群体中某一等位基因频率的差异，不是在一个世代的随机交配中就能消除的，达到平衡的速度要视其差异的程度。换言之，p_X 与 p_{XX} 间差异越大，实现平衡所需要的时间越长。在建立平衡的过程中，雌、雄两性群体中的基因频率随着随机交配世代的增加而交互递减。可以从表 9-7 和图 9-3 看出其振荡性变化。

表 9-7　不同基因频率起始状态下达到遗传平衡的过程

世代	同配子性别		异配子性别		p_1-p_2	同配子性别		异配子性别		p_3-p_4
	$A(p_1)$	a	$A(p_2)$	a		$A(p_3)$	a	$A(p_4)$	a	
0	1	0	0	1	1	0.2	0.8	0.5	0.5	−0.3
1	0.5	0.5	1	0	−0.5	0.35	0.65	0.2	0.8	0.15
2	0.75	0.25	0.5	0.5	0.25	0.275	0.725	0.35	0.65	−0.075
3	0.625	0.375	0.75	0.25	−0.125	0.312 5	0.687 5	0.275	0.725	0.037 5
4	0.687 5	0.312 5	0.625	0.375	0.062 5	0.293 75	0.706 25	0.312 5	0.687 5	−0.018 75
5	0.656 25	0.343 75	0.687 5	0.312 5	−0.031 25	0.303 125	0.696 875	0.293 75	0.706 25	0.009 375
6	0.671 875	0.328 125	0.656 25	0.343 75	0.015 625	0.298 437 5	0.701 562 5	0.303 125	0.696 875	−0.004 68
7	0.664 062	0.335 937	0.671 875	0.328 125	−0.007 81	0.300 781 2	0.699 218 7	0.298 437	0.701 562	0.002 343
8	0.667 968	0.332 031	0.664 062	0.335 937	0.003 906	0.299 609 3	0.700 390 6	0.300 781	0.699 218	−0.001 17
9	0.666 015	0.333 984	0.667 968	0.332 031	−0.001 95	0.300 195 3	0.699 804 6	0.299 609	0.700 390	0.000 585
10	0.666 992	0.333 007	0.666 015	0.333 984	0.000 976	0.299 902 3	0.700 097 6	0.300 195	0.699 804	−0.000 29
⋮	⋮	⋮	⋮	⋮	⋮	⋮	⋮	⋮	⋮	⋮
50	0.666 667	0.333 333	0.666 667	0.333 333	8.88×10^{-16}	0.3	0.7	0.3	0.7	0
51	0.666 667	0.333 33	0.666 667	0.333 333	0	0.3	0.7	0.3	0.7	0

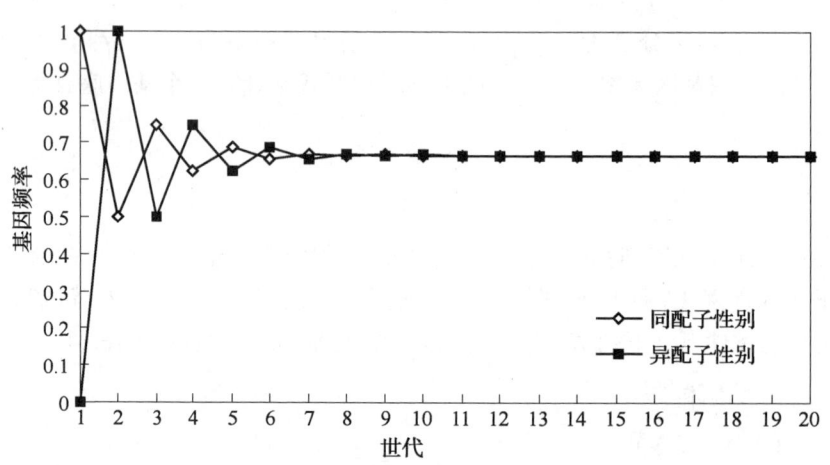

图 9-3　伴性基因对于平衡点的振荡性接近

　　哈代 - 温伯格定律不仅适用于分析一个等位基因位点的遗传平衡，而且可以扩展到两个或多个非等位基因的遗传平衡分析。随着基因位点的增加，群体经过随机交配达到遗传平衡所需的世代数也越来越多。

七、基因频率的计算

　　计算基因频率的基本原理是依据表型频率估计各基因型频率，然后依基因型频率计算基因频率，由于基因作用的方式不同，计算方法也因此而不同。

（一）无显性或显性不完全时

在无显性或显性不完全时，计算比较简单。因为基因型和表型一致，即由表型直接可以识别基因型，因此，只要知道表型的百分数，就可知道基因型频率，再通过基因型频率计算出基因频率，计算公式为：

$$p = D + \frac{H}{2} \qquad q = R + \frac{H}{2}$$

例如，牛的被毛颜色有白色、红色和沙毛，它们是由一对等位基因控制的：红色、白色和沙毛的基因型分别为 ww、WW 和 Ww。调查大群体发现红毛牛占 49%，白毛牛占 9%，沙毛牛占 42%，我们可依据上述公式计算得红色基因 w 的基因频率 $q = 0.49 + 0.42/2 = 0.70$，白色基因 W 的基因频率 $p = 0.09 + 0.42/2 = 0.30$。

（二）完全显性时

在这种情况下，一对基因有 3 种基因型，而只有两种表型，显性纯合和杂合子表型相同，不能区分。所以，我们只能得到隐性纯合子的基因型频率和显性纯合、杂合子基因型频率之和。但如果是一个随机交配的大群体，根据哈代－温伯格定律，基因频率处于平衡状态，于是，隐性纯合子的基因型频率为 $R = q^2$，即 $q = \sqrt{R}$，$p = 1 - q$。

案例：完全显性时基因频率计算

抽测某地区人口对苯硫脲（PTC）的敏感性，共抽取 100 人，其中 64 人有味，36 人无味。试问在群体中有味者与无味者婚配后代是无味者和有味者的概率分别有多大？

由于显性 T 决定有味，隐性 t 决定无味，所以可知 64 个有味者中包括 TT 和 Tt 两种基因型，36 个无味者肯定为 tt 基因型。假设遗传平衡存在的话，依据哈代－温伯格定律，$q^2 = R = 36/100$，$q = \sqrt{0.36} = 0.60$，因此在群体中 T 的频率 $p = 1 - q = 0.40$。在群体中随机婚配的基础上，由公式（9-6）可计算其基因型频率分别为：

$$D = 0.4 \times 0.4 = 0.16, \quad H = 2 \times 0.4 \times 0.6 = 0.48, \quad R = 0.6 \times 0.6 = 0.36$$

当等位基因频率已知时，就有可能预测在群体中某个等位基因出现的可能性，以及对应性状表现的可能性。这样可以推知群体中有味者是 TT 与 Tt 的可能性之比为 $D : H = 0.16 : 0.48 = 1 : 3$，即 D 和 H 分别占 25% 和 75%。有味者与无味者婚配后代可分两种情况讨论，即 $TT \times tt$，$Tt \times tt$，这两种情况下，后代是无味者的可能性分别为 0 和 0.5，综合考虑这两种情况所占的概率比重，可知该群体中有味者与无味者婚配后代是无味者的概率为：$0.25 \times 0 + 0.75 \times 0.5 = 0.375$；后代是有味者的概率为：$0.25 \times 1 + 0.75 \times 0.5 = 0.625$。

（三）伴性基因

对于伴性基因，将公、母作为两群分开计算。

1. 在性染色体类型为 XY 或 ZW 的群体中，基因位于 X 或 Z 染色体的非同源部分。

基因频率 = 基因型频率

这种情况，只有两种基因型 X^+Y 和 XY 或 Z^+W 和 ZW，只要知道表型的百分数，就等于知道了该基因的频率。

2. 对于性染色体同型的 XX 和 ZZ 的群体，按常染色体基因频率计算。

对于上述两种情况，可用下述例子来说明。在某果蝇群体中，雄果蝇（性染色体异型的 XY 群体）中白眼果蝇占 10%，则可知白眼基因 X^w 的频率 $q = 0.10$。又如在另一个果蝇群体中，雌果蝇（性染色体同型的 XX 群体）中白眼个体占 1%，那么在这个群体中白眼基因 X^w 的频率 q 为白眼基因型频率的平方根，即 $q = 0.1$。

（四）复等位基因

1. 等显性的复等位基因

这种情况与不完全显性的情况相类似，但由于等位基因较多，基因型种类也较多，计算较复杂。其基本原则是：

$$某一基因的频率 = 该基因纯合体的频率 + 1/2 含有该基因全部杂合体频率 \qquad （式 9-7）$$

2. 等显性及有等级显隐性的复等位基因

例如人的 ABO 血型是受 3 个复等位基因 I^A、I^B、i 控制的，I^A 和 I^B 为等显性，在杂合状态下均可以得到表现，i 对 I^A 和 I^B 均为隐性。设 A、B、O 血型的比率分别为 A、B、O，$[I^A, I^B, i] = [p, q, r]$，那么随机交配下一代的基因型和表型及其频率如表 9-8 和表 9-9。

表 9-8　ABO 血型随机交配后代的基因型及频率

基因及其频率		I^A	p	I^B	q	i	r
I^A	p	$I^A I^A$	p^2	$I^A I^B$	pq	$I^A i$	pr
I^B	q	$I^B I^A$	pq	$I^B I^B$	q^2	$I^B i$	qr
i	r	$I^A i$	pr	$I^B i$	qr	ii	r^2

表 9-9　ABO 血型与对应基因型及其频率

表型	基因型	基因型频率	表型频率
A 型	$I^A I^A$	p^2	$p^2 + 2pr$
	$I^A i$	$2pr$	
B 型	$I^B I^B$	q^2	$q^2 + 2qr$
	$I^B i$	$2qr$	
AB 型	$I^A I^B$	$2pq$	$2pq$
O 型	ii	r^2	r^2

由表型个体数推知基因频率：

从隐性个体数计算 i 基因的频率：$O = r^2$

$$r = \sqrt{r^2} = \sqrt{O}$$
$$A + O = p^2 + 2pr + r^2 = (p + r)^2 = (1-q)^2$$
$$1 - q = \sqrt{A + O}, \quad q = 1 - \sqrt{A + O}$$
$$p = 1 - q - r$$

例如，调查 6 000 个中国人的血型得到 O 型、A 型、B 型和 AB 型个体分别为 1 846、1 920、1 627 和 607 人，根据上述公式可知各基因频率分别为：

$$r = (1\ 846/6\ 000)^{0.5} = 0.554\ 7$$
$$q = 1 - \sqrt{(1\ 920/6\ 000 + 1\ 846/6\ 000)} = 0.207\ 7$$
$$p = 1 - 0.207\ 7 - 0.554\ 7 = 0.237\ 6$$

3. 显隐性等级的复等位基因

决定兔毛色的基因中有 3 个等位基因，其中 C 对 C^h 和 c 为显性，C^h 对 c 为显性，即 CC、CC^h、Cc 都表现为灰色，$C^h C^h$、$C^h c$ 都表现"八黑"，cc 表现白化。

设 C、C^h、c 的基因频率分别为 p、q、r，八黑和白化兔的比率分别为 H 和 A。在随机交配的大群体中，各种配子随机结合如表 9-10 和表 9-11。

表 9-10 兔随机交配后代的基因型及频率

基因及其频率		C	p	C^h	q	c	r
C	p	CC	p^2	CC^h	pq	Cc	pr
C^h	q	CC^h	pq	C^hC^h	q^2	C^hc	qr
c	r	Cc	pr	C^hc	qr	cc	r^2

表 9-11 兔各种基因型及表型频率

表型	基因型	基因型频率	表型频率
灰色	CC	p^2	$p^2 + 2pq + 2pr$
	CC^h	$2pq$	
	Cc	$2pr$	
"八黑"	$C^h C^h$	q^2	$q^2 + 2qr$
	C^hc	$2qr$	
白化	cc	r^2	r^2

基因频率计算为：

$$A = r^2$$
$$r = \sqrt{A}$$
$$A + H = r^2 + 2qr + q^2 = (r+q)^2 = (1-p)^2$$
$$1 - p = \sqrt{A+H}$$
$$p = 1 - \sqrt{A+H}$$
$$q = 1 - p - r$$

4. 具有从性遗传复等位基因的频率计算

与伴性基因不同，从性遗传性状的等位基因在常染色体上，两性别中同一基因的频率是相等的。已知绵羊的角由 3 个等位基因控制，P 决定无角，P' 决定有角，p 在公羊决定有角，在母羊决定无角。P 对 P'、p 为显性；P' 对 p 为显性，这样 PP，PP' 和 Pp 在公母羊都表现为无角，$P'P'$ 和 $P'p$ 在公母羊都表现为有角，pp 在公羊表现为有角，但 pp 在母羊表现为无角。

设 P、P'、p 的频率分别为 p、q、r，有角公羊在全部公羊中的比率为 T，有角母羊在全部母羊中的比率为 J，各基因随机结合（表 9-12）。

表 9-12 羊随机交配后代的基因型及频率

基因及其频率		P	p	P'	q	p	r
P	p	PP	p^2	PP'	pq	Pp	pr
P'	q	PP'	pq	$P'P'$	q^2	$P'p$	qr
p	r	Pp	pr	$P'p$	qr	pp	r^2

有角公羊的频率 $T = q^2 + 2qr + r^2 = (q+r)^2 = (1-p)^2$，$p = 1 - \sqrt{T}$。

有角母羊的频率 $J = q^2 + 2qr = (q+r)^2 - r^2 = (1-p)^2 - r^2 = T - r^2$。$r^2 = T - J$，$r = \sqrt{T-J}$，$q = 1 - p - r$。

例如，某牧场有角公羊占 2%，有角母羊占 1%，试计算控制角的各基因频率。这里 $T = 0.02$，$J = 0.01$，根据上面的公式 $r = 0.1$，$p = 0.8586$，$q = 0.0414$。

第三节 影响群体遗传结构的因素

基因频率和基因型频率的平衡是在一定条件下成立的，即大群体、随机交配、无突变、无迁移、无选择。影响频率变化的因素有突变、迁移、选择、遗传漂变和随机交配的偏移。这些影响因素较复杂，大体可以分为三类。第一类是可预测的，包括突变、迁移、选择、交配制度，这类因素导致基因频率有方向性变化，即发生可以预测增减的变化；第二类是随机的，遗传漂变能导致基因频率无方向性变化；第三类是随机交配的偏移只改变基因型频率，不改变基因频率。

一、突变

视频：突变对群体结构的影响

有一种潜在的能改变群体中等位基因频率的力量那就是突变（mutation），具体来说就是基因的点突变及染色体结构与数目的改变，这是一切新遗传变异的来源。一般来说，自然条件下基因的突变频率总是比较低，单个基因在一个世代中的突变频率为 $10^{-6} \sim 10^{-5}$。尽管如此，由于一个群体往往包含很多个体，每个个体都携带大量有可能发生突变的基因，低突变频率也能产生很多新的突变等位基因。另外，高温、低温、射线或化学诱变剂处理等外界因素，也会大大提高基因的突变频率。突变育种就是利用物理和化学的方法对育种材料进行处理，以产生较多的突变体，从而为选择提供更多的遗传变异。

毫无疑问，这些变异为进化提供了材料，是进化机制的一部分，即改变群体中等位基因频率。例如一个绵羊群体由 50 只个体组成，若它们的基因型都是 AA，则 $A（p）$ 的频率是 1.00 $[（2 \times 50）/100]$。若 1 个 "A" 等位基因突变成了 "a"，则这个群体变成由 49 个 "AA" 和 1 个 "Aa" 组合组成。现在 p 的频率是 $[（2 \times 49）+ 1]/100 = 0.99$。当再发生一次这样的突变，$A$ 的频率降到 0.98。若这些突变持续发生下去，经过很长的时间，最终 A 的频率将降到 0，而 a 的频率将升为 1。

我们把 A 突变为 a 称为正向突变（forward mutation）。同时大部分基因也会发生反向突变，即 a 突变为 A，这些突变称为回复突变（reverse mutation）。在一般情况下正向突变的频率要大于回复突变的频率。设正向突变的频率（$A \rightarrow a$）为 u，回复突变（$a \rightarrow A$）的频率为 v。群体中 $f（A）= p$，$f（a）= q$，假设群体很大，无自然选择存在，则在每一代中，A 等位基因以 u 频率突变成 a。实际突变数取决于 u 和 A 等位基因的频率 p。即 up 或 $u（1-q）$。

设一个群体含 100 000 个等位基因，若 $u = 10^{-4}$，即每 10 000 个 A 等位基因就有一个突变为 a。当 $p = 1.00$ 时，群体中所有等位基因（100 000）全部为 A，则将有 $10^{-4} \times 100\,000 = 10$ 个 A 突变为 a，但如果 $p = 0.10$，则仅有 $10^{-4} \times 10\,000 = 1$ 个 A 基因突变为 a。由于突变 $A \rightarrow a$，A 的频率减少为 up。当回复突变发生（$a \rightarrow A$）时，A 等位基因的频率将增加，值为 vq。因此在一代中 A 基因的频率由于正突变而减少，由于回复突变而增加，当正突变和回复突变同时存在时，A 等位基因频率的改变为 $\Delta p = vq - up$。我们可以从公式看出，当 p 值高时，A 等位基因突变为 a 的数相对较大，但 A 等位基因突变为 a 越多，p 值随之减少。在同一时间中，当 q 很小时，回复突变的等位基因很少。当 q 增加时，回复突变的等位基因增加。最终这个群体达到平衡，也就是 A 和 a 的频率都保持恒定。

若 $up > vq$ 时，$f（a）$ 增加，即正突变 > 回复突变；若 $up < vq$ 时，$f（A）$ 增加，即正突变 < 回复突变。若达到平衡时，$\Delta p = vq - up = 0$，$vq = up$，$vq = u（1-q）$。解这个等式，我们可以得到平衡时 q 值，$vq = u - uq$，$vq + uq = u$，$q（v + u）= u$，可得 $q = u/（v + u）$，$p = 1 - q = v/（v + u）$。 （式9-8）

此公式表明当隐性基因的频率等于正突变的频率与正突变频率加上反突变频率相比时，或显性基因的频率等于反突变频率与正反突变率之和相比时基因就到平衡。

如果 $A \rightarrow a$ 的突变率比 $a \rightarrow A$ 的突变率大一倍，即 $u = 2v$ 时，则 a 的频率逐代增加，增加到 $q = 2/3$ 时，基因频率又达到新的平衡。只要突变率不变，又没有其他因素的影响，这个基因频率就保持不变了。

实际上突变本身改变基因频率是很慢的，群体很少能达到突变的平衡。另外的一些因素如自然选择对基因频率的影响要大得多。

二、迁移

哈代–温伯格定律成立的前提之一是要求群体是封闭的且不受外部环境因素的干扰。事实上很多群体都不是完全隔离的，它们总是会和同物种的另一些群体之间发生基因交换。一些个体迁入另一群体可以使迁入群体的基因库导入新的基因，从而改变其等位基因频率。因此迁移具有潜在的打破哈代–温伯格平衡的作用，从而引起群体基因频率的改变。简言之，迁移（migration）实际上就是两个基因频率不同群体的混杂。迁移产生的原因有混群、杂交和引种。

 视频：迁移对群体结构的影响

1. 设有 M 和 N 两个群体，分别以 m 和 n 个个体相混杂，M 群体的基因频率为 p_m，N 群体的基因频率为 p_n，混合群体的基因频率为 p_{mn}。

于是，混合群体的基因频率就等于两个群体基因频率以各自群体个数为权的加权平均数。即

$$p_{mn} = \frac{mp_m + np_n}{m + n}$$ （式 9-9）

2. 如果是两个群体的雌雄个体杂交所产生的杂种群体，其基因频率为两个亲本群体基因频率的简单平均数。

设甲群体均为雄性个体，某基因频率为 p_1，乙群体均为雌性个体，某基因频率为 p_2，那么杂种群体基因频率则为

$$p_v = \frac{p_1 + p_2}{2}$$ （式 9-10）

3. 如果知道混合群体中迁入者的比例，可用下式计算。

假设 $m =$ 迁入者的比率，$1 - m =$ 原有个体的比率，$q_m =$ 迁入个体中的基因频率，$q_0 =$ 原有个体中的基因频率，$q =$ 混合群体的基因频率。即

$$q = mq_m + (1 - m)q_0 = m(q_m - q_0) + q_0$$ （式 9-11）

经一代迁入基因频率的变化率为 $\Delta q = q - q_0 = m(q_m - q_0)$。迁入造成基因频率的改变量（$\Delta q$）决定于两个因素，一个是迁移率（$m$），一个是迁入者群体与原群体之间基因频率的差异。

三、选择

自然选择和人工选择都会引起生物群体基因频率发生方向性变化。这种在人类和自然界的干预下，某一群体的基因在世代传递过程中，某种基因型个体的比例发生变化的现象称为选择（selection）。在家畜育种中，选择是选种的重要手段，通过选择，把合乎人类要求的性状选留下来，使基因频率逐代增加，从而使基因频率向一定的方向改变。家畜品种间的主要差别就在于某些性状在基因频率上的差异。

 视频：选择及其类型

在群体遗传学上，选择某一基因型个体在下一代平均保留后代数的比率，称为适合度（适应度）。某一基因型个体在下一代淘汰的个体数占总后代数的比率，称为选择系数或淘汰率，用 s 表示。因此，适合度就等于 $1 - s$，当淘汰率为 $s = 0$ 时，即全部留种时，适合度就等于 1。

 视频：选择的遗传效应

（一）淘汰显性性状个体

淘汰显性性状个体，能迅速改变基因频率。若外显率为100%，经过一代淘汰，隐性基因和隐性性状的频率就达到1。其显性基因和显性性状就完全消除。这种情况经一代淘汰，群体就全部纯化。

（二）淘汰隐性性状个体

通过全部淘汰隐性个体来淘汰隐性基因的速度相对较慢。

对隐性个体全部淘汰，即$s = 1$，适合度$1 - s = 0$。基因型频率变化如表9-13。

表9-13　隐性个体全部淘汰后基因型频率变化

	基因型			合计
	AA	Aa	aa	
初始群体基因型频率	p_0^2	$2p_0q_0$	q_0^2	1
适合度	1	1	0	
选择后频率	p_0^2	$2p_0q_0$	0	$p_0^2 + 2p_0q_0$

淘汰n代后，隐性基因的频率$q_n = \dfrac{q_0}{1 + nq_0}$。其中，$q_0$代表隐性基因的初始频率；$q_n$代表每代淘汰全部隐性纯合体，$n$代后隐性基因的频率；$n$代表淘汰的代数。

利用此公式，知道原始群体的基因频率，就可计算出经每代全部淘汰隐性个体，n代后的基因频率。

上述公式变形后可以计算使基因频率降到一定程度所需的代数（n）：

$$n = \frac{1}{q_n} - \frac{1}{q_0} \qquad （式9-12）$$

根据这个公式，只要我们知道0世代的基因频率，就能计算出达到某一基因频率所需的代数。

（三）对隐性个体的不完全选择

在家畜育种中，有时由于生产和育种的双重需要，对显性个体全部留种，对隐性个体部分淘汰，淘汰率为s，隐性个体的适合度为$1 - s$，这种情况基因频率的变化如表9-14。

表9-14　淘汰部分隐性个体后基因型频率的变化

	基因型			合计
	AA	Aa	aa	
初始群体基因型频率	p_0^2	$2p_0q_0$	q_0^2	1
适应度	1	1	$1 - s$	
选择后频率	p_0^2	$2p_0q_0$	$(1-s)q_0^2$	$1 - sq_0^2$

根据表中公式可以计算出选择后群体的基因频率，只要我们知道起始世代的基因频率，按照一定的比率（s）淘汰隐性纯合体，就能推算出达到某一基因频率所需的代数。

（四）选留显性纯合子公畜

如果种公畜都是显性纯合子，即使母畜不做选择，下一代隐性基因就会下降一半，因为公畜100%地携带着显性基因，所以母畜群显性基因的频率就是下一代显性纯合子基因型频率，母畜群隐性基因频率就是下一代杂合子的频率（表 9–15）。

表 9–15　公畜为显性纯合子时子代基因频率的变化

卵子类型及频率		精子类型及频率	
		A	1
A	p_o	AA	p_o
a	q_o	Aa	q_o

下一代基因型频率：$D_1 = p_o$，$H_1 = q_o$，$R_1 = 0$，经过 n 代：

$$q_n = \frac{q_o}{2^n}, \quad \text{即 } n = \frac{\lg q_0 - \lg q_n}{\lg 2}$$

（式 9–13）

这也就是说，如果每代都选择纯合子公畜留种，而对母畜不做选择，那么 n 代之后，隐性基因的频率就是选择前原始群体隐性基因频率与 2 的 n 次方的比值。

随着人们对不同品种家畜群体遗传多样性研究的深入，一种新的选种方法——标记辅助选择，逐渐在家畜育种中得到应用。通过一些分子遗传标记技术可以实现数量性状主基因的标记辅助选择。例如应用 SNP、PCR–SSCP、SSR、RAPD 等分子遗传标记方法研究群体的遗传结构，获得了许多品种 / 类群的基因频率信息，对进一步利用品种的遗传特性提供了重要基础。已得到应用的是一些国内外学者普遍公认的主基因，而且对它们的遗传效应和作用机制也了解得比较清楚。在家畜育种实践中掌握不同品种中有利和有害主基因的频率对于制订有效的育种规划非常必要。比如牛的双肌基因，牛群中双肌基因频率最高的品种是比利时蓝白花和皮埃蒙特牛，其次是利木赞、金黄阿奎丹、夏洛来牛。许多国家和地区已经或正在引入双肌牛，以改变本国肉牛的产肉性能。即通过提高被引入地区群体的双肌基因频率来提高肉牛的生产水平。此外，绵羊多羔基因、猪氟烷敏感基因、猪雌激素受体基因、鸡的矮小基因等在不同的品种中的基因频率相差很大，可以通过影响群体基因频率变化因素的技术手段加以改变。随着一批畜禽主基因被应用于育种和生产实践中，产生了巨大的经济效益。随着研究的不断深入，将会有更多的主基因被纳入育种规划。

四、遗传漂变

哈代 - 温伯格定律适用于大群体，然而群体并非总是无限大的，因而基因频率会发生波动，这种在小群体内，由于随机抽样造成的抽样误差所引起的基因频率变化称为基因的遗传漂移或随机漂变（random genetic drift）。

视频：有限群体与随机漂变

譬如，在 16 个相互隔离的鸡场中，每个鸡场从总的群体中取走 2 只鸡，一雌一雄，构成 16 个子群体。该总群体的鸡的羽毛有 3 种表型，即卷羽鸡 FF、轻度卷羽 Ff、正常羽 ff，原始群体 $P(F) = 0.5$，$q(f) = 0.5$。各子群体抽取的公母鸡都是随机的。那么，每个鸡场 F 和 f 基因频率是否和原始群体基因频率相同呢？各配子随机结合如表 9–16，交配类型频率及后代基因型频率如表 9–17。

视频：随机漂变的遗传效应

来源于同一群体的 16 个子群体，实行小群闭锁。由于抽样使基因频率在子群体中发生了显著变化。基因频率的变化范围为大于 0 而小于 1（0 < 漂变 < 1）。通常随机交配、选种、引种、留种、分群、建系、近交、传染病、死亡等都是引起遗传漂变的因素。在基因频率为 $p = 1$，$q = 0$ 或 $p = 0$，$q = 1$ 的群体中是不会发生遗传漂变的。遗传漂变的方向是不定的，但趋势是频率高的基因容易向高频率漂变，频率低的基因容易消失，低频率基因向

案例：群体含量为 100 个个体时基因漂变的 3 种可能

表 9-16 配子随机结合产生的基因型

♀	♂		
	1FF	*2Ff*	*1ff*
1*FF*	1*FF×FF*	2*Ff×FF*	1*FF×ff*
2*Ff*	2*Ff×FF*	4*Ff×Ff*	2*Ff×ff*
1*ff*	1*FF×ff*	2*Ff×ff*	1*ff×ff*

表 9-17 交配类型的频率及其后代的基因频率

交配方式	交配频率	后代基因频率	
		F	*f*
FF×FF	1/16	1	0
FF×Ff	4/16	0.75	0.25
FF×ff	2/16	0.5	0.5
Ff×ff	4/16	0.25	0.75
Ff×Ff	4/16	0.5	0.5
ff×ff	1/16	0	1

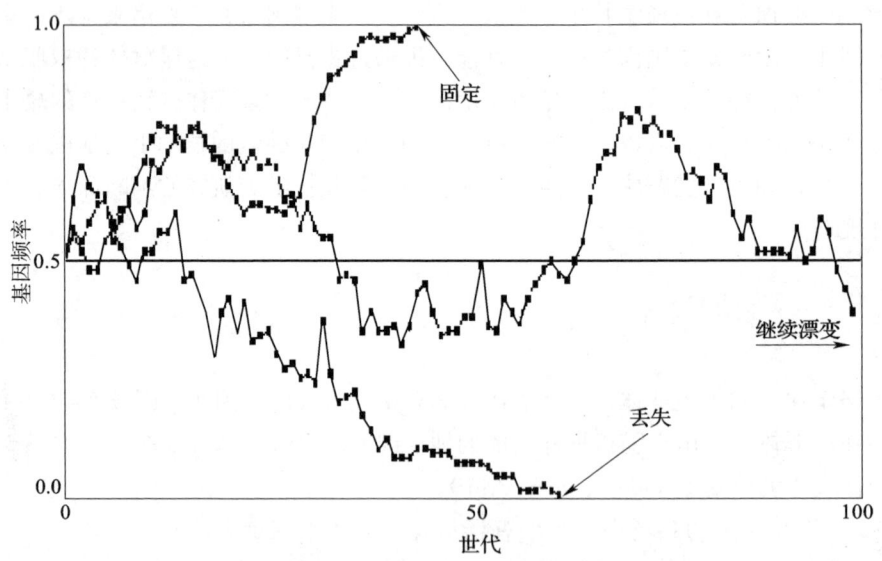

图 9-4 群体含量为 100 个个体时基因漂变的 3 种可能结果

高频率基因漂变概率很小。图 9-4 模拟了群体含量为 100 个个体时基因频率的漂变过程,随着抽样群体的增大,遗传漂变趋于缓和。

人类的 ABO 血型是属于非适应性的中性性状,不能用自然选择来解释,可能是遗传漂变的结果(表 9-18)。A 型(或其他血型)的人并不比其他血型的人有更大的生存性,但是人类不同种族里基因 I_A、I_B、i 的频率是有差异的,这种差异可能就是人类祖先的血型基因发生了遗传漂变。人类群体中血清蛋白、同工酶以及各种生理特征的多态现象,似乎都可用小群体内的随机漂变来解释。

表 9-18　不同人种的各血型类型人数

种群	数目	O	A	B	AB
英国人	3 696	43.7	44.2	8.9	3.2
四川人	1 000	44.8	28.9	23.7	2.6
爱斯基摩人	569	23.9	56.2	11.2	8.7
亚比西尼亚人	400	42.7	26.5	25.3	5.5
纽约黑种人	267	46.4	34.1	17.2	2.2
纽约白种人	265	41.5	46.6	9.8	1.9
印第安人	120	73.4	25.8	0.8	0

五、非随机交配

理想群体假设群体中的交配是随机的，但在实际生物群体中常常出现的是非随机交配，尤其当今在动物上，人工授精技术得到广泛应用的情况下更是如此。

（一）非随机交配的四种类型

1. 同型交配，指相同基因型个体间的交配，如 $AA \times AA$、$Aa \times Aa$ 或 $aa \times aa$ 的交配。

2. 异型交配，指不同基因型个体间的交配，如 $AA \times aa$、$AA \times Aa$ 或 $Aa \times aa$ 的交配。

3. 同质交配，指表型相同或相似个体间的交配。也就是说在体质、类型、生物学特性、生产性能及产品品质等方面相同或相似的个体间的交配。

4. 异质交配，指不同表型个体间的交配。

（二）非随机交配的遗传效应

同质交配和近交含有部分的同型交配，异质交配含有部分的异型交配，所以可归结为同型交配和异型交配两种情况来讨论。如果有一对等位基因 A、a，可组成 3 种基因型 AA、Aa、aa，就是说会有 3 种同型交配，即 $AA \times AA$、$Aa \times Aa$ 和 $aa \times aa$。第一、三种同型交配，子代与亲代基因型相同；第二种同型交配方式即 $Aa \times Aa$，后代有 3 种基因型 AA、Aa、aa，它们的比率分别为 0.25、0.5 和 0.25。即每交配一代，杂合子的频率降低一半，两种纯合子的频率增加。如果原始群体的基因型频率为 $D=0$、$H=1$、$R=0$，则连续进行同型交配，各代的基因型频率变化如表 9-19。基因型频率代代变化，但基因频率却始终不变（表 9-20）。

表 9-19　连续同型交配各代的基因型频率变化情况

世代数 /n	AA	Aa	aa
0	0	1.000 0	0
1	0.250 0	0.500 0	0.250 0
2	0.375 0	0.250 0	0.375 0
3	0.437 5	0.125 0	0.437 5
4	0.468 3	0.062 5	0.468 3
5	0.484 4	0.031 2	0.484 4
6	0.492 2	0.015 8	0.492 2

表 9-20 同型交配后代的基因频率变化

世代	p	q
0 世代	$p = 0 + \dfrac{1}{2} = 0.5$	$q = \dfrac{1}{2} + 0 = 0.5$
1 世代	$p = 0.25 + \dfrac{0.5}{2} = 0.5$	$q = \dfrac{0.5}{2} + 0.25 = 0.5$
2 世代	$p = 0.375 + \dfrac{0.25}{2} = 0.5$	$q = \dfrac{0.25}{2} + 0.375 = 0.5$
3 世代	$p = 0.437\,5 + \dfrac{0.125}{2} = 0.5$	$q = \dfrac{0.125}{2} + 0.437\,5 = 0.5$
…	…	…

由此可以得出同型交配的效应为：

1. 纯合子的同型交配，基因频率和基因型频率世代不变。

2. 杂合子的同型交配，基因频率不发生改变，但可改变基因型频率，即每经一代杂合子频率减少一半。

3. 同型交配只能改变基因型频率，不改变基因频率。

案例：表亲交配示意图详解

近交和同质交配是不完全的同型交配，其效应程度不如完全的同型交配，但效应的性质是相同的，即能使杂合子逐代减少，群体趋向分化，而对基因频率则无影响。设群体中某一隐性致病基因 a 在群体中的频率为 q，正常等位基因 A 的频率为 p，$p+q=1$，那么随机交配时，后代中两个 a 基因相遇而成为隐性纯合体 aa 概率为 q^2，而近亲交配时，共同祖先的作用使得 a 与 a 相遇的概率增加。如图 9-5 中 C_1 和 C_2 交配，则个体 S 为 aa 的概率将为：$q \times \dfrac{1}{16} + q^2 \times \dfrac{15}{16} = q^2 + \dfrac{1}{16} pq$。两相比较，后者比随机交配的"有害效应"大，二者之比为：$\dfrac{q^2 + \dfrac{1}{16} pq}{q^2} = 1 + \dfrac{1}{16} \times \dfrac{1-q}{p}$。

异型交配的效应与同型交配的效应正好相反，它可以增加杂合子的基因型频率，减少纯合子的基因型频率，但均不改变基因频率。

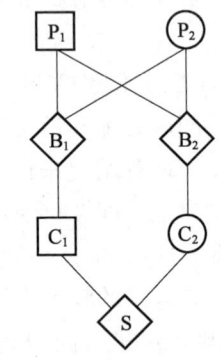

图 9-5 表亲交配示意图

小 结

群体遗传学的中心任务就是研究基因频率、基因型频率及其关系。这里所指的群体就是指在一定的时间和空间范围内，具有特定的共同特征和特性的个体集合，它可以是一个种、一个亚种、一个变种、一个品种、一个品系或一个其他同类生物的类群所有成员的总和。它是同一物种生活于某一地区并能相互交配的个体总和。

在群体遗传学中，所指的群体一般是孟德尔群体。孟德尔群体由一群可交配繁衍后代的个体组成，这些个体具有共同基因库中的某些基因。群体中每个个体的基因型只代表基因库的一小部分。群体的遗传结构与孟德尔群体的基因库相关，而不是单个成员的基因型。群体演变是基因库中各个基因频率变动的过程。基因频率是指群体中某一基因占其同一位点全部基因的比率。基因型频率是指在二倍体生物群体中，某一基因型个体占群体总数的比率。由此可知，基因频率是基因数之间的比例，基因型频率是个体数间的比例。因而基因频率可以体现群体遗传组成的特征。以常染色体上的一对等位基因 A、a 为例，基因频率和基因型频率的关系为 $p = D + \frac{1}{2}H$，$q = R + \frac{1}{2}H$。对于性染色体异型群体（XY，ZW），基因频率与基因型频率是相等的。基因频率与基因型频率都具有归一性和非负性，即在群体中同一位点的基因频率之和等于 1，同一性状的各基因型频率之和为 1。这一对关系适用于孟德尔群体，因此，不论群体是平衡或不平衡的都有这种关系。所谓的平衡群体就是指在世代交替的过程中，遗传组成不发生变化的群体。具体来说具有 5 个特点：大群体、随机交配、无选择、无迁移、无突变。研究中更为普遍的是对平衡群体中基因频率和基因型频率的关系分析，即哈代 – 温伯格定律。

哈代 – 温伯格定律所达到的遗传平衡是基于平衡群体假设的。哈代 – 温伯格定律是群体遗传学学习的重点内容。其内容要点是：①在随机交配的大群体中，在没有其他因素影响的条件下，基因频率一代一代始终保持不变。②任何一个大群体，无论其基因频率如何，只要经过一代随机交配，一对常染色体基因的基因型频率就达到平衡状态，没有其他因素影响的情况下，以后一代一代随机交配，这种平衡状态保持不变。③在平衡状态下，基因频率与基因型频率的关系是：$D = p^2$，$H = 2pq$，$R = q^2$。其中，第 1 要点说明平衡群体的稳定性；第 2 要点说明任意群体在一代随机交配后即为平衡群体；第 3 要点说明了哈代 – 温伯格定律的核心内容即平衡状态下基因频率与基因型频率的关系。有了哈代 – 温伯格定律的保证，群体的遗传性才能保持相对稳定。对于哈代 – 温伯格定律的证明、群体遗传平衡的检测及哈代 – 温伯格定律的扩展都进一步证明了哈代 – 温伯格定律的正确性以及适用的范围。哈代 – 温伯格定律的应用主要是计算基因频率。在计算基因频率时，分为无显性或显性不完全时、完全显性时、伴性基因、复等位基因 4 种情况。其中复等位基因的情况比较复杂，而前 3 种情况较简单。无显性或显性不完全时，$p = D + \frac{1}{2}H$，$q = R + \frac{1}{2}H$。完全显性时，$R = q^2$，因此，$q = \sqrt{R}$，$p = 1 - q$。在性染色体类型为 XY，ZW 的群体，伴性基因的基因频率 = 基因型频率；对于性染色体同型的 XX 和 ZZ 的群体：$p = D + \frac{1}{2}H$，$q = R + \frac{1}{2}H$。需要注意的是，若群体条件不符合哈代 – 温伯格定律，那么用哈代 – 温伯格定律计算得到的基因频率是不准确的。

哈代 – 温伯格定律又称为基因平衡定律或遗传平衡定律。它揭示了在一个随机交配的大群体中，基因频率与基因型频率的遗传规律。生物的变异归根结底是基因和基因型的差异所引起的。同一群体内个体间的变异是由于等位基因的差异造成的，而同物种的不同群体间的变异是由于基因频率的差异引起的。因此基因频率的平衡对群体的稳定性起着保证作用。但由于各种因素（选择、杂交、人工诱变、迁移等）改变了群体的基因频率，只有当这些因素不继续起作用时，群体才可恢复平衡。目前改变群体的基因频率，仍是动植物育种工作中的主要手段之一。因而，研究影响群体遗传变异的因素是有意义的。影响群体遗传变异的因素大体有突变、迁移、选择、遗传漂变、非随机交配五个因素。

复习思考题

1. 名词解释

孟德尔群体　基因库　基因频率　基因型频率　随机交配　适合度　选择系数　迁移　遗传漂变　遗传负荷　迁移压力　突变压力　选择压力

2. 哈代 – 温伯格定律的要点是什么？如何证明？影响群体平衡的因素有哪些？怎样检测群体遗传平衡？当一个群体各等位基因的相对频率发生变动后，平衡应如何保持，为什么？

3. 下面是几个不同群体中的基因型频率，哪一个群体处于遗传平衡状态？（　　　）

A. *AA* 0.75　　*Aa* 0.25　　*aa* 0

B. *AA* 0.50　　*Aa* 0　　　*aa* 0.50

C. *AA* 0.20　　*Aa* 0.60　　*aa* 0.20

D. *AA* 0.30　　*Aa* 0.50　　*aa* 0.20

E. *AA* 0.25　　*Aa* 0.50　　*aa* 0.25

4. 一个群体初始杂合子频率为 0.92，自交 2 代后，群体中纯合子的频率为（　　　）

A. 46%　　　　　　B. 23%　　　　　　C. 77%　　　　　　D. 54%

5. 假设在我国汉族人群中 PTC 味盲占 0.09，如果这是一个遗传平衡群体，杂合子的频率为（　　　）

A. 0.42　　　B. 0.455　　　C. 0.819　　　D. 0.21　　　E. 以上都不是

6. 在一个达到遗传平衡群体中，已知甲型血友病的男性发病率为 0.000 08，适合度为 0.29，甲型血友病基因突变率为（　　　）

A. 56.8×10^{-6}/代　　B. 19×10^{-6}/代　　C. 7.7×10^{-6}/代　　D. 23.2×10^{-6}/代　　E. 28×10^{-6}/代

7. 某 AR 病群体发病率为 1/1 000，致病基因突变率为 60×10^{-6}/代，适合度为（　　　）

A. $f = 0.4$　　　B. $s = 0.4$　　　C. $f = 0.6$　　　D. $s = 0.2$　　　E. $f = 1$

8. 红绿色盲的男性发病率为 0.07，那么（　　　）

A. 致病基因频率为 0.07

B. 男性基因型频率为 0.004 9

C. *XbY* 基因型频率为 0.07

D. 女性发病率为 0.004 9

E. 女性表型正常的频率为 $p^2 + 2pq$

9. 在一个平衡群体中，由纯合隐性基因引起的黑尿病的频率是百万分之一。问（为便于计算，隐性纯合子可忽略）：

（1）群体的遗传组成怎样？

（2）表型正常的父母，生一个患病孩子的概率是多少？

（3）一个兄弟是黑尿病患者的正常女子，生一个患病孩子的概率是多少？

10. 假设在一个猪育种群体当中，耳聋个体的发病率为 1/1 000，如果选择压力增强，使所有的耳聋个体均不生育，经过多少年可使耳聋基因频率降低一半（每个世代按 1.5 年计算）?

11. 对个体生存有害的基因会受到自然选择的作用而逐渐淘汰，请问有害的伴性基因和有害的常染色体隐性基因，哪一种容易受到自然选择的作用？

12. 人类中，色盲是 X 染色体连锁隐性遗传，假定色盲男人在男人中占 8%，问预期色盲女人在总人口中的比例应为多少？请再算一代，证明隐性基因型的频率将从 0.17 降低到大约 0.09。

13. 家养动物的遗传变异比相应的野生群体要丰富得多，为什么？请从下列几方面来考虑论述：① 交配体系，即杂交和自交所占的比例；② 自然选择；③ 突变。

14. 在一个群体内，*a* 基因的频率为 0.01，这个群体是否会发生遗传漂变？*a* 基因漂变的动向如何？如果该群体进一步缩小，遗传漂变将如何发展？

15. 在一个能够真实遗传的白毛猪（*AA*）群内，引入 10 头黑毛（*aa*）猪进行杂交，F_1 代 *A* 和 *a* 的频率如何？在 F_1 代基础上，实行随机交配，不进行选择淘汰，5 个世代后，*A*、*a* 基因频率如何？群内隐性纯合子表现的概率有多大？

16. 在一个黑毛基因频率为 0.01 的随机交配大群体内，不施行育种措施，5 个世代后，黑毛基因频率有多大？在此基础上，连续 3 个世代淘汰黑毛（*aa*）个体，黑毛基因频率有多大？黑毛纯合子的表现概率有多大？

17. 一个平衡群体（*AA*、*Aa*、*aa*）中，*A* 基因的频率为 *p*。证明杂合子的频率 *H* 最大为 50%。

18. 中国人的姓氏有随父亲姓的习俗，有人提出在中国人的群体遗传分析中将姓氏作为 Y 染色体的遗传标记进行研究，你觉得是可行的吗？为什么？请你比较姓氏的传递与 Y 染色体上基因的传递的异同。

网上更多

 思考与提示　　 科学与科学人

（李金泉　苏　蕊）

第十章

数量遗传学基础

　　数量遗传学（quantitative genetics）是遗传学原理与统计学方法相结合，研究群体数量性状的遗传学分支科学。本章主要介绍数量性状的概念及其遗传特点；基因型值与方差的剖分；遗传参数；隐性有利基因存在的假设和验证。编者还根据自己的研究工作在遗传参数中增加了亲缘相关系数，对全同胞－半同胞混合家系的亲缘相关作了推导，并介绍其在计算育种值时的应用。作为本科教材，本章增加了数量遗传学前沿研究中的一些问题的讨论。

第一节　性状的分类

性状是生物的特征，从不同的角度可以对所研究的性状（trait，character）作出不同的分类。

视频：性状及其分类

一、质量性状和数量性状

（一）质量性状

这里所说的"质量"与质量好坏无关，而是性质的意思。也可以称为定性性状或单位性状（unit trait）。质量性状（qualitative trait）的遗传基础是单个或少数几个基因的作用，它的表型变异是间断的。如牛的无角与有角，兔的白化与有色。

（二）数量性状

可以计数或度量的性状。数量性状（quantitative trait）的遗传基础是多基因（polygene），表型变异是连续的。畜禽的大多数重要经济性状是数量性状，如牛的产奶量，猪的日增重。

二、简单性状和复杂性状

（一）简单（遗传）性状

这是质量性状的另一种表述。这类性状只受很少数基因的控制，而且几乎不受环境变化的影响。如孟德尔豌豆实验中所列举的性状都是简单（遗传）性状（simply-inherited trait）。

（二）复杂性状

这类性状受多个基因的作用，而且易受遗传或非遗传因素的影响，使性状表现更为复杂。复杂性状（complex trait）一词多在医学上使用。如糖尿病，它的发病既有遗传因素，又有饮食、运动等环境因素，而糖尿病的表现又有不同类型和不同程度。

近年来在农业动植物的数量遗传研究中也出现复杂性状的名词，那么数量性状和复杂性状从概念上究竟有什么区别呢？我们认为，受多基因决定的性状都是复杂性状，而复杂性状中可用数字表达的是数量性状。在农业动植物遗传育种中与生产有关的经济性状（economic trait）大多是数量性状。所以如果不是有特殊原因，还是用数量性状表述为好。

三、阈性状和分类性状

（一）阈性状

阈性状（threshold trait）的遗传基础是多基因，表型变异是间断的。它也可由几个阈值把性状划分成几个等级，如羊的一胎产羔数，可以分成0、1、2和2以上4个等级。最极端的是一个阈值的性状，称为"全或无"性状（all or none trait），如存活与死亡、发病与不发病等。

（二）分类性状

这类性状可归之于质量性状，也即遗传基础是少数基因，表型变异是间断的。例如根据人类的 ABO 血型系统，可以把所有人群的每个个体分为 A 型、B 型、O 型和 AB 型。当然由单基因决定的孟德尔遗传的性状，显性与隐性也可看成是分类性状（categorical trait）。

由上可见，性状的划分不是绝对的，ABO 血型既是分类性状，又是质量性状，而且还是简单（遗传）性状。又如鸡蛋的绿壳基因是由显性的 O 基因决定，但绿色的程度可以分为不同等级，而且受其他基因背景的影响，与白壳蛋鸡杂交形成的 Oo 表现为浅绿色，与褐壳蛋鸡杂交形成的 Oo 表现为黄绿色。

第二节 数量性状的遗传特点

一、多基因假说

视频：数量性状的
遗传特点

由于数量性状在表现上和质量性状有明显不同，不符合孟德尔遗传规律。因此在遗传学发展史上有过数量性状不受孟德尔基因支配的观点。多基因假说（polygene hypothesis）的提出及其杂交实验证明了数量性状是许多基因在影响同一性状的结果，但对其中的单个基因来说，仍服从孟德尔遗传规律。

瑞典植物遗传学家 N. H. Nilsson-Ehle 通过对小麦籽粒种皮颜色的遗传研究发现有 3 对不同染色体上的基因控制着小麦籽粒种皮的红色与白色。

单对基因杂交：

$$P \quad 红色籽粒 \quad \times \quad 白色籽粒$$
$$\downarrow$$
$$F_1 \quad 粉色籽粒$$
$$\downarrow$$
$$F_2 \quad 1/4\ 红色，2/4\ 粉色，1/4\ 白色$$

这是一对无显隐性关系基因控制的性状，F_1 为中间型，F_2 以 1：2：1 的表型比例分离（图 10-1）。

两对基因杂交：

$$P \quad 红色籽粒 \quad \times \quad 白色籽粒$$
$$\downarrow$$
$$F_1 \quad 中等红色$$
$$\downarrow$$
$$F_2 \quad 15\ 红色：1\ 白色$$

经仔细观察，红色中还存在不同等级：1/16 深红，4/16 次深红，6/16 中等红，4/16 浅红，1/16 白色。这是两对无显隐性关系基因控制的性状，F_1 为中间型，F_2 以 1：4：6：4：1 的表型比例分离（图 10-2）。

3 对基因杂交：

$$P \quad 红色籽粒 \quad \times \quad 白色籽粒$$
$$\downarrow$$
$$F_1 \quad 中等红色$$
$$\downarrow$$
$$F_2 \quad 白色比例极少，约\ 1/64$$

F_2 中红色也有程度上的不同，经仔细分类，可得到：1/64 极深红，6/64 深红，15/64 次深红，20/64

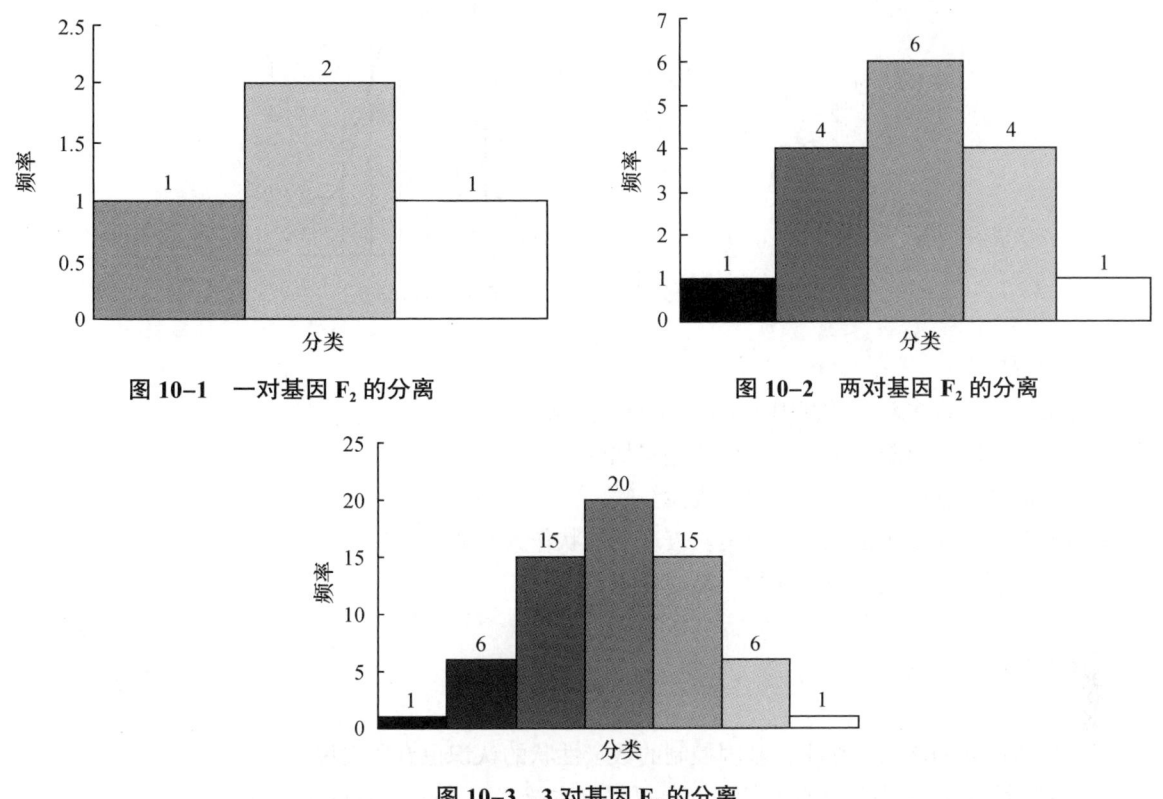

图 10-1 一对基因 F_2 的分离　　　　　图 10-2 两对基因 F_2 的分离

图 10-3 3 对基因 F_2 的分离

中等红，15/64 粉红，6/64 浅红，1/64 白色。这是 3 对无显隐性关系基因控制的性状，F_1 为中间型，F_2 以 1∶6∶15∶20∶15∶6∶1 的表型比例分离（图 10-3）。

　　设小麦籽粒种皮颜色受 3 对基因控制。籽粒红色程度与决定红色的基因数目有关。大写字母为对红色增效基因，小写字母为对红色无效基因，

则　　　　　P　　　$AABBCC$（极深红）$\times aabbcc$（白）

$\downarrow$

F_1　　　　　　$AaBbCc$（中等红）

F_2	红色增效基因数	比例
	6	1
	5	6
	4	15
	3	20
	2	15
	1	6
	0	1

F_2 中分离的比例可由二项分布中杨辉三角第 $2n+1$ 层的系数求得（n 为基因对数）。

如：

$$n=1,\ 2n+1=3（层）$$
$$n=2,\ 2n+1=5（层）$$
$$n=3,\ 2n+1=7（层）$$

　　如用图形表示，随着 n 的增加，二项分布逐渐成为正态分布，从间断变异过渡为连续变异（图 10-4）。环境对基因型的影响，增加了表型变异的连续性。

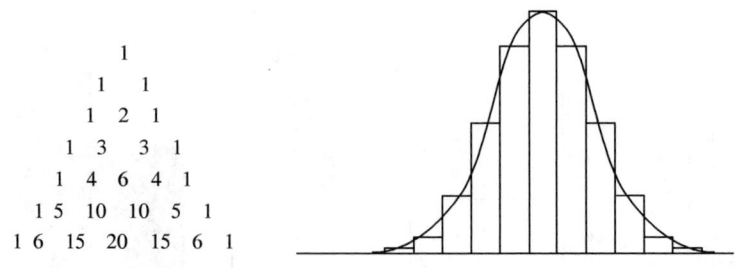

图 10-4 二项分布逐渐成为正态分布（ $n=8$ ）

多基因假说要点：

（1）数量性状受许多对微效基因（minor gene）控制。

（2）微效基因间无显隐性关系，其效应是累加的。

（3）单一的微效基因服从孟德尔遗传规律。

（4）微效基因不能被单独识别，而是从表现的性状作为整体来研究。

（5）由微效多基因决定的数量性状，易受环境影响。

二、对数量性状的新认识

随着遗传学研究的深入，对由多基因控制的数量性状的认识也有所发展。

1. 控制数量性状的基因除了微效基因，也可以有主效基因（major gene）。

2. 决定数量性状的基因有加性效应，也有显性效应和上位效应，更多的情况是几种基因效应同时存在。

3. 应用现代生物技术和统计方法，可以对控制数量性状的基因从整体到局部进行研究，如数量性状基因座（QTL）、数量性状核苷酸（QTN）。

4. 对于数量性状也可以从局部到整体进行研究，如全基因组关联分析（GWAS）、基因组选择（GS）。

第三节 数量性状的遗传分析

一、表型值剖分的数学模型

（一）表型值的剖分

$$P = G + E \qquad\qquad （式 10-1）$$

式中，P 为表型值，G 为基因型值，E 为环境偏差。

一个群体内，环境对不同个体施加影响，从而使个体的表型值偏离基因型值，称之为环境偏差。有时也称为"环境效应"。要注意的是环境效应是指群体的共同环境对个体的影响，而不是个体在不同环境下（如不同的饲养管理条件）产生的偏差。

在一个大群体中，环境对不同个体的影响可正、可负，正负抵消后，其总和为零。所以

$$P = G + E$$

$$\frac{\sum P}{N} = \frac{\sum G}{N} + \frac{\sum E}{N} \quad （\sum E = 0）$$

$$\overline{P} = \overline{G} \qquad\qquad （式 10-2）$$

这说明群体平均数的重要性，它反映了群体的遗传水平。

（二）基因型值的剖分

基因型值还可进一步剖分为

$$G = A + D + I \qquad （式10-3）$$

式中，A 为基因的加性效应，D 为基因的显性效应，I 为基因的上位效应。

由于显性效应在后代中有分离，上位效应在后代中有重组，所以这两种遗传效应在群体中很难被固定。能固定的是基因的加性效应。这一点在育种中很重要，所以 A 又称为育种值。

（三）环境效应的剖分

$$E = E_g + E_s \qquad （式10-4）$$

式中，E_g 为一般环境效应，E_s 为特殊环境效应。

一般环境效应又称永久性的环境效应，能长期甚至是终身影响个体的表型值，如胎儿在母体中受到的有利或不利影响；特殊环境效应又称暂时性的环境效应，只影响个体某个阶段的表型值，如饲料、气候因素改变对个体的影响。

这样

$$P = G + E$$
$$= A + D + I + E_g + E_s$$

设 $R = D + I + E_g + E_s$，则

$$P = A + R$$

式中，P 为表型值，A 为育种值，R 为剩余值。

对于一个群体来说

$$\frac{\sum P}{N} = \frac{\sum A}{N} + \frac{\sum R}{N}$$

由于 $\sum R = 0$，就有

$$\overline{P} = \overline{A} \qquad （式10-5）$$

即群体平均数不但等于基因型值平均数，而且也等于育种值平均数。

二、群体基因型值及其平均数

（一）基因型值

考虑一对基因 A，a 所构成的 3 种基因型 AA，Aa 和 aa，设 A 对性状有增效作用，a 对性状有减效作用，3 种基因型定义值分别为 $+\alpha$，d，$-\alpha$。如图 10-5 所示。

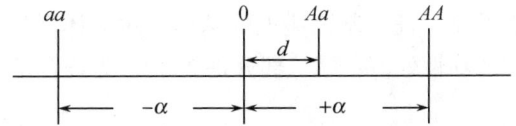

图 10-5 一对基因的加性显性效应

上图中，d 表示由显性效应引起的离差。d 值的大小决定于基因 A 的显性程度（表 10-1）。

例：有一种侏儒型小鼠（$p_g p_g$）六周龄平均体重为 6 g，正常型小鼠纯合子（$P_g P_g$）六周龄平均体重为 14 g，杂合子（$P_g p_g$）同龄的平均体重为 12 g。设饲养管理条件相同，试计算 m、α 和 d。

表 10-1 *d* 值与显性度的关系

d 值	显性程度
$d = 0$	无显性（加性）
$\alpha > d > 0$	A 部分显性
$d = \alpha$	A 完全显性
$-\alpha < d < 0$	a 部分显性
$d = -\alpha$	a 完全显性
$d > \alpha$	A 为超显性
$d < -\alpha$	a 为超显性

（1）纯合子均值　　　　$m = (14 + 6)/2 = 10\ \text{g}$

（2）基因的加性效应值　$\alpha = (14 - 6)/2 = 4\ \text{g}$

　　　　或　　　　　　$\alpha = 14 - 10 = 4\ \text{g}$

（3）显性离差值　　　　$d = 12 - 10 = 2\ \text{g}$

（二）基因型值的平均数

有了基因型值，再与基因型频率结合起来就可以计算群体基因型值的平均数。

设在随机交配的群体中基因 A 和 a 的频率分别为 p 和 q，且 $p + q = 1$。则 AA、Aa 和 aa 3 种基因型的频率分别为 p^2、$2pq$ 和 q^2。群体平均数可由表 10-2 算出。

表 10-2 群体基因型值平均数的估计

基因型	频率（f）	基因型值（x）	频率 × 基因型值（fx）
AA	p^2	α	$p^2\alpha$
Aa	$2pq$	d	$2pqd$
aa	q^2	$-\alpha$	$-q^2\alpha$

$$\sum f = 1 \qquad \sum(fx) = \alpha(p^2 - q^2) + 2pqd$$
$$= \alpha(p - q) + 2pqd$$

所以群体基因型值的平均数

$$\mu = \sum(fx)/\sum f = \alpha(p - q) + 2pqd \qquad \text{（式 10-6）}$$

（三）基因频率对群体平均数的影响

由 $\mu = \alpha(p - q) + 2pqd$ 可以看出，任何基因座上的基因，对群体平均数的贡献可以分为两部分，即第一部分是 $\alpha(p - q)$，为纯合子的加性效应；第二部分是 $2pqd$，为杂合子的显性效应。

（1）无显性 $d = 0$，则

$$\mu = \alpha(p - q) = \alpha(1 - 2q)$$

即群体平均数与基因频率成正比。

（2）完全显性 $d = \alpha$，则

$$\mu = \alpha(p - q) + 2pqd = \alpha(1 - 2q^2)$$

即群体平均数与基因频率的平方成正比。

由上可知，群体基因型均值是基因频率的函数，任何基因频率的改变都将引起基因型均值的改变，也必将引起群体表型均值的改变。所以育种工作就是要增加增效基因频率，降低减效基因频率。

例：设基因 A，a 与育成牛的体重有关，个体 AA 型体重 200 kg，Aa 型体重 160 kg，aa 型体重 100 kg。试计算 $p = 0.9$，$q = 0.1$ 与 $p = 0.1$，$q = 0.9$ 时群体的平均体重（不考虑基因互作与环境效应）。

由于

$$m = (AA + aa)/2 = (200 + 100)/2 = 150 \text{ kg}$$

$$\alpha = (AA - aa)/2 = (200 - 100)/2 = 50 \text{ kg}$$

$$d = (Aa - m) = 160 - 150 = 10 \text{ kg}$$

所以

（1）$p = 0.9$，$q = 0.1$ 时，

$$\mu = \alpha(p - q) + 2pqd = 41.8 \text{ kg}$$

这是与两种纯合基因型平均数的离差，所以实际的群体平均数还要加上 m 值：

$$\mu + m = 41.8 + 150 = 191.8 \text{ kg}$$

（2）$p = 0.1$，$q = 0.9$ 时，

$$\mu = \alpha(p - q) + 2pqd = -38.2 \text{ kg}$$

实际群体平均数为

$$\mu + m = -38.2 + 150 = 111.8 \text{ kg}$$

（四）基因的平均效应

在一个群体中，考虑一对等位基因 A 和 a，一个亲本的 A 配子能与群体内另外的配子随机结合形成子代，该子代群体的基因型均值与原群体均值的平均离差为基因 A 的平均效应（average gene effect）。基因平均效应的计算必须知道该基因的频率，可由表 10-3 算出。

表 10-3　基因平均效应的计算

配子	子代基因型和基因型频率			子代基因型均值	原群体基因型均值	基因平均效应
	$AA\,(a)$	$Aa\,(d)$	$aa\,(-a)$			
A	p	q	—	$pa + qd$	$a(p - q) + 2dpq$	$q[a + d(q - p)]$
a	—	p	q	$-qa + pd$		$-p[a + d(q - p)]$

显性基因 A 的平均效应 $= A$ 配子子代基因型均值 − 原群体基因型均值

$$= pa + qd - [a(p - q) + 2dpq]$$

$$= q[a + d(q - p)]$$

隐性基因 a 的平均效应 $= a$ 配子子代基因型均值 − 原群体基因型均值

$$= -qa + pd - [a(p - q) + 2dpq]$$

$$= -p[a + d(q - p)]$$

同一个基因在群体中的频率不同，其基因平均效应也不同。因此，不能把基因平均效应看作不变的常数，且只有在群体中才存在基因平均效应。

三、数量性状基因对数的估计

既然数量性状是受多基因决定的，那么对某个数量性状来说究竟是由多少对基因决定的呢？通过对两个极端差异的纯合亲本杂交所产生的 F_1、F_2 的方差分析，可以用公式（10-7）加以估计。

$$n = \frac{(\overline{P}_1 - \overline{P}_2)^2}{8(\sigma_{F_2}^2 - \sigma_{F_1}^2)} \qquad \text{（式 10–7）}$$

式中，n 为基因对数，$\overline{P}_2$ 和 $\overline{P}_1$ 分别为两个亲本该性状的平均数；$\sigma_{F_1}^2$ 和 $\sigma_{F_2}^2$ 分别为 F_1 和 F_2 该性状的方差。

该公式成立的条件：

①亲本为两个极端品种。②决定数量性状的基因不连锁。③无显性，无上位。④基因型与环境无互作。

例：已知玉米的短穗品种穗长为 6.6 cm，长穗品种穗长为 16.8 cm；F_1 和 F_2 的穗长标准差分别为 1.52 和 2.25，试估计决定穗长的基因对数。

$$n = \frac{(16.8 - 6.6)^2}{8(2.25^2 - 1.52^2)} = \frac{104.04}{22.02} = 4.7 \approx 5$$

即玉米穗长约受 5 对基因控制。

如影响数量性状的基因互不连锁。根据自由组合定律，当性状受一对基因支配时，F_2 中极端类型出现的概率是 1/4；受两对基因支配时为 $1/16 = (1/4)^2$；受三对基因支配时为 $1/64 = (1/4)^3$；受 n 对基因支配时，F_2 中极端类型出现的概率应为 $(1/4)^n$。因此可以通过计算 F_2 的表型中某一极端类型的个体数在 F_2 总群体中所占比例，推算出有几对基因决定该性状。

$$4^n = \frac{F_2 \text{ 个体总数}}{F_2 \text{ 中某极端类型个体数}} \qquad \text{（式 10–8）}$$

设 $4^n = b$，则

$$n = \frac{\log b}{\log 4}$$

例如，当两个纯系亲本杂交的 F_2 中，总个体数为 22 016，其中某极端型的个体数为 86，则 $b = 4^n = 22\,016/86 = 256$，所以

$$n = \frac{\log 256}{\log 4} = 4$$

即该性状约受 4 对基因控制。该公式的成立除上述条件外还要加一条，即极端个体和其他个体有同等的生活力或生存率。

第四节　遗传参数

在数量遗传学中遗传参数是重要内容之一。重复力、遗传力和遗传相关是描述数量性状遗传规律的三个最基本且重要的遗传参数（genetic parameter），统称为数量遗传学三大遗传参数。对遗传参数的学习要求从概念、公式、计算方法以及在育种中的应用几个方面来掌握。要说明的是我们对初学者要求用计算器对简单的数据作参数计算，而不是用现成的统计软件。目的是要求通过"手算"来加深对遗传参数概念以及运算过程每个步骤的理解。

一、数量性状方差的剖分

视频：数量性状表型值和方差剖分

（一）遗传方差与环境方差

设 $P = G + E$（符号定义同前），则在基因型值和环境偏差不相关时，就有

$$V_P = V_G + V_E \quad (Cov_{GE} = 0) \qquad \text{（式 10–9）}$$

（二）遗传方差的剖分

由于 $G = A + D + I$，则在加性、显性、互作效应都不相关时，就有

$$V_G = V_A + V_D + V_I \quad (Cov_{AD} = Cov_{AI} = Cov_{DI} = 0) \tag{式 10-10}$$

（三）环境方差的剖分

同理，由于 $E = E_g + E_s$，则在一般环境效应和特殊环境效应间不相关时，就有

$$V_E = V_{Eg} + V_{Es} \quad (Cov_{EgEs} = 0) \tag{式 10-11}$$

所以，当各种效应间互不相关时，它们的协方差为零，就有

$$V_P = V_A + V_D + V_I + V_{Eg} + V_{Es}$$

或

$$V_P = V_A + V_R \tag{式 10-12}$$

式中，V_A 为加性方差，V_R 为剩余值方差。

二、重复力

（一）概念

1. 数量遗传学概念

重复力（repeatability）是指畜禽个体同一性状多次度量值之间相关程度的度量。许多数量性状在同一个体上常常有多次度量值，例如奶牛泌乳期产奶量、母猪每胎产仔数、绵羊的羊毛细度等。同一个个体，同一个性状，在不同时间或不同空间度量时，影响表型值的遗传效应和一般环境效应是相同的。因此，表型方差中遗传方差和一般环境方差所占的比率即为该性状的重复力。

视频：重复力及其应用

$$r_e = \frac{V_G + V_{Eg}}{V_P} \tag{式 10-13}$$

式中，r_e 为重复力。

这只是一个"概念"公式，由于遗传方差（V_G）和一般环境方差（V_{Eg}）都不能直接度量，所以用这个公式是计算不出重复力的。

2. 生物统计学概念

重复力的估计利用组内相关原理进行，以个体分组，以个体的各自度量值为组内观察值，性状多次度量值之间的组内相关系数即为重复力。计算组内相关系数的公式是：

$$t = \frac{MS_b - MS_w}{MS_b + (n_0 - 1) MS_w} \tag{式 10-14}$$

式中，t 为组内相关系数，MS_b 为组间均方，MS_w 为组内均方，n_0 为样本数不等时的加权平均数。

$$n_0 = \frac{1}{m-1} \left(\sum n_i - \frac{\sum n_i^2}{\sum n_i} \right) \tag{式 10-15}$$

式中，m 为组数，n 为各组头数，i 为 1，2…k。

（二）计算方法举例

为了便于说明重复力的具体计算方法，这里只取了 5 头猪的产仔记录（表 10-4），在实际工作中，样本应当扩大。

1. 列表并作必要的计算

先把资料列成表 10-4 上半部形式，再把必要的计算结果如 $\sum x$，$\sum x^2$，$(\sum x)^2 / n_i$，列在表 10-4 的下半部分，

表 10-4 由 5 头母猪的产仔纪录计算产仔数的重复力

胎次	母猪编号					总计
	1	2	3	4	5	
1	8	10	7	9	13	
2	8	10	8	9	14	
3	9	11	8	11	9	
4	9	11	10	11	9	
5	10	12				
$\sum x$	44	54	33	40	45	216
$\sum x^2$	390	586	277	404	527	2 184
$(\sum x)^2/n_i$	387.2	583.2	272.3	400	506.3	2 149

而且 $m = 5$，$N = 22$，

校正项 $C = (\sum\sum x)^2/N = (216)^2/22 = 2\ 121$。

2. 计算平方和

总平方和 $= \sum\sum x^2 - C = 2\ 184 - 2\ 121 = 63$；

组间平方和 $= \sum\dfrac{(\sum X)^2}{n_i} - C = 2\ 149 - 2\ 121 = 28$；

组内平方和 $=$ 总平方和 $-$ 组间平方和 $= 63 - 28 = 35$。

3. 分析自由度

总自由度 $= N - 1 = 22 - 1 = 21$；

组间自由度 $= m - 1 = 5 - 1 = 4$；

组内自由度 $=$ 总自由度 $-$ 组间自由度 $= 21 - 4 = 17$。

4. 计算均方

$$\text{组间均方} = \frac{\text{组间平方和}}{\text{组间自由度}} = \frac{28}{4} = 7.0；$$

$$\text{组内均方} = \frac{\text{组内平方和}}{\text{组内自由度}} = \frac{35}{17} = 2.06。$$

5. 计算样本数不等时的加权平均数（n_0）

由公式（10-15），

$$n_0 = \frac{1}{5-1}\left(22 - \frac{5^2 + 5^2 + 4^2 + 4^2 + 4^2}{22}\right) = 4.4$$

6. 计算组内相关系数

由公式（10-14），

$$t = \frac{MS_b - MS_w}{MS_b + (n_0 - 1)MS_w}$$

$$= \frac{7.0 - 2.06}{7.0 + (4.4 - 1)\,2.06} = 0.35$$

所以产仔数的重复力为 $r_e = t = 0.35$。

（三）重复力的应用

1. 确定性状度量次数

在对种畜禽进行遗传评定时，针对重要的数量性状，度量次数越多，信息量越大，取样误差越小，表型值越可靠。但度量多少次合适，这取决于该性状的重复力。重复力低的性状，增加度量次数对准确度改进的作用大；重复力高的性状，增加度量次数对准确度改进的作用小，针对不同重复力性状建议度量的次数见表 10-5。

表 10-5 不同重复力性状所需要的度量次数（参考值）

重复力（r_e）	度量次数
0.9 以上	1
0.7 ~ 0.8	2 ~ 3
0.5 ~ 0.6	4 ~ 5
0.3 ~ 0.4	6 ~ 7
0.1 ~ 0.2	8 ~ 9

2. 估计个体终生最可能生产力

$$\hat{P}_x = \frac{nr_e}{1 + (n-1)r_e}(P_n - \overline{P}) + \overline{P} \qquad （式 10-16）$$

式中，$\hat{P}_x$ 为个体 X 的终生可能生产力，P_n 为个体 X 的 n 次度量均值，$\overline{P}$ 为全群平均数，n 为度量次数，r_e 为重复力。

三、遗传力

（一）概念

1. 数量遗传学概念

遗传力（heritability）是亲代传递某一性状遗传特性的能力。数量性状的表型值受遗传效应和环境效应或者说受加性遗传效应和剩余效应影响，只有遗传效应或加性遗传效应可以传递给后代。基于遗传效应的剖分，J. L. Lush 提出了广义遗传力和狭义遗传力的概念。

视频：遗传力

表型方差中遗传（基因型值）方差所占的比率，此为广义遗传力：

$$H^2 = \frac{V_G}{V} \qquad （式 10-17）$$

表型方差中加性（育种值）方差所占的比率，此为狭义遗传力：

$$h^2 = \frac{V_A}{V_P} \qquad （式 10-18）$$

以上两个公式，由于基因型值方差（V_G）和育种值方差（V_A）都不能直接度量，计算不出遗传力。

由于育种值是加性遗传效应部分，在世代传递中能稳定遗传，因此在育种上具有重要意义。因此，如无特殊说明，一般所说的遗传力就是指狭义遗传力。此外，D. S. Falconer 从选择反应的角度提出了实现遗传力的概念，是指子代选择反应占亲代选择差的比例，用 h_R^2 表示。

2. 生物统计学概念

遗传力是育种值对表型值的回归系数（b_{AP}），这是从育种值估计的角度阐述的，实质上是育种值决定表型值，但是表型值可以度量得到，而育种值不能直接度量，只能由表型值估计，这实际上是一种反向回归估计。

$$h^2 = b_{AP} \qquad\qquad （式 10-19）$$

式中，h^2 为遗传力，A 为育种值，P 为表型值，注意：$b_{AP} \neq b_{PA}$。

（二）估计原理和计算公式

遗传力需要有表型变异来估计，因此需要利用在遗传上关系明确的个体同一性状的表型资料，通过亲缘相关和表型相关估计出该性状的遗传力。图 10-6 可以表示遗传力估计的基本原理，其中 P_1、P_2、A_1、A_2、R_1 和 R_2 分别表示两个个体的表型值、育种值和剩余值。

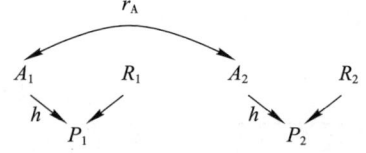

图 10-6　遗传力估计原理通径图

假设亲属间不存在非加性效应相关和环境相关，即 $r_R = 0$，根据通径分析的原理，可以得到：

$$r_P = h r_A h = h^2 r_A$$

$$h^2 = \frac{r_P}{r_A} \qquad\qquad （式 10-20）$$

式中，r_P 为亲属间表型相关；r_A 为亲属间遗传相关。

在动物遗传育种实践中，估计遗传力常见的资料类型是亲子资料、全同胞资料和半同胞资料。根据不同亲属资料，计算遗传力的公式也不同。

1. $h^2 = b_{o\bar{p}}$

o：子代记录；$\bar{p}$：双亲记录均值。

2. $h^2 = 2b_{op}$

o：子代记录；p：单亲记录。

3. $h^2 = 2t_{FS}$

t_{FS}：全同胞记录的组内相关系数。

4. $h^2 = 4t_{FS}$

t_{HS}：半同胞记录的组内相关系数。

从统计学角度看，一个参数的估计误差与其所乘的系数成平方关系，如果表型相关估计误差相同，遗传力估计误差随 r_A 的减小而增大。因此，在实际的遗传参数估计中，应尽量选用个体亲缘关系较近的资料。

（三）遗传力的计算

遗传力是表型方差中育种值方差所占的分量。育种值方差可用亲属间的资料加以估计，常用的有亲子资料和同胞资料。

1. 根据子代和亲代的资料估计遗传力

对于两个性别都能表现的性状，如家畜的体重、成活率、肥育效果等可用子代均值（不计性别）对双亲均值的回归系数（b_{op}）计算遗传力，计算的公式是：

$$h^2 = b_{op}$$

例如，为了求出仔猪初生重的遗传力，在同品种猪群中随机抽样 8 窝（抽样数量由猪群大小而定）。并将 8 窝仔猪及其双亲的平均初生重列成表 10-6 形式，计算回归系数。

计算 o^2、$\bar{p}^2$、$o\bar{p}$ 并列于表 10-6 的右边三列。

表 10-6 仔猪初生重对双亲初生重的回归计算   单位：kg

编号	仔猪均值（o）	双亲均值（$\bar{p}$）	o^2	$\bar{p}^2$	$o\bar{p}$
1	1.2	1.2	1.44	1.44	1.44
2	1.2	1.3	1.44	1.69	1.56
3	1.3	1.3	1.69	1.69	1.69
4	1.2	1.3	1.44	1.69	1.56
5	1.3	1.2	1.69	1.44	1.56
6	1.2	1.2	1.44	1.44	1.44
7	1.3	1.3	1.69	1.69	1.69
8	1.2	1.2	1.44	1.44	1.44
总计	9.9	10.0	12.27	12.52	12.38

为了计算上的方便，将回归系数公式转化为下列形式：

$$b_{o\bar{p}} = \frac{N\sum o\bar{p} - (\sum o)(\sum \bar{p})}{N\sum \bar{p}^2 - (\sum \bar{p})^2}$$

式中 N 为窝数。把表 10-6 中的各项数值代入：

$$b_{o\bar{p}} = \frac{8 \times 12.38 - 9.9 \times 10}{8 \times 12.52 - 10^2} = 0.25$$

所以仔猪初生重的遗传力 $\qquad h^2 = b_{o\bar{p}} = 0.25$

有时，并非所有资料都可由两个亲本同时提供，如家畜的产奶量、产仔数，家禽的产蛋量等性状只限于母畜（禽）；精液的质和量的性状只限于公畜。对这些只有一个性别能表现的性状，计算遗传力的公式是：

$$h^2 = 2b_{op}$$

即算出子代对一个亲本的回归系数后，乘以 2 就是遗传力。

2. 根据全同胞或半同胞的资料估计遗传力

同父同母的仔畜为全同胞。全同胞之间的协方差为 $\frac{1}{2}V_A$，全同胞内的相关系数（组内相关）是：

$$t_{FS} = \frac{1}{2}V_A/V_P = \frac{1}{2}h^2$$

$$h^2 = 2t_{FS}$$

即遗传力是全同胞组内相关系数 t_{FS} 的 2 倍。

家畜中，种公畜的数量远少于母畜，因此更多的情况是具有同父异母的半同胞资料。由于半同胞之间的协方差为 $\frac{1}{4}V_A$，所以半同胞内的相关系数是：

$$t_{HS} = \frac{1}{4}V_A/V_P = \frac{1}{4}h^2$$

$$h^2 = 4t_{HS}$$

即遗传力是半同胞组内相关系数 t_{HS} 的 4 倍。组内相关系数可由公式（10-14）求出。

例 1. 试由表 10-7 中 5 头公牛女儿头胎产奶量的资料计算遗传力（同一公牛的女儿为半同胞）。

表 10-7 五头公牛女儿的头胎产奶量 单位 : t

女儿号	公牛					总计
	A	B	C	D	E	
1	4.3	4.4	6.5	5.1	5.5	
2	5.8	4.2	5.6	5.0	6.0	
3	5.3	6.0	5.2	5.7	4.9	
4	4.5	5.5	5.3	6.1	5.0	
5	5.0	4.3	5.8	5.0	5.5	
6	4.5	4.5	5.1	6.1	6.7	
7	5.1	4.2	4.2	5.1	2.7	
8	6.1	3.7	4.7	5.6	3.8	
9	5.5	3.9	6.2	4.7	5.2	
10	5.7	5.6	5.6	5.5	5.6	
$\sum X$	51.8	46.3	54.2	53.9	50.9	257.1
$\sum X^2$	271.68	219.89	297.92	292.63	270.53	1 352.65
$(\sum X)^2/n$	268.32	214.37	293.76	290.52	259.08	1 326.05

公牛数 $S=5$，女儿数 $\sum n=50$，平均女儿数 $n=10$，校正数 $C=\dfrac{(257.1)^2}{50}=1\ 322.01$

计算平方和与自由度的步骤和前面相同。从而可得：

组间均方：$MS_b=\dfrac{1\ 326.05-1\ 322.01}{5-1}=1.01$

组内均方：$MS_w=\dfrac{1\ 352.65-1\ 326.05}{50-5}=0.59$

组内相关：$t_{HS}=\dfrac{1.01-0.59}{1.01+(10-1)0.59}=0.07$

遗传力：$h^2=4\times0.07=0.28$

例 2. 根据下列资料计算猪背膘厚度（mm）的遗传力（同一母猪的后代为全同胞）。

为了简化计算过程，把每个原始数据减去 20。例如表 10-8 中，1 号母猪的第一头仔猪 6 月龄时的膘厚为 20 mm，记作零；第二头仔猪的膘厚为 25 mm，记作 5 等等。由上表可知，公猪数 $S=4$，母猪数 $D=8$，每头母猪的平均仔猪数 $n_1=4$，公猪内每头母猪的平均仔猪数 $n_2=4$，每头公猪间的平均仔猪数 $n_3=8$，总仔猪数 $N=32$；校正数：$C=\dfrac{20^2}{32}$。

计算步骤：

（1）平方和

总平方和 $610-\dfrac{20^2}{32}=597.5$

公猪间平方和 $\dfrac{10^2}{8}+\dfrac{12^2}{8}+\dfrac{20^2}{8}+\dfrac{(-22)^2}{8}-\dfrac{20^2}{32}=128.5$

母猪间平方和 $\dfrac{10^2}{4}+\dfrac{0^2}{4}+\dfrac{5^2}{4}+\dfrac{7^2}{4}+\dfrac{22^2}{4}+\dfrac{(-2)^2}{4}+\dfrac{(-14)^2}{4}+\dfrac{(-8)^2}{4}-\dfrac{20^2}{32}=218.0$

表 10-8 猪的背膘厚度（测得的每个数据减 20）

公猪号		1			2			3		4	
母猪号		1	2	3	4	5	6	7	8		
仔猪 6 月龄 背膘厚度 ($2\male$, $2\female$)		0	1	1	5	10	0	−5	−1		
		5	2	−3	8	5	1	−11	−7		
		4	−1	5	−2	3	−3	0	5		
		1	−2	2	−4	4	0	2	−5		
按母猪 $\sum X$		10	0	5	7	22	−2	−14	−8		
合计 $\sum X^2$		42	10	39	109	150	10	150	100		
按公猪 $\sum X$		10		12		20		−22			
合计 $\sum X^2$		52		148		160		250			
总合计 $\sum X$		20									
总合计 $\sum X^2$		610									

公猪内母猪间平方和 $218.0 - 128.5 = 89.5$

母猪内仔猪间平方和 $597.5 - 218.0 = 379.5$

（2）自由度

总自由度 $32 - 1 = 31$

公猪间自由度 $4 - 1 = 3$

公猪内母猪间自由度 $8 - 4 = 4$

母猪内仔猪间自由度 $32 - 8 = 24$

（3）列方差分析表（表 10-9）

表 10-9 方差组分的分析

变异来源	平方和	自由度	均方	均方所估计的方差组分
公猪间	128.5	3	42.83	$\sigma_w^2 + n_2\sigma_d^2 + n_3\sigma_s^2$
公猪内母猪间	89.5	4	22.38	$\sigma_w^2 + n_1\sigma_d^2$
母猪内仔猪间	379.5	24	15.81	σ_w^2

（4）计算各方差组分

仔猪间方差 $\sigma_w^2 = 15.81$

母猪间的方差 $\sigma_d^2 = \dfrac{22.38 - 15.81}{4} = 1.64$

公猪间的方差 $\sigma_s^2 = \dfrac{42.83 - 15.81 - 4 \times 1.64}{8} = 2.56$

总方差 $\sigma_T^2 = \sigma_w^2 + \sigma_d^2 + \sigma_s^2 = 20.01$

（5）计算遗传力

① 根据半同胞 $h_s^2 = 4\dfrac{\sigma_s^2}{\sigma_T^2} = 0.51$ $\quad h_d^2 = 4\dfrac{\sigma_d^2}{\sigma_T^2} = 0.33$

② 根据全同胞 $h_{s+d}^2 = 2\dfrac{\sigma_s^2 + \sigma_d^2}{\sigma_T^2} = 0.42$

这样就有了三个遗传力。可以看出，遗传力 h_{S+D}^2 是 h_S^2 和 h_d^2 两个遗传力的平均值。通常用全同胞遗传力作为该性状的遗传力。

如果各公畜内的母畜数，各母畜内的仔畜数不相等，这时还需要计算 n_1，n_2，n_3。可用下面的公式算出。

$$n_1 = \frac{1}{D-S}\left(N - \sum \frac{\sum n_{ij}^2}{n_{ij}}\right) \qquad （式10-21）$$

$$n_2 = \frac{1}{S-1}\left(\sum \frac{\sum n_{ij}^2}{n_{ij}} - \frac{\sum_i \sum_j n_{ij}^2}{N}\right) \qquad （式10-22）$$

$$n_3 = \frac{1}{S-1}\left(N - \frac{\sum n_i^2}{N}\right) \qquad （式10-23）$$

上面 3 个公式中，S 为公畜数，D 为母畜数，N 为仔畜总数，n_i 为 i 公畜的仔畜数，n_{ij} 为 i 公畜与 j 母畜所生的仔畜数，$\sum$ 为总和符号。现以实际例子说明 n_1，n_2，n_3 的计算过程。设公畜数 $S=4$，母畜数 $D=12$，仔畜总数 $N=66$（表10-10），试计算 n_1，n_2，n_3。

表 10-10　计算仔畜数的示例

公畜号	A			B		C				D			4
母畜号	1	2	3	4	5	6	7	8	9	10	11	12	12
仔畜数	5	9	3	6	5	9	8	6	2	4	5	4	66

$$n_1 = \frac{1}{12-4}\left[\left(66 - \frac{5^2+9^2+3^2}{5+9+3} + \frac{6^2+5^2}{6+5} + \frac{9^2+8^2+6^2+2^2}{9+8+6+2} + \frac{4^2+5^2+4^2}{4+5+4}\right)\right] = 5.238$$

$$n_2 = \frac{1}{4-1}\left[\left(\frac{5^2+9^2+3^2}{5+9+3} + \frac{6^2+5^2}{6+5} + \frac{9^2+8^2+6^2+2^2}{9+8+6+2} + \frac{4^2+5^2+4^2}{4+5+4}\right) - \right.$$
$$\left. \frac{5^2+9^2+3^2+6^2+5^2+9^2+8^2+6^2+2^2+4^2+5^2+4^2}{5+9+3+6+5+9+8+6+2+4+5+4}\right] = 5.793$$

$$n_3 = \frac{1}{4-1}\left[66 - \frac{(5+9+3)^2 + (6+5)^2 + (9+8+6+2)^2 + (4+5+4)^2}{66}\right] = 15.919$$

（四）遗传力的应用

1. 预测选择效果

$$R = Sh^2 \qquad （式10-24）$$

视频：遗传力的应用

式中 R 为选择反应，表示每代选种的遗传进展；S 为选择差，留种群体与供选群体平均数之差，留种率越低，选择差越大；h^2 为性状遗传力。

2. 确定选择方法

遗传力高的性状个体选择有效；遗传力低的性状家系选择优于个体选择；如为中等程度的遗传力，可结合个体成绩与家系成绩进行选择，就有合并选择。

一般认为 $h^2 < 0.2$ 为低遗传力性状；$0.2 \leqslant h^2 < 0.4$ 为中等遗传力性状；$h^2 \geqslant 0.4$ 为高遗传力性状。

3. 估计个体的育种值

$$\hat{A}_x = h^2(P_x - \overline{P}) + \overline{P} \qquad (式 10-25)$$

式中，$\hat{A}_x$ 为个体 x 的估计育种值，P_x 为个体 x 的表型值，$\overline{P}$ 为群体平均数，h^2 为遗传力。

如个体有 n 次记录，则

$$h_n^2 = \frac{nh^2}{1+(n-1)r_e} \qquad (式 10-26)$$

式中 h_n^2 为 n 次记录的遗传力，r_e 为 n 次记录的重复力。

4. 制定性状间无相关时的选择指数

$$I = w_1 h_1^2 \frac{P_1}{\overline{P}_1} + w_2 h_2^2 \frac{P_2}{\overline{P}_2} + \cdots + w_n h_n^2 \frac{P_n}{\overline{P}_n} = \sum_{i=1}^{n} w_i h_i^2 \frac{P_i}{\overline{P}_i} \qquad (式 10-27)$$

式中，I 为选择指数，n 为选择性状数，w_i 为第 i 个性状的经济权重，h_i^2 为第 i 个性状的遗传力，P_i 为个体第 i 个性状的表型值，$\overline{P}_i$ 为第 i 个性状的群体平均值。

四、遗传相关

（一）概念

1. 数量遗传学概念

性状育种值之间的相关。

动物是一个完整的统一体，各种数量性状间存在表型相关。表型相关是由于遗传和环境两方面的因素造成的。根据通径分析，可将表型相关剖分为遗传相关和环境相关为主的两部分（图 10-7）。

图 10-7 中，P_x 和 P_y 表示 x 和 y 两性状的表型值，A_x 和 A_y 表示 x 和 y 两性状的育种值，E_x 和 E_y 表示 x 和 y 两性状的环境效应。因此，遗传相关是两性状的育种相关，即 $r_{A(xy)}$，简写为 r_A。

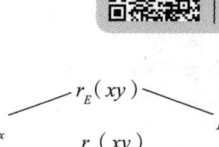

图 10-7 性状间表型相关的剖分

$$r_A = \frac{Cov A_x A_y}{\sigma_{A_x} \sigma_{A_y}} \qquad (式 10-28)$$

式中，r_A 为性状 x 和 y 的遗传相关，$Cov A_x A_y$ 为性状 x 和 y 的育种值协方差，σ_{A_x} 为性状 x 的育种值标准差，σ_{A_y} 为性状 y 的育种值标准差。

2. 生物统计学概念

亲子间两性状"交叉协方差"的几何平均数与亲子同性状协方差的几何平均数之比为两性状的遗传相关。

$$r_A = \sqrt{\frac{Cov_{x_1 y_2} Cov_{x_2 y_1}}{Cov_{x_1 x_2} Cov_{y_1 y_2}}} \qquad (式 10-29)$$

式中，r_A 为性状 x 和 y 的遗传相关，$Cov_{x_1 y_2}$ 为亲代性状 x 和子代性状 y 间的协方差，$Cov_{x_2 y_1}$ 为子代性状 x 和亲代性状 y 间的协方差，$Cov_{x_1 x_2}$ 为亲子两代性状 x 的协方差，$Cov_{y_1 y_2}$ 为亲子两代性状 y 的协方差。

（二）计算公式

1. 亲子相关分析法：

"交叉协方差"的几何平均数

$$r_A = \sqrt{\frac{Cov_{x_1 y_2} Cov_{x_2 y_1}}{Cov_{x_1 x_2} Cov_{y_1 y_2}}}$$

（定义同前）

"交叉协方差"的算术平均数：

$$r_A = \frac{Cov_{x_1y_2} + Cov_{x_2y_1}}{2\sqrt{Cov_{x_1x_2}Cov_{y_1y_2}}}$$ （式10–30）

2. 同胞相关分析法

$$r_A = \frac{MP_{s(xy)} - MP_{w(xy)}}{\sqrt{(MS_{s(x)} - MS_{w(x)})(MS_{s(y)} - MS_{w(y)})}}$$ （式10–31）

式中，$MP_{s(xy)}$ 为公畜间性状 x 和 y 的均积，$MP_{w(xy)}$ 为公畜内性状 x 和 y 的均积，$MS_{s(x)}$ 为公畜间性状 x 的均方，$MS_{w(x)}$ 为公畜内性状 x 的均方，$MS_{s(y)}$ 为公畜间性状 y 的均方，$MS_{w(y)}$ 为公畜内性状 y 的均方。

（三）遗传相关的计算

遗传相关是指两个性状的育种值间的相关，可以用亲子资料或同胞资料加以估计。

1. 根据亲子资料

例：10 对绵羊，母女毛长（cm）和剪毛量（kg）的资料如表 10–11 所示，现计算这两个性状的遗传相关。

表 10–11　母羊及其女儿的毛长与剪毛量　　　　　　　　　　单位：cm，kg

母女序号	母亲		女儿	
	毛长（x_1）	剪毛量（y_1）	毛长（x_2）	剪毛量（y_2）
1	10.0	4.90	9.5	5.32
2	8.0	4.51	7.5	3.69
3	9.0	4.35	8.5	4.81
4	7.0	3.10	9.5	4.43
5	7.0	4.20	8.5	4.68
6	8.0	5.10	9.0	6.75
7	8.0	4.00	9.0	5.70
8	7.0	4.30	8.5	5.61
9	11.5	7.00	9.5	6.18
10	9.0	6.00	9.5	6.00
合计	84.5	47.46	89.0	53.67

由公式（10–29）可计算遗传相关

$$r_A = \sqrt{\frac{Cov_{x_1y_2} \cdot Cov_{x_2y_1}}{Cov_{x_1x_2} \cdot Cov_{y_1y_2}}}$$

公式中，r_A 为性状 x 和 y 的遗传相关；x 和 y 代表两个不同性状；1 和 2 分别代表亲代和子代；Cov 为协方差符号。例如计算 $Cov_{x_1y_2}$

$$Cov_{x_1y_2} = \sum(x_1 - \bar{x}_1)(y_2 - \bar{y}_2)/N$$
$$= \left(\sum x_1y_2 - \frac{\sum x_1 \sum y_2}{N}\right)/N$$

同理可计算 $Cov_{x_2y_1}$，$Cov_{x_1x_2}$，$Cov_{y_1y_2}$，由于分子分母都有 N，可消去。所以只要计算 4 个乘积和就行了。

$$\sum (x_1 - \bar{x}_1)(y_2 - \bar{y}_2) = \sum x_1 y_2 - \frac{\sum x_1 \sum y_2}{N}$$

$$= 453.72 - \frac{84.5 \times 53.67}{10} = 0.208\,5$$

$$\sum (x_2 - \overline{x_2})(y_1 - \overline{y_1}) = \sum x_2 y_1 - \frac{\sum x_2 \sum y_1}{N}$$

$$= 424.45 - \frac{89 \times 47.46}{10} = 2.056\,0$$

$$\sum (x_1 - \bar{x}_1)(x_2 - \bar{x}_2) = \sum x_1 x_2 - \frac{\sum x_1 \sum x_2}{N}$$

$$= 755.75 - \frac{84.5 \times 89}{10} = 3.700\,0$$

$$\sum (y_1 - \bar{y}_1)(y_2 - \bar{y}_2) = \sum y_1 y_2 - \frac{\sum y_1 \sum y_2}{N}$$

$$= 257.63 - \frac{53.67 \times 47.46}{10} = 2.912\,4$$

分别代入公式（10-29）

$$r_A = \sqrt{\frac{0.208\,5 \times 2.056\,0}{3.700\,0 \times 2.912\,4}} = 0.20$$

羊毛长度和剪毛量之间的遗传相关为 0.20。

2. 根据同胞资料

根据同胞资料估计遗传相关的公式是

$$r_A = \frac{Cov_s}{\sqrt{\sigma_{sx}^2 \cdot \sigma_{sy}^2}} \qquad\qquad （式 10\text{-}32）$$

公式中，Cov_s 为公畜间性状 x 和状性 y 的协方差组分，σ_{sx}^2 为公畜间性状 x 的方差组分，σ_{sy}^2 为公畜间性状 y 的方差组分。下面（表 10-12）是一个计算奶牛第一胎产奶量与 12 月龄时体重遗传相关的示例。公牛数 $s = 3$，女儿数 $\sum n_i = 18$，加权平均女儿数 $n_0 = \frac{1}{3-1}\left(18 - \frac{7^2 + 6^2 + 5^2}{18}\right) = 6$。

表 10-12　由 3 头公牛女儿的产奶量（单位：t）和体重（单位：100 kg）计算遗传相关

女儿序号	公牛号									总和
	A			B			C			
	(x)	(y)	(xy)	(x)	(y)	(xy)	(x)	(y)	(xy)	
1	4.4	3.6	15.84	3.0	3.4	10.20	4.7	3.8	17.86	
2	4.7	3.7	17.39	3.8	3.3	12.54	5.0	3.3	16.50	
3	5.3	4.0	21.20	4.2	3.4	14.28	4.2	3.2	13.44	
4	3.3	3.2	10.56	4.5	3.5	15.75	3.9	3.5	13.65	
5	4.4	3.5	15.40	3.7	2.7	9.99	5.5	3.2	17.60	
6	5.6	4.1	22.96	3.9	3.2	12.48				
7	3.4	3.2	10.88							

女儿序号	公牛号									总和
	A			B			C			
	(x)	(y)	(xy)	(x)	(y)	(xy)	(x)	(y)	(xy)	
$\sum x$	31.1			23.1			23.3			77.5
$\sum x^2$	142.71			90.23			110.19			343.13
($\sum x$) $^2/n_i$	138.17			88.94			108.58			335.69
$\sum y$		25.3			19.5			17.0		61.8
$\sum y^2$		92.19			63.79			58.06		214.04
($\sum y$) $^2/n_i$		91.44			63.38			57.80		212.62
$\sum xy$			114.23			75.24			79.05	268.52
$\sum x \sum y/n_i$			112.40			75.08			79.22	266.70

（1）计算矫正数

奶量：$Cx = \dfrac{77.5^2}{18} = 333.68$

体重：$Cy = \dfrac{61.8^2}{18} = 212.18$

奶量 × 体重：$Cxy = \dfrac{77.5 \times 61.8}{18} = 266.08$

（2）计算均方及均积

奶量：公牛间均方 $= \dfrac{335.69 - 333.68}{3-1} = 1.01$

公牛内均方 $= \dfrac{343.13 - 335.69}{18-3} = 0.50$

体重：公牛间均方 $= \dfrac{212.62 - 212.18}{3-1} = 0.22$

公牛内均方 $= \dfrac{214.04 - 212.62}{18-3} = 0.09$

奶量 × 体重：公牛间均积 $= \dfrac{266.70 - 266.08}{3-1} = 0.31$

公牛内均积 $= \dfrac{268.52 - 266.70}{18-3} = 0.12$

（3）列出方差、协方差分析表

为了计算方便，表10-13中略去了方差和协方差的组分，只列出了计算所必需的数据。

表 10-13　产奶量和体重的均方和均积

变因	自由度	产奶量（ x ）均方	体重（ y ）均方	奶量×体重（ xy ）均积
公牛间	2	1.01	0.22	0.31
公牛内	15	0.50	0.09	0.12
总的	17			

（4）计算遗传相关系数

$$r_A = \frac{0.31 - 0.12}{\sqrt{(1.01 - 0.50)(0.22 - 0.09)}} = 0.73$$

遗传相关的计算，存在着较大的抽样误差，因此在实际应用中必须扩大样本。据研究，需要有上百对的数据，才能计算出一个比较可靠的遗传相关系数。

（四）遗传相关的应用

1. 间接选择

利用易度量的性状对不易度量的性状的遗传相关作间接选择；

利用幼畜某些性状与成年畜主要经济性状的遗传相关作早期选种。

2. 制定性状间有相关时的选择指数

$$I = b_1 P_1 + b_2 P_2 + \cdots + b_n P_n$$
$$= \sum_{i=1}^{n} b_i P_i$$

式中，I 为选择指数，n 为选择性状数，P_n 为性状表型值，b_i 为待定系数。

待定系数 b 的计算：

$$\underline{b} = \underline{P}^{-1} \underline{G}\, w$$

式中，$\underline{b}$ 为待定系数向量，$\underline{P}$ 为表型方差、协方差矩阵，$\underline{G}$ 为遗传方差、协方差矩阵，$\underline{w}$ 为经济权重向量，$\underline{P}^{-1}$ 为 $\underline{P}$ 的逆矩阵。

计算这些矩阵所需要的参数，包括性状的标准差（σ_P）、性状的遗传力（h^2）、性状间的表型相关（r_P）、性状间的遗传相关（r_A）和性状的经济权重（w）。

第五节　亲缘相关

在以往的数量遗传学教材中，遗传参数只包括重复力、遗传力和遗传相关三项。其原因之一是，从表型方差的剖分出发，可以顺理成章地得到上面所说的三项参数，亲缘相关虽然也是遗传参数，但不属于同一个方差剖分的体系；其原因之二是，通常所说的亲缘相关虽然经常在遗传与育种的公式中出现，但亲子或全同胞之间的亲缘相关是 0.5，祖孙或半同胞之间的亲缘相关是 0.25，已经是一个常数，因此在遗传参数中用不着研究。但是在一个既有全同胞又有半同胞的"混合家系"中，亲缘相关就不是一个常数。这种家系在猪、兔、禽、鱼、蚕等多仔动物的育种中经常会遇到，它由一个雄亲和数个雌亲相配所组成，同一雌亲内的后代是全同胞，不同雌亲间的后代是半同胞。这样一个家系的亲缘相关随着配种的雌亲数量和每个雌亲所生的后代数量的不同而变化。

视频：亲缘相关及其应用

一、近似公式

为了简化，这里先提出一个近似公式，其实这一近似公式是从精确公式推导来的。

计算"全同胞 – 半同胞"家系亲缘相关的近似公式是：

$$r = \frac{d+1}{4d} \hspace{4cm} （式 10-33）$$

式中，$r =$ 亲缘相关，$d =$ 雌亲数。

推导过程：

假定 1 个雄亲与 d 个雌亲相配，每个雌亲都生有 n 个后代，那么总的后代数就是 dn。

如果从后代中随机抽出 2 个配对，根据组合公式就有

总对子数：

$$\binom{dn}{2} = \frac{dn(dn-1)}{2}$$

其中，全同胞对子数：

$$d\binom{n}{2} = \frac{dn(n-1)}{2}$$

半同胞对子数：

$$\binom{dn}{2} - d\binom{n}{2} = \frac{dn(dn-n)}{2}$$

已知全同胞之间的亲缘相关是 1/2，半同胞之间的亲缘相关是 1/4。所以混合家系的亲缘相关是

$$r = \frac{\frac{1}{2}\left[dn(n-1)\right] + \frac{1}{4}\left[dn(dn-n)\right]}{dn(dn-1)}$$

经整理后：

$$r = \frac{0.5(n-1) + 0.25n(d-1)}{dn-1} \qquad （式\ 10\text{-}34）$$

公式 10-34 就是在每个雌亲的后代数量相同的情况下计算亲缘相关的公式。可以看出，当 $d = 1$ 时，$r = 0.5$，即一个雌亲的后代都是全同胞；当 $n = 1$ 时，$r = 0.25$，即每个雌亲都只有一个后代时，家系中都是半同胞，如同在单胎动物中所组成的家系那样；当后代数 n 很大时，$n-1$ 接近 n，$dn-1$ 接近 dn，这时公式 10-34 就近似于

$$r \approx \frac{0.5n + 0.25n(d-1)}{dn}$$

$$= \frac{0.5 + 0.25(d-1)}{d}$$

$$= \frac{2 + d - 1}{4d}$$

$$= \frac{d+1}{4d}$$

这就是我们所要推导的公式 10-33。

事实上，即使在 n 不很大时，用公式 10-33 计算的结果就已经很接近公式 10-34 了。例如在 1 只公鸡与 10 只母鸡所组成的家系中（$d = 10$），每只母鸡有 5 个后代（$n = 5$），用公式 10-33 计算的亲缘相关是

$$r = \frac{0.5(5-1) + 0.25(5)(10-1)}{(10)(5) - 1} = 0.27$$

而用近似公式 10-33 计算的结果是

$$r = \frac{10+1}{4(10)} = 0.275$$

不难看出，近似公式是精确公式 10-34 的上限。

二、雌亲后代数目不等

上述推导是假定每个雌亲的后代数目相等的情况，而实际上雌亲的繁殖力是有差异的。这时近似公式是否还能应用？

现在来比较 A 和 B 两个家系：

家系 A

		后代数
雌亲	a_1	4
	a_2	4
	a_3	4
		12

家系 B

		后代数
雌亲	b_1	3
	b_2	5
	b_3	4
		12

两个家系的雌亲数和后代的总数都相同，但家系 B 比家系 A 有更高的亲缘相关，这是因为增加了家系中全同胞的对子数。在家系 A 中，全同胞的对子数是 $3\binom{4}{2}=18$；在家系 B 中，全同胞的对子数是 $\binom{3}{2}+\binom{5}{2}+\binom{4}{2}=19$。

因此，在雌亲间后代数目不等的情况下，如果用各雌亲的平均后代数（$\bar{n}$）代入公式 10-33，所计算的亲缘相关就会偏低。公式 10-33 是公式 10-34 的上限，可以在一定程度上弥补这一偏差。下例说明，只要雌亲间后代数目相差不是很悬殊时，用公式 10-33 计算的结果仍不失为一个十分近似的估计，而这一例子本身也提供了即使是在后代数目相差悬殊时的计算方法。

例：根据下列资料计算亲缘相关。

雌亲	a	b	c	d	e	总数
后代数	10	20	13	18	15	76

总对子数：

$$\binom{76}{2}=\frac{(76)(75)}{2}=2\,850$$

全同胞对子数：

$$\binom{10}{2}+\binom{20}{2}+\binom{13}{2}+\binom{18}{2}+\binom{15}{2}$$
$$=45+190+78+153+105=571$$

半同胞对子数：

$$2\,850-571=2\,279$$

所以，亲缘相关

$$r=\frac{0.5(571)+0.25(2\,279)}{2\,850}=0.300\,1$$

用近似公式计算时

$$r = \frac{d+1}{4d} = \frac{6}{20} = 0.30$$

结果十分接近。

三、对后代进行随机抽样

在育种工作中，有时不可能或不必要对全部后代进行观察，而是用样本代表总体。这时近似公式是否也适用于样本？

在随机抽样时，每个后代都有同样的机会进入样本。但在已确定的某个样本中，有可能某些雌亲的后代多，某些雌亲的后代少。例如在 5 个雌亲的后代群中，随机抽取 5 个个体，这时就会有 7 种不同的情况（不考虑雌亲的序号），而且每种情况的亲缘相关各不相同（表 10-14）。

表 10-14　5 个后代在样本中的分布及其亲缘相关

抽样情况	雌亲					全同胞对数	半同胞对数	亲缘相关
	a	b	c	d	e			
1	5	0	0	0	0	10	0	0.5
2	4	1	0	0	0	6	4	0.4
3	3	2	0	0	0	4	6	0.35
4	3	1	1	0	0	3	7	0.325
5	2	2	1	0	0	2	8	0.3
6	2	1	1	1	0	1	9	0.275
7	1	1	1	1	1	0	10	0.25

由于上述 7 种情况出现的概率不同，所以不能用一般的平均数来表示这一家系的亲缘相关，而是要对这 7 种情况作不同的加权。为了使问题简化，我们假定每个雌亲有 5 个后代，这样就成为一个从 25 个后代的群体中，一次抽取 5 个个体的组合问题了。在表 10-15 中列出了每种抽样情况可能出现的频数，这些频数就是不同情况的加权系数。

表 10-15　不同抽样情况出现的频数

抽样情况	雌亲内频数	雌亲间频数	总频数
1	1	5	5
2	25	20	500
3	100	20	2 000
4	250	30	7 500
5	500	30	15 000
6	1 250	20	25 000
7	3 125	1	3 125
总计			53 130

表 10-15 中的总计频数应当等于在 25 个后代中一次任取 5 个的组合数

$$\binom{25}{5} = \frac{25!}{5!\,(25-5)!} = 53\,130$$

雌亲内频数就是在每个雌亲的 5 个后代中可能组合的情况。以第 2 种抽样情况为例（见表 10-14），在雌亲 a 中抽得 4 个后代，在雌亲 b 中抽得 1 个后代，前者有 $\binom{5}{4} = 5$ 种抽法，后者有 $\binom{5}{1} = 5$ 种抽法。根据概率相乘定律，这种情况在雌亲 a 和 b 同时发生时就有 $5 \times 5 = 25$ 种抽法。雌亲间频数就是在考虑到雌亲的次序（或编号）时，各种情况的组合还会增加。仍以第 2 种抽样情况为例，"4" 可能出现在 5 个雌亲中的任何一个，它的组合就是 $\binom{5}{1} = 5$；"1" 虽然也可能出现在任一雌亲，但当 5 个雌亲中已经有一个出现了 "4" 的前提下，"1" 就只能出现在其余 4 个雌亲中的一个了，它的组合就是 $\binom{4}{1} = 4$。所以可能的组合数就是 $5 \times 4 = 20$。每种抽样情况的总频数是雌亲内和雌亲间频数的乘积。

在做了上述分析后，根据表 10-13 和表 10-14 就可以计算样本的平均亲缘相关

$$r = \frac{0.5 \times 5 + 0.4 \times 500 + \cdots + 0.25 \times 3\,125}{53\,130} = 0.29$$

如用近似公式计算

$$r = \frac{d+1}{4d} = \frac{6}{20} = 0.3$$

结果仍相当接近。

至于在后代数目不等的情况，用近似公式计算的效果已经在前面验证，该结论在抽样的条件下也成立。

四、混合家系亲缘相关的几种形式

（一）单个混合家系的亲缘相关（$\bar{r}$）

精确公式见 10-34

$$\bar{r} = \frac{0.5\,(n-1) + 0.25n\,(d-1)}{dn-1}$$

式中 d 为母畜数，n 为母畜内仔畜数。

近似公式见 10-33

$$\bar{r} = \frac{d+1}{4d}$$

（二）多个混合家系的平均亲缘相关（$\bar{r}_s$）

精确公式

$$\bar{r}_s = \frac{0.5sdn\,(n-1) + 0.25\left[\,sdn\,(dn-1) - sdn\,(n-1)\,\right]}{sdn\,(dn-1)}$$

$$= \frac{0.5\,(n-1) + 0.25n\,(d-1)}{dn-1}$$

结果和公式 10-34 相同。

式中 s 为公畜数，d 为公畜内母畜数，n 为母畜内仔畜数。

近似公式

$$\bar{r}_s = \frac{sd + d}{4sd} = \frac{d + 1}{4d}$$

结果和公式 10-33 相同。

（三）由多个混合家系组成的群体的平均亲缘相关（$\bar{R}$）

和前面讨论的多个混合家系的平均亲缘相关（$\bar{r}_s$）不同，这里指的是把多个混合家系看成是一个总体，在这个总体中随机取出两个个体，它们的亲缘相关就会有全同胞（$r = 0.5$），半同胞（$r = 0.25$）和非同胞（$r = 0$）三种可能。这时，$\bar{R} < \bar{r}_s$，并在公畜头数增加时 $\bar{R} < 0.25$；而 $\bar{r}_s$ 却总在 $0.25 \sim 0.5$ 之间。

精确公式

$$\bar{R} = \frac{0.5sdn(n-1) + 0.25\left[sdn(dn-1) - sdn(n-1)\right]}{sdn(sdn-1)}$$

$$= \frac{0.5(n-1) + 0.25n(d-1)}{sdn - 1} \qquad （式 10-35）$$

近似公式

$$\bar{R} = \frac{1}{4s} + \frac{1}{4sd} = \frac{1}{4s} + \frac{1}{4D} \qquad （式 10-36）$$

式中 D 为母畜总数。

以上的公式是假定与公畜配种（并产仔）的母畜数以及每头母畜的仔畜数相同的情况下推导的。如公畜内母畜数和母畜内仔畜数不等的情况，计算混合家系的平均亲缘相关可参考《北京农业大学学报》1985 年第 11 卷第 3 期内容。

五、混合家系亲缘相关的应用

在动物育种中，亲缘相关是一项重要的参数，无论是在用同胞分析法估计性状的遗传力还是用亲属资料估计个体的育种值时，都需要用到这一参数。

（一）估计遗传力

1. 以公畜为变因的一次分组

若每个混合家系的成员数相等，例如对每个混合家系作等量的随机抽样，设公畜数为 S，每头公畜有 n 个后代；则计算组内相关和遗传力的方差分析可依表 10-16 进行：

表 10-16 以公畜为变因的一次分组方差分析

变因	自由度	均方	均方所估计的（方差组分）
公畜间	$S - 1$	MS_b	$\sigma_W^2 + n\sigma_b^2$
公畜内	$S(n-1)$	MS_w	σ_W^2

组内相关：

$$t = \frac{\sigma_b^2}{\sigma_b^2 + \sigma_w^2} = \frac{MS_b - MS_W}{MS_b + (n-1)MS_W} \qquad （式 10-37）$$

其中 $\sigma_b^2 + \sigma_w^2$ 作为对表型方差 V_P 的估计，虽然它不正好等于由总平方和与总自由度计算得来的方差，而 σ_b^2 估计的是 $\bar{r}V_A$（V_A 是加性遗传方差），因为公畜内都是混合家系，它们的平均亲缘相关是 $\bar{r}$。所以有

$$t = \frac{\bar{r}V_A}{V_P} = \bar{r}h^2 \qquad （式10-38）$$

和
$$h^2 = t/\bar{r}$$

如每个混合家系的成员数不等，当每头公畜的后代数 n_i 不等时，需计算一个加权的平均头数 n_0 来代替方差分析表中的 n，计算 n_0 的公式是

$$n_0 = \frac{1}{S-1}\left(\sum_S n_i - \frac{\sum_S n_i^2}{\sum_S n_i}\right) \qquad （式10-39）$$

这时组内相关和遗传力分别为

$$t = \frac{MS_b - MS_W}{MS_b + (n_0-1)MS_W}$$

$$h^2 = \frac{t}{\bar{r}}$$

2. 以公畜、母畜同时为变因的系统分组

设公畜内母畜数、母畜内仔畜数相等，并设公畜数为 s，每头公畜配种的母畜数为 d，每头母畜所生的仔畜数为 n；则母畜总数为 $sd = D$，仔畜总数为 $sdn = N$；计算组内相关和遗传力可依表10-17进行：

表 10-17　以公畜、母畜同时为变因的方差分析

变因	由自度	均方	均方所估计的
公畜间	$S-1$	MS_S	$\sigma_W^2 + n\sigma_d^2 + dn\sigma_S^2$
公畜内母畜间	$S(d-1)$	MS_d	$\sigma_W^2 + n\sigma_d^2$
公畜内母畜内	$Sd(n-1)$	MS_W	σ_W^2

以往，用这类资料计算遗传力时，都是先求出以公畜为主因的半同胞内相关 t_s，以母畜为主因的半同胞组内相关 t_d，以及全同胞的组内相关 t_{s+d}；再分别乘以4或2，即为遗传力。也即：

$$t_s = \frac{\sigma_S^2}{\sigma_S^2 + \sigma_d^2 + \sigma_W^2} = \frac{\sigma_S^2}{\sigma_T^2} \qquad （式10-40）$$

$$t_d = \frac{\sigma_d^2}{\sigma_S^2 + \sigma_d^2 + \sigma_W^2} = \frac{\sigma_d^2}{\sigma_T^2} \qquad （式10-41）$$

$$t_{s+d} = \frac{\sigma_S^2 + \sigma_d^2}{\sigma_S^2 + \sigma_d^2 + \sigma_W^2} = \frac{\sigma_S^2 + \sigma_d^2}{\sigma_T^2} \qquad （式10-42）$$

以及

$$h_1^2 = 4t_s$$
$$h_2^2 = 4t_d$$
$$h_2^2 = 2t_{s+d}$$

由同一资料的计算，得出了三个不同的遗传力，这是由于三个组内相关系数各不相等造成的。现在有了"混合家系"的概念，就可以计算一个平均组内相关，把这三个遗传力统一起来。

最后得遗传力

$$h^2 = \frac{\bar{t}}{\bar{r}} \qquad （式10-43）$$

（二）估计育种值

根据不同的亲属资料估计个体育种的基本公式是

$$A_X = b_{AP}(P - \bar{P}) + \bar{P} \qquad （式10-44）$$

其中回归系数 b_{AP} 表现为各种不同形式的遗传力，例如多次记录时为 $h^2_{(n)}$，全同胞资料为 $h^2_{(FS)}$，半同胞资料时为 $h^2_{(HS)}$ 等等。计算 b_{AP} 的一般公式是

$$b_{AP} = \frac{rnh^2}{1 + (n-1)t} \qquad （式10-45）$$

式中，r 为个体和亲属间的亲缘相关，n 为记录次数（或头数），h^2 为遗传力，t 为亲属资料表型值间的组内相关系数。

由于提出了混合家系的概念，因而在利用这类资料估计个体育种值时，回归系数 b_{AP} 中的 r 和 t 要做相应的改变。

1. 用混合家系作同胞测验时

这时

$$b_{AP} = \frac{\bar{r}nh^2}{1 + (n-1)t}$$

由公式（10-38）可得

$$b_{AP} = \frac{\bar{r}nh^2}{1 + (n-1)\bar{r}h^2} \qquad （式10-46）$$

则估计个体育种值的公式为

$$A_X = \frac{\bar{r}nh^2}{1 + (n-1)\bar{r}h^2}(\bar{P}_{(FS+HS)} - \bar{P}) + \bar{P} \qquad （式10-47）$$

式中，$\bar{P}_{(FS+HS)}$ 为混合家系平均数，$\bar{P}$ 为同期畜群平均数，$\bar{r}$ 为混合体家系的平均亲缘相关。

2. 用混合家系作后裔测验时

这时

$$b_{AP} = \frac{0.5nh^2}{1 + (n-1)t} = \frac{0.5nh^2}{1 + (n-1)\bar{r}h^2} \qquad （式10-48）$$

则估计个体育种值的公式为

$$\hat{A}_x = \frac{0.5nh^2}{1 + (n-1)\bar{r}h^2}(\bar{p}_{(FS+HS)} - \bar{p}) + \bar{p} \qquad （式10-49）$$

式中，$\bar{p}_{(FS+HS)}$ 为子代混合家系平均数，$\bar{p}$ 为同期畜群平均数，$\bar{r}$ 为混合家系的平均亲缘相关。

第六节　数量性状的隐性有利基因

我国有许多家畜、家禽地方品种，它们在长期的自然选择和人工选择的作用下，已经具有一定的特点和相当水平的生产能力。但和一些高度育成的世界性的畜禽品种如大约克猪、荷斯坦牛、来航鸡、美利奴羊等相比较，在肉、奶、蛋、毛等生产性能方面都有进一步提高的必要。例如我国的许多肉用畜禽品种，无论是猪、牛、羊、兔、鸡、鸭等都需要进一步提高生长速度和饲料利用效率。特别是猪，还需要提高瘦肉率。当然，选择一些好的杂交组合利用杂种优势是增加畜产品的一个有效途径，但杂交也需要有纯种。另外，从保存品种资源的角度来看，也需要作品种内的纯种繁殖。因此，如何在纯繁的条件下提高我国地方畜禽品种的生产性能是育种工作的一个重要方面。

目前，为提高纯种生产性能的选择方法主要是以公畜为单位的家系选择。特别是在人工授精技术广

泛应用以来，一头公畜可以留下大量后代，更为这一选择方法的实施提供了有利的条件。畜禽中常用的后裔测定和同胞测定等方法，也都是家系选择的一些变形。家系选择在大多数的情况下是行之有效的，如同在奶牛和蛋鸡的育种中那样。但是对某些性状，家系选择的效果并不理想。例如对猪产仔数的提高，在不少国家的多年选择中，进展都很缓慢。这些性状选择效果差的原因，一方面固然是由于遗传力低，受环境的影响大；另一方面也可能是决定这些性状的多基因中，存在着一些隐性有利基因。即隐性造成高产，显性造成低产。这时常规的纯种选择方法如个体选择、家系选择等都会有某种程度的失效，有时甚至会发生选择错误的情况。

一、隐性有利基因存在的假设

决定数量性状的多基因的作用，并不都像在"多基因假说"中提到的那样是一种无显性的加性效应。它们像其他基因一样，也可以有显性或上位的效应。在一个地方品种中，如果还没有经过高度的选育，群体中往往积累了较多的显性低产基因。这一点在自然选择作用较大的畜群更是如此，因为高产对家畜本身不利，高产基因更多地是以隐性状态存在。

假设在一个以显性低产基因为主的地方品种中有这样两头家畜，它们在染色体上某些座位具有隐性高产基因：

（甲）*AABbCcDd*　　　　　　（乙）*aaBBCCDD*

我们用大写字母代表显性低产基因，并假设它决定 0.5 个单位的产量；用小写字母代表隐性高产基因，并设它在纯合时决定 1.0 个单位的产量。这样，

甲的产量是 $0.5 + 0.5 + 0.5 + 0.5 = 2.0$ 单位

乙的产量是 $1.0 + 0.5 + 0.5 + 0.5 = 2.5$ 单位

可以看出，虽然甲有较多的隐性高产基因（3 个），但表现的产量较低；乙的隐性高产基因较少（2 个），所表现的产量反而较高。在个体选择时，甲被淘汰而乙被留下。即使是在家系选择的情况下，由于与其交配的个体在这些位点上大量的是显性低产基因，后代中隐性高产基因的作用仍被掩盖，因而用一般的后裔测定也不能正确反映亲本的情况。这时，需要用一个经过高度选育的品种来做测验交配，因为高度选育的品种在这个性状上已经积累了大量的隐性高产基因，通过测交就能发现地方品种中隐性高产基因较多的个体。

设在一个高产品种中这些基因座上的隐性基因已经纯合（*aabbccdd*），则它与甲和乙的测交后代的平均产量，可由下面分析得出。

（一）与个体甲测交

AABbCcDd　　×　　*aabbccdd*

↓

后代基因型	产量 / 单位
AaBbCcDd	2.0
AaBbCcdd	2.5
AaBbccDd	2.5
AaBbccdd	3.0
AabbCcDd	2.5
AabbCcdd	3.0
AabbccDd	3.0
Aabbccdd	3.5
平均	2.75

（二）与个体乙测交

$$aaBBCCDD \qquad \times \qquad aabbccdd$$

$$\downarrow$$

后代基因型	产量 / 单位
aaBbCcDd	2.5

一个高度选育的品种不一定所有这些座位上的隐性有利基因都纯合，只要在大多数的座位上已经纯合，如 Aabbccdd 或 aaBbccdd 也可用作测交的亲本。当然，纯合的座位越多，测交的效果越好。

二、假设的验证

根据上述假设，如果所选的性状在较大程度上受隐性有利基因的影响，那么根据测交成绩的间接选择效果应当比本品种内的直接选择效果好。为了证明这一点，进行了下面的实验。

（一）实验材料

1. 实验材料：黑腹果蝇（*Drosophila melanogaster*）
2. 观测性状：头部单眼间的刚毛（ocellar）数目
3. 变种（系）：①野生型，刚毛数在 6~9，模拟地方品种；②少刚毛系，刚毛数在 0~2，是一个经过多代选择的近交系，模拟高度选育的品种。

（二）选择方向

向下选择。希望通过测交降低野生型的刚毛数，模拟降低猪的背膘厚度、提早蛋鸡的开产日龄、降低家畜的饲料消耗量等性状。当然也可以作向上选择，例如提高瘦肉率、产仔数、产奶量、产蛋数等性状，这就要找一个这方面高产的品种作为标准系进行测交，其原理相同。

（三）方法

1. 实验组。根据野生型和少刚毛系测交的子代成绩对野生型做选择，每代从 10 个家系中选择刚毛数最少的 2 个家系作为繁殖下一代的亲本。此为间接选择或测交选择。
2. 对照组。根据野生型纯繁的结果选择，每代从 10 个家系中选择刚毛数最少的 2 个家系作为繁殖下代的亲本。此为直接选择或纯繁选择。

以上家系都由 1 只雄蝇和 5 只雌蝇组成，每个家系的后代中记录 5 雄 5 雌刚毛数。

（四）实验结果

整个实验历经了 11 个世代。对记录资料计算平均数、方差、协方差、遗传力、遗传相关等统计量和参数。这里仅就刚毛平均数的选择进展来验证隐性有利基因的存在。

表 10-18　各世代的平均刚毛数

世代	实验组（X）	对照组（Y）	相差（$X-Y$）
0	6.57	6.68	−0.11
1	6.78	6.83	−0.05
2	6.41	6.33	0.08

续表

世代	实验组（X）	对照组（Y）	相差（X-Y）
3	5.88	6.15	−0.27
4	5.43	5.84	−0.41[*]
5	5.51	5.89	−0.38[*]
6	5.37	5.70	−0.33
7	5.03	5.48	−0.45[*]
8	4.19	4.87	−0.68[**]
9	4.24	4.58	−0.34
10	3.67	4.60	−0.93[**]
11	3.12	3.87	−0.75[**]

* $P < 0.05$；** $P < 0.01$

从表 10–18 可以看出，测交选择（实验组）的效果，要比纯种家系选择（对照组）的效果好。特别是随着选择世代的进展，这一效果的显著程度也随之提高，这可认为测交选择提高了群体中隐性有利基因的频率。

三、分析与讨论

1. 对于刚毛数的降低，纯种家系选择和测交选择都有明显的效果，第 11 世代的刚毛数与零世代相比，前者降低了 42%，后者降低了 53%，测交选择的效果优于纯种家系选择，说明确有一部分隐性有利基因存在，而纯种家系选择的效果则说明了加性基因和一部分显性有利基因的存在。

2. 基因的加性、显性和上位效应的存在可以用一个"三向测交"（triple test cross）的方法来检验。本试验曾对刚毛数这一性状作三种基因效应的测定。用野生型分别与少刚毛系，多刚毛系（刚毛数在 10 ~ 14）以及这两个系杂交的 F_1 作三向测交，对其结果进行方差分析。测得上位效应不显著，显性和加性效应高度显著。

3. 在生产中用三向测交有实际困难。对某一性状是否受隐性有利基因的影响，可以简单地从两个极端品种杂交的 F_1 的产量做出大致判断。如 F_1 的产量低于亲本均值（即偏于低产亲本），就可以认为有一定程度的隐性有利基因的作用。如 F_1 的产量高于亲本均值（即偏于高产亲本），则表示有显性有利基因的作用。虽然这可能是由于杂种优势，但显性有利基因的存在也正是产生杂种优势的原因之一。如果 F_1 的产量很接近亲本均值，则可认为基本上是加性基因在起作用，当然也可能是显性有利和隐性有利的相互抵消。本实验的零世代野生型刚毛数平均为 6.6，与少刚毛系中刚毛数为零的个体杂交 F_1 的刚毛数平均为 4.7，超过双亲的平均数 3.3。由于刚毛数多代表低产，所以存在隐性有利基因。这也是我们为什么不用多刚毛系作为测交亲本的原因，因为这时多刚毛代表高产，是显性有利而不是隐性有利，测交选择显不出它的优越性。

4. 测交选择应用的条件。要使测交选择取得好的效果，需要满足下面 3 个条件：

（1）隐性有利基因的存在。这是前提，因为我们不可能得到根本不存在的东西。

（2）直接选择（纯繁）与间接选择（测交）之间的遗传相关高。即根据测交选择出好的个体（或家系）用来纯繁时效果也好。本试验测得刚毛数的直接选择与间接选择的遗传相关为 0.6。

（3）大的家系。家系越大选择越可靠，因为环境偏差在家系平均数中正负抵消。如果记录是从家系中抽样得来（如本试验在每个家系中记录 5 雄、5 雌的刚毛数），那么样本数目越大选择越可靠。这是因为降低了平均数的抽样误差。

5. 在实践中的应用。在生产实践中，有时找一个高产品种的大量母畜用作测交的亲本有一定困难。这时也可以用高产品种公畜与本地品种的母畜杂交的 F_1 作为测交的亲本母畜，因为 F_1 的基因型在大多数的座位上都是杂合的，例如 AaBbCcDd 也能测出本地品种中隐性有利基因较多的个体，但家系要大。

6. 间接选择和直接选择相结合。为了进一步提高选择效果，还可以把测交选择（间接选择）和纯种家系选择（直接选择）结合起来，也就是同时根据两种选择的结果留种。这样既选择了隐性有利基因也选择了显性有利基因和加性基因。

7. 防止近交。测交选择的方法在家畜家禽中应用时要注意近交程度。家系数太少或选择强度过大，都会造成近交程度的迅速增加。特别是一些近交退化明显的性状，尤其要注意这一点。

第七节　分子数量遗传学

分子数量遗传学是分子生物技术与数量遗传学相结合的一门发展中的交叉学科。基于多基因假说的数量遗传学对决定数量性状的多基因效应用统计学方法做出估计，但不能确定基因及其所在染色体上的位置。随着现代分子生物技术的发展，使得从分子水平上研究数量性状的基因成为可能，并应用于动物育种中。

一、从数量性状基因座到数量性状核苷酸

（一）数量性状基因座（quantitative trait loci，QTL）

1. QTL 的概念

视频：QTL 的概念及研究

目前认为，QTL 是对数量性状影响较大的基因座，是位于染色体上的一些片段，可以是效应显著的单基因座，也可以是包含多个相互连锁的基因区域。数量性状基因座可以用遗传标记来定位，这些标记与影响特定性状的基因紧密连锁（DNA 物理图谱上邻近），可以寻找控制这个性状的基因位置。

目前认为，QTL 是影响数量性状的基因座，为染色体的一个片段。

2. 遗传标记

遗传标记是一些可以直接或间接探测基因型所决定性状的标志物。由于可识别的层次和手段不同，遗传标记有多种类型，一般可分为 4 种：①形态学标记，如白眼（w）果蝇的体重一般要比黄体（y）果蝇大；②细胞学标记，如染色体片段的缺失或重复有可能会影响繁殖力；③同工酶标记，这是采用生化手段在蛋白质水平上可区分基因型的遗传标记。这三种标记都是以基因表达的结果（表型）为基础，是对基因的间接反映。④分子标记，这是在 DNA 水平上可直接区分基因型的标记，如限制性片段长度多态性（restriction fragment length polymorphism，RFLP）、可变数目串联重复（variable number of tandem repeats，VNTR）、随机扩增多态性 DNA（random amplified polymorphism DNA，RAPD）、扩增片段长度多态性（amplified fragment length polymorphism，AFLP）和单核苷酸多态性（single nucleotide polymorphism，SNP）等。这些分子标记具有多态性高、信息含量丰富、检测手段简便等特点，尤其 SNP 标记在基因组中普遍存在，已广泛应用于 QTL 定位、全基因组关联分析、标记辅助选择、全基因组选择等。目前，检测全基因组遗传变异并进行基因分析的高通量手段主要有两种：生物芯片和基因组测序。

3. QTL 定位

遗传标记（genetic marker）多态性是 QTL 定位的基础。数量性状的表型是许多 QTL 和环境共同作用

的结果。各个 QTL 的效应并不相同，有的 QTL 效应较大，我们可以用遗传标记通过统计学方法进行定位，分析它们的效应，研究它们在性状形成中的作用机理，在此基础上进行标记辅助选择，即利用这些 QTL 或与之紧密连锁的标记，结合表型和系谱信息进行育种值估计，从而提高育种值估计的准确性。

目前定位 QTL 的方法主要有两种，即全基因组扫描法和候选基因法。全基因组扫描的基本方法是选择分布在整个基因组上的分子遗传标记，构建试验群的遗传图谱，用连锁分析或连锁不平衡方法分析标记与数量性状表型间的关系，判断 QTL 在染色体上的相对位置及其效应大小；候选基因法是根据已有的知识提出与数量性状相关的基因，或根据全基因组扫描结果筛选到的候选基因，与性状作关联分析，判断其是否是 QTL。

总之，一个数量性状往往受多个 QTL 影响，这些 QTL 分布于不同染色体或同一染色体上的不同位置。利用特定的遗传标记信息可推断影响某一性状的 QTL 在染色体上的数目和位置，这就是 QTL 定位。

4. 影响数量性状的主效基因

数量性状主要是受微效基因（minor gene）或多基因（polygene）影响。但也有不少例子表明数量性状也受主效基因（major gene）的影响。表 10-19 就是家畜中一些数量性状受主效基因甚至是单基因影响的例子。

表 10-19 有确定生产意义的 QTL

畜种	基因名称	效应	所在染色体
猪	氟烷敏感基因（*Hal*）	肉品质	6
	生长激素基因（*GH*）	促进生长	12
	酸肉基因（*RN*）	肉品质	15
牛	双肌基因（*MH*）	生长发育	2
	Weaver 基因	纯合致病；杂合提高产奶量	4
绵羊	*Booroola* 基因	繁殖力	6
	FecX 基因	繁殖力	x
鸡	矮小基因（*dw*）	生长	z
	快慢羽基因（*K，k*）	生长；自别雌雄	z
	裸身（*nu*）	无羽	4
	绿壳基因（*O*）	绿壳蛋	1

引自 Allison C P et al.，2005；Walsh F S et al.，2005；Wang et al.，2013 等

可以这样说，影响数量性状是多基因，但作为数量性状基因座来说，它们也可以是主基因甚至是单基因。所有 QTL，只要它们有足够大的效应，都可以用作数量性状的选择标记。

视频：从 QTL 到 QTN

（二）数量性状核苷酸（quantitative trait nucleotides，QTN）

数量性状基因座的分子基础就是数量性状核苷酸，它是在被定位的 QTL 区间内对数量性状真正起作用的核苷酸序列多态位点。被定位的 QTL 区间通常较大，可能会有上百个基因，因此我们需要做进一步的精细定位，在此区间内筛选候选基因。在确定候选基因后，检测其 SNPs，筛选出与期望相一致的 SNP 作为候选的 QTN，再对候选的 QTN 做统计学和功能上的验证，最终确定其是否是 QTN。经确定的 QTN，又称之

案例：猪 IGF2 基因 QTN 的发现与验证

案例：鸡绿壳蛋基因定位和致因突变鉴定

为数量性状基因（quantitative trait gene，QTG）。

通过 QTL 定位进而确定为 QTN 的基因还不多。家畜中已经确定的 QTN 实例见表 10-20。

表 10-20 对畜禽经济性状有意义的 QTN/QTG

畜种	基因名称	功能	参考文献
乳牛	*DGAT1*（二酯酰甘油酰基转移酶 1）	与产奶性状有关	Grisart B W,et al（2002）
	ABCG2（ATP 结合运转蛋白 G2）	与产奶性状有关	Olsen H G,et al（2007）
猪	*IGF2*（胰岛素样生长因子 2）	与生长有关	Van-Laere,et al（2003）
绵羊	*GDF8*（肌肉生长抑制素）	与肌肉生长有关	Clop A,et al（2006）
	BMPR-1B（骨骼形成蛋白 1B 型受体）	与繁殖有关	Mulsant P,et al（2001）Souza C J,et al（2001）
鸡	*SLCOIB3*（绿壳蛋基因）	与蛋壳色素有关	杨宁，邓学梅等（2013）

（三）QTL 应用中的问题

众所周知，在网上公布的已被定位的 QTL 很多（表 10-21），而且这一数量还在不断增加，但能实际应用的并不多。

表 10-21 已定位的 QTL 数量

畜种	QTL 总数	性状数量	性状类型	QTL 数量
猪	54 816	673	肉和胴体	36 201
			健康	7 296
			繁殖	3 976
			生产	3 995
			外形	2673
牛	195 011	680	产奶	83 888
			繁殖	45 844
			肉和胴体	22 809
			外形	10 514
			健康	8 249
鸡	18 646	372	生产	13 643
			外形	3 102
			健康	978
			繁殖	407
			生理	311
绵羊	4 729	272	产奶	1 065
			健康	1 186

续表

畜种	QTL 总数	性状数量	性状类型	QTL 数量
绵羊	4 729	272	肉和胴体	563
			外形	612
			生产	605
			羊毛	337
			繁殖	340

数据来源：national animal genome research program（NAGRP）–bioinformatics coordination program，2023

分析其原因有：

1. QTL 或标记与性状的连锁程度不确定

QTL 是通过连锁检验确定位于某个数量性状基因附近的染色体区域。这一区域涉及的 DNA 实际长度可能很长，也可能较短，因此，发现的 QTL 可能包含多个基因，它（它们）和所标记的数量性状间的连锁程度并不确定。

2. QTL 群体特征

不同群体由于遗传背景不一样，同一性状的 QTL 在其中发生分离的位置、数目和效应不完全相同，根据不同群体确定的 QTL 会有差异。因此，实际应用中要把 QTL 与具体的群体相联系。

3. QTL 有统计学特征

QTL 的位置和效应是通过抽样分析和统计估计获得的，受抽样误差及检验方法和检验标准的影响，统计分析确定的 QTL 的位置也并非物理上的位置。所以 QTL 位置与效应均有概率上的含义。

一个数量性状究竟受多少个 QTL 控制？这些 QTL 位于哪条染色体上的什么位置？各个 QTL 的效应和联合效应是什么？用 QTL 对数量性状做标记辅助选择（MAS）的准确性怎样？从现在对 QTL 研究来看，这些问题还远未解决。这就有必要对 QTL 研究的指导思想和技术路线作重新考虑。可以这样说，"30 多年来对 QTL 研究的最大收获是在分子水平上证明了决定数量性状遗传的是多基因"。

二、全基因组关联分析

（一）背景

"全基因组关联研究"或"全基因组关联分析"即 Genome–Wide Association Study（GWAS）。这一研究最早从医学开始，提取病例组和对照组的 DNA 样品，进行全基因组的 SNP 芯片扫描，找出病例组和对照组中基因频率差异显著的 SNP 位点，则认为该位点与疾病（性状）存在关联。

视频：从 QTL 连锁
分析到 GWAS

GWAS 的快速发展是由于人类基因组计划（HGP）和人类基因组单体型图计划（Hap Map）的完成，SNP 芯片和高通量的 SNP 检测技术的完善，基因分型技术的提高，以及不断改进的统计分析方法和软件的出现。

GWAS 是应用人类、动物、植物基因组中数以万计的单核苷酸多态性（single nucleotide polymorphism，SNP）为标记进行关联分析，以期发现由多基因决定性状的分子基础的新策略。与以往的候选基因分析策略不同，GWAS 无须假设与性状有关的候选基因，而是直接通过 SNP 作关联分析。自从 Klein 等于 2005 年在 Science 上首次报道了与年龄相关的黄斑变性（age-related macular degeneration）的 GWA 研究结果以来，引起了 GWAS 热，发表的论文数逐年增长（图 10-8）。

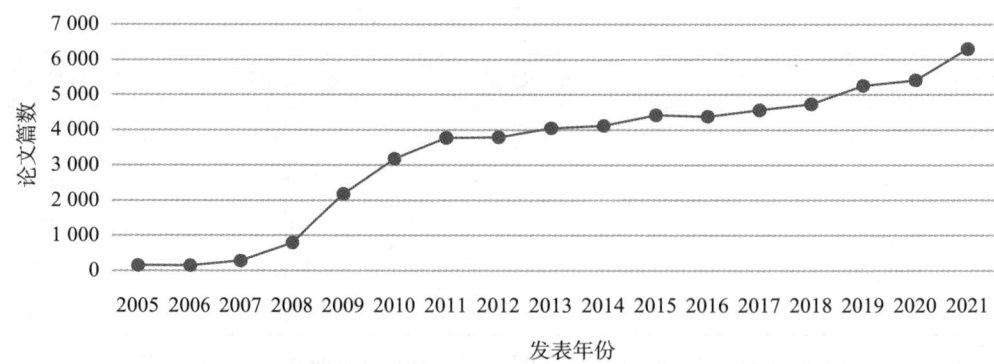

图 10-8 以 GWAS 为检索词在 Genbank 中检索到的文献数量

（二）GWAS 过程

对多数畜禽质量性状来说 GWAS 可一次完成，但对于受多基因控制的数量性状或复杂性状，GWAS 通常采用两步设计。第一步，对较少的样本用覆盖整个基因组的高通量 SNP 分型芯片进行分型分析，筛选出差异最显著的 SNP（如 P < 10^{-7}）；第二步，扩大样本，对第一步筛选出的 SNP 进行验证。这一设计的优点是减少了基因分型的工作量和费用，而且通过第二步的重复试验降低了误差，如假阳性率。但这一设计也存在一定缺点，由于第一步分析通常是在较少的样本中进行，有可能漏检了一部分目标基因。解决的办法是适当扩大样本含量，并放宽第一步筛选 SNP 的显著标准（如 P < 10^{-5}），但这样做的结果又会增加费用。

GWAS 的大致过程可分为下面几个步骤：①提取的 DNA 样本与高通量的 SNP 分型芯片进行杂交；②用专门的扫描仪对芯片进行扫描；③将每个样本的全部 SNP 分型信息以数字形式存储并对其进行质量控制；④检测分型样本和位点的"得率"（call rate），比较试验与对照的符合即差异程度；⑤对经过质控的数据进行关联分析，筛选出一批差异最显著的 SNP 位点；⑥根据试验要求，对筛选出的 SNP 用合适通量的基因分型技术在独立样本中进行验证；⑦如果采用两步设计，还需合并两部分的数据。

（三）GWAS 存在的问题

1. 由于不同群体中同一基因的频率不同，或是不同群体有不同的连锁不平衡区域，这就使得在一个群体中 GWAS 结果显著的 SNP 在另外的群体中有时并不显著。

2. 目前，GWAS 的对象主要是 SNP，对 SNP 以外的其他变异如拷贝数变异、小片段缺失、串联重复序列等 GWAS 检出的功能很小，而这些非 SNP 变异通常包含了多个核苷酸，往往可以影响到所研究性状基因的表达。

3. 由于数量性状 / 复杂性状受环境的影响大，这也给 GWAS 带来一定困难。如对人类身高的研究，通过对 540 万人的样本，发现了 12 111 个 SNPs，分布区域覆盖约 21% 的基因组，能解释欧洲血统人身高的 45% 表型变异，但对其他血统人群只能解释 14%～24% 的表型变异。

（四）GWAS 在畜禽生产中的应用

1. 可发现与数量性状的关联基因。已报道了大量与畜禽数量性状有关的 SNP 位点，这些位点可用于标记辅助选择。

2. 对于质量性状，用 GWAS 可找到致因突变，进行精细定位，如鸡的绿壳蛋基因、裸身基因。

三、基因组选择

（一）概念

畜禽遗传改良的目标性状多数是数量性状，受多基因控制。通过 QTL 和 GWAS 等
策略发现的基因或标记也只能解释较小比例的遗传和表型变异，实施标记辅助选择的
效果多数并不理想。

视频：从 GWAS 到 GS

基因组选择（Genomie Selection，GS）是指在全基因组范围内的标记辅助选择，
即利用覆盖全基因组的高密度标记进行标记辅助选择。随着多种畜禽基因组测序的完成和与 QTL 有关
的大量 SNPs 的发现，以及 SNP 芯片等高通量 SNP 检测技术的完善，使基因组选择的应用成为可能。由
于 SNP 的密度高且覆盖整个基因组，使任何一个 QTL 可以至少与一个 SNP 标记紧密连锁，这就有可能
通过全基因组中大量的 SNP 标记来捕获所有的遗传变异（理论上），从而更准确地评估个体间的遗传
差异。

（二）方法步骤

实施基因组选择通常分为两步：第一步，要建立一个参照群体，对每个个体所有
要选择的性状做详细、准确的表型记录，同时对这些个体进行高通量基因组标记分型，
然后利用数学模型估计出各个标记的效应。第二步，对需要选择的候选群体中的每个

案例：GS 在奶牛育
种中应用

个体也做标记分型，再根据第一步得到的标记效应值累加得出每个个体的基因组育种
值（genomic estimated breeding value，GEBV），据此进行选种。

标记分型是利用覆盖整个基因组的标记（主要是 SNP 标记，也可用微卫星标记）将染色体分成若干
片段，即相邻的两个标记就是一个染色体片段，应用高通量的基因分型技术对标记进行分型。前提是影
响数量性状的每个 QTL 都与高密度全基因组标记图谱中至少一个标记处于连锁不平衡（LD）状态。

目前，估计标记效应的统计方法最常用的有最佳线性无偏估计（best linear unbiased prediction，
BLUP）法和贝叶斯（Bayes）法。这两种方法的主要区别在于对标记效应分布的假设不同。BLUP 法假设
所有标记都是微效标记，且服从同一方差的正态分布；Bayes 法假设绝大部分标记为微效标记，但也存在
少量效应较大的标记，即允许不同标记的效应有不同的方差。但在计算的难度和耗时上 BLUP 法要明显
优于 Bayes 法。

（三）影响基因组选择效果的因素分析

1. 参照群体规模

基因组选择的准确性很大程度上受参照群体大小的影响。扩大参照群体能提高 GS 估计的准确性。
如荷兰 CRV 公司在 2008 年基因组选择开始之初，参照群体只有 4 000 头验证公牛，到 2010 年由于加入
欧洲基因组计划，参照群体规模迅速扩大，已经涉及欧洲基因组成员国所有的验证公牛，参照群体规模
达 2.5 万头。据报道，法国、丹麦、德国和荷兰等国的奶牛育种公司使用共享的参照群体比他们使用单
独的参照群体的估计育种值准确性提高了 10%。

2. 标记密度和标记间连锁不平衡程度

增加标记密度，降低了标记间的重组率，可提高 GS 的选择效果，但增加了标记的检测成本。同样，
标记间的连锁不平衡的程度越高，GS 的效果越好。

3. 参照群体与候选群体间的世代差异

随着参照群体与候选群体在世代上间隔的时间增加，标记与 QTL 间的连锁不平衡程度发生变化，用
参照群体估计的标记效应和实际选择的候选群体产生了差异，因而 GS 的准确性下降。所以在经过了 3-4

个世代后需要利用新的参照群体重新估计标记效应。

（四）基因组选择中几个问题的讨论

基因组选择的优点在于：①早期选种。畜禽初生时即可获得基因组信息。②缩短世代间隔。这对传统用后裔测定的家畜更明显。③有利于提高遗传力低的性状、限性性状，特别是不能重复度量性状的选择准确性。但是针对目前的几种观点仍有澄清的必要。

1. 有了基因组选择，家畜就不用再做生产性能的记录了。这是某些国外奶牛育种公司的声音。他们公司的奶牛做记录，建立参照群体，而且记录还在不断更新，而你只要买他们的牛、冻精、胚胎就行了。如同意这一做法，那就会影响我国奶牛育种工作的发展。

2. 基因组选择不但可以合并同一品种的跨国群体，而且还可以合并不同品种的群体，如荷斯坦奶牛和娟姗牛，大白猪、长白猪和杜洛克猪。这种看法国内外都有。要知道合并群体虽然增加了群体大小，在一定程度上增加了选择的准确性，但也要看到群体合并后也增加了群体中的遗传方差和表型方差，降低了选择的准确性。合并同一品种的不同群体还犹可，如果要合并不同品种如我国三大外种猪，建立一个参照群体，计算共同的标记效应，这在统计上是可行的，但在应用上是会产生很大误差的。因为参照群体是三品种的混合群体，而待选择的是候选群体中的某个个体，它可以是大白、长白或杜洛克，选择的准确性也不会比同一品种的参照群体高。

（五）基因组选择效果的比较

比较某种选择方法的效果是一个遗传育种的难题。理论上，用任何一种方法得到的育种值都是对一个育种真值的估计，但什么是真值？谁也不知道。因而产生了各种各样的估计。实际上，有两类方法可以用于比较育种值的可靠程度，一是计算机模拟；二是与后裔测定成绩比较。计算机模拟很大程度上受选用的模型和设置的参数影响，其结果有可能优于后裔测定，但与后裔成绩（或包括后裔成绩在内的其他亲属成绩）比较，则永远超不过后裔测定。

自从 T. H. Meuwissen 等于 2001 年提出基因组选择以来，在动物遗传育种领域中引起了对 GS 的研究热潮，无论是对标记分型、效应值估计的统计方法还是具体的应用策略都有很大发展。现在不仅在牛、羊、猪、鸡、水产动物中而且在作物方面都有用 GS 对数量性状选择的报道。研究发表的论文多了，报道结果就可能有真有伪，至少有一部分的研究结果是值得怀疑的。

1. 什么是可信的？

如一家或几家奶牛育种公司，对保存的几代甚至十几代的奶牛育种资料，用验证公牛（有的可能已不存在）组成参照群体，这样就可以产生两组育种值：一是根据过去女儿的后测育种值；二是现有女儿的基因组育种值。对这两组育种值做相关分析，如相关程度高，说明基因组选择有效，这一结论是可信的。

2. 什么是值得怀疑的？

目前，对 GS 效果的报道是计算机模拟的结果。应当指出的是计算机模拟要遵循两个原则，一是对生产或科研中提出的问题，根据实际情况选择模型和合理地设置参数；二是对模拟的结果要返回生产或科研中进行验证。而现在的计算机模拟往往有意无意地忽视了第二个原则，特别是对世代间隔长的畜种，等验证出来结果再发表文章，就等不及了。而现在发表文章，即使以后发现估计错了也不会有人再来追问。再有在计算机模拟中往往由于所设置的参数不同而得到不同的结果，有一定的随意性。

总之，GS 是基因组水平的标记辅助选择，有许多优点，但目前 GS 并不能替代常规的选择技术，应该在常规选择技术体系下增加 GS，常规生产性能测定的个体不断增加和更新参考群体数量。在畜禽育种实践中，通过适当方式增加 GS 环节，能进一步提高选种的强度和准确性。笔者曾说过这样的话："适用于所有畜种、所有性状的最佳选择方法是没有的，最佳的选择方法是根据不同畜种、不同性状采用不同的方法"。如一些遗传力高的性状，表型值选择就有好的效果，不必花大量的费用再用基因组选择来辅助了。随着控制数量性状的基因解析不断完善，GS 是一种具有较好发展前景的选择技术，是动物育种中提高选择准确性的重要途径。

小　结

1. 数量遗传学是研究群体数量性状的科学；数量性状的遗传基础是多基因，表型变异是连续的。在学习过程中要注意数量性状和质量性状、阈性状、等级性状以及复杂性状等的区别和关联。

2. 多基因假说的要点是：

（1）数量性状是受许多对微效基因控制；

（2）微效基因间无显隐性关系，其效应是累加的；

（3）单一的微效基因服从孟德尔遗传规律；

（4）微效基因不能被单独识别，而是从表现的性状作为整体来研究；

（5）由微效多基因决定的数量性状，易受环境影响。

现在对多基因假说已有发展，其要点是：

（1）控制数量性状的基因除了微效基因，也可以有主效基因；

（2）决定数量性状的基因有加性效应，也有显性效应和上位效应，更多的情况是几种基因效应同时存在；

（3）应用现代生物技术和统计方法，可以对控制数量性状的基因从整体到局部进行研究，如 QTL、QTN；也可以从局部到整体进行研究，如 GS。

3. 群体中一个数量性状的表型值（P）受基因型值（G）和环境效应（E）两个因素的影响。由于共同环境对群体中不同个体的影响有正有负，所以群体某性状的平均表型值（$\overline{P}$）就等于群体该性状的平均基因型值（$\overline{G}$）。一个数量性状受多少对基因影响，是一个很难确定的数字，在规定了许多假设的条件后，提出了估计公式：

$$n = \frac{D^2}{8(\sigma_1^2 + \sigma_2^2)}$$

$$4^n = \frac{F_2 \text{ 个体总数}}{F_2 \text{ 中级端类型的个体总数}}$$

两个公式中的 n 就是所估计的基因对数。可以看出这两个公式都没有考虑基因连锁的情况。

4. 遗传参数包括重复力、遗传力、遗传相关以及亲缘相关，前三个参数是从数量性状方差剖分中推演出的，后一个是从全同胞–半同胞混合家系亲缘相关中推导得到的。对遗传参数的学习要求从概念、公式、计算方法以及在育种中的应用几个方面来掌握。

5. 数量性状隐性有利基因假设的提出是一种非常规思维，它不符合通常所说的数量性状是加性基因决定的，隐性突变一般都是有害的概念。通过果蝇实验，证明了假设的成立，并提供了一个可行的选择方法。如果一个数量性状受较多的隐性有利基因的影响，常规选择的效果差，可以用本章提出的方法先做一个高产与低产亲本的杂交，如在 F_1 中该性状偏向于低产亲本，即可证明该性状存在较大的隐性有利基因效应，再进一步做测交选择。

6. 作为大学教材，有必要给学生介绍一些目前本学科前沿存在的一些问题。至于学术观点是否正确，可以让学生通过讨论来判断。有时并不能得到一个肯定或否定的结论，但至少可以开阔思路。科学总是在不断提出新的观点和修正错误观点的过程中取得进步的。

复习思考题

1. 什么是数量遗传学？

2. 什么是数量性状？它和复杂性状有何异同？

3. 什么是"多基因假说"？目前对多基因假说有哪些新的认识？

4. 影响数量性状多基因的对数如何估计？需要有哪些条件？

5. 简述数量性状表型值的剖分过程，并简述 $\overline{P} = \overline{G} = \overline{A}$ 在育种学中的意义。

6. 简述数量性状表型方差的剖分过程。方差是否有相加性？相加性成立的条件是什么？

7. 简述重复力的概念、计算公式和应用。

8. 简述遗传力的概念、计算公式和应用。

9. 简述遗传相关的概念、计算公式和应用。

10. 简述"混合家系"亲缘相关的概念、计算公式和应用。

11. 如果一个数量性状，虽经长期选择，但无明显进展，可能是什么原因？

12. 有什么简易的方法可判断一个数量性状是否受隐性有利基因的影响？

13. 什么是QTL？为什么找到的（已发表的）QTL很多，但真正有实际应用意义的又很少？

14. 现有以下方差分析资料（每头公畜与配的母畜数相等，每头母畜所产的仔畜数相等）

变量	自由度	均方	均方组成
公畜间	3	17.2	
公畜内母畜间	12	7.6	
母畜内仔畜间	80	4.0	
总计	95		

（1）填写出均方组成；

（2）有多少头公畜？多少头母畜与一头公畜交配？每一头母畜有多少头仔畜？每一头公畜有多少头仔畜？

（3）求 σ_W^2，σ_D^2，σ_S^2 和 σ_T^2；

（4）分别用父系半同胞，母系半同胞和全同胞方法计算遗传力，并比较它们之间的差异。

（5）GS 与 GWAS 有什么不同？

网上更多

 思考与提示

 科学与科学人

（吴常信　张　浩）

第十一章
遗传与进化

　　遗传学是研究生物遗传变异规律和机制的科学，而进化生物学则是研究生物物种起源和演变过程的科学。遗传学是研究进化问题的必要手段，进化生物学则是理解物种起源与演化的理论基础。遗传学的研究不仅为生物进化提供了更多的证据，而且更为重要的是，它解释了生物进化的根本原因和历史过程。本章从遗传、选择与进化之间关系的角度，对生物遗传与进化现象进行了阐述，主要内容包括进化生物学及其研究对象、进化学说、选择与进化、遗传变异与进化、分子水平的进化和物种形成。

第一节 进化生物学及其研究对象

一、进化和进化生物学

（一）进化的概念

进化（evolution）一词来自拉丁文"evolutio"，原意为"展开"，是指事物逐渐变化、发展的过程，它的含义十分广泛。广义的进化包括天体的消长、生物的演变、社会的发展等等。狭义的进化是指生物的进化，如物种的进化（起源）、类群（属、科、目、纲、门）乃至整个生物界的进化。

然而，对于进化的概念，学者们的理解并不完全相同。

赫胥黎（T. H. Huxley）将进化定义为："就其通俗的意义来说，它表示前进的发展，即从一种比较单一的情况逐渐演化到一种比较复杂的情况。但其含义已被扩大到包括倒退蜕变的现象，即从一种比较复杂的情况进展到一种比较单一的情况的现象……进化排除了创世及其他各种超自然的干涉……进化这个概念也同样排除了偶然性的概念。"

方宗熙的观点是："进化是事物逐渐变化的意思，就是历史过程中发生渐变的事情……总的说来，进化包括3个方面的内容：①宇宙的进化，这是关于天体的历史发展。例如银河系是怎样形成的，太阳系的历史如何等。②生物的进化，这是关于地球上生物的历史发展，是地球历史的一个部分。它是在宇宙进化的基础上进行的。一般讲进化，大都指生物进化。③社会的进化，这是关于人类的起源和发展。地球上出现了人类以后，就出现了一个新的进化层面——社会的进化。它是在生物进化的基础上进行的……这3个方面的进化包含了自然发展史的全部内容，它们是彼此相互联系的。它们代表3个不同的进化水平，一个比一个高级，一个比一个复杂。在这里，生物的进化有承前启后的作用。它是非生命的宇宙进化的继续和发展，又为人类的诞生准备了条件。"

根井正利（N. Masatoshi）则定义为："进化是群体遗传结构持续转化的过程。因此，群体遗传学理论在进化机制研究上起着重要作用。"

现在看来，进化，或者具体说生物的进化是毫无疑义的，但这种观点是人类认识世界过程中花费了几千年的时间才最后确立的。它是辩证唯物主义在自然科学上的一次伟大进军，同时也是生物学为辩证唯物主义提供的一个强有力的证据。

（二）生物进化

生物进化（biological evolution），从宏观上理解，是指生物种群在一定时间内在性状和遗传组成上的变化。这里的性状主要指形态结构、生理功能、行为习性等，而遗传组成上的变化是从微观上理解的。正如张昀（1998）所说："生物进化是生物与其生存环境相互作用的过程中，其遗传系统随时间而发生一系列不可逆的改变，并导致其相应的表型的改变。在大多数情况下，这种改变导致生物总体对其生存环境的相对适应。"

从广义上来讲，生物作为一个单元或一个阶段是进化来的，地球上原来并不存在生命，大约38亿年前才出现了生命。从生物的内部来看，也一直是进化着的。原始的生命并不具有细胞结构，后来才出现了少数的单细胞的原始类型，这类生物在适当的条件下不断地分化、演变，一些进化到植物，另一些进化到动物直至人类。

生物的进化不仅表现在物种数量的增加，也表现在生物结构的不断趋于复杂和完善。生物进化论认为，地球上最早的生命物质是由非生命物质转化来的，现代生存的各种生物有着共同的祖先。在进化过程中，生物的种类经历了由少到多、由低等到高等，同时生物的结构和功能经历了由简单到复杂的过程。

（三）进化生物学

进化生物学（evolutionary biology）是研究生物进化的科学，其研究内容包括进化的过程、证据、原因、规律、学说以及生物进化与地球的关系等等，它是生命科学最重要的学科之一。进化生物学是生物进化论（the theory of evolution）的继续和发展，而生物进化论是进化生物学的重要基础。早期的进化论研究以理论探讨为主，不完全具备现代自然科学的一般特征。最近几十年来，随着生命科学的迅猛发展，生物进化论的研究与生态学、分子生物学、行为学等学科广泛结合，已从推论走向验证，从定性走向定量，从基础理论走向理论和应用的结合，这也是学科名称更新为"进化生物学"的原因之一。另一方面，进化生物学是相对于功能生物学（functional biology）而言的。功能生物学主要研究生物体自身的结构和功能，进化生物学则研究与进化有关的生命现象。

二、进化生物学的研究内容、领域和热点

（一）进化生物学的研究内容

进化论一词最初由法国博物学家拉马克（J. B. Lamarck）提出，英国博物学家达尔文（C. R. Darwin）为之奠定了科学基础。

进化生物学涉及的主要内容包括 2 个关系：生物与环境、遗传与进化；3 个环节：生命起源、物种起源、人类起源；6 个层次：群落、种群、个体、细胞、分子（基因）、量子；3 个阶段：达尔文主义、综合进化理论、中性学说。

进化生物学的研究范畴大致有以下 6 个方面：

（1）生物进化的起点：研究生命的本质和生命起源、细胞起源、物种起源、人类起源等内容。

（2）生物进化的证据：研究生物发生、发展及人类起源和进化的直接与间接的证据，以及这些证据之间的内在联系。

（3）生物进化的因素和机制：研究生物的结构功能、生物类型的多样性、生物的适应性及其形成或产生的原因。

（4）生物进化的规律：研究生物进化的方向、速度、形式、动力、本质和生物体与环境相互作用的具体途径等内容。

（5）控制物种的进化：研究如何运用生物进化、发展的规律来改造生物界，不断满足人类的需要。

（6）进化生物学史：研究在不同历史时期产生的关于生物进化的各种观点、认识，以及从不同角度应用不同技术方法产生的各种生物进化学派及其演变过程。

（二）进化生物学的主要研究领域

1. 生命的早期起源与演化

生命的起源与演化是生物进化过程中极为关键的历程。生命从何而来？生命起源过程中，如何由无机分子形成有机分子，由有机小分子形成有机大分子，由有机大分子形成具有原始代谢和复制能力的生命大分子，再形成具有细胞形态的原始生命？生命早期演化过程中，如何由原始形式的生命形成比较复杂形式的生命？目前，这些问题虽然在某些方面已取得一些重要成就，然而，迄今尚未取得重大的实质性进展，许多环节仍处于探索或提出假说阶段。

2. 生物多样性

生物多样性（biological diversity）的概念起源于 20 世纪 80 年代中期的新兴学科。生物多样性的通常定义是：自然界中的生命有机体，它们与其环境间所形成的生态复合体，以及与此相关的各种生态过程

的多样性总和。生物多样性体现在各个层次上，主要包括两层含义：一是作为生态系统的特性或属性；二是指所有基因、物种和生态系统的集合。目前，生物多样性的研究主要体现在三个层次，即物种、遗传系统和生态系统层次上的物种多样性、遗传多样性和生态系统多样性，这几个层次间的多样性及其变化是相互依存、密不可分的。生物多样性研究在受生物进化理论指导的同时，其研究成果也直接或间接地为生物进化研究提供了翔实的材料。

3. 系统生物学

根据胡德（L. Hood）的定义，系统生物学（systems biology）是研究一个生物系统中所有组成成分（基因、mRNA、蛋白质等）的构成，以及在特定条件下这些组分间的相互关系的学科。也就是说，系统生物学不同于以往的实验生物学——仅关心个别的基因和蛋白质，它要研究所有的基因、蛋白质、组分间的所有相互关系。显然，系统生物学是以整体性研究为特征的一门科学。

系统生物学在细胞、组织、器官和生物体整体水平上研究结构和功能各异的各种分子及其相互作用，并通过计算生物学来定量描述和预测生物功能、表型和行为。系统生物学将在基因组序列的基础上完成由生命密码到生命过程的研究，这是一个逐步整合的过程，由生物体内各种分子的鉴别及其相互作用的研究到途径、网络、模块，最终完成整个生命活动的路线图。这个过程可能需要一个世纪或更长时间，因此常把系统生物学称为 21 世纪的生物学。

4. 群体遗传学和进化遗传学

群体遗传学（population genetics）是研究群体的遗传结构及其变化规律的遗传学分支学科。它应用数学和统计学的方法研究群体中基因频率和基因型频率的变化，以及研究影响这些变化的因素，由此来探讨生物进化的机制并为育种工作提供理论基础。从这个意义上说，群体遗传学是一门定量地研究生物进化机制的遗传学科，所以有人又称它为进化遗传学（evolutionary genetics）。但严格说来，二者是有区别的。通常把群体遗传学理解为研究给定物种的群体遗传规律，而把进化遗传学理解为研究任何物种的群体遗传规律，即进化遗传学的范围更广，群体遗传学是进化遗传学的一个组成部分。群体遗传学起源于英国统计学家哈代（G. H. Hardy）和德国医学家温伯格（W. Weinberg）于 1908 年提出的遗传平衡定律。以后，英国数学家费舍尔（R. A. Fisher）、遗传学家霍尔丹（J. B. S. Haldane）和美国遗传学家怀特（S. Wright）等又为该学科作出了重大贡献，使群体遗传学成为一门独立的学科。

5. 进化生态学

进化生态学（evolutionary ecology）这一术语出现在 20 世纪 60 年代初，奥里恩斯（G. H. Orians）认为进化生态学就是关于生态适应进化原因的科学，它强调自然选择在生态适应形成中的作用。进化生态学是现代进化生物学的重要内容，着重研究生物宏观层次（个体、种群、群落和生态系统等）生态适应的进化规律。作为一门科学，它才有 50 多年的历史。定义这门年轻的学科，确定其领域边界并非易事。从它诞生以来出现了各种提法。1962 年奥里恩斯在《自然选择和生态理论》一文中提出了"进化生态学"概念，将生态学划分为功能生态学（functional ecology）和进化生态学。他把过去生态学中关于研究生态适应进化的那部分分离出来作为进化生态学的研究内容。

6. 古生物学

古生物学（paleontology）主要研究大时空尺度下生物类群的谱系发生和多样性的变异规律，而这是通过对化石记录的追踪来实现的。后生动物化石记录表明，地球上至少发生过五次大规模的生物灭绝事件以及随后而来的生物多样性的爆发式增长事件。很明显，集群绝灭不仅对灭绝的物种产生重大影响，同时也对后来的生态重建和物种分化至关重要。通常认为，这种变化格局是生物的地理分布、生活环境和古生态相互作用的结果。相应地，目前的进化古生物学研究主要集中在以下几个方面：支配生物多样性变化的动力学机制是什么？这一机制是否在所有的时空范围内都发挥作用？为何主要的进化事件在时空尺度上呈现不均匀的分布格局？在全球以及区域范围内生物圈是如何对环境变化发生反应的？生物机体和地球表面的物理和化学过程之间是如何相互影响的？

7. 进化发育生物学

19 世纪初，人们开始意识到发育是理解形态变化（morphological change）的关键，只有把发育生物学的研究方法引入到进化生物学研究领域，才能解释一些进化生物学尚无法解决的问题。这种观点客观上促使了进化生物学与发育生物学的融合。在 20 世纪 80 年代，分子遗传学技术向发育生物学领域渗透，导致了参与生物体型构建调控的同源异型基因（homeotic gene 或 hox gene）的发现。这标志着一门新的学科——进化发育生物学（evolutionary developmental biology）的形成，该学科于 1999 年在 SICB（Society for Integrative and Comparative Biology）会议上正式被提议建立，成为生物学中新的研究领域之一。概括说来，进化发育生物学通过化石、胚胎和基因调控等多方面研究成果的相互验证，在宏观模式和微观机制的不同层次上，探索生物进化和生物多样性起源等重大问题。进化发育生物学在揭示生物的形态发生和体型构建机理上已逐步显示出强大的生命力。

进化发育生物学的出现，使生物多样性的研究从宏观的观察与推测（生物表型变化）深入到对微观机制（DNA 或基因组的变异）的追踪和验证。现有资料表明，同源异型基因的类型和数目、重复或缺失、在染色体上的分布和位置的不同导致了后生动物各主要门类体制结构上的显著差异。同时，结合现生动物类群的有关资料，有人尝试用 *Hox* 基因研究某些化石类群（如三叶虫）的体制构建机理。随着发育生物学在分子水平上研究的不断深入，以及发育和遗传、进化理论的逐步融合，生命科学和生物进化研究新的大综合已初现端倪。

8. 细胞和分子进化生物学

细胞进化生物学（cellular evolutionary biology）是随着细胞学说的建立而逐渐发展起来的，它主要探讨细胞（特别是真核细胞）各组分（如细胞核和各种细胞器）的结构、功能和相互作用。其中，细胞各主要结构的起源和演化是其研究的重点课题。内共生学说指出，真核生物是由原核生物相互组合的非线性进化产物，如线粒体、叶绿体和鞭毛（纤毛）等细胞器分别是厌氧菌、蓝细菌、螺旋体和原始真核细胞共生的结果。至于细胞核、细胞骨架和胞内的其他膜结构的起源目前尚无定论。近年来，有人通过对哺乳动物染色体结构的研究提出，除高等植物通过染色体倍增的机制形成物种外，染色体的裂变和融合可能是高等哺乳动物物种形成的主要机制。

分子进化生物学（molecular evolutionary biology）直接源于分子生物学的兴起，它主要研究在基因、基因组或蛋白质水平上的进化及其产生的原因，同时它主张进化可以发生于一个广泛的时间尺度上。随着分子生物学研究的不断深入，现在人们知道，基因或基因组本身也是流动的、动态的，而不是静止的、不变的，基因内部的加工、转移、基因表达的内部调节等都是非随机过程，都是进化的内部因素。有人甚至将某些具有复杂的自我控制的基因称为"具有进化功能的基因"，最为典型的例子如"转座子"，它不仅能自我控制其表达，而且能通过自身的控制结构准确地转移自己的位置。现已发现，遗传系统本身的某些成分就具有某种进化功能，分子进化可能有"内因"和"向导"。最近的研究还表明，基因的侧向转移在不同的生物类群间广泛存在，以至于人们不再把生物类群看成是彼此独立和封闭的体系，而是形成了一个流动的、网络化的系统。

9. 生物信息学

生物信息学的诞生和发展最早可以追溯到 20 世纪 60 年代，鲍林（L. C. Pauling）分子进化理论的出现，已预示着生物信息学的来临。而真正意义上的"生物信息学"（bioinformatics）一词的出现则是在 1990 年。一般意义上，生物信息学是研究生物信息的采集、处理、存储、传播、分析和解释等各方面问题的一门学科，它通过综合利用生物学、计算机科学和信息技术来揭示大量而复杂的生物数据所蕴含的生物学信息。基因组信息学、蛋白质空间结构模拟以及药物设计构成了生物信息学 3 个重要的研究领域。

迄今，许多重要的模式生物的基因组全序列已经或在不久的将来会被全部揭示出来，许多其他生物类群的基因序列数据也在呈指数式增长。在此基础上，通过恰当的数学方法对这些数据进行大规模的处理和分析，无疑会在分子水平上从各个不同的角度为揭示生物进化的本质提供强有力的武器。

10. 表观遗传学

表观遗传（epigenetic inheritance）是指生物在其核酸序列没有改变的情况下，某些基因表达的方式发生了改变且导致表型的改变，而这种改变能以较稳定的状态传给后代。目前已有过百个具有详细记录的跨世代表观遗传的例子，而且还不断有新的表观遗传现象被发现，如线虫抗病毒特性的跨世代遗传。表型是生物发育过程中基因型与环境相互作用的产物，表观遗传因素可以使相同基因型的个体表现出差异的表型。而在生物进化中，直接供自然选择挑选的不是基因型而是表型。这也就意味着，表观遗传因素使自然选择有了更多可挑选的对象。因此，表观遗传的进化意义是不容忽视的。

表观遗传的存在意味着环境对变异和进化可以有比较直接的作用。同时，由于表观遗传变异通常是在生物体的生活期较短时间内产生并传给后代，因此可能对快速的、甚至是不连续和跳跃式的进化有一定的作用。

目前，上述与生物进化研究密切相关的各学科呈现出前所未有的交叉渗透和相互整合的态势。此外，进化形态学和生理学、行为进化、性的起源分化及性选择等传统学科仍然在生物进化研究中扮演着重要角色，而分子进化工程、分子的适应性进化、分子古生物学等一些交叉学科已经成为生物进化研究新的生长点。

（三）进化生物学的当前研究热点

1. 表型进化和分子进化

达尔文的自然选择学说主要是从宏观水平上揭示肉眼所见的表型水平的进化规律。它较好地解释了生物的多样性和适应性问题。生物界的物种具有遗传变异现象，自然选择保留"适应性"变异，而淘汰"非适应性"变异，"适应性"变异通过遗传因素不断积累加强，使生物的表型适应得以进化。分子水平上的进化主要研究蛋白质和结构基因的进化。由于生物的基因决定蛋白质的氨基酸序列，氨基酸序列反过来又决定着蛋白质的结构和功能，进而决定生物的新陈代谢，使生物表现出相应的生理功能和形态结构。因而可以认为，表型进化的分子基础就是蛋白质氨基酸排列顺序的变化，它与分子进化之间应当是一种直线对应关系。

2. 分子钟

分子钟假说是由查克罕德（E. Zuckerhandl）和鲍林于 1965 年提出的一种关于生物大分子进化的假说。所谓分子钟（molecular clock），是利用已知的分子系统学数据和古生物数据建立的表示分子进化变量与进化时间之间关系的通用曲线。曲线确定后可以用它来推测未知生物的进化历程，尤其是不同生物间的分歧时间。查克罕德和鲍林通过对脊椎动物和人的血红蛋白和细胞色素 c 的氨基酸替代速率的研究发现，它们的进化速率基本恒定，因而认为可通过对生物大分子的变异速率来估算系统发生过程中的分歧时间和推断进化历史。后来的研究发现，除了蛋白质外，DNA 分子（主要是功能上比较重要的所谓看家基因）也遵循这一规律。然而，近年来的研究表明，不同的生物大分子，特别是不同的基因、基因的不同区段，其变异的速率各不相同，甚至同一基因或基因片段在不同的生物谱系中的变异速率也有明显的差异。因而，如何校正分子钟以得到较为恒定的进化速率是研究问题的关键。一般认为，使用大量的独立数据并进行比较和校正有助于提高分析的准确性。另外，寻找进化速率比较恒定的基因也至关重要。

3. 微进化和宏进化

生命是一个具有很多层次的复杂系统。通常根据研究的对象人为地将生物进化分为微进化（小进化）（microevolution）和宏进化（大进化）（macroevolution）两部分。一般认为，微进化是指种以下分类阶元通过突变、随机漂变和自然选择等引起的生物学特性的进化改变。宏进化是指物种形成、种系演化或灭绝事件产生的种以上较高分类阶元生物学特性的进化改变。那么，这二者之间存在什么关系？微进化的机制是否适于宏进化？目前，针对这一问题，主要有两个对立的观点：其一，主张宏进化和微进化间有本质的区别，微进化的机制不能解释宏进化。其二，宏进化和微进化没有根本差异，微进化的机制存在于宏进化的所有分类阶元中，能解释宏进化大的形态变化和其他演化现象。值得欣慰的是，随着古生物学研究的日益深入，即由传统的形态和分类描述到现代的定量分析和环境演变的综合推理，以及进化发育生物学而导入的宏进化机制分子基础的阐释，二者的最终统一已为时不远。

4. 进化的动力与机制

达尔文进化论认为，生命具有长时期的进化历史，并且它们都具有一个共同的祖先。但是，人们在阐明进化的机制——自然选择时却遇到了越来越多的挑战。随着群体遗传学的兴起，人们认识到除自然选择外，基因突变、基因转移、随机漂变、种群大小、性选择、出生率和死亡率等也是影响进化的重要因素。然而，所有这些因素仍然要经过自然选择作用来协调它们与环境之间的关系。在一定环境条件下，由某些环境因子（如电、光、水等）导致的对称性破坏可能是生物进化的根本动力，且可能伴随着生命起源和演化的每一个过程，如分子起源、基因突变、群体基因频率的改变、细胞分裂、组织分化和器官形成、生物个体变异、生物类群的系统发生、群落演替乃至整个生物圈的变化等。这一机制的阐明有助于人们认识各层次及不同形式的生物进化问题。总之，环境为外因，生物本身的遗传基础为内因，如何理解和把握这两个因素及它们之间的相互转化是探讨生物进化动力与机制的核心议题。

5. 基因组水平的进化

基因组（genome）是一个生物体全部 DNA 的集合。基因组进化（genome evolution）是指一个物种的基因组在结构或者序列和基因组大小随时间的改变，其研究涉及基因组的结构分析、基因或者古基因组复制过程、多倍体现象、生物体基因组之间的协同进化、比较基因组学以及基因组上的选择印记等非常庞杂的内容。上世纪 70 年代中期，科学家使用测序手段解析得到了 MS2 噬菌体 RNA 全序列，从那时开始，比较基因组学的研究策略和方法就被应用于比较不同生物基因组之间的异同，进而推测生物之间的进化关系，揭开了基因组水平进化研究的序幕。随着人类基因组计划的实施和完成，基因组测序技术和基因组进化的研究对象都发生了革命性的深刻变化。研究者通过比较近缘物种或者一个物种与其远古祖先之间基因组信息的异同，对生物进化的机制和动力有了更为深入的认识。随着基因组测序技术的不断发展，测序的效率和准确性飞速提高，测序费用也下降到科学研究者和资助方可以接受的水平。近年来，每年都有很多物种的基因组被测序解析出来，基因组水平上可以挖掘到的进化线索越来越丰富，基因组进化渐趋成为当前进化生物学最活跃的研究领域之一。

由于基因组进化研究正在日新月异地飞速发展，限于篇幅，在此我们无法给出基因组进化研究方方面面的具体研究结论。但是，根据目前已有的知识和基因组信息，可以得到的一般结论是，基因组进化的宏观趋势是基因组的结构从低等生物到高等生物逐渐由简单变得复杂，高等生物在进化中继承了共同原始祖先很多基因和基因组片段，同时也进化出很多新的功能基因和调节机制。相应地，相较于原核生物基因组所编码的简单直接的遗传信息，真核生物基因组存在大量非编码序列，即高等生物的基因组结构中以前所谓的“冗余序列”。随着对这些序列研究的深入展开，学术界倾向于认为这些非编码序列中可能蕴含着基因组在漫长的进化过程中经历过的历史烙印，也可能包含着应对当前或者未来进化事件中需要贮存的遗传信息。不过，基因组结构的大型化和复杂化也通常会产生一些负面的进化影响。例如，更大的基因组复制所需的时间更长、空间更大，这就导致细胞的大型化，细胞周期的延长。相应的随着真核生物基因组 DNA 含量的增多，在基因组复制时出现的碱基复制错误积累也逐渐增多，同时对辐射的耐性也比原核生物降低很多，这些因素有时可能对生物个体的生存和发育产生负面影响。

6. 趋同进化

趋同进化（convergent evolution）一直以来都是遗传学和进化生物学领域的研究热点之一。经历趋同进化的物种通常是指具有相同或相似的表型来适应相同或相似环境的远缘物种。因此，趋同表型的起源和演化一般认为是受到达尔文自然选择的作用，因为相同的复杂表型不太可能由于随机作用而独立发生于两个远缘的进化支系中。趋同进化现象在自然界中广泛存在，其中一个典型例子是哺乳动物鲸和蝙蝠所具有的一种特殊感觉能力——回声定位。这种能力很有可能是鲸和蝙蝠为了适应各自的视觉无效或低效的环境而在长期的演化过程中逐渐起源和发展来的，因为鲸会在浑浊的河水和弱光或无光的深海进行捕食，而蝙蝠则在黑夜中进行捕食等活动。

趋同表型的发生提示着，相似或相同的自然选择压力在自然界中是广泛存在的，同时也提示着在具有趋同表型的远缘物种基因组中，与趋同表型相关的基因很可能也受到了相同自然选择的作用，因此在这些基因序列上产生并固定下来了相同的对物种来说具有更高适合度的变异。近几年，有超过100个分子趋同的案例被报道，这些研究结果进一步说明，基因组中有相当比例变异的发生具有可重复性和可预测性，这对于在分子水平上追溯和预测物种演化过程具有重要意义。

随着时代的进步和生命科学研究的不断进展，在进化论发展历程的每一阶段都要对它进行相应的修正和改造。如通过长期的野外考察和对家养动物的仔细观察，达尔文创立了自然选择学说；遗传学三大规律的提出，使得进化研究由模糊到定性，再由定性到定量；遗传学和群体遗传学的兴起，产生了基于遗传基础、群体遗传变异机制的新达尔文主义和现代综合论；分子生物学的诞生，导致了分子进化的中性学说的产生；古生物学研究的拓展和深入，引出了新灾变论和间断平衡论。基于生物进化研究的众多成果和学说，人们将生物进化的研究大致划分为宏进化和微进化两部分。宏进化方面的研究进展还相对滞后，迄今，尚未在自然条件下或实验室里观察到物种形成事件，各地质时期的生命演化历史的阐明也有待于古生物学更多证据的发掘、整理以及和现代生物学的密切结合。遗传学和分子生物学的发展，极大促进了微进化领域的研究，而生物信息学的飞速发展，更为进化生物学的研究展示了无限广阔的前景。

第二节　进化学说

"进化论是生命科学最大和最统一的理论"。"在自然中，再也没有什么比生命和生命演化更有意义和更令人感兴趣的了，撇开了进化，一切都无从谈起"。被誉为19世纪自然科学"三大发现"之一的达尔文进化论的创立，使得人们对纷繁复杂的生物界的发生和发展有了一个系统的科学认识。今天，当我们追溯进化学说发展的长达近两个世纪的历史进程，在感叹达尔文主义这一革命思潮带给我们的冲击和启迪的同时，我们更多感受到的是这一领域中出现的新思潮、新观点以及它们所展示的新视角和引发的新思考。

知识拓展：达尔文之前的进化论

一、早期的进化学说

18世纪后期至19世纪初期是进化学说的酝酿时期。在达尔文的《物种起源》问世之前，至少有三个人曾经比较系统地阐述过生物进化观点。他们是布丰（G. Buffon），艾拉斯姆·达尔文（E. Darwin）和拉马克（J. B. Lamarck）。可以说他们是进化论的先驱，其中拉马克的进化学说影响最大、最为系统。

拉马克是从事植物学、动物学和古生物学研究的法国伟大的博物学家，他于1809年发表了《动物哲学》一书，先于达尔文50年提出了系统的进化学说。拉马克学说的基本内容和主要观点可以归纳如下：

1. 传衍理论

拉马克列举了大量事实说明物种是可变的，所有现存的物种包括人类都是从其他物种变化、传衍而来。他相信物种的变异是连续的渐变过程，并且相信生命的"自然发生"（由非生命物质直接产生生命）过程。

2. 进化等级说

拉马克认为，自然界中的生物存在着由低级到高级、由简单到复杂的一系列等级，生物本身存在着一种由低级向高级发展的"力量"。他把动物分成六个等级，并认为自然界中的生物连续不断地、缓慢地由一种类型向另一种类型、由一个等级向更高等级发展变化。

3. 进化原因——强调生物内部因素

拉马克不太强调环境对生物的直接作用，他只承认在植物进化中外部环境可直接引起植物变异，他认为环境对于有神经系统的动物只起间接作用。拉马克认为，环境的改变可能引起动物内在"要求"的改变，如果新的"要求"是稳定的、持久的，就会使动物产生新的习性，新的习性会导致各器官的使用频度和时间不同，进而造成器官功能加强或退化。这就是所谓的"用进废退"学说。

拉马克在其著作中列举了许多例子来说明"用进废退"学说。如脊椎动物的牙齿与食性的关系：草食兽咀嚼植物纤维经常使用臼齿，因而臼齿发达；鼹鼠因生活在地下不需使用眼睛，因而眼睛退化等等。这些例子表面看来是与他的"用进废退"学说相符合的，但解释是肤浅的。

总的说来，拉马克的进化学说中主观推测较多，引起的争议也多。但他的学说比布丰及老达尔文的要更系统、完整一些，内容也更丰富一些。它唤起了人们对生物界乃至整个自然的重新认识，因而对后世的影响更大些。多数学者认为拉马克学说是达尔文以前的最重要的进化学说。

布丰、老达尔文和拉马克都是向当时占统治地位的"创世说"及"种不变论"的传统自然观的挑战者。他们的学说的共同思想是：物种是可变的；每个物种都是从先前存在的别的物种传衍而来的；物种的特征是由遗传决定的，而不是上帝赋予的。

二、达尔文的进化理论

知识拓展：进化论的
诞生历程

（一）达尔文进化论的主要内容

达尔文（C. R. Darwin）用了几十年的时间系统地研究了生物进化机制，并于 1859 年发表了巨著《物种起源》。他提出了"物竞天择、适者生存"的自然选择学说，推翻了当时禁锢人们头脑的生物不变论，对生物进化过程给予了科学的解释。

达尔文的生物进化学说的主要内容可以归纳如下：

1. 变异和遗传

一切生物都能发生变异，至少有一部分变异能够遗传给后代。达尔文在观察家养和野生动植物过程中发现了大量的、确凿的生物变异事实。他从性状分析中看到了可遗传的变异和不遗传的变异。他认为变异可遗传是通例，不遗传是例外。达尔文把变异分为一定变异和不定变异。所谓一定变异，"是指生长在某些条件下的个体的后代，能在若干世代以后都按同样方式发生变异"；而所谓不定变异，"就是在相同条件下个体发生不同方式的变异"。对于变异原因，达尔文提到以下几方面：环境的直接影响；器官的使用与不使用；相关变异等。关于变异与环境的关系，达尔文更强调生物的内在因素。关于变异的规律，达尔文作出两点结论：其一，在自然状态下显著的偶然变异是少见的，即使出现也会因杂交而消失；其二，在自然界中从个体差异到轻微的变种，再到显著变种，再到亚种和种，其间是连续的过渡。

2. 自然选择

任何生物产生的生殖细胞或后代的数目要远远多于可能存活的个体数目（繁殖过剩）。而在所产生的后代中，平均说来，那些最适应环境条件的有利变异的个体有较大的生存机会，并繁殖后代，从而使有利变异可以世代积累，不利变异被淘汰。

达尔文认为，在自然状况下存在着大量的变异，同种个体之间也存在着差异，因此在一定的环境条件下，它们的生存和繁殖的机会是不均等的。只有那些具有有利于生存繁殖的变异的个体才会有相对较大的生存繁殖机会。又由于变异可以遗传，所以这些微小的有利变异就会遗传给后代而保存下来。这个过程与人工选择有利变异的过程非常相似，所以达尔文称其为自然选择（natural selection）。

3. 性状分歧、种形成、灭绝和系统树

达尔文从家养动植物中看到，由于按不同需要进行选择，从一个原始共同的祖先类型会造成许多性

状极端奇异的品种。例如，从岩鸽这个野生祖先驯化培育出了上百种的家鸽品种；身体轻巧的乘用赛马与身体粗壮的挽马体型尽管如此歧异，但都可以追溯到共同的马的祖先。类似的原理应用到自然界，在同一个种内，个体之间在结构习性上愈是歧异，则在适应不同环境方面愈是有利，因而将会繁育更多的个体，分布到更广的范围。如此，随着差异的积累，歧异愈来愈大，于是原来的一个种就会逐渐演变为若干个变种、亚种，乃至不同的新种。这就是性状分歧原理。达尔文还强调了地理隔离对性状分歧和新种形成的促进作用。

由于生活条件（空间、食物等）是有限的，因此每一地域所能供养的生物数量和种的数目也是有限的。自然选择与生存斗争是优胜劣汰的过程，其结果是使优越类型个体数目增加，较不优越的类型的个体数目减少，当减少到一定程度就会灭绝。这是因为个体数目少的物种在环境剧烈变化时期有完全覆灭的危险，而且个体数目愈少，则变异愈少，改进机会愈小，分布范围也会愈来愈小。因此，"稀少是灭绝的前奏"。

达尔文认为，在生存斗争中最密切接近的类型，如同种的不同变种、同属的不同种等，由于具有相似的构造、体质、习性和对生活条件的需要，往往彼此间斗争更激烈。因此，在新变种或新种形成的同时，就会排挤甚至消灭旧的类型。在自然界和家养动、植物中的确可以见到这样的情形。

由于性状分歧和中间类型的绝灭，旧种灭亡，新种不断产生，种间差异逐渐扩大，因而相近的种归于一个属，相近的属归于一个科，相近的科归于一个目，相近的目则归于一个纲。如果从时间和空间两方面来看，这个过程正好像一株树，这就是达尔文提出的、一直沿用至今的系统树（phylogenetic tree）。

（二）达尔文进化论的缺陷

1. 缺陷选择

"物竞天择，适者生存"是自然界的常态，但同样也存在自然选择将缺陷的基因保留下来的情况。例如雌性盔头鸟的择偶标准。雌性盔头鸟偏爱头部大的雄性，然而笨重的头部，却会给盔头鸟带来生存的困难，说明寻找配偶的过程也并不一定是寻求"强者"。

2. 缺少过渡形态化石来支持其理论

按照自然选择学说，进化应该是一个缓慢的过程，通常需要几百万年来完成，因此在旧种和新种之间，应该存在着缓慢过渡的某种形态，而在当时已发现的化石标本中，却没有找到一具可视为过渡型的。许多生物是突然出现的，完全没有留下进化的痕迹。

3. 无法解释自然选择

达尔文找不到一个合理的遗传机理来解释自然选择。无法解释汤姆逊（W. Thomson）的学生简金（F. Jenkin）所提出的问题：一个优良的变异为何会很快地被众多劣等的变异融合并稀释掉，而不是像自然选择学说所说的那样，优良基因被保存下来并不断积累？

尽管达尔文的学说还存在很多缺陷，但是这并不能掩盖其伟大思想的光芒，进化论思想自诞生起就蓬勃发展，并得以不断完善。自达尔文《物种起源》发表至今已有 150 多年的历史，生物进化论思想已经成为理解生命起源和演化的理论基础。根据弗朗西斯（K. Francis）在其著作《达尔文与物种起源》中的一项调查表明，达尔文是世界历史上最著名的科学家之一，有高达 96% 的新入学大学生都知晓达尔文并能准确地指出其贡献。

三、新达尔文主义

新达尔文主义是德国动物学家魏斯曼（A. Weismann）提出的。魏斯曼、孟德尔、德弗里斯和摩尔根等都是有影响的新达尔文主义者，他们组成了新达尔文主义学派。魏斯曼反对达尔文的获得性遗传的思想，但同时又接受了达尔文自然选择的概念，并把这种选择机制推广到种质，提出了"种质论"，即生物体是由种质和体质组成的。种质是生殖细胞，体质是体细胞，新物种的形成是由种质产生的，二者不能转化。环境条件只能引起体质的改变而不能引起种质的变化，因此获得性是不能遗传的。孟德尔（G. J. Mendel），奥地利遗传学家。他提出了"遗传因子说"，即控制生物性状的遗传物质是以自成单位的因子存在着，它们可以隐藏不显，但不会消失。在减数分裂形成配子时，成对因子互不干扰彼此分离，通过因子重组再表现出来。孟德尔的观点说明了支配遗传性状的是因子，而不是环境，这与达尔文获得性遗传的说法显然不同。荷兰植物学家德弗里斯（H. De Vries）提出了"突变论"，他认为进化不一定像达尔文所讲的那样，总是通过微小变异（连续变异）而形成，他说变异可以是不连续的，而由突变引起的，进而直接产生新种。显然，在德弗里斯看来，自然选择在进化中的作用并不重要，只是对突变起过筛作用。摩尔根（T. H. Morgan），美国细胞遗传学家。他提出了"基因论"，他认为基因在染色体上呈直线排列，从而确立了不同基因与性状之间的对应关系，这样也就可以根据基因的变化来判断性状的变化了。摩尔根认为，生物的基因重组是按一定的频率必然要发生的，它的发生与外界环境没有必然的联系，并认为这种变异一经发生就以新的状态稳定下来，因此获得性状是不遗传的。

新达尔文主义学派尽管提出了"种质论""基因论""突变论"等，但也有许多地方引起了争论。首先，新达尔文主义是在个体水平上研究生物进化的，而进化是群体范畴的问题。因此，这一学说在解释生物进化时，在总体上有一定的局限性。其次，新达尔文主义学派中的多数学者，漠视自然选择学说在进化中的重要地位，因此他们不可能正确地解释进化的过程。

四、现代综合论

现代综合论也称综合达尔文主义，是以乌克兰遗传学家杜布赞斯基（T. Dobzhansky）《遗传学和物种起源》（1937 年出版）一书的问世为标志的。杜布赞斯基在此书中提出的"综合理论"是现代达尔文主义的理论基础。综合理论的基本内容包括：①种群是生物进化的基本单位；进化机制的研究属于群体遗传学的范围。②突变、选择、隔离是物种形成及生物进化中的 3 个基本环节。他认为，突变是普遍存在的现象，突变不仅能产生大量的等位基因，还可以产生大量的复等位基因，从而大大增加了生物变异的潜能。随机突变一旦发生后就受到选择的作用，通过自然选择的作用，使有害的突变消除，而保存有利的基因突变。其结果便造成基因频率的定向改变，使新的生物基因类型得以形成。群体的基因组成发生改变以后，如果这个群体和其他群体之间能够杂交，就不能形成稳定的物种，也就是说，物种的形成还必须通过隔离才能实现。这是他早期提出的综合理论，又称"老综合理论"。1970 年，杜布赞斯基又出版了他的另一本书《进化过程的遗传学》。在这本书中，他又对以上综合理论进行修改，他认为在大多数生物中，自然选择都不是单纯的起过筛作用的。在杂合状态中，自然选择保留了许多有害的甚至致死的基因，其原因就在于自然界存在着各种不同的选择机制或模式。这一思想相对于"老综合理论"成为他的"新综合理论"。

知识拓展：综合进化论与中性学说

杜布赞斯基以上的理论，综合了自然选择学说与基因论两种观点，吸取了达尔文学说的精华，又提出了自然选择模式概念，从而丰富和发展了达尔文的选择理论，他又引入了群体遗传学的原理，弥补了新达尔文主义基因论的不足。他用分子生物学和群体遗传学的原理和方法，阐明了生物进化过程中内因（生物的遗传变异）和外因（环境的选择）、偶然性（遗传变异）和必然性（选择）的辩证关系。尽管如此，在进化理论研究的一些重要问题上，杜布赞斯基的综合理论还不能作出有说服力的解释。如生物体新结构、新器官的形成等比较复杂的问题，单纯用突变、基因重组、选择和隔离的理论是不能完全解释的。如果离开了生活方式的改变，离开了习性与机制变异的连续作用，离开了与其他器官的相互影响，很难做出令人满意的回答。此外，这一学说把实验方法理解为研究生物进化问题的唯一手段也是不恰当的。

五、分子进化的中性学说

20 世纪 50 年代，随着分子生物学的兴起，人们开始从分子水平上去揭示生命的本质和规律，这也深刻影响着生物进化研究的发展。1968—1971 年间，日本学者木村资生（M. Kimura）、美国科学家金（J. L. King）和朱克斯（T. H. Jukes）等人几乎同时提出了一种新观点，即"中性突变漂变假说"，简称分子进化的中性学说（neutral theory），后来也称为"非达尔文主义进化"学说。该学说是在对 DNA 分子的结构和基因表达的过程进行了精确定位和量化分析基础上确立的，其主要观点与传统进化论的分歧较大。该学说的主要观点如下：①基因突变是无所谓"好"与"坏"的中性突变（neutral mutation）。②这种突变不受自然选择的作用，只是通过在群体中的"遗传漂变"被固定和积累，使群体的基因频率发生改变，从而导致种群分化，直至形成新的物种。③分子进化的速率取决于蛋白质或核酸大分子的种类。不同种类的大分子，其氨基酸或核苷酸的替换速率不同，但相同种类的大分子，其替换速率则相同。显然，该学说在分子水平上否定了"自然选择"的筛选作用。此外，"中性论"者所持的"生物进化速率恒定"的观点似乎也有悖于达尔文主义者"生物进化速率受环境等因素影响与控制"的传统观点。然而，中性学说的进化偶然性、中性突变是否会因环境变化而成为"有害"或"有利"突变、表型改变和分子进化的各自规律如何联系起来等，都值得进一步商榷。

中性学说与现代达尔文学说在进化机制方面的主要不同点有：①对于突变的理解，经典的进化论将突变都确定为"有利"或"有害"的变化，并且这种突变经过环境的直接作用与时间的积累产生适应或淘汰的进化结果。而中性学说在对生物大分子的量化分析后认为，基因或蛋白质随时会产生大量的中性（无明显意义）的分子内部突变，中性突变再通过随机漂变在群体中消失或固定下来，再经过时间积累而形成分子进化。②对进化一词含义的理解，经典的进化论认为只有在表型水平（宏观）产生明显性状差异的特征才称之为进化（这里称为狭义进化），而中性学说认为生物大分子内部的各种随机变化均可视为进化，包括无意义或有意义的分子变化（这里称为广义的进化）。③对自然选择的理解，经典进化论认为自然选择是进化的核心机制，是确定生物进化方向的外部因素，而中性学说认为分子内部的变化并非自然选择的直接作用，而大量的中性突变和遗传漂变对演化起着重要的作用。虽然中性学说与经典进化理论对进化的机制看法不同，但从整体上分析，由于二者研究的层次不同、对命题的定义不同，并不存在相互完全否定的逻辑关系。因此，近年来多数学者认为中性学说是对现代达尔文学说的补充。

自现代综合进化学说和中性学说相继提出后，分子遗传学已经成为研究进化问题的重要手段，相应地发展出一个重要的交叉学科——进化遗传学。进化遗传学的研究范围几乎涵盖了我们所有已知的遗传与进化现象，并取得一系列重要的成果，加深了我们对遗传与进化关系的理解，是目前进化研究的热点之一。

六、灾变论和间断平衡论

18 世纪末，地质古生物学家居维叶（G. Cuvier）等提出了"灾变论"。他认为，在地球历史上周期性地发生的大规模、突发的灾难事件导致了生物大规模的周期性更替。与"灾变论"尖锐对立的是"均变论"，地质学家赖尔（C. Lyell）在其 1830 年出版的《地质学原理》一书中详细阐明了这一思想。他认为，地质时期微小变化的累积是历史上大的地质变化（古生物的变化、地层的断裂等）的原因，这一漫长的地质时期足以使微小的变化产生惊人的效果，而无须借助于灾变。达尔文也深受这一思想的影响，并由此形成了他的生物渐进演变观点。

20 世纪中叶开始，由于地层、古生物学研究的不断深入和天文学研究的新发现，重新引起人们对地球内、外灾变现象研究的兴趣。物理学家阿尔瓦雷兹（L. Alvarez）父子等人提出了"新灾变论"。这一思潮强烈冲击了"均变论"在地学中的统治地位，开辟了地学研究一系列的新思路。现有的证据表明，由于地球环境的突发事件，如行星撞击、火山爆发、气候变化、板块移动和海平面变化等，导致地球历史上曾发生过至少五次大规模的生物集群灭绝事件，如发生于二叠纪末的生物集群灭绝事件，以及随后而来的生物大爆发事件（如发生于寒武纪之初的"寒武纪爆发"事件，导致现今几乎所有的门一级的生物爆发式出现）。这种由生物大爆发、大灭绝、大复苏和大辐射形成的宏进化基本格局所导致的生物种属间的间断事实，很难用达尔文的渐变理论来解释。

1972 年，生物学家埃尔德里奇（N. Eldredge）和古尔德（S. J. Gould）等在研究了地层化石记录不连续性并结合现代遗传学观点提出了间断平衡理论（punctuated equilibrium），认为生物进化并非如达尔文所主张的那样是由缓慢的渐变积累起来的过程，而是一个长期的进化停滞与短期的快速成种交替发生的过程。1984 年，中国科学院南京地质古生物研究所候先光等人在云南澄江地区发现了动物化石群，提出了"澄江地区前寒武纪动物大爆发"的见解，进一步构成了间断平衡理论的支柱。主要依靠化石记录，间断平衡理论的主要观点为，重要的演化变化与物种形成事件同时发生，而不是通过种系的完全转变，即前进式演化而完成。关于演化速度，它强调用合适的地质尺度来衡量物种的形成过程。在物种形成事件发生后，通常有持续数百万年的停滞时期，期间绝大多数物种的形态仅发生轻微的变化。"间断平衡论"的提出说明了在大时空尺度的宏进化过程中，生物演化并非仅有"渐变"这一唯一方式，而是"渐变"和"骤变"交替出现，是一种非线性过程。该理论与传统进化论的渐变式物种形成方式相对立，它认为物种的演化在长期内保持稳定，但某一时期在很短的时间内经过骤变形成新的物种，然后又以稳定的状态存在，生物进化趋势的本质是间断的而不是渐进的。

彩图：渐变模式和间断平衡模式的比较

第三节　选择与进化

一、自然选择概述

（一）自然选择的概念

生物体所表现的遗传变异一般是微小的，那么，它们是如何发展成显著的变异并超过种的界限的呢？这便是自然选择的作用。自然选择是生物进化的一个重要因素。

在自然界里，适合于环境条件（包括食物、生存空间，风土、气候等）的生物被保留下来，不适合的被淘汰，这就是自然选择。

案例：椒花蛾的工业黑化

（二）自然选择的特点

1. 自然选择是保留有利、淘汰有害性状的过程

达尔文把有利变异的保存和有害变异的淘汰这一过程称为自然选择或适者生存。例如，海鸽卵的形状一端大一端小，这对于在悬崖绝壁上产卵是非常有利的，因为它被触动时多打转、少滚动，因而减少了摔破的机会，这种有利性状的保留是选择的结果。相反，对海鸽生存不利的卵（比如圆形卵）则容易在生存斗争中被淘汰。

这里往往容易产生一个问题，即自然界有时会选择那些对个体不利甚至有害的性状，这是什么原因呢？例如，蜜蜂一用尾刺就会使自身死亡，大马哈鱼在生殖季节必须从海洋进入河流，雌性产卵后便会死亡，等等。这是因为这类性状对保全整个种和维持它们的后代是有利的。事实上，生物的进化是以种群为单位，而不是以个体为单位的。当个体与种群发生矛盾时，如果对种群有利，特别对繁衍后代有利，则对生物体来说总体上是有利的。

2. 自然选择通过生存斗争来实现

达尔文通过广泛的研究认识到：生物普遍具有变异，变异可在各种性状上发生，很多变异能够传给后代；生物产生的胚胎或幼体比能够成活的个体要多得多，也就是说生物有生殖过剩的倾向；由于生物具有高度的生殖率，又由于自然界中的食物和生存空间有限，而每一个胚胎或幼体都力争发育成长，所以必然发生争夺食物和空间的斗争，这就是生存斗争。生存斗争所涉及的范围很广，其中包括生物跟自然条件的斗争、同种生物的斗争以及不同种生物之间的斗争。

达尔文指出：自然选择是通过生存斗争来实现的，在生存斗争中，有利变异个体保存和发展，有害变异的个体则大量死亡。

3. 自然选择是缓慢、长期的历史过程

在达尔文看来，自然选择的作用是微妙和周密的，它通过强大的遗传力量，通过对微小有利变异的积累而促使生物进化，只是由于人类的历史是"瞬间"的事，只能看到结果，而觉察不到这一缓慢变化的过程。

二、自然选择的普遍性

选择在自然界广泛存在。塞斯诺拉（A. P. di Cesnola）曾用螳螂做过实验研究。他选用若干只绿色和褐色个体，用丝线把它们缚在绿色和褐色的草地上让鸟来吃，结果发现所有绿色个体在褐色草地上都被鸟吃掉了，褐色个体在绿色草地上也是大部分被吃掉；而在褐色草地上的褐色个体和在绿色草地上的绿色个体都没有被鸟吃掉。

达尔文叙述了大西洋中克格伦岛上植物生长的情况。在那里经常发生风暴，对于植物界的发展具有巨大的影响。据说岛上最高的植物（菊科）仅 1 m 高，其余所有的植物都蔓生匍匐在地面上。许多植物都紧密结合而丛生着，那些高大的树林则常常由于风暴席卷而死亡，因此在这个岛上找不到稍微高大的树木。又如西尔冯把白三叶草的若干品种从丹麦和德国引入瑞典西部，那里的气候条件比较寒冷。最初白三叶草茎叶的产量较低，但经过两年产量显著提高了。西尔冯的分析认为，比较不耐寒的个体在寒冷条件下受到自然淘汰，而耐寒的个体则得到了发展。

三、自然选择的类型

自然选择是一个很复杂的现象，它大体可以分为以下几种类型：

（一）稳定性选择

稳定性选择就是把趋于极端的变异淘汰掉，而保留中型的变异。这种选择多见于生存环境相对稳定的居群中，选择的结果将使性状的变异范围不断缩小。例如，在美国的一次大风暴后，邦帕斯（H. Bumpus）收集了 136 只受伤的麻雀，把它们饲养起来。结果活下来的有 72 只，死亡 64 只。在这 64 只中，大部分是个体比较大和变异类型比较特殊的。这表明偏离常态的变异个体容易被淘汰。

（二）前进性选择

前进性选择会使种内群体的特性逐渐离开原来以中型占优势的类型，从而使生物类型朝某一变异方向或两个以上的方向发展。这种选择多见于生存条件逐渐发生变化的环境中，人工选择大多数属于这一类型。根据选择方向的多寡又可分为以下两种：

1. 单向性选择

即指把趋向某一极端的变异保留下来，而淘汰掉另一极端和其他的变异，使生物类型朝某一变异方向发展的选择。以马的进化为例，马的祖先是朝着体躯增大的方向发展的，以至形成体躯高大的现代马。

2. 分裂性选择

即指把一个种群的极端变异按不同方向保留下来，使中型大为减少，生物向几个不同方向发展的选择。例如，美国卡兹基尔山狼的不同种（轻巧型和粗壮型）就是向不同方向选择的结果。又如马德拉甲虫由于向不同方向的选择形成了残翅、无翅或翅膀特别发达等几种类型。

（三）平衡性选择

平衡性选择（balanced selection）又称为保留不同等位基因的选择，是指能使两个或几个不同质量性状在群体若干世代中的比例保持平衡的现象。这种选择常常导致群体中存在两种或两种以上不同类型的个体，这种现象称为多态现象（polymorphism）。如人的血型、眼睛和皮肤的颜色等。

（四）性选择

性选择（sexual selection）是指同性个体间（主要是雄性）为争取与异性交配而发生竞争，获得交配的个体得到传种。具有有利于争夺交配变异的个体可能得到巩固和发展。性选择是自然选择的一种特殊形式。达尔文指出："这种选择并不在于一种生物对于其他生物，或对于外界条件的生存斗争，而仅在于雄性个体为了获得配偶而发生的斗争。斗争的结果，失败的个体并不至于死亡，不过生殖较少或不生殖而已。"

性选择有比较激烈的形式，也有比较缓和的形式。

（1）激烈的形式：如雄性鳄鱼为争夺雌体而叫嚣绕转；雄性蛙鱼常常整天争斗；雄锹形虫的巨型大颚常被其他雄虫咬伤等。在激烈的争斗中，雄性常有特别的武器，如雄鹿的角，公鸡的距，有的还有特别的防御工具，如雄狮的鬣，雄鲑鱼的钩形上颚，等等。激烈的争斗方式有很多。例如，流苏鹬中，两只雄性流苏鹬为争夺一只雌性鹬而发生争斗，雌鹬却在一旁漠不关心地看着，争斗之后，则和胜利者一同离去。

（2）缓和的形式：这类情况大多发生在鸟类中，如孔雀、极乐鸟等。它们常常集合成群，雄的一个个地在雌鸟的面前很殷勤地用最好的姿态来炫示它们艳丽的羽毛并且表现滑稽的神情，它们是用自己的"美色"来吸引雌鸟。雌鸟站在旁边观察，选择最有吸引力的做配偶。

达尔文认为，动物在争夺异性的斗争中所需的攻击武器、防御的工具或鲜艳的羽毛、亮丽的声调、美媚的情态等，都与性选择的作用有关，这对它们种的生存、繁衍是有利的。

由此可见，自然选择可以分为不同类型，但这种划分是相对的，在进化中它们相互联系、相互制约，从而既保持了生物类型的相对稳定性，同时又促进了生物类型的发展。

四、自然选择在进化中的意义

（一）定向作用

定向作用（directional function）就是在自然条件下控制生物发展的方向。选择就是把随机的、偶然的变异纳入非随机的、必然的轨道，使生物造成一种逐渐累积的适应趋势，表现出定向进化。

（二）甄别作用

甄别作用（discriminate function）就是通过生存斗争，保证对生存和生殖有利的变异，淘汰有害的变异，这种作用有利于生物的正常发育和进化。

总之，自然选择通过定向和甄别作用，创造出更加适合于新条件的生物类型。所以，自然选择在生物进化过程中有着巨大的创造作用，正如达尔文所说："用比喻的说法可以说自然选择是每日每时在世界检查最微细的变异，把坏的去掉，把好的保留下来，不论时间地点，一有机会就在沉默不觉中进行工作"。

五、自然选择的创造作用——适应

（一）适应的概念

生物的适应（adaptation）是指生物的形态结构和生理机能与其所生存的特定环境相适合的现象。适应是生物界普遍存在的现象，也是生命特有的现象。它有两方面含义：一是指过程，即生物不断改变自己，使其能适合于在某一环境中生活。例如，有的生物在低温条件下，细胞里的含糖量不断增加以适合于寒冷的环境，有些鱼类在缺少水时鳔能进行呼吸作用以维持生命。二是指结果，即生物保留了有利于生存和繁殖的各种特征和特性，以适应特定的生存环境。例如，植物的叶适宜于光合作用，鱼的鳃适宜于在水中进行呼吸作用。

（二）适应的普遍性

动物的适应有多种类型，如保护色、警戒色及身体结构的自身适应等。在不同的环境中，不同的动物形成了适合于生活环境的特有器官，猛兽和猛禽（如虎、豹、鹰等）都具有锐利的牙齿（或喙）和尖锐的爪，有利于捕食其他动物；被捕食的动物也不会坐以待毙，它们能以各种适应方式来防御敌害。例如，兔、鹿、羚羊等动物奔跑速度很快，刺猬、豪猪身上长满尖刺，黄鼬在遇到敌害时能释放臭气。蛔虫等寄生虫具有体表光滑、运动器官和消化器官退化、生殖器官发达等特点，这是与它们的寄生生活相适应的。

（三）适应的相对性

虽然生物对环境的适应是多种多样的，但究其根本，都是由遗传物质决定的。适应之所以具有相对性是由于遗传基础的稳定和环境条件的变化相互作用的结果。遗传物质具有稳定性，它是不能随着环境条件的变化而迅速改变的，这就导致已经形成的适应一般要落后于环境条件的变化，这是造成适应相对性的主要原因。

适应的相对性表现在以下两个方面：

1. 适应是针对一定条件的适应而不是对所有条件的适应

正如达尔文所说，即使像眼睛那样精致的器官也并不绝对完美。人的眼睛再好也比不上许多鸟类，如鹰可以在很高的地方发现草丛中活动的老鼠，人的眼睛就不行。相反，人的眼睛可以辨别许多种颜色，鸟类的眼睛就不能。又如，许多种鸟具有的保护色（如雉鸡、百灵等）可以避免肉食性鸟类的攻击，但常常被嗅觉发达的兽类（如狐等）所捕食；具有保护色的昆虫也常常被视力敏锐的食虫鸟类所侵害。

2. 适应是一种暂时的现象而不是永久性的

当适宜的环境条件变化后，适应就失去了作用，不仅如此，有时还可能成为有害的、甚至致死的因素。保护色是一种相当巧妙的适应现象，雷鸟和貂借助于保护色而免遭敌害攻击，但一旦这些动物的颜色发生改变，而又没有降雪，它们的颜色变化不仅没有益处，反而容易被敌害所发现。啄木鸟喙的结构与它攀树取食的功能可算是很巧妙的适应现象，但是一旦环境变化，迫使它主要以果实为生时，这种适应也便失去其意义了。

可见，自然界里的种种适应，只不过是一种相对意义上的适合，而不是绝对的。因此，适应是一个永无止境的现象。一旦适应落后于环境变化，当二者的差距太大时，生物就有可能灭绝。对于适应相对性的分析是个复杂的问题，因为有利因素和限制因素往往是相互交叉、错综复杂的，只有了解生物体的全部发展史才能作出比较符合实际的判断。

（四）适应在进化中的作用

自然选择也叫"适者生存"。任何个体或种群在历史的长河中适应才能存活，才能进化，否则就会消失。谢维尔错夫（A. H. Sewertzoff）认为，适应有三方面的意义：第一，个体数量的增加。例如，动物处在有利于它们生存的环境时，繁殖特别迅速，在很短的时间内能够获得众多的个体。第二，分布区的扩大。由于生物对环境的适应，数量增多、密度增加，生物就会逐渐向邻区迁移，并在那些适合于它们居住的地区生活下去。第三，物种的分化。由于生物分布区的扩大，生物被迫适应新的环境，这样就会导致物种的逐渐分化。

第四节　遗传变异与进化

进化是一个由代代相传的遗传变异构成的积累过程。遗传变异的存在是进化的必需条件。如果一个群体的所有个体在某个基因位点的遗传性是等同的，则进化就不可能在此位点上发生，因为等位基因频率在代与代之间不可能发生改变。另一方面，如果在另一群体，同一基因位点有两个不同的等位基因，当一个等位基因的频率增加，另一个等位基因的频率减少时，在这个位点上就可能发生进化。

一、遗传变异的起源

生物学的常识告诉我们：最原始的生命是非常简单的。然而，一切物种皆从这些最简单的生物开始演变。现在的生物已达到 200 多万种，它们在大小、形状和生活方式上非常多样化。现代分子生物学知识也告诉我们：带有遗传信息的 DNA 序列也一样存在多样性。在进化过程中，已有的 DNA 序列一定要经历改变，新的序列必须加入到生物的基因组中去才可能使生物进化发展。遗传是个保守的过程，但也并非完全如此，否则进化就不可能发生。在 DNA 的核苷酸序列中记录的遗传信息必须被忠实复制，每次复制的结果是形成两个 DNA 分子，它们彼此等同且与其亲本也等同。然而，DNA 分子在复制过程中也会发生变化，导致 DNA 分子产生不同的核苷酸序列，或者 DNA 数量在亲、子细胞之间产生差异。这种在分子水平上形成的遗传物质的改变叫突变，它是遗传变异产生的内在根据。突变为进化提供了最根本、最原始的材料。突变可分为基因突变和染色体畸变。

二、基因突变与进化

基因突变（gene mutation）是指染色体上一个基因座位内遗传物质的改变，由此产生出等位基因或复等位基因。

基因突变现象最早是由德弗里斯在月见草中发现的。摩尔根在红眼果蝇中发现了白眼果蝇，后来研究证明白眼性状是由于 X 染色体上的红眼基因（W）发生突变（$W \to w$）所引起的。随后研究发现果蝇存在几百种突变。根据大量研究结果，人们逐渐认识到动植物及微生物中很多单位性状内的差别都来自该生物进化过程中的基因突变。例如，小麦由高秆变为矮秆（$D \to d$），水稻由非糯性变为糯性（$Wx \to wx$）等，这些性状的改变都是基因突变的结果。

通过对遗传物质 DNA 的理化性质和功能的了解，人们认识了各种基因。突变可以影响各种类型的任何基因，但一般研究的是结构基因突变。基因突变就是某一遗传密码中一个或几个核苷酸（碱基）的替换，以及核苷酸的增加或缺失。

基因突变的效应是多种多样的。突变是否改变了表型以及改变的程度一般取决于所产生的多肽链

（蛋白质）的功能是否发生了改变及改变的程度。现在已经知道，基因突变从没有效应到有害效应或有利效应，各种情况都有，程度也千差万别，相当复杂，最严重的是致死效应。人类的镰刀状细胞贫血症是一种隐性致死的遗传病，纯合子的红细胞呈镰刀状，引起严重贫血而致死。据分析，这是由于组成血红蛋白的 β 链第 6 个氨基酸的改变，即谷氨酸被缬氨酸代替所引起的。

三、染色体畸变与进化

染色体畸变（chromosome aberration）跟基因突变一样，在生物进化中占有重要的地位。基因突变和染色体畸变所产生的变异都是可遗传的，但两者的发生机制有明显的区别。基因突变大都是 DNA 分子中某个遗传密码的一个或几个碱基发生变化，而染色体畸变则牵涉到 DNA 分子在较大范围内的变化。例如，染色体片段或整个染色体的增加、缺失或者位置改变（易位或倒位）等。

基因突变和染色体畸变都与遗传物质的变化有关。基因突变是个别基因分子基础的化学变化，例如，一个碱基被另一个碱基代替，或者个别碱基增加或者减少等。染色体畸变通常不发生深刻的化学变化，而是已有的遗传物质或已有的基因排列顺序发生了改变，可是后果却很严重。

引起基因突变的因子通常也可以引起染色体畸变。

基因突变一般发生在遗传物质复制的过程中，而染色体畸变通常发生在细胞核分裂的过程中，特别是减数分裂的过程中。有资料表明，减数分裂的前期染色体比较敏感，比较容易发生断裂。

染色体畸变可包括两个主要方面：一是染色体数目异常；二是染色体结构发生变化。

（一）染色体数目异常与进化

染色体作为一个结构单位，为保持个体和群体在遗传上的连续性和稳定性提供了物质基础。由于它在每个世代中都能十分精确地进行自我复制，才使物种得以延续。生物的多样性是生物界的明显特征，而生物的进化则是多样性的源泉，它是生物个体遗传物质逐代改变的结果。也就是说，细胞中的遗传信息保守地传递给后代，但也会发生变异，造成染色体结构和数目的变异，同时也引起其所载荷的 DNA 序列和数量的改变，并在自然选择的基础上进行新性状的积累。由此说明，遗传使物种得以保存，性状得以继承，而变异正是对这种遗传稳定性的动摇和突破，从而产生新物种。

染色体数目异常主要包括整倍体和非整倍体的变异。

在植物界，多倍体物种很普遍。在开花的种子植物中，几乎有半数的物种是多倍体。在动物界，多倍体物种也有一些，但是比较少见。

普通小麦的染色体是 $2n = 42$，这实际上是一个六倍体物种。它的起源大体如图 11–1：

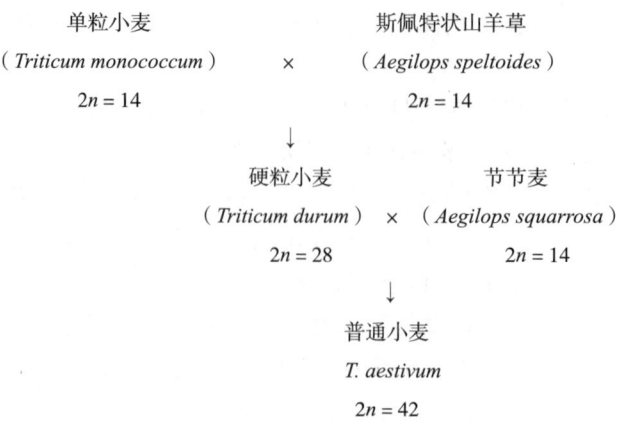

图 11–1　普通小麦染色体的起源

在上述的小麦进化中，杂种染色体加倍是历史事件。现在在实验室里，可人为使远缘杂种的染色体加倍，如可以利用秋水仙素使小麦和黑麦杂交产生的杂种染色体加倍，成为能育的小黑麦。

非整倍体异常的典型例子是人的唐氏综合征（Down syndrome），即先天愚型。它是由 21 号染色体三体引起的，男性和女性都有。女性是：47，XX，＋21；男性是：47，XY，＋21，这是人类中最常见的常染色体异常。染色体数目的增加对发育有不利的影响，这可能是因为多余的染色体打乱了正常基因组赋予的发育平衡的缘故。因此，非整倍性在动植物进化中没有起什么大的作用。

（二）染色体结构异常与进化

这是染色体在内部结构上的重新排列，是由于一条或一条以上的染色体发生了断裂，随后在断裂口反常地重新连接起来，导致遗传物质原来的直线排列发生了紊乱，由此产生若干类型的染色体结构异常，主要有易位（translation）、倒位（reversion）、缺失（deletion）和重复（duplication）。

1. 易位与进化

易位是指两对非同源染色体间某区段的转移，在遗传及生物进化上有重要意义。一般来讲，易位并未改变染色体和基因的数目，只改变了其原来的位置。易位也能改变基因连锁群，原来有连锁关系的基因易位后可能成为独立遗传的基因；原来独立遗传的基因，易位后反而可能建立连锁关系。易位可能产生位置效应，从而引起表型的某些变化。现已证明，很多植物的变种就是染色体在进化中一再发生易位而形成的。在家马中，所有品种和类型的马都是 64 条染色体（2n）。然而被认为是家马祖先的蒙古野马，其染色体数目是 66 条。据分析，蒙古野马与家马相比，野马少两条中央着丝粒染色体，而多 4 条近端着丝粒染色体，因此有些学者认为家马的这两条中央着丝粒染色体是由野马中 4 条近端着丝粒染色体通过罗宾逊易位方式而形成的。

染色体易位不仅在理论上具有一定的意义，在生产实践中也具有重要价值。如在养蚕业中，雄蚕的吐丝量比雌蚕高 20%～30%，而且质量好。多养雄蚕就会带来更大的经济效益，但在大规模生产中逐个鉴别雌雄是不可能的。人们发现，可以通过人工易位的方法将黑色卵色基因易位于 W 染色体上，进而成功地培育出雌雄蚕卵自别品系，从而大大提高了蚕丝的产量和质量。

2. 倒位与进化

倒位是指一个染色体上某区段的正常排列顺序发生了 180° 的颠倒。倒位只改变基因在染色体中的顺序，不改变基因原来的数目，因此，倒位纯合体及其配子有正常生活力，其自交后代一般表现完全正常。但由于倒位区段内的基因与连锁群中其他基因的交换值发生了改变，影响其杂交后代的重组率，可能会引起基因的位置效应。倒位杂合体其倒位圈内连锁基因的交换可能受到抑制，因此常会降低正常交换值。另外，倒位圈内的基因若发生交换，将形成一部分缺失某些基因而重复另一些基因的配子，这些配子没有生活力，因此会造成后代高度不育。此外，由于染色体可能多次在不同世代中发生倒位，加上自交的作用，产生的倒位纯合体后代将逐渐与原来物种存在生殖隔离而形成新物种或变种，可见倒位也可以促进生物进化。根据对果蝇唾腺染色体的研究，发现果蝇属中存在着不同倒位特点的种，例如 *D. melanogaster* 和 *D. simulans* 是两个比较相似的种，它们之间的杂种一代完全不育。检查杂种一代的唾腺染色体，发现在一条染色体上有一个大的倒位。

3. 缺失和重复与进化

缺失是指一个正常染色体上某一区段的丢失，因而该区段上所包含的基因也随之丢失。这是同源染色体之间发生非均等互换的结果。一条染色体得到较多的染色体片段，而另一条染色体得到较少的染色体片段。片段的缺失造成部分遗传物质的缺失。缺失纯合时往往致死，若缺失大到一定程度，在杂合体中也可引起致死作用。因此，缺失在进化中往往不起重要作用。

重复是指正常的染色体增加了与自身相同的片段，其影响通常不如缺失带来的影响严重，它长期被认为是额外遗传物质加到基因组中造成的。由于进化的总趋势是增加 DNA 量和功能更加复杂化，人们因此认为重复有很大的进化意义。因为重复的基因通过一系列的突变可以形成一个新的非等位基因。这是新基因起源的重要途径之一。例如，重复了的基因 A，就在同一染色体上合成为 AA，于是在二倍体细胞里就形成 AA/AA。其中的一个如果发生突变，功能也改变了，那么新基因 B 就出现了。由于基因 A 还存在，所以，并不影响个体原来的代谢功能。但是由于其中的一个 $A \rightarrow B$，就会出现新的基因和新的功能。

第五节　分子水平的进化

生物进化是以生物大分子为基础的。随着分子生物学的发展，以生物大分子为研究对象的分子进化学同样得到了迅速发展，并已成为进化生物学的重要研究领域。

一、分子进化

（一）分子进化的概念

分子进化（molecular evolution）有两层含义，一是原始生命出现之前的进化，即生命起源的化学演化；二是原始生命产生之后生物在进化发展过程中，生物大分子结构和功能的变化以及这些变化与生物进化的关系，这就是通常所说的分子进化。

分子进化学是进化论与分子生物学相互融合形成的边缘学科，是达尔文进化论学说在分子水平上的延伸。分子进化的研究对象主要是蛋白质和核酸等生物大分子。在研究中通过定量地比较各类生物间有关生物大分子的结构（序列）和功能的异同，从而探讨各类生物间的亲缘关系和生物在分子层面上的进化机制。

（二）分子进化的产生与发展

在达尔文时代，受科学水平的限制，人们不可能对进化的分子机制进行阐述。20 世纪 50 年代以来，随着分子生物学的产生与发展，对生物大分子在进化过程中的作用及其变化规律有了进一步的认识，产生了有关分子进化的理论。

近几十年来，分子进化研究发展迅速，取得了一系列重要的成果。分子进化研究大致经历了两个发展阶段：

（1）20 世纪 60 年代，蛋白质序列分析和电泳技术的发展，使生物化学家有可能对不同生物的蛋白质结构进行比较，分析它们间的差别及其性质。通过此项工作，发现特定蛋白质的氨基酸替换速度是基本恒定的。在此基础上，于 1962 年提出了分子钟概念。1968 年日本学者木村资生又提出了分子进化的中性学说。

（2）20 世纪 80 年代以后，由于分子生物学突飞猛进的发展，限制性片段长度多态性（RFLP）分析以及聚合酶链式反应（PCR）等现代生物技术相继问世，使分子生物学家有可能对不同生物的基因进行比较、分析，找出它们的差异，以探究不同物种在进化上的渊源与联系。通过对基因结构和功能的分析，人们还发现所有生物的基因在历史上一直都以稳定速率积累着突变，从而更进一步明确了分子进化研究在生物进化中的重要作用。

分子进化为进化论研究注入了新的活力，使生物进化论实现了在宏观和微观水平上的统一。人们可以通过比较生物大分子来研究各种生物的进化关系以及物种之间的亲缘关系。这将有望解决系统发育或分类学中某些长期未解决的问题，同时还将有助于揭示新的进化途径。

分子进化不仅推动了生命科学的理论研究，而且在应用研究方面的前景同样十分诱人。20 世纪 60 年代以来，实验表明，生物自然种群层次式的进化机制可在体外分子层次上得到模拟。实现达尔文式进化的必备条件是增殖、突变和选择。任何具备前两者的实体不论在整体层次还是在分子层次，只要有选择作用，其群体必定产生达尔文式进化并最终出现最适应所处环境的类型。分子进化工程（molecular evolution engineering）是继蛋白质工程之后的第三代基因工程。它通过在体外对核酸、蛋白质等生物大分子施以选择压力，模拟自然界中生物的进化历程，以达到创造新的基因、新的蛋白质的目的。人们从人工设计的含有所有变异可能性的分子库（molecular library）中，通过特异的筛选模式获得新型药物，从而大大加快了药物筛选过程，使传统的药物研究发生了革命性变化。可以预见，分子进化工程将极大地推动生物工程和药物化学的发展。

二、生物大分子与生物进化

（一）分子进化的研究方法
1. 蛋白质电泳分析

早在 20 世纪 30 年代，电泳技术已被应用于蛋白质研究。长期以来，电泳技术一直是研究蛋白质的必不可少的重要手段。常用的电泳技术有纸上电泳、醋酸纤维薄膜电泳和聚丙烯酰胺凝胶电泳等方式。其中聚丙烯酰胺凝胶电泳，由于操作方便，对蛋白质的分离效率高，因而是最常用的电泳方式。

根据特定蛋白质的电泳相似率和基因频率，可推算出遗传相似性和遗传距离。例如根据两栖类和鱼类的白蛋白电泳分析，可推算出它们的遗传距离为 18 ~ 19 Ma（1 Ma 等于 100 万年）。

2. 蛋白质氨基酸序列的测定

蛋白质分子中的氨基酸序列（即蛋白质分子的一级结构）是蛋白质的基本结构。比较同源蛋白质中氨基酸序列的差异，可以获得许多分子进化方面的资料。因此，氨基酸序列的检测是研究分子进化的基本方法。

20 世纪 50 年代初就有用生物化学方法测定蛋白质氨基酸序列的报道。第一个被阐明氨基酸序列的蛋白质是胰岛素，它是一个非常简单的分子，由 51 个氨基酸组成，但在序列测定方法上却十分费事。后来，氨基酸序列分析技术有了迅速发展，尤其是 20 世纪 70 年代初，氨基酸序列自动分析技术的问世，更是加快了蛋白质分子中氨基酸序列的测定工作。然而，由于方法上的限制，对一些大分子蛋白质氨基酸序列的测定至今仍有困难。随着 DNA 序列测定技术突飞猛进的发展，一种间接的氨基酸序列测定法问世了，即先分析 DNA 分子的核苷酸序列，然后再推测出它所编码的蛋白质氨基酸序列。相对而言，这种方法更简单、更精确。

3. 核酸中核苷酸序列的测定

在生物进化的历史长河中，许多过去存在的物种有的进化了，有的灭绝了。但它们的遗传物质——包含有生物基因的核酸还大量地保存至今。因此，核酸尤其是脱氧核糖核酸（DNA）必然成为分子进化的主要研究对象。分析比较核酸中核苷酸序列的异同，是当前研究分子进化的重要内容。

由于核酸分子巨大，对于核苷酸序列的研究，长期以来一直落后于蛋白质的氨基酸序列研究。直到 20 世纪 70 年代中期才有所突破。测定核苷酸序列的常用方法是桑格（F. Sanger）提出的酶法和吉尔伯特（W. Gilbert）提出的化学法。这两种测定方法都能快速、有效地检测核酸分子中的核苷酸序列，大大缩短了实验周期。1986 年胡特（L. E. Hood）和史密斯（L. M. Smith）发明了第一台核酸序列自动分析仪，更加快了核酸序列的研究步伐。

4. 分子杂交技术

分子杂交技术（molecular hybridization technique）又称核酸分子杂交技术，它是一种重要的分子生物学技术。斯皮格尔曼（S. Spiegelman）等按照 DNA 或 RNA 片段能通过碱基互补配对形成杂合双链的原理，创建了核酸分子杂交技术。其中常用的核酸杂交技术主要有原位杂交技术和 southern 杂交技术等方式。前者是用探针直接与菌落或组织细胞中的核酸杂交，故称原位杂交；后者是将样品的 DNA 从凝胶转移到硝酸纤维薄膜上，再进行分子杂交，称为 DNA 印迹转移杂交技术，又称 southern 杂交技术或 southern 印迹法。1977 年阿尔文（J. C. Alwine）等又提出将电泳分离后的变性 RNA 转移到纤维素膜上再进行分子杂交，这一技术称为 RNA 印迹转移杂交技术，又称 northern 杂交技术或 northern 印迹法。

目前，分子杂交技术已广泛应用于测定基因拷贝数、基因定位、DNA 多态性分析、确定生物的遗传进化关系等方面。

5. 限制性片段长度多态性分析

限制性片段长度多态性（RFLP）分析是一种于 20 世纪 80 年代发展起来的，用于研究 DNA 多态性的重要的分子生物学方法。RFLP 分析的基本原理是利用限制性核酸内切酶对 DNA 分子进行酶促降解，形成不同长度的 DNA 片段，以同位素标记的多核苷酸探针与转移到膜上的互补 DNA 片段杂交结合，并通过放射自显影等方法将杂交片段以条带形式显示出来，即可获得反映 DNA 多态性的酶切图谱。

20 世纪 80 年代初，人类遗传学家相继发现，在人体基因组的多态性酶切图谱中存在着一些高度可变的条带，每条带均遵循简单的孟德尔式遗传，不同个体的酶切图谱是不一样的。20 世纪 80 年代后期进一步发现，动植物基因组的多态性酶切图谱也具有个体或品种特异性。利用多态性酶切图谱可准确地鉴别个体或品种之间的亲缘关系。因此，限制性片段长度多态性分析已成为进化遗传学研究的有力工具。

6. 聚合酶链式反应技术

早在 20 世纪 60 年代就有人证明博物馆保存的植物干制标本中有 DNA，但当时缺乏先进的技术，不能从中分离 DNA 并测定其中特定的基因序列。1985 年，穆利斯（K. B. Mullis）等人发明的聚合酶链式反应（polymerase chain reaction，PCR）技术问世以来，DNA 的研究得到了空前的发展。

PCR 的基本原理是以待扩增的两条 DNA 链为模板，由一个人工合成的寡聚核苷酸引物介导，通过 DNA 聚合酶的酶促反应，在体外快速扩增特异的 DNA 序列。PCR 技术扩增效率非常高，可以在数小时内将样品中极微量的 DNA 迅速扩增到可检测的水平。

1988 年佩帕（S. Paabo）等人首先用 PCR 技术扩增了 7 000 年以前的脑 DNA，从此 PCR 技术被广泛应用于古生物 DNA 的研究，成为生物大分子进化研究的理想方法。目前，已从多种古生物化石中分离到了 DNA，其中有的 DNA 序列已被测定。1990 年在美国爱达荷州的中新世地层的木兰化石中分离到了叶绿体 DNA，这是迄今所知道最古老（17～20 Ma）和最长（820 bp）的基因片段。研究表明，对在特殊条件下保存的古代生物遗体和古生物化石，可通过 PCR 技术从中分离出古 DNA 并进行序列分析，从而再现部分基因的信息，这在分子进化研究上有重要意义。

综上所述，分子进化研究中，在方法上除了大量应用蛋白电泳技术外，采用 PCR 技术对古、今生物的线粒体 DNA、核 DNA、叶绿体 DNA 等大分子进行研究，将是该领域的研究热点。随着分子生物学方法和技术的快速发展，定量地探讨生物亲缘关系和系统发育方面的研究将更准确、更完善。

（二）核酸的进化

1. DNA 含量

核酸是生物细胞内贮存和传递遗传信息的生物大分子。不同生物细胞内的 DNA 含量差别很大（图 11-2）。细胞内 DNA 含量通常用 C 值表示，其单位可转换为 pg（1 pg = 10^{-12} g）。在整个生物进化过程中，从低等到高等，总趋势是 C 值逐渐增大。如酵母的 C 值为 0.005 pg，而人类的 C 值高达 3.5 pg，为酵母的 700 倍。值得注意的是，DNA 含量不一定总是跟生物的复杂程度成正比。在生物界中，有些生物的 C 值很大，但在进化上不一定更高等。例如，与高等的兽类相比，某些有尾类、肺鱼的 C 值却很高，分别是兽类的 27 和 35～40 倍。因此，C 值除了进化意义外，还有某些适应意义。

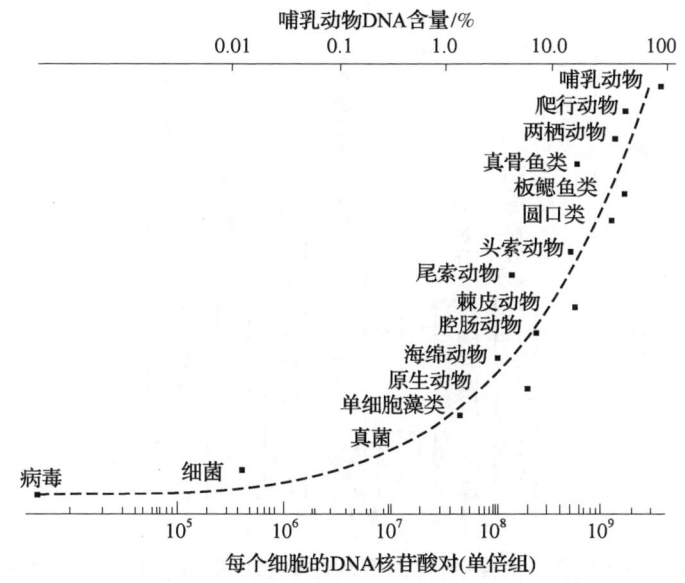

图 11-2　不同生物物种的 DNA 含量的最低限度值（引自 Britten 和 Davidson，1969）
图中各点表示一个单倍染色体组每个细胞的DNA含量测定值

2. 基因组大小

基因组是指细胞内所有基因的总和。不同生物的基因组大小不同（见表 7-4），基因组中所含的基因数量也不同。在生物进化过程中，总的趋势是，高等生物的基因组比低等生物的大，所含的基因也更多。

一般说来，随着生物的进化，基因组会不断增大。原核生物的基因组一般都比较小，且变化范围也不大，最大与最小的比值只有 20。真核生物基因组一般比原核生物的大得多，而且变化范围也很大，最大与最小的基因组相差几万倍。虽然真核生物的基因组大小悬殊，但它们所含的基因数目却相差不大。因此，真核生物基因组大小的变化主要是由非编码的 DNA 含量变化引起的。DNA 分子中非编码部分对基因组的扩大有一定的作用；另外，非编码部分在进化过程中有可能获得新的功能，形成新的基因。

3. 核酸序列

核酸序列是核酸分子的基本结构。它由 4 种核苷酸按不同排列顺序组合而成。在 DNA 分子序列中大致有两种性质的序列，一种是简单序列（单拷贝序列），它是结构基因的组成部分；另一种是重复序列（多拷贝序列），主要是非结构基因的序列，其中包含着调节基因的序列。

核酸序列的变化，主要是生物进化过程中由核苷酸碱基的插入、替换或缺失等原因造成的。因此，在不同生物中，核酸序列的差异能反映出它们之间亲缘关系的远近。对于同源基因而言，生物之间亲缘关系越近，则序列差异越小；相反则差异就越大。因此，同源基因中核酸序列的差异可用来研究生物的系统发育。

核酸序列变化速率在同一基因中的不同区域是有差别的（图 11-3）。基因中的核酸序列可分为编码区和非编码区两部分。编码区是指基因中能够编码氨基酸的核酸序列。每 3 个相邻的碱基构成 1 个三联体遗传密码子，编码 1 个氨基酸。根据遗传密码的简并性，同义替换不影响所编码的氨基酸，因此其变化速率大大高于非同义替换的速率。在非同义替换中，其序列变化速率往往与影响基因功能的程度有关。若影响不大，则变化速率较高；相反，则较低。例如，在 γ- 干扰素基因中，非同义替换速率为 2.79×10^{-9}/ 氨基酸·年，而组蛋白Ⅲ和组蛋白Ⅳ基因的非同义替换速率几乎为零。表明组蛋白基因较稳定，其序列不易变化，而干扰素基因的序列容易变化。

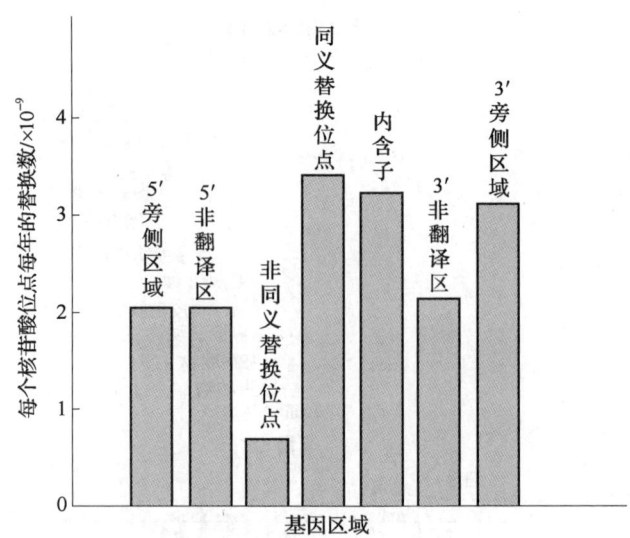

图 11-3 基因中不同区域核苷酸替换的平均速率（引自 Li 和 Graur，1991，并修改）

（三）蛋白质的进化

1. 不同物种中同一蛋白质结构的比较

对蛋白质进化研究的内容之一是考察不同物种中同一蛋白质的结构差异。细胞色素 c（cytochrome c）是真核生物线粒体中与细胞呼吸有关的一种蛋白质。它由一条多肽链组成，在脊椎动物中一般有 104 个氨基酸残基，而在无脊椎动物、植物和真菌中，其 N 末端另含有 4～8 个氨基酸残基。从对一些需氧生物所含的细胞色素 c 分子所作的比较可以看出，在这一分子中大约有一半的氨基酸具有相同的位置。由此推论所有现存物种的细胞色素 c 基因及其蛋白质产物具有共同的起源。

在进化过程中，细胞色素 c 中约有一半的氨基酸被替换。对其氨基酸序列的分析表明，人和黑猩猩的 104 个氨基酸完全一样；罗猴和人的细胞色素 c 分子只是在第 66 位上有一个氨基酸的差别，即在人类中是异亮氨酸，在罗猴则是苏氨酸；人和脉孢菌的细胞色素 c 相比，差异较大，在 104 个氨基酸中有 43 个不同。这些差异反映出在 15 亿年的进化过程中，细胞色素 c 基因密码子中的突变导致了其蛋白质产物的种种差异。

认识不同生物谱系间的趋异状况及这种歧异发生的先后，就可以构建种系发生树（phylogenetic tree）或称进化树（evolutionary tree）。根据不同生物的细胞色素 c 氨基酸顺序间的差异所构建的种系发生树如图 11-4 所示。

根据一个蛋白质中氨基酸变化的数目和各类生物相互分歧的时间（根据化石记录）对比分析，可以计算出进化时蛋白质变化的速率。就任何给定的蛋白质类型而言，分子进化的速率是比较恒定的，但是功能上不同的蛋白质其变化的速率极为不同。近缘生物之间的种系发生关系可以从进化速率快的蛋白质的一级结构推断出来，例如哺乳动物的血纤维蛋白肽。

2. 同一物种中不同蛋白结构的比较

比较种内不同蛋白质的结构，测出氨基酸的序列，是研究蛋白质的主要方法。通过这一方法，能迅速发现许多由相似氨基酸分子组成的蛋白质，并由此追溯它们在历史上的联系。例如，血红蛋白和肌红蛋白在结构上有明显的相似性，这与两者功能类似、来源相同（同源）密切相关；谷胱甘肽还原酶和硫辛酰胺还原酶相比，它们具有 40% 以上的相同氨基酸，这解释了两者为何在功能上相似（都能催化氧离子转移到含硫的化合物上）；抗凝血酶Ⅲ的序列和 α-1 抗胰蛋白酶的序列相比，在 390 个氨基酸中有 120 个相同，约占 30% 的同源性，说明它们是由一个共同的祖先蛋白演化来的。

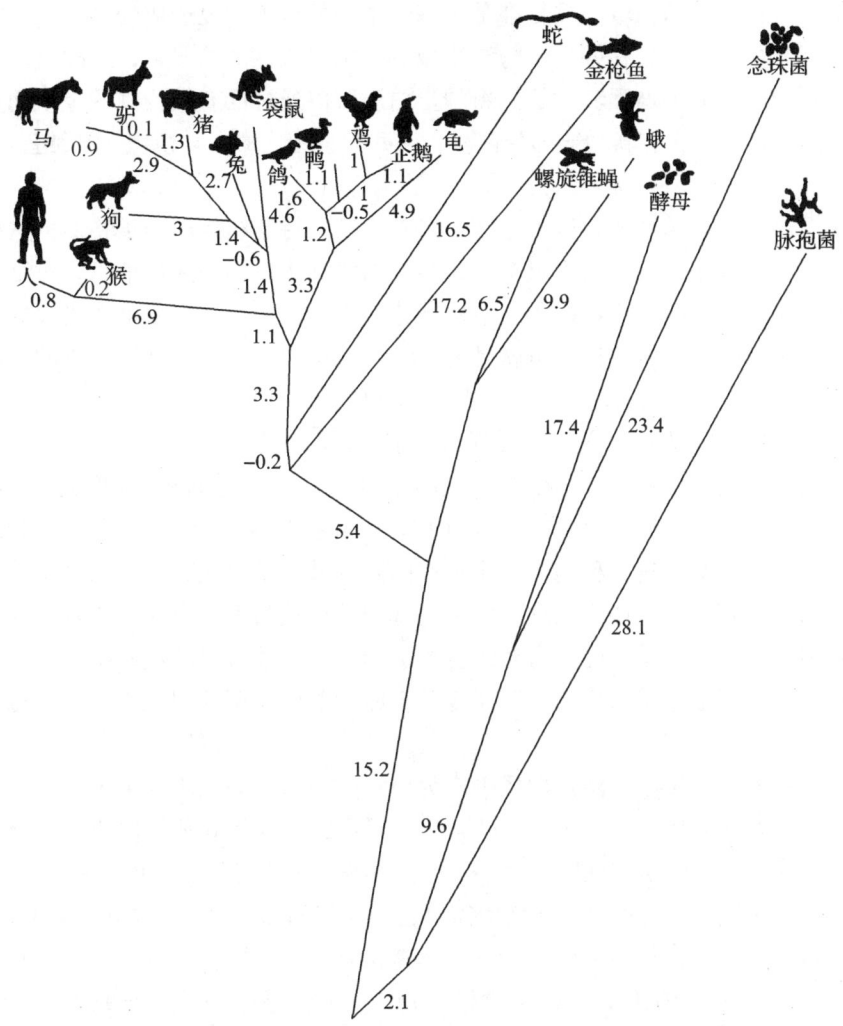

图 11-4 细胞色素 c 的进化（引自 Fitch 和 Margoliash, 1967）

此图是根据每个物种细胞色素 c 氨基酸序列的差异，用计算机求出的 20 种不同生物的种系发生树。各分支上的数字是能够引起所观察的氨基酸序列差异的那些基因的核苷酸的最小替代数。如人和金枪鱼之间核苷酸的最小替代数为：0.8 + 6.9 + 1.1 + 3.3 +（−0.2）+ 17.2 = 29.1

3. 结构域与进化

蛋白质的结构域是多肽链在超二级结构的基础上组装而成的。多肽链首先在某些区域由相邻的氨基酸残基形成有规则的二级结构，然后相邻的二级结构片段集装在一起形成超二级结构。超二级结构以特定的组合方式连接，在一个较大的蛋白质分子中形成两个或多个在空间上可以明显区分的折叠实体，这种实体称为结构域。

由于结构域是蛋白质的一种结构单位，有时还是一种功能单位，所以它们就有可能成为蛋白质的固有模块，在不同的蛋白质中存在并发挥其作用。例如，同源异型域（homeodomain）就见于很多与发育调控有关的蛋白质中。因此，结构域对蛋白质的进化，特别是对新蛋白质的产生有着重要的作用，同时也说明进化过程中存在遗传信息的重新组合，是研究进化的好素材。

结构域一定程度上是与基因中编码它们的外显子相对应的。实际上，在许多球蛋白中，结构域都或多或少地与其编码基因中的外显子存在对应性。在有些情况下，一个结构域是由两个（甚至更多）外显子编码；另外，也有一个外显子编码两个或更多结构域的例子，如血红蛋白的 α 链和 β 链均由 4 个结构域组成，而编码它们的基因都只有 3 个外显子，其中第二个外显子编码了相邻的两个结构域。

在很多情况下，蛋白质中结构域的重复都是由基因中的外显子重复造成的。外显子重复是基因内部重复或基因延长的一种主要形式，在外显子与结构域有一定对应性的情况下，这种重复往往能增加蛋白质结构的复杂性和稳定性，并能增强其功能。新的蛋白质可以通过已有结构域的重组而产生，这一途径能在很短的进化时间内产生出具有新功能的蛋白质。一些嵌合蛋白质，如组织血纤维蛋白溶酶原激活物，极有可能就是这样产生的。

此外，有些蛋白质在整体结构上有很大差别，但其中某一特定结构域却很相似，这种结构域相似性的存在，可能是在进化过程中的某一时间点上，这些蛋白质共用过同一遗传信息。对结构域本质最初的认识源于 20 世纪 70 年代开始的一些蛋白质的结构域分离实验，认为结构域可使较大的蛋白质折叠成在空间上可以明显区分的"叶瓣"状结构。也就是说，结构域是一串由二级结构组成的、空间上彼此分开的功能区域。如果将其拉直，结构域实际就是一条氨基酸链。

罗斯曼（G. Rossmann）等人在研究酶的 X 射线衍射图谱时注意到一个几种酶所共有的重要特征。这几种酶整体结构和功能虽然完全不同，但都包含一个相同的由 70 个氨基酸折叠形成的环状结构域，都能与烟酰胺腺嘌呤二核苷酸（NAD）、黄素单核苷酸（FMN）和腺苷酸（AMP）三种辅酶相结合。而这些辅酶的结构中都含有一单核苷酸。这几种酶中普遍存在的结构域就是单核苷酸的结合位点，罗斯曼称这个结构域为单核苷酸折叠。据此，他认为在这些酶中发现的结构域与细胞出现以前阶段的原始蛋白存在潜在的关系。该结构域与单核苷酸结合的能力对于生物极为重要，故最早的生命系统中的几个原型酶都具有此结构，这个结构至今还能被辨认出来。罗斯曼关于原始蛋白模型的假说正是通过对不同蛋白质结构的比较研究中得出的。

近年来又发现同一种结构域在一组蛋白质中广为分布的现象。如在表皮生长因子前体、低密度脂蛋白受体、补体组分 9、组织脑浆素原激活物、尿激酶、凝血因子 X 等 6 种蛋白质中，分布有 5 种不同类型的结构域。其中有一种类型结构域在这 6 种蛋白质中有 18 个拷贝。显然这些亚单位能自由地从一个蛋白质转入另一个蛋白质，并且可以插在任何需要这一功能的部位。杜利特尔（F. Doolittle）认为，对于这种结构域的分布现象，不能简单地解释为它们都是来自一个共同祖先的产物。这 6 种蛋白质都是近代的类型，它们只存在于前 10 亿年内出现的脊椎动物中。对这些蛋白质的研究表明，编码这些结构域的 DNA 被内含子精确地划分开。内含子之所以能存在于真核基因中，是出于精密的加工机制能够保证 mRNA 片段被正确地翻译为蛋白质，但在最早的生命形式中一般不大可能存在这种精密的机制。也就是说，并不是这类机制在更原始的生物中起作用，而是随着蛋白质的进化，结构域的加工机制也在进化。

因此可以说，结构域不仅是蛋白质的结构单位，还可能是其功能单位和进化单位。

（四）生物大分子进化的特点

木村资生认为，生物大分子进化有两个显著特点，即进化速率相对恒定和进化的保守性。

1. 生物大分子进化速率相对恒定

生物大分子进化过程中，一定数量的氨基酸或核苷酸的替换所需的时间称之为分子进化速率，它是测定生物大分子进化快慢的尺度，时间以年为单位。研究方法主要是通过比较不同种生物同源蛋白质氨基酸序列的变化，来推断蛋白质的进化速率。

比较同源（同种）蛋白质之间氨基酸差异时，首先需知道所比较的氨基酸座位的总数（N_{aa}），然后找出差异氨基酸座位数（d_{aa}），计算出差异氨基酸所占的比例（p_d），即 $p_d = d_{aa}/N_{aa}$。如比较人和鲨鱼之间的血红蛋白 α 链的差异，人和鲨鱼的血红蛋白 α 链氨基酸座位总数为 139 个，其中差异氨基酸座位数为 74 个，那么 $p_d = d_{aa}/N_{aa} = 74/139 = 53.2\%$。但是，通过此方法计算出的差异是根据现在蛋白质计算出来的，反映的是蛋白质现存的差异，往往比实际氨基酸的替换总数要小。因为如果两物种的相同蛋白质分子在相同的位置各发生了一个氨基酸变化，应该计为两个差异，而实际上只能计为一个差异或没有差异（如发生相同的变化即替换成相同的氨基酸），还有回复突变，同一座位多次发生变化等等，这些都造成了计算出的差异比例小于实际差异的比例。为了减少这种误差，Zuckerkandl 利用统计学的方法对其进行了校正。用两个蛋白质间每个氨基酸座位替换的平均数 K_{aa} 来表示，$K_{aa} = -2.3 \lg (1-p_d)$。如人和鲨鱼，通过上面计算的氨基酸差异率 53.2%，$K_{aa} = -2.3\lg (1 - 0.532) = 75.8\%$，比原来计算出的数要高 22.6%。

分子进化速率通常用每年、每个氨基酸座位的替换率来表示，公式为：$\kappa_{aa} = K_{aa}/2T$，T 为比较的两个蛋白质之间从共同祖先分歧开始的年数，$2T$ 为进化时间。如果人和鲨鱼的分歧年数为 4.2×10^8 年，血红蛋白 α 链差异 K_{aa} 为 0.76，则 $\kappa_{aa} = 0.76/(2 \times 4.2 \times 10^8) = 0.9 \times 10^{-9}$。

木村资生根据自己和前人的研究结果，提出了 10^{-9} 是分子进化的标准速率单位，把 1×10^{-9} 进化速率定为分子进化速率的单位，称为 1 鲍林（Pauling）。

从上述的分析结果不难看出，蛋白质在分子水平上的进化速率是相对恒定的，并且进化的速率与世代的长短、生存环境条件以及群体的大小无关。但这种恒定性并非指所有的蛋白质或某一蛋白质中所有氨基酸的进化速率都完全相同，而事实上不同的蛋白质进化速率是存在差异的，有的差异还很大，如组蛋白Ⅳ与血纤蛋白肽的进化速率相差 840 倍。但这并不否定分子进化速率的恒定性，只是说明分子进化速率是相对恒定的，大多数蛋白质的进化速率在 10^{-9} 的数量级。表 11-1 中的数字表示每个氨基酸位点、每年（aa·a）发生的替换数。

表 11-1 不同生物大分子的进化速率

生物大分子	进化速率 /[$\times 10^{-9}$/(aa·a)]
血纤肽	8.3
胰 RNA 酶	2.1
溶菌酶	2.0
血红蛋白（β 链）	1.2
肌红蛋白	0.89
胰岛素	0.44
细胞色素 c	0.3
组蛋白Ⅳ	0.01

引自张昀，1998

2. 生物大分子进化保守性

所谓保守性，是指功能上重要的大分子在进化速率上明显低于功能上相对不重要的大分子。组蛋白Ⅳ是一种精氨酸和赖氨酸含量很高的蛋白质，由 102 个氨基酸组成。它是已知的分子进化速率最低的蛋白质，在生物进化过程中十分保守，其化学结构不易变化。例如牛和豌豆的组蛋白Ⅳ在 10 亿年的生物进化过程中，仅替换了 2 个氨基酸。对于这种在结构上高度保守性的原因尚不甚了解。但已发现，在真核生物细胞中，组蛋白Ⅳ与其他 3 种组蛋白（Ⅰ、Ⅱ、Ⅲ）和核酸结合在一起，对调节 DNA 的复制具有重要作用。因此，这类蛋白质在结构上的微小变异，都将可能使它失去固有的功能，分子进化速率自然特别低。相反，血纤肽是目前已知进化最快的蛋白质。它是一种由 19 个氨基酸组成的多肽，其功能是保护血纤维蛋白原不致形成纤维蛋白，而在血凝时，血纤肽可从血纤维蛋白原上分离下来，使血液凝固。由于血纤肽所担负的功能并不需要很严格的结构特异性，肽链中氨基酸残基的替换并不会对功能有大的影响，因此在进化过程中，由基因突变而产生的氨基酸序列改变大都被保留下来，它的分子进化速率很高是可以理解的。

血红蛋白与血纤肽相比，对多肽链结构的要求严格得多。血红蛋白含有 4 条多肽链（$\alpha_2\beta_2$），每条链环绕着一个亚铁血红素基团，它是血液中运输氧的蛋白质。在它的全部氨基酸序列中有 10%～11% 的氨基酸残基不能改变，一旦发生改变就会丧失它的功能。

细胞色素 c 的多肽链结构要求更为严格。其分子是一条 104～112 个氨基酸残基组成的多肽链。分子中含一个血红素基团，以共价键与蛋白质多肽链相结合。细胞色素 c 在生物氧化过程中担任电子转移作用。对血红蛋白而言，许多外围亲水性氨基酸残基允许有所变异，但细胞色素 c 的这一部分的某些组分如发生变化便会导致功能丧失。

保守性还表现在同一蛋白质分子的不同部位的结构和功能方面。同一蛋白质分子不同部位的氨基酸在结构和功能上的重要性是不同的。这也是造成各种蛋白质进化速率不同的原因之一。任何蛋白质，对维持它的功能极为重要的那些氨基酸是比较保守的，不能轻易变化。相反，对维持蛋白质功能关系不大的组分（中性突变的产物）就允许发生变异。据此，氨基酸残基的替换速率就有所不同。木村资生曾对血红蛋白不同部位的氨基酸替换速率进行过研究，发现血红蛋白分子 α 和 β 链的表面部位不论在功能或保持分子结构上都不太重要，而血红素及其周围部分对这个分子来说是重要的。前者的氨基酸替换速率是后者的 10 倍 [α、β 链表面氨基酸残基每年的平均替换率为 2×10^{-9}/（aa · a）]。这表明在进化过程中，后者的结构不易变化，保守性相对比较高。

三、分子进化的机制

DNA 是生物细胞内最重要的遗传物质。生物体绝大部分性状都是由 DNA 携带的遗传信息所控制的。生物性状的变异是通过基因突变造成的，因此基因突变是生物进化的第一原因。

（一）点突变与调节突变
点突变（point mutation）是指 DNA 分子中单个核苷酸碱基的变化，其变化有 4 种基本类型：①缺失（deletion），指核苷酸碱基从序列中缺失。②插入（insertion），指在序列中插入新的核苷酸。③转换（transition），是碱基替换中的一种类型，是指嘌呤与嘌呤之间，或嘧啶与嘧啶之间的替换。④颠换（transversion），是碱基替换中的另一种类型，是指嘌呤与嘧啶之间的替换。点突变可影响蛋白质氨基酸序列的变化，从而引发生物性状的改变。

调节突变（regulatory mutation），是指某一基因内部或其附近决定该基因活化与否的部位的变化。这一基因调节部位的变化会影响基因的表达，尤其影响发育过程中某些特定基因的开启和关闭。

案例：人与猿在进化上的差别

调节突变这一概念的引入，使人们对分子进化和机体进化的相互联系有了新的认识。有人认为，引起机体水平适应进化的主要原因在于某种蛋白质的浓度，而不是它的结构。根据编码哺乳动物消化道酶类的基因研究表明，在长期进化过程中，反刍动物胃内含有高浓度的溶菌酶，其他哺乳动物胃内也有溶菌酶，功能几乎完全相同，差别在于溶菌酶含量很低。引起这种酶含量差别的主要原因在于调节突变。根据上述事例以及在试管中进行类似的大量实验结果，金（M. C. King）和威尔逊（A. C. Wilson）认为，分子进化和机体进化之间的联系很可能是通过调节突变建立起来的，调节突变在适应进化中可能起着主要作用。

（二）随机漂变与中性突变
随机遗传漂变（random drift）（简称遗传漂变）是指等位基因的频率随机变化的过程。这一过程最终将导致等位基因固定或者丢失。遗传漂变在每一个有限群体中都会发生，群体越小，则该过程越快。遗传漂变导致的进化是随机的，种群中固定下来的遗传变异与自然选择作用无关。

中性突变（neutral mutation）是一种不影响蛋白质功能的突变。事实说明，在分子水平上的突变类型是以对机体影响不好不坏的中性突变为主。

为什么在分子水平的进化中性突变会占主导地位呢？其主要原因在于基因组不同区域的 DNA 位点的进化速率不同。一般说来，对蛋白质功能有直接影响的 DNA 位点的进化速率要比对蛋白质功能无影响的 DNA 位点进化速率慢。也就是说，凡功能限制强的分子（或分子的某一部分），进化速度慢；功能限制弱的，则进化速度较快。例如，大多数酶活性位置的进化速率比酶结构的其他部位要慢；其他类型的蛋白质也证实有功能限制的现象。比如，人和马血红蛋白的不同在于 287 个氨基酸中有 43 个氨基酸有明显的差别，但结晶学研究发现，它们的折叠方式却完全相同；功能试验表明，这两种血红蛋白的功能也基本一致。此外，通过对密码子不同位置的核苷酸的进化速率进行比较，能够进一步说明这个问题。一个密码子由三个 DNA 碱基组成，三个碱基编码一个氨基酸。已经观察到密码子的第二位置上的变化与第三位置上的相比，前者慢，后者快。而事实上，密码子第二位置上任何碱基的改变，都可导致氨基酸替换；而第三位置上的碱基变化，约有半数不引起氨基酸改变。上述情况的出现，很可能是密码子第二位置上碱基的改变较多的影响蛋白质功能的改变，因此在这一位置上，由于功能限制强而对进化改变作用较小；而在第三位置上碱基改变，较少影响蛋白质功能，因此对进化改变的作用较大。

四、分子钟

（一）分子钟的概念

"分子钟"这个概念，早在 20 世纪 60 年代初就已提出。当时只是一种设想，后来的工作说明这个设想是可以实现的，并为分子进化和系统发育重建提供了理论基础。所谓分子钟，简单地说，就是以某一进化事件作为划分时间的刻度，并以此判定其他进化事件出现的时间。

知识拓展：分子钟学说

具体地说，根据不同生物同源蛋白质氨基酸序列的差异，结合其他资料（如有同位素年龄的化石记录）就可以从时间上表示出蛋白质分子的进化速度。由图 11-5 可见，每替换 1% 氨基酸残基所需的时间，血纤肽（纤维蛋白肽）约 110 万年，血红蛋白约 580 万年，细胞色素 c 约 2 000 万年，组蛋白 IV 则要 6 亿年。

如果这一速度在相当长的地质时间内是相对恒定的，利用已知的不同生物同源蛋白质的氨基酸差异，对照已知的有关进化事件（如系统分支、门类分异）发生的具体时间，就可按简单的比例关系估计出其他进化事件发生的时间，这就是分子钟的基本概念。

分子钟与精确计时的、有节拍的时钟不同，有人认为它是像放射性衰变那样的一台"随机钟"。在一个较长的地质年代里，随机钟还是很准确的。同时，一个基因或蛋白质都分别作为一台钟的主要部分，它们有不同的突变率，但都可对同一进化事件计时。几个基因或蛋白质的结果汇总后，可起到相当精确的进化计时作用。

（二）建立分子钟的有关条件

1. 要具备分子进化的系统资料

这些资料指不同种类生物的蛋白质氨基酸排列顺序等。目前，已经掌握了许多同源蛋白质的氨基酸序列，但能否适用于分子钟的研究，还有一个选择的问题。建立分子钟首先需要选定某种合适的生物大分子，即相对稳定、进化速率合适。然后确定所要比较的物种，对物种的要求：一是都含有上述生物大分子；二是最好含有不同分歧时间的物种，即分歧时间有较长的、较短的和介于二者之间的。以前面提到的一些进化速率不同的蛋白质为例，血纤肽进化速率快，但它只存在于哺乳动物，应用范围过窄，不适合分子钟的要求；细胞色素 c 虽然存在于不同生物中，但它的进化速度受到限制（不足以区分人和黑猩猩）；像组蛋白这样的分子其进化速率又太慢，也不适合于分子钟的要求。现在，一般采用血红蛋白和肌红蛋白，它们的进化速率合适，而且存在于多数无脊椎动物和所有脊椎动物中，应用范围较宽。

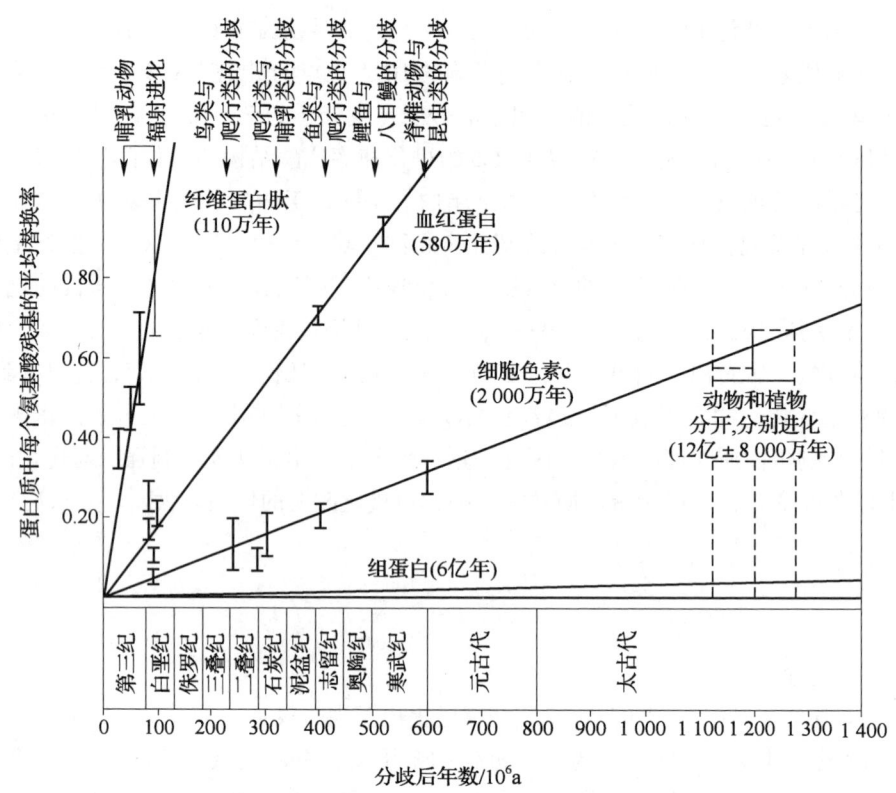

图 11-5　4 种蛋白质的进化速率（改自 Dickerson，1971）
斜线代表进化速率，改变氨基酸序列 1% 需要的年数注明在括号中；斜线上的竖条代表误差范围

2. 要求蛋白质分子的进化速率保持均一

根据现有的遗传学的相关资料，总的来说，同源蛋白质或 DNA 分子进化速率是大体恒定的。许多学者认为，这些事实可以作为分子钟的基础。不过也有资料表明，蛋白质的进化速率并不恒定，从而怀疑分子钟的可靠性。杜布赞斯基等人认为，尽管少数蛋白质的进化速率并不恒定，但大多数的蛋白质的进化速率是接近恒定的，因而应当肯定分子钟的可靠性。

尽管分子钟概念还存在争议，但分子钟概念在估计不同物种间的分歧时间以及相互的进化关系方面还是十分有用的。

五、分子系统树

（一）分子系统树的概念

分子系统树（molecular phylogenetic tree）又称分子树，它是根据生物大分子的序列建立起来的、用图解法表示的、类似树状的分子进化模型。两个同源蛋白质的序列差异程度可用它们的氨基酸的差异数目或百分率来表示，也可用相应的基因之间的核苷酸差异的最小数目来表示。将差异的数据进行排列组合，即可得出反映各物种之间亲缘关系远近的分子系统树。分子树使我们对种间差异的认识系统化，树上的各个分支组成一个统一的整体，可为认识生物进化的过程提供一个大致的轮廓。

分子系统的选择有多种方法。现在一般采用简化原则，即以最少的突变数去解释进化顺序。就人类与非洲猿（黑猩猩、大猩猩）、猩猩的关系来说，人与非洲猿紧连在一起所需的突变数少于人与猩猩，因此从分子树上看，人与非洲猿的关系最为密切。

（二）构建分子系统树的方法

构建分子树需要得到所涉及的生物同源大分子之间的差异，并对这些差异数据进行适当的统计学处理，根据分歧时间的先后绘出分子树。具体方法如下：

首先，需要确定所要构建分子树的生物种类。原则是在所有涉及的生物中均要存在某种同源生物大分子（如细胞色素 c）。

其次，对生物大分子的选择也有一定的要求。不是任意的大分子都可以用来构建分子树的。一般来讲，构建亲缘关系比较远、分歧时间比较长的生物之间的分子树时，要选择进化速率相对较慢的生物大分子；相反，则要选择进化较快的生物大分子。如线粒体 DNA 的进化速率较快，适用于亲缘关系较近的物种之间建立分子树。而细胞色素 c、16S RNA 以及丙糖磷酸异构酶等进化速率较慢，适用于亲缘关系较远的物种之间建立分子树。

生物大分子确定之后，对其一级结构（序列）进行测定，从而获得生物大分子的差异数据，这是建立分子树的最基本的数据。

第三，比较各物种之间同源大分子的差异。比较时可能有三种情况，一是同源位置相同（如 DNA 的某一同源位置都是某种碱基，蛋白质都是某种氨基酸）；二是同源位置不同；三是同源位置上有一方是空缺或插入，把后二者都统计为差异。如比较的是蛋白质，则二者之间的氨基酸差异比例（p_d）按式 11–1 计算：

$$p_d = d_{aa}/N_{aa} \qquad\qquad （式 11–1）$$

式中 d_{aa} 为二者之间差异氨基酸数，N_{aa} 为氨基酸总数。不同种之间亲缘关系的远近，可由 K_{aa} 推测。K_{aa} 可由式 11–2 计算：

$$K_{aa} = -2.3 \lg (1 - p_d) \qquad\qquad （式 11–2）$$

值得注意的是，由 K_{aa} 推测亲缘关系有时不是绝对的。因为分析的只是现在的两种生物间蛋白质的氨基酸差异，一个差异反映一次突变，实际上差异部位和相同部位在长期进化的过程中，可能比现在估计的要复杂很多，现在的一个差异可能是多次突变的结果。再则，现在相同的部位也不能肯定它在进化的过程中没有发生过突变。这些都不能如实地反映出来，所以根据 K_{aa} 推测亲缘关系时还要参考其他信息数据。

亲缘关系的远近只是定性的描述，不能反映亲缘关系远近的程度。为此，需要计算分子树中分歧时间（T）。掌握了分歧时间和分子进化速率，再加上其他信息特征和数据，才能使分子树更好地反映生物进化的程度。

1. 单分子标准构建系统树

目前应用最广的系统树建立方法是基于单个分子序列比较而来的。分子系统学研究初期，研究的重点为蛋白质，人们研究比较了多种蛋白质分子，得到了各种蛋白质分子中氨基酸的差异，然后推测 DNA 的变化，最后在此基础上构建分子系统树。由于蛋白质的分析比较复杂，所以近年来研究的重点转移到了 RNA 和 DNA，如 5S rRNA、16S rRNA 以及 18S rRNA 等，对它们进行了序列比较，所得数据通过计算机分析建立分析系统树。虽然利用单个分子标准建树比较简便快捷，但它也存在不少问题，突出表现为不同分子标准建立的系统发生树存在不一致性。

2. 多分子标准构建系统树

采用多个分子进化建树标准相对单个分子而言能更好地减少误差，更接近真实物种进化的顺序。一般是选择多个所研究物种中共有的、保守的，并且序列变化与进化距离相适应的基因，然后有两种处理方法。一种方法目前应用较多，它是将所选择的分子标准的序列直接连在一起，然后作为一个单个大分子进行处理，得到系统树。另一种是按所选择的分子标准分别建立相应的系统树，然后对得到的进化树进行分析综合，得出一种可能性比较高的进化关系。

多个分子标准可以引入更多的进化信息，已在光细菌和原生生物以及真菌和古细菌中得到较多应用，不过在确定细菌的组间进化上尚有欠缺，它同样也存在很难在多物种间找到合适的、都共有的保守基因的问题。

3. 全基因组方法构建系统树

为了进一步避免基因转移和欠缺合适的多物种共有的保守序列的影响，基于基因组信息的增加，有不少学者提出了采用全基因组建立系统树的方法。其中有的采用对不同基因组中包含和缺少的基因及其拷贝数进行统计分析并建立相应的数学模型，然后再对不同物种进行进化分析。还有学者采用基于物种基因组中寡核苷酸片段（6~8 bp）的各种组合的出现频率建立系统发生树的全基因组建树方法。这两种研究方法均得到了与公认的生命之树（tree of life）基本相符的结果。

相对于单个和多个分子标准建树的方法而言，全基因组建树引入了更多的信息，其结果的稳定性和客观性更强，倘若全基因组建树的计算处理能够进一步改进使之简便易行，那么这种方法将在各领域得到更为广泛的应用。

（三）构建分子系统树的意义

分子树的建立是对进化论研究的一大贡献。它是以生物大分子序列差异为依据，选取定量指标（如最小碱基替换数），应用数理统计的处理方法，因而可以获得较为精确的结果。此外，分子树除能表明物种之间亲缘关系的远近外，还包含其分歧年代的信息。但是，由于分子树是以分子水平上的差异和单一的数据为基础，它的适用范围便受到限制；而传统的系统树则是以直接可观察的、整体的形态性状差异为依据的，具有综合性的特征，因而这两类方法各有特点和应用范围。

第六节 物种形成

一、物种的概念和标准

（一）物种的概念

物种（species）又简单地称为种，是生物分类上的基本单位。正确地理解物种的概念，在动物分类学上具有重大的意义。恩格斯（F. Engels）说："没有物种的概念，整个科学便没有了。"但是，对于物种的定义，迄今还是一个在自然科学中争论很大的问题。对于物种的理解，从历史的角度看大致经历了以下几个过程：

早在 17 世纪，雷（J. Ray）在其《植物史》一书中把种定义为"形态类似的个体之集合"，同时认为物种具有"通过繁殖而永远延续的特点"。

18 世纪中叶，林奈（C. von Linné）等人按照这种认识进行了许多植物杂交试验，在此基础上进一步提出物种是由形态相似的个体组成，同种个体可以自由交配，并能产生可育的后代，而异种间杂交则不育。林奈肯定了物种的客观性和稳定性，为物种问题的进一步研究提供了基础。

达尔文认为一切物种均由同宗同祖繁衍而来，而且都还处于进化之中，一个物种可以通过一系列过渡类型而转变成另一个物种，因此物种是为了研究方便而人为划分出来的。变种是正在发育中的物种，而物种则是差别显著的变种。

近代学者一般认为，物种是一群在形态和生理方面彼此十分相似，或性状间差别很微小，并有一定自然分布区域的生物个体；凡种内的有性个体间能够互配，并且能够产生发育的后代个体；不同种的有性个体间不能够互配和产生后代。物种是生物进化过程中，从量变到质变的一个飞跃，是自然界自然选择的历史产物。

给物种一个在理论上严格的、在实际应用上又方便的定义是极其困难的。如果一定要给物种一个简明的定义，迈尔（E. W. Mayr）关于物种的定义具有代表性："物种是由种群所组成的生殖单元（和其他单元在生殖上隔离着），它在自然界中占有一定的生存环境地位。"在此基础上，陈世骧补充一条："在宗谱线上代表一定的分支。"这样修改后的迈尔的物种定义包含四方面的内容，即种群组成、生殖隔离、生态地位和宗谱分支，是一个较完整、简明的定义。

（二）物种的结构和标准

1. 物种的结构

由个体组成种群，由种群组成亚种，由亚种组成种。在亚种和种之间有时也有中间性质的形态，如半种等。这样的组成称为物种的结构。

（1）个体

个体（individual）是物种组成中最基本的单位，物种由许多个体组成。不同物种个体组成不同种，但同一种内的个体有年龄、性别的差异，有些还有分工（如蜜蜂、蚂蚁等）的不同，这是个体存在的不同形式。同时，由于遗传和环境等多方面原因，同一物种内的个体间也存在着表型与基因型的差异。

（2）种群

种群（population），也称群体或居群，是指生活在一定群落里的一群同种个体。种群是物种的基本结构单元。它总是集合为或大或小的个体群而存在。由于每个物种都有各自的生活习性，对自然环境也有各自的要求，因此种群的地理空间分布是不连续的。虽然同一个种的不同种群之间彼此不连续，但可以通过杂交、迁移等形式进行遗传上的相互交流，使物种成为一个统一的繁殖种群。

由于种内关系的复杂性以及生存条件的影响，种群也经常在变动。如有的种群个体数多，有的少；有的繁荣，有的衰退。生物类型的分歧就发生在种群之中。当变异达到一定程度，就会出现亚种以及新种。

（3）亚种

亚种（subspecies）是物种以下的分类单位，是种内的一些种群，但彼此在某些形态或生理特征、染色体结构、基因频率等方面存在差异，且有不同的地理分布，所以也称"地理亚种"。这一概念一般多用于动物分类，在植物分类上比较少用。

与亚种同属于种以下分类单位的还有变种（variety）。变种也有形态、生理、遗传特征上的差异，但不具有交替的分布区域，同种的两个变种在地理上可能重叠。变种一般多用于植物的分类，在动物分类上比较少用。但变种有时也指未弄清地理分布的亚种，有时也指栽培品种，有时还指介于两个亚种之间的类型。

在亚种和种之间，还有半种和隐种这两种形态。半种（semispecies）或称"起始物种"（incipientspecies），它是可以相互交配的种群，但在行为和其他方面有些差别，这些差别又限制了它们之间的交配。换句话说，它们既有种的特征又有亚种的特征，所以又称为两者的过渡类型。例如，某些极乐鸟放在一起可自由交配，后代也可育，但它们的形态、颜色区分明显，这种区别是地理隔离造成的。它们之间的区别比亚种之间要略进一步，因此也可以认为是"半种"。由于半种的概念比较含糊和复杂，在分类中应用不多。

隐种（crypitc species）又称姐妹种（sibling species）。它们在外部形态上极为相似，但相互间又有完善的生殖隔离。初步观察对不同的姐妹种很难进行分辨，早期工作中也常被误认为是一个种。但仔细研究可发现姐妹种在生理、习性、生态要求等方面也有不同。

2. 物种的标准

各学科因识别和区分物种的依据不同而有若干不同的物种标准。

（1）形态学标准

主要根据生物形态特征的差异为标准来区分物种。不同物种（指同一属的不同物种）之间有明显的形态差异。这些形态特征当然是同一物种所普遍具有的，而不是少数个体所有。

（2）生态学标准

从生态学观点来看，物种是生态系统中的功能单位，每个物种占有一个生态位，每一个物种在生态系统中都处于它所能达到的最佳适应状态。种间杂交所产生的中间型个体，其适应值降低，因而被自然选择所阻止。因此，每个物种在生态系统中都能保持其生态位，直至被别的物种竞争排挤，或因本身的进化改变而转移到新的生态位。如果一个物种的种内发生分异，占据多个生态位，从生态学角度而言，这意味着有新物种形成。

（3）遗传学标准

根据遗传学的理论来认识物种，物种被定义为互交繁殖的群体，共有一个基因库。生殖隔离成为识别和区分物种的最重要标准。绝大多数高等动物行有性生殖，由此而产生个体之间的基因交流，以保持种群内的遗传多样性，但又必须防止与其他物种在遗传上的融合。这样一个与其他种群生殖隔离的种群才能保持该种群基因组成的特异性，即保持自己的基因库。

（4）生物地理学标准

主要以物种的分布范围为标准来区分物种。不同物种的地理分布范围是不同的。有的分布区域很广（世界种、广布种）；有的分布区域很窄（特有种）；有的过去分布广，后来变窄了（残遗种）。每一物种都有一定的分布范围。因此，物种的地理分布也是区分物种的标准之一。

分类学家一般是采用形态学标准进行分类的。因为在现实的分类工作中，很少有必要作生殖观察或杂交实验，有的也没有这个条件。同时，即使应用其他多种方法进行分类研究，也还多以形态学的标准为主。

现代分类学是在个体形态分类的基础上，以种群为对象，应用统计学方法分析种群变异的情况，从而决定所研究的对象是属于物种、亚种或是别的分类等级。近年来在物种分类上出现了一些新的研究方法，例如分子分类学、数量分类学、血清分类学、化学分类学等方法，这些方法无疑将有力地促进对分类问题的研究。

二、物种的形成

知识拓展：物种形成的条件

物种形成主要有两种方式：渐变式物种形成（gradual speciation）和骤变式物种形成（sudden speciation）。

（一）渐变式物种形成

渐变式物种形成主要是指通过变异的逐渐积累而形成亚种，再由亚种形成一个或多个新种的过程。在渐变式物种形成中，从形成过程上看有继承式与分化式，从地区上来看有异域式与同域式。

1. 继承式物种形成

继承式物种形成（successional speciation）是指一个种在同一个地区内逐渐演变成另一个种。这种进化方式由于时间历程很长，所以无法直接观测到，但古生物学的研究为此提供了不少证据。如在东南欧第三纪地层中发现的从壳无棱的芮氏螺经过许多中间类型发展出壳有棱的贺氏螺。

2. 分化式物种形成

分化式物种形成（differentiated speciation）是指一个物种在其分布范围内逐渐分化成两个以上的物种。一般认为这是一个种在其分布范围内由于地理隔离或生态隔离逐渐分化而形成的两个或多个新种的过程。其方式大体有两类，一类是生活在不同地区分化成的地理亚种，进一步分别发展成新种。以美洲棉尾兔分布为例，在美国东部棉尾兔有 8 个种，而在西部多山地区则有 23 个种，说明在多山环境中，地理隔离在物种形成中起了重要作用。另一类是生活在同一地区内分化出不同的生态亚种，并由此发展成新种。例如，体虱和头虱由于寄生的场所不同，已形成了不同的适应特征。它们在某种条件下可以相互杂交，但后代常有不正常的个体。这表示两者经过了生态（生存环境）隔离，已经发生了一定的分化。

　　3. 异域式物种形成

　　异域式物种形成（allopatric speciation）又称地理隔离式物种形成。其基本内容是：当一个物种被分成两个或两个以上的地理隔离种群时，由于地理条件不同，适应性也不同，从而造成随机性和适应性的遗传变化，如果这些变化能够导致生殖隔离，那么，便会分化形成新物种。一般认为，这种方式在自然界中比较常见，在动物中尤其如此。

案例：达尔文地雀的形成

　　4. 同域式物种形成

　　同域式物种形成（sympatric speciation）是指分布在同一地区内的种群间由于生态差异等原因，它们没有机会进行杂交、交流基因，进而分化形成新种的方式。一般认为，通过这种方式产生的新物种，在动物中以寄生性类群为最多，它们在形成过程中作用最为显著的隔离因素是寄主。寄生性类群在昆虫中占有相当大的比例。布什（G. L. Bush）认为，此种物种形成方式在受精前的隔离因素是寄主、时间、季节的差异，使得种群不易交配。但受精后的生殖隔离常常不够完善，也就是说不能完全切断基因的流动。因此，许多人认为，这种不同寄主上的新种形成方式，产生的不是实际上独立的种，而是新的品系或姐妹类型。

　　（二）骤变式物种形成

　　骤变式物种形成主要指与渐变式物种形成相比其时间短、速度快或跳跃式的一类物种形成模式。

　　骤变式物种形成，最有代表性的是通过杂交和多倍体形成新物种。杂交现象在自然界中极为广泛。杂种往往具有物种双亲的性状，并且生长旺盛。

　　多倍体一般是由两个物种的杂种染色体组加倍所致（异源多倍体）。多倍体的所有基因都来源于祖先，但由于祖先种会继续与多倍体同时存在，因此生物的多样性就因染色体的加倍而增加了。

　　多倍体的物种形成虽然只限于一定的生物类群中，主要是在植物界，但却具有极其重要的作用。大家知道，在大多数主要的植物群里，都发现有多倍体。据报道，多倍体植物在双子叶植物中约占 43%，在单子叶植物中占 58%。一些重要的农作物，如小麦、燕麦、烟草、棉、香蕉、马铃薯、甘蔗和咖啡等，都是多倍体植物。在低等脊椎动物中，尤其是鱼类、两栖类中也发现有多种类型的多倍体物种。

　　由多倍体形成物种的主要特点是物种发生在同一地区，也不必经过亚种的阶梯，物种的形成过程迅速，在少数几代中就可以直接建立生殖隔离并达到物种的等级。

三、物种形成在生物进化中的意义

　　（一）物种形成是生物谱系进化的起点

　　生命自然界的系统是按界、门、纲、目、科、属、种的顺序排列的，而种是其中最基础的环节，它是生命不断前进的起点。

　　（二）物种的形成为生物进化的不可逆性奠定了基础

　　物种形成是种内连续性的中断，一般意味着生殖隔离的产生。新种一旦形成就增加了生物的稳定性，其所具有的性状和特性得到巩固。因此，物种的形成是进化不可逆的基础。

　　（三）物种形成强调了生物与环境的相互关系

　　物种的形成意味着有新的生物类型以新的方式来利用环境。而这种新的生物类型一定是以生殖隔离为其主要标志的，否则，这种新的类型是不能产生的，或者说即使产生也会被种内基因的自由交流所淹没。

（四）物种的形成为生物之间的相互关系创造了条件

进化使物种在数量上发生了增长，并且在密切生物与环境关系的同时，也使生物内部的关系进一步复杂化了。例如，水生生物的发展为陆生生物的进化开辟了道路；有花植物的出现，为昆虫的繁荣创造了条件；而昆虫的出现则是食虫鸟类形成的前奏；这些鸟类的出现又促进了新的猎食兽类和寄生生物的进化，如此等等。

总之，物种的形成是生物进化的基本问题，没有物种的形成就没有进化，更无从谈及生物界的系统发展。

小 结

进化生物学是研究生物进化的科学，研究内容包括进化的过程、证据、原因、规律、学说以及生物进化与地球的关系等等，它是生命科学领域最重要的学科之一。其主要研究领域有生命的早期起源与演化、生物多样性、系统生物学、群体遗传学和进化遗传学、进化生态学、古生物学、进化发育生物学、细胞和分子进化生物学、生物信息学、表观遗传学。在漫长的发展过程中，形成了多种物种起源和生物进化的思想和理论。几种具有代表性的进化学说，主要包括早期的进化学说、达尔文的进化理论、新达尔文主义、现代综合论、中性学说、新灾变论和间断平衡论。总体来说，进化生物学的理论基础是自然选择。

自然选择是指在自然界里，适合于环境条件（包括食物、生存空间，风土、气候等）的生物被保留下来，不适合的被淘汰的现象。自然选择在进化中具有重要的意义，主要体现在定向作用和甄别作用。所谓定向作用就是在自然条件下，控制生物发展的方向。甄别作用就是通过生存斗争，保证对生存和生殖有利的变异，淘汰有害的变异，这种作用有利于生物的正常发育和进化。自然选择通过这两种作用，创造出更加适合于新条件的生物类型。

生物的适应是指生物的形态结构和生理机能与其所生存的特定环境相适合的现象。适应是生物界普遍存在的现象，也是生命特有的现象。适应在进化中具有重要的意义：其一，增加生物个体的数量；其二，扩大生物的分布区；其三，促使物种进行分化。

进化是一个由代代相传的遗传变化构成的积累过程。遗传变异是进化的必需条件。变异主要体现在基因突变和染色体畸变。基因突变是指染色体上一个基因座位内遗传物质的改变，由此产生出等位基因或复等位基因。基因突变从没有效应到有害效应或有利效应，各种情况都有，程度也千差万别。染色体畸变主要包括两个方面：一是染色体数目异常；二是染色体结构发生变化，如易位、倒位、缺失和重复等。

分子进化研究的是一个复杂的过程。广义的分子进化有两层含义，一是原始生命出现之前的进化，即生命起源的化学演化；二是原始生命产生之后生物在进化发展过程中，基因组和生物大分子结构和功能的变化以及这些变化与生物进化的关系，这就是通常所说的分子进化。在核酸水平上，主要研究 DNA 含量、基因组大小、核酸序列等内容；在蛋白质水平上，主要对不同物种中同一蛋白质结构进行比较、同一物种中不同蛋白结构进行比较以及对蛋白质结构域特点进行研究。研究表明，生物大分子进化有进化速率相对恒定和进化具有保守性两个特点。

物种以及物种发生是进化生物学的重要研究内容。物种的概念，不同的历史阶段学者们的看法不同。近代学者一般认为，物种是一群在形态和生理方面彼此十分相似，或性状间差别很微小，并有一定自然分布区域的动物个体；凡种内的有性个体间能够互配，并且能够产生发育的后代个体；不同种的有性个体间不能够互配和产生后代。物种是动物进化过程中从量变到质变的一个飞跃，是自然界自然选择的历史产物。

物种形成在生物进化中具有重要的意义。其一，是生物谱系进化的起点；其二，为生物进化的不可逆性奠定了基础；其三，强调了生物与环境的相互关系；其四，为生物之间的相互关系创造了条件。

复习思考题

1. 名词解释

进化　生物进化　进化生物学　系统生物学　进化生态学　古生物学　进化发育生物学　细胞进化生物学　分子进化生物学　生物信息学　分子钟　微进化　宏进化　自然选择　系统树　中性学说　性选择　定向作用　甄别作用　适应　分子进化　分子系统树　物种　渐变式物种形成　骤变式物种形成

2. 简述进化生物学的概念及其主要研究领域。

3. 进化生物学的当前研究热点有哪些？

4. 具有代表性的进化学说有哪些，它们的主要观点分别是什么？

5. 简述达尔文进化学说的主要内容。

6. 何谓分子进化的中性学说，其主要内容是什么？

7. 简述自然选择的概念及其主要特点。

8. 自然选择包括哪些类型？

9. 自然选择在进化进程中有何意义？

10. 简述适应的特点及其在进化过程中的作用。

11. 何谓基因突变，其在进化过程中有哪些作用？

12. 何谓染色体畸变，包括哪些类型，在进化过程中有何作用？

13. 简述核酸进化的特点及其一般规律。

14. 简述分子进化的一般机制。

15. 简述生物大分子进化的特点。

16. 简述分子水平进化的研究中，中性突变占主导地位的原因。

17. 何谓分子钟？建立分子钟需具备哪些条件？

18. 简述分子系统树的定义、构建方法及其意义。

19. 简述物种的概念、结构及其分类标准。

20. 物种形成的方式主要有哪些？

21. 物种形成在进化中有何意义？

网上更多

 思考与提示　　 科学与科学人

（李　辉　王宇祥　顾志刚）

第十二章
畜禽遗传资源及其保护

　　畜禽遗传资源是畜牧生产可持续发展的基础，但是由于畜牧生产的工业化以及全球经济一体化等诸多因素的综合影响，畜禽遗传资源保护面临巨大的挑战，主要体现为灭绝以及受到灭绝威胁的畜禽品种数目越来越多，畜禽品种内的遗传多样性不断减少，为此，畜禽遗传资源的保护、利用以及有效管理，受到了国际组织以及世界各国政府的高度重视。本章围绕畜禽遗传资源，介绍3个方面的内容：①畜禽遗传资源现状。主要介绍世界和我国畜禽遗传资源概况，进而了解我国畜禽遗传资源在世界畜禽遗传资源库中的地位和重要性。②畜禽遗传资源保护的理论。小群体活体保种是当前最为有效的保种方式，一般可以从群体规模、群体遗传多样性的评价以及影响保种群体的遗传因素等方面来阐明保种的遗传学理论基础。③动物遗传资源保护的方法。这部分内容主要讨论目前畜禽遗传资源保护的主要方式，即活体（或群体）保种以及遗传材料的冷冻保存，重点介绍小群体保种的保种目标、保种方式、世代间隔、保种群体规模和性别比例等具体的保种实施方法。

第一节　畜禽品种是畜牧生产的战略资源

一、畜禽遗传资源与人类社会发展

大约在12000年前，人类社会就开始驯化动物，从那时起，家畜就与人类为伴，并且持续至现在，可以说只要人类社会存在，这种情况就会一直存在下去。伴随动物的驯化，人类社会开始告别了野蛮时代，慢慢迈入文明社会阶段，虽然这个过程非常漫长，而且充满了艰辛，但是畜牧生产确实在长期的人类社会演化过程中对文明发展以及文化建设起到了不可忽视的作用，如我国古代倡导的"六艺"，即礼、乐、射、御、书、数，其中的射和御就与畜牧生产有着密切的联系；在东汉时期马援曾经对刘秀说："行天莫如龙，行地莫如马。马者，兵甲之本，国之大用。安宁则以别尊卑之序，有变则以济远近之难。"可见，畜牧生产在冷兵器时代也是一个国家军事实力的指标和象征。

以畜禽品种为基本要素的畜牧生产为人类社会提供多种多样的产品和服务，提供的主要动物性产品（比如肉、蛋、奶）以及提供动力（畜力）、肥料和燃料等；在当今社会还会提供工业原料（比如动物性纤维、皮革等）；提供的主要服务包括多种多样的休闲、娱乐、观赏活动以及维持生态平衡和多样的生产系统等。据估计，以动物遗传资源为基础的畜牧生产提供1 000多种畜产品；人类食品的30%~40%是来自动物生产；世界上约有19.6亿人口依靠动物生产维持其生存与生活，其中70%的贫困农牧业人口完全依靠动物生产维持生计，这包括1.94亿的牧民、6.86亿的农民和1.07亿的无耕地的家畜饲养者。

畜禽遗传资源是畜牧生产可持续发展的重要基础。当今世界，人口持续增多、城市化进一步加剧、耕地还会减少，已经成为不可逆转的发展趋势，粮食安全面临的挑战越来越大。据估计，畜牧生产水平需要以每年提高1.2%的速度增长，才能满足不断增长的人口对动物性产品消费的需要。畜禽遗传资源与矿产、石油等自然资源一样，已经成为一个国家发展的重要战略资源，美国前国务卿基辛格博士曾说"如果你控制了石油，你就控制了所有国家；如果你控制了粮食，你就控制了整个人类"。这从一定程度上可以说明畜禽遗传资源对于我们人类社会的重要意义。

二、畜禽资源与遗传多样性

畜禽遗传资源是指所有应用于畜牧生产的家畜和家禽种群，它包括品种、品系、地理类群以及有用或特有的基因型、保存的遗传素材等。国外对畜禽遗传资源通常泛指为动物遗传资源（animal genetic resources，AnGR）。所有应用于畜牧生产的家畜、家禽种类和品种以及其包含的遗传信息的总和，构成了畜禽遗传资源的多样性（domestic animal diversity，DAD），这主要包括畜禽的种类、品种数量以及品种间与品种内的遗传差异。

品种数量是畜禽遗传资源多样性的重要指标，每个畜禽品种汇集了各种各样的基因，可以在一定的环境条件下发挥作用，从而使品种表现出多样为人类所需要的特性。畜禽品种是指由于人工选择形成的具有某种特殊生产用途的畜禽群体，一般来说，畜禽品种具有来源相同、特性相似、遗传稳定、具有一定数量以及易于识别等特点。

畜禽资源遗传多样性是当今畜禽资源研究、保存和管理的核心术语，广义的畜禽资源遗传多样性是指所有应用于畜牧生产的畜禽种类以及其遗传信息的总和，包括不同畜（禽）种间以及一个畜（禽）种内品种间的遗传变异。狭义的概念，即通常所说的遗传多样性，主要是指畜（禽）种内的不同品种间以及品种内不同个体间的遗传变异。遗传多样性的本质是畜禽个体在遗传物质上的变异，即编码遗传信息的核酸（DNA 或 RNA）在组成和结构上的变异。

畜禽资源遗传多样性不仅能保障畜牧生产的多样性，提供动物产品的多样性，还是畜牧生产不断提高和满足未来市场需要的重要保障。只有维持畜（禽）种多样性、品种的多样性以及品种内具有足够的遗传多样性，才能维持畜牧生产健康可持续发展。

三、世界畜禽品种资源现状

（一）畜种的多样性

由于世界各地的地理条件、气候、海拔、植被等自然因素的复杂和多样，形成了世界上丰富的畜禽动物资源。据报道全世界共有大约 50 000 种哺乳类和鸟类动物，但是被人类驯化，进行畜牧生产的畜禽种类只有约 40 个，根据畜禽遗传多样性信息库（domestic animal diversity information service，DAD–IS）发布的数据，畜（禽）种有哺乳纲动物 18 种，鸟纲动物 16 种，以及双峰驼与单峰驼、野鸭与美洲家鸭 2 个杂交种。

世界范围内分布区域最广、饲养数量最多的 5 个畜（禽）种分别是牛、绵羊、鸡、山羊和猪。其中牛、羊、鸡三个畜（禽）种可以说分布于世界的各个角落；山羊主要分布于发展中国家，如非洲、南美洲、中亚和高加索地区；由于宗教的原因，猪主要分布于欧洲、美洲和东南亚，下面对主要畜（禽）种的分布和数量进行简单地介绍。

1. 分布区域最广的五大畜（禽）种

（1）牛（*Bos taurus*）

牛是分布最广的畜种，遍布世界各地，饲养的总数超过 15 亿（2012），也就是说在世界范围内大约每 5 个人拥有 1 头牛。其中亚洲占 32%，以印度、中国的饲养量最大，这两个国家饲养牛的总量占世界总数的 22%。拉丁美洲占 28%，其中巴西的数量最多，占世界总数的 14%。在非洲，苏丹和埃塞俄比亚的数目最多，占世界饲养量的 17%。在欧洲及高加索地区，俄罗斯和法国的数目最多，占 9%。此外，北美洲占 7%，其中美国数量最多。西南太平洋地区占 3%，其中澳大利亚数量最多。牛的品种数占所报告的全世界哺乳类家畜品种总数的 22%。

（2）绵羊（*Ovis aries*）

全世界绵羊的数量有 12 亿以上，大约每 6 个人 1 只。几乎一半的绵羊分布在亚洲、非洲。亚洲占 37%，其中中国与印度是数量最多的两个国家；非洲占 22%，尼日利亚和埃塞俄比亚是这一地区饲养量最多的国家；欧洲及高加索地区占 14%，其中英国和土耳其饲养量最多；地中海东岸地区占 10%，其中苏丹和叙利亚饲养量居这个地区的前两位；西南太平洋地区占大约 9%；拉丁美洲及加勒比地区占 7%。与山羊主要分布在发展中地区不同，一些发达国家，尤其是澳大利亚，还有新西兰和英国都拥有很大的绵羊群体。绵羊是记录品种数最多的哺乳类畜种，占全球哺乳类家畜品种总数的 25%。

（3）猪（*Sus scrofa*）

全世界大约有近 10 亿头猪，每 7 个人 1 头。大部分的猪饲养在亚洲，约占 60%，其中绝大多数是在中国占 49%，另外越南、印度和菲律宾的饲养量也比较大。欧洲及高加索地区猪的饲养量约占世界总量的 19%，猪的品种数量占所记录世界哺乳类品种数的 12%。

（4）山羊（*Capra hircus*）

全世界山羊的数量大约有 10 亿只，即每 7 个人拥有 1 只。在亚洲的饲养量最大，占 56%，中国和印度是亚洲饲养量最多的两个国家；非洲饲养量占 30%，其中尼日利亚和肯尼亚是饲养量最多的两个国家；地中海东岸地区约占世界总量的 7%；拉丁美洲及加勒比地区占 3%，欧洲及高加索地区的饲养量也占 3%。山羊的品种数量占所报告全世界哺乳类品种数的 12%。

（5）鸡（*Gallus gallus*）

全世界鸡的饲养量约有 210 亿只，其中 53% 分布在亚洲，中国和印度尼西亚是饲养量最大的两个国家；欧洲及高加索地区占全世界的 11%，其中俄罗斯和土耳其饲养量在前两位；非洲只占 7%，其中尼日利亚和南非是饲养量的前两位。鸡的品种数量占禽类品种总数的绝大部分。

2. 分布区域较广、数量较多的畜（禽）种

（1）马（*Equus caballus*）

世界上广泛分布着 5400 万匹马。数量最多的国家是中国，然后是墨西哥、巴西和美国。拥有马的数量超过 100 万匹的国家还有阿根廷、哥伦比亚、蒙古、俄罗斯、埃塞俄比亚和哈萨克斯坦。马的品种数量约占哺乳类家畜品种总数的 14%。

（2）驴（*Equus asinus*）

驴是世界许多地区的运输动物，他们主要分布在发展中国家和地区。驴的数量最多的是亚洲、非洲、拉丁美洲及加勒比地区，它们也广泛分布于地中海东岸地区。中国是世界上拥有驴最多的国家，驴的品种多样性程度要小于其他畜种，其品种数量只占记录的哺乳类家畜品种总数的 3%。关于驴的研究经常被轻视，所以可能有很多驴品种没有被统计报道。

（3）鸭（*Anas platyrbyncba*）

家鸭的驯化历史很长，它在古埃及、古巴比伦、中国和古罗马都有饲养。家鸭的分布格局更不均匀。现在家鸭的饲养主要集中在中国，占全世界家鸭总数的 70%，其他饲养家鸭的国家主要是越南、印度尼西亚、印度、泰国和东南亚地区的其他国家。在欧洲，法国和乌克兰也拥有较大数量的家鸭。家鸭的品种（不包括番鸭）数量占记录的禽类品种总数的 11%。

3. 分布区域较窄的畜（禽）种

一些哺乳类家畜，如水牛、牦牛、骆驼科的家畜和兔子，还有一些禽类，如家鹅和火鸡等畜（禽）种分布在特定区域，但它们在某个特定的农业生态带中具有特殊的重要性。

（1）水牛（*Bos bubalis*）

家养水牛原本是亚洲特有动物，全世界 1.7 亿头水牛中 98% 都在这个地区，主要是印度、巴基斯坦、中国和东南亚地区。后来它被引入到南欧和东欧地区以及埃及、巴西、巴布亚新几内亚和澳大利亚。按目前的报道，水牛分布在世界 41 个国家。水牛主要有两种类型：河流型（来源于南亚地区），是一种重要的产奶动物，尤其在南亚地区；沼泽型（来源于东亚地区），即"铁水牛"，在手扶拖拉机大量应用于农业生产以前，它作为役用动物，在东南亚地区潮湿的稻田耕作中扮演了重要角色。水牛品种数量占所记录的世界哺乳类家畜品种总数的 3%。

（2）牦牛（*Bos grunniens*）

牦牛是青藏高原的地区性畜种，适于在高海拔地区生长和生产，对于当地生态环境维护和当地牧民的生活和生产起到了不可替代的作用。中国和蒙古的牦牛数量最多，俄罗斯、尼泊尔、不丹、阿富汗、巴基斯坦、吉尔吉斯斯坦和印度也有少量的牦牛。在喜马拉雅的一些地方，牦牛与牛的杂交极为重要。牦牛也被引入高加索地区、北美洲和欧洲的一些国家。所记录的牦牛品种数量很少，这也反映了牦牛很窄的地理和农业生态分布特性。

（3）骆驼（单峰驼 *Camelus dromedarius*；双峰驼 *Camelus bactrianus*）

骆驼的地理分布很窄，并且局限于较干旱的农业生态带中，因此，它们在品种多样性中的比重相对较小。在地中海东岸、非洲和亚洲，单峰骆驼在当地的生产、生活中起着很重要的作用。骆驼的数量在非洲比较稳定，但在亚洲的数量正在急剧减少。在非洲，索马里、苏丹、毛里塔尼亚和肯尼亚的骆驼数量最多，而亚洲的骆驼主要分布在印度和巴基斯坦。双峰骆驼的分布仅限于亚洲的中部和东部，以蒙古和中国的数量最多。

（4）兔（*Oryctola guscuniculus*）

世界上大部分家养兔子都分布在亚洲，数量最多的是中国。中亚的一些国家和朝鲜也大量饲养。在欧洲，意大利的兔子数量最多。兔的品种数量占全世界哺乳类家畜品种总数的 5%。

（5）鹅（*Anser domestica*）

世界上近 90% 的鹅分布在中国，其余的鹅有一半分布在埃及、罗马尼亚、波兰和马达加斯加。鹅的品种数量占所记录的禽类品种总数的 9%。

（6）火鸡（*Melea grisgallopavo*）

火鸡起源于中美洲，在殖民者发现后不久被引入到欧洲，并在欧洲培育出了很多独特的品种。欧洲及高加索地区是养殖火鸡数量最多（43%）的区域，北美洲则拥有超过 1/3 的数量。火鸡的品种数量占全球禽类品种数的 5%。

（二）畜禽品种的多样性

1. 世界畜禽品种数量

在世界范围内，准确统计畜禽品种的数量是十分困难的工作，不同的报道、不同年份的世界畜禽品种数量是不同的。目前最权威的报告是联合国粮食及农业组织（Food and Agriculture Organization of the United Nations，FAO）公布的数据，FAO 在 2001 年启动了全球畜禽品种资源的普查工作，邀请了 188 个国家进行畜禽品种资源的国别调查，2006 年 1 月，有 169 个国家提交了国别报告（country reports），然后进行汇总形成了《全球动物遗传资源现状》（SoW-AnGR，the state of world's animal genetic resources）。

表 12-1　主要畜禽品种种类和数目

畜种	跨境品种	地方品种	畜种	跨境品种	地方品种
牛	208	1 138	羊驼	2	4
绵羊	232	1 191	牦牛	0	27
马	129	651	鸡	160	1 240
山羊	86	537	鸭	27	221
猪	62	778	鹅	24	161
兔	59	184	火鸡	26	79
驴	15	141	珍珠鸡	5	49
水牛	15	122	鸵鸟	3	14
鹿	13	13	番鸭	1	23
单峰骆驼	5	65	鸽子	1	67
双峰骆驼	2	10	鹌鹑	1	49

在《全球动物遗传资源现状》一书中报道的畜禽品种数量有 7 616 个，具体情况见表 12-1。值得注意的是报道的畜禽品种数量处于一个动态变化过程中，2015 年发行了 SOW-AnGR 第二版，畜禽品种数量为 8 774 个。根据 FAO 2019 年报道，全球畜禽品种数量是 8 803 个，其中地方品种是 7 745 个，跨境品种是 1 058 个，在全球的畜禽品种中，600 个品种已经灭绝。

根据品种的分布区域，将畜禽品种划分为跨境品种和地方品种。跨境品种是指分布区域多于两个国家以上的畜禽品种，比如在奶牛生产中，世界的主流品种是黑白花奶牛，分布在世界的 180 多个国家；在养猪生产中，世界的主流品种是杜洛克、长白猪、大白猪，大白猪大约在 120 多个国家中有分布，长白猪分布的国家约有 120 个，杜洛克约有 110 个国家，图 12-1 是主要畜禽品种在世界各国的分布情况。

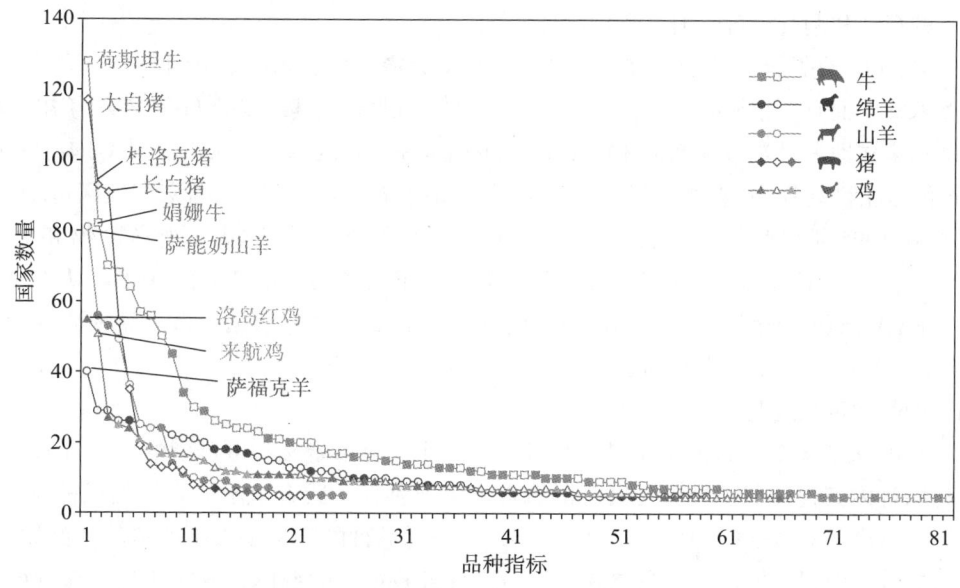

图 12-1 主要畜禽品种在世界各国的分布情况（引自 FAO，2007）

2. 世界畜禽品种数量的动态变化

畜禽品种数量在世界范围内的准确统计是十分困难的工作，不同来源或渠道的报道是不同的，即使是同一来源的报道，不同年份的统计数据也有变化。例如根据 B. Scherf 报道，全球有 6 165 个畜禽品种，FAO 在 2007 年公布的全球畜禽品种的数量是 7 616 个，2013 公布的数据为 8 262 个，2016 年为 8 822 个，2019 年公布的数据为 8 803 个。

表 12-2 是 FAO 畜禽品种资源全球数据库记录的世界各国上报的畜禽品种数量，从表中可以看出，畜禽品种资源全球数据库记录的品种数量在不同年度是不一样的，并且随年度的推进，畜禽品种数量有增加的趋势，这与我们常说的畜禽品种数量不断枯竭，遗传多样性不断减少是存在矛盾的，这种现象主要是由以下原因造成的。

表 12-2 全球畜禽遗传资源数据库在不同年度记录的畜禽品种数量

记录的年度	家畜		家禽		涵盖的国家和地区数
	各国品种数	有种群数据的品种比例	各国品种数	有种群数据的品种比例	
1993	2 719	53	—	—	131
1995	3 019	73	863	85	172
1999	5 330	63	1 049	77	172
2006	10 512	43	3 505	39	181
2008	10 550	52	3 450	47	181
2010	10 507	54	3 414	47	182
2012	10 712	57	3 482	48	182
2014	11 062	60	3 807	56	182
2016	11 116	61	3 799	57	182
2018	11 371	62	3 689	58	182

（1）调查的畜种和调查涵盖的国家数目增加

1991 年，FAO 启动了全球品种调查，当时只调查了猪、牛、水牛、山羊、绵羊、马和驴 7 种家畜，没有调查家禽，而且上报调查结果的只有 131 个国家和地区。其结果公布在 1993 年出版的《世界观察——家养动物多样性名录》（The World Watch List for Domestic Animal Diversity，WWL4-DAD）。1993 年又对牦牛、6 种骆驼科动物和 14 种主要禽类进行了追加调查，信息反馈的国家和地区也增加到 172 个。这一结果补充在 1995 年出版的第二版 WWL-DAD 中。之后，FAO 还收集了鹿科动物和兔的数据，对其他畜种各国也进行了补充调查，在此基础上于 2000 年出版了第三版 WWL-DAD。从 1999 年 12 月到 2006 年 1 月，FAO 全球数据库中记录了 182 个国家和地区的最新调查数据，畜禽品种数量又有了明显的增加，也就是表 12-1 中 2007 年发布的统计数据。

（2）FAO 的品种定义过宽

1999 年，FAO 关于畜禽品种的定义是"品种是指一个具有可定义和可辨别的，并且通过视觉观察能从外部特征与物种内其他类似种群进行区分的驯养畜禽亚种群，或者由于与表型相似种群的地理和 / 或文化隔离，已经形成独立特征的种群。"可以看出，这一对品种的定义是很不严格的，例如没有对血统、数量、生产性能等方面提出要求，而只要是能区分"外部特征"的群体，或即使是外部特征也很难区分的"表型相似"的群体，只要地理或文化上有隔离而形成"独立特征"的群体都可算作品种。这就可能造成各国对同一品种的重复统计（如分布在某一国家不同的省，用不同的地名命名），或是把大量小规模的群体分别作为品种上报了。

（3）有种群数据的品种比例在一段时间内呈下降趋势

表 12-2 中，2006 年的数据与 1999 年相比，在有种群数据记录的品种中，哺乳动物从 63% 降到 43%，减少了 20%；禽类从 77% 降到 39%，减少了 38%。这说明有些国家上报给 FAO 的畜禽品种有不少已经是"有名无实"了。近年来随着各个国家和地区遗传资源普查工作的进行，多数群体的种群数据得到了一定的完善和补充。

四、我国畜禽品种资源现状

（一）畜种及其品种的基本情况

我国地缘辽阔，自然环境多样，拥有 56 个民族，拥有各具特色的区域文化，而且根据考古发现我国饲养家畜的历史悠久，是世界上公认的许多畜种驯化中心，经过长期饲养、选择，形成了多样且具有鲜明特点的畜禽品种资源，是世界上畜禽遗传资源极其丰富的国家之一。主要有猪、鸡、鸭、鹅、普通牛、水牛、牦牛、绵羊和山羊等 33 个畜（禽）种。据 2021 年发布的《国家畜禽遗传资源品种名录》统计，我国正式命名的畜禽品种及配套系共有 948 个，其中地方品种 547 个，培育品种 245 个，引进品种 156 个。各畜（禽）种的品种分布是猪 130 个，普通牛 80 个、水牛 30 个、牦牛 20 个、瘤牛 1 个、大额牛 1 个、绵羊 89 个、山羊 78 个、马 58 个、驴 24 个、驼 5 个、兔 35 个、鸡 240 个、鸭 55 个、鹅 39 个、鸽 9 个、鹌鹑 3 个、特种畜禽 51 个。

我国畜禽遗传资源不仅数量丰富，而且具有很多优良的特性，主要表现为：①肉质品质好。我国猪、绵羊、鸡和黄河流域以南的黄牛，素以浓郁、细嫩的肉质著称；②繁殖力强。我国猪、绵羊、山羊群体中蕴藏着高繁殖力基因，例如世界范围内猪窝产仔数最多的纪录是由我国的太湖猪保持；③抗逆性能强。在我国家畜群体中存在对湿热、干旱、高海拔生境的抗性基因，对威胁畜牧业的多种疫病的易感性也低于引进的欧美高产品种；④群体中遗传性有害性状的频率相对较低。我国优良的畜禽遗传资源在过去及当代对世界范围的许多畜禽新品种培育做出了重要贡献。据记载 19 世纪 70 年代英国引入我国的狼山鸡，育成了著名的奥平顿和大洋洲黑鸡品种。20 世纪 50 年代初，太湖猪中的梅山猪、枫泾猪被引入到法国、美国及英国等国家，大大加快了这些国家猪繁殖力性状的遗传进展。

（二）我国畜禽品种资源管理能力建设的基本情况

我国畜禽品种资源十分丰富，对地方畜禽资源的保护工作也十分重视，是最早签署和加入《生物多样性公约》的国家之一，是联合国 FAO 畜禽资源管理委员会政府间技术工作组 26 个成员国之一。下面就畜禽品种资源管理的组织机构、法律法规体系建设等方面介绍我国畜禽品种资源管理能力建设的一些情况。

1. 组织机构

我国政府对地方畜禽品种资源保护工作十分重视，保护工作机制逐步完善，成立了专门的管理机构，即"国家畜禽遗传资源委员会"，它于 2007 年 5 月由原来的"国家家畜禽遗传资源管理委员会"（1996年成立）更名而来。国家畜禽遗传资源管理委员会下设猪、家禽、牛、羊、马驴驼、蜜蜂和其他畜禽等7 个专业委员会，委员会的办事机构设在全国畜牧总站。委员会的主要职责是：①负责畜禽新品种、配套系的审定。根据畜牧法规定，各地培育的畜禽新品种、配套系在推广前，应当通过国家畜禽遗传资源委员会审定。因此，委员会要严把品种审定关，依据畜禽新品种配套系审定和畜禽遗传资源鉴定办法及其技术规范，保质保量按时完成审定工作，确保种畜禽质量安全，维护畜牧业生产经营者的合法权益。②负责畜禽遗传资源的鉴定、评估。委员会应对新发现的畜禽遗传资源进行及时鉴定，对现有资源新的种质特性、遗传特征进行充分挖掘，要了解资源的遗传信息，明确其利用价值，为有效保护资源提供科学依据。要从技术角度做好畜禽遗传资源进出境和对外合作研究利用的评估工作，在确保国家珍稀资源不外流、维护国家生态安全的前提下，促进种质和信息交流。③承担畜禽遗传资源保护与利用规划论证及有关畜禽遗传资源保护的咨询工作。委员会要积极参与全国性或区域性畜禽遗传资源调查工作，及时掌握国内外畜禽资源状况和发展动态，参与起草、论证资源保护利用规划。畜禽遗传资源保护与利用工作技术性强，专业要求高，委员会应强化对保种、选育和开发利用工作的技术指导和政策咨询。④协助完成畜禽遗传资源保护和管理工作。畜禽遗传资源保护与利用是一项系统工程，包括建立资源保护制度；实施资源调查；制定资源目录和国家级畜禽保护名录；建立或确定保种场、保护区和基因库，开展保种工作；起草、修订和完善有关的法律法规；优良畜禽品种的选育、引进和推广应用；发展健康养殖等等。委员会应充分发挥专业优势，密切配合，协助做好畜禽遗传资源保护和管理工作。

2. 畜禽品种资源管理相关的政策与法律法规

我国政府非常重视对地方畜禽品种资源管理、保护和利用的规范化、体系化建设，形成了一套较为完善的畜禽资源管理和保护的法律法规体系。特别是 2008 年颁布和实施的《中华人民共和国畜牧法》，对畜禽遗传资源保护和利用作了全面规定。

除此之外，我国还出台了一系列有关畜禽品种资源管理、保护和利用的法律法规，如 1994 年，国务院颁布了《种畜禽管理条例》，1998 年，农业部制定出台《种畜禽管理条例实施细则》，并于 2004 年进行了修订。1996 年，农业部下发了《加强全国畜禽良种繁育体系建设意见》，对建立配套完善的畜禽良种繁育体系，培育、推广、利用畜禽优良品种，提高良种化程度提出了具体措施意见。1998 年，农业部制定了《全国畜禽良种工程建设规划（1998—2002 年）》，将畜禽品种资源的保护和开发利用列为畜禽良种繁育体系建设的重要组成部分。2004 年，国务院办公厅下发了《关于加强生物物种资源保护和管理的通知》，2008 年农业部还发布了《国家级畜禽遗传资源保护名录》，制定了《畜牧遗传资源保种场保护区和基因库管理办法》和《畜禽新品种配套系审定和畜禽遗传资源鉴定办法》等一系列配套法规，为新时期进一步加强资源保护提供了法律基础。

五、畜禽品种资源保存的必要性

由于科技的进步以及经济和社会的发展，特别是全球经济一体化进程的加速，畜牧生产水平不断提高，导致了畜禽品种单一化的趋势愈演愈烈。造成这种局面主要有两个原因，第一，当今畜牧生产过度追求经济效益，导致其主要采用高投入、高产出的集约化、工厂化的生产体系，在这个过程中诸多的地方畜禽品种被替代；第二，应用高产的畜禽品种对地方畜禽品种以杂交的方式进行遗传改良，以期望提高地方品种生产性能，在这个过程中由于缺乏计划性，导致了许多地方畜禽品种的丢失。

在畜牧生产的发展过程中，我们可以看到许多的地方畜禽品种的多样性以及品种内的遗传多样性受到了前所未有的挑战，面临灭绝的风险。但是地方畜禽品种资源具有其独特的种质特性，在未来畜牧生产的可持续发展中具有不可替代性，也就是说我们从先辈继承了非常有价值的、多样的畜禽品种遗传资源，必须加以重视，正如达尔文所说："我们先辈应用高超技术，经过长期的坚持不懈，建立了不朽的丰碑，即培育了我们现在多样的畜禽资源。"

具体来说，畜禽品种资源保存的必要性还有以下几个方面：

1. 畜禽遗传资源是保障国家重要畜产品供给的战略性资源

畜禽遗传资源是珍贵的自然资源之一，是畜牧业生产和发展的基础和保证。丰富的畜禽品种是长期自然选择和人工选择的结晶，是在特定的自然和社会经济条件下形成的。当今全球 90% 的畜牧生产来源于 14 个畜种，大约包括 6 000 多个品种，提供人类食物营养需要的 30%。因此畜禽遗传资源是满足人类食物与健康的直接来源，是人类社会赖以生存和发展的重要的生物资源。

2. 畜禽遗传资源是畜牧业可持续发展的基础

畜牧业的持续发展不仅仅包括产量的持续提高，也包括未来市场对畜牧产品质量和种类的需求，更重要的是储备更多的遗传潜力以适应未来不断变化的环境以及市场的需求。畜禽遗传资源的遗传变异是畜禽遗传改良的原始素材，其保护工作为适应未来新的经济需求提供了各种选择。

3. 畜禽遗传资源是畜牧科技创新的巨大宝藏

品种的种质特性具有及其重要的科学研究价值，而决定种质特性背后的遗传基础是 DNA 遗传变异序列。特殊的种质特性为科学研究提供了不可再生的天然素材。

4. 畜禽遗传资源是维持生物物种多样性的重要保障

畜禽、野生动物和植物遗传资源都是生物物种多样性的重要组成部分。畜禽与牧草、森林物种及野生动物共同纳入许多管理系统。整个生物物种多样性的保护工作应包括提供多样性的畜禽物种的品种。

5. 畜禽遗传资源是传承中华农耕文明的重要载体

中华民族发现、驯化、培育了大量的农业种质资源，这些有生命的、可延续的种质资源，在传承中华农耕文明、推动人类社会发展过程中发挥了不可替代的作用。有些文化适应性的群体适应当地特殊的市场，推动边远地区经济发展以及适应特殊环境，它们与许多其他文明与生物方式的纪念物一样，应当受到珍视和保护。

第二节 畜禽遗传资源保护的理论

畜禽遗传多样性是畜禽保种的首要目标。现在一般认为在特定保种时间内（一般认为是 100 年），畜禽保种群体的遗传多样性需保存 90% 或 95% 以上。目前主要的保种方法分为两类：活体保种和冷冻保种。活体保种根据保种群体所在地理位置又分为原产地保种和迁地保种。当前认为最有效的保种方式是小群体活体保种。本节从群体规模、保种群体遗传多样性的评价指标以及影响保种群体保种效果的因素等方面来阐明保种的遗传学理论基础。

一、畜禽品种是保种单位

当前，无论是活体保种还是冷冻保种，畜禽保种都是以畜禽品种为保种对象。一个畜禽品种聚集了各种各样的基因，可以在一定的环境中发挥作用，从而使品种表现出各种为人类所需要的特性，而且畜禽品种经过了人类社会长期的人工选择，具有独特的生产特性以及特定的社会、历史和文化价值，所以，一个畜禽品种不仅是一个遗传多样性的聚集单位，还具有一定的历史文化属性，因此当前畜禽保种的对象通常是以畜禽品种为单位。

（一）畜禽品种多样性形成的历史背景

畜禽品种通常是指由于自然和人工选择形成的具有某种特殊生产用途的农业动物群体。人工选择形成的畜禽品种是进行动物生产时所采用的动物分类基本单位，是畜牧生产中的概念；而物种是动物分类学上的概念，两者有所差别。一个畜禽品种往往具有共同的特征，如来源相同、特性相似、遗传稳定、结构完善、数量充足、易于识别。但是对于畜禽品种的确定或界定在学术界或不同的地区仍是一个有争议的问题。

畜禽品种多样性的形成有其历史背景，大约 12000 年以前，人类祖先就开始了动物驯化工作，伴随人类的迁徙、战争、贸易等因素，已经驯化的动物从驯化地点逐渐扩展和传播至世界的其他地方。由于世界各地的生活方式、生产方式和消费习惯等诸多因素的不同决定了人类偏好的多样性，加之各地的自然环境各异，从而形成了畜禽品种的多样性。根据考古研究，畜禽品种多样性与动物驯化是同步的，例如在埃及的考古工作就发现公元前 4—前 3 世纪的狗具有不同的品种，有长腿的用于短程竞赛的狗，也有体型较小的宠物狗（lapdog）；在中亚的考古中发现亚述人在公元前 645 年就有了大型的驯化犬。我们国家在明朝时期（公元 1500—1644 年），就有大量的猪品种的记载。

虽然畜禽品种多样性的形成历史比较悠久，但是关于畜禽品种的科学术语在近代才出现，最初来源于 18 世纪中叶的西欧地区，原始的含义是指可以追溯共同祖先系谱的所有个体组成的群体，一个畜禽品种被视为表型一致、有谱系记录、拥有正规的育种组织的家畜群体，有时也称为标准品种（standardized breed）。品种术语的出现与当时育种者组织（breeders' organization）密切相关，其中近代育种之父贝克韦尔（Robert Bakewell）功不可没，他当时为了获得理想型家畜，采用了闭锁群体、记录系谱、严格的选配制度和选种标准等技术措施。最为突出的例子就是纯血马，它是起源于英国的一个短程速度赛马品种，当今世界各地的每一匹纯血马都有登记，称为纯血马登记册（stud book），而且每一匹马都可以追根溯源至 300 多年前的原始祖先。

当然，当今畜禽品种的概念发生了一些变化，特别是在发展中国家（例如非洲国家），一些分布于一定地区或特定部落、具有一定特点的畜禽群体有时也称为品种。

（二）畜禽品种是遗传多样性单位

从上述畜禽品种多样性形成过程来看，畜禽品种对某个特定地区的适应，或满足人类某种消费习惯的需要，该畜禽的育种目标就可能向特殊环境适应性或特定功能方向进行选择，这样该畜禽品种就会具有特定的适应性，或生产特色的畜禽产品，从而具有了畜禽品种特定的种质特性，这正是畜禽品种资源保种需要考虑的重要因素。也就是说一个畜禽品种就是保种工作中遗传多样性保存和评价的单位。

（三）畜禽品种是历史文化单位

畜禽品种有时被认为是一个文化单位。它与当地人们的文化传统、生活方式等密切相关，由此产生了与畜禽品种资源关联的"传统文化"（traditional knowledge）和"当地文化"（indigenous knowledge）。根据研究，在畜禽品种的多样性形成过程中，世界的多样性文化起到了非常重要的作用，比如达尔文（C. R. Darwin）对南部非洲牛品种多样性的描述是，在南部非洲的许多国家，具有大致相同的地理条件，但是居住不同文化习惯的坎菲斯（Caffres）部落，形成了不同特点的牛亚群或品种。

在国际社会中，畜禽品种资源的保护和利用不仅仅是一个科学问题，同时也是对"传统文化"或传统生活方式加以保护的人文问题。畜禽品种具有历史文化属性，而非一成不变的。不同的国家有不同的概念，这是进行畜禽品种保存、利用和可持续发展时需要考虑的因素。

二、群体有效规模

群体规模是畜禽品种资源保护的基础，因为只有畜禽品种具有一定的群体数量，该群体才能具有足够的遗传多样性，才能够避免近交的发生，这样该品种才能够健康持续地得到保存。

度量群体规模的指标有三个：①群体总数（N_c），是指群体的总个体数，即群体不分年龄、性别的全部个体数量，例如一个牛群中犊牛、青年牛、成年牛的总数。②群体繁殖数（N_b），是指一个群体具有繁殖能力，参加世代演化的个体数量，这个指标对于研究群体遗传结构是重要的，因为不参加实际繁殖的个体与群体的遗传结构无关。③群体有效规模（N_e），也称为群体有效大小，是指与理想群体相比，实际群体的近交增量与理想群体相当的数量（当量）。在实际应用中，群体有效大小是一个数学计算值，是繁殖群体中两个性别调和平均数的两倍，群体的调和平均数（H）的计算公式是：

$$H = \frac{2}{\frac{1}{N_m} + \frac{1}{N_f}} \qquad （式12-1）$$

其中，N_m 是群体的公畜数，N_f 是群体的母畜数。

群体有效大小由以下公式计算：

$$N_e = 2H \qquad （式12-2）$$

通过群体有效大小，我们就可以了解群体遗传结构变化趋势，计算群体发生近交的程度。群体近交增量和近交系数与群体有效大小的关系如下。

$$\Delta F = \frac{1}{2N_e} \qquad （式12-3）$$

$$F_t = 1 - (1 - \Delta F)^t \qquad （式12-4）$$

其中，ΔF 是群体的近交增量，又称为近交率，它是指群体每个世代没有近交的个体发生近交的比率。F_t 是群体第 t 世代的近交系数，t 为群体繁衍的世代数。下面我们通过一个具体的实例加以说明。

例1，现有一个地方鸡的群体，10只公鸡，100只母鸡，请计算该群体的群体有效大小以及近交率和第10世代的近交系数。

由公式（12-1）得，

$$H = \frac{2}{\frac{1}{10} + \frac{1}{100}} = 18.18$$

由公式（12-2）得，$N_e = 2H = 2 \times 18.18 = 36.36$

由公式（12-3）得，$\Delta F = \frac{1}{2N_e} = \frac{1}{2 \times 36.36} = 0.013\,7$

由公式（12-4）得，$F_t = 1 - (1 - \Delta F)^t = 1 - (1 - 0.013\,7)^{10} = 0.129$

根据上述的计算结果，该鸡群的群体有效大小是 36.36，即该鸡群在理论上，相当于 18.18 只公鸡和 18.18 只母鸡的理想群体；该群体每个世代新发生近交的概率是 1.37%；经过 10 个世代的随机交配和随机留种的闭锁繁育，该鸡群的近交系数会达到 0.129。

群体有效大小是描述群体特性的重要指标，它不仅与群体的性别有关，而且与群体的交配制度、留种方式以及近交程度等因素都有关系。下面我们就介绍不同情况下群体有效大小的计算方法。

（一）留种群体公母数目不等

这是在畜禽繁殖和保种中最常遇到的情况，一般都是公畜少母畜多。计算群体有效大小的公式可推导为：

$$\frac{1}{N_e} = \frac{1}{4N_m} + \frac{1}{4N_f} \tag{式 12-5}$$

式中，N_e 是群体有效大小，N_m 是群体的公畜数，N_f 是群体的母畜数。

（二）在连续世代中，繁殖家畜的数量不等

无论是在自然群体还是家养群体中，由于各种原因，每世代参加繁殖的家畜数量并不保持恒定，这时计算群体有效大小是采用"平均有效大小"，公式是：

$$\frac{1}{N_e} = \frac{1}{t}\left(\frac{1}{N_1} + \frac{1}{N_2} + \cdots + \frac{1}{N_t}\right) \tag{式 12-6}$$

式中，t 是群体繁衍的世代数 N_1，$N_2 \cdots N_t$ 分别表示的是第一世代、第二世代，第 t 世代的群体有效含量。

多个连续世代中，群体的平均有效大小更偏向于个体少的世代。

（三）个体间繁殖能力不等

无论是自然群体还是育种群体，不同父母所留下的后代数众寡不一，这种家系含量的不同也会降低繁殖群体的有效大小。这时计算群体有效大小的公式是：

$$N_e = \frac{4N}{2 + \sigma_k^2} \tag{式 12-7}$$

其中，N 是繁殖群体大小，公母各半。σ_k^2 是群体中家系含量方差。

如果群体的留种不是随机的，而是每个家系等量留种，这时家系含量的方差 $\sigma_k^2 = 0$，群体的有效大小 $N_e = 2N$。

（四）家系等量留种，但公母畜比例不等

在保种工作中，虽然能做到各家系等量留种，但要公母各半是比较困难的，因为饲养与母畜数量相等的大量公畜是不经济的。当然公母畜数的差异越大，群体的有效大小就越小，近交率就越大。因而要有一个恰当的比例，既考虑到经济效益又考虑到群体的有效大小。计算公母数目不等，家系含量方差为零时的群体有效大小的公式是：

$$\frac{1}{N_e} = \frac{3}{16N_m} + \frac{3}{16N_t} \tag{式 12-8}$$

公式中符号的含义与公式（12-5）一样。

（五）由于近交而降低群体的有效大小

如果已知群体的近交系数，这时群体的有效大小要小于公母各半的繁殖群体。具体的关系由公式（12-9）给出。

$$N_e = \frac{N}{1+F}$$

（式 12-9）

其中，F 是群体的近交系数，N 是繁殖群体大小。

在极端的情况下 $F=1$，这时 $N_e = \dfrac{N}{2}$，即群体有效大小仅为繁殖群体的一半。

三、群体遗传多样性的检测方法

畜禽品种保存的目标是最大限度地保存现有的畜禽品种的遗传多样性。遗传多样性的本质是畜禽个体在遗传物质上的变异，即编码遗传信息的核酸（DNA 或 RNA）在组成和结构上的变异。检测群体的遗传多样性是畜禽保护与利用的一个关键问题。检测群体遗传多样性通常的方法是通过遗传标记进行检测。

遗传标记从广义上来讲，就是生物体内受基因控制的可观测的表型性状或变异，且可用一定的方法进行测定和度量。遗传标记大致可以分为三类：①基因决定的表观性状或生产性能；②基因表达的产物，例如血液生化指标；③遗传物质本身的变异，例如分子标记。遗传标记从狭义上可理解为染色体已知部位的一个标记位点，通常指核酸水平上的遗传标记。

（一）表型和生产性状

传统检测群体遗传变异的方法就是通过可以观测的表型性状或可测定的生产性能来推测群体的遗传多样性。在数量遗传学时代，通过计算某个生产性状的表型方差以及遗传方差来度量群体的遗传多样性。我们研究畜禽品种的表型种质特性，通常会对该品种的外观性状（如头型、耳型或体型）进行描述。

形态学标记（morphological markers）是指肉眼可见的或仪器可以测量的动物外部特征（如毛色、体型、外观等）。以这种形态性状、生理性状及生态地理分布等特征为标记，可以研究物种间的关系、分类和鉴定。用形态学标记研究物种是基于个体性状描述，得到的结论往往不够完善，且数量性状很难剔除环境的影响，需生物统计学知识进行严密的分析。但是用直观的标记研究质量性状的遗传显得更简单、更方便。目前此方法仍是传统遗传育种中的一种有效手段并发挥着重要作用。

（二）生化遗传标记

生化遗传标记（biochemical genetic markers）是以动物体内的某些生化性状为遗传标记，主要指血型、血清蛋白及同工酶等。20 世纪 60 年代以来，蛋白电泳技术作为检测遗传特性的一种主要方法得到了广泛的应用。蛋白电泳所检测的主要是血浆和血细胞中可溶性蛋白和同工酶中氨基酸的变化，通过对一系列蛋白和同工酶的检测，可为动物品种内的遗传变异和品种间的亲缘关系提供有用的信息。但是，蛋白和同工酶都是基因的表达产物，而非遗传物质本身，它们的表现易受环境和发育状况的影响；这就决定了蛋白电泳具有一定的局限性，但是蛋白电泳技术操作简便、快速及检测费用相对较低，且多态性比形态学标记和细胞遗传标记丰富，目前仍然是遗传特性研究中应用较多的方法之一，被广泛应用于物种起源与分类研究和动物育种工作中。

（三）分子遗传标记

分子遗传标记（molecular genetic markers），是以个体间遗传物质内核苷酸序列变异为基础的遗传标记，是 DNA 水平遗传多态性的直接反映。与其他几种遗传标记—形态标记、同工酶标记、细胞标记相比，DNA 分子标记具有的优越性有：①大多数分子标记为共显性，对隐性的农艺性状的选择十分便利；②基因组变异极其丰富，分子标记的数量几乎是无限的；③在生物发育的不同阶段，不同组织的 DNA 都可用于标记分析；④分子标记揭示来自 DNA 的变异；⑤多数表现为中性，不影响目标性状的表达，与不良性状无连锁；⑥检测手段简单、迅速。随着分子生物学技术的发展，现在 DNA 分子标记类型已有数十种，广泛应用于动植物遗传育种、基因组作图、基因定位、亲缘关系鉴别、基因库构建、基因克隆等方面。

表 12-3 不同类型分子标记的遗传学特性

分子标记类型	RFLP	PCR-RFLP	RAPD	SSR	SNP
检测方法	分子杂交	PCR	PCR	PCR	PCR
探针类型	g DNA/cDNA 序列	序列特异性引物	随机引物	序列特异性引物	序列特异性引物
基因组覆盖率	有限	有限	广泛	广泛	广泛
多态性程度	低	低	中度～高	高	高
表达特性	共显性	共显性	共显性／显性	共显性／显性	共显性

在具体应用中，不同的分子标记具有不同的特性，应用的范围可能有所不同，表 12-3 中列出了部分分子标记的遗传学特性，供在实际应用中参考。

四、保种群体的遗传多样性度量指标

对一特定保种群，最大限度地保护群体遗传多样性是当前畜禽保种的最为主要的保种目标。普遍认为的保种目标是在特定保种时间内（一般认为是 100 年），畜禽保种群体的遗传多样性保存 90% 或 95% 以上。那么，如何度量和评价畜禽保种群体的遗传多样性是畜禽保种工作中的一个关键问题。从上世纪 90 年代以来，分子技术的快速发展，使得在分子水平上评价一个群体的遗传多样性成为可能。从新世纪开始，基因组技术逐渐成熟，在基因组水平度量和评价保种群体遗传多样性成为研究的热点，本节重点介绍保种群体遗传多样性的度量和评价指标。

保种群体遗传多样性指标用于衡量其遗传变异程度以及遗传多样性大小，一般以杂合度、等位基因丰度、有效等位基因数、多态性位点比率、纯合片段多态性、群体分化指数等指标来度量和评价群体的遗传多样性，也有学者应用稀有等位基因作为评价指标。

（一）杂合度

杂合度（Heterozygosity，H）是度量自然群体遗传变异的首选指标，它表示在一个群体中某位点为杂合子的概率。对于单一位点杂合度的计算公式为：

$$H = 1 - \sum_{i=1}^{k} p_i^2 \qquad （式 12-10）$$

其中 p_i 表示 k 位点等位基因 i 的频率。而对于多个位点的杂合度的计算公式则为：

$$H = 1 - \frac{1}{m} \sum_{i=1}^{m} \sum_{i=1}^{k} p_i^2 \qquad （式 12-11）$$

群体杂合度能反映群体的结构甚至是变化历史，它的值介于 0 到 1 之间。杂合度越高意味着群体遗传多样性越丰富，反之，杂合度低说明群体遗传多样性低。通常我们定义在 Hardy-Weinberg 平衡下的群体杂合度为期望杂合度。当观测杂合度比期望杂合度低时，我们推测群体发生了选择或者近交；如果观测杂合度高于期望杂合度，则群体可能引进了其他品种的血缘。

（二）等位基因丰度

等位基因丰度（allelic richness，AR）也被称作等位基因多样性（allelic diversity）或者位点平均等位基因数（mean number of alleles per locus）。理论研究和实验均表明 AR 在检测短而强烈的瓶颈效应时比杂合度和其他的遗传多样性指标更为敏感。然而等位基因丰度的缺陷也较为明显，主要表现为由于样本量不同而导致计算的偏差。Leberg 首先提出了以最小样本量为基础校正等位基因丰度。2006 年，Foulley 和 Ollivier 提出基于推断法（extrapolation）将丢失的等位基因数目期望值与样本观测等位基因数共同推测得出被检测的基因总数和观测到的等位基因数。假定所有品种是由同一个祖先而来，在一个样本量为 N 的群体内，某一位点丢失的等位基因数目期望值为 $\sum_{k=1}^{k}(1-\pi_k)^N$，其中 K 为该群体某一位点观测到的等位基因总数，π_1，π_2……π_k 为整个群体 K 个等位基因的频率。因此对于样本量为 N_i 的群体，品种 i 的等位基因丰度的计算公式为：

$$AR_i = K_i + \sum_k (1-\pi_k)^{N_i} \qquad （式12-12）$$

其中，K_i 代表的是品种 i 的等位基因数，K 为整个群体观测的等位基因总数。并且利用欧洲猪的微卫星数据已经证实了该公式的有效性。

（三）有效等位基因数

有效等位基因数（effective number of alleles，Ae）的定义为理想群体中（所有等位基因频率相等），一个基因座上产生与实际群体中相同杂合度所需的等位基因数目。即

$$Ae = \frac{1}{1-H} = \frac{1}{\sum p_i^2} \qquad （式12-13）$$

其中，H 为一个位点的杂合度，p_i 为某一位点第 i 个等位基因的频率。由定义可以看出，等位基因在群体内分布越均匀，有效等位基因数就会与观测等位基因数越接近。

（四）多态性位点数及多态性位点比率

多态性位点（polymorphic loci）：一个基因位点的等位基因频率小于或等于 0.95 或 0.99，即 $P_j = q \leqslant 0.95$ 或 $P_j = q \leqslant 0.99$，多态性位点比率（percentage of polymorphic loci）是指一个群体内检测到的多态性位点数目的比例，即多态性位点数 / 群体位点总数。

（五）纯合片段多态性

纯合片段（runs of homozygosity，ROH）是亲本将相同的染色体单倍型传递给子代，而在基因组上形成的连续区域的纯合基因型的长度，近交被认为是影响 ROH 的最重要影响因素通常基于基因组测序或芯片数据可以检测 ROH 的长度及分布，用以评估群体遗传多样性。

（六）群体分化指数

群体分化是指群体间的等位基因频率存在明显差异。F_{ST}（fixation index）是衡量群体遗传分化程度的重要指标，其主要反映的是亚群体间的平均杂合性相较于整个群体的平均杂合性大小的差异。

采用 1984 年 B. S. Weir 等提出的无偏估计 F_{ST} 方法进行计算，具体公式如下：

$$F_{ST} = \frac{MSP - MSG}{MSP + (n_c - 1)MSG} \qquad （式12-14）$$

其中，MSP 和 MSG 分别为检测的亚群间和整个群体内的位点的误差均方，n_c 是指校正后的群体间平均样本数量。F_{ST} 的取值范围为 0~1，为 0 则认为两个种群间是随机交配的，基因型完全相似；为 1 则表示

群体间出现群体隔离，群体完全分化。F_{ST} 值在 0 ~ 0.05 之间，表示群体分化程度小；0.05 ~ 0.15 之间为分化程度中等；0.15 ~ 0.25 之间，为高度分化；大于 0.25 被视为极度分化。

（七）稀有等位基因数

关于稀有等位基因频率，没有固定的定义，主要由研究者根据其研究目的定义，目前大多采用 $P < 0.1$，虽然 Allendorf 认为稀有等位基因尤其容易在种群波动（经历瓶颈）时丢失，并且对遗传多样性的影响不大，然而我们需要注意稀有等位基因（rare allele）在种群进化潜力方面具有很重要的作用。

五、影响畜禽保种群体保种效果的因素

畜禽品种资源保存是一项长期而艰巨的任务，就畜禽品种的遗传多样性而言，保种的目标就是在特定的保种时期内最大限度地保存现有畜禽品种的遗传多样性。要实现这个目标，从保种群体遗传学来看，若这个保种群体足够大，公母大致相等，个体之间处于随机交配状态，又没有选择和突变等因素的影响，也就是通常所说的群体处于 Hardy–Weinberg 平衡状态，遗传多样性最大化的保种目标即可实现。但是畜禽保种工作面临的情况是保种群体往往是有限群体规模，在保种过程中或多或少会受到自然条件和人为因素等等方面的影响，或来自不同群体个体的影响，这些因素都会影响畜禽品种保种的效果，下面进行较为详细的介绍。

（一）突变

突变是影响保种群体遗传结构的因素，虽然高等动物的自然突变率非常低，一般在 10^{-8} ~ 10^{-5} 之间，对于保种群体短期的影响非常小，但是在较长的保种时限内，仍然是一个不可忽视的因素。需要说明的是，在畜禽遗传资源的开发上，新突变的产生和利用却是一个有效的途径。如 20 世纪 30 年代美国利用芦花鸡群中发现的白羽突变个体培育成了今天的速生型肉鸡新品种——白洛克。

不同的突变类型对于群体遗传结构的影响是不同的。若该突变是非频发突变，也就是说该突变只发生一次或少数几次，此类型的突变对于保种群体遗传结构的影响非常有限，突变的新基因由于遗传漂变的作用，在群体中随着世代的推进，往往会消失。在实际保种工作中，对于不符合保种目标的少量突变个体，可予以淘汰，突变则不影响保种群体的遗传结构。

若该突变是单向的频发突变，新的突变基因会伴随世代的增加，在群体中的频率逐渐地增加，具体情况见图 12-2。

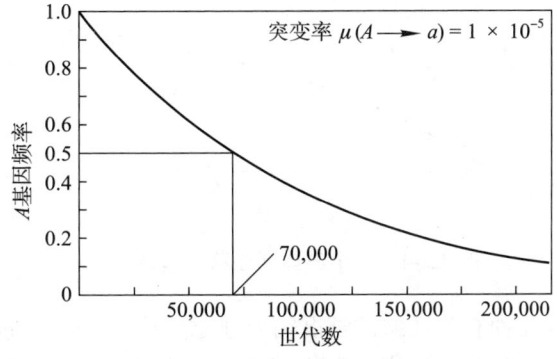

突变率 $\mu(A \longrightarrow a) = 1 \times 10^{-5}$

70,000

图 12-2 单向突变及群体基因频率的变化

若该突变是双向的频发突变，新突变基因的频率在开始阶段会逐渐上升，随着世代的增加，突变新基因与野生型基因会共同存在，并处于一个新的平衡状态。

（二）选择

选择是使群体基因频率发生变化的重要手段。在保种目标确定以后，对保种群体一般不做严格的选择，这是和育种群体的主要不同点。否则保种群体就会朝着选择的方向发生定向改变，而有些改变并不符合保种要求。例如要提高猪的生长速度，就有可能降低肉的风味和品质；要提高鸡的产蛋数，就有可能丧失蛋重大的特点，如同时提高产蛋数和蛋重，则又会影响蛋壳质量等。

在实际的保种工作中，若保种群体存在某些遗传缺陷，就会进行必要的选择工作，即需要淘汰有遗传缺陷的个体。需要指出的是，遗传缺陷往往由隐性基因控制，选择的开始阶段，效果会比较明显，随着选择工作的开展，选择的效果会逐渐降低。图 12-3 显示的情况就是根据表型进行淘汰隐性基因的效果，可以看到伴随世代的推进，选择的效果会越来越差。

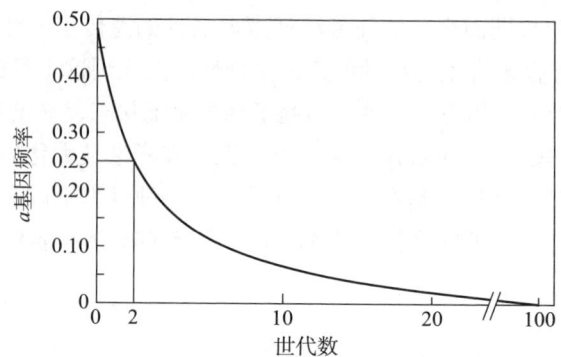

图 12-3　根据表型淘汰隐性基因的选择效果

（三）迁移

迁移，有时称为基因流动（gene flow），是影响保种效果的重要因素之一，会改变群体的遗传结构及其遗传多样性。一般来讲，两个群体之间发生迁移，随时间的推移，两个群体的遗传结构会逐渐趋于同质化，如图 12-4 所示，处于极端的两个群体，每个世代群体之间的迁移率是 0.1，随世代的推进，两个群体的遗传差异会越来越小，最后的结果是两个群体的遗传差异消失。

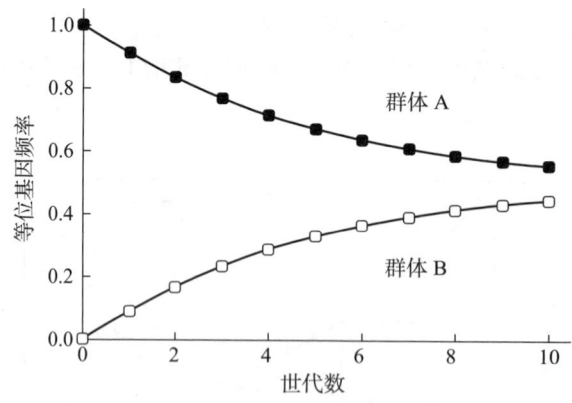

图 12-4　两个群体间迁移的遗传效应

在实际的保种工作中，有几种有关迁移的情况需要注意。第一，少量的或是偶然的杂交，由于迁入率低，对保种群体的影响不大，只要在后代中淘汰不符合保种要求的杂种个体即可；第二，由于保种群体往往是小规模，不同的保种亚群体或家系之间会出现遗传分化，实施不同亚群或家系之间的迁移，保种群体的遗传结构及其遗传多样性有利于保持原有的状态，从而达到保种目标的实现；第三，若保种群体的规模比较小，由于遗传漂变的效应，保种群体的遗传多样性肯定会下降，这时从其他保种群体或原产地群体迁移部分个体进行血缘更新，或从冷冻保存方式引入新的遗传物质，保种群体的遗传多样性会得到恢复，从而实现保种目标；第四，大量的或重复的引种和杂交，由于迁入率高，甚至替换了全部公畜，这对原有品种是一个很大的冲击，也是使某些地方品种绝灭的主要原因。因此，在对地方品种做杂交利用时，需先预留出保种群，实现利用群与保种群的分离。

（四）遗传漂变

遗传漂变是由于群体的规模有限，导致群体内随机交配难于实现，从而引起特定基因偏离平衡状态的随机变化。群体规模越小，遗传漂变的遗传效应越大，从理论上讲，长期的随机漂变，会使一对等位基因中的一个固定，另一个消失。

图 12-5 展示的是三个不同群体规模的遗传漂变效应的计算机模拟实验结果，群体规模分别是 10、50 和 200，0 世代群体基因的频率都是 0.5，从图中我们可以看到，群体小，遗传漂变的效应更加明显，导致基因的固定，群体规模比较大，遗传漂变的效应会降低，具体的体现就是群体规模为 200 时，基因频率会在起始群体的基因频率 0.5 上下小振幅波动。

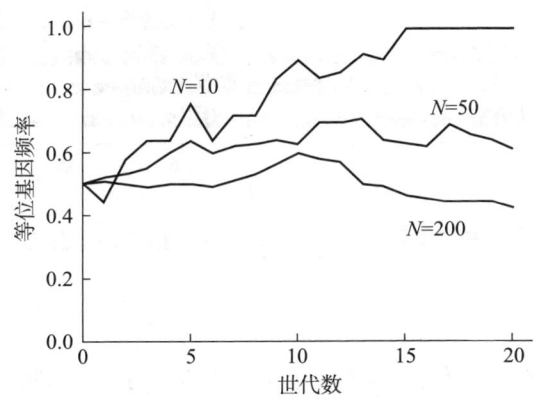

图 12-5　群体规模与遗传漂变效应

当群体足够大时，遗传漂变的遗传效应在短时间内很难觉察出来。据研究，在一个保种群中，如果群体的有效大小超过 60 时，遗传漂变的遗传效应在较短的保种时限内可不予考虑。

下面我们以计算机模拟实验来具体说明小规模群体遗传漂变的遗传学效应。该模拟研究是依据 P. Buri 的经典果蝇实验方案开展的。在 1956 年，Buri 利用黑腹果蝇为实验材料建立了 107 个实验群体，每个实验群体为 8 雄 8 雌，群体内施行随机交配繁殖，即每个雄性果蝇随机配雌性果蝇，世代之间保持恒定的群体规模，即每个世代的果蝇数量都是 8 雄 8 雌，繁殖 19 个世代。实验以果蝇的眼色为观测性状，果蝇的棕色眼和白眼为单基因控制，即 BW^{75} 和 BW，棕色眼为显性基因控制，它的基因型是橙色眼 BW^{75}/BW^{75}，BW^{75}/BW，白眼的基因型是 BW/BW，所有作为实验材料的最初始的群体的果蝇是杂合子橙色眼，即基因型都是 BW^{75}/BW，两个基因的初始基因频率为 0.5。

实验结果总体情况由图 12-6 展示，果蝇的眼色 BW^{75} 频率随世代的推进，在一个群体内会发生随机的变化，107 个群体的总体变化趋势是 BW^{75} 频率随着世代的推进逐渐成为 U 型。从图中我们得知，果蝇群体中 BW^{75} 基因初始频率集中在 0.5，各群体中果蝇随机交配，随着世代的延长，遗传漂变导致这个群体的基因频率逐代分开。在大部分群体中到 19 代 BW^{75} 的频率为 0 或 1。通过 BW^{75} 频率的数据表明，到 19 世代，果蝇群体出现群体分化。

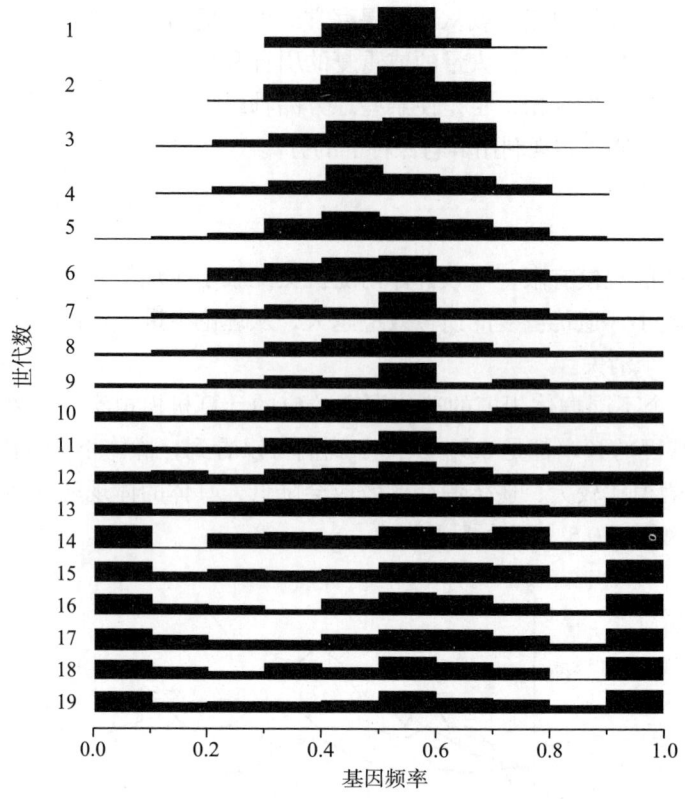

图 12-6　果蝇群体 BW^{75} 基因频率变化的计算机模拟结果（引自张萌萌等，2016）

（五）近交

在保种群体中，近交程度随着群体大小和配种制度的不同而异。从近交本身来说，它并不改变群体中的基因频率，但是能使等位基因的纯合性增加，所以当群体中存在隐性有害基因时，近交就会导致衰退，使群体中某些个体的生产力和生活力下降，这一点在小群体中表现得更为明显。因此，在一个保种群体中，应尽量避免近交程度增加太快。

我们通过对实验动物（果蝇）作长期近交实验，得到的结果是，连续近交会产生明显退化；近交后大量扩群，一些重要的数量性状如繁殖力、体重等，在群体水平上均能得到一定程度的恢复。这一结果对濒临于灭绝的畜禽品种的保种有重要意义，例如对只有一、两头公畜和几头母畜的小群体也能进行保种，只要繁殖到一定数量就可以达到保种的要求，不必考虑开始时头数的多少。

第三节　畜禽遗传资源保存的主要方法

保种的三种方法：第一种是原产地小群体保种，是指畜禽品种的原产区，按照原有生产条件和生产方式，通过建立保种场或其他形式，对该畜禽品种进行保种的一种方法；第二种是迁地的小群保种，或称为异地活体保种，是指在畜禽品种原产地以外建立动物园、保种场或资源场、保种中心等方式进行畜禽品种保种的一种方法；第三种是冷冻保种，有时也称为冷冻基因库（frozen gene bank），是指将遗传物质的载体，如精液、卵母细胞、胚胎以及体组织、干细胞或 DNA 等，用液氮进行冷冻保存的一种保种方法。我国先后批准建立了 205 个保种场（区、库）。值得注意的是有的书籍或学者把畜禽保种方法分为两类，即把上面的前两种方法合成一类，称之为小群体活体保种，第二种是冷冻保种方法。本章节采用后面一种分类方法进行阐述。

一、畜禽小群体保种方式

（一）原产地小群体保种

原产地小群体保种，顾名思义，就是在畜禽品种的原产地建立保种群体而进行保种的一种方法，一般的方法是在保种场建立一个保种群。在我国颁布的《畜禽遗传资源保护名录》中的品种，通常是在原产地有一个保种场，有时保种场又称为资源场。另一种情况是，资源场由一个公司为主体，以地方猪为例，云南的滇南小耳猪主要是由邦格集团进行保种及其开发利用，在山东，沂蒙黑猪是江泉集团进行保种和开发利用的。

原产地保种，在国外还有一种形式是基于社区的保种模式，就是把农户纳入保种计划，这种情况与我国保种区的保种形式有些类似，以猪为例，我国在"十一五"期间建立了宁乡猪、荣昌猪和藏猪3个国家级保种区。

以荣昌猪保种区的建设为例，简单介绍保护区保种的技术措施。荣昌猪保护区是经农业农村部批准，确定荣昌的昌元镇、双河镇为荣昌猪的国家保种区，每一个保种区的保种群体规模在750头以上，公猪的血缘在15~20个之间，种公猪规模在50头以上，在保种区内根据群体大小划分片区，设置保种员，在保种区内严禁经济杂交工作，也尽量避免近交的发生，对保种区内荣昌猪养殖户给予一定的经济补偿，保证养殖户的经济收入不低于同类地区养猪户的经济收入。

（二）异地的小群体保种

迁地的小群保种，或称为异地活体保种，是指在畜禽品种原产地以外建立动物园、保种场或资源场、保种中心等方式进行畜禽品种保种的一种方法。

我国在江苏建立的地方鸡品种保种基因库就是一个异地保种的具体实例，在江苏扬州，我们国家建立了"国家级地方鸡种基因库"（江苏），现保存我国的地方鸡品种32个，是国内最大，世界上保存资源最多的家禽活体基因库，有些鸡品种保种的历史还比较长，例如，丝羽乌骨鸡从1976年开始引入基因库进行异地保存，至今已有近40代的保种历史。

二、冷冻保种方式

冷冻保种（FAO，2012），是将遗传物质的载体，如精液、卵母细胞、胚胎以及体组织、干细胞或DNA等，用液氮进行冷冻保存，称为冷冻基因库。冷冻基因库有时作为一个独立的保种方法，有时与小群保种方式相互配合，形成互为依靠的保种方法。

冷冻保种方法，需要注意2个问题：①样本数量、样本大小的问题。FAO（1984）指出保种所需要样本应该来自没有血缘关系的50个个体。这个要求主要依据是遗传多样性保护的需要，根据保种研究，50个没有血缘关系的个体，畜禽品种群体的稀有基因（MAF=0.01）保存的概率有67%，若样本数增加至100个个体，稀有基因（MAF=0.01）保存的概率则可以达到87%。②样本大小与保存的遗传材料有关。FAO（1984）规定若是精液保存，样本应来自于没有血缘关系的50个体，若是胚胎保存和干细胞保存，样本应用来源于没有血缘关系的25头公畜、25头母畜。

全国畜牧总站畜禽种质资源保存中心，于2008年由农业部授予国家级家畜基因库，主要从事全国畜禽遗传资源冷冻精液、冷冻胚胎和体细胞等遗传物质的制作、收集和保存工作。截至2020年12月底，该基因库已经收集保存猪、马、牛、羊等370个品种的冷冻精液、冷冻胚胎、体细胞、血液等遗传材料96万份。并且利用保存30年的冷冻精液和20年的冷冻胚胎再现了当年的湖羊遗传资源。

三、保种方法的对比分析

保种的主要目的有两个：一是满足畜牧生产的可持续发展、未来市场变化、弥补育种方向错误等方面的需要，还包括经济活动、社会文化价值和环境生态系统的维持等方面。二是保存品种遗传结构的弹性，即畜禽品种拥有足够的品种内遗传多样性以抵抗不可抗拒的自然灾害、不断变化的疾病等因素对畜牧生产的冲击。

保种方法各具特点，一般而言，活体保种是较为理想的保种方式，但是这种保种方法成本非常高。冷冻保种的方法成本相对偏低，且保存相对稳定，有效延长了畜禽个体的遗传生命周期，乃至于个体死亡后仍然可以利用其遗传资源。表12-4具体地展示了各种保种的优势以及存在的问题。从表12-4，可以看出，原产地小群保种方式的优势主要体现在：①保存下来的畜禽品种在生产条件下可以继续开发利用，并且有利于对品种实施更进一步的研究；②在保存畜禽品种特性的前提下，还能够使品种进一步适应环境；③可以帮助维持畜禽生产者、饲养者的文化多样性；④创造农村边远地区可持续开发的机会。原产地小群保种方法存在的缺点是：必须经历保种过程中各种自然灾害、疾病对保种群体的冲击；由于保种群体规模有限，保种群体会经历遗传漂变对保种群体遗传结构的影响。

表 12-4 保种方法及其保种目标的实现

保种目标	原位小群保种	异地小群保种	冷冻保种
遗传弹性保存			
①生产环境的变化	+ +	+	+ +
②应对疾病、自然灾害的冲击	+	−	+ +
③研究的需要	+ +	+ +	+ +
遗传因素			
①品种的进一步演化/遗传适应	+ +	+	−
②品种种质特性进一步研究	+ + +	+ +	+
③遗传漂变的作用	+	−	+ +
农村边远地区的可持续利用			
①农村边远地区发展的机遇	+ + +	+	−
②农业生态多样性的维持	+ +	−	−
③农村文化多样性的保护	+ +	+	−

注：+ + +代表完全能够实现目标，+ +表示适当能够实现目标，+表示实现目标的程度较低，−表示不能实现目标；
引自 FAO，2013

冷冻保种的主要优势体现在：通过保种的遗传弹性和对种群遗传多样性的保护，可以应对各种自然灾害、疾病对保种群体的冲击；可以避免遗传漂变的作用；保种成本相对较低。但是冷冻保存也存在缺点：主要是保存畜禽品种不能够像小群体保种那样，随保种环境的改变适应性也发生相应的变化，对农村的可持续发展缺乏更大的贡献。

小　结

动物遗传资源的保护主要是保护物种和种内群体的遗传多样性，是生物多样性保护的重要组成部分。动物遗传资源可分为野生动物和家养动物两类。野生动物保护主要以物种为对象；家养动物保护主要以品种为对象。两者保护对象都是群体。

目前，世界上畜禽资源的保护与利用存在两种倾向。在发达国家里，随着畜牧业生产体系的集约化，大量饲养的只是少数经济价值高的品种和它们的杂交种，品种数目在迅速减少；在一些发展中国家里，虽然有较丰富的品种资源，但由于保种不当和盲目引进外来品种杂交，也造成原有品种质量的退化和数量的减少。这两种倾向都导致世界性的品种资源危机，也就是畜禽基因库的枯竭。任何一个品种，无论是育成品种还是地方品种，都有它的形成、发展、衰落或转化的过程。有的品种消失了，有的品种产生了；有的品种存在的时间很短暂，有的品种却经久不衰。这除了社会经济条件和自然条件以外，保种技术也起了很大的作用。

无论是常染色体上的基因还是性染色体上的基因，随机交配的结果都使群体达到了平衡。从畜禽改良的角度看，只有通过选择打破平衡，改良才能实现；从保种的角度来看，为了使群体中各种基因都能尽量保持，就要相对维持平衡，减少破坏平衡的各种因素。如群体划分成亚群，并在亚群间连续迁移，其结果是使各亚群间的基因频率趋于相等。这说明在保持地方品种的不同类群时，隔离是必要的，否则各类群的差异将最终消失。

群体有效大小（N_e）和近交率（ΔF）的关系是

$$\Delta F = \frac{1}{2N_e}$$

根据近交率计算群体近交系数的公式是

$$F_t = 1 - (1 - \Delta F)^t \quad (t = 世代数)$$

不同情况下，计算群体有效大小有不同的公式。在保种群体中，各家系等量留种可以使群体有效大小最大化。

为了要保持一个品种的特性、特征，就要有一个预先制定的保种目标。在保种目标中既要有数量上的要求，也要有质量上的标准。保种也不是绝对的只保不选，而是要慎重考虑，特别是一些与要保存的主要性状有负遗传相关的性状，一般情况下不做严格的选择，以免得不偿失。

从保种的角度看，如果不是目前大量投入生产的品种，世代间隔应当长一些为好。这不仅是因为延长世代间隔可以在一定的保种期限内减少保种家畜的数量，而且还可以降低每年饲养更新畜群用的幼畜和后备种畜的费用。

如要求在 100 年内保种群体不发生明显的近交退化（近交系数不超过 0.1）和不受遗传漂变的影响，则大家畜保种群体的有效大小应有 100 头（设世代间隔为 5 年）；小家畜保种群体的有效大小应有 200 头（设世代间隔为 2.5 年）。

图表：不同世代间隔的有效群体大小

一般来说，保种群体中的公母性别比例以 1∶5 为宜，即在各家系随机留种的情况下，大家畜的保种群体应有 30 头公畜和 150 头母畜；小家畜的保种群体应有 60 头公畜和 300 头母畜。如果采用各家系等量留种，则上述的保种家畜数量还可以减少 1/3。

复习思考题

1. 与 20 年前相比，全球范围的畜禽品种资源是多了还是少了？你是怎样分析这个问题的？

2. 根据农业农村部 2021 年第三次全国畜禽遗传资源普查数据，我国家畜家禽共有多少个物种？共计多少个品种（或配套系）？

3. 2021 年我国有哪些畜种的数量居世界各国之首位？

4. 影响保种群体基因频率变化的因素有哪些？

5. 如何确定保种目标？

6. 为什么说在相当长的时间内，活畜保种仍是主要方式？还有其他可行的保种方式吗？

7. 为什么说保种家畜数量在各家系等量留种时要比随机留种少 1/3？

8. 保种与育种相比较，有哪些不同？

9. 试分析保种与利用是否有矛盾，如何解决？

网上更多

思考与提示　　科学与科学人

（吴克亮　李文婷）